编审委员会

中国科学技术大学精品教材

李永池/编著

Wave Mechanics

波动力学

第2版

中国科学技术大学出版社

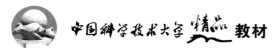

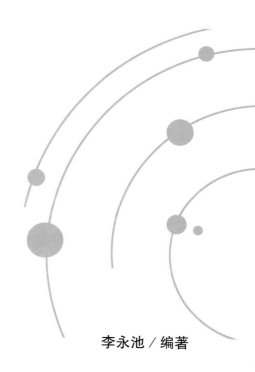

内 容 简 介

本书是作者四十多年来在中国科学技术大学为本科生和研究生主讲“爆炸固体力学”“应力波理论”“波动力学”等课程教学内容的结晶. 全书力图以流体和固体相统一的思想，以波传播的广义特征理论为主线，对各类介质中有关波传播的研究方法、基本理论和主要结果进行较全面和系统的介绍，以便为读者进行爆炸与冲击领域的研究工作提供一些基本知识和分析方法.

全书内容主要包括：一维单纯应力波的阵面分析方法，一维单纯应力波的特征线方法，一维复合应力波的广义特征理论和典型问题，三维介质中应力波的基本理论，线性波的基本理论和某些结果，爆轰波的基本理论和某些工程问题等. 在系统介绍波动力学基本知识的基础上，书中也包含了作者及课题组近年来的某些最新研究成果，例如有关复合应力波和三维波广义特征理论的表述体系以及某些新的结果、三维固体中冲击波突跃条件的推导和阐述等.

本书可作为力学、工程热物理、工程科学、材料科学、地球和空间科学以及应用数学等专业的研究生教材，也可作为与力学有关的相关专业师生和科技工作者的参考书.

图书在版编目(CIP)数据

波动力学/李永池编著. —2 版. —合肥：中国科学技术大学出版社，2018. 1
(中国科学技术大学精品教材)
安徽省“十三五”重点图书出版规划项目
ISBN 978-7-312-04390-1

Ⅰ. 波… Ⅱ. 李… Ⅲ. 波动力学 Ⅳ. O413. 1

中国版本图书馆 CIP 数据核字(2017)第 323695 号

出版 中国科学技术大学出版社
安徽省合肥市金寨路 96 号，230026
http://press. ustc. edu. cn
https://zgkxjsdxcbs. tmall. com
印刷 合肥市宏基印刷有限公司
发行 中国科学技术大学出版社
经销 全国新华书店
开本 787 mm×1092 mm 1/16
印张 24. 75
插页 2
字数 656 千
版次 2015 年 5 月第 1 版 2018 年 1 月第 2 版
印次 2018 年 1 月第 2 次印刷
印数 3001 — 6000 册
定价 55. 00 元

总　　序

2008年，为庆祝中国科学技术大学建校五十周年，反映建校以来的办学理念和特色，集中展示教材建设的成果，学校决定组织编写出版代表中国科学技术大学教学水平的精品教材系列．在各方的共同努力下，共组织选题281种，经过多轮严格的评审，最后确定50种入选精品教材系列．

五十周年校庆精品教材系列于2008年9月纪念建校五十周年之际陆续出版，共出书50种，在学生、教师、校友以及高校同行中引起了很好的反响，并整体进入国家新闻出版总署的"十一五"国家重点图书出版规划．为继续鼓励教师积极开展教学研究与教学建设，结合自己的教学与科研积累编写高水平的教材，学校决定，将精品教材出版作为常规工作，以《中国科学技术大学精品教材》系列的形式长期出版，并设立专项基金给予支持．国家新闻出版总署也将该精品教材系列继续列入"十二五"国家重点图书出版规划．

1958年学校成立之时，教员大部分来自中国科学院的各个研究所．作为各个研究所的科研人员，他们到学校后保持了教学的同时又作研究的传统．同时，根据"全院办校，所系结合"的原则，科学院各个研究所在科研第一线工作的杰出科学家也参与学校的教学，为本科生授课，将最新的科研成果融入到教学中．虽然现在外界环境和内在条件都发生了很大变化，但学校以教学为主、教学与科研相结合的方针没有变．正因为坚持了科学与技术相结合、理论与实践相结合、教学与科研相结合的方针，并形成了优良的传统，才培养出了一批又一批高质量的人才．

学校非常重视公共基础课和专业基础课教学的传统，也是她特别成功的原因之一．当今社会，科技发展突飞猛进，科技成果日新月异，没有扎实的基础知识，很难在科学技术研究中作出重大贡献．建校之初，华罗庚、吴有训、严济慈等老一辈科学家、教育家就身体力行，亲自为本科生讲授基础课．他们以渊博的学识、精湛的讲课艺术、高尚的师德，带出了一批又一批杰出的年轻教员，培养了一届又一届优秀学生．入选精品教材系列的绝大部分是公共基础课或专业基础课的教材，其作者大多直接或间接受到过这些老一辈科学家、教育家的教诲和影响，因此在教材中也贯穿着这些先辈的教育教学理念与科学探索精神．

改革开放之初，学校最先选派青年骨干教师赴西方国家交流、学习，他们在带回先进科学技术的同时，也把西方先进的教育理念、教学方法、教学内容等带回到中国科学技术大学，并以极大的热情进行教学实践，使"科学与技术相结合、理论与实践相结合、教学与科研相结合”的方针得到进一步深化，取得了非常好的效果，培养的学生得到了全社会的认可．这些教学改革影响深远，直到今天仍然受到学生的欢迎，并辐射到其他高校．在入选的精品教材中，这种理念与尝试也都有充分的体现．

中国科学技术大学自建校以来就形成的又一传统是根据学生的特点，用创新的精神编写教材．进入我校学习的都是基础扎实、学业优秀、求知欲强、勇于探索和追求的学生，针对他们的具体情况编写教材，才能更加有利于培养他们的创新精神．教师们坚持教学与科研相结合，根据自己的科研体会，借鉴目前国外相关专业有关课程的经验，注意理论与实际应用的结合，基础知识与最新发展的结合，课堂教学与课外实践的结合，精心组织材料、认真编写教材，使学生在掌握扎实的理论基础的同时，了解最新的研究方法，掌握实际应用的技术．

入选的这些精品教材，既是教学一线教师长期教学积累的成果，也是学校教学传统的体现，反映了中国科学技术大学的教学理念、教学特色和教学改革成果．希望该精品教材系列的出版，能对我们继续探索科教紧密结合培养拔尖创新人才，进一步提高教育教学质量有所帮助，为高等教育事业作出我们的贡献．

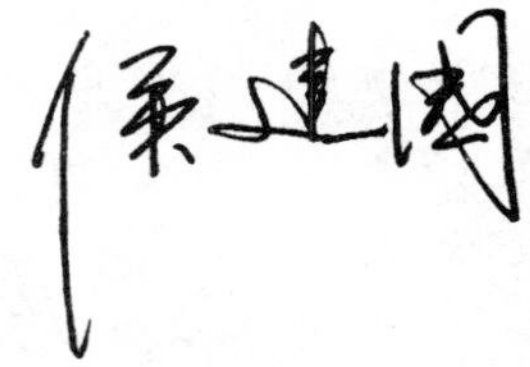

中国科学院院士

第三世界科学院院士

序

本书是李永池教授几十年来为中国科学技术大学近代力学系研究生所开设的“应力波理论”“波动力学”“爆炸固体力学”等必修课程教学内容的结晶，这些课程一直受到本校师生和中国科学院力学研究所、中国科学院武汉岩土力学研究所、中国工程物理研究院、西北核技术研究所、总参工程兵科研三所、中船重工702所等研究单位代培研究生的高度评价.李永池教授始终注意吸取国内外同类著作的长处，并与自己的科研工作相结合，不断充实和提高相关教学内容和学术水平.目前，本书已入选“中国科学技术大学精品教材”丛书.

通读本书书稿之后，我觉得本书具有以下特色：

(1) 对连续介质中应力(压力)波传播的基本概念、原理、方法和规律的阐述，概念准确，语言清晰，逻辑严谨，条理分明，尤其注意把严谨的数学推导与其物理内涵的解释紧密结合.在相关章节中以开口观点、闭口观点、拉氏描述、欧氏描述为基础，以统一方式导出波阵面前后的守恒条件，特别体现在对固体中三维冲击波突跃条件的推导及陈述.

(2) 以左右特征矢量和广义特征理论为基础讲述应力波传播的特征线方法，并提出了矩阵降维法和速度空间法的思想；结合作者的研究成果，增加了有关复合应力波和三维波广义特征理论的新内容.这些不同于已有的应力波传播著作之处，既可以使读者加深对波传播物理图像和概念的理解、掌握处理波传播问题更严谨的数学方法、提高科研能力，又可以增强读者的应用数学功底.

(3) 在充分阐述基本理论和基本方法的基础上，结合作者丰富的科研实践，介绍了求解爆炸与冲击动力学典型问题的若干实例，这可以帮助读者更好地掌握本书的理论方法，有利于启发他们对类似或更复杂问题的思考，提高其综合利用理论方法解决实际问题的能力，使其能够更好地把基础理论和科研实践结合起来.

（4）一般著作中，固体中的应力波使用拉氏描述，流体中的压力波使用欧氏描述．本书则以流体、固体动力学统一的思想讲解波动力学的基础，并力求阐明二者的关系，同时扼要介绍了应力波、气体动力学、爆轰波等学科分支的基本内容．

不揣冒昧作此序言，期望本书的出版有助于爆炸力学教学、科研水平的提高．

中国工程物理研究院研究员
中国工程院院士
2014 年 12 月

再版前言

本书第1版在2015年5月出版后,受到广大读者的欢迎,也收到不少读者和同行专家的反馈意见和建议.对此,作者深表感谢.鉴于第1版图书已经售罄,根据有关读者的意见和出版社的建议,现再版.此次再版,除了对第1版中的排版错误进行了勘正之外,还采纳了广大读者和专家的一些建议,对原书中某些表达不太确切的文字进行了修改,同时对某些问题做了一些补充性的解释和说明,以便读者更易理解,此外还增加了少量的习题和思考题以及新的参考文献.

李永池

2017年12月

前　　言

所谓波，就是指某种扰动信号的传播，而扰动信号则是指介质中某种状态量的改变（而不是其状态本身）向邻近介质所发出的一种信号，这种状态量的改变作为一种扰动信号由此及彼、由近及远而传播开来就是所谓的波；而波在传播过程中也会因为受到各种内外因素的影响而改变其特性和强度，这就是所谓的波的演化.波的存在及其传播演化是自然界中最普遍和最重要的现象之一.电磁扰动信号的传播形成电磁波，光信号的传播形成光波，物质间引力的改变形成所谓的引力波，潮汐、海浪的推进和水库溃坝的洪水推进形成所谓的洪水波，声压扰动的传播形成所谓的声波，核爆炸、炸药化学爆炸和物理爆炸在炸药中形成爆轰波并在周围介质中引起爆炸应力波，变形体间的相互撞击会在相撞物体中分别激发出撞击应力波，城市车辆交通流中通过信号灯所控制的车辆疏密信号在车流中的传播是一种运动学的波.控制各类波传播规律的物理定律可能是完全不同的，但是由这些物理定律所得到的控制方程，则通常都可以由所谓的波动方程来描述，只要我们解决了求解波动方程的方法问题和由此所引出的一些规律性问题，则这些方法和规律常常是可以推广到具有不同物理背景的问题中去的，从这个意义上讲，我们只讲解某些最典型的波动问题是合适的.本书要讲的是波的一种——应力波，应力波即是指介质中应力扰动信号的传播，前面所讲的声波、爆轰波、爆炸应力波、撞击应力波等都是最常见的应力波.应力波可以在气体和液体等流体介质中传播，这些知识通常在气体动力学和流体力学教科书中有所介绍，在那里人们通常是用所谓的欧拉（Euler）描述方法；应力波也可以在固体介质中传播，这些知识通常在应力波基础和固体动力学教科书中有所介绍，在那里人们通常是用所谓的拉格朗日（Lagrange）描述方法.为了扩充读者的知识范围，深化读者对波传播问题的研究方法和重要结论的认识，也为了更好地揭示在连续介质力学中广泛采用的两类描述方法（拉格朗日描述和欧拉描述）的实质和相互联系，提高读者综合运用流体力学和固体力学知识的能力，本书将以流体和固体相统一的观点来介绍应力波的研究方法、基本理论和重要结论.波的传播和演化规律除了可通过实验测量而得出之外，还可通过理论分析和数值计算来得出.本书不是对波传播的实验方法进行介绍，而主要是对波传播的广义特征理论和对波传播问题的具体应用进行介绍，在数值计算方面，则主要介绍以特征理论为基础的计算方法，对有限差分等方法则并未进行系统讲解，而只是在介绍波传播的某些具体应用实例时做了简要说明.

波动力学在力学以及相关学科的教学和科研工作中占有极其重要的地位，它是连续介质动力学的基本理论支柱之一，在爆炸和冲击力学中更是具有非常重要和不可或缺的作用，可以说，没有波动力学的知识，要解决任何爆炸和冲击力学的问题都是根本不可能的.对该课的重要性我们可以从以下几个方面来简单说明：

(1) 波动力学是固体动力学的理论基础.从本质上讲，力学中的任何问题实际上都是动力学的问题，与时间完全无关的所谓静力学问题在严格意义上其实是不存在的，这是因为任何外界的载荷要加到一个具体材料或结构上都是有一个时间过程的，只是其快慢和时间持续长短不同而已.只有当问题中的材料或者结构的惯性效应相对不太重要因而可以忽略时，我们才可以将问题作为静力学问题来处理并得到近似符合实际的结果.而在与时间有关的动力学问题中，我们又可以将之大致分为两类：第一类是材料的局部惯性效应起重要作用的所谓前期响应或局部响应的波动力学问题；第二类是结构的总体惯性效应起重要作用的所谓后期响应或总体响应的结构动力学问题，这两类动力学的问题又互为因果，即材料和结构中的波动是引起结构后期和总体响应的原因，而结构后期和总体响应则是材料结构中整个波动过程的结果，因此波动力学的研究结果不但常常可以作为研究后期结构响应问题的依据和基础，而且有时可以成为改进或检验后期结构响应结果的出发点.所以，我们说波动力学是固体动力学的理论基础是一点也不为过的.

(2) 波动力学在国防科研和高新技术领域具有重要的科学意义和广泛的应用价值.核爆炸、化学爆炸、物理爆炸和高速撞击所引起的应力波在各类介质中的传播规律和破坏效应的问题是最重要的波动力学问题：核爆炸由于其爆炸压力极高，所以即使是在坚硬的岩石中所发生的地下核爆炸，我们也将会遇到在爆炸近区的流体动力学波、爆炸中区的塑性或黏塑性波以及在爆炸远区的纯弹性波的传播规律的问题；为了对地铁、人防工事及各类防护工程在爆炸载荷下的安全防护给出科学的结论，我们必须对爆炸所引起的应力波在相应介质中的传播演化规律进行合理的理论分析和数值计算；穿甲弹、破甲弹和碎甲弹等现代武器的攻防设计都是以波动力学的理论为基础而开展工作的，其目标就是如何根据波动力学的预测结果来改进进攻武器的设计以提高其杀伤力，或者改进防护结构(坦克、舰船或掩体)以降低其破坏力；陨石对天体撞击形成陨石坑的过程、弹片或太空垃圾对航天器的撞击破坏过程、飞鸟或弹片对飞行器的撞击破坏过程等，都涉及大量的应力波传播规律及其破坏效应的问题；高速列车启动和制动中的部件撞击及缓冲、汽车撞击中的缓冲防护、矿山机械的破岩等，都涉及波动力学的问题；地震波也是典型的应力波，因此，波动力学在探测地震波的传播规律和减少地震破坏效应方面也大有用武之地……我们可以说，波动力学在武器效应、防护工程、航空航天、交通运输乃至矿山机械等众多高新技术领域的问题中都有着重要的应用.而且，应力波探伤、应力波探矿、应力波铆接在一定程度上都已经发展了相应的技术和产业，这些产业的继续发展壮大也是离不开波动力学的科学指导的.

(3) 波动力学是材料动态本构关系研究的理论基础.波的传播规律问题和材料的本构关系问题是紧密相关而且不可分割的两个问题：应力波传播规律的精确预测是以科学的材料本构关系描述为基础的，这是所谓的正问题；而为了要得到各种材料的科学本构关系描述，人们又必须以波动力学理论为指导来设计科学的实验方法、开展实验和分析实验数据，这是所谓的反问题.冲击动力学的各种新的实验方法和实验技术，如分离式霍普金森杆技术、膨胀环技术、落锤技术、轻气炮技术等都是以波动力学的理论为基础而建立和发展起来的，这些新方法和新技术的进一步改进也都有赖于波动力学理论的指导.

(4) 波动力学的研究方法本身是力学中应用数学方法的重要组成部分.力学和数学有着非常紧密的联系，力学中的应用数学方法在力学研究中也占有重要的地位.除了人们所熟知的摄动法、渐近展开法、积分变换法、傅里叶分析法等以外，在本书中我们将要系统讲解的奇异面理论和广义特征理论也是力学中应用数学方法的重要组成部分.在一些关于线弹性波的著作中，如《弹性波的衍射与动应力集中》((美)鲍亦兴、(美)毛昭宙著，刘殿魁、苏先樾译)、《弹性固体中波的传播》((美)阿肯巴赫著，徐植信、洪锦如译)，主要讲的是积分变换法和傅里叶分析法，其优点是对很多问题常常可以给出完整的解析解，但其缺点是这些方法只适用于线弹性波，而对非线性波则是无法应用的.本书则侧重于系统地讲解波传播的奇异面理论和广义特征理论，其优点是物理概念清晰，而且适用于任意的非线性波.

(5) 波动力学的计算方法也是计算力学的重要组成部分.对连续介质动力学的大多数问题，人们常常是难以给出解析解的，因此数值计算方法占有重要的地位.这些动力学问题的数值计算方法比静力学问题的计算方法所涉及的内容更加丰富多彩，如计算效率和计算精度的兼容问题、冲击波等间断面和各类交界面的处理问题、不同材料本构关系和损伤破坏模式的嵌入问题等等，因而大大地促进了计算力学的发展.与动力学计算方法相关的计算软件大致可以分为两类：一类是结构动力学的计算软件，主要解决结构总体响应和后期响应的问题；另一类是关于波动力学的计算软件，主要解决材料和结构的局部响应与前期响应.在波动力学计算方法方面又可以分为两类：一类是有限差分法、有限元法、离散元法、光滑粒子法及物质点法、分子动力学计算方法等非特征线计算方法，这些方法的优点是程序的逻辑控制相对比较简单而且通用性较强，可以解决各种比较复杂的科学和工程实际问题，其缺点是计算结果的波动物理过程和物理图案不一目了然；另一类就是以广义特征理论为基础的特征线计算方法，其优点是物理概念和物理图像十分清晰，可以清楚地揭示波传播的物理过程，其缺点是程序的逻辑控制相对比较复杂，因此在二、三维特征线的数值软件发展方面遇到了一些困难，其发展势头似乎不如前面所讲的有限差分、有限元等数值方法.但是，波动力学的特征线计算方法对于人们深刻揭示波传播物理过程而言仍然是其他计算方法所不可代替的，因此在本书中我们将在系统讲解波传播广义特征理论的基础上，重点介绍特征线数值方法，并将通过一些力学实例来说明其具体应用，而对在波动力学计算中广泛应用的另几类数值方法，则并未进行系统的介绍，只对有限差分法结合一些具体问题作了简要的说明.

如前所述，本书主要系统介绍波动力学的广义特征理论和以此为基础的特征线数值分析、计算，而且是用流体和固体相统一的观点对波传播的欧拉描述和拉格朗日描述同时进行介绍的.其内容主要包括下面几章：第1章主要介绍一维单纯应力波的阵面分析方法，一维是指问题在几何上是一维的，只有一个空间变量；单纯应力波是指波阵面上只有一个独立的非零应力分量，其他应力分量或者为零，或者可以通过本构关系而由那个独立的非零应力分量表达出来；阵面分析方法是指直接通过波阵面上的力学守恒定律而对应力波传播特性进行分析的方法，其目的是加深读者对应力波物理概念和物理图像的理解，为了便于读者理解，该章主要以线性硬化的弹塑性材料中的应力波为例，对波传播的一些主要单元过程进行系统介绍.第2章讲解一维单纯应力波的特征线方法，初步介绍导出特征线和特征关系的几种数学方法及其物理含义.前两章的内容在某种程度上可以说是读者在本科生“应力波基础”这门课程中曾经学过的，只不过在其数学推导和其物理概念的解释上，我们作了一些努力，希望读者能够在原有知识的基础上登上一个新的台阶.第3章系统介绍一维复合应力波传播的广义特征理论和典型问题，所涉及的问题虽然在几何上仍然是一维的，但是一般而言在波阵面上独立的非零应力分量大于1，因此存在多个应力分量之间的相互耦合作用，从而进一步显现非线性波的物理特征.本章更加系统地介绍广义特征理论和引入特征线及特征关系的各种数学方法，并对其物理含义进行阐述，同时作为典型实例还重点对非线性超弹性材料中的一维复合应力波问题以及弹塑性材料和黏塑性材料中的一维复合应力波问题进行较系统的介绍，其中包含了一些作者本人所率先完成的研究工作以及作者对前人工作的重新审视.第4章主要讲解三维介质中应力波的基本理论，内容主要包括三维波的运动学、固体中三维冲击波的突跃条件、对一阶偏微分方程几何理论和解析理论的介绍及对波阵面求解的应用、三维波特征关系的导出及其沿双特征的化简等等,这里也有一些工作是作者的新的研究成果.第5章简要介绍各向同性线弹性波的经典理论以及线性黏弹性波和各向异性线弹性波传播的某些结果.第6章介绍爆轰波的基本理论和与爆炸效应有关的某些工程问题.

作为本书前身的"波动力学"讲义曾多次进行修改,而且本书在定稿过程中又进行了多次修改和完善,其间,我的不少学生如高光发、邓世春、段士伟、李煦阳、王光勇、孙晓旺、叶中豹等同志,都为书稿的打印、作图和修改付出了辛勤的劳动,他们也对本书的内容提出了不少有益的建议,在此一并表示感谢.

符 号 说 明

本书所用主要符号如下：

一般用非黑体希腊或英文字母表示标量，例如 φ,Φ,u,U 等.

一般用黑体小写英文字母表示矢量，例如 $\boldsymbol{v},\boldsymbol{a},\boldsymbol{b}$ 等.

一般用黑体大写英文字母表示二阶及高阶张量，例如 $\boldsymbol{A},\boldsymbol{B}$ 等.

$\boldsymbol{A}^{\mathrm{T}}$：二阶张量 $\boldsymbol{A}$ 的转置(transpose).

$[\boldsymbol{a}]=\boldsymbol{a}$：矢量 $\boldsymbol{a}$ 的列阵；本书将矢量 $\boldsymbol{a}$ 与列阵相对应，故也以 $\boldsymbol{a}$ 本身表示其列阵.

$\{\boldsymbol{a}\}$：矢量 $\boldsymbol{a}$ 的行阵，$\{\boldsymbol{a}\}^{\mathrm{T}}=[\boldsymbol{a}]=\boldsymbol{a}$.

$\boldsymbol{A}\cdot\boldsymbol{a}$：矢量 $\boldsymbol{a}$ 对二阶张量 $\boldsymbol{A}$ 的右点积，其矩阵记法为 $\boldsymbol{A}\circ\boldsymbol{a}$ 或 $[\boldsymbol{A}][\boldsymbol{a}]$.

$\boldsymbol{a}\cdot\boldsymbol{A}$：矢量 $\boldsymbol{a}$ 对二阶张量 $\boldsymbol{A}$ 的左点积，其矩阵记法为 $(\boldsymbol{a}^{\mathrm{T}}\circ\boldsymbol{A})^{\mathrm{T}}=\boldsymbol{A}^{\mathrm{T}}\circ\boldsymbol{a}$ 或 $(\{\boldsymbol{a}\}[\boldsymbol{A}])^{\mathrm{T}}=[\boldsymbol{A}]^{\mathrm{T}}[\boldsymbol{a}]$.

$\boldsymbol{A}:\boldsymbol{B}$：二阶张量 $\boldsymbol{A}$ 和二阶张量 $\boldsymbol{B}$ 的第一种二次点积.

$\boldsymbol{A}\cdot\cdot\boldsymbol{B}$：二阶张量 $\boldsymbol{A}$ 和二阶张量 $\boldsymbol{B}$ 的第二种二次点积.

$\dfrac{\partial\Phi}{\partial t}$：量 Φ 的局部导数(local time derivative).

$\dfrac{\mathrm{d}\Phi}{\mathrm{d}t}=\dot{\Phi}$：量 Φ 的随体导数(material time derivative).

$\dfrac{\mathrm{D}\Phi}{\mathrm{D}t}$：量 Φ 对时间的全导数(time derivative).

∇：E 氏梯度算子(Euler gradient operator).

∇_i：E 氏微分算子(Euler differential operator).

∇：L 氏梯度算子(Lagrange gradient operator).

∇_I：L 氏微分算子(Lagrange differential operator).

$\boldsymbol{F}$：变形梯度张量(deformation gradient tensor).

ρ：瞬时质量密度(current mass density).

ρ_0：初始质量密度(original mass density).

$\boldsymbol{b}$：比体积力(special body force).

$\boldsymbol{\sigma}$ 或 $\boldsymbol{T}(\boldsymbol{\sigma}=\boldsymbol{T}^{\mathrm{T}})$：柯西应力张量(Cauchy stress tensor).

$\boldsymbol{S}$：第一类 Piola-Kirchhoff 应力张量，简称第一类 P-K 应力张量.

T：绝对温度.

h：温度的空间梯度或 E 氏梯度.

H:温度的物质梯度或 L 氏梯度.

K:体系的动能(kinetic energy).

k:比动能(special kinetic energy).

U:体系的内能(internal energy).

u:比内能(special internal energy).

ψ:比自由能(special free energy).

H:比焓(special enthalphy).

G:比自由焓(special free enthalphy)或比吉布斯焓(special Gibbs enthalphy).

S:体系的熵(entropy).

s:比熵(special entropy).

W^*:某一过程中体系接受的外功量(outside works).

w^*:比外功(special outside works).

Q:某一过程中体系接受的外热量(outside heat).

W:某一过程中体系接受的外变形功(outside deformation works).

w:比变形功(special deformation works).

C:一维 L 氏波速.

c:一维 E 氏波速.

c^*:相对于介质的一维波速.

$\boldsymbol{U}$:三维 L 氏波速.

$\boldsymbol{V}$:三维 E 氏波速.

$\boldsymbol{N}$:L 氏波阵面单位法矢量.

$\boldsymbol{n}$:E 氏波阵面单位法矢量.

U_N:三维 L 氏法向波速.

V_N:三维 E 氏法向波速.

V_n^*:相对于介质的三维 E 氏法向波速.

目　次

第1章　一维单纯应力波的阵面分析方法

本章重点讲解一维单纯应力波的阵面分析方法，主要目的是建立关于应力波的有关基本概念.所谓一维是指几何上是一维的，即指的是平面波、柱面波或球面波；所谓单纯应力波是指问题只含有一个独立的应力分量，其他应力分量或者为零或者可以由某一个主要的应力分量来表达；所谓阵面分析方法是指以波阵面上的质量、动量和能量守恒条件为基础的分析方法.

1.1　波阵面描述及阵面守恒条件

1.1.1　应力波的概念及分类

物理中所谓的波即是指某种物理量的扰动信号的传播，连续介质中的应力波即是指应力扰动的信号在介质中的传播.我们把受扰动介质与未受扰动介质的分界面（或广义地说新的扰动介质与旧的扰动介质的分界面）称为波阵面（wave front）.在数学上，我们把波阵面视为一个所谓的奇异面（singular surface），当跨过这个奇异面时介质中的某些物理量发生某种间断.在连续介质力学中，除了发生断裂的情况外，位移总是连续的，我们将把跨过奇异面时发生间断的位移的导数的阶数称为波阵面的阶.例如跨过波阵面时位移本身保持连续而其一阶导数发生间断的波阵面称为一阶奇异面，位移的一阶导数主要是介质的质点速度、应变，因此跨过一阶奇异面时介质的质点速度、应变、应力会发生间断，而这三个量是工程上人们最关心的，所以习惯上人们把这种波称为强间断波（strong discontinuity wave）或冲击波（shock wave）；跨过波阵面时位移本身及其一阶导数保持连续而其二阶导数发生间断的波阵面称为二阶奇异面，位移的二阶导数主要包括介质的质点加速度、应变率和应变陡度，因此跨过二阶奇异面时介质的质点加速度等量会发生间断，而质点速度、应变、应力等则保持连续，所以习惯上人们把这种波称为连续波（continuity wave）或弱间断波（weak discontinuity wave），同时由于发生间断的量是质点加速度，所以人们又把这种波称为加速度波.以此类推，跨过奇异面时位移本身以及直至其$n-1$阶导数都连续而其n阶导数发生间断的波阵面称为n阶奇异面.习惯上，人们又把这种光滑性更好的连续波称为广义的加速度波，因为跨过这种奇异面时发生间断的量是介质的某阶加速度.

应力波在介质中的传播速度称为波速(wave speed).我们特别强调，波速是应力扰动信号的传播速度，它与波作为扰动所引起的介质本身的质点速度是完全不同的.例如压缩波引起的介质质点速度虽然与波的传播方向相同，但其值则是完全不同的，一般而言前者的值远远小于后者的值；拉伸波引起的介质质点速度则是与波的传播方向相反的，两者显然是不同的；剪切波引起的介质质点速度与波的传播方向是垂直的，二者更是不同.

1.1.2 波的运动学

这里我们以细长杆中的一维应力纵波为例来进行讨论.设将杆轴作为 Lagrange 坐标系(简称 L 氏坐标系)的 X 轴和 Euler 坐标系(简称 E 氏坐标系)的 x 轴，将介质沿杆轴的 L 氏坐标(即介质在初始构形中的坐标)和 E 氏坐标(即介质在瞬时构形中的坐标)分别记为 X 和 x，时间记为 t，纵向位移记为 u，则介质运动规律的 L 氏描述为

$$\begin{cases} x = x(X,t) = X + u(X,t) \\ y = Y \\ z = Z \end{cases} \tag{1.1.1}$$

设 t 时刻波阵面到达 L 氏坐标为 X 的杆截面，则波阵面运动规律的 L 氏描述(或称 L 氏波阵面)可写为

$$X = X_*(t), \quad t = t_*(X) \tag{1.1.2}$$

我们以带 $*$ 的量表示波阵面上的量.介质的 L 氏波速为

$$C = \frac{\mathrm{d}X_*(t)}{\mathrm{d}t} \tag{1.1.3}$$

它表示单位时间内波阵面所经过的一段杆在初始构形中的长度，反映了波所经过的物质量的多少，故 L 氏波速又称为材料波速或物质波速(materials wave speed).

对式(1.1.1)求导，有

$$\begin{cases} \left(\dfrac{\partial x}{\partial t}\right)_X = \left(\dfrac{\partial u}{\partial t}\right)_X = v \\ \left(\dfrac{\partial x}{\partial X}\right)_t = 1 + \left(\dfrac{\partial u}{\partial X}\right)_t = 1 + \varepsilon \end{cases} \tag{1.1.4}$$

其中 v 和 ε 分别为介质的质点速度和工程应变.式(1.1.4)给出了当采用介质运动规律的 L 氏描述时函数 $x = x(X,t)$ 的两个偏导数 $\left(\dfrac{\partial x}{\partial X}\right)_t$，$\left(\dfrac{\partial x}{\partial t}\right)_X$ 与介质的质点速度 v、工程应变 ε 的关系.当采用 L 氏描述时，对任意物理量 f，可有

$$f = f(X,t) \tag{1.1.5}$$

站在波阵面上，有 $X = X_*(t)$ 和 $t = t_*(X)$，故

$$\begin{cases} f = f(X_*(t),t) \equiv f_*(t) \\ f = f(X,t_*(X)) \equiv f_*(X) \end{cases} \tag{1.1.6}$$

时程函数 $f_*(t)$ 表示波阵面上量 f 在 t 时刻的值，称为量 f 的随波时间函数；函数 $f_*(X)$ 表示波阵面传播至粒子 X 处时量 f 的值，称为量 f 的 L 氏随波场函数.量 f 的随波时间导数

$\dfrac{\mathrm{d}f_*(t)}{\mathrm{d}t}$和随波场L氏梯度(或称随波场物质导数)$\dfrac{\mathrm{d}f_*(X)}{\mathrm{d}X}$分别为

$$\begin{cases}\dfrac{\mathrm{d}f_*(t)}{\mathrm{d}t}=\left(\dfrac{\partial f}{\partial t}\right)_X+\left(\dfrac{\partial f}{\partial X}\right)_t\dfrac{\mathrm{d}X_*(t)}{\mathrm{d}t}=\left(\dfrac{\partial f}{\partial t}\right)_X+\left(\dfrac{\partial f}{\partial X}\right)_tC\\ \dfrac{\mathrm{d}f_*(X)}{\mathrm{d}X}=\left(\dfrac{\partial f}{\partial X}\right)_t+\left(\dfrac{\partial f}{\partial t}\right)_X\dfrac{\mathrm{d}t_*(X)}{\mathrm{d}X}=\left(\dfrac{\partial f}{\partial X}\right)_t+\left(\dfrac{\partial f}{\partial t}\right)_X\dfrac{1}{C}\end{cases}\tag{1.1.7}$$

式(1.1.7)给出了波阵面上量 f 的随波时间导数$\dfrac{\mathrm{d}f_*(t)}{\mathrm{d}t}$和量 f 的随波场物质导数$\dfrac{\mathrm{d}f_*(X)}{\mathrm{d}X}$由该量L氏描述 $f=f(X,t)$的两个偏导数$\left(\dfrac{\partial f}{\partial t}\right)_X$和$\left(\dfrac{\partial f}{\partial X}\right)_t$来表达的关系. 根据上式,有

$$\frac{\mathrm{d}f_*(t)}{\mathrm{d}t}=\frac{\mathrm{d}f_*(X)}{\mathrm{d}X}C=\frac{\mathrm{d}f_*(X)}{\mathrm{d}X}\frac{\mathrm{d}X_*(t)}{\mathrm{d}t}\tag{1.1.8}$$

式(1.1.8)实际上就是复合函数求导的"链式法则"在波阵面上的体现.

前面的内容也可平行地以E氏描述表达. 一维纵波介质运动的E氏描述可表达为

$$X=X(x,t)=x-u(x,t)\tag{1.1.9}$$

它是式(1.1.1)的反函数. 波阵面的E氏描述(即E氏波阵面)可写为

$$x=x_*(t),\quad t=t_*(x)\tag{1.1.10}$$

则E氏波速

$$c=\frac{\mathrm{d}x_*(t)}{\mathrm{d}t}\tag{1.1.11}$$

它表示单位时间内波阵面在瞬时构形中所走过的空间距离,故E氏波速也称作空间波速(space wave speed)或绝对波速(absolute wave speed).

由于式(1.1.1)和式(1.1.9)是对同一个介质运动的描述,故我们可有如下两个恒等式:

$$X=X(x(X,t),t)\tag{1.1.12-a}$$

$$x=x(X(x,t),t)\tag{1.1.12-b}$$

由式(1.1.12-a)分别对 X 和 t 求偏导并利用式(1.1.4),可得

$$1=\left(\frac{\partial X}{\partial x}\right)_t\left(\frac{\partial x}{\partial X}\right)_t=\left(\frac{\partial X}{\partial x}\right)_t(1+\varepsilon)\tag{1.1.13-a}$$

$$0=\left(\frac{\partial X}{\partial t}\right)_x+\left(\frac{\partial X}{\partial x}\right)_t\left(\frac{\partial x}{\partial t}\right)_X=\left(\frac{\partial X}{\partial t}\right)_x+\left(\frac{\partial X}{\partial x}\right)_tv\tag{1.1.13-b}$$

由式(1.1.13-a)和式(1.1.13-b),可解得

$$\begin{cases}\left(\dfrac{\partial X}{\partial x}\right)_t=\dfrac{1}{1+\varepsilon}\\ \left(\dfrac{\partial X}{\partial t}\right)_x=\dfrac{-v}{1+\varepsilon}\end{cases}\tag{1.1.14}$$

式(1.1.14)给出了当采用介质运动规律的E氏描述时函数 $X=X(x,t)$的两个偏导数$\left(\dfrac{\partial X}{\partial x}\right)_t$,$\left(\dfrac{\partial X}{\partial t}\right)_x$与介质的质点速度 v、工程应变 ε 的关系.

对任何一个物理量 f 当采用其E氏描述时,有

$$f=f(x,t)\tag{1.1.15}$$

站在波阵面上,有 $x=x_*(t)$和 $t=t_*(x)$,故可得

$$\begin{cases} f = f(x_*(t), t) = f_*(t) \\ f = f(x, t_*(x)) = f_*(x) \end{cases} \tag{1.1.16}$$

函数 $f_*(t)$ 表示波阵面上量 f 在 t 时刻的值，称为量 f 的随波时程函数，它与式(1.1.6)中的函数 $f_*(t)$ 是完全相同的；函数 $f_*(x)$ 表示波阵面传播至 E 氏坐标 x 处时量 f 的值，称为量 f 的 E 氏随波场函数. 量 f 的随波时间导数 $\dfrac{\mathrm{d}f_*(t)}{\mathrm{d}t}$ 和随波场 E 氏导数(或称随波场空间导数) $\dfrac{\mathrm{d}f_*(x)}{\mathrm{d}x}$ 可分别由式(1.1.16)对 t 和 x 求导而得出：

$$\begin{cases} \dfrac{\mathrm{d}f_*(t)}{\mathrm{d}t} = \left(\dfrac{\partial f}{\partial t}\right)_x + \left(\dfrac{\partial f}{\partial x}\right)_t \dfrac{\mathrm{d}x_*(t)}{\mathrm{d}t} = \left(\dfrac{\partial f}{\partial t}\right)_x + \left(\dfrac{\partial f}{\partial x}\right)_t c \\ \dfrac{\mathrm{d}f_*(x)}{\mathrm{d}x} = \left(\dfrac{\partial f}{\partial x}\right)_t + \left(\dfrac{\partial f}{\partial t}\right)_x \dfrac{\mathrm{d}t_*(x)}{\mathrm{d}x} = \left(\dfrac{\partial f}{\partial x}\right)_t + \left(\dfrac{\partial f}{\partial t}\right)_x \dfrac{1}{c} \end{cases} \tag{1.1.17}$$

式(1.1.17)给出了波阵面上的量 f 的随波时间导数 $\dfrac{\mathrm{d}f_*(t)}{\mathrm{d}t}$ 和量 f 的随波场空间导数 $\dfrac{\mathrm{d}f_*(x)}{\mathrm{d}x}$ 由该量 E 氏描述 $f=f(x,t)$ 的两个偏导数 $\left(\dfrac{\partial f}{\partial t}\right)_x$ 和 $\left(\dfrac{\partial f}{\partial x}\right)_t$ 来表达的关系. 由此两式可以得到

$$\frac{\mathrm{d}f_*(t)}{\mathrm{d}t} = \frac{\mathrm{d}f_*(x)}{\mathrm{d}x}c = \frac{\mathrm{d}f_*(x)}{\mathrm{d}x}\frac{\mathrm{d}x_*(t)}{\mathrm{d}t} \tag{1.1.18}$$

式(1.1.18)同样也是复合函数求导的链式法则在波阵面上的体现.

式(1.1.7)对任意的量 f 都成立，特别地，当取 f 为粒子的 E 氏坐标，即取 $f=x$ 时，并结合式(1.1.4)，我们有

$$c = v + (1+\varepsilon)C \tag{1.1.19-a}$$

式(1.1.19-a)给出了 L 氏波速和 E 氏波速之间的关系，它的物理意义是很清楚的：L 氏波速 C 表示单位时间内波所走过的一段杆在初始构形中的长度，具有应变 ε 的该段杆在瞬时构形中的当前长度为 $(1+\varepsilon)C$，再加上粒子本身单位时间内所移动的距离 v，即得波在单位时间内所走过的空间距离 c. 无论我们是站在波阵面的紧前方还是站在波阵面的紧后方，该公式都是成立的，其物理含义可由图 1.1 说明. 量

$$c^* = (1+\varepsilon)C = c - v \tag{1.1.19-b}$$

表示波相对于介质的相对波速，习惯上称为局部波速，它与 L 氏波速 C 一样完全是由介质的性质所决定的.

当然，式(1.1.19-a)也可以由式(1.1.17)令量 f 为粒子的 L 氏坐标 X，即 $f=X$ 并利用式(1.1.14)而得到. 同学们可作为练习证明之.

1.1.3 波阵面上的位移连续条件和动量守恒条件

1. 波阵面上的位移连续条件

下面我们将以 L 氏描述为基础来介绍有关波传播的内容. 我们把 X-t 平面称为物理平面，在物理平面上波阵面运动规律的 L 氏描述即 L 氏波阵面 $X=X_*(t)$ 如图 1.2 中的曲线所示，波阵面紧前方和紧后方的两个相邻粒子分别在图中以记号“+”和“−”来标记.

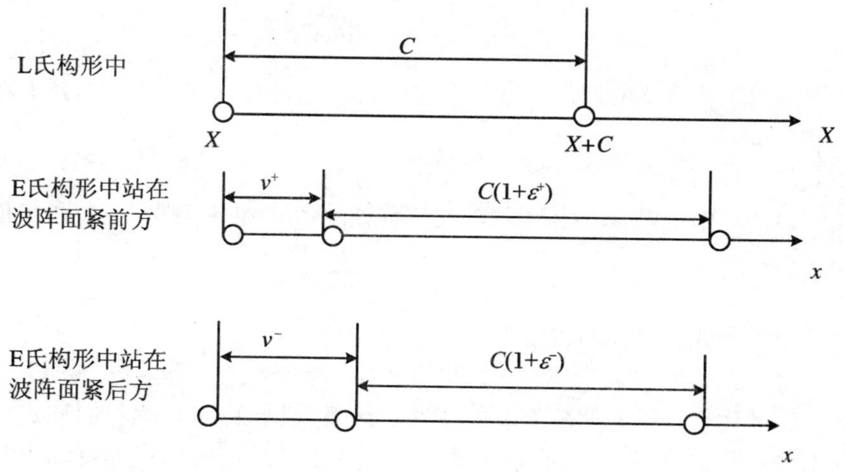

图 1.1　L 氏波速和 E 氏波速的关系

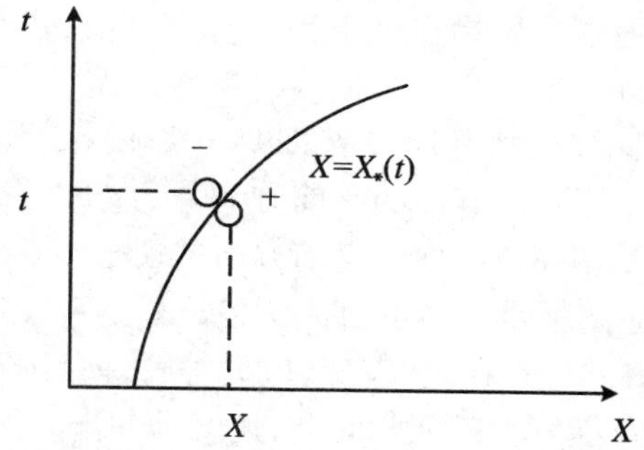

图 1.2　物理平面中波阵面的迹线

根据式(1.1.7)的第一式，对任何量 f 我们有(这里我们省略掉了求偏导数时保持不变的量的下标 t 和 X)

$$\frac{\mathrm{d}f_*(t)}{\mathrm{d}t}=\frac{\partial f}{\partial t}+\frac{\partial f}{\partial X}C \tag{1.1.20}$$

将式(1.1.20)分别应用于波阵面的紧前方和紧后方，分别以"+""-"表示某量在波阵面紧前方和紧后方的值，则有

$$\begin{cases}\dfrac{\mathrm{d}(f_*)^+}{\mathrm{d}t}=\left(\dfrac{\partial f}{\partial t}\right)^+ +\left(\dfrac{\partial f}{\partial X}\right)^+ C\\[2ex]\dfrac{\mathrm{d}(f_*)^-}{\mathrm{d}t}=\left(\dfrac{\partial f}{\partial t}\right)^- +\left(\dfrac{\partial f}{\partial X}\right)^- C\end{cases} \tag{1.1.21}$$

将式(1.1.21)中的第二个方程减去第一个方程，并以

$$[\varphi]\equiv\varphi^- - \varphi^+ \tag{1.1.22}$$

来表示由波阵面的紧前方跨至波阵面的紧后方时量 φ 的跳跃量，即以量 φ 所表达的冲击波的强度，则得到

$$\frac{\mathrm{d}[f_*]}{\mathrm{d}t} = \left[\frac{\partial f}{\partial t}\right] + \left[\frac{\partial f}{\partial X}\right]C \tag{1.1.23}$$

式(1.1.23)把以量 f 所量度的冲击波的强度$[f_*]$随时间的变化率$\frac{\mathrm{d}[f_*]}{\mathrm{d}t}$与量 f 两个偏导数的跳跃量$\left[\frac{\partial f}{\partial t}\right]$和$\left[\frac{\partial f}{\partial X}\right]$联系起来,称为 Maxwell 关系.

当取式(1.1.22)中的量 φ 为粒子的轴向位移,即取 $\varphi = u$ 时,则根据位移单值连续条件应有

$$[u_*] = u_*^- - u_*^+ = 0 \tag{1.1.24}$$

于是结合式(1.1.4),式(1.1.23)将给出 $0 = [v] + [\varepsilon]C$,即

$$[v] = -C[\varepsilon] \tag{1.1.25}$$

得出式(1.1.25)的物理依据是波阵面上的位移连续条件(1.1.24),故我们称式(1.1.25)为冲击波阵面上的位移连续条件,它的意义是把跨过冲击波阵面时质点速度和工程应变的跳跃量$[v]$与$[\varepsilon]$联系起来了.在一维波动的情况下,位移单值连续的条件是和物质既不产生也不消灭的质量守恒条件相等价的,故式(1.1.25)也是质量守恒的一种反映.在三维波动的情况下,位移连续所包含的内容比质量守恒更为丰富,后者只是前者的一个推论而已,这一点我们将在讲三维波动时再讨论.

在此我们指出,联系 L 氏波速和 E 氏波速的式(1.1.19-a)既适用于波阵面的紧前方,也适用于波阵面的紧后方.而由于在波阵面的紧前方和紧后方粒子的 L 氏坐标和 E 氏坐标都分别是相同的,故我们无论是站在波阵面的紧前方前进还是站在波阵面的紧后方前进,所测得的 E 氏波速和 L 氏波速显然都是一样的,即 C 和 c 都是跨波连续的,它们的跳跃量或间断量为 0;但是波阵面紧前方的质点速度、应变、应力等物理量则可能发生跳跃和间断,故相对波速 c^* 跨过波阵面时也可能发生跳跃和间断,这就是冲击波的情况.于是,如果我们把式(1.1.19-a)分别应用于冲击波阵面的紧后方和紧前方并相减,则同样也可得出冲击波阵面上的位移连续条件(1.1.25).

2. 冲击波阵面上的动量守恒条件

开口体系的动量守恒条件可表述为:任一时刻开口体系的动量的变化率 = 该时刻体系所受外力的矢量和 + 外界向体系的动量纯流入率.

对初始面积为 A_0、介质的初始质量密度为 ρ_0 的一维杆中的纵波传播问题,在杆中取一个处于两截面之间的体系,只要两个截面的 L 氏坐标 $X_1(t)$,$X_2(t)$两者同时或者之一随时间 t 是变化的,显然它就是一个开口体系,否则,即当 $X_1(t)$,$X_2(t)$两者同时与时间 t 无关时,则它就是一个闭口体系.考虑图 1.3 中的开口体系($X_1(t)$,$X_2(t)$),其动量守恒条件可由如下方程表达:

$$\frac{\mathrm{d}}{\mathrm{d}t}\int_{X_1(t)}^{X_2(t)} \rho_0 A_0 v(X,t)\mathrm{d}X = A_0(\sigma_2 - \sigma_1) + \rho_0 A_0 \frac{\mathrm{d}X_2}{\mathrm{d}t}v_2 - \rho_0 A_0 \frac{\mathrm{d}X_1}{\mathrm{d}t}v_1 \tag{1.1.26}$$

其中 v_1 和 σ_1 分别是截面 $X_1(t)$处紧外侧介质的质点速度和其对体系所作用的工程正应力,v_2 和 σ_2 分别是截面 $X_2(t)$处紧外侧介质的质点速度和其对体系所作用的工程正应力.上述方程适用于任何开口体系,特别地,当我们取 $X_2(t) = X_1(t) = X_*(t)$恰为冲击波阵面,即当取开口体系为附着在冲击波阵面上的一个无限薄的薄层时,则$\frac{\mathrm{d}X_2}{\mathrm{d}t} = \frac{\mathrm{d}X_1}{\mathrm{d}t} = \frac{\mathrm{d}X_*}{\mathrm{d}t} = C$ 将

恰为冲击波阵面的 L 氏波速 C，而式(1.1.26)的左端则为 0，同时 $\sigma_1-\sigma_2=[\sigma]$和 $v_1-v_2=[v]$则分别为从冲击波阵面紧前方跨至其紧后方时介质应力和质点速度的跳跃量，于是由式(1.1.26)将给出

$$[\sigma]=-\rho_0 C[v] \tag{1.1.27}$$

此式成立的物理基础是附着在冲击波阵面上的无限薄层的动量守恒，故称其为冲击波阵面上的动量守恒条件，它的意义是把跨越冲击波阵面时的应力跳跃量与质速跳跃量联系起来了. 显然式(1.1.27)也可以由单位时间内单位面积波阵面所经过的一段杆作为闭口体系的动量守恒条件而得出，读者可作为练习思考之.

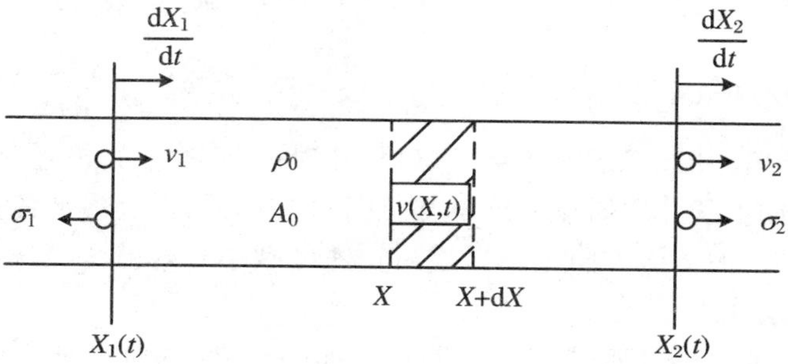

图 1.3　杆中以 L 氏坐标描述的开口体系和受力情况

式(1.1.25)、式(1.1.27)是针对右行波而言的，对于左行波，当取 $C=\dfrac{\mathrm{d}X_*}{\mathrm{d}t}$为波速的代数值时，上面的公式显然仍是正确的；但是，若取 C 为波速的绝对值，则因对左行波应有 $C=-\dfrac{\mathrm{d}X_*}{\mathrm{d}t}$，所以式(1.1.25)和式(1.1.27)右端的负号都应改为正号. 以后我们将以 C 表示波速的绝对值. 不管是左行波还是右行波，显然我们都有$[\sigma]=\rho_0 C^2[\varepsilon]$，于是 L 氏波速的绝对值可由下面的公式确定：

$$C=\sqrt{\frac{[\sigma]}{\rho_0[\varepsilon]}} \tag{1.1.28}$$

以上的叙述都是针对应力、质点速度和应变有强间断的冲击波而言的，对于连续波，可以将其看成是由无穷多个无限小的增量波依次构成的. 此时跨过每一个增量波的扰动量可由其微分表达，故式(1.1.25)、式(1.1.27)、式(1.1.28)将分别成为

$$\mathrm{d}v=\mp C\mathrm{d}\varepsilon \tag{1.1.29}$$

$$\mathrm{d}\sigma=\mp \rho_0 C\mathrm{d}v \tag{1.1.30}$$

$$C=\sqrt{\frac{\mathrm{d}\sigma}{\rho_0\mathrm{d}\varepsilon}} \tag{1.1.31}$$

公式中的“－”和“＋”分别对应右行波和左行波.

1.1.4　波阵面上动量守恒条件的物理意义

在讲解波阵面上动量守恒条件的物理意义之前，我们指出一个应力波术语上的重要概念，即所谓压缩波和拉伸波(或稀疏波)的概念. 波是一种扰动即介质状态的改变，所以判断

一个波是压缩波还是拉伸波不是由介质是处于压缩状态还是处于拉伸状态来决定的，而是由其状态改变的方向来决定的，例如将处于较大压缩状态的介质改变为处于较小压缩状态的波，尽管介质的前后状态都是压缩，但这样一个波仍是拉伸波；同样将介质由较大拉伸状态改变为较小拉伸状态的波则是压缩波.

冲击波和增量波的波阵面上的动量守恒条件分别为

$$[\sigma] = -\rho_0 \frac{dX_*}{dt}[v] = \mp \rho_0 C[v], \quad d\sigma = -\rho_0 \frac{dX_*}{dt}dv = \mp \rho_0 C dv \tag{1.1.32}$$

其中两式最后一个等号右边的"∓"分别对应于右行波和左行波，而两式的第一个等号右边永远是"−". 由此式可见，如果$[\sigma]<0$或$d\sigma<0$(压缩波)，则$[v]$或dv与代数波速$\frac{dX_*}{dt}$必同号；反之，如果$[\sigma]>0$或$d\sigma>0$(拉伸波)，则$[v]$或dv与代数波速$\frac{dX_*}{dt}$必异号. 于是，根据我们前面关于压缩波和拉伸波术语的约定，这就意味着：不管是左行波还是右行波，压缩波必然引起沿波传播方向上的介质质点速度增加，而拉伸波必然引起沿波传播相反方向上的介质质点速度增加(即沿波传播方向上的介质质点速度减小)，这就是波阵面上的动量守恒条件(1.1.32)的第一层物理意义.

另外由式(1.1.32)可见，如以C表示L氏波速的绝对值，则对冲击波和增量波，我们分别有

$$\rho_0 C = \frac{|[\sigma]|}{|[v]|}, \quad \rho_0 C = \frac{|d\sigma|}{|dv|} \tag{1.1.33}$$

这就是说，从绝对值意义上讲，纵波所引起的应力增量和质点速度增量之比恰等于量$\rho_0 C$，这与电学中加于元件两端的电压和所通过的电流之比恰等于元件的电阻是类似的，故在波动力学中将量$\rho_0 C$称为介质的波阻抗(wave impedance)(冲击波阻抗或增量波阻抗). 式(1.1.33)说明，波阻抗是为使介质产生单位质点速度增量所需要加给介质的扰动应力增量. 定性地说，波阻抗是介质在波作用下所显现的"软"或"硬"特性的一种反映，即波阻抗较大时材料显得较"硬"，反之则较"软". 这就是波阵面上动量守恒条件的第二层物理意义. 波阻抗$\rho_0 C$的另一种物理解释是：它表示单位面积的波阵面在单位时间内所扫过的介质的质量.

在以后讲解波在两种介质交界面的透反射问题时，我们将会知道，波阻抗对反射波的性质和强弱有着重要的影响.

1.1.5 冲击波阵面上的能量守恒条件

无论是考虑还是不考虑介质中的热效应，我们都可以根据开口体系的能量守恒条件以和上面得出波阵面上动量守恒条件类似的方法得出波阵面上的能量守恒条件，读者可以作为练习推导之. 但是，为了加深读者对波阵面上守恒条件物理内涵的理解，对于波阵面上的能量守恒条件，在此我们将采用闭口体系的观点来加以推导和说明. 任何一个闭口体系的能量守恒条件可以表达为

$$dU + dK = dW^* + dQ \tag{1.1.34-a}$$

其中dU和dK分别表示在任意时间间隔dt内闭口体系内能的增加量和动能的增加量，dW^*和dQ分别表示外部在dt时间内对闭口体系所做的功和纯供热. 由于波动过程极快，

外部供热效应通常来不及影响波动过程，所以人们通常近似地认为波动过程是绝热的. 对于不太剧烈的连续波，可将之视为可逆的绝热等熵过程；而对于较剧烈的强间断冲击波，则可将之视为绝热熵增过程，这就是所谓的绝热冲击波，对绝热冲击波，外部供热 dQ 等于零，式(1.1.34-a)成为

$$dU + dK = dW^* \tag{1.1.34-b}$$

设在初始面积为 A_0、初始质量密度为 ρ_0 的杆中，有一个 L 氏波速为 C 的冲击波，其 L 氏波阵面在 t 时刻和 $t+dt$ 时刻分别到达 L 氏坐标为 X 和 $X+Cdt$ 的位置. 将 dt 时间内冲击波所扫过的一段杆材作为我们所考察的闭口体系，它的质量为 $\rho_0 A_0 Cdt$，其在 t 时刻和 $t+dt$ 时刻的状态分别如图 1.4(a)和图 1.4(b)所示，其中 $\sigma^+, \varepsilon^+, v^+, u^+$ 分别表示冲击波阵面紧前方杆中的工程应力、工程应变、质点速度、比内能，$\sigma^-, \varepsilon^-, v^-, u^-$ 分别表示冲击波阵面紧后方杆中的工程应力、工程应变、质点速度、比内能，则该闭口体系 $\rho_0 A_0 Cdt$ 的绝热能量守恒条件(1.1.34-b)可写为

$$\rho_0 A_0 Cdt\left[\frac{(v^-)^2}{2} + u^- - \frac{(v^+)^2}{2} - u^+\right] = A_0\sigma^+ v^+ dt - A_0\sigma^- v^- dt \tag{1.1.35-a}$$

或

$$\rho_0 A_0 C\left[\frac{(v^-)^2}{2} + u^- - \frac{(v^+)^2}{2} - u^+\right] = A_0\sigma^+ v^+ - A_0\sigma^- v^- \tag{1.1.35-b}$$

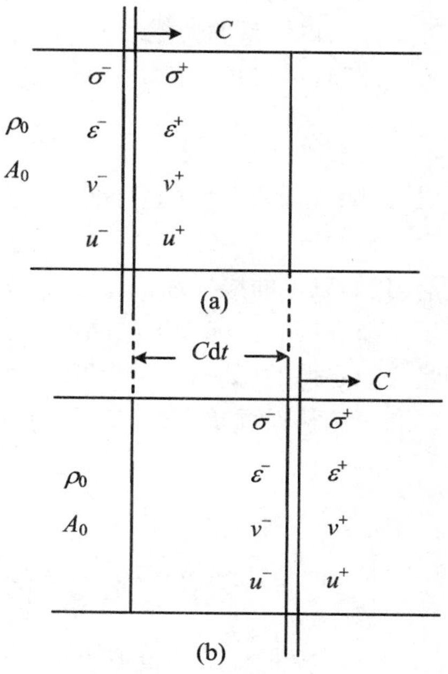

图 1.4　闭口体系 $\rho_0 A_0 Cdt$ 在 t 和 $t+dt$ 时的状态

式(1.1.35-a)和式(1.1.35-b)可分别视为 dt 时间内和极限意义下单位时间内冲击波所扫过的杆材闭口体系的能量守恒条件，消去 A_0，可将之改写为

$$-[\sigma v] = \frac{1}{2}\rho_0 C[v^2] + \rho_0 C[u] \tag{1.1.36}$$

式(1.1.36)可视为极限意义下单位时间内单位面积的波阵面所扫过的闭口体系的能量守恒条件，其中 $[\varphi] \equiv \varphi^- - \varphi^+$，表示由前方至后方跨过冲击波阵面时量 φ 的跳跃量，而其左端 $-[\sigma v] = \sigma^+ v^+ - \sigma^- v^-$ 恰恰表示外面力对此闭口体系的功率. 由于

$$-[\sigma v] = -\sigma^+[v] - v^-[\sigma] = -\sigma^-[v] - v^+[\sigma]$$

所以

$$-[\sigma v] = -\frac{1}{2}(v^+ + v^-)[\sigma] - \frac{1}{2}(\sigma^+ + \sigma^-)[v] \tag{1.1.37}$$

式(1.1.37)的物理意义是：外面力对上述闭口体系的功率可以分解为两项，其中第一项表示冲击波前后方的不均衡面力在前后方平均速度上的刚度功率，第二项则表示冲击波前后方的均衡面力在前后方速度差上所产生的变形功率. 在利用冲击波阵面上的动量守恒条件(1.1.27)之后，我们有

$$-\frac{1}{2}(v^{+}+v^{-})[\sigma]=\frac{1}{2}\rho_0C(v^{+}+v^{-})(v^{-}-v^{+})=\frac{1}{2}\rho_0C[v^2]$$

即

$$-\frac{1}{2}(v^{+}+v^{-})[\sigma]=\frac{1}{2}\rho_0C[v^2] \tag{1.1.38}$$

式(1.1.38)的物理意义是:冲击波前后方的不均衡面力在前后方平均速度上的刚度功率恰恰等于该闭口体系的动能增加率,这是动能定理在冲击波阵面上的体现.将式(1.1.38)代入式(1.1.37),并与式(1.1.36)相对比,有

$$\rho_0C[u]=-\frac{1}{2}(\sigma^{+}+\sigma^{-})[v] \tag{1.1.39}$$

式(1.1.39)的物理意义是:闭口体系内能的增加率等于冲击波前后方的均衡面力在前后方速度差上所产生的变形功率,即在纯力学情况下,材料的内能就是其应力变形功转化来的应变能.我们以上的推导和论述过程,实际上是把冲击波阵面上的能量守恒条件(1.1.36)分解成了动能守恒和内能守恒的两个式子(式(1.1.38)和式(1.1.39)).请读者将此与连续场中能量守恒定律的相应叙述相对照(可参见参考文献[14]).

利用位移连续条件(1.1.25),可将式(1.1.39)改写为

$$\rho_0C[u]=-\frac{1}{2}(\sigma^{+}+\sigma^{-})[v]=\frac{1}{2}C(\sigma^{+}+\sigma^{-})[\varepsilon]$$

即

$$\rho_0[u]=\frac{1}{2}(\sigma^{-}+\sigma^{+})(\varepsilon^{-}-\varepsilon^{+}) \tag{1.1.40}$$

式(1.1.40)就是杆中冲击波阵面上的绝热能量守恒条件的另一种形式,其右端恰恰是材料应力-应变曲线上连接冲击波紧前方状态 $B(\varepsilon^{+},\sigma^{+})$ 和紧后方状态 $A(\varepsilon^{-},\sigma^{-})$ 的所谓激波弦之下的梯形 $BAA'B'$ 的面积.这说明,冲击波所扫过的单位初始体积杆材的内能增加应该等于梯形 $BAA'B'$ 的面积.而我们知道,应力-应变曲线下面的曲线 $BMAA'B'$ 的面积代表的是杆材由初态 B 过渡到终态 A 时应力的变形功,即纯力学情况下材料应变能的增加.因此,当材料是递增硬化材料时,如图1.5(a)所示,式(1.1.40)表示,冲击波过后材料的内能增加大于其应变能(即“冷能”)的增加,其多出的面积如图中弓形阴影面积所示,这部分能量将是

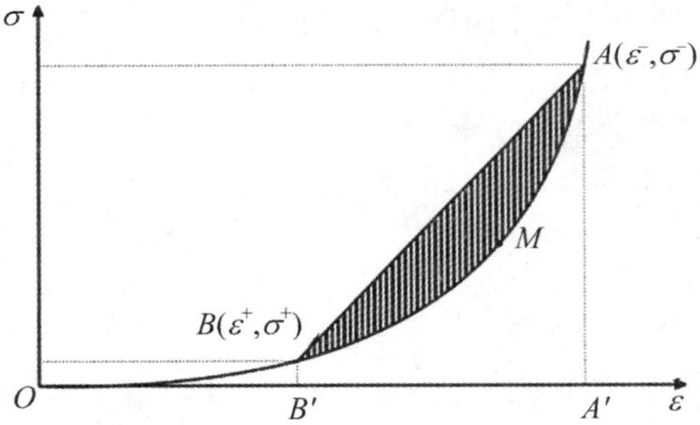

(a) 递增硬化材料加载冲击波满足内耗散非负

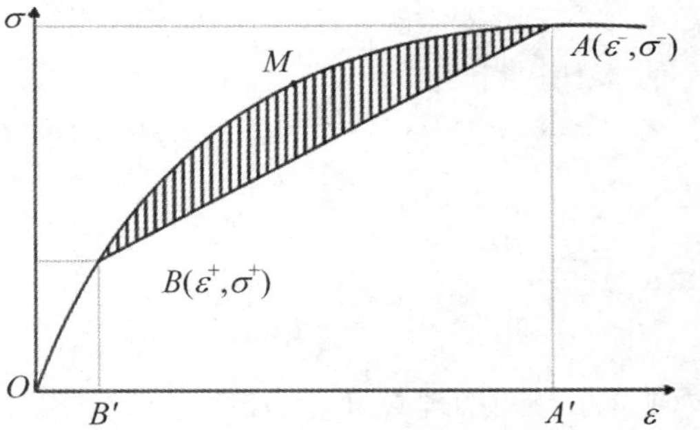

(b) 递减硬化材料加载冲击波不满足内耗散非负

图 1.5

纯力学应变能之外的所谓"热能".作为内能的一部分,这种"热能"通常是由冲击波层内很大的速度梯度所造成的内摩擦效应及大变形晶格位错滑移所生成的,它们将转化为热而耗散掉,并引起介质的熵增,这符合热力学第二定律关于内耗散永远非负的结论,故在递增硬化材料中是可以存在稳定传播的加载冲击波的.相反,如果材料是递减硬化材料,如图1.5(b)所示,则冲击波所引起的材料总内能增加会小于其作为内能一部分的应变能的增加,总体小于部分,这是不可能的,这说明冲击波所提供的内能增加不足以在保证其应变能增加的同时还留有非负的热耗散,这不符合热力学第二定律关于内耗散永远非负的论断,故在递减硬化材料中是不可能存在稳定传播的加载冲击波的,或者说加载冲击波一定会立即转化为连续波.容易理解,对于卸载冲击波,我们则会有相反的结论.

1.2　弹性波的传播和相互作用例Ⅰ——弹性杆的对撞

1.2.1　题例及解法

本节以弹性杆的对撞为例来介绍弹性波的传播和相互作用问题.设有一个长度为 l、质量密度为 ρ_0、杨氏模量为 E 的弹性杆以速度 v^* 撞击另一长度为 $2l$ 的相同材料杆,如果撞击速度较低,则两材料当中将只产生弹性波,这即是弹性杆的对撞问题.为了叙述和作图简洁起见,我们以同材料杆为例来进行介绍,但下面给出的解题方法显然对不同材料的杆也完全是适用的.我们将以波阵面上的动量守恒条件从代数上求解之,并借助于物理平面 $X\text{-}t$ 和状态平面 $v\text{-}\sigma$ 的图解来加以说明,参见图1.6.右行波和左行波波阵面上的动量守恒条件分别为

$$[\sigma] = \mp \rho_0 C_e [v] \tag{1.2.1}$$

其中

$$C_e = \sqrt{\frac{[\sigma]}{\rho_0 [\varepsilon]}} = \sqrt{\frac{E}{\rho_0}} \tag{1.2.2}$$

为杆的弹性波速,此公式的得出已经用到了波阵面上的位移连续条件.

两杆的初始状态 (v^*, σ^*) 和 (v_0, σ_0) 分别为:$v^* > 0$ 为给定值,$\sigma^* = 0$ 和 $v_0 = 0, \sigma_0 = 0$,分别如图1.6(b)状态平面上的点 0^* 和点 0 所示.在左杆撞上右杆一瞬间将有右行弹性波 OA 和左行弹性波 OB 分别从交界面上向右杆和左杆传播,我们将其分别记为 $OA(0\sim1)$ 和 $OB(0^*\sim1^*)$,其中括号中的两个数字分别表示波的前方和后方的状态,这些数字标在图1.6(a)中的相应区域.图中的直线 OA 和 OB 代表撞击所产生的这两个波的波阵面在物理平面 $X\text{-}t$ 上的迹线,它们分别是斜率为 $1/C_e$ 和 $-1/C_e$ 的直线,称为这两个波的扰动线(disturbance line).跨过这两个波我们分别有右行波和左行波的动量守恒条件如下:

$$\sigma_1 - \sigma_0 = -\rho_0 C_e (v_1 - v_0) \tag{1.2.3}$$

$$\sigma_1^* - \sigma_0^* = +\rho_0 C_e (v_1^* - v_0^*) \tag{1.2.4}$$

在状态平面上它们分别是经过初始状态 $0(v_0,\sigma_0)$、斜率为 $-\rho_0 C_e$ 和经过初始状态 $0^*(v^*,\sigma^*)$、斜率为 $\rho_0 C_e$ 的两条直线.此外,撞击后两杆接触在一起,故我们有在交界面上的连续条件:

$$\begin{cases} v_1 = v_1^* \\ \sigma_1 = \sigma_1^* \end{cases} \tag{1.2.5}$$

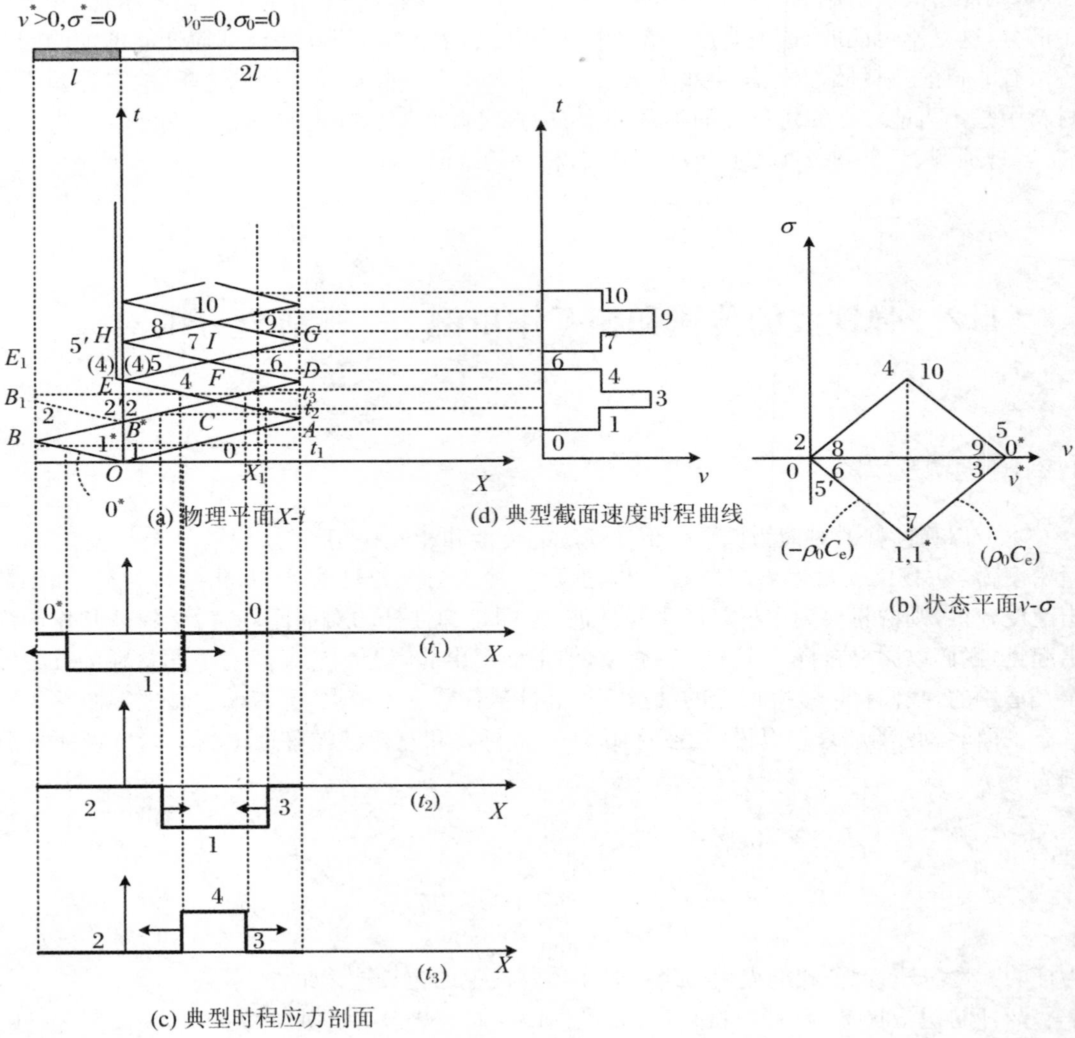

图 1.6 杆撞击问题图解

利用交界面连续条件(1.2.5)之后,式(1.2.3)和式(1.2.4)便成为交界面状态量 $v_1 = v_1^*$ 和 $\sigma_1 = \sigma_1^*$ 的线性代数联立方程组,它的解即是式(1.2.3)和式(1.2.4)表示的两条直线的交点,如图 1.6(b)中的点 1 和点 1^* 所示.显然我们有

$$\begin{cases} v_1 = \dfrac{1}{2} v^* \\ \sigma_1 = -\dfrac{1}{2}\rho_0 C_e v^* \end{cases} \tag{1.2.6}$$

当 $t=t_B=l/C_e$ 时，波 OB 到达左杆自由端，条件改变，故将发生波的反射(reflection)，产生右行反射波 BB^*，波后区2的状态可由反射波 BB^* 的动量守恒条件和2区邻接自由面的条件确定.

波 BB^*(1～2)动量守恒条件：

$$\sigma_2-\sigma_1=-\rho_0 C_e(v_2-v_1) \tag{1.2.7}$$

2区邻接自由面：

$$\sigma_2=0 \tag{1.2.8}$$

解之，可得2区的状态 $2(v_2=0,\sigma_2=0)$，如图1.6(b)中点2所示，它是式(1.2.7)和式(1.2.8)表示的两条直线的交点.

当 $t=t_A=2l/C_e$ 时，波 OA 到达右杆自由端，产生左行反射波 AC，3区状态的确定类似于2区，即由所产生的反射波 AC 的动量守恒条件和3区邻接自由面的条件确定.

波 AC(1～3)动量守恒条件：

$$\sigma_3-\sigma_1=\rho_0 C_e(v_3-v_1) \tag{1.2.9}$$

3区邻接自由面：

$$\sigma_3=0 \tag{1.2.10}$$

由此可解得3区的状态 $3(v_3=v^*,\sigma_3=0)$，如图1.6(b)中点3所示.

当 $t=t_{B^*}=2l/C_e=t_A$ 时，左杆中的反射波 BB^* 同时到达两杆交界面 B^* 处，由于两杆材料相同，故接触在一起的两杆如同一杆一样，波感受不到外界条件的改变，且2区应力 $\sigma_2\leqslant 0$，不致使两杆分离，故将不产生反射波，而直接透射为波 B^*C.(容易证明，如设左杆中产生反射波 B^*B_1，则可解出 B^*B_1 之后状态 $2'$ 与2完全相同，即波 B^*B_1 的强度为0，故此波不存在.)

当 $t=t_C=3l/C_e$ 时，从交界面上的透射波 B^*C 和从右端产生的反射波 AC 于 C 截面相遇，产生波的相互干扰(interaction)，从而产生一对分别向左右两边传播的透反射波 CE 和 CD，此两波后方区域4的状态可由所产生的这两个波 CE, CD 的动量守恒条件确定，即

$$\sigma_4-\sigma_2=\rho_0 C_e(v_4-v_2) \tag{1.2.11}$$

$$\sigma_4-\sigma_3=-\rho_0 C_e(v_4-v_3) \tag{1.2.12}$$

此两方程之解也即此两直线的交点，如状态平面之点 $4(v_4,\sigma_4)$ 所示. 可以看到点4之应力 $\sigma_4=\dfrac{1}{2}\rho_0 C_e v^*>0$，为拉应力. 两杆对撞压缩后由于波的反射和相互作用而在杆中产生拉应力，这是波传播的问题中不同于静力学问题的特有物理现象.

当 $t=4l/C_e$ 时，CE 到达两杆交界面，如仍像 B^* 时的情况一样，设两杆仍接触在一起，不反射波而透射波 EE_1，则交界面状态将为 $4(v_4,\sigma_4)$，但与 B^* 交界面应力 $\sigma_2=0$ 不同，现在界面状态 $\sigma_4=\dfrac{1}{2}\rho_0 C_e v^*>0$，为拉应力，这和两杆接触在一起的假设相矛盾，因为两杆交界面处是不能承受拉应力的，这说明此时两杆应分离为两个新的自由面从而使两侧界面应力都成为0. 这一分离过程是通过波的透反射而实现的，即在右杆中将反射右行波 EF 而形成自由面5，左杆中在一般情况下(如两杆材料不同时)也会产生透射波 EE_1 从而分开为自由面 $5'$，它们的状态可分别由所产生的这两个波 EF(4～5)，EE_1(2～$5'$)以及自由面条件所

确定：

$$\sigma_5 - \sigma_4 = -\rho_0 C_e(v_5 - v_4) \tag{1.2.13}$$

$$\sigma_5 = 0 \tag{1.2.14}$$

$$\sigma_5' - \sigma_2 = \rho_0 C_e(v_5' - v_2) \tag{1.2.15}$$

$$\sigma_5' = 0 \tag{1.2.16}$$

由式(1.2.13)和式(1.2.14)可解得点 5 的状态 $5(v_5,\sigma_5)$，如状态平面上的点 5 所示；由式(1.2.15)和式(1.2.16)可解得点 5′的状态 $5'(v_5',\sigma_5')$，如状态平面的点 5′所示，可见它与点 2 相重合，这说明波 EE_1的强度为 0 而不存在(但这并不是一般情况).于是在两杆分离后左杆中就不再有波的传播而处于自然静止状态了.

当 $t = t_D = 4l/C_e$ 时，波 CD 到达右杆右端自由面 D 处，将产生反射波 DF(4～6)，6 区状态的确定方法类似于 3 区，即可由反射波 DF 的动量守恒条件和 6 区邻接自由面的条件确定：

$$\sigma_6 - \sigma_4 = \rho_0 C_e(v_6 - v_4) \tag{1.2.17}$$

$$\sigma_6 = 0 \tag{1.2.18}$$

由此可解得 6 区的状态 $6(v_6,\sigma_6)$，如图 1.6(b)之点 6 所示.

当 $t = t_F = 5l/C_e$ 时，波 EF 和 DF 相遇互相干扰而产生波 FH 和 FG，此两波后方区域 7 的状态可由所产生的两个波 FH(5～7)和 FG(6～7)的动量守恒条件确定，其解法与前面求解 4 区的状态是完全一样的，我们不再列出相应的方程，其结果如状态平面上之点 $7(v_7,\sigma_7)$所示.

其后，波 FH 和 FG 将会分别在右杆左右两个自由端产生反射，分别产生反射波 HI 和 GI，其解法与前面点 B 和点 A 处波反射的情况是完全类似的，我们不再详述，所解得的相应区域的状态如图 1.6(b)中的点 8 和点 9 所示.以后的解题所反映的将是两杆撞击所产生的应力波不断在右杆中来回反射和相互作用的过程，如果材料是理想弹性的而没有能量耗散，则这种过程将永远持续下去.可以发现，由于应力波的来回传播和干扰，右杆中的各点不断变换其应力状态：一会儿为拉，一会儿为压，一会儿为 0 应力，质点速度也一样在不断变换.

利用图 1.6(a)我们可以作出 $t = t_1, t_2, t_3, \cdots$ 各典型时刻杆中的应力(或质速)剖面及波传播的图案如图 1.6(c)所示：以水平线 $t = t_i$ 和各扰动线的交点投影到图 1.6(c)中的 X 轴，由状态平面图 1.6(b)查出相应杆段的应力状态，由此可作出图 1.6(c)中几个典型时刻的应力剖面，图中的箭头表示波的传播方向，可由扰动线图 1.6(a)得出；质点速度的剖面和传播图案可类似作出.同样我们也可作出杆中各典型截面的应力或质点速度变化的时程曲线：以垂直线 $X = X_1$ 和各扰动线的交点投影到图 1.6(d)中的 t 轴，并由状态平面图 1.6(b)查出此截面相应时段的质点速度，由此即可作出截面 X_1处的质点速度时程曲线 $v(t)$，如图 1.6(d)所示；类似地，也可作出截面上的应力时程曲线.

1.2.2 结果分析

总结前面的结果，可以得出如下主要结论：

(1) 弹性解的最大应力绝对值为 $\sigma_4 = |\sigma_7| = \sigma_{10} = \cdots = \frac{1}{2}\rho_0 C_e v^*$，所以如果以 Y 表示

材料的简单拉压的屈服应力，则同材杆撞击不产生塑性变形的条件是$\frac{1}{2}\rho_0 C_e v^* \leqslant Y$，即

$$v^* \leqslant \frac{2Y}{\rho_0 C_e} \tag{1.2.19}$$

(2) 该问题中两杆的分离时刻为 $T=\frac{4l}{C_e}$，分离后左杆自然静止，右杆拉压应力脉冲往复传播.

(3) 在纯弹性波的传播和相互作用的问题中，线性叠加原理是成立的.以该问题中的波 $B^*C(1\sim2)$和波 $AC(1\sim3)$在截面 C 相互干扰产生波$CE(2\sim4)$和波 $CD(3\sim4)$为例，由式(1.2.11)和式(1.2.12)并连同式(1.2.7)和式(1.2.9)可得

$$\sigma_4-\sigma_1=(\sigma_2-\sigma_1)+(\sigma_3-\sigma_1) \tag{1.2.20}$$

$$v_4-v_1=(v_2-v_1)+(v_3-v_1) \tag{1.2.21}$$

式(1.2.20)和式(1.2.21)的意义即是：波 $B^*C(1\sim2)$和波 $AC(1\sim3)$相遇后互相作用所造成的介质应力或质速的总增加量 $\sigma_4-\sigma_1$ 或 v_4-v_1 恰恰等于相互作用的两个来波的强度之和$(\sigma_2-\sigma_1)+(\sigma_3-\sigma_1)$或$(v_2-v_1)+(v_3-v_1)$.这即是弹性波相互作用的线性叠加原理.

(4) 解题要点总结：

前面的解题方法可以称为网孔法，在物理平面上的每一个区域或网孔对应状态平面上的一个点，该方法特别适用于强间断波相互作用问题的求解.我们可把状态平面上的区域分为内部区域、边界区域、两杆交界面区域三类，现将各类区域的解法以及两杆分离的处理方法按四点叙述如下：

① 内部区域状态的求解：

应由两来波干扰后所产生的左右两透射波波阵面上的动量守恒条件求解，所求得的内部区域的状态表示两波相互作用所造成的状态，如状态平面图1.6(b)中的4,7,10等点.

② 边界区状态的求解：

应由来波在边界上所产生的反射波的动量守恒条件和边界(自由面、刚壁面等)上的边界条件求解，所求得的边界区域的状态表示波在边界反射后所造成的状态，如状态平面图1.6(b)中的2,3,5,6等点.

③ 两杆交界面上状态的求解：

应由撞击或来波所产生的左右两波的动量守恒条件及交界面上的连续条件共同求解，所求得的状态表示波在交界面透反射后所造成的两杆交界面上的共同状态，如状态平面图1.6(b)中的$1,1^*,2,2'$等点.

④ 两杆分离的处理：

可先假设两杆仍接触在一起而不分离，按③解之，如果所求出的交界面状态 $\sigma\leqslant0$，则说明假设正确，解即为正确解；若这样求出的交界面应力 $\sigma>0$ 为拉应力，则说明两杆接触在一起的假设不正确，此时两杆应分离，于是交界面成为两个新的自由面，再将两界面分别作为自由面按②而解之.需要注意的是，一般而言，在两杆分离后，两个新的自由面上都会产生新的反射波，不产生波的情况只是特例而已.

以上的解题方法和原则也适用于不同长度、不同边界条件和不同材料杆的撞击问题.

1.3 弹性波的传播和相互作用例Ⅱ ——弹性波在两种材料交界面上的透反射

作为弹性波的传播和相互作用问题的第二个例子，本节重点介绍弹性波在两种介质交界面(interface)上的透反射问题. 设有一弹性波 $AB(0\sim1)$ 从介质Ⅰ(ρ_1C_1)入射到其与介质Ⅱ(ρ_2C_2)的交界面 FF 上，其中 C_1，C_2 分别是介质Ⅰ，Ⅱ的弹性波速，ρ_1，ρ_2 分别是介质Ⅰ，Ⅱ的质量密度. 为避免材料分离的情况，我们将以入射波为恒值压缩应力脉冲的情况为例来进行讨论.

1.3.1 求解方法和结果

在波 $AB(0\sim1)$ 入射至交界面 FF 之后，将在介质Ⅱ中产生一个透射弹性波 BD 并在介质Ⅰ中产生一个反射弹性波 BC，如图 1.7(a)和图 1.7(d)所示. 如果入射波在交界面透反射后两种材料仍然接触在一起，则透反射后交界面两侧将有共同的状态 $2(v_2,\sigma_2)$，于是入射波(incident wave)、透射波(transmission wave)和反射波(reflection wave)的动量守恒条件可分别表示为

$$v_1 - v_0 = -(\sigma_1 - \sigma_0)/(\rho_1C_1) \quad (\text{入射波 } AB(0\sim1) \text{ 动量守恒条件}) \tag{1.3.1}$$

$$v_2 - v_0 = -(\sigma_2 - \sigma_0)/(\rho_2C_2) \quad (\text{透射波 } BD(0\sim2) \text{ 动量守恒条件}) \tag{1.3.2}$$

$$v_2 - v_1 = (\sigma_2 - \sigma_1)/(\rho_1C_1) \quad (\text{反射波 } BC(1\sim2) \text{ 动量守恒条件}) \tag{1.3.3}$$

其中 $0(v_0,\sigma_0)$ 表示入射波到达之前交界面两侧两种介质的共同初始状态. 为了作图简洁起见，在图 1.7 中我们假设 $v_0=0$，$\sigma_0=0$，但是下面的推导和说明则是与此无关的. 入射波波后的状态(v_1,σ_1)中的一个量应是给定的，而另一个量则由式(1.3.1)确定. 我们的问题就是由已知的 v_1 和 σ_1 通过式(1.3.2)和式(1.3.3)求出 v_2 和 σ_2，显然这是很容易求解并写出结果的，因为这只是求两条由式(1.3.2)和式(1.3.3)表示的直线的交点而已. 在图 1.7(b)和图 1.7(e)中，则分别对波阻抗比(ratio of wave impedance) $k\geqslant1$ 和 $k\leqslant1$ 这两种情况给出了交界面状态 $2(v_2,\sigma_2)$ 的图解结果，波阻抗比 k 的定义如下：

$$k = \frac{\rho_2C_2}{\rho_1C_1} \tag{1.3.4}$$

但为了突出物理概念并总结有关规律，我们这里将不直接写出具体的求解结果，而是以式(1.3.1)~式(1.3.3)为基础，以各个波的强度为关注点通过具有物理意义的恒等变换而得出其相应的结果.

将式(1.3.2)减去式(1.3.3)并做恒等变换，可有

$$v_1 - v_0 = -\frac{\sigma_2-\sigma_0}{\rho_2C_2} - \frac{\sigma_2-\sigma_1}{\rho_1C_1} = -\frac{\sigma_2-\sigma_0}{\rho_2C_2} - \frac{(\sigma_2-\sigma_0)-(\sigma_1-\sigma_0)}{\rho_1C_1}$$

将式(1.3.1)给出的 $v_1 - v_0$ 代入上式，我们可以解得

$$\sigma_2 - \sigma_0 = T_\sigma(\sigma_1 - \sigma_0) \tag{1.3.5-a}$$

其中

$$T_\sigma = \frac{2k}{k+1} \tag{1.3.5-b}$$

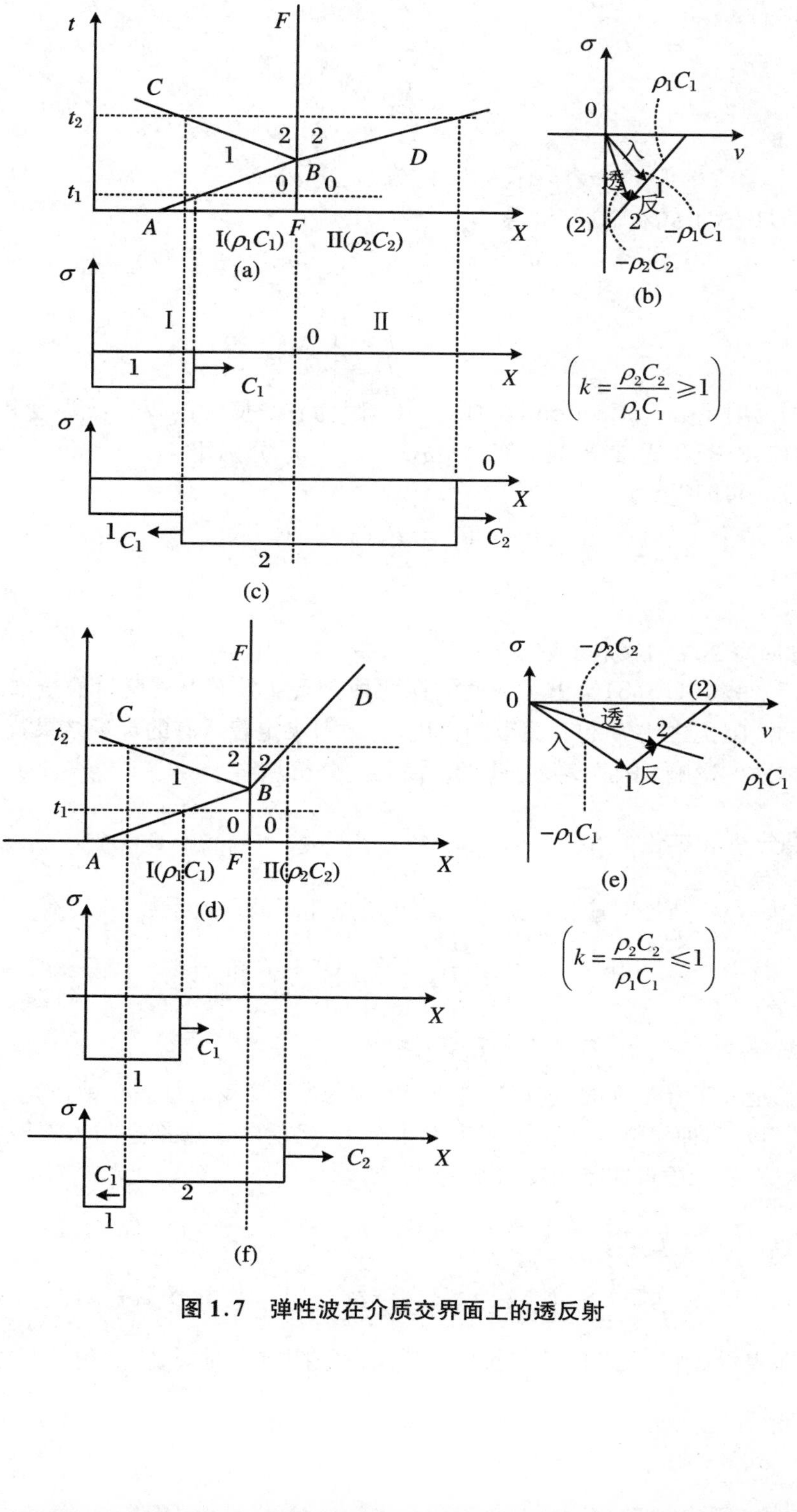

图 1.7　弹性波在介质交界面上的透反射

式(1.3.5-a)即给出了应力的透射波强度 $\sigma_2-\sigma_0$ 与入射波强度 $\sigma_1-\sigma_0$ 的关系,系数 T_σ 可称为应力透射系数(transmission coefficient).将式(1.3.5-a)中的 $\sigma_2-\sigma_0$ 和 $\sigma_1-\sigma_0$ 分别通过式(1.3.2)和式(1.3.1)转换为 v_2-v_0 和 v_1-v_0,并定义所谓的质点速度的透射系数 T_v,则可得

$$v_2 - v_0 = T_v(v_1 - v_0) \tag{1.3.6-a}$$

$$T_v \equiv \frac{2}{k+1} \tag{1.3.6-b}$$

对反射波,由于

$$\sigma_2 - \sigma_1 = (\sigma_2 - \sigma_0) - (\sigma_1 - \sigma_0)$$

将式(1.3.5-a)代入上式右端后,可得

$$\sigma_2 - \sigma_1 = F_\sigma(\sigma_1 - \sigma_0) \tag{1.3.7-a}$$

其中

$$F_\sigma = \frac{k-1}{k+1} \tag{1.3.7-b}$$

可称为应力的反射系数(reflection coefficient),因为它是应力的反射波强度和入射波强度之比.利用式(1.3.3)和式(1.3.1),将 $\sigma_2-\sigma_1$ 和 $\sigma_1-\sigma_0$ 分别用 v_2-v_1 和 v_1-v_0 表示,并代入式(1.3.7-a),即得

$$v_2 - v_1 = F_v(v_1 - v_0) \tag{1.3.8-a}$$

$$F_v = \frac{1-k}{k+1} \tag{1.3.8-b}$$

其中 F_v 称为质点速度的反射系数.

式(1.3.5)~式(1.3.8)给出了弹性波在两种介质交界面上透反射的全部结果,可以看到两种介质的波阻抗之比 k 起着关键的作用,它不但决定着所有的定量结果,也对波的透反射图案有着本质的影响,下面我们对此做一简要的分析总结.

1.3.2 结果分析和结论

由于 $0\leqslant k\leqslant\infty$,所以对应力的透射系数和质点速度的透射系数,我们有

$$0 \leqslant T_\sigma = \frac{2k}{k+1} \leqslant 2 \quad (0 \leqslant k \leqslant \infty) \tag{1.3.9-a}$$

$$2 \geqslant T_v = \frac{2}{k+1} \geqslant 0 \quad (0 \leqslant k \leqslant \infty) \tag{1.3.9-b}$$

即它们永远都是大于等于0的,这在物理上就意味着:不管我们是以应力还是以质点速度来观察问题,也不管两种材料的波阻抗哪个大哪个小,透射波永远都是与入射波同号的.而对于应力的反射系数和质点速度的反射系数,则有

$$F_\sigma = \frac{k-1}{k+1} \geqslant 0 \quad (k \geqslant 1); \quad F_\sigma = \frac{k-1}{k+1} \leqslant 0 \quad (k \leqslant 1) \tag{1.3.10-a}$$

$$F_v = \frac{1-k}{k+1} \leqslant 0 \quad (k \geqslant 1); \quad F_v = \frac{1-k}{k+1} \geqslant 0 \quad (k \leqslant 1) \tag{1.3.10-b}$$

这在物理上即表示:当介质Ⅱ的波阻抗比介质Ⅰ的波阻抗大时,从应力角度观察问题入射波

是与反射波同号的，而当介质Ⅱ的波阻抗比介质Ⅰ的波阻抗小时，从应力角度观察问题入射波则是与反射波异号的(从质点速度的角度观察问题结论则相反). 我们习惯上总是以应力的波形来观察问题的，故可以说，当波从低阻抗介质入射到高阻抗介质时，反射波是与入射波同号的；而当波从高阻抗介质入射到低阻抗介质时，反射波则是与入射波异号的.

以上对透射波、反射波与入射波符号关系所得出的结论，从图1.7(b)和图1.7(e)中对三个波所画的箭头的方向可以看得很清楚；从图1.7(c)和图1.7(f)所作的透反射后典型时刻的应力剖面也可以看出. 我们还指出，这里所得出的关于对透射波、反射波与入射波强度间符号关系的结论不仅适用于线弹性波，对一般的非线性材料也是适用的，只不过对非线性材料而言，无论是冲击波还是连续波，材料的波阻抗都不再是常数而是与应力水平和波的强度有关的，同时透射波、反射波与入射波强度间的定量关系也将更加复杂.

1.3.3　两个特例

1. 刚壁(rigid boundary)上的(透)反射

当介质Ⅱ的波阻抗比介质Ⅰ的波阻抗大很多时，可认为 $k=\infty$($E_2=\infty$ 或 $C_2=\infty$)，此种情况即是波在刚壁上(透)反射的问题.

此时对"透射波"而言，我们有

$$T_v=\frac{2}{k+1}=0,\quad T_\sigma=\frac{2k}{k+1}=2$$

即

$$v_2-v_0=0 \tag{1.3.11-a}$$

$$\sigma_2-\sigma_0=2(\sigma_1-\sigma_0) \tag{1.3.11-b}$$

式(1.3.11-a)即是刚壁上的边界条件 $v_2=v_0$，而式(1.3.11-b)称为弹性波在刚壁上反射时的应力加倍定律. 对常见的 $\sigma_0=0$, $v_0=0$ 的静止刚壁情况，弹性波在刚壁上反射后刚壁上状态的解(1.3.11-a)和(1.3.11-b)由图1.7(b)中的点(2)给出.

对反射波而言，我们有

$$F_v=\frac{1-k}{k+1}=-1,\quad F_\sigma=\frac{k-1}{k+1}=1$$

即

$$v_2-v_1=-(v_1-v_0) \tag{1.3.12-a}$$

$$\sigma_2-\sigma_1=\sigma_1-\sigma_0 \tag{1.3.12-b}$$

式(1.3.12-a)说明，波在刚壁上反射时对质点速度而言，反射波可视为入射波的倒像，而对应力而言，反射波可视为入射波的正像.

2. 自由面(free surface)上的(透)反射

当介质Ⅱ的波阻抗与介质Ⅰ相比非常小时，可认为 $k=0$($E_2=0$ 或 $C_2=0$)，这就是波在自由面反射的情况.

此时对"透射波"而言，我们有

$$T_v=\frac{2}{k+1}=2,\quad T_\sigma=\frac{2k}{k+1}=0$$

即

$$v_2 - v_0 = 2(v_1 - v_0) \tag{1.3.13-a}$$

$$\sigma_2 - \sigma_0 = 0 \tag{1.3.13-b}$$

式(1.3.13-a)称为弹性波在自由面上反射时的质点速度加倍定律，而式(1.3.13-b)即是自由面上的应力边界条件，当 $\sigma_0 = 0$ 时即成为通常的真空自由面条件.图1.7(e)中的点(2)给出了常见情况 $v_0 = 0, \sigma_0 = 0$ 时弹性波在自由面反射后自由面上的解 $2(v_2, \sigma_2) = (2v_1, 0)$.

对反射波而言，我们有

$$F_v = \frac{1-k}{k+1} = 1, \quad F_\sigma = \frac{k-1}{k+1} = -1$$

即

$$v_2 - v_1 = v_1 - v_0 \tag{1.3.14-a}$$

$$\sigma_2 - \sigma_1 = -(\sigma_1 - \sigma_0) \tag{1.3.14-b}$$

式(1.3.14-a)说明，波在自由面上反射时，对质点速度而言，反射波可视为入射波的正像，而对应力而言，反射波可视为入射波的倒像.

式(1.3.12-a)、式(1.3.12-b)和式(1.3.14-a)、式(1.3.14-b)分别称为线弹性波在刚壁上和在自由面上反射时的“镜像法则”(image rules).尽管我们只给出了恒值阶梯形应力波的镜像法则，但是由于任意形状的应力波可以看成一系列阶梯形波的累加，而线弹性波的相互作用是满足线性叠加原理的，故弹性波在刚壁上和自由面上反射的镜像法则对任何形状的波都是成立的.这使我们可以很方便地作出弹性波在刚壁或自由面上反射后所形成的合成应力波形或质点速度波形.例如图1.8就给出了三角形应力脉冲在自由面附近所形成的在几个典型时刻的应力剖面图，其中 t_1, t_2, t_3 分别是波头到达自由面前、刚到达自由面和在自由面反射后的三个典型时刻，t_3 时刻的合成应力剖面即是由入射应力波和反射倒像应力波合成而得到的.可以看到，压缩应力脉冲在自由面反射的结果可以在自由面附近造成拉伸应力，当此拉应力超过材料的破坏强度时即可造成所谓的层裂(spallation)现象，预防或利用层裂现象在工程上是十分重要的.

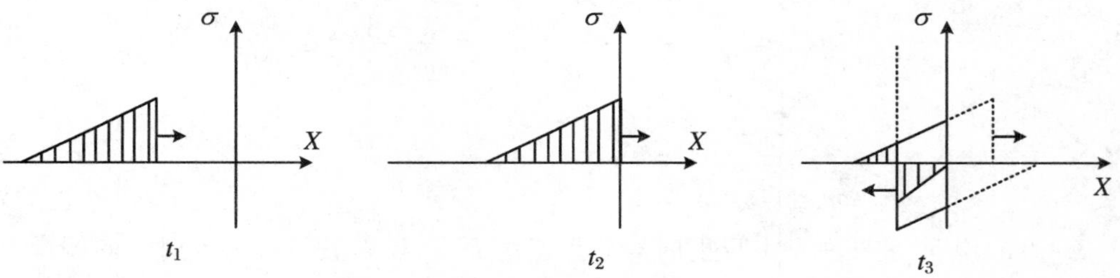

图1.8　应力波在自由面反射的镜像法则图解

1.3.4　层裂问题

为方便起见，以 $p = -\sigma$ 表示压应力，考虑一个突加至峰值 p_m 然后逐渐卸载或保持一段时间后突然卸载的压缩脉冲在自由面的反射问题，可以将自由面作为镜子，将反射脉冲作为入射脉冲的镜面倒像(应力)或镜面正像(质速)而作出,并以叠加原理作出任意时刻杆中的应力剖面如图1.9所示.可见,自由面反射后介质中出现了拉应力区,如果拉应力超过了材料的破坏应力即会出现层裂.层裂的本质是压缩加载波在自由面反射产生的卸载波与入射的卸载波相遇使材料出现二次卸载导致材料中出现拉应力.

作为第一个例子,先考虑一个峰值为 p_m、波长为 λ 的矩形脉冲在自由面的反射.其反射过程如图1.9所示,其中(a)表示突加至 p_m 持续 λ 长度卸至0的矩形应力脉冲接近自由面;(b)表示脉冲头部一部分(长度$<\lambda/2$)被反射,自由面附近局部区域(加载波造成的压应力被反射卸载波卸载)使其合应力为0,而入射波卸载波尾和反射波卸载波头进一步接近;(c)表示脉冲的半波长被反射,入射波造成的压应力在整个半波长内部被反射卸载波卸至0,介质内应力为0,但此时自由面附近介质质速并不为0,而是加倍(同学们可画一下质速剖面),此时入射卸载波尾恰和反射卸载波头相遇;(d)表示反射卸载波头和入射卸载波尾相遇后继续前进,被反射部分(长度$>\lambda/2$)使材料中出现了拉应力区,且随时间增加拉应力区将扩大;(e)表示反射结束,反射波以拉应力脉冲形式向左传播.

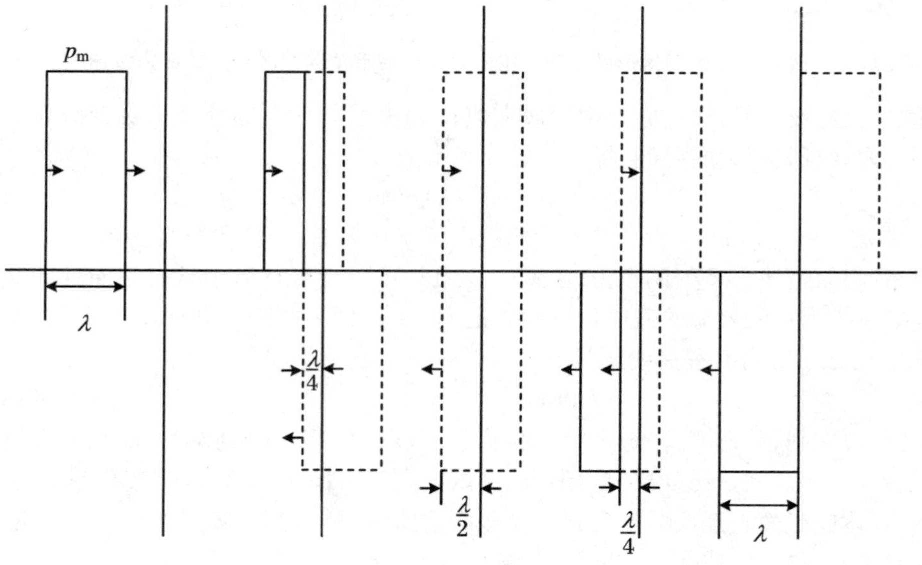

图1.9　波长为 λ 的矩形脉冲在自由表面反射时五个典型时刻的应力波形示意图

由以上图解过程容易说明,对入射矩形脉冲的情况,所产生的最大拉应力恰等于入射压缩脉冲峰值:$\sigma_m = p_m$,且首先出现此拉应力的截面距自由面为 $\delta = \lambda/2$,故如果我们取如下的瞬时断裂准则:

$$p_m \geqslant \sigma_c \tag{1.3.15}$$

则将在距自由面为 $\delta = \lambda/2$ 的地方发生层裂,故层裂厚度恰为

$$\delta = \lambda/2 \quad (p_m \geqslant \sigma_c) \tag{1.3.16}$$

层裂质速 v 可以由动量守恒条件得到:裂层飞走时的全部动量 $\rho_0 v\delta$ 是由入射脉冲头部到达断裂面至其尾部离开此面整个时间间隔 λ/C 中,入射压力加到此面(此外部体系交界面)上

的冲量 $p_m\lambda/C$ 转化而来的，故

$$v = \frac{p_m \dfrac{\lambda}{C}}{\rho_0 \delta} = \frac{2p_m}{\rho_0 C} \tag{1.3.17}$$

如果是峰值为 p_m、波长为 λ 的三角形脉冲，则波在自由面的反射过程可类似说明，如图1.10所示. 其中(a)表示脉冲接近自由区；(b)表示脉冲头部被反射，并出现拉应力区；(c)表示脉冲的半波长被反射，峰拉应力增到最大值；(d)表示脉冲大部分被反射；(e)表示脉冲全部被反射. 为分析其层裂的可能，将入射脉冲表示为

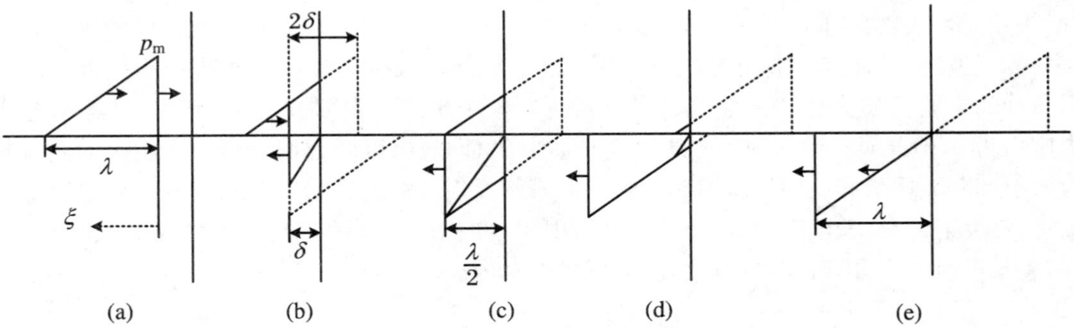

图 1.10　波长为 λ 的三角形脉冲在自由表面反射时五个典型时刻下的应力波形示意图

$$P(\xi) = P_m(1 - \xi/\lambda) \quad (0 \leqslant \xi \leqslant \lambda) \tag{1.3.18}$$

其中 P_m 为波头峰值压力，ξ 为从波头量起的向波尾计算的距离(即波头上 $\xi=0$)，$P(\xi)$ 为从(动)波头算起的距波头 ξ 处的压力. 由式(1.3.18)可以计算材料中任一截面处的应力时程曲线. 设把波头到达所考虑的截面处的时刻记为 $t=0$，则 t 时刻该截面距波头距离将为 $\xi = Ct$，故该截面之压应力时程曲线将为

$$P(t) = P_m(1 - Ct/\lambda) \tag{1.3.19}$$

如按瞬时断裂准则，并设 $P_m > \sigma_c$，则层裂将在阶段(b)的某一时刻发生，而且一定发生在反射卸载波的波头上，因为该处拉应力最大. 设该处距自由面距离为 δ，即层裂厚度为 δ，则从入射波头到达此截面直至反射波头到达此截面的所经时间为 $2\delta/C$，而 δ 处之拉应力 σ_m 是反射波头拉应力与入射波在 $t=2\delta/C$ 时的压应力之差：

$$\sigma_m = P(0) - P(2\delta/C) \tag{1.3.20}$$

由瞬时断裂准则(式(1.3.15))，得

$$P(0) - P(2\delta/C) = \sigma_c \ (\text{用应力时程曲线}); \quad P(0) - P(\xi) = \sigma_c \ (\text{用应力剖面}) \tag{1.3.21}$$

用入射波应力时程曲线(式(1.3.19))，可以求得三角形脉冲层裂厚度 δ 满足：

$$P_m(0) - P_m\left(1 - \frac{C2\delta}{C\lambda}\right) = \sigma_c, \quad \delta = \frac{1}{2}\,\frac{\sigma_c}{P_m/\lambda} \tag{1.3.22}$$

层裂的动量是由入射脉冲从入射波头到达断裂面的 $t=0$ 至反射波到断裂面的 $t=2\delta/C$ 期间入射波通过断裂面所传递的冲量转化而来的，故

$$\rho_0 \delta v = \int_0^{2\delta/C} P(t)\,\mathrm{d}t$$

因此层裂速度为

$$v = \frac{1}{\rho_0 \delta}\int_0^{2\delta/C} P(t)\mathrm{d}t \tag{1.3.23}$$

对三角形脉冲,利用式(1.3.19),有

$$v = \frac{2P_{\mathrm{m}}}{\rho_0 C}\left(1 - \frac{\delta}{\lambda}\right) = \frac{2P_{\mathrm{m}} - \sigma_{\mathrm{c}}}{\rho_0 C} \tag{1.3.24}$$

这里我们指出:前面所推出的式(1.3.21)、式(1.3.23)是适用于任意的头部突增至最大值,随后单调下降的入射压缩脉冲的一次裂层厚度和速度公式.而式(1.3.22)～式(1.3.24)只适用于三角形脉冲(因为用了式(1.3.19)的后一式).易证对指数脉冲

$$P(\xi) = P_{\mathrm{m}}\mathrm{e}^{-\xi/(C\tau)}, \quad P(t) = P_{\mathrm{m}}\mathrm{e}^{-t/\tau} \tag{1.3.25}$$

其中时间常数 τ 是具有时间量纲的常数,则有

$$\delta = \frac{C\tau}{2}\ln\frac{P_{\mathrm{m}}}{P_{\mathrm{m}} - \sigma_{\mathrm{c}}} \tag{1.3.26}$$

$$v = \frac{2\sigma_{\mathrm{c}}}{\rho_0 C\ln\left(\dfrac{P_{\mathrm{m}}}{P_{\mathrm{m}} - \sigma_{\mathrm{c}}}\right)} \tag{1.3.27}$$

由式(1.3.22)、式(1.3.24)、式(1.3.26)、式(1.3.27)可见:入射波的尾巴越陡,即衰减越快$\left(\text{相当于}\dfrac{P_{\mathrm{m}}}{\lambda}\text{越大或}\tau\text{越小}\right)$,则裂片越薄;裂片速度与入射波陡度或衰减快慢无关,而主要取决于峰值 P_{m}.

当入射波峰值超过 σ_{c} 几倍时,可以发生多次层裂,因为一次层裂面又成了新的自由面,反射和层裂过程可以(连续)二次发生,直至拉应力小于 σ_{c} 为止.三角形脉冲由于衰减陡度不变,故按瞬时断裂准则预测的多次层裂碎片厚度相等;指数脉冲由于衰减陡度逐渐减缓,瞬时断裂准则预言碎片将越来越厚,而实际情况恰恰与此相反.这种与实际情况不符的结论是由于瞬时断裂准则(式(1.3.15))不正确(特别是软材料)而造成的.为了得到与实际情况相符的结论,我们应该采用有时间效应的损伤积累准则.

按瞬时断裂准则,可以用图1.11将式(1.3.21)、式(1.3.23)加以推广,以 δ_i,v_i 分别表示各次层片的厚度和速度,以 $P = P(\xi)$表示入射脉冲压应力波形,ξ 为从突加波头到波尾的距离,则由图1.11(a)显然有

$$\delta_1 = \xi_1/2 \tag{1.3.28}$$

$$P(0) - P(\xi_1) = \sigma_{\mathrm{c}} \tag{1.3.29}$$

由图1.11(b)有

$$\delta_2 = \xi_2/2 - \xi_1/2 \tag{1.3.30}$$

$$P(\xi_1) - P(\xi_2) = \sigma_{\mathrm{c}} \tag{1.3.31}$$

等等,以此类推,层裂数目为不大于 $P(0)/\sigma_{\mathrm{c}}$ 的整数,这可由图1.11(c)来说明.ξ_1,ξ_2,…为从波头起压力下降 σ_{c},$2\sigma_{\mathrm{c}}$,…的剖面到波头的距离.

各次层裂层的动量是由入射波头到断裂面开始至断裂发生期间入射波注入的动量转化而来的,故各次裂片速度依次为

$$\begin{cases} v_1 = \dfrac{1}{\rho_0 \delta_1}\displaystyle\int_0^{\xi_1} \rho_0 v(\xi) \mathrm{d}\xi = \dfrac{1}{\delta_1}\displaystyle\int_0^{2\delta_1} v(\xi) \mathrm{d}\xi \\ v_2 = \dfrac{1}{\rho_0 \delta_2}\displaystyle\int_{\xi_1}^{\xi_2} \rho_0 v(\xi) \mathrm{d}\xi = \dfrac{1}{\delta_2}\displaystyle\int_{2\delta_1}^{2\delta_1+2\delta_2} v(\xi) \mathrm{d}\xi \\ \cdots \end{cases} \tag{1.3.32}$$

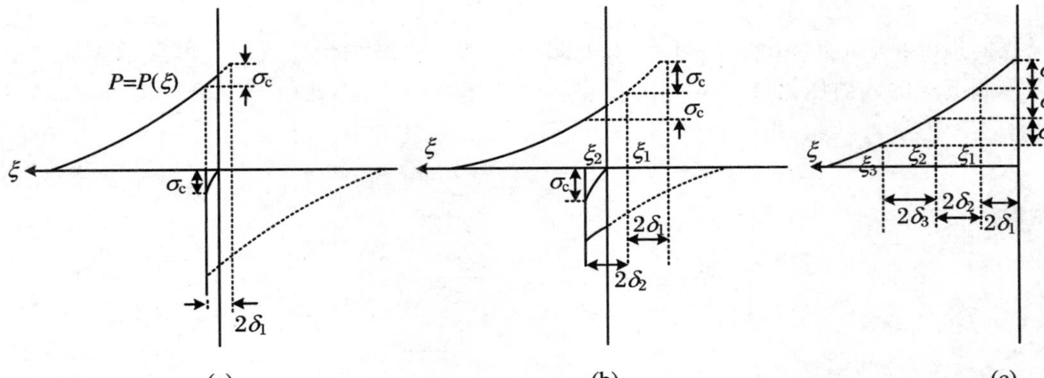

图 1.11　多次层裂图示

利用入射波动量守恒条件

$$v = -\frac{\sigma}{\rho_0 C} = \frac{P}{\rho_0 C}$$

有

$$v_1 = \frac{1}{\rho_0 C\delta_1}\int_0^{2\delta_1} P(\xi)\mathrm{d}\xi,\quad v_2 = \frac{1}{\rho_0 C\delta_2}\int_{2\delta_1}^{2\delta_1+2\delta_2} P(\xi)\mathrm{d}\xi,\quad \cdots \tag{1.3.33}$$

以上理论的缺陷包括：① 未考虑几何上的二维效应；② 未考虑材料的弹塑性效应；③ 对材料的断裂我们所用的是所谓的瞬时断裂准则(式(1.3.15))，即只要材料的拉伸应力大于材料的所谓瞬时断裂强度 σ_c，材料即会在一瞬间立即发生断裂. 当前，人们更多的是采用如下的所谓“损伤累积准则”：

$$\int_0^t [\sigma(t) - \sigma_0]^\lambda \mathrm{d}t = K \tag{1.3.34}$$

其中 λ, K, σ_0 为材料常数，σ_0 称为材料出现损伤的门槛应力，当材料某处的拉应力 $\sigma(t)$ 超过其门槛应力 σ_0 时，此处即会产生损伤，材料在 $\mathrm{d}t$ 时间内所产生的损伤以超应力的 λ 次幂和 $\mathrm{d}t$ 乘积所表达的唯象量 $[\sigma(t) - \sigma_0]^\lambda \mathrm{d}t$ 来表征，而当此处在某时刻 t 其损伤的累积值 $\int_0^t [\sigma(t) - \sigma_0]^\lambda \mathrm{d}t$ 达到 K 时，材料即发生层裂.

更新的理论还应对损伤给出严格的细观描述和定义，并导出其损伤演化方程，同时还应计及材料的损伤对波传播的影响. 关于这些例子，读者可参见 6.4 节和 6.5 节的有关算例.

1.4　一维单纯应力波的弹塑性本构关系

在讲解波传播中的本构关系前,我们指出一个热力学上的如下重要概念.波作为一种扰动对介质的干扰和影响是极其快速的,介质中的粒子来不及与周围介质粒子进行热量的交换,因此从本质上讲波动过程是热力学上的绝热过程:状态变化较平缓的连续波属于可逆的绝热过程即等熵过程,而状态变化十分剧烈的冲击波则属于不可逆的绝热过程即绝热熵增过程.所以在波传播中所应用的本构关系应该是材料的动态本构关系,因为在动态加卸载时材料来不及与外界进行热量交换,过程是绝热的;而准静态的材料本构关系实际上是等温本构关系,因为在慢速加载条件下材料可以通过热量交换而保持与环境温度一致.

1.4.1　材料本构关系对波传播特性的影响

为了说明问题的物理实质,我们将以右行波为例来进行叙述,而且将先以非线性弹性材料为例来进行阐述.弹塑性材料除了本构关系的不可逆特性以外,其他方面的结论则是与非线性弹性材料相同的,而对不可逆的本构关系我们只需注意加载和卸载有不同的本构关系即可.

上一节我们已得到了右行冲击波和增量波波阵面上的动量守恒条件和波速的公式如下:

$$[v] = -C[\varepsilon] \tag{1.4.1-a}$$

$$[\sigma] = -\rho_0 C[v] \tag{1.4.2-a}$$

$$C = \sqrt{\frac{[\sigma]}{\rho_0[\varepsilon]}} \tag{1.4.3-a}$$

$$\mathrm{d}v = -C\mathrm{d}\varepsilon \tag{1.4.1-b}$$

$$\mathrm{d}\sigma = -\rho_0 C\mathrm{d}v \tag{1.4.2-b}$$

$$C = \sqrt{\frac{\mathrm{d}\sigma}{\rho_0\mathrm{d}\varepsilon}} \tag{1.4.3-b}$$

我们强调指出,式(1.4.1)~式(1.4.3)对任何材料都是成立的,即它们的成立性是与材料本构关系的具体形式无关的;但是由它们所给出的结果和对波传播特性的影响则是与材料本构关系的具体形式紧密相关的.为此我们将以如图 1.12 所示的纯力学情况下非线性弹性应力-应变曲线 *OBMA* 为例来加以说明.由式(1.4.3-a)可见,冲击波的波速 C 是由连接应力-应变曲线上冲击波阵面紧前方和紧后方的状态 B 和 A 的割线弦的斜率

$$\frac{[\sigma]}{[\varepsilon]} = \frac{\sigma^- - \sigma^+}{\varepsilon^- - \varepsilon^+}$$

所决定的,我们把割线弦 *AB* 称为激波弦或 Rayleigh 线.而作为连续波中的一个微小元素,在某一个应力状态 M 处所产生的无限小增量波的波速 C,则是由 σ-ε 曲线上产生扰动的状

态 M 处的切线弦的斜率 $\frac{d\sigma}{d\varepsilon}$ 所决定的. 由此可以知道无论是冲击波还是连续波,无论是加载波还是卸载波,影响波传播特性和规律的重要物理量波速 C 都是和材料的应力-应变曲线的具体形式紧密相关的. 特别说来,对线弹性材料,如果以 E,G,ν,K 分别表示材料的杨氏模量、剪切模量、泊松比、体积模量,则容易由前面的公式得出如下弹性波的波速公式:

$$C=\sqrt{\frac{E}{\rho_0}},\quad C=\sqrt{\frac{E}{\rho_0(1-\nu^2)}},\quad C=\sqrt{\frac{K+4G/3}{\rho_0}},\quad C=\sqrt{\frac{G}{\rho_0}} \tag{1.4.4}$$

其中第一个公式为弹性细长杆中纵波的波速公式,第二个公式为很薄的平板面内纵波的波速公式,第三个公式为一维应变纵波的波速公式,第四个公式为弹性横波的波速公式. 读者可作为练习证明之.

除了从前面波速与材料本构关系的联系中可以说明本构关系对波传播特性的影响以外,更重要的是,我们可以从应力波演化(evolution)的角度来说明材料应力-应变曲线对波传播特性的影响. 设材料的应力-应变曲线有着如图 1.12(a)所示的递增硬化形式,即 $\frac{d^2\sigma}{d\varepsilon^2}\geqslant 0$,

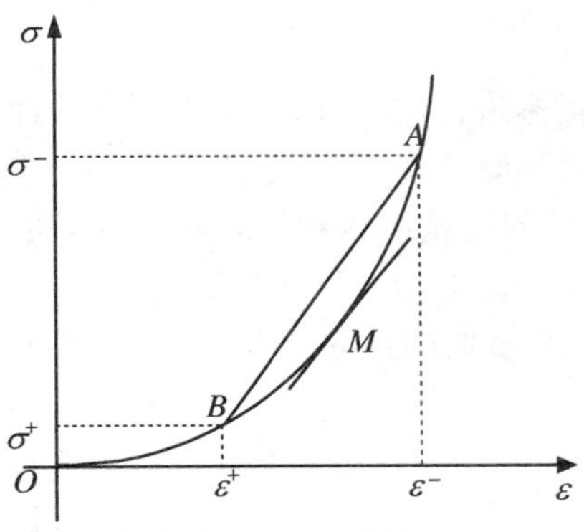

(a) 递增硬化材料

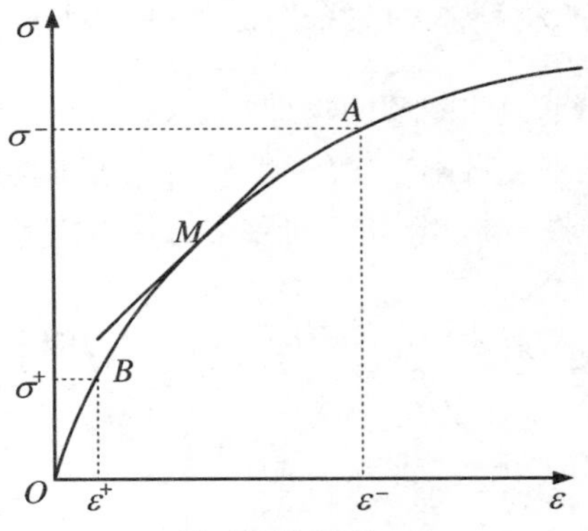

(b) 递减硬化材料

图 1.12 应力-应变曲线和波速的关系

则 $\frac{d\sigma}{d\varepsilon}$、因之材料的波速 C 将随着应力水平的提高而增大,故如果在 t_1 时刻介质中有着如图 1.13(a)中左图所示的波应力剖面(该应力剖面由一个加载波头和一个卸载波尾组成),则由于在高应力水平处的微增量波的波速大于低应力水平处的微增量波的波速,如图中的带箭头的水平线段所示,在 $t_2>t_1$ 时刻应力波剖面的加载波头将变得比 t_1 时刻更陡峭,卸载波尾将变得比 t_1 时刻更平缓,而在 $t_3>t_2$ 时刻其波头将更陡峭,波尾将更平缓. 由此可以知道,在未来的某一时刻其波头将会在某一水平处变得趋于垂直,这就意味着在这种材料中加载的连续波必将在某一时刻转化为冲击波,并在传播过程中继续改变其冲击波的强度,故在递增硬化材料中可以有稳定的加载冲击波传播;相反,由于其卸载波尾在传播过程中会逐渐趋于平缓,故即使初始时刻介质中有冲击波存在,此种冲击波也会立即转化为连续的卸载波,即递增硬化材料中不会有稳定的卸载冲击波传播. 类似地,如果材料的应力-应变曲线是递减硬化的,如图 1.12(b)所示,即 $\frac{d^2\sigma}{d\varepsilon^2}\leqslant 0$,则 $\frac{d\sigma}{d\varepsilon}$、因之材料的波速 C 将随着应力水平的提高而减小，于是由图 1.13(b)中的分析可知，此种材料的应力波在传播过程中加载波头将变得越来越平缓，而卸载波尾将变得越来越陡峭，故递减硬化材料中可以有稳定的卸载冲击波传播，而加载冲击波在传播过程中将演变为连续波，因而是不稳定的.

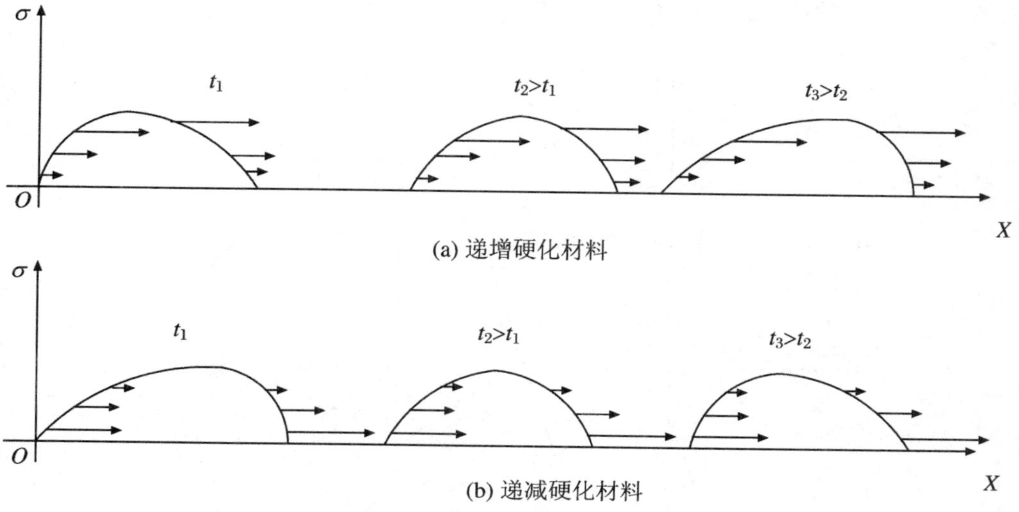

图 1.13　应力波的演化

鉴于本构关系对波传播特性的根本重要性，我们将讲解两种典型的一维单纯应力波的应力-应变关系，即一维杆中的弹塑性应力-应变关系和一维应变条件下的弹塑性轴向应力-应变关系，后者的问题中虽然侧向应力不为 0，但它们可以由轴向应力表达出来而不是独立的，因而仍然属于一维单纯应力波的问题.

1.4.2　一维杆中的弹塑性应力-应变关系

图 1.14 是典型杆材的简单拉压弹塑性应力-应变曲线，此曲线包括如下几个不同的阶段.

1. 弹性加载(elastic loading)阶段 *OA*

在忽略弹性极限和比例极限区别的情况下，此阶段的应力-应变曲线可由如下的线性关系来表达，而且材料只发生可逆的弹性变形：

$$\sigma = E\varepsilon \quad (\sigma < Y) \tag{1.4.5}$$

其中 E 为材料的杨氏模量，Y 为材料在简单拉压即一维应力条件下的初始屈服极限.

2. 塑性加载(plastic loading)阶段 *ABCDE*

当应力超过屈服极限 Y 时，材料发生不可逆的塑性变形，其应力-应变曲线可由实验测得的下述方程表达：

$$\sigma = \sigma(\varepsilon) \quad (\sigma \geqslant Y) \tag{1.4.6}$$

$\dfrac{d^2\sigma}{d\varepsilon^2}<0$ 对应递减硬化材料，$\dfrac{d^2\sigma}{d\varepsilon^2}>0$ 对应递增硬化材料，$\dfrac{d^2\sigma}{d\varepsilon^2}=0$ 对应线性硬化材料. *ABCD* 段由于变形的发展需要应力的提高，故称为硬化阶段，而 *DE* 段虽然应力下降了但材料的变

形仍可继续发展，故称为软化阶段（失稳）（*ABCD* 为平台时称为理想塑性材料）.

由以上理想化的简单拉伸曲线的分析可见，塑性应力-应变关系不同于弹性应力-应变关系的最大特点是不存在应力和应变间的单值对应关系，因此应力不仅依赖于应变而且依赖于变形历史.这是塑性变形不可逆性的结果.

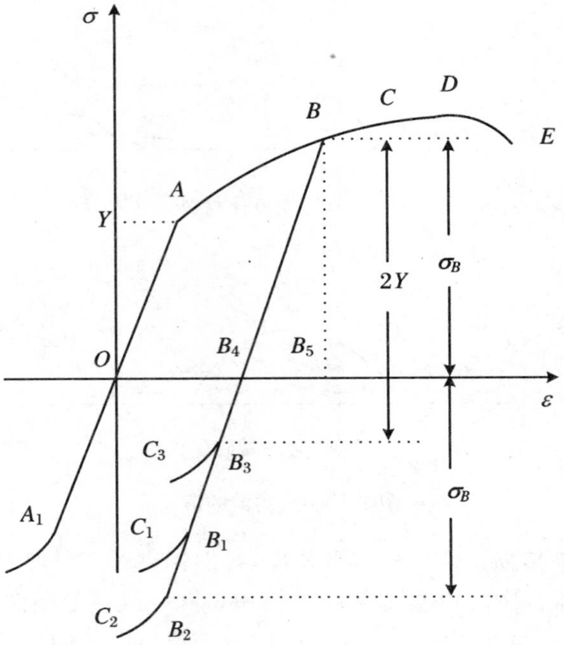

图 1.14　杆材的简单拉压弹塑性应力-应变曲线

3. 弹性卸载(elastic unloading)阶段 BB_1

从任一塑性状态 B 卸载时，进入弹性卸载阶段 BB_1，一般而言其斜率与 E 相同，可见 B 对应的应变等于可恢复的弹性应变 B_4B_5 和残余的塑性应变 OB_4 之和.（当卸载斜率与塑性应变有关时称为弹塑性耦合材料，否则称为弹塑性非耦合材料.）当从直线 B_1B 上任一中间状态重新加载时将沿弹性加载线 B_1B 返回（忽略回滞效应），而至 B 才进入新的塑性硬化，故历史上的最大塑性应力 σ_B 称为后继屈服应力.弹塑性非耦合材料在弹性卸载阶段的应力-应变曲线可表达为

$$\sigma - \sigma^* = E(\varepsilon - \varepsilon^*) \quad (\sigma' \leqslant \sigma \leqslant \sigma^*) \tag{1.4.7}$$

其中 σ^*，σ'，ε^* 分别是点 B 的应力、点 B_1 的应力、点 B 的应变.

4. 塑性卸载(plastic unloading)或反向屈服阶段 B_1C_1

从点 B 的弹性卸载过程至某一状态 B_1 时，材料便进入反向屈服阶段（但在波动力学中则常常把反向屈服阶段称为塑性卸载阶段，把塑性卸载阶段的波称为塑性卸载波），一般而言，$|\sigma_{B_1}|$ 小于正向后继屈服应力 $\sigma_B = \sigma^*$，这称为包辛格(Baushinger)效应.理论上有时忽略这一效应，而假定卸载至 B_2 时（$\sigma_{B_2} = -\sigma_B = -\sigma^*$）进入反向屈服，且设 B_2C_2 与 BC 形状相同，这称为各向同性硬化模型或等向硬化模型；有时夸大这一效应而假定卸载至 B_3 时（$\sigma_B - \sigma_{B_3} = 2Y$）进入反向屈服，且设 B_3C_3 与 AB 形状相同，这称为随动硬化模型，实际的情

况 B_1在 B_2和 B_3之间.但为了简化问题,人们通常总是采用模型化的方法,即采用等向硬化(isotropic hardening)或随动硬化(kinematic hardening)模型,它们的主要区别是:等向硬化模型中材料弹性变载的最大幅度是 $2\sigma^*$,而随动硬化模型中材料弹性变载的最大幅度是 $2Y$,这一点将决定不同模型中弹性卸载波的最大幅度是 $2\sigma^*$ 还是 $2Y$.

由前面关于材料波速和波传播特性的分析可知,杆中的弹性加载波和弹性卸载波,不管是冲击波还是连续波,其波速都是常数 $C_e=\sqrt{\dfrac{E}{\rho_0}}$,而塑性加载波和塑性卸载波的波速则与其应力水平有关,因而不是常数,且根据应力-应变曲线形状的不同将决定材料中能不能有稳定的加载或卸载冲击波传播.但是对于弹塑性硬化模量为常值 E'的线性硬化材料而言,塑性加载波或塑性卸载波的波速也都是常数 $C_p=\sqrt{\dfrac{E'}{\rho_0}}$,当然一般而言它们都比弹性波速小很多.为了突出物理概念,本章将重点讲解线弹性——线性塑性硬化的所谓双线性弹塑性材料,而且将以线性随动硬化模型为基础来介绍波传播的基本知识,所以材料的弹性加卸载波的波速和塑性加卸载波的波速都分别是两个不同的常数.这样做的另一个原因是,理想塑性假定下的一维应变问题中轴向应力和轴向应变间的弹塑性本构关系与这种一维应力条件下的线性随动硬化弹塑性模型的弹塑性本构关系是类似的,关于这一点详见 1.4.3 小节.

1.4.3 一维应变条件下理想塑性材料的轴向弹塑性应力-应变关系

只在一个方向例如 X 方向产生拉伸或压缩应变的一维纵波问题称为一维应变问题,一维应变问题在数学上可表达为

$$\begin{cases}\varepsilon_Y=\varepsilon_Z=0, & \varepsilon_X\neq 0\\ \sigma_Y=\sigma_Z\neq 0, & \sigma_X\neq 0\end{cases}\tag{1.4.8}$$

即一维应变问题中虽然两个侧向应变 ε_Y 和 ε_Z 为 0,但这种侧向约束却使得侧向应力 σ_Y 和 σ_Z 不为 0,由于两个侧向的对称性,所以 $\sigma_Y=\sigma_Z$,故一维应变问题中不为 0 的应力分量是三个而不是一个.但下面我们将指出,侧向的约束将使得侧向的应力可以由轴向应力表达出来,故它们将不再是独立的,因此这种问题仍然属于一维单纯应力波问题.

此外,容易证明对一维应变问题材料塑性屈服的 Mises 准则和 Tresca 准则将具有同样的如下数学形式:

$$\sigma_X-\sigma_Y=\pm Y\tag{1.4.9}$$

其中 Y 是材料在简单拉压条件下的屈服应力,对理想塑性材料,Y 是常数;对弹塑性硬化材料,Y 是塑性变形历史的函数,例如可将之表达为塑性应变或塑性功等内变量的函数.本小节我们将只讨论理想塑性材料,故 Y 是常数.

由于不为 0 的应力分量不止一个,故我们需首先在应力空间中讨论加卸载路径,从而得到侧向应力与轴向应力的关系,然后再以此为基础进一步讨论一维应变问题的轴向应力-应变关系.

1.4.3.1 应力空间中的加卸载路径

如图 1.15 所示,我们将与杆中应力-应变曲线的加卸载过程相对应分四个阶段来进行

叙述.

1. 弹性加载阶段 *OA*

从自然静止状态 O 加载时材料首先将满足线弹性的胡克定律,再利用一维应变条件和侧向应力的对称条件,有

$$\varepsilon_Y = \frac{1}{E}[\sigma_Y - \nu(\sigma_X + \sigma_Z)] = \frac{1}{E}[\sigma_Y - \nu(\sigma_X + \sigma_Y)] = 0$$

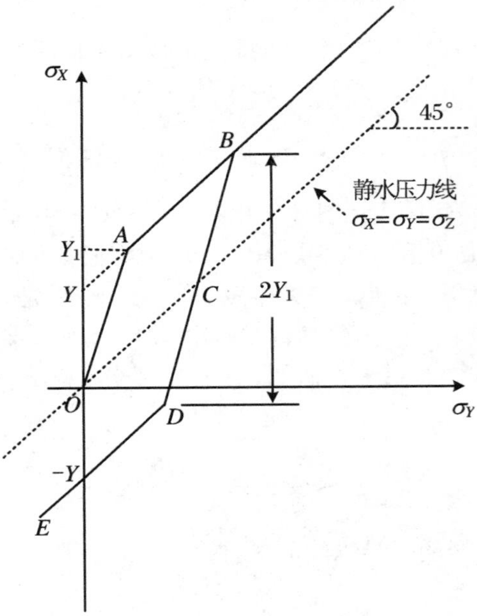

图 1.15　应力空间的加载路径

故

$$\sigma_X = \frac{1-\nu}{\nu}\sigma_Y,\quad \sigma_Y = \frac{\nu}{1-\nu}\sigma_X \tag{1.4.10}$$

式中 ν 表示泊松比,E 为杨氏模量.式(1.4.10)即给出了弹性加载阶段侧向应力 σ_Y 由轴向应力 σ_X 表达的式子,如图 1.15 中的直线 OA 所示.如以 A 表示达到上屈服面 $\sigma_X - \sigma_Y = Y$ 的点,则点 A 同时满足上屈服面(式(1.4.9))和弹性加载线(式(1.4.10)),即

$$\begin{cases} \sigma_X^A - \sigma_Y^A = Y \\ \sigma_X^A = \dfrac{1-\nu}{\nu}\sigma_Y^A \end{cases}$$

由此可得

$$\begin{cases} \sigma_X^A = \dfrac{1-\nu}{1-2\nu}Y \equiv Y_1 \geqslant Y \\ \sigma_Y^A = \dfrac{\nu}{1-2\nu}Y \end{cases} \tag{1.4.11}$$

其中

$$Y_1 = \frac{1-\nu}{1-2\nu}Y$$

表示在一维应变条件下材料初始屈服的轴向应力,称为材料的侧限屈服极限(lateralley constrained yield limit),显然它是比无约束的简单拉伸条件下的屈服应力 Y 更高的,这即是材料侧限约束的强度硬化效应.

2. 塑性加载阶段 *AB*

当轴向应力大于侧限屈服极限 Y_1 时,材料进入塑性加载阶段,此时应力分量满足上屈服条件:

$$\sigma_X - \sigma_Y = Y \tag{1.4.9-a}$$

在应力空间 σ_Y-σ_X 平面上,这是一条斜率为 1、截距为 Y 的直线,如图 1.15 中的直线 AB 所示.这即是塑性加载阶段的应力路径.

3. 弹性卸载阶段 *BD*

当轴向应力从任意塑性状态 B 发生弹性卸载时,我们有增量形式的弹性胡克定律,如果再利用侧向约束条件(式(1.4.8)),则有

$$d\varepsilon_Y = \frac{1}{E}[d\sigma_Y - \nu(d\sigma_X + d\sigma_Z)] = \frac{1}{E}[d\sigma_Y - \nu(d\sigma_X + d\sigma_Y)] = 0$$

即

$$d\sigma_X = \frac{1-\nu}{\nu}d\sigma_Y \tag{1.4.12-a}$$

以 B 为初始条件积分式(1.4.12-a),推得

$$\sigma_X - \sigma_X^B = \frac{1-\nu}{\nu}(\sigma_Y - \sigma_Y^B) \tag{1.4.12-b}$$

此式即弹性卸载阶段的应力路径.设弹性卸载终止于点 D,则点 D 同时满足式(1.4.12-b)和下屈服条件(式(1.4.9-b)),而点 B 又满足上屈服条件(式(1.4.9-a)),故我们有如下三式:

$$\sigma_X^D - \sigma_X^B = \frac{1-\nu}{\nu}(\sigma_Y^D - \sigma_Y^B) \tag{1.4.12-b}$$

$$\sigma_X^D - \sigma_Y^D = -Y \tag{1.4.9-b}$$

$$\sigma_X^B - \sigma_Y^B = Y \tag{1.4.9-a}$$

由此三式,可得

$$\sigma_X^D = \sigma_X^B - 2\frac{1-\nu}{1-2\nu}Y = \sigma_X^B - 2Y_1 \tag{1.4.13}$$

由式(1.4.13)可见,当应力从上屈服面的点 B 卸载 $2Y_1$ 时,材料将进入下屈服面并开始进入反向屈服或塑性卸载阶段.这一点和简单拉压条件下线性随动硬化材料从上屈服面卸载初始屈服应力的两倍 $2Y$ 时材料即进入反向屈服的情况是类似的.

4. 塑性卸载(反向屈服)阶段 *DE*

当继续卸载时,材料将转入塑性卸载或反向屈服阶段,此时我们有下屈服条件:

$$\sigma_X - \sigma_Y = -Y \tag{1.4.9-b}$$

在应力空间 σ_Y-σ_X 平面上,这是一条斜率为1、截距为 $-Y$ 的直线,如图1.15中的直线 DE 所示.这即是塑性卸载阶段的应力路径.

各向等值的应力状态满足条件

$$\sigma_X = \sigma_Y = \sigma_Z \tag{1.4.14}$$

这是一条在 σ_Y-σ_X 平面上通过原点而斜率为1的直线,如图1.15中的直线 OC 所示,称为静水压力线.

1.4.3.2 轴向应力-应变关系 σ_X-ε_X

现在我们分别导出前面所述的四个加卸载阶段的材料轴向应力-应变关系,如图1.16所示.

1. 弹性加载阶段 *OA*

对一维应变问题,材料的体积应变 θ 和轴向应变偏量 ε'_X 分别为

$$\theta = \varepsilon_X + \varepsilon_Y + \varepsilon_Z = \varepsilon_X \tag{1.4.15-a}$$

$$\varepsilon'_X = \varepsilon_X - \frac{\theta}{3} = \frac{2}{3}\varepsilon_X \tag{1.4.15-b}$$

而平均应力 $\hat{\sigma}$ 和轴向应力偏量 σ'_X,σ'_Y 分别为

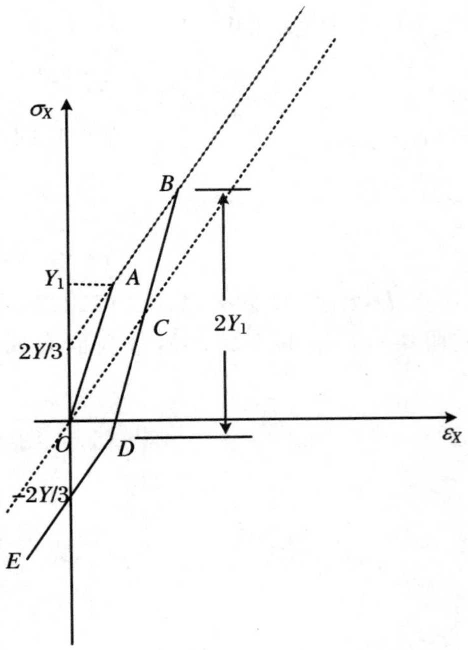

图 1.16　轴向应力-应变关系

$$\hat{\sigma} = \frac{\sigma_X + \sigma_Y + \sigma_Z}{3} = \frac{\sigma_X + 2\sigma_Y}{3} \tag{1.4.15-c}$$

$$\sigma'_X = \sigma_X - \hat{\sigma} = \frac{2}{3}(\sigma_X - \sigma_Y) \tag{1.4.15-d}$$

$$\sigma'_Y = \sigma_Y - \hat{\sigma} = -\frac{1}{3}(\sigma_X - \sigma_Y) \tag{1.4.15-e}$$

弹性体积变形定律和弹性畸变定律可分别表达为

$$\hat{\sigma} = K\theta = K\varepsilon_X \tag{1.4.16-a}$$

$$\sigma'_X = 2G\varepsilon'_X = \frac{4}{3}G\varepsilon_X \tag{1.4.16-b}$$

其中 K 和 G 分别为材料的弹性体积模量和弹性剪切模量，它们与杨氏模量 E 和泊松比 ν 的关系为

$$K = \frac{E}{3(1-2\nu)} \tag{1.4.16-c}$$

$$G = \frac{E}{2(1+\nu)} \tag{1.4.16-d}$$

式(1.4.16)中的各式是很容易通过由 E，ν 所表达的胡克定律和平均应力、体应变、应力偏量及应变偏量的定义而得到证明的，读者可推导之.

由于轴向应力等于平均应力和轴向应力偏量之和，所以将式(1.4.16-a)和式(1.4.16-b)相加并利用式(1.4.15-a)和式(1.4.15-b)，可得

$$\sigma_X = \left(K + \frac{4G}{3}\right)\varepsilon_X = E_1\varepsilon_X \tag{1.4.17-a}$$

其中

$$E_1 = K + \frac{4}{3}G = \frac{(1-\nu)E}{(1+\nu)(1-2\nu)} \tag{1.4.17-b}$$

是一维应变条件下弹性阶段材料轴向应力和轴向应变之比，称为材料的侧限弹性模量. 容易看出，$E_1 \geqslant E$，即材料表现出侧向约束下的模量硬化. 式(1.4.17-a)即是弹性阶段的轴向应力-应变关系.

2. 塑性加载阶段 *AB*

对大多数的金属材料，实验表明，当压力不是非常高时，各向等值的静水压力并不影响材料的屈服并且不会引起塑性变形，故塑性力学中常常采用静水压力不影响屈服的假定. 这就意味着线弹性的体积变形定律(式(1.4.16-a))在塑性阶段仍然是成立的：

$$\hat{\sigma} = K\theta = K\varepsilon_X \tag{1.4.16-a}$$

而利用式(1.4.15-d)和上屈服条件(式(1.4.9-a))，轴向应力偏量将为

$$\sigma'_X = \frac{2}{3}(\sigma_X - \sigma_Y) = \frac{2}{3}Y \tag{1.4.18-a}$$

所以，我们有

$$\sigma_X = \hat{\sigma} + \sigma'_X = K\varepsilon_X + \frac{2}{3}Y \tag{1.4.19}$$

式(1.4.19)在 ε_X-σ_X 平面上是一条斜率为K、截距为$\frac{2}{3}Y$ 的直线,如图 1.16 中的直线 AB 所示,这就是塑性加载阶段的轴向应力-应变关系.

3. 弹性卸载阶段 *BD*

将弹性卸载的体积变形定律和畸变定律的微分形式,即如下两式:

$$\begin{cases} \mathrm{d}\hat{\sigma} = K\mathrm{d}\theta = K\mathrm{d}\varepsilon_X \\ \mathrm{d}\sigma'_X = 2G\mathrm{d}\varepsilon'_X = \dfrac{4}{3}G\mathrm{d}\varepsilon_X \end{cases}$$

相加,得

$$\mathrm{d}\sigma_X = \mathrm{d}\hat{\sigma} + \mathrm{d}\sigma'_X = \left(K + \frac{4}{3}G\right)\mathrm{d}\varepsilon_X = E_1\mathrm{d}\varepsilon_X \tag{1.4.20-a}$$

以点 B 的应力和应变状态为初始条件,对式(1.4.20-a)积分,可得

$$\sigma_X - \sigma_X^B = E_1(\varepsilon_X - \varepsilon_X^B) \tag{1.4.20-b}$$

式(1.4.20-b)即是弹性卸载阶段的轴向应力-应变关系,如图 1.16 中的直线 BD 所示.如前所述,弹性卸载终止点 D 的轴向应力比点B 的轴向应力小 $2Y_1$.

4. 塑性卸载(反向屈服)阶段 *DE*

类似于塑性加载阶段,在塑性卸载阶段设弹性的体积变形定律(式(1.4.16-a))仍成立,即

$$\hat{\sigma} = K\theta = K\varepsilon_X \tag{1.4.16-a}$$

而利用式(1.4.15-d)和下屈服条件(式(1.4.9-b)),轴向应力偏量将为

$$\sigma'_X = \frac{2}{3}(\sigma_X - \sigma_Y) = -\frac{2}{3}Y \tag{1.4.18-b}$$

将式(1.4.16-a)和式(1.4.18-b)相加,可得

$$\sigma_X = \hat{\sigma} + \sigma'_X = K\varepsilon_X - \frac{2}{3}Y \tag{1.4.21}$$

式(1.4.21)在 ε_X-σ_X 平面上是一条斜率为K、截距为$-\frac{2}{3}Y$ 的直线,如图 1.16 中的直线 DE 所示,这就是塑性卸载阶段的轴向应力-应变关系.

静水压力线由如下状态表达:

$$\begin{cases} \sigma'_X = 0 \\ \sigma_X = \hat{\sigma} + \sigma'_X = K\varepsilon_X \end{cases} \tag{1.4.22}$$

在 ε_X-σ_X 平面上,这是一条过原点且斜率为 K 的直线,如图 1.16 中的直线 OC 所示.

这样我们就得到了一维应变条件下理想塑性材料全部四个阶段的轴向应力-应变关系,将之与杆中一维应力条件下线性随动硬化材料的弹塑性应力-应变关系相对比,可以发现它们完全是类似的,相应的对应关系可由表 1.1 表达.

表 1.1 一维应力和一维应变轴向应力-应变关系类比

	弹性段斜率	弹性波速 C_e	初始屈服极限	塑性段斜率	塑性波速 C_p
一维应力(杆)	E	$\sqrt{\dfrac{E}{\rho_0}}$	Y	E'	$\sqrt{\dfrac{E'}{\rho_0}}$
一维应变(靶)	$E_1=K+\dfrac{4G}{3}$	$\sqrt{\dfrac{E_1}{\rho_0}}$	Y_1	K	$\sqrt{\dfrac{K}{\rho_0}}$

由于一维应力条件下线性随动硬化材料的应力-应变关系和一维应变条件下理想塑性材料的轴向应力-应变关系的这种完全类似性,在下面讲解波传播和相互作用的单元过程时,我们将以杆中一维应力条件下的线性随动硬化材料为例来进行叙述,而对一维应变条件下的理想塑性材料中的波传播只需按表 1.1 进行有关量的代换.其结果是完全一样的.简言之,我们将主要讲解弹性波速和塑性波速分别为常数 C_e 和 C_p 的线性硬化弹塑性杆中的纵波传播问题.

1.4.4 一维应变条件下塑性硬化材料的轴向弹塑性应力-应变关系

对于各向同性硬化的塑性硬化材料,Mises 屈服准则(式(1.4.9))中的函数 Y 将成为各向同性硬化参数 $\bar{\varepsilon}^p$ 或 W^p 的函数,如以 $\bar{\varepsilon}^p$ 为参数的函数来表达,可以写为

$$\bar{\sigma} = Y(\bar{\varepsilon}^p) \tag{1.4.23}$$

其中 $\bar{\sigma}$ 和 $\bar{\varepsilon}^p$ 分别为 Mises 等效应力和等效塑性应变,其定义为

$$\bar{\sigma} \equiv \sqrt{\frac{3}{2}\sigma'_{ij}\sigma'_{ij}},\quad d\bar{\varepsilon}^p \equiv \sqrt{\frac{2}{3}d\varepsilon^p_{ij}d\varepsilon^p_{ij}},\quad \bar{\varepsilon}^p \equiv \int\sqrt{\frac{2}{3}d\varepsilon^p_{ij}d\varepsilon^p_{ij}} \tag{1.4.24}$$

在一维应变的特殊情况下,平均应力 $\hat{\sigma}$、轴向应力偏量 σ'_X 和 $\sigma'_Y=\sigma'_Z$ 分别由式(1.4.15-c)、式(1.4.15-d)和式(1.4.15-e)给出,故有 $\bar{\sigma}=\sigma_X-\sigma_Y$,而屈服准则(式(1.4.23))在一维应变条件下可写为

$$\bar{\sigma} = \frac{3}{2}\sigma'_X = \sigma_X - \sigma_Y = Y(\bar{\varepsilon}^p) \tag{1.4.25}$$

由于 Mises 屈服准则不依赖于平均应力 $\hat{\sigma}$,所以其塑性体积变形为零,故有

$$d\varepsilon^p_Y = d\varepsilon^p_Z = -\frac{1}{2}d\varepsilon^p_X,\quad d\bar{\varepsilon}^p = d\varepsilon^p_X \tag{1.4.26}$$

同时,一维应变的条件将给出:

$$d\varepsilon'_X = d\varepsilon_X - \frac{1}{3}\theta = \frac{2}{3}d\varepsilon_X,\quad d\varepsilon'_Y = d\varepsilon_Y - \frac{1}{3}\theta = -\frac{1}{3}d\varepsilon_X \tag{1.4.27}$$

利用弹性畸变定律,并把其中的弹性偏应变增量写为整体偏应变增量和塑性偏应变增量之差,有

$$d\sigma'_X = 2Gd(\varepsilon'_X)^e = 2G[d\varepsilon'_X - d(\varepsilon'_X)^p] = 2G(d\varepsilon'_X - d\varepsilon^p_X) \tag{1.4.28}$$

上式中的最后一个等号利用了塑性体积变形为零的条件.利用屈服准则(式(1.4.25)、式(1.4.26)和式(1.4.27)),分别有

$$d\sigma'_X = \frac{2}{3}Y'd\varepsilon^p_X,\quad d\varepsilon'_X = \frac{2}{3}d\varepsilon_X \tag{1.4.29}$$

将式(1.4.29)代入式(1.4.28),有

$$\frac{2}{3}Y'\mathrm{d}\varepsilon_X^{\mathrm{p}} = 2G\left(\frac{2}{3}\mathrm{d}\varepsilon_X - \mathrm{d}\varepsilon_X^{\mathrm{p}}\right)$$

由此可以求出

$$\frac{\mathrm{d}\varepsilon_X^{\mathrm{p}}}{\mathrm{d}\varepsilon_X} = \frac{\frac{4}{3}G}{\frac{2}{3}Y' + 2G} = \frac{2G}{Y' + 3G} \tag{1.4.30}$$

于是,我们有

$$\frac{\mathrm{d}\sigma'_X}{\mathrm{d}\varepsilon_X} = \frac{\mathrm{d}\sigma'_X}{\mathrm{d}\varepsilon_X^{\mathrm{p}}}\frac{\mathrm{d}\varepsilon_X^{\mathrm{p}}}{\mathrm{d}\varepsilon_X} = \frac{4}{3}\frac{Y'G}{Y' + 3G}$$

即

$$\frac{\mathrm{d}\sigma'_X}{\mathrm{d}\varepsilon_X} = \frac{4}{3}\bar{G} \tag{1.4.31-a}$$

其中

$$\bar{G} \equiv \frac{Y'G}{Y' + 3G} \tag{1.4.32}$$

式(1.4.31-a)也可以写为

$$\frac{\mathrm{d}\sigma'_X}{\mathrm{d}\varepsilon'_X} = 2\bar{G} \tag{1.4.31-b}$$

式(1.4.31-b)反映了一维应变条件下材料的轴向偏应力增量和包括弹性变形及塑性变形在内的整个轴向偏应变增量之比,它与弹性畸变定律的形式是完全类似的,所以式(1.4.32)所定义的 $\bar{G}$ 可以称为弹塑性剪切模量(有的书和文献上将之称为塑性剪切模量其实是并不确切的).将式(1.4.31-a)的两端同时加上由式(1.4.16-a)所给出的弹性体积定律,即

$$\frac{\mathrm{d}\hat{\sigma}}{\mathrm{d}\varepsilon_X} = K \tag{1.4.16-a}$$

可得到如下的一维应变轴向弹塑性增量本构关系:

$$\frac{\mathrm{d}\sigma_X}{\mathrm{d}\varepsilon_X} = K + \frac{4}{3}\bar{G} \equiv \bar{E}_1 \tag{1.4.33}$$

该式与弹性增量的本构关系式(1.4.20-a)是完全类似的,其中

$$\bar{E}_1 \equiv K + \frac{4}{3}\bar{G} \tag{1.4.34}$$

可称为材料的侧限弹塑性模量,它反映了材料在一维应变条件下即受侧向约束的条件下轴向应力增量以及包括弹性变形和塑性变形在内的整个轴向应变增量之比.

如果我们采用功硬化的屈服准则,则屈服准则(式(1.4.23))可以改写为

$$\bar{\sigma} = Y_1(W^{\mathrm{p}}) \tag{1.4.35}$$

两边微分,有

$$\mathrm{d}\bar{\sigma} = Y'_1\mathrm{d}W^{\mathrm{p}} = Y'_1\sigma_{ij}\mathrm{d}\varepsilon_{ij}^{\mathrm{p}} = Y'_1\sigma'_{ij}\mathrm{d}\varepsilon_{ij}^{\mathrm{p}} = Y'_1\bar{\sigma}\mathrm{d}\bar{\varepsilon}^{\mathrm{p}} \tag{1.4.36}$$

这里我们利用了塑性体应变为零的条件,因之应力在其上的功也为零,故有上面倒数第二个等号;至于最后一个等号,我们则利用了在任意应力状态下对 Mises 准则都成立的如下关

系式：

$$dW^p = \bar{\sigma} d\bar{\varepsilon}^p \tag{1.4.37}$$

事实上，利用 Mises 准则所给出的流动法则

$$d\varepsilon_{ij}^p = d\lambda \sigma'_{ij} \tag{1.4.38}$$

有

$$dW^p = \sigma'_{ij} d\varepsilon_{ij}^p = d\lambda \sigma'_{ij} \sigma'_{ij} \tag{1.4.39}$$

同时，又有

$$\bar{\sigma} d\bar{\varepsilon}^p = \sqrt{\frac{3}{2}\sigma'_{ij}\sigma'_{ij}} \sqrt{\frac{2}{3} d\varepsilon_{kl}^p d\varepsilon_{kl}^p} = \sqrt{\sigma'_{ij}\sigma'_{ij}} \sqrt{(d\lambda)^2 \sigma'_{kl}\sigma'_{kl}} = d\lambda \sigma'_{ij}\sigma'_{ij} \tag{1.4.40}$$

由式(1.4.39)和式(1.4.40)，可见式(1.4.37)是成立的.

当我们取塑性应变硬化的屈服准则(式(1.4.23))时，可有

$$d\bar{\sigma} = Y' d\bar{\varepsilon}^p \tag{1.4.41}$$

对比式(1.4.36)和式(1.4.41)，即可得到

$$Y' = Y'_1 \bar{\sigma} \tag{1.4.42}$$

其中 Y' 和 Y_1' 分别表示它们对 $\bar{\varepsilon}^p$ 和 W^p 的导数.式(1.4.42)就给出了对同一种材料塑性应变硬化函数 Y 和功硬化函数 Y_1 之间的关系，它们在任意状态下都是成立的.

对线性塑性应变硬化材料，$Y' = Y_1'\bar{\sigma}$ 为常数，因而弹塑性剪切模量 $\bar{G}$ 也是常数，所以其一维应变条件下材料的轴向应力-应变曲线也将类似于图 1.16 所给出的理想塑性材料的轴向应力-应变曲线，只不过塑性加载段和塑性卸载段的斜率将是 $\bar{E}_1$；而材料各向同性硬化的特性则要求其塑性加载和塑性卸载的屈服直线仍是相对静水压力线对称的，这在数学上却仍然是类似于一维应力的随动硬化屈服模型的.

1.5　材料的弹塑性动态响应与弹塑性双波结构

1.5.1　材料的弹塑性动态响应曲线

以 C 表示波速的绝对值，则在物理平面 X-t 上的扰动线方程为

$$\frac{dX}{dt} = \pm C \tag{1.5.1}$$

对弹塑性材料，弹塑性扰动线的微分方程分别为

$$\frac{dX}{dt} = \pm C_e \tag{1.5.2-a}$$

$$\frac{dX}{dt} = \pm C_p(\sigma) \tag{1.5.2-b}$$

其中“±”分别对应右行波扰动线和左行波扰动线，C_e 和 C_p 分别表示弹性波速和塑性波速

的绝对值.故弹性波的扰动线(式(1.5.2-a))在 X-t 平面上总是直线,而塑性波的扰动线则一般不是直线,因为塑性波速 C_p 是与产生扰动的应力水平有关的,只有对线性硬化的弹塑性材料塑性波速 C_p 是常数,塑性波扰动线才是直线.

设在杆的左端对杆进行撞击而在杆中产生右行波,则依撞击的条件和材料性质不同可在杆中产生右行连续波或右行冲击波.对于右行连续波(看成由无数小增量波的叠加)和右行冲击波,其波阵面上的守恒条件和波速 C 分别为

$$dv = -\frac{d\sigma}{\rho_0 C} = -C d\varepsilon \quad (增量波) \tag{1.5.3-a}$$

$$[v] = -\frac{[\sigma]}{\rho_0 C} = -C[\varepsilon] \quad (冲击波) \tag{1.5.3-b}$$

$$C = \sqrt{\frac{d\sigma}{\rho_0 d\varepsilon}} \equiv C(\sigma) \quad (增量波) \tag{1.5.4-a}$$

$$C = \sqrt{\frac{[\sigma]}{\rho_0[\varepsilon]}} = \sqrt{\frac{\sigma - \sigma_0}{\rho_0[\varepsilon(\sigma) - \varepsilon_0(\sigma_0)]}} \equiv C(\sigma,\sigma_0) \quad (冲击波) \tag{1.5.4-b}$$

其中 $\varepsilon(\sigma)$是材料的塑性加载应力-应变曲线,而$(v_0,\varepsilon_0(\sigma_0),\sigma_0)$为撞击前杆的初始状态即波前方的初始状态.在研究材料的动态响应特性时,我们通常是以初始自然静止状态$(v_0,\varepsilon_0(\sigma_0),\sigma_0)=(0,0,0)$为参考点的.由式(1.5.4-a)可见,连续波中塑性增量波的波速 C 是由产生扰动处应力-应变曲线的切线斜率所决定的,因此它是与产生扰动的应力水平有关的,即 $C=C(\sigma)$;同样,由式(1.5.4-b)可见,冲击波的波速是由连接应力-应变曲线上冲击波前后方状态点的割线斜率所决定的,故它同时依赖于冲击波前后方的应力水平.这些知识在1.4节中已经叙述过了,这说明了波的传播特性与材料应力-应变曲线间的紧密关系.图1.17给出了一维应力条件下递减硬化、递增硬化和线性硬化三种典型的本构关系.

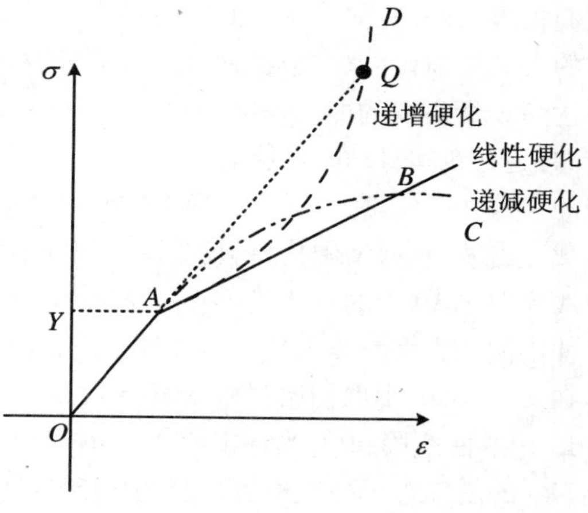

图1.17　典型应力-应变曲线图

设在材料中产生的是连续波(例如对任意材料连续加载和对递减硬化材料突跃加载的情况),利用式(1.5.4-a),则右行增量波波阵面上的动量守恒条件(式(1.5.3-a))可写为

$$dv = -\frac{d\sigma}{\rho_0 C(\sigma)} \tag{1.5.5-a}$$

式(1.5.5-a)的含义是:在应力水平 σ 处使杆产生应力增量 $d\sigma$ 所需要的撞击速度增量为 dv,由初态(v_0,σ_0)到终态(v,σ)进行积分,即得

$$v = v_0 - \int_{\sigma_0}^{\sigma} \frac{d\sigma}{\rho_0 C(\sigma)} \equiv v_0 - \varphi(\sigma,\sigma_0) \tag{1.5.5-b}$$

我们将式(1.5.5-b)称为材料的右行连续波动态响应曲线,它的含义是:对一个初始状态为(v_0,σ_0)的杆从左端进行撞击而产生连续波时,要使杆的应力达到 σ 所需要的撞击速度为

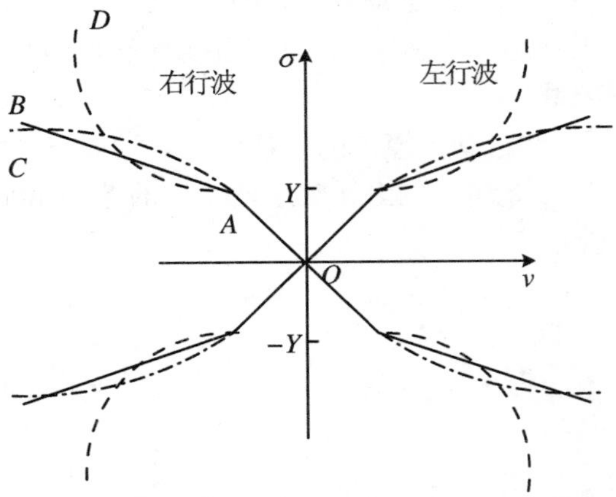

图 1.18　连续波动态响应曲线

$v=v_0-\varphi(\sigma,\sigma_0)$，显然它是由材料的应力-应变关系所决定的，是材料本身动态性能的一种反映.对递减硬化材料，当杆端受到连续加载或突然加载时杆中都将产生连续波，对递增硬化材料和线性硬化材料，只有当杆端受到连续加载时杆中才会产生连续波.图 1.18 即示意性地画出了前述三种典型材料对初始静止状态$(v_0,\sigma_0)=(0,0)$为参考状态的右行连续波动态响应曲线.图中也画出了从杆的右端撞击而使杆中产生左行连续波时的左行连续波动态响应曲线.

类似地，如果杆中产生的是冲击波（例如对递增硬化材料和线性硬化材料突跃加载的情况），则将式(1.5.4-b)代入式(1.5.3-b)，可得

$$v=v_0-\frac{\sigma-\sigma_0}{\rho_0 C(\sigma,\sigma_0)}\equiv v_0-\Phi(\sigma,\sigma_0) \tag{1.5.6}$$

我们将式(1.5.6)称为材料的右行冲击波动态响应曲线（或 v-σ 平面上的 Hugoniot 曲线），它的含义是：对一个初始状态为(v_0,σ_0)的杆从左端进行撞击而产生冲击波时，要使杆的应力达到 σ 所需要的撞击速度为$v=v_0-\Phi(\sigma,\sigma_0)$，显然它也是由材料的应力-应变关系所决定的，是材料本身动态性能的一种反映.由于只有递增硬化和线性硬化材料中才能够存在稳定的加载冲击波，所以只有在递增硬化和线性硬化材料的杆端突然加载时才会在杆中产生加载冲击波.对递增硬化材料：当冲击应力 $\sigma\leqslant\sigma_A=Y$ 时杆中只产生弹性冲击波，动态响应曲线为图 1.19 中的直线段 OA；当冲击应力 $Y\leqslant\sigma\leqslant\sigma_Q$ 时将在杆中产生强度为 Y 的弹性前驱冲击波和强度为 $\sigma-Y$ 的塑性冲击波，为得出这段应力区间材料的冲击波动态响应曲线，需在式(1.5.6)中取初始屈服状态$(v_0,\sigma_0)=(-Y/(\rho_0 C_e),Y)$为参考状态，其结果对应图 1.19 中的曲线段 AQ；当冲击应力 $\sigma\geqslant\sigma_Q$ 时杆中将产生单一的流体型塑性冲击波（点 Q 满足 OQ 的斜率等于弹性模量），其动态响应曲线可由在式(1.5.6)中取初始参考状态为自然静止状态$(v_0,\sigma_0)=(0,0)$而得出，对应图 1.19 中的 QD.对线性硬化材料，当冲击应力 $\sigma\leqslant\sigma_A=Y$ 时杆中只产生弹性冲击波，而只要冲击应力 $\sigma\geqslant Y$ 都将在杆中产生强度为 Y 的弹性前驱冲击波和强度为 $\sigma-Y$ 的塑性冲击波，不会产生单一的流体型塑性冲击波，所以对 $\sigma\leqslant\sigma_A=Y$ 和 $\sigma\geqslant Y$ 段材料的冲击波动态响应曲线需分别在式(1.5.6)中取自然静止状态$(v_0,\sigma_0)=(0,0)$和初始屈服状态$(v_0,\sigma_0)=(-Y/(\rho_0 C_e),Y)$为参考状态，所得结果分别为图 1.19 中的直线段 OA 和 AB.在图 1.19 中我们示意性地画出了这两种材料对初始静止状态$(v_0,\sigma_0)=(0,0)$的右行冲击波动态响应曲线.

由以上所述的材料动态响应曲线的求解方法可知，尽管线性硬化材料的冲击波动态响应曲线是和连续波动态响应曲线重合的，但对递增硬化材料而言，其冲击波的动态响应曲线和连续波的动态响应曲线则是不同的，因为它们分别是由方程(1.5.6)代数求解和由方程(1.5.5-b)积分求解而得出的.下面我们将重点讲解线性硬化材料的动态响应.

对于线性硬化材料，在弹性段和塑性段对冲击波和连续波，其波速(式(1.5.4-a)和式(1.5.4-b))分别是如下的两个常数：

$$C = \begin{cases} C_e, & |\sigma| \leqslant Y \\ C_p, & |\sigma| \geqslant Y \end{cases} \tag{1.5.4-c}$$

对于$(v_0,\sigma_0)=(0,0)$的情况，由式(1.5.5-b)分段积分和由式(1.5.6)分段代数求解所得结果相同，以式(1.5.5-b)为例，我们有

$$v = -\int_0^\sigma \frac{d\sigma}{\rho_0 C(\sigma)} = \begin{cases} -\dfrac{\sigma}{\rho_0 C_e}, & |\sigma| \leqslant Y \\ -\dfrac{\pm Y}{\rho_0 C_e} - \dfrac{\sigma - (\pm Y)}{\rho_0 C_p}, & |\sigma| \geqslant Y \end{cases} \tag{1.5.7}$$

其中$\rho_0 C_e$代表弹性波阻抗，而$\rho_0 C_p$为塑性波阻抗.式(1.5.7)所表达的动态响应曲线如图1.18或图1.19中的直线段OA和AB所示.

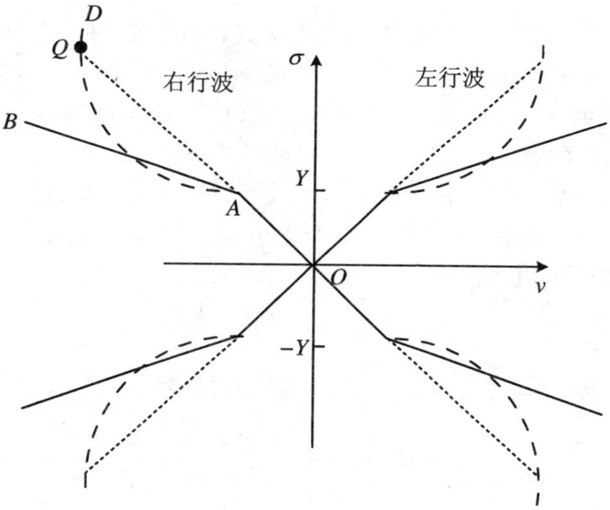

图1.19　冲击波动态响应曲线

1.5.2　简单波及其表达式

我们把沿着一个方向向前方均匀区中传播而不受干扰的波，称为简单波(simple waves).对于简单波，任何一个波阵面上的状态在传播过程中不受干扰，所以其状态将保持不变，因而其对应的波速在传播过程中也保持不变，故在物理平面X-t上简单波的每一条扰动线均为直线.

简单波扰动线的微分方程为

$$\frac{dX}{dt} = C(\sigma) = \text{const} \tag{1.5.8}$$

积分式(1.5.8)，可得

$$X - X_0 = C(\sigma)(t - t_0) \tag{1.5.9}$$

式(1.5.9)即是简单波阵面的方程，它的物理意义是：t_0时刻波阵面X_0处的应力σ将在t

时刻到达粒子 X 处.

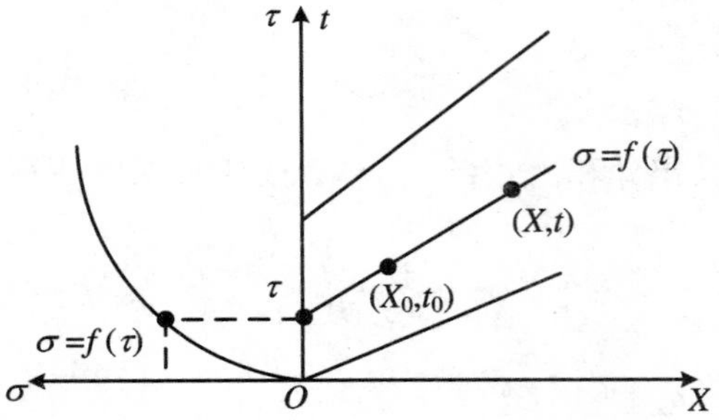

图 1.20　简单波

设其杆端的边界条件为

$$\sigma\mid_{X=X_0=0} = f(\tau)$$

其中 τ 表示杆端的时间,则将 $X_0=0$ 和 $t_0=\tau$ 代入式(1.5.9),可得

$$\tau = t - \frac{X}{C(\sigma)} \tag{1.5.10}$$

由于在一个简单波阵面上应力不变,即(X,t)处的应力等于杆端 τ 时刻的应力 $f(\tau)$(如图 1.20 所示),将式(1.5.10)给出的 τ 代入 $f(\tau)$ 中,即得点(X,t)处的应力为

$$\sigma = f(\tau) = f\left[t - \frac{X}{C(\sigma)}\right] \tag{1.5.11-a}$$

我们将式(1.5.11-a)称为右行简单波的解析表达式,它的意义是:边界 $X_0=0$ 处 τ 时刻的应力 $\sigma=f(\tau)$ 将在 t 时刻到达粒子 X 处.当给定材料的本构关系后,可以由其求出上式中的函数 $C(\sigma)$,故对给定的边界应力载荷 $\sigma=f(\tau)$,式(1.5.11-a)就是关于函数 $\sigma=\sigma(X,t)$ 的一个隐式方程.对一般的非线性本构关系,由隐式方程(1.5.11-a)未必能求出函数 $\sigma=\sigma(X,t)$ 的显式表达式,但对某些特殊的本构形式有时则是可求出其显式表达式的.特别地,对线弹性材料和线性硬化的弹塑性材料,我们即可求出其显式表达式.对弹性材料,我们有 $C(\sigma)=C_e$,式(1.5.11-a)可表达为

$$\sigma(X,t) = f\left(t - \frac{X}{C_e}\right) \tag{1.5.11-b}$$

这就是右行弹性简单波的显式表达式.对线性硬化的弹塑性材料,简单波的表达式将是分区的,即

$$\sigma(X,t) = f\left(t - \frac{X}{C_e}\right)\ (\text{弹性区}),\quad \sigma(X,t) = f\left(t - \frac{X}{C_p}\right)\ (\text{塑性区}) \tag{1.5.11-c}$$

式(1.5.11-c)就是线性硬化材料中右行弹塑性简单波的显式表达式.我们将在下面通过图解的方法来说明简单波表达式的意义和弹塑性双波结构的概念.

1.5.3　线性硬化材料简单波的传播图案和弹塑性双波结构

由于塑性波比弹性波波速小,所以波在传播过程中塑性的应力扰动会落后于弹性的应力扰动,从而在杆中形成所谓的弹塑性“双波结构”(double waves structure).图 1.21 对线性硬化材料的杆在左端受到应力边界条件 $\sigma=f(\tau)$ 时所引起的杆中弹塑性波的传播图像给出了形象的说明:在 $\tau=0,t_1,t_2,t_3$ 各时刻依次从杆端发出波速为 C_e 的弹性波扰动线,其上携带的应力各为 $\sigma=0,\sigma_1=f(t_1),\sigma_2=f(t_2)$,在 $\tau=t_3$ 时刻发出最后一道弹性波 t_3B,其携带的应力等于屈服极限 Y.在 $\tau=t_3$ 时刻同时发出第一道塑性波 t_3C,其携带的应力也等于屈服极限 Y,所以在物理平面的区域 Bt_3C 之间将形成一个恒值应力区;在 $\tau=t_4,t_5,\cdots$ 各时刻从杆端依次发出波速为 C_p 的塑性波扰动线,其上携带的应力各为 $\sigma_4=f(t_4),\sigma_5=$

$f(t_5)$,….物理平面上水平线 $t=T$ 和各道波扰动线的交点表示该时刻相应波所到达的杆界面,其上的应力等于杆端应力时程曲线在相应扰动线出发时刻的值,由此即可作出图 1.21 中下面所画的 $t=T$ 时杆中的应力剖面图.由图可以看到应力剖面分裂为前面的弹性波和后面的塑性波两部分,中间有一个应力为屈服应力 Y 的应力平台,而且这个应力平台会随着时间 T 的增长而增长.这就是线性硬化材料中的弹塑性双波结构.这里的叙述也是对前面线性硬化材料弹塑性简单波解析解(1.5.11-c)的图解说明.显然对非线性硬化材料我们可有类似的图解,只不过相应的塑性波扰动线不再彼此平行罢了:对递减硬化材料,在 X-t 平面上扰动线的斜率随着应力水平的提高而提高(波速在减小),扰动线是发散的;对递增硬化材料,在 X-t 平面上扰动线的斜率随着应力水平的提高而减小(波速在增大),扰动线是收敛的,在扰动线相交时则意味着连续波开始演化为冲击波.

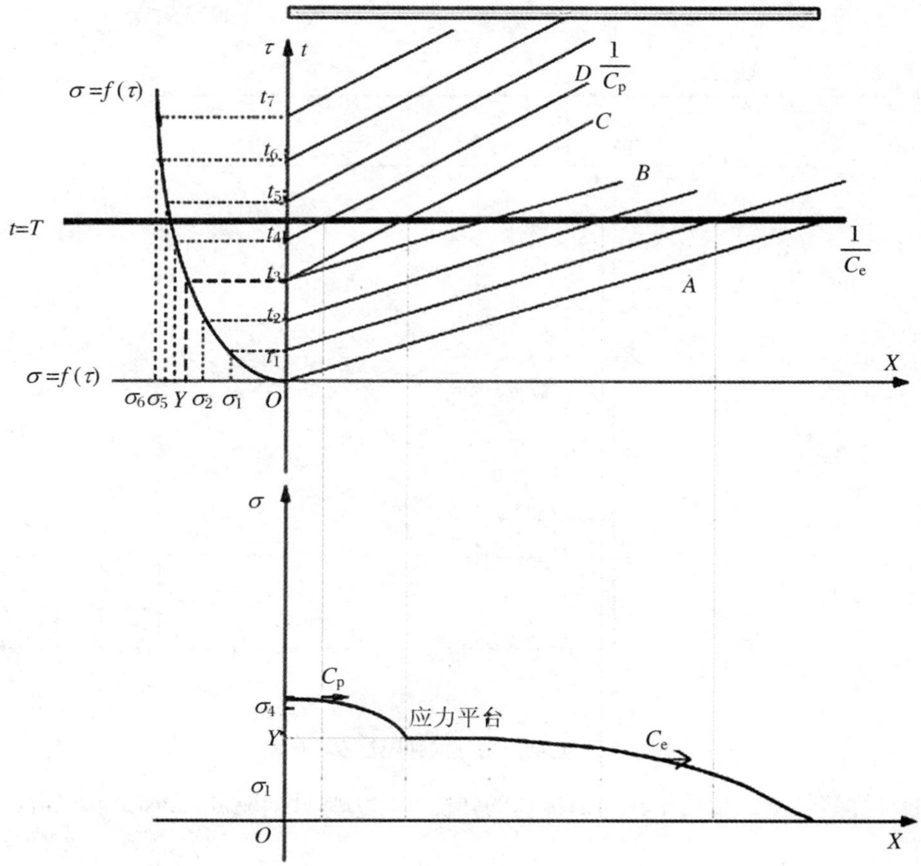

图 1.21　弹塑性双波结构

当图 1.21 中时段 t_4,t_3,t_2,t_1 都趋于 0 时,意味着在一瞬间杆端的应力突跃加载至 $\sigma_4>Y$,而后再连续加载.这时从 $\tau=0$ 至 $\tau=t_3=0$ 之间的各条弹性扰动线收缩为一条从原点出发的弹性冲击波扰动线,见图 1.22 中的双线 OA/OB,这是一条强度为$[\sigma]=Y$ 的弹性冲击波;而从 $\tau=t_3$ 至 $\tau=t_4$ 之间的各条塑性扰动线收缩为一条从原点出发的塑性冲击波扰动线,见图 1.22 中的双线 OC/OD,这是一条强度为$[\sigma]=\sigma_4-Y$ 的塑性冲击波;而 $\tau\geqslant t_4$ 以后从杆端所发出的各条塑性波扰动线则与图 1.21 中的情况完全类似.这样,我们就可以得到图 1.22 中当 $t=T$ 时杆中应力波传播的剖面图:从中可清楚地看到,这一弹塑性双波结构包括一个强度为 Y 的弹性冲击波和一个强度为σ_4-Y 的塑性冲击波连同其后的塑性连续波.此外,我们很容易理解,如果材料的塑性段是递减硬化的,则强度为 σ_4-Y 的塑性冲击波 OC/OD 将成为一个发散的塑性中心波,因为这些塑性扰动在同一时刻同一地点出发,但却有依次更慢的波速.

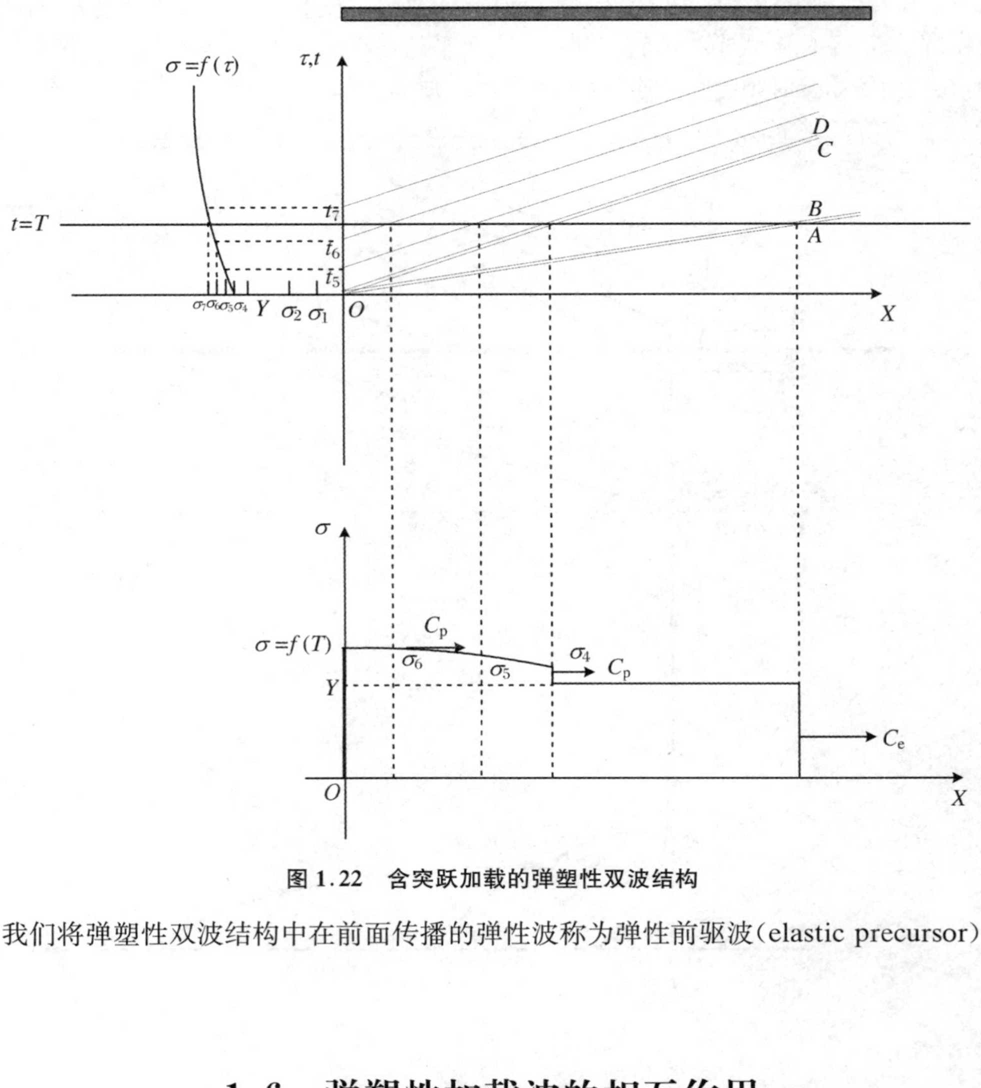

图 1.22 含突跃加载的弹塑性双波结构

我们将弹塑性双波结构中在前面传播的弹性波称为弹性前驱波(elastic precursor).

1.6 弹塑性加载波的相互作用

本节我们将通过两个实例来考察弹塑性加载波相遇后的情况,说明此类问题的一般分析方法、求解要点和主要结论.

1.6.1 题例 1

设有处于无应力状态 $\sigma_1=0$ 的均匀等截面线性硬化弹塑性杆 AB 以速度 $v_1>0$ 向右运动，在 $t=0$ 时刻于左右两端 A，B 分别突加恒值冲击应力 σ_4 和 σ_5，二者均大于杆的屈服应力 Y，我们结合物理平面 X-t 和状态平面 v-σ 来研究杆中弹塑性波的传播和相互作用情况，如图 1.23 所示.

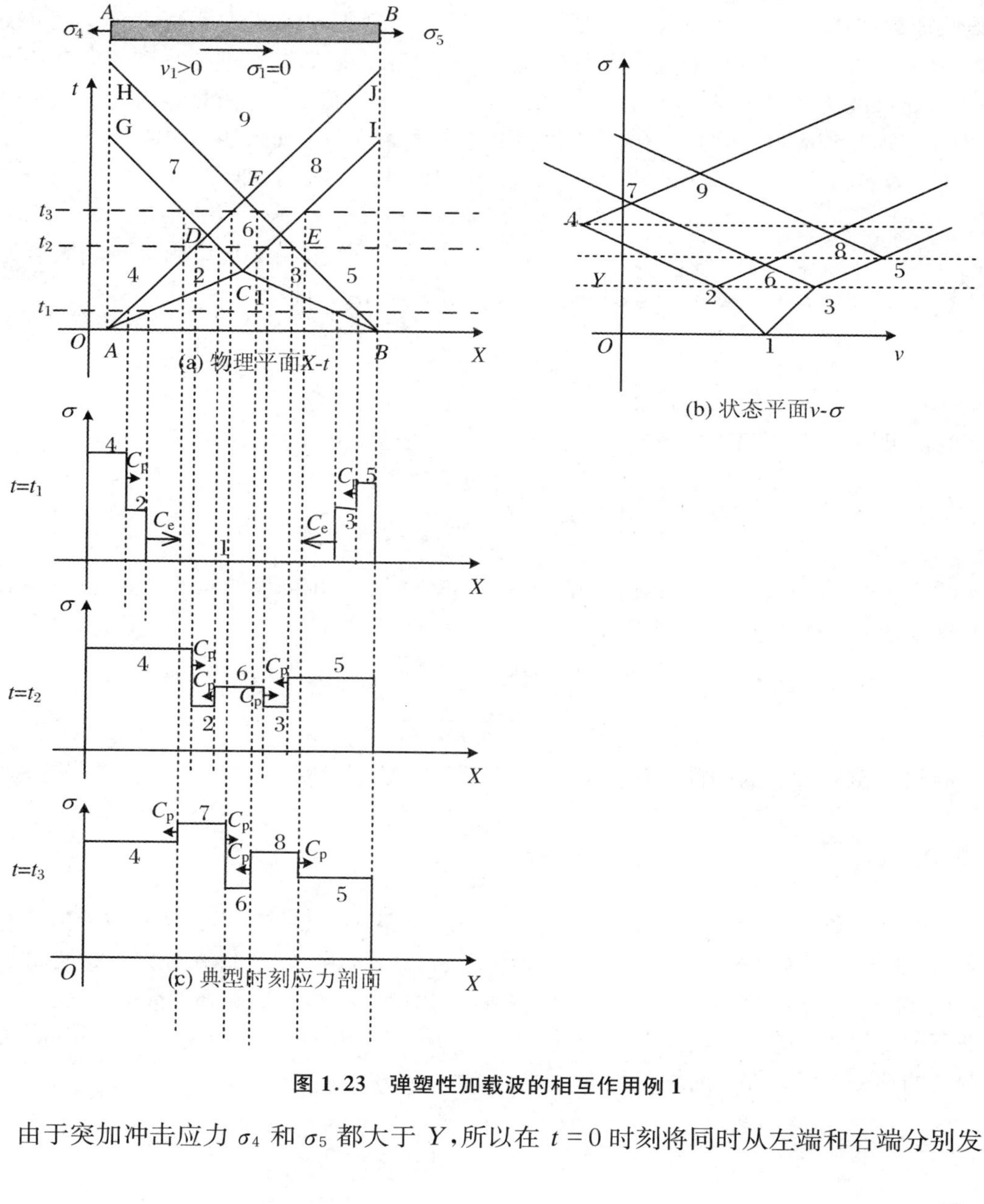

图 1.23 弹塑性加载波的相互作用例 1

由于突加冲击应力 σ_4 和 σ_5 都大于 Y，所以在 $t=0$ 时刻将同时从左端和右端分别发出

弹塑性加载波 $AC(1\sim2)$，$AD(2\sim4)$和 $BC(1\sim3)$，$BE(3\sim5)$，其中弹性前驱波 AC 和 BC 的强度都是 Y，塑性加载波 AD 和 BE 的强度则分别是 $\sigma_4 - Y$ 和 $\sigma_5 - Y$. 在弹性加载前驱波 AC 和 BC 相遇而互相干扰时，将使杆中的应力继续加载，而由于 2 区和 3 区的应力都已经达到屈服应力 Y，所以两个弹性加载波互相加强的结果所产生的加载波一定是塑性波，即将产生左行的塑性加载波 $CD(2\sim6)$和右行的塑性加载波 $CE(3\sim6)$. 类似地，塑性加载波 $AD(2\sim4)$和塑性加载波 $CD(2\sim6)$在 D 截面相遇后互相加强将产生塑性加载波 $DG(4\sim7)$和塑性加载波 $DF(6\sim7)$；塑性加载波 $CE(3\sim6)$和塑性加载波 $BE(3\sim5)$在 E 截面相遇后互相加强将产生塑性加载波 $EF(6\sim8)$和塑性加载波 $EI(5\sim8)$. 同样，塑性加载波 $DF(6\sim7)$和塑性加载波 $EF(6\sim8)$在 F 截面相遇后也将产生塑性加载波 $FH(7\sim9)$和塑性加载波 $FJ(8\sim9)$. 所有这些波的扰动线和表明相应区域内杆中状态的数字都标注在图 1.23(a)中(图中弹塑性波扰动线的斜率分别为 $\pm 1/C_e$ 和 $\pm 1/C_p$)，我们的任务就是求出这些区域的状态，即质点速度和应力. 下面我们配合有关的数学公式和状态平面来加以说明.

杆中的初始状态由点 1 的状态 $1(v_1, \sigma_1)$表达，是事先给出的，即

$$v_1 > 0, \quad \sigma_1 = 0 \tag{1.6.1}$$

点 2 的状态 $2(v_2, \sigma_2)$代表弹性前驱波 $AC(1\sim2)$后方的状态，由 2 区应力等于屈服应力的条件和右行弹性前驱波 $AC(1\sim2)$的动量守恒条件共同给出，即

$$\begin{cases} \sigma_2 = Y \\ v_2 = v_1 - \dfrac{\sigma_2 - \sigma_1}{\rho_0 C_e} = v_1 - \dfrac{Y}{\rho_0 C_e} \end{cases} \tag{1.6.2}$$

点 3 的情况是类似的，只不过弹性前驱波 $BC(1\sim3)$是左行波而已，所以有

$$\begin{cases} \sigma_3 = Y \\ v_3 = v_1 + \dfrac{\sigma_3 - \sigma_1}{\rho_0 C_e} = v_1 + \dfrac{Y}{\rho_0 C_e} \end{cases} \tag{1.6.3}$$

点 4 的状态 $4(v_4, \sigma_4)$为塑性加载波 $AD(2\sim4)$后方的状态，由问题给定的边界外载 σ_4 和该波的动量守恒条件共同决定，即

$$\begin{cases} \sigma_4 (\text{已知}) \\ v_4 = -\dfrac{\sigma_4 - \sigma_2}{\rho_0 C_p} + v_2 \end{cases} \tag{1.6.4}$$

点 5 的状态 $5(v_5, \sigma_5)$为塑性加载波 $BE(3\sim5)$后方的状态，情况与点 4 是完全类似的，即

$$\begin{cases} \sigma_5 (\text{已知}) \\ v_5 = \dfrac{\sigma_5 - \sigma_3}{\rho_0 C_p} + v_3 \end{cases} \tag{1.6.5}$$

以上各个方程和所求出的各点的状态(v, σ)如图 1.23(b)中的点 1～5 所示，图中直线 12 和 13 的斜率分别为弹性波阻抗 $-\rho_0 C_e$ 和 $\rho_0 C_e$，直线 24 和 35 的斜率分别为塑性波阻抗 $-\rho_0 C_p$ 和 $\rho_0 C_p$. 点 6 的状态 $6(v_6, \sigma_6)$代表弹性前驱波 $AC(1\sim2)$和弹性前驱波 $BC(1\sim3)$相遇所产生的两个塑性加载波 $CD(2\sim6)$和 $CE(3\sim6)$后方的状态，由所产生的这两个塑性加载波的动量守恒条件共同决定：

$$\sigma_6 - \sigma_2 = \rho_0 C_p (v_6 - v_2) \tag{1.6.6}$$

$$\sigma_6 - \sigma_3 = -\rho_0 C_p (v_6 - v_3) \tag{1.6.7}$$

式(1.6.6)和式(1.6.7)在状态平面上分别由斜率为 $\rho_0 C_p$ 和 $-\rho_0 C_p$ 的直线 26 和 36 表示，点 6 即是这两条直线的交点. 容易推出：

$$v_6 = \frac{1}{2}\left(v_2 + v_3 + \frac{\sigma_3 - \sigma_2}{\rho_0 C_p}\right) \tag{1.6.8}$$

$$\sigma_6 = \frac{1}{2}[\sigma_2 + \sigma_3 + \rho_0 C_p(v_3 - v_2)] \tag{1.6.9}$$

类似地，可以解出 7,8,9 各区的状态，如图 1.23(b)中的点 7,8,9 所示.

塑性波 DG 和 EI 在杆端 G 和 I 反射的情况取决于此后的两端边界条件的情况，如果杆端仍要求维持恒值应力 σ_4 和 σ_5，则由于边界应力 σ_4 和 σ_5 分别小于入射波 DG 后方的应力 σ_7 和入射波 EI 后方的应力 σ_8，显然将会反射弹性卸载波，而以后将会出现反射的弹性卸载波对迎面而来的塑性加载波迎面卸载的问题，关于这个问题我们将在 1.8 节中讲解.

由以上的解题过程可见，对弹塑性加载波相互作用的问题和只涉及弹性波相互作用的问题，其解法是完全类似的，依据的就是两波相遇后所产生的两个新波的动量守恒条件，但重要的是必须从物理意义上认清所产生的波是弹性波还是塑性波. 下面我们将着重说明，弹塑性加载波相互作用的问题与纯弹性波的问题其结果有什么本质上的不同.

我们以波 $AC(1\sim2)$ 和波 $BC(1\sim3)$ 作用产生塑性波 $CD(2\sim6)$ 和塑性波 $CE(3\sim6)$ 从而使杆中状态达到点 6 为例来进行讨论. 由式(1.6.9)两端减去 σ_1，并利用式(1.6.2)和式(1.6.3)，有

$$\begin{aligned}\sigma_6 - \sigma_1 &= \frac{1}{2}\{[(\sigma_2 - \sigma_1) + (\sigma_3 - \sigma_1)] + \rho_0 C_p[(v_3 - v_1) - (v_2 - v_1)]\} \\ &= \frac{1}{2}\left\{(\sigma_2 - \sigma_1) + (\sigma_3 - \sigma_1) + \frac{\rho_0 C_p}{\rho_0 C_e}[(\sigma_3 - \sigma_1) + (\sigma_2 - \sigma_1)]\right\}\end{aligned}$$

于是有

$$\sigma_6 - \sigma_1 = \frac{1}{2}\left(1 + \frac{\rho_0 C_p}{\rho_0 C_e}\right)[(\sigma_2 - \sigma_1) + (\sigma_3 - \sigma_1)] \tag{1.6.10}$$

其中 $\sigma_2 - \sigma_1$ 和 $\sigma_3 - \sigma_1$ 分别代表两个相互作用的弹性来波的强度，而 $\sigma_6 - \sigma_1$ 则代表两弹性波相互作用而产生两塑性加载波之后所造成的介质应力的改变. 如果 $C_p = C_e$，则式(1.6.10)成为

$$\sigma_6 - \sigma_1 = (\sigma_2 - \sigma_1) + (\sigma_3 - \sigma_1) \tag{1.6.11}$$

这就是只涉及弹性波问题的线性叠加原理；但是，因为 $C_p \neq C_e$，所以结果(式(1.6.10))并不满足线性叠加原理，即

$$\sigma_6 - \sigma_1 \neq (\sigma_2 - \sigma_1) + (\sigma_3 - \sigma_1)$$

这就是非线性波问题与纯线弹性波问题的本质区别.

图 1.23(c)绘出了三个典型时刻 t_1, t_2, t_3 杆中的应力剖面图，形象地反映出了弹塑性强间断加载波的相互作用和演化过程.

1.6.2　题例 2

设一均质等截面杆，其初始状态为 $\sigma_0 = 0, v_0 = 0$，在 $t = 0$ 时刻左右两端 A, B 分别受到突加恒值应力 $\sigma_1 = 0.4Y$ 和 $\sigma_2 = 0.8Y$，其中 Y 为材料的屈服应力.

图 1.24(a)和图 1.24(b)分别画出了其在物理平面和状态平面中的解题过程和结果，图 1.24(a)中 $AC(0\sim1)$ 和 $BC(0\sim2)$ 分别表示从两端所产生的强度各为 $0.4Y$ 和 $0.8Y$ 的弹性加载波.若假设它们相遇后互相加载，只在杆中产生两个新的弹性加载波 1～3 和 2～3，则由它们的动量守恒条件我们容易求得 3 区的应力状态为 $\sigma_3=0.4Y+0.8Y=1.2Y$.事实上，两个入射波的条件分别给出：

$$\begin{cases}\sigma_1 = 0.4Y\\ v_1 - v_0 = -\dfrac{\sigma_1-\sigma_0}{\rho_0 C_e} = -\dfrac{0.4Y}{\rho_0 C_e}\end{cases} \tag{1.6.12}$$

和

$$\begin{cases}\sigma_2 = 0.8Y\\ v_2 - v_0 = \dfrac{\sigma_1-\sigma_0}{\rho_0 C_e} = \dfrac{0.8Y}{\rho_0 C_e}\end{cases} \tag{1.6.13}$$

如图 1.24(b)中的点 $1(v_1,\sigma_1)$ 和 $2(v_2,\sigma_2)$ 所示.而所产生的弹性加载波 1～3 和 2～3 的动量守恒条件分别为

$$\sigma_3 = \sigma_1 + \rho_0 C_e(v_3 - v_1) \tag{1.6.14}$$

$$\sigma_3 = \sigma_2 - \rho_0 C_e(v_3 - v_2) \tag{1.6.15}$$

容易求出这两条直线的交点给出的解如图 1.24(b)中的点 3 所示，有 $\sigma_3=1.2Y$.

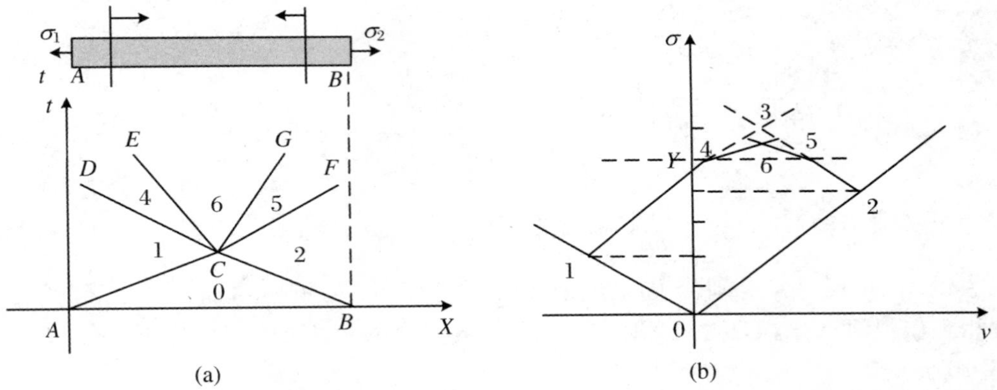

图 1.24　弹塑性加载波的相互作用例 2

由于解得的 $\sigma_3>Y$，与我们所做的 1～3 和 2～3 为弹性波的假设相矛盾，这说明我们所给定的两个弹性加载波相遇后应该出现塑性波，同时由于 $\sigma_1=0.4Y$ 和 $\sigma_2=0.8Y$ 均小于 Y，故二者相遇后产生的应该是弹塑性加载波，为 1～4～6 和 2～5～6，如图 1.24(a)所示，即首先通过弹性前驱波 $CD(1\sim4)$ 和 $CF(2\sim5)$ 将介质加载至屈服应力 $\sigma_4=\sigma_5=Y$，然后再通过塑性波 $CE(4\sim6)$ 和 $CG(5\sim6)$ 将介质加载至某塑性状态 6.由弹性前驱波 $CD(1\sim4)$ 的动量守恒条件、4 区的屈服条件以及弹性前驱波 $CF(2\sim5)$ 的动量守恒条件、5 区的屈服条件，即

$$\begin{cases}\sigma_4 = \sigma_1 + \rho_0 C_e(v_4 - v_1)\\ \sigma_4 = Y\end{cases} \tag{1.6.16}$$

$$\begin{cases}\sigma_5 = \sigma_2 - \rho_0 C_e(v_5 - v_2) \\ \sigma_5 = Y\end{cases} \tag{1.6.17}$$

可分别得到 4 区的状态 4(v_4,σ_4)和 5 区的状态 5(v_5,σ_5),如图 1.24(b)中的点 4,5 所示.

再根据塑性加载波 CE(4～6)和 CG(5～6)的动量守恒条件,有

$$\sigma_6 = \sigma_4 + \rho_0 C_p(v_6 - v_4) \tag{1.6.18}$$

$$\sigma_6 = \sigma_5 - \rho_0 C_p(v_6 - v_5) \tag{1.6.19}$$

由此可求出塑性区 6 的状态 6(v_6,σ_6),如图 1.24(b)中的点 6 所示.至此我们的问题便解决了.

作为练习,读者可试解图 1.25 中的问题:一波向右边刚壁方向传播,其中波 0～1 强度为 0.25Y,波 1～2 强度为 0.5Y,2 区应力为 0.75Y,试分析波系在刚壁上的反射和相互干扰情况.

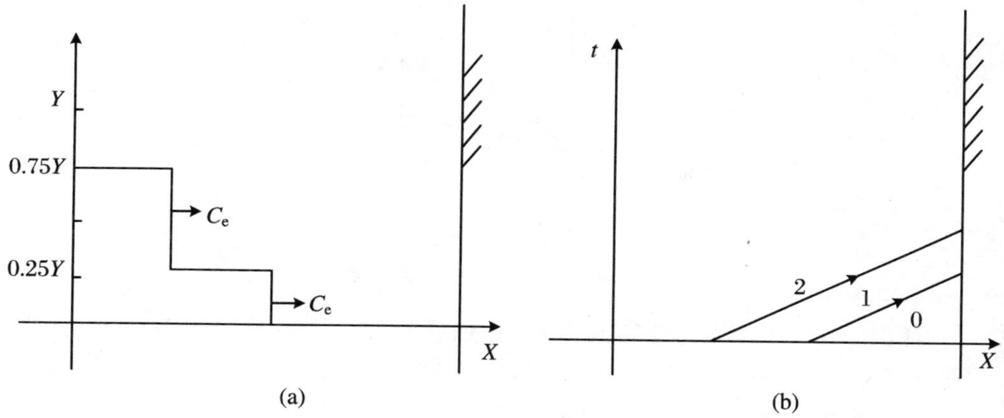

图 1.25　弹性加载波在刚壁上的反射例

1.7　弹性卸载波对塑性加载波的追赶卸载

在 1.6 节中我们通过弹塑性加载波的相互作用问题,得出了线弹性材料中波传播问题的线性叠加原理对非线性材料不再成立的结论,这从一个方面体现了非线性波的特点.但是,如果我们只研究加载波的相互作用而不涉及卸载波问题,则弹塑性材料与非线性弹性材料中加载波的传播和作用问题在本质上没什么两样.弹塑性材料中波传播和相互作用问题的非线性本质最主要的表现实际上是与弹性卸载波与塑性加载波的相遇和相互作用紧密相关的,因为只有在这样的问题中,弹塑性材料在由塑性加载转变成弹性卸载时的变形不可逆性才起了决定性的作用.在本节和下一节我们将分别研究与此相关的两类问题,即弹性卸载波对塑性加载波的追赶卸载和迎面卸载的问题.

1.7.1 工程背景及题例

弹性卸载波对塑性加载波追赶卸载最典型的工程问题是炸药在杆端(或靶面)接触爆炸的问题,此时杆端的外载可近似为如图 1.26 所示的突加载荷及其后连续卸载的应力边界条件.如果突加载荷 σ_0 高于材料的屈服极限 Y,则在杆中将有强度为 Y 的弹性加载前驱波和随后传播的强度为$\sigma_0 - Y$ 的塑性加载冲击波出现,而随后将在杆端不同时刻出现一系列的弹性卸载波,当这些弹性卸载波追赶上塑性加载冲击波并相互作用时,即会出现弹性卸载波对塑性加载波追赶卸载的问题.有限质量刚块对杆进行撞击的问题也是与此类似的,这是因

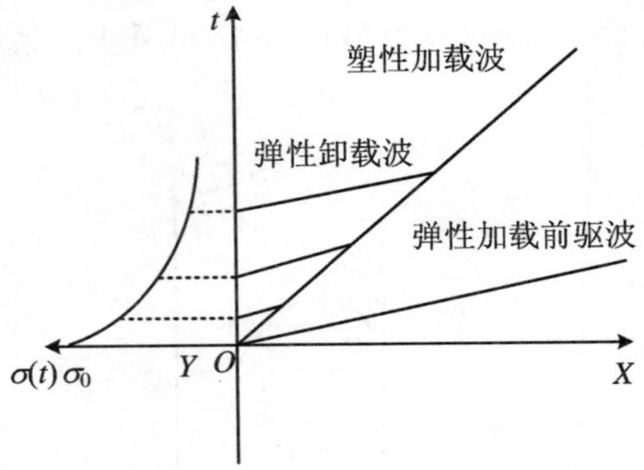

图 1.26 杆端爆炸(撞击)载荷引起的波

为:杆受到撞击而在杆中产生弹性前驱波和塑性加载波之后,质量块会在杆的反作用力之下连续减速减压从而出现连续卸载的弹性卸载波,并对前方的塑性加载波产生追赶卸载.

当有一"无限重"的刚块对杆端进行撞击并在持续时间 T 之后使刚块跳离杆端时,所引起的波传播问题如图 1.27 所示,杆端在 T 时刻所发出的弹性卸载波也会赶上撞击所产生的塑性加载波并发生弹性卸载波对塑性加载波的追赶卸载问题.

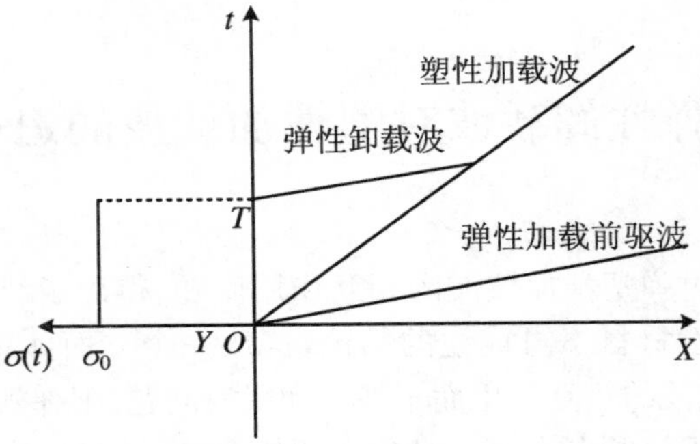

图 1.27 "无限重"刚块对杆端有限时间撞击引起的波

1.7.2 解法 1:尝试法

现在我们将讲一个有限强度的弹性卸载波对有限强度的塑性加载波追赶卸载的典型单

元过程，并说明其解法和结果.

如图1.28(a)所示，设有右行弹性卸载波 $BC(2\sim3)$ 于 C 截面追赶上右行塑性加载波 $AC(1\sim2)$，设它们的波强度的绝对值各为 $\sigma_2-\sigma_3$ 和 $\sigma_2-\sigma_1$. 我们不妨设塑性加载波 AC 前方的状态 $1(v_1,\sigma_1)$ 是通过某一个右行的弹性前驱波经由自然静止状态 $0(v_0=0,\sigma_0=0)$ 所造成的，于是我们有 $\sigma_1=Y, v_1=-\dfrac{Y}{\rho_0 C_e}$，如图1.28(b)中的点1所示. 塑性加载波 $AC(1\sim2)$ 后方的状态2和弹性卸载波 $BC(2\sim3)$ 后方的状态3可分别由这两个波的动量守恒条件以及所给定的应力 σ_2 和 σ_3 所决定，即

$$\sigma_2 = \text{已知值}, \quad v_2 = v_1 - \frac{\sigma_2-\sigma_1}{\rho_0 C_p} \tag{a}$$

$$\sigma_3 = \text{已知值}, \quad v_3 = v_2 - \frac{\sigma_3-\sigma_2}{\rho_0 C_e} \tag{b}$$

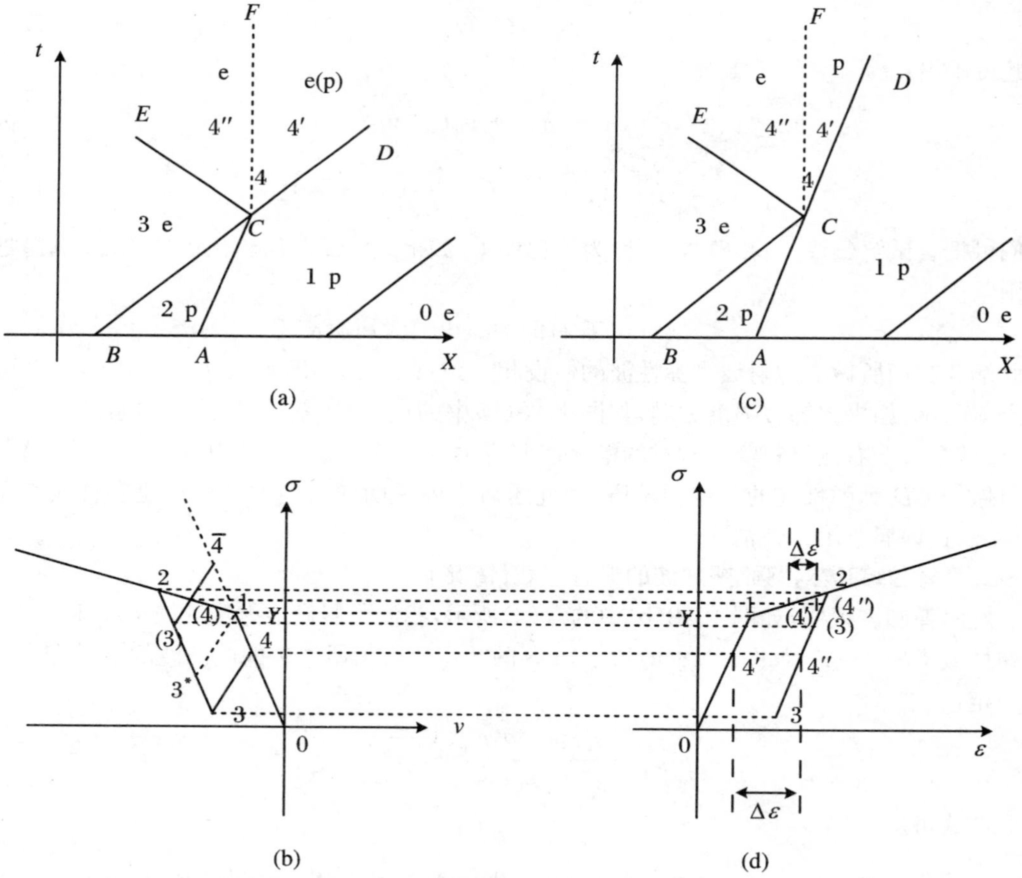

图1.28　弹性卸载波对塑性加载波的追赶卸载

由式(a)和式(b)所决定的点2和点3的状态如图1.28(b)所示. 弹卸波 $BC(2\sim3)$ 追赶上塑加波 $AC(1\sim2)$ 之后相互作用的结果将产生一个透射波系和反射波系，这两个波系的性质显然是与这两个来波的强度有关的. 由于弹卸波后方的区域3已经处于弹性状态，所以反射的

波只能是弹性波 CE，而透射波的性质从直观上我们可以定性地分两种情况来进行研究：当弹卸波相对较强而塑加波相对较弱时，塑加波将不能以塑性波的形式继续传播而被削弱成一个弹性波 CD，如图 1.28(a)所示，我们将此种情况称为“强”弹卸波对“弱”塑加波的追赶卸载（情况Ⅰ）；当弹卸波相对较弱而塑加波相对较强时，塑加波将仍以塑性波 CD 的形式进行传播，只不过强度被削弱了而已，如图 1.28(c)所示，我们将此种情况称为“弱”弹卸波对“强”塑加波的追赶卸载（情况Ⅱ）. 下面我们分别对之进行讨论.

1. “强”弹卸波对“弱”塑加波的追赶卸载(情况Ⅰ)

此种情形即 $\sigma_2-\sigma_3$ 很大，而 $\sigma_2-\sigma_1$ 很小，为不使图太乱，我们在图中将塑加波的强度固定而通过改变弹卸波的强度来说明问题，故图 1.28(b)中的点 3 画得很低. 按照我们前面的分析，可假设透过弹性波 CD(1～4)并反射弹性波 CE(3～4)，如图 1.28(a)所示. 区域 4 的状态可由所产生的这两条弹性波的动量守恒条件确定，即

$$\sigma_4-\sigma_1=-\rho_0C_e(v_4-v_1) \tag{1.7.1}$$

$$\sigma_4-\sigma_3=\rho_0C_e(v_4-v_3) \tag{1.7.2}$$

由此可求出：

$$\sigma_4=\frac{1}{2}[(\sigma_1+\sigma_3)+\rho_0C_e(v_1-v_3)] \tag{1.7.3}$$

$$v_4=\frac{1}{2}\left[(v_1+v_3)+\frac{1}{\rho_0C_e}(\sigma_1-\sigma_3)\right] \tag{1.7.4}$$

我们可把尝试解(1.7.3)和(1.7.4)称为子程序Ⅰ. 如果此尝试解所给出的应力 σ_4 满足如下判别条件：

$$\sigma_4\leqslant\sigma_1\quad(CF\text{ 右侧的历史最大屈服应力}) \tag{1.7.5}$$

则此解和我们所做的透射波为弹性波的假设相一致，此尝试解即为正确解，如图 1.26(b)中的点 4 所示；如果弹卸波强度太弱，如图 1.28(b)中的点(3)所示，则以上尝试解所给出的应力 σ_4 就会大于右侧材料曾达到过的最大屈服应力 σ_1，如图 1.28(b)中的点 $\bar{4}$ 所示，这与我们所做的 CD 为弹性波的假定相矛盾，而此矛盾也即说明向右透射的应该是塑性波而不是弹性波，这即属于第二种情况.

2. “弱”弹卸波对“强”塑加波的追赶卸载(情况Ⅱ)

此时弹卸波很弱，如图 1.28(b)中的点(3)所示，我们可假设透射塑性波 CD(1～4)并反射弹性波 CE(3～4)，如图 1.28(c)所示，4 区的状态也可由所产生的此两波的动量守恒条件所决定：

$$\sigma_4-\sigma_1=-\rho_0C_p(v_4-v_1) \tag{1.7.6}$$

$$\sigma_4-\sigma_3=\rho_0C_e(v_4-v_3) \tag{1.7.7}$$

由此两式可求出：

$$\sigma_4=\frac{1}{\rho_0C_e+\rho_0C_p}[\rho_0C_p\sigma_3+\rho_0C_e\sigma_1+\rho_0C_e\rho_0C_p(v_1-v_3)] \tag{1.7.8}$$

$$v_4=\frac{1}{\rho_0C_e+\rho_0C_p}(\rho_0C_ev_3+\rho_0C_pv_1+\sigma_1-\sigma_3) \tag{1.7.9}$$

如图 1.28(b)中的点(4)所示. 我们可把尝试解(1.7.8)和(1.7.9)编为子程序Ⅱ. 如果此尝试解给出的应力 σ_4 满足如下的判别条件：

$$\sigma_4 \geqslant \sigma_1 \quad (CF\text{ 右侧的历史最大屈服应力}) \tag{1.7.10}$$

则和透射波 CD 为塑性波的假设相一致,此尝试解即为正确解,否则就必然属于第一种情况.具体求解时,我们分别编写出上述的尝试解子程序Ⅰ和Ⅱ,并设置相应的判别条件(1.7.5)和(1.7.10),根据判别条件实现自动调用即可.两种情况进行转换的临界情况所对应的弹卸波强度如图1.28(b)中的点 3^* 所示,此时按两种尝试解所求出的4区应力都恰好等于 C 截面右侧材料的历史最大屈服应力 σ_1.下面我们将求出此临界情况所对应的弹卸波和塑加波强度之比的显式数学表达式,从而也就给出了解题的第二种方法,即预判法.

1.7.3　解法2:预判法

由以上的分析可知,两种情况发生转换的临界条件是,按尝试解所得到的4区应力恰等于 C 截面右侧材料的历史最大屈服应力 σ_1,即

$$\sigma_4 = \sigma_1 \quad (CF\text{ 右侧的历史最大屈服应力}) \tag{1.7.11}$$

在式(1.7.3)中令 $\sigma_4 = \sigma_1$ 可得

$$\sigma_1 = \frac{1}{2}[(\sigma_1 + \sigma_3) + \rho_0 C_e(v_1 - v_3)]$$

即

$$\sigma_1 - \sigma_3 = \rho_0 C_e(v_1 - v_3) = \rho_0 C_e(v_1 - v_2 + v_2 - v_3) = \rho_0 C_e\left(\frac{\sigma_2 - \sigma_1}{\rho_0 C_p} + \frac{\sigma_3 - \sigma_2}{\rho_0 C_e}\right)$$

这里我们利用了波 $AC(1\sim2)$ 和波 $BC(2\sim3)$ 的动量守恒条件(a)和(b).将左边

$$\sigma_1 - \sigma_3 = \sigma_1 - \sigma_2 + \sigma_2 - \sigma_3$$

代入上式,可得

$$\frac{\sigma_2 - \sigma_3}{\sigma_2 - \sigma_1} = \frac{1}{2}\left(1 + \frac{\rho_0 C_e}{\rho_0 C_p}\right) \quad (\text{临界情况}) \tag{1.7.12-a}$$

式(1.7.12-a)即给出了两种情况发生转换的弹卸波和塑加波强度之比的临界条件,如图1.28(b)中的点 3^* 所示.故

$$\sigma_2 - \sigma_3 \geqslant (\sigma_2 - \sigma_1)\frac{1}{2}\left(1 + \frac{\rho_0 C_e}{\rho_0 C_p}\right) \quad (\text{情况 Ⅰ}) \tag{1.7.12-b}$$

对应于"强"弹卸波"弱"塑加波的情况,而

$$\sigma_2 - \sigma_3 \leqslant (\sigma_2 - \sigma_1)\frac{1}{2}\left(1 + \frac{\rho_0 C_e}{\rho_0 C_p}\right) \quad (\text{情况 Ⅱ}) \tag{1.7.12-c}$$

则对应于"弱"弹卸波"强"塑加波的情况.这样我们就给出了第二种解法即预判法:我们可以直接根据预判条件(1.7.12-b)或(1.7.12-c)而分别调用预判解子程序Ⅰ或预判解子程序Ⅱ.

1.7.4　应变间断面(更深刻些应称之为屈服强度间断面)

结合对前面解题过程和结果的分析,我们指出一个非常重要的现象,这就是:不管是"强"弹卸波对"弱"塑加波的追赶卸载,还是"弱"弹卸波对"强"塑加波的追赶卸载,其相互作用并产生透反射波系之后的结果,在截面 C 两侧的材料虽然有同样的质点速度和应力,在状态平面 v-σ 上对应同一个点4,但是两侧的介质却经历了不同的加卸载历史,而这种不同

的加卸载历史和塑性变形的不可逆性将导致 C 截面两侧的材料虽然有相同的应力，但却具有不同的应变和不同的历史最大塑性应力即不同的后继屈服强度，因而截面 C 将成为一个应变间断面和屈服强度的间断面. 下面我们分别以两种情况为例说明这一问题.

1. “强”弹卸波对“弱”塑加波的追赶卸载(情况Ⅰ)

参见图 1.28(a)，CF 右侧材料的加卸载历史为：$0 \xrightarrow{\text{弹加波}} 1 \xrightarrow{\text{弹卸波}} 4$，在应力-应变图上这对应图 1.28(d)中的点 $4'$，其右侧材料的应变和历史最大塑性应力分别为

$$\varepsilon' = \varepsilon_{4'} \tag{1.7.13-a}$$

$$\sigma'_{\max} = \sigma_1 \tag{1.7.14-a}$$

同样参见图 1.28(a)，CF 左侧材料的加卸载历史为：$0 \xrightarrow{\text{弹加波}} 1 \xrightarrow{\text{塑加波}} 2 \xrightarrow{\text{弹卸波}} 3 \xrightarrow{\text{弹加波}} 4$，在应力-应变图上这对应图 1.28(d)中的点 $4''$，其左侧材料的应变和历史最大塑性应力分别为

$$\varepsilon'' = \varepsilon_{4''} \tag{1.7.13-b}$$

$$\sigma''_{\max} = \sigma_2 \tag{1.7.14-b}$$

由此可见，在 C 截面形成的一个应变间断面，其应变间断的强度为

$$\Delta\varepsilon = \varepsilon_{4''} - \varepsilon_{4'} > 0 \tag{1.7.15}$$

而且，更重要的是左右两侧历史最大屈服应力必定是不相同的，即 C 截面成为一个屈服强度的间断面：

$$\sigma''_{\max} > \sigma'_{\max} \tag{1.7.16}$$

不等式(1.7.15)和(1.7.16)永远是绝对的不等式，即使在第Ⅰ种情况向第Ⅱ种情况转变的临界情况也是如此，这由图 1.28(d)看得很清楚. 同时，我们可以看到，对强弹卸波和弱塑加波相互作用的所谓第Ⅰ种情况（不包括由第Ⅰ种情况向第Ⅱ种情况转变的临界情况），在波相互作用之后应变间断面 C 截面左右两侧的材料都处于弹性区，我们将把这种两侧材料都处于弹性状态的应变间断面称为第Ⅰ类应变间断面；而对弱弹卸波和强塑加波相互作用的所谓第Ⅱ种情况（包括由第Ⅰ种情况向第Ⅱ种情况转变的临界情况），在波相互作用之后应变间断面 C 截面左侧和右侧的材料分别处于弹性状态和塑性状态，我们把这种一侧处于弹性状态一侧处于塑性状态的应变间断面称为第Ⅱ类应变间断面.

2. “弱”弹卸波对“强”塑加波的追赶卸载(情况Ⅱ)

参见图 1.28(c)，CF 右侧材料的加卸载历史为：$0 \xrightarrow{\text{弹加波}} 1 \xrightarrow{\text{塑加波}} (4)$，在应力-应变图上这对应图 1.28(d)中的点$(4')$，其右侧材料的应变和历史最大塑性应力分别为

$$\varepsilon' = \varepsilon_{(4')} \tag{1.7.17-a}$$

$$\sigma'_{\max} = \sigma_{(4)} \tag{1.7.18-a}$$

类似地，参见图 1.28(c)，CF 左侧材料的加卸载历史为：$0 \xrightarrow{\text{弹加波}} 1 \xrightarrow{\text{塑加波}} 2 \xrightarrow{\text{弹卸波}} (3) \xrightarrow{\text{弹加波}} (4)$，在应力-应变图上这对应图 1.28(d)中的点$(4'')$，其左侧材料的应变和历史最大塑性应力分别为

$$\varepsilon'' = \varepsilon_{(4'')} \tag{1.7.17-b}$$

$$\sigma''_{\max} = \sigma_2 \tag{1.7.18-b}$$

在 C 截面也形成一个应变间断面,其应变间断的强度为

$$\Delta\varepsilon = \varepsilon_{(4'')} - \varepsilon_{(4')} > 0 \tag{1.7.19}$$

同样,左右两侧历史最大屈服应力必定是不相同的,即 C 截面成为一个屈服强度的间断面:

$$\sigma''_{\max} > \sigma'_{\max} \tag{1.7.20}$$

而且不等式(1.7.19)和(1.7.20)也永远是绝对的不等式,这由图1.28(d)看得也很清楚.同时我们可以看到,如果我们把由第Ⅰ种情况向第Ⅱ种情况转变的临界情况也归入第Ⅱ种情况,所形成的应变间断面 CF 左右两侧材料将是分别处于弹性状态和塑性状态,即为第Ⅱ类应变间断面.

应变间断面或屈服强度间断面的形成是线性硬化材料中特有的现象,它的重要意义其实并不在于人们通常所注意的所谓应变间断,而在于屈服强度的间断,所以在各种书上采用应变间断面这一术语只是抓住了问题的现象,而没有抓住屈服强度间断这一本质,因为正是由于屈服强度间断才意味着,经过波的相互作用,原本是同样的材料现在却变成了后继屈服强度不同的两种材料,于是它们对来波的动态响应就会不同,从而产生波在应变间断面上的透反射现象.从这个意义讲把应变间断面称为屈服强度的间断面才更为恰当.关于应变间断面对波的干扰问题我们将在1.9节中加以介绍.这其实可视为一种特殊的相变.

1.7.5　内反射波 CE 产生的机理

由前面的叙述可见,在弹性卸载波对塑性加载波追赶卸载的问题中,由于追赶弹卸波的卸载效应,根据弹卸波和塑加波强度之比是满足式(1.7.12-b)抑或是满足式(1.7.12-c),将向塑加波传播的方向分别传播弹卸波或者强度削弱了的塑加波,但是都将向弹卸波传播的相反方向传播一个内反射的弹加波 $CE(3\sim4)$.对于这一个内反射弹加波的出现,我们可以简单地从材料波阻抗的不匹配角度来加以解释:在弹卸波追赶上塑加波的一瞬,交界面 CF 右侧材料的屈服应力 σ_1 小于其左侧材料的屈服应力 σ_2,即出现了一个弹卸波由“硬”材料入射至“软”材料的情况,故必将会在界面 CF 上产生一个与入射弹卸波异号的弹加波 CE.而且,我们还可以对内反射弹加波 CE 产生的机理给出如下更为深入的分析和解释.

1. “强”弹卸波对“弱”塑加波进行追赶卸载的问题

由图1.29(a)可见,区分“强”弹卸波“弱”塑加波和“弱”弹卸波“强”塑加波的临界情况所对应的弹卸波后方状态的应力 σ_{3^*} 必然小于塑加波前方的应力状态 σ_1: $\sigma_3 \leqslant \sigma_{3^*} \leqslant \sigma_1$,所以我们可以假设“强”弹卸波 $BC(2\sim3)$ 入射至界面 CF 的一瞬先以弹性卸载波的形式透射至界面 CF 的右侧,如果不产生内反射波 CE,则这相当于在 CF 左侧入射的是弹卸波 $BC(2\sim3)$,而在 CF 右侧透射的则是弹卸波 $CD'(1\sim3')$,此时 CF 左右两侧应力相等的条件 $\sigma_3 = \sigma_{3'}$ 将使得其左右两侧的状态分别为点 $3(\sigma_3, v_3)$ 和点 $3'(\sigma_{3'} = \sigma_3, v_{3'})$(如图1.29(a)所示):

$$v_3 = v_2 - \frac{\sigma_3 - \sigma_2}{\rho_0 C_e}, \quad v_{3'} = v_1 - \frac{\sigma_1 - \sigma_{3'}}{\rho_0 C_e} = v_1 - \frac{\sigma_1 - \sigma_3}{\rho_0 C_e}$$

于是,CF 右侧的材料将具有对左侧材料的速度优势 $\Delta v = v_{3'} - v_3$,这一速度优势将在界面 CF 处向左右两侧产生一对内拉伸波,即向左传播的内拉伸波 $CE(3\sim4)$ 和向右传播的内拉伸波 $CD(3'\sim4)$(如图1.29(b)所示):

$$CE(3 \sim 4):\quad \sigma_4 - \sigma_3 = \rho_0 C_e(v_4 - v_3)$$

$$CD(3' \sim 4):\quad \sigma_4 - \sigma_{3'} = \sigma_4 - \sigma_3 = -\rho_0 C_e(v_4 - v_{3'})$$

向左传播的内拉伸波 $CE(3\sim4)$就是所谓的内反射拉伸波，而向右传播的内拉伸波 $CD(3'\sim4)$将叠加在我们前面所假设的透射弹卸波 $CD'(1\sim3')$之上，而成为向右透射的合成弹卸波 $CD(1\sim4)$，这个最后的透反射图案恰恰也就是我们前面所讲的“强”弹卸波对“弱”塑加波追赶卸载所产生的波动图案，如图 1.29(b)所示.

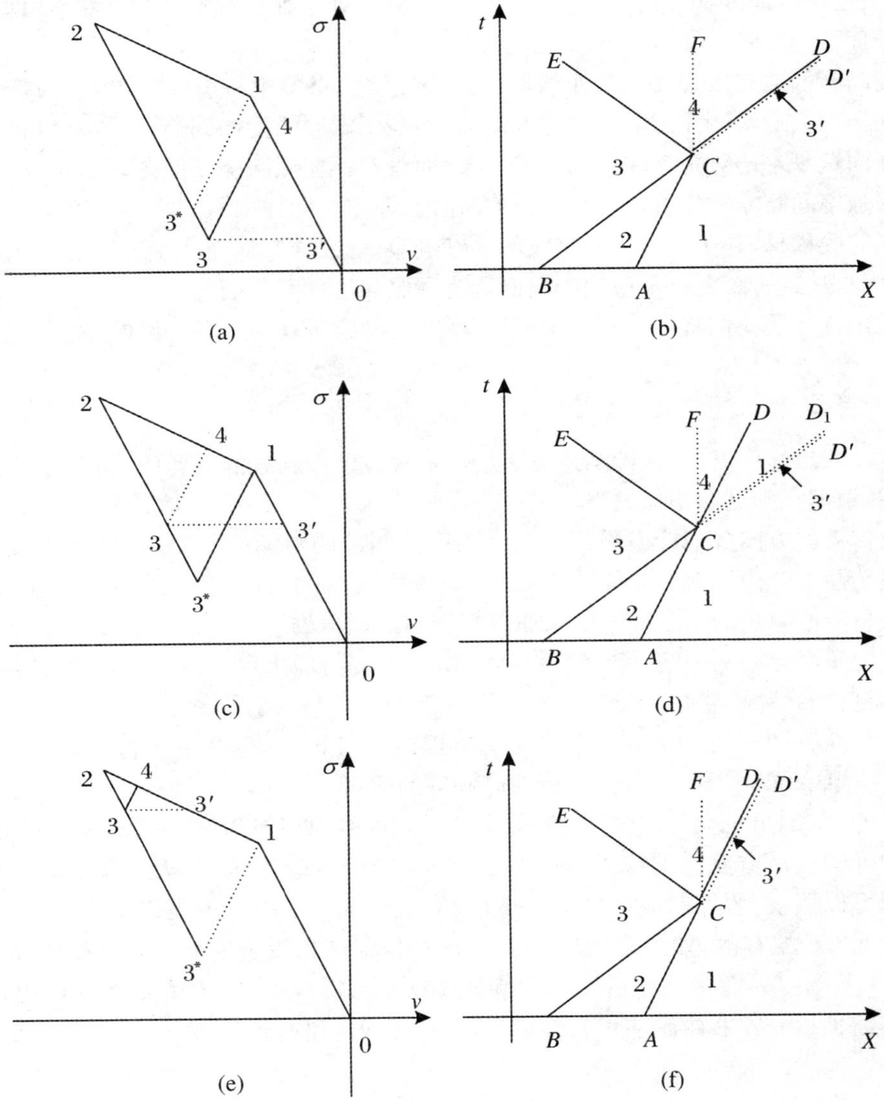

图 1.29　追赶卸载问题的内反射波产生机理

2. “弱”弹卸波对“强”塑加波进行追赶卸载的问题

此时，我们可根据弹卸波后方应力状态 σ_3 与塑加波后方应力状态 σ_1 的大小关系分两种情况进行讨论.

当追赶弹卸波后方应力 σ_3 不大于塑加波前方状态 σ_1，即 $\sigma_3 \leqslant \sigma_1$ 时，我们可以和第一种情况中所述相似，假设弹卸波 $BC(2\sim3)$ 入射至界面 CF 的一瞬先以弹卸波的形式透射至界面 CF 的右侧，如果不产生内反射波 CE，则这相当于在 CF 左侧入射的是弹卸波 $BC(2\sim3)$，而在 CF 右侧透射的则是弹卸波 $CD'(1\sim3')$，此时 CF 左右两侧应力相等的条件 $\sigma_3=\sigma_{3'}$ 将使得其左右两侧的状态分别为点 $3(\sigma_3, v_3)$ 和点 $3'(\sigma_{3'}=\sigma_3, v_{3'})$，如图 1.29(c)所示．于是，$CF$ 右侧的材料将具有对左侧材料的速度优势 $\Delta v = v_{3'}-v_3$，这一速度优势将在界面 CF 处向左右两侧产生一对内拉伸波．与第一种情况所不同的是，由于现在是“弱”弹卸波对“强”塑加波的追赶卸载，而右侧材料的屈服应力 σ_1 低于其左侧材料的屈服应力 σ_2，故这一速度差 Δv 将向左侧材料中产生弹性拉伸波 $CE(3\sim4)$，这就是所谓的内反射拉伸波 $CE(3\sim4)$，而向右传播的内拉伸波将是弹塑性内拉伸波，即弹性内拉伸波 $CD_1(3'\sim1)$ 和塑性内拉伸波 $CD(1\sim4)$，其中弹性内拉伸波 $CD_1(3'\sim1)$ 和我们前面所假设的弹卸波 $CD'(1\sim3')$ 相抵消，故向右透射的将是合成的塑性加载波 $CD(1\sim4)$．这一过程可如图 1.29(d)所示．

当追赶弹卸波后方应力 σ_3 不小于塑加波前方状态 σ_1，即 $\sigma_3 \geqslant \sigma_1$ 时，我们可假设弹卸波 $BC(2\sim3)$ 入射至界面 CF 的一瞬将首先转化为塑加波 $CD'(1\sim3')$ 而透射至界面 CF 的右侧，如果不产生内反射波 CE，此时 CF 左右两侧应力相等的条件 $\sigma_3=\sigma_{3'}$ 将使得其左右两侧的状态分别为点 $3(\sigma_3, v_3)$ 和点 $3'(\sigma_{3'}=\sigma_3, v_{3'})$，如图 1.29(e)所示．于是，$CF$ 右侧的材料将具有对左侧材料的速度优势 $\Delta v = v_{3'}-v_3$，这一速度优势将在界面 CF 处向左右两侧产生一对内拉伸波：向左侧材料中产生弹性拉伸波 $CE(3\sim4)$，这就是所谓的内反射拉伸波 $CE(3\sim4)$，而向右传播的内拉伸波将是塑性内拉伸波 $CD(3'\sim4)$，它叠加在我们前面所假设的塑加波 $CD'(1\sim3')$ 之上，形成向右传播的塑加波 $CD(1\sim4)$．这一过程可如图 1.29(f)所示．

1.8 迎面卸载

1.8.1 工程背景及题例

弹塑性加载波的加载弹性前驱波在自由面或低波阻抗材料界面上反射将产生弹性卸载波，此弹性卸载波与弹性前驱波后面的塑性加载波迎面相遇，即会产生迎面卸载的问题．或者，在杆的一端施加弹塑性加载波，另一端施加弹性卸载波也将遇到迎面卸载的问题．下面我们将通过一个典型解例来说明解题方法和结果．

设有塑加波 $AC(1\sim2)$ 被弹卸波 $BC(1\sim3)$ 迎面卸载，其强度(绝对值)分别为 $\sigma_2-\sigma_1$ 和 $\sigma_1-\sigma_3$，如图 1.30(a)和图 1.30(c)所示．此两波相遇后将发生弹性卸载波对塑性加载波的迎面卸载，而向左右两侧各产生相应的波系．因为 $BC(1\sim3)$ 为弹卸波，所以左侧透射波后的应力不可能高于塑性区的应力 σ_2，故向左传播的必然是弹卸波 CE，而向右传播的波系的性质将依赖于弹卸波 $BC(1\sim3)$ 和塑加波 $AC(1\sim2)$ 的相对强度：当前者较强后者较弱时，可假设向右传播弹性波 AD,如图 1.30(a)所示,我们将之称为情况Ⅰ;当前者较弱后者较强时,可假设塑性波可继续向右传播,但由于 C 截面以右弹性卸载波区后的状态 3 为弹性状态,所以向右透射的塑加波之前必然先有弹性前驱波将材料加载至 C 右侧材料的历史最大塑性应力 σ_1,然后再传播塑性加载波,即向右传播的应该是弹性前驱波 CD^* 和塑性加载波 CD,如图 1.30(c)所示,我们将之称为情况Ⅱ.现分别求解之.

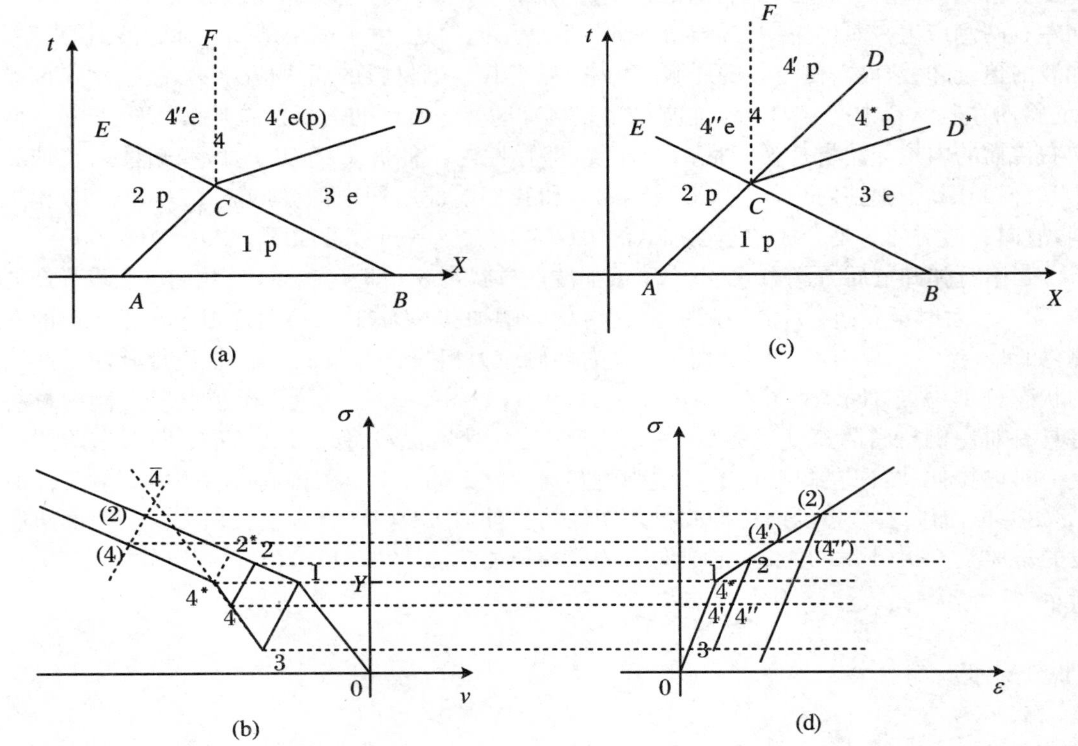

图 1.30 迎面卸载

1.8.2 解法 1:尝试法

1. “强”弹卸波对“弱”塑加波的迎面卸载(情况Ⅰ)

如前所述,此时可假设向右传播弹性波 $CD(3\sim4)$,向左传播弹性波 $CE(2\sim4)$,如图 1.30(a)所示.4 区的状态可由所假设产生的这两个波的动量守恒条件确定,即

$$\sigma_4 - \sigma_2 = \rho_0 C_e (v_4 - v_2) \tag{1.8.1}$$

$$\sigma_4 - \sigma_3 = -\rho_0 C_e (v_4 - v_3) \tag{1.8.2}$$

由此可解出:

$$\sigma_4 = \frac{1}{2}[(\sigma_2 + \sigma_3) + \rho_0 C_e (v_3 - v_2)] \tag{1.8.3}$$

$$v_4 = \frac{1}{2}\left[(v_2 + v_3) + \frac{1}{\rho_0 C_e}(\sigma_3 - \sigma_2)\right] \tag{1.8.4}$$

可将尝试解(1.8.3),(1.8.4)写为子程序Ⅰ.如果此尝试解给出的应力 σ_4 满足如下条件:

$$\sigma_4 \leqslant \sigma_1 \quad (CF\text{ 右侧的历史最大屈服应力}) \tag{1.8.5}$$

则与向右透射弹性波 CD 的假设相一致,此解即为正确解,如图 1.30(b)中的点 4 所示;反之,如果所求出的尝试解 $\sigma_4>\sigma_1$,则与 CD 为弹性波的假设相矛盾,此种情况如图 1.30(b)中的点(2)和所求出的点 $\bar{4}$ 所示,因为 $\sigma_{\bar{4}}>\sigma_1$,这与波 $CD(3\sim4)$为弹性波的假设相矛盾,而这种矛盾说明,向右应透射弹塑性加载波,此即如下的情况Ⅱ.

2. "弱"弹卸波对"强"塑加波的迎面卸载(情况Ⅱ)

如前所述,此时可假设向右透射弹塑性加载波 $CD^*(3\sim4^*)$、$CD(4^*\sim4)$,而向左传播弹性波 $CE(2\sim4)$,如图 1.30(c)所示.4^* 区的状态可由弹性前驱波的条件即 4^* 区的屈服条件和所产生的弹性前驱波 $CD^*(3\sim4^*)$的动量守恒条件共同确定,即

$$\sigma_4^* = \sigma_1 \tag{1.8.6}$$

$$v_4^* = v_3 - \frac{\sigma_4^* - \sigma_3}{\rho_0 C_e} \tag{1.8.7}$$

4 区的状态则可由所产生的弹卸波 $CE(2\sim4)$和塑加波 $CD(4^*\sim4)$的动量守恒条件确定:

$$\sigma_4 - \sigma_2 = \rho_0 C_e (v_4 - v_2) \tag{1.8.8}$$

$$\sigma_4 - \sigma_4^* = -\rho_0 C_p (v_4 - v_4^*) \tag{1.8.9}$$

由此又可得到点 4 状态(v_4,σ_4)如下:

$$\sigma_4 = \frac{1}{\rho_0 C_e + \rho_0 C_p}[\rho_0 C_p \sigma_2 + \rho_0 C_e \sigma_4^* + \rho_0 C_e \rho_0 C_p (v_4^* - v_2)] \tag{1.8.10}$$

$$v_4 = \frac{1}{\rho_0 C_e + \rho_0 C_p}(\rho_0 C_e v_2 + \rho_0 C_p v_4^* + \sigma_4^* - \sigma_2) \tag{1.8.11}$$

可将尝试解(1.8.6),(1.8.7),(1.8.10)和(1.8.11)编为子程序Ⅱ.若式(1.8.10)给出的应力满足如下的判别条件:

$$\sigma_4 \geqslant \sigma_1 \quad (CF\text{ 右侧的历史最大屈服应力}) \tag{1.8.12}$$

则所得解与透射弹塑性波的假定相一致,此尝试解即为正确解,否则必属于情况Ⅰ.于是,我们即可通过设置两个尝试解的子程序Ⅰ及子程序Ⅱ和相应的判别条件(1.8.5)及(1.8.12)作为选择开关,像追赶卸载问题一样来完成对问题的尝试求解.同样我们也可给出两种情况实现转换的临界条件并给出如下的预判法.

1.8.3 解法 2:预判法

情况Ⅰ和情况Ⅱ发生互相转换的临界条件由尝试解 4 区应力等于右侧材料历史最大屈服应力的条件给出,即(临界情况所对应的塑加波后方状态如图 1.30(b)中的点 2^* 所示)

$$\sigma_4 = \sigma_1 \tag{1.8.13}$$

将式(1.8.13)代入式(1.8.1)和式(1.8.2)并相加,可得

$$\begin{aligned}(\sigma_1 - \sigma_3) + (\sigma_1 - \sigma_2) &= \rho_0 C_e (v_3 - v_2) = \rho_0 C_e [(v_1 - v_2) + (v_3 - v_1)] \\ &= \rho_0 C_e \left(\frac{\sigma_2 - \sigma_1}{\rho_0 C_p} - \frac{\sigma_1 - \sigma_3}{\rho_0 C_e}\right)\end{aligned}$$

这里我们利用了入射的弹卸波 $BC(1\sim3)$和塑加波 $AC(1\sim2)$的动量守恒条件.整理上式

可得

$$\frac{\sigma_1-\sigma_3}{\sigma_2-\sigma_1}=\frac{1}{2}\left(1+\frac{\rho_0 C_e}{\rho_0 C_p}\right) \tag{1.8.14-a}$$

式(1.8.14-a)即给出了情况Ⅰ到情况Ⅱ发生转换的弹卸波和塑加波强度比的临界条件，它和追赶卸载问题中两种情况之间发生转换的临界条件是完全相同的，只不过区域的数字号码不同而已．所以

$$\sigma_1-\sigma_3 \geqslant (\sigma_2-\sigma_1)\frac{1}{2}\left(1+\frac{\rho_0 C_e}{\rho_0 C_p}\right) \tag{1.8.14-b}$$

$$\sigma_1-\sigma_3 \leqslant (\sigma_2-\sigma_1)\frac{1}{2}\left(1+\frac{\rho_0 C_e}{\rho_0 C_p}\right) \tag{1.8.14-c}$$

即分别代表“强”弹卸波对“弱”塑加波迎面卸载的情况Ⅰ和“弱”弹卸波对“强”塑加波迎面卸载的情况Ⅱ．由此，我们也可以首先根据条件(1.8.14-b)和(1.8.14-c)预判问题是属于情况Ⅰ还是属于情况Ⅱ，然后再分别调用前面的解Ⅰ即式(1.8.3)、式(1.8.4)或解Ⅱ即式(1.8.6)、式(1.8.7)、式(1.8.10)、式(1.8.11)，这就是迎面卸载问题的预判解法．

1.8.4 应变间断面(更深刻些应称之为屈服强度间断面)

与追赶卸载问题一样，在迎面卸载问题当中也同样存在如下的现象：弹卸波和塑加波相互作用之后，*CF* 截面左右两侧材料由于经历不同的加卸载历史而导致左右两侧材料虽然有相同的质速和应力状态(v,σ)，但其应变却不同，从而产生驻定的应变间断面，且两侧历史最大屈服应力不同，故该应变间断面在本质上是一个屈服强度的间断面．

1．“强”弹卸波对“弱”塑加波的迎面卸载(情况Ⅰ)

如图 1.30(a)所示，*CF* 右侧材料的加卸载历史为：$0 \xrightarrow{\text{弹加波}} 1 \xrightarrow{\text{弹卸波}} 3 \xrightarrow{\text{弹加波}} 4$，而在应力-应变图上，这对应图 1.30(d)中的点 $4'$，其右侧材料的应变和历史最大塑性应力分别为

$$\varepsilon'=\varepsilon_{4'} \tag{1.8.15-a}$$

$$\sigma'_{\max}=\sigma_1 \tag{1.8.16-a}$$

同样如图 1.30(a)所示，*CF* 左侧材料的加卸载历史为：$0 \xrightarrow{\text{弹加波}} 1 \xrightarrow{\text{塑加波}} 2 \xrightarrow{\text{弹卸波}} 4$，在应力-应变图上，这对应图 1.30(d)中的点 $4''$，其左侧材料的应变和历史最大塑性应力分别为

$$\varepsilon''=\varepsilon_{4''} \tag{1.8.15-b}$$

$$\sigma''_{\max}=\sigma_2 \tag{1.8.16-b}$$

由此可见，在 C 截面形成了一个应变间断面，其应变间断的强度为

$$\Delta\varepsilon=\varepsilon_{4''}-\varepsilon_{4'}>0 \tag{1.8.17}$$

而且，左右两侧历史最大屈服应力必定是不相同的：

$$\sigma''_{\max}>\sigma'_{\max} \tag{1.8.18}$$

不等式(1.8.17)和(1.8.18)永远都是绝对的不等式，即使在两种情况发生转换的临界情况也是如此．由图 1.30(d)可知，如果我们把临界情况归入情况Ⅱ，则在情况Ⅰ的问题中 *CF* 左右两侧的材料都处于弹性状态，属于第Ⅰ种应变间断面；而在情况Ⅱ的问题中 *CF* 两侧的材

料将分别处于弹性和塑性状态，属于第Ⅱ种应变间断面（最后详见下面叙述）.

2. “弱”弹卸波对“强”塑加波的迎面卸载（情况Ⅱ）

如图1.30(c)所示，CF 右侧材料的加卸载历史为：$0 \xrightarrow{\text{弹加波}} 1 \xrightarrow{\text{弹卸波}} 3 \xrightarrow{\text{弹加波}} 4^* \xrightarrow{\text{塑加波}} 4$，在应力-应变图上这对应图1.30(d)中的点$(4')$，其右侧材料的应变和历史最大塑性应力分别为

$$\varepsilon' = \varepsilon_{(4')} \tag{1.8.19-a}$$

$$\sigma'_{\max} = \sigma_{(4)} \tag{1.8.20-a}$$

同样如图1.30(c)所示，CF 左侧材料的加卸载历史为：$0 \xrightarrow{\text{弹加波}} 1 \xrightarrow{\text{塑加波}} 2 \xrightarrow{\text{弹卸波}} (4)$，在应力-应变图上这对应图1.30(d)中的点$(4'')$，其左侧材料的应变和历史最大塑性应力分别为

$$\varepsilon'' = \varepsilon_{(4'')} \tag{1.8.19-b}$$

$$\sigma''_{\max} = \sigma_2 \tag{1.8.20-b}$$

在 C 截面也形成了一个应变间断面，其应变间断的强度为

$$\Delta\varepsilon = \varepsilon_{(4'')} - \varepsilon_{(4')} > 0 \tag{1.8.21}$$

同样，左右两侧历史最大屈服应力必定是不相同的：

$$\sigma''_{\max} > \sigma'_{\max} \tag{1.8.22}$$

而且不等式(1.8.21)和(1.8.22)也永远是绝对的不等式，这由图1.30(d)看得也很清楚. 同时我们可以看到，如果我们把由第Ⅰ种情况向第Ⅱ种情况转变的临界情况归入第Ⅱ种情况，则第Ⅰ种情况和第Ⅱ种情况所形成的应变间断面将分别是第Ⅰ类和第Ⅱ类应变间断面.

与追赶卸载的情况类似，应变间断面存在的重要意义并不在于人们通常所注意的所谓的应变间断，而在于屈服强度的间断，应变间断面处材料的屈服强度的间断才是应变间断面对波产生干扰的根本原因.

1.8.5　内反射波 CD 和 CD^*/CD 产生的机理

由前面的叙述可见，在弹性卸载波对塑性加载波迎面卸载的问题中，由于迎面弹卸波的卸载效应，总会向弹卸波传播的方向传播弹卸波，但是根据弹卸波和塑加波强度之比是满足式(1.8.14-b)抑或是满足式(1.8.14-c)，将会分别向弹卸波传播的相反方向传播一个内反射的弹加波或者内反射的弹塑性加载波. 对这种内反射弹加波的出现，我们也可以简单地从材料波阻抗的不匹配角度来加以解释：在弹卸波迎面遇上塑加波的一瞬，出现的是一个弹卸波由具有较高弹性波阻抗的“硬”材料入射至具有较低塑性波阻抗的“软”材料的情况，故必将会在界面 CF 上产生一个与入射弹卸波异号的加载波. 至于这种内反射加载波是弹加波还是弹塑性加载波，我们也可以作出与1.7.5小节对追赶卸载内反射波产生机理相类似的分析.

由于对塑加波 $AC(1\sim2)$ 进行迎面卸载的弹卸波 $BC(1\sim3)$ 后方的应力 σ_3 同时小于界面 CF 左侧的屈服应力 σ_2 和右侧的屈服应力 σ_1，所以我们可以假设，在弹卸波 $BC(1\sim3)$ 到达界面 CF 的一瞬，将会以弹卸波 CE'' 的形式向左透射过去. 如果没有向右的内反射波产生，则在 CF 的右侧来波是 $BC(1\sim3)$，而进入 CF 左侧的透射波将是 $CE''(2\sim3'')$，界面

CF 两侧应力相等的条件将使得这一瞬其左右两侧的状态将分别是 $3(v_3, \sigma_3)$ 和 $3''(v_{3''}, \sigma_{3''}=\sigma_3)$，如图 1.31(a)和图 1.31(b)所示，于是右侧材料将具有对左侧材料的速度优势 $\Delta v = v_3 - v_{3''}$，从而产生一对向左右传播的内拉伸波，这种内拉伸波的性质则取决于是"强"弹卸波对"弱"塑加波的迎面卸载还是"弱"弹卸波对"强"塑加波的迎面卸载.

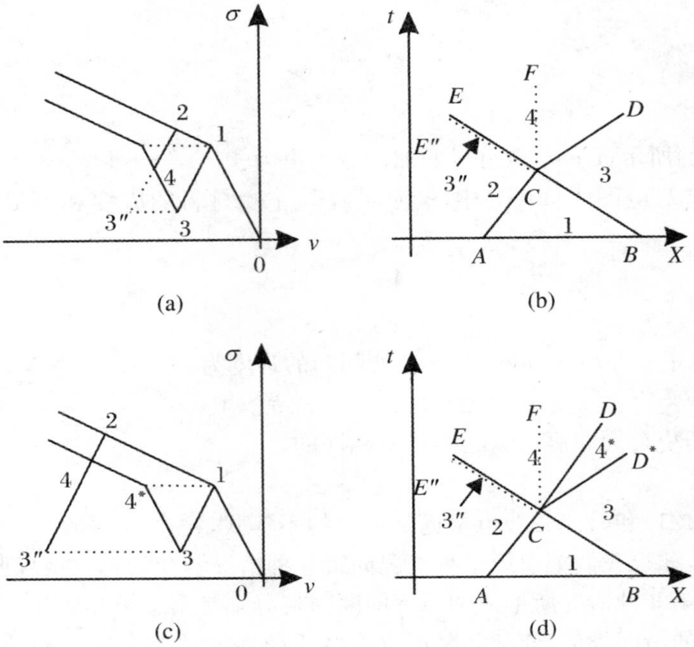

图 1.31　迎面卸载问题的内反射波产生机理

1. "强"弹卸波对"弱"塑加波的迎面卸载问题

此时，速度差 Δv 较小，将向左右两侧都产生弹性内拉伸波：向左产生的是弹性内拉伸波 $CE(3''\sim4)$，此内拉伸波叠加在前面我们所假设的弹卸波 $CE''(2\sim3'')$ 之上，将形成向左传播的弹卸波 $CE(2\sim4)$；而向右产生的则是弹性内拉伸波或内反射波 $CD(3\sim4)$. 此波动图案如图 1.31(b)所示.

2. "弱"弹卸波对"强"塑加波的迎面卸载问题

此时，速度差 Δv 较大，而 CF 左侧屈服应力 σ_2 较高、右侧屈服应力 σ_1 较低，故向左产生的是弹性内拉伸波 $CE(3''\sim4)$，此内拉伸波叠加在前面我们所假设的弹卸波 $CE''(2\sim3'')$ 之上，将形成向左传播的弹卸波 $CE(2\sim4)$；而向右产生的则是弹塑性内拉伸波，即弹性前驱内拉伸波 $CD^*(3\sim4^*)$，$\sigma_{4^*}=\sigma_1$ 和塑性内拉伸波 $CD(4^*\sim4)$，这个弹塑性内拉伸波系即是此种情况下的内反射波系. 此波动图案可如图 1.31(d)所示.

1.9 应变间断面对波的干扰

1.9.1 问题的提出

根据1.7节和1.8节的知识,我们知道:无论是弹卸波对塑加波的追赶卸载,还是弹卸波对塑加波的迎面卸载,都会形成驻定的应变间断面.在应变间断面的两侧,因为材料加卸载历史的不同,所以虽然其两侧有相同的应力与质速,但却有不同的应变,而且更重要的是两侧材料有不同的历史最大塑性屈服应力,这样原本相同的两侧材料事实上就转化成了屈服应力不同的两种材料.于是,当有来波入射到应变间断面上时,就有可能将一侧材料带入弹性状态,而将另一侧材料带入塑性状态,于是两侧材料的波阻抗就不同,从而产生对波的干扰,其结果是,不但将沿来波的传播方向产生透射波,而且会沿相反的方向产生反射波,这就是应变间断面对波的干扰.

1.9.2 应变间断面的特点

为了清楚起见,我们把前面1.7节和1.8节所讲的追赶卸载和迎面卸载的各种情况放到一起来加以回顾.我们前面所讲的都是右行的塑性加载波被追赶卸载或迎面卸载的问题,而且塑加波所导致的屈服应力处于上屈服面之上,因此我们将把所讲的各种情况的应变间断面称为"右行塑加波所形成的与上屈服面相关的应变间断面",而且将以波与这种应变间断面的相互作用为例来进行讨论,至于与左行塑加波所形成的或与下屈服面相关的应变间断面的问题可以类似讨论.

1. "强"弹卸波与"弱"塑加波所形成的应变间断面——第Ⅰ类应变间断面

图1.32(a)、(b)、(c)就是1.7节图1.28(a)、(b)、(d)中"强"弹卸波 $BC(2\sim3)$ 对"弱"塑加波 $AC(1\sim2)$ 追赶卸载问题的图示,其结果产生了向右透射的弹性卸载波 $CD(1\sim4)$ 和向左反射的弹性加载波 $CE(3\sim4)$;图1.33(a)、(b)、(c)就是1.8节图1.30(a)、(b)、(d)中"强"弹卸波 $BC(1\sim3)$ 对"弱"塑加波 $AC(1\sim2)$ 迎面卸载问题的图示,其结果产生了向右反射的弹性加载波 $CD(3\sim4)$ 和向左透射的弹性卸载波 $CE(2\sim4)$.如果把判断相互作用的两个波"强"和"弱"的临界情况不归为这类情况,则这两种应变间断面的共同特征是其两侧都是弹性状态,即"弱"塑加波被"强"弹卸波卸载为弹性状态,我们把这种两侧都处于弹性状态的应变间断面称为第Ⅰ类应变间断面,其最主要特点是不但两侧应变不同,$\Delta\varepsilon=\varepsilon_{4''}-\varepsilon_{4'}\neq 0$,而且两侧历史最大屈服应力也不同,即 $\sigma'_{\max}<\sigma''_{\max}$.由于应变间断面两侧都处于弹性状态,所以对第Ⅰ类应变间断面我们有绝对不等式关系:

$$\sigma_4<\sigma'_{\max}<\sigma''_{\max}$$

为了确定起见,我们将把判断相互作用的两个波的"强"和"弱"的临界情况归入下面要讲的第Ⅱ类应变间断面中(这种临界情况如图 1.32(b)中的点 3^* 和图 1.33(b)中的点 2^* 所示).

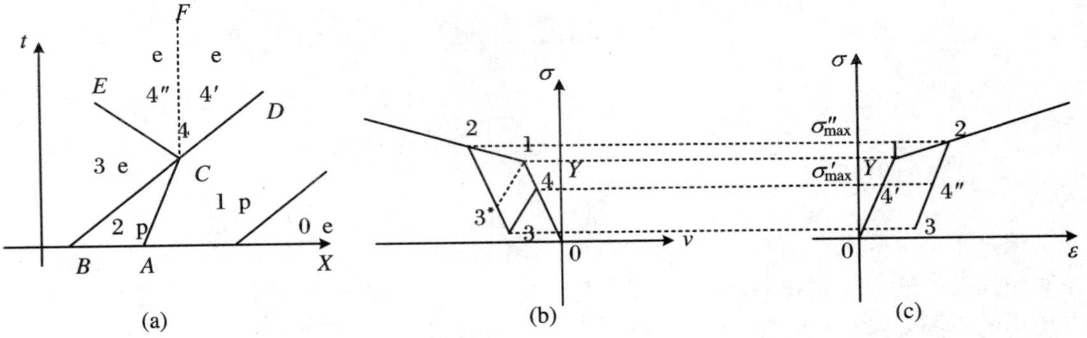

图 1.32 “强”弹卸波对“弱”塑加波的追赶卸载

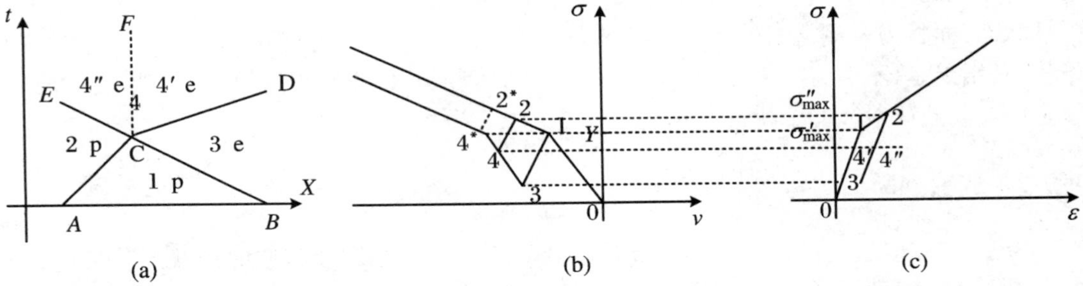

图 1.33 “强”弹卸波对“弱”塑加波的迎面卸载

2. “弱”弹卸波与“强”塑加波所形成的应变间断面——第Ⅱ类应变间断面

图 1.34(a)、(b)、(c)就是 1.7 节图 1.28(c)、(b)、(d)中“弱”弹卸波 BC(2～3)对“强”塑加波 AC(1～2)追赶卸载问题的图示,其结果产生了向右透射的塑性加载波 CD(1～4)和向左反射的弹性加载波 CE(3～4);图 1.35(a)、(b)、(c)就是 1.8 节图 1.30(c)、(b)、(d)中“弱”弹卸波 BC(1～3)对“强”塑加波 AC(1～2)迎面卸载问题的图示,其结果产生了向右反射的弹塑性加载波 CD^*($3\sim4^*$)、CD($4^*\sim4$)和向左透射的弹性卸载波 CE(2～4).如果把判断相互作用的两个波的“强”和“弱”的临界情况也归为这类情况,则这两种应变间断面的共同特征将是,其一侧为弹性状态而另一侧为塑性状态,即弹卸波均不足以使塑加波卸载到弹性状态,我们把这类应变间断面称为第Ⅱ类应变间断面.其最主要特点也是不但两侧应变不同,$\Delta\varepsilon=\varepsilon_{4''}-\varepsilon_{4'}\neq0$,而且两侧历史最大屈服应力也不同,即 $\sigma'_{\max}<\sigma''_{\max}$.由于第Ⅱ类应变间断面的两侧分别为弹性和塑性状态,所以我们有关系式:

$$\sigma_4=\sigma'_{\max}<\sigma''_{\max}$$

由以上的回顾可见,第Ⅰ类和第Ⅱ类应变间断面的共同特点是两侧必然有着不同的历史最大塑性屈服应力,即

$$\sigma'_{\max}<\sigma''_{\max} \tag{1.9.1}$$

而且该式永远是绝对的不等号;二者的不同特点则体现在间断面两侧的应力 σ_4 与两侧屈服

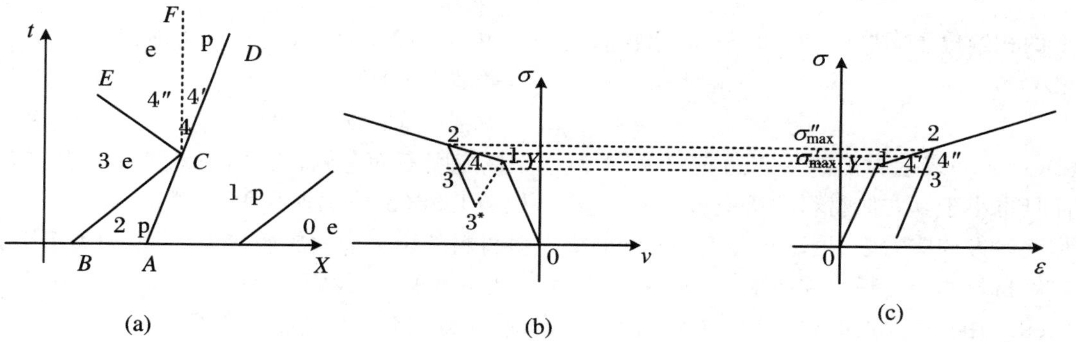

图 1.34　“弱”弹卸波对“强”塑加波的追赶卸载

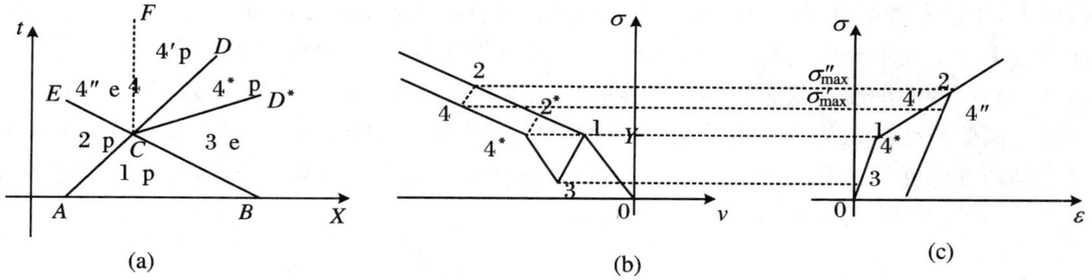

图 1.35　“弱”弹卸波对“强”塑加波的迎面卸载

应力的关系上:对第Ⅰ类应变间断面左右两侧都是弹性状态,即

$$\sigma_4 < \sigma'_{\max} < \sigma''_{\max} \quad \text{(应变间断面左右两侧均为弹性状态)} \tag{1.9.2}$$

而对第Ⅱ类应变间断面左右两侧分别为弹性状态和塑性状态,即

$$\sigma_4 = \sigma'_{\max} < \sigma''_{\max} \quad \text{(应变间断面左侧为弹性状态,右侧为塑性状态)} \tag{1.9.3}$$

需要说明的是,这两类应变间断面的共同特点(式(1.9.1))才是重要的和本质的,它才是应变间断面对波产生干扰的根源.而这两类应变间断面的不同特点对应变间断面对波的干扰不起本质的作用,对它们的区分只是对来波的形式会提出相应的限制,例如,对于我们以上所画出的应变间断面的情形,只有弹性加载波或弹性卸载波才能从左方或右方入射到第Ⅰ类应变间断面上,只有弹性加载波或弹性卸载波才能从左方入射到第Ⅱ类应变间断面上,只有弹性卸载波或塑性加载波才能从右方入射到第Ⅱ类应变间断面上.

1.9.3　解例

1.9.3.1　弹加波入射到第Ⅰ类应变间断面上

如图 1.36 所示,设有第Ⅰ类应变间断面 $4'\sim4''$,其左右两侧的历史最大屈服应力为 $\sigma''_{\max} > \sigma'_{\max}$.设有一个弹加波 4～5 从左方入射到其上,因为是第Ⅰ类应变间断面,故有

$$\sigma_4 < \sigma'_{\max} < \sigma''_{\max} \tag{1.9.4}$$

又因为来波为左侧材料中的弹加波,故必有

$$\sigma_4 < \sigma_5 \leqslant \sigma''_{\max} \tag{1.9.5}$$

上两式给出了问题应满足的条件.而在满足式(1.9.5)的条件下,又有两种可能:

$$\sigma_5 < \sigma'_{\max} < \sigma''_{\max} \quad (\text{“弱”弹加波}) \tag{1.9.6}$$

$$\sigma'_{\max} \leqslant \sigma_5 \leqslant \sigma''_{\max} \quad (\text{“强”弹加波}) \tag{1.9.7}$$

式(1.9.6)表示弹加波后方的应力 σ_5 不但小于应变间断面左侧材料的历史最大屈服应力,而且也小于其右侧材料的历史最大屈服应力,如图 1.36(b)中的点 5 所示;式(1.9.7)表示弹加波后方的应力 σ_5 虽然不大于应变间断面左侧材料的历史最大屈服应力,但是却不小于其右侧材料的历史最大屈服应力,如图 1.37(b)中的点 5 所示.我们分别把满足条件(1.9.6)和(1.9.7)的来波称为“弱”弹加波和“强”弹加波.现在分别对这两种情况进行讨论.

1. “弱”弹加波

此时,来波满足条件(1.9.6).由于来波后方应力 σ_5 同时小于应变间断面左右两侧的屈服应力,所以来波可以弹性波的形式无任何变化地直接透射到应变间断面的右侧,应变间断面对波无干扰而不产生反射波,其波动图案如图 1.36(a)所示,弹加波透过应变间断面之后应变间断面两侧的应变状态则分别由此前的 4″和 4′改变为 5″和 5′.可以看到,弹加波通过之后尽管两侧应变状态都改变了,但是应变间断的数值不变,应变间断面的类型也仍然保持为第Ⅰ类应变间断面.(只有当 $\sigma_5 = \sigma'_{\max}$ 的极限情况才会转变为第Ⅱ类间断面,我们将把这种情况归入“强”弹加波的情况.)

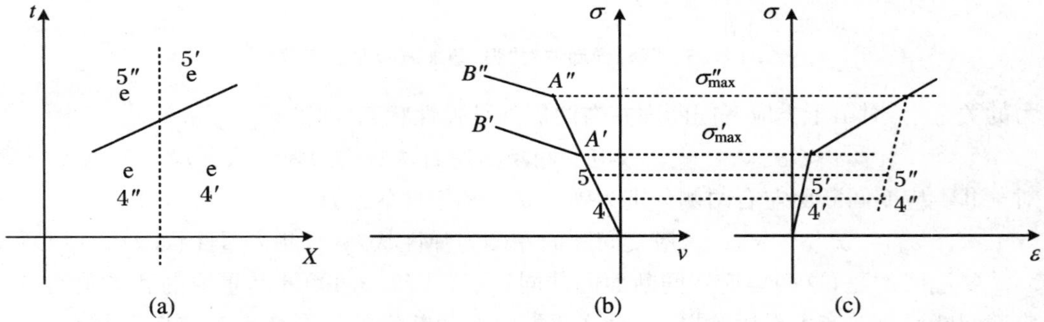

图 1.36 “弱”弹加波入射到第Ⅰ类应变间断面

2. “强”弹加波

此时,来波满足条件(1.9.7).由于来波后方应力 σ_5 大于或等于右侧材料的屈服应力,所以会把应变间断面右侧的材料带入塑性状态,从而将向应变间断面的右侧透过弹塑性加载波,而在左侧材料中入射的是弹性波,故将出现入射波和透射波的波阻抗不匹配,这种波阻抗的不匹配必然会导致产生向应变间断面左侧的反射波.由于左侧的弹性波阻抗大于右侧的弹塑性波阻抗,所以反射波的性质应是与入射弹加波异号的弹卸波,即此时应产生透射的弹塑性加载波 4~6,6~7 以及反射的弹卸波 5~7,如图 1.37(a)所示.现对各区的状态求解如下:

4~6 动量守恒条件:

$$\sigma_6 - \sigma_4 = -\rho_0 C_{\mathrm{e}}(v_6 - v_4) \tag{1.9.8}$$

6 区屈服条件:

$$\sigma_6 = \sigma'_{max} \tag{1.9.9}$$

联立求解即可得出6区的状态$6(v_6,\sigma_6)$，如图1.37(b)中的点6所示.

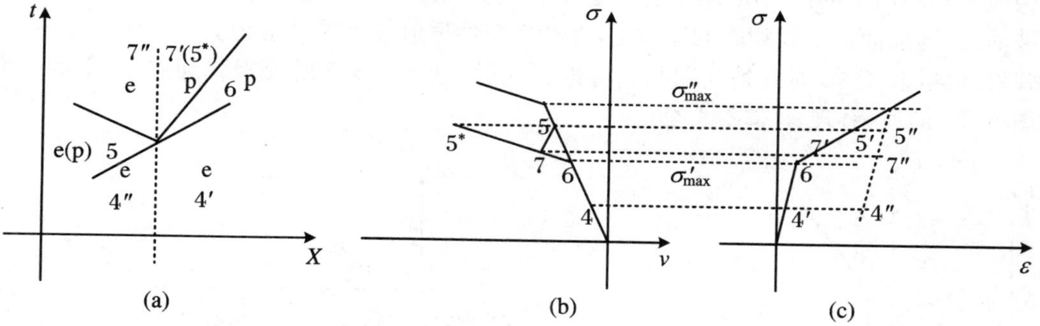

图1.37　“强”弹加波入射到第Ⅰ类应变间断面

6～7动量守恒条件：

$$\sigma_7 - \sigma_6 = -\rho_0 C_p(v_7 - v_6) \tag{1.9.10}$$

5～7动量守恒条件：

$$\sigma_7 - \sigma_5 = \rho_0 C_e(v_7 - v_5) \tag{1.9.11}$$

联立求解即可得出7区的状态$7(v_7,\sigma_7)$，如图1.37(b)中的点7所示.点6和应变间断面点7处两侧的应变状态如图1.37(c)所示.

由图1.37所得的解可以看出，在满足条件(1.9.7)的“强”弹加波入射到第Ⅰ类应变间断面上并发生波的透反射之后，第Ⅰ类应变间断面$4'$～$4''$转化成了第Ⅱ类应变间断面$7'$～$7''$，但是应变间断面仍然存在而不会消失.

上面我们对“强”弹加波在第Ⅰ类应变间断面上造成如图1.37(a)所示透反射图案的原因进行了粗略的定性说明，下面我们再着重对产生内反射弹卸波5～7的原因和机理给以更明晰的解释.如前所述，“强”弹加波4～5必会把间断面右侧材料带入塑性状态，从而产生弹塑性加载波.如果在应变间断面左侧不存在反射波，则由于在应变间断面两侧的应力应该相等都为σ_5，故在应变间断面左侧材料的状态将如图1.37(b)中的点$5(v_5,\sigma_5)$所示，而在应变间断面右侧材料的状态将如图1.37(b)中的点$5^*(v_{5^*},\sigma_5)$所示.由于$v_5 - v_{5^*} > 0$，则应变间断面左侧的材料将会以速度优势$\Delta v = v_5 - v_{5^*} > 0$对右侧的材料产生撞击压缩卸载，撞击压缩的结果一方面将向左侧材料中传播内反射的弹卸波5～7，另一方面将使得向右侧中传播的塑加波的强度下降为σ_7(与左侧应力相同)而达不到$\sigma_{5^*} = \sigma_5$，这就是上面所求出的应变间断面上的状态$7(v_7,\sigma_7)$.

1.9.3.2　弹加波入射到第Ⅱ类应变间断面上

设有弹加波4～5从左端入射到第Ⅱ类应变间断面$4'$～$4''$之上，如图1.38(a)所示.由于是第Ⅱ类应变间断面，其右侧材料处于塑性状态，其应力等于其屈服应力$\sigma_4 = \sigma'_{max}$；又由于来波是弹加波，有$\sigma_4 < \sigma_5$.所以对弹加波入射到第Ⅱ类应变间断面上的情况，我们必有

$$\sigma'_{max} = \sigma_4 < \sigma_5 \leqslant \sigma''_{max} \tag{1.9.12}$$

式(1.9.12)说明入射弹加波后方的应力σ_5必定大于右侧材料的屈服应力，与前面所讲的

“强”弹加波入射到第Ⅰ类应变间断面上的情况(1.9.7)完全类似,即来波总可视为所谓的“强”弹加波.这样,来波必将把右侧材料带入塑性状态,与前面所讲的“强”弹加波入射到第Ⅰ类应变间断面上的情况所不同的是,这里右侧材料已经处于塑性状态,所以透射的只是塑性波而已;与前面的问题相同的原因是,在产生塑性透射波的同时也将会向左侧产生内反射的弹性卸载波.于是,对此种问题我们将得到透射塑加波 4~7 并反射弹卸波 5~7 的图案,如图 1.38(a)所示.现具体求解之:

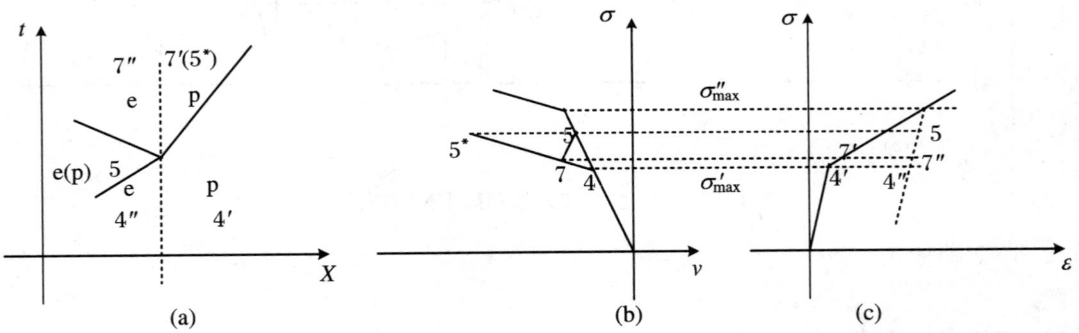

图 1.38　弹加波入射到第Ⅱ类应变间断面

4~7 动量守恒条件:

$$\sigma_7 - \sigma_4 = -\rho_0 C_{\mathrm{p}}(v_7 - v_4) \tag{1.9.13}$$

5~7 动量守恒条件:

$$\sigma_7 - \sigma_5 = \rho_0 C_{\mathrm{e}}(v_7 - v_5) \tag{1.9.14}$$

联立求解即可得到点 7(v_7,σ_7),如图 1.38(b)所示.其两侧的应变状态如图 1.38(c)所示.

由上可知,应变间断面 $\Delta\varepsilon = \varepsilon_7'' - \varepsilon_7'$与初始的 $\Delta\varepsilon = \varepsilon_4'' - \varepsilon_4'$比较起来减少了,但是类型未变,仍为第Ⅱ类应变间断面.

对于右行塑加波被追赶或迎面卸载所形成的与上屈服面相关的应变间断面和来波相互作用并对来波产生干扰的问题,一共可有如下五种情况:

(1) 右行弹加波与第Ⅰ、Ⅱ类应变间断面相互作用的问题如图 1.39(a)所示,这已经在上面求解过了.

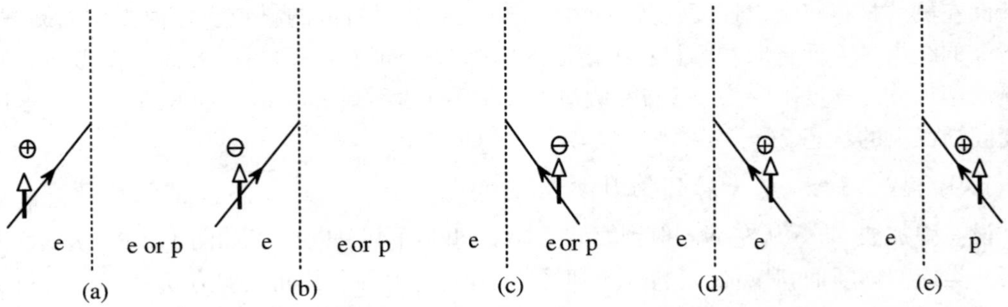

图 1.39　应变间断面对波干扰的各种情况

(2) 右行弹卸波与第Ⅰ、Ⅱ类应变间断面相互作用的问题如图 1.39(b)所示.

(3) 左行弹卸波与第Ⅰ、Ⅱ类应变间断面相互作用的问题如图1.39(c)所示.

(4) 左行弹加波与第Ⅰ类应变间断面相互作用的问题如图1.39(d)所示.

(5) 左行塑加波与第Ⅱ类应变间断面相互作用的问题如图1.39(e)所示.

其中,第(1)种情况已在前面讲解过了,第(2)～(5)种情况请读者作为练习分析之.在图1.39的各图中,箭头上方的⊕和⊖分别表示来波为加载波和卸载波.

1.10　卸载波的相互作用

1.10.1　工程背景

在爆炸与冲击力学的工程问题中,人们常常把压应力的增加视为加载而把压应力的减少视为卸载,而靶面或杆端所承受的外载常常可以近似看作一个压缩加载之后接着发生卸载的载荷,这将在靶板或杆中产生入射的压缩加载波和其后跟随的卸载波,如果靶板或杆的另一端为自由面或者与低波阻抗的材料相接触,则压缩加载波在自由面或其与低波阻抗材料的交界面上便会产生反射的卸载波,于是就会在靶板或杆中发生其后跟随的卸载波与所产生的反射卸载波迎面相遇的问题,即发生卸载波相互作用的问题;从杆的两端分别施加的卸载波在杆中相遇也将会发生卸载波相互作用的问题.卸载波的相互作用将使得材料经受两度卸载,这种两度卸载将有可能使得原本承受压缩载荷的材料中出现拉应力,如果这种拉应力达到一定的值并持续一定的时间,则可能在材料中产生拉伸破坏,这就是所谓的层裂现象.所以研究卸载波的相互作用具有重要的理论意义和工程价值.尽管在实际问题中把压应力的增加视为加载而把压应力的减少视为卸载更为方便,但是为了保持符号的一致性,在本书中(包括本节),我们仍将把拉应力的增加视为加载而把拉应力的减少视为卸载,并将在此约定之下来讲解卸载波相互作用问题,显然这样做并不影响解题方法和有关问题结论的实质.

图1.40就是弹性压缩脉冲在有限长杆中传播引起卸载波相互作用并在杆中产生拉应力的一个实例:杆左端承受强度为 σ_1 的压缩脉冲应力,压缩脉冲尾部的弹性卸载波1～2与压缩脉冲头部加载波0～1在自由面反射所产生的反射弹性卸载波1～3在杆中相遇发生相互作用,产生左行弹性卸载波2～4和右行弹性卸载波3～4,从而在杆中造成拉应力状态 $\sigma_4>0$.

1.10.2　本构模型对卸载波的限制

根据1.2节中关于材料弹塑性本构关系和波传播特性关系的知识,我们知道对于线性随动硬化材料,如果从上屈服面上的某应力状态 σ^* 发生卸载,则其弹性卸载波的最大强度不能超过材料初始屈服应力 Y 的2倍,即 $2Y$,如果卸载波的强度大于 $2Y$,则卸载波将会分

裂成强度为 $2Y$ 的弹性卸载波和随后传播的塑性卸载波；而对于线性各向同性硬化材料，如果从上屈服面上的某应力状态 σ^* 发生卸载，则其弹性卸载波的最大强度为 $2\sigma^*$，如果卸载波的强度超过 $2\sigma^*$，则卸载波将分裂成强度为 $2\sigma^*$ 的弹性卸载波和随后传播的塑性卸载波. 这就是材料的弹塑性本构模型对卸载波所加的限制性条件. 这就是说，我们在求解卸载波相互作用的问题并编制有关程序时，必须把材料的上屈服应力 σ^* 和下屈服应力 σ^*-2Y（线性随动硬化材料）或 $-\sigma^*$（各向同性线性硬化材料）作为重要数据加以记忆并存储起来，而对这两种材料弹性卸载波的强度则分别不能大于 $2Y$ 和 $2\sigma^*$. 下面我们将以线性随动硬化材料为例来讲解，说明卸载波相互作用问题的解法和有关结果.

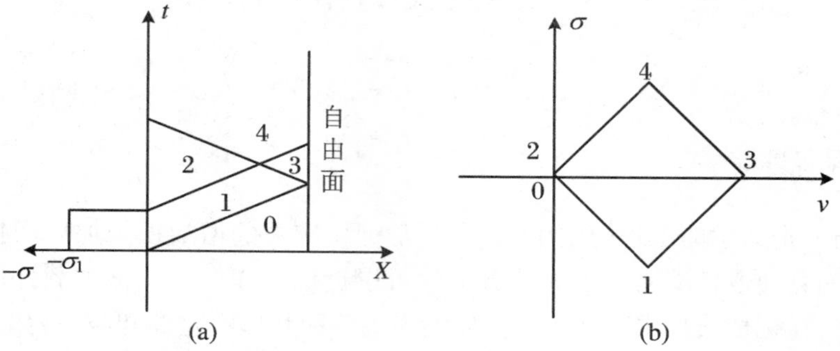

图 1.40 弹性卸载波相互作用产生拉应力简例

1.10.3 卸载波的相互作用解例 1

作为第一个例子，我们来求解一个两弹性卸载波相互作用的问题. 设材料已通过某种方式被塑性加载到塑性状态 3，应力为 σ_3，此时从左边传来弹卸波 $AC(3\sim4)$，从右边传来弹卸波 $BC(3\sim5)$，如图 1.41(a) 所示. 我们来研究这两个弹卸波相遇并相互作用的问题.

首先，由前面所讲的对线性随动硬化材料中弹性卸载波的限制性条件，必有

$$\sigma_3-\sigma_4\leqslant 2Y,\quad \sigma_3-\sigma_5\leqslant 2Y \tag{a}$$

我们不妨设状态 $3(v_3,\sigma_3)$ 是由自然静止状态 $0(0,0)$ 经由某个右行弹塑性加载波 $0\sim1\sim3$ 所造成的，则由其波阵面上的动量守恒条件，有

$$v_1=-\frac{Y}{\rho_0C_{\mathrm{e}}},\quad v_3=v_1-\frac{\sigma_3-Y}{\rho_0C_{\mathrm{p}}} \tag{b}$$

波 $AC(3\sim4)$ 和波 $BC(3\sim5)$ 的动量守恒条件分别给出

$$\sigma_4-\sigma_3=-\rho_0C_{\mathrm{e}}(v_4-v_3),\quad \sigma_5-\sigma_3=\rho_0C_{\mathrm{e}}(v_5-v_3) \tag{c}$$

点 0,1,3,4,5 在 v-σ 平面和 ε-σ 平面上的状态如图 1.41(b) 和图 1.41(c) 所示. 由于相遇的两个波都是卸载波，所以这两个弹性卸载波 $AC(3\sim4)$ 和 $BC(3\sim5)$ 相遇后肯定将向左右两侧产生卸载波，但是将产生什么类型的卸载波（弹性卸载波还是弹塑性卸载波），显然是与两个弹卸波的强度有关的：如果两个弹卸波的强度比较"弱"，则它们相互作用的结果可能仍然不足以将材料带入下屈服面上的塑性状态，此时必然仍旧向左右两侧分别传播弹性卸载波；如果两个弹卸波的强度比较"强"，则它们相互作用的结果就可能将材料带入下屈服面上的某个塑性状态，这就意味着此时必然向左右两侧分别传播弹塑性卸载波. 这就是对问题定性

分析所得出的结论，现在分别对这两种情况结合定量分析来讨论.

1. "弱"弹卸波的相互作用(情况 Ⅰ)

如果两个弹性卸载波的强度都相对较"弱"，则可以假设它们相互作用后，材料仍只被卸载到弹性状态(如点 6 所对应的)或刚到达下屈服面的状态，即可设向左右两侧各传播弹卸波 $CE(4\sim6)$ 和 $CD(5\sim6)$，如图 1.41(a)所示.6 区的状态可由波 $CE(4\sim6)$ 和 $CD(5\sim6)$ 的动量守恒条件决定：

波 $CE(4\sim6)$ 的动量守恒条件：

$$\sigma_6 - \sigma_4 = \rho_0 C_e(v_6 - v_4) \tag{1.10.1}$$

波 $CD(5\sim6)$ 的动量守恒条件：

$$\sigma_6 - \sigma_5 = -\rho_0 C_e(v_6 - v_5) \tag{1.10.2}$$

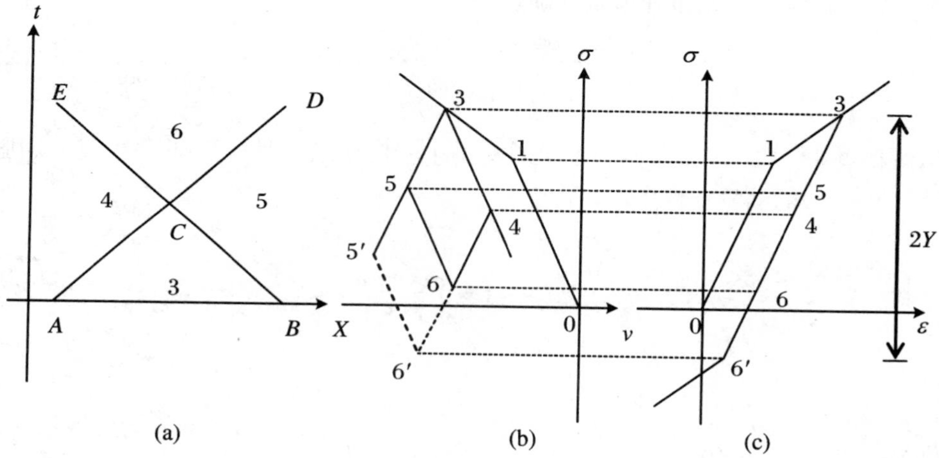

图 1.41　"弱"弹卸波的相互作用

由此可求出点 $6(v_6,\sigma_6)$，如图 1.41(b)所示.

式(1.10.1)与式(1.10.2)相加并利用波 $AC(3\sim4)$ 和波 $BC(3\sim5)$ 的动量守恒条件，有

$$\sigma_6 = \frac{1}{2}[(\sigma_4 + \sigma_5) + \rho_0 C_e(v_5 - v_4)] = \frac{1}{2}[(\sigma_4 + \sigma_5) + \rho_0 C_e(v_5 - v_3 + v_3 - v_4)]$$

$$= \frac{1}{2}[(\sigma_4 + \sigma_5) + \sigma_5 - \sigma_3 + \sigma_4 - \sigma_3] = \sigma_5 - \sigma_3 + \sigma_4$$

即

$$\sigma_6 = \sigma_3 + (\sigma_5 - \sigma_3) + (\sigma_4 - \sigma_3) \tag{1.10.3-a}$$

式(1.10.3-a)也可写为

$$\sigma_3 - \sigma_6 = (\sigma_3 - \sigma_4) + (\sigma_3 - \sigma_5) \tag{1.10.3-b}$$

可见，该结果满足线弹性波相互作用的线性叠加原理(即平行四边形法则).

如果式(1.10.3-a)所给出的解 σ_6 满足

$$\sigma_3 - \sigma_6 \leqslant 2Y \tag{1.10.4-a}$$

即所求出的点 6 在下屈服面以上或刚转入下屈服面，则和我们所做的波 $CE(4\sim6)$ 和 $CD(5\sim6)$ 为弹卸波的假定相一致，该解即为正确解；否则，说明将会出现反向屈服的塑性卸载波，这即

属于下面要讲的第Ⅱ种情况.利用式(1.10.3-b),显然式(1.10.4-a)也可写为

$$(\sigma_3-\sigma_4)+(\sigma_3-\sigma_5)\leqslant 2Y \tag{1.10.4-b}$$

式(1.10.4-b)的物理意义是:两个相互作用的弹性卸载波的强度之和小于或等于 $2Y$,这就是“弱”弹性卸载波的数学表达式.

2. “强”弹卸波的相互作用(情况Ⅱ)

此种情况对应

$$\sigma_3-\sigma_6=(\sigma_3-\sigma_4)+(\sigma_3-\sigma_5)\geqslant 2Y \tag{1.10.4-c}$$

前面所得的结果将不正确,此时可假设向右透过弹塑性卸载波 $CD^*(5\sim5^*)$ 和 $CD(5^*\sim6)$,向左反射弹塑性卸载波 $CE^*(4\sim4^*)$ 和 $CE(4^*\sim6)$,其中 $CD^*(5\sim5^*)$ 和 $CE^*(4\sim4^*)$ 为弹性卸载前驱波,故 4^* 和 5^* 刚好转入下屈服面上,如图 1.42 所示.点 4^* 的状态由其下屈服条件和波 $CE^*(4\sim4^*)$ 的动量守恒条件确定:

$$\begin{cases}\sigma_{4^*}=\sigma_3-2Y\\ v_{4^*}=v_4+\dfrac{\sigma_{4^*}-\sigma_4}{\rho_0C_e}\end{cases} \tag{1.10.5}$$

由上式可求得点 $4^*(v_{4^*},\sigma_{4^*})$,如图 1.42(b)中的点 4^* 所示.同样,由点 5^* 的反向屈服条件和波 $CD^*(5\sim5^*)$ 的动量守恒条件,有

$$\begin{cases}\sigma_{5^*}=\sigma_3-2Y\\ v_{5^*}=v_5-\dfrac{\sigma_{5^*}-\sigma_5}{\rho_0C_e}\end{cases} \tag{1.10.6}$$

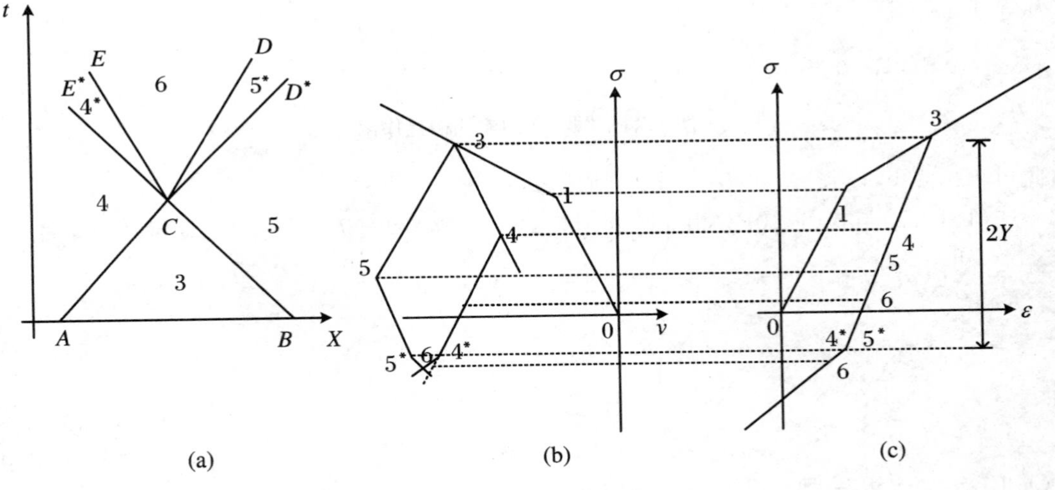

图 1.42 “强”弹卸波的相互作用

由上式可求得点 $5^*(v_{5^*},\sigma_{5^*})$,如图 1.42(b)中的点 5^* 所示.最后再根据塑性卸载波 $CD(5^*\sim6)$ 和 $CE(4^*\sim6)$ 的动量守恒条件,可有

$$\begin{cases}\sigma_6-\sigma_{4^*}=\rho_0C_p(v_6-v_{4^*})\\ \sigma_6-\sigma_{5^*}=-\rho_0C_p(v_6-v_{5^*})\end{cases} \tag{1.10.7}$$

由此联立方程组可解得点 $6(v_6,\sigma_6)$,如图 1.42(b)中的点 6 所示.以上的解适用的条件是式

(1.10.4-c),此式可视为"强"弹性卸载波的数学表达式.

以上我们是对线性随动硬化的材料给出了一个具体的解例,其中两个弹性卸载波的前方材料处于上屈服面上的某个状态 3.读者可以在其他条件不变的情况下尝试求解各向同性硬化材料中两个弹性卸载波相互作用的问题;也可以求解当两个弹性卸载波前方的状态 3 为某个弹性状态时的相应问题(分别讨论线性随动硬化和各向同性硬化材料);对涉及弹塑性卸载波相互作用的问题我们则建议读者尝试求解如下 1.10.4 小节中的问题.

1.10.4　卸载波的相互作用解例 2

作为第二个例子,我们求解一个右行弹塑性卸载波和左行弹性卸载波相互作用的问题.设在初始屈服应力为 Y 的线性随动硬化材料中有一个强度为 $3Y$ 的右行弹塑性卸载波 3～4 和左行弹性卸载波 3～5 迎面相遇,如图 1.43(a)所示,其中 $\sigma_3=3Y$,$\sigma_4=0$,$\sigma_5=2Y$.试求解该卸载波相互作用的问题,并画出 X-t 图、v-σ 图、ε-σ 图.

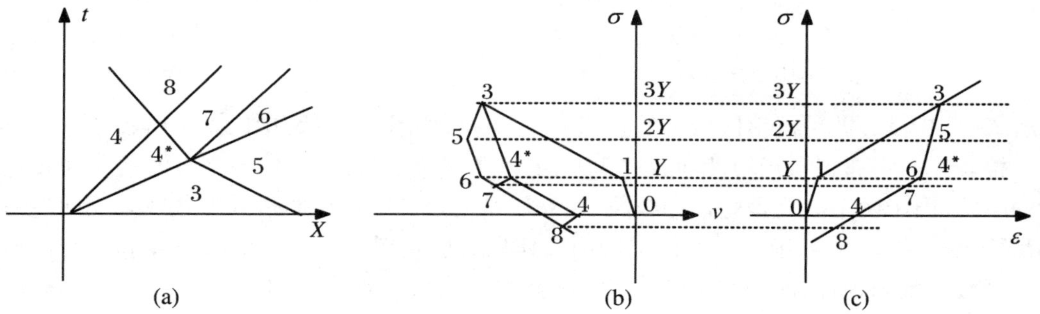

图 1.43　弹塑性卸载波和弹性卸载波的相互作用

不妨设其中的 3 区状态是由自然静止状态经由某个右行弹塑性加载波 0～1～3 所造成的,则 0,1,3 的状态(v,σ)分别为

$$0(0,0),\quad 1\left(-\frac{Y}{\rho_0 C_e},Y\right),\quad 3\left(-\frac{Y}{\rho_0 C_e}-\frac{2Y}{\rho_0 C_p},3Y\right)$$

如图 1.43(b)所示,这里我们利用了右行弹加波 0～1 和右行塑加波 1～3 的动量守恒条件.由于材料是线性随动硬化材料,其弹性卸载波的强度不能超过 $2Y$,所以强度为 $3Y$ 的右行卸载波就自然地分裂成了强度为 $2Y$ 的右行弹性卸载波 3～4* 和强度为 Y 的右行塑性卸载波 4*～4,如图 1.43(a)所示.区域 4* 的状态刚好处于材料的下屈服面上,其状态可由下屈服面条件和右行弹性卸载波 3～4* 的动量守恒条件决定:

$$\sigma_{4^*}=3Y-2Y=Y,\quad v_{4^*}=v_3-\frac{\sigma_{4^*}-\sigma_3}{\rho_0 C_e}=v_3+\frac{2Y}{\rho_0 C_e}\tag{1.10.8}$$

区域 4 的状态可由其给定的应力 σ_4 和右行塑性卸载波 4*～4 的动量守恒条件决定:

$$\sigma_4=0,\quad v_4=v_{4^*}-\frac{\sigma_4-\sigma_{4^*}}{\rho_0 C_p}\tag{1.10.9}$$

区域 5 的状态可由其给定的应力 σ_5 和左行弹卸波 3～5 的动量守恒条件决定:

$$\sigma_5=2Y,\quad v_5=v_3+\frac{\sigma_5-\sigma_3}{\rho_0 C_e}=v_3-\frac{Y}{\rho_0 C_e}\tag{1.10.10}$$

以上这些区域的状态点 4^*,4,5 如图 1.43(b)和图 1.43(c)所示.下面我们来求解卸载波的相互作用问题.

我们首先遇到的是强度为 $2Y$ 的右行弹性卸载前驱波 $3\sim4^*$ 和强度为 Y 的左行弹性卸载波 3~5 迎面相遇并相互作用的问题.由于两个波都是卸载波,所以相互作用之后必然相互加强其卸载效果而向左右两侧都传播卸载波:由于区域 4^* 的状态已经处于下屈服面上,所以向左传播的必然是塑性卸载波,设之为 $4^*\sim7$;而区域 5 的状态仍为上下屈服面之间的弹性状态,所以向右传播的必然是弹塑性卸载波,设之为 5~6~7,其中区域 6 为右行弹性卸载前驱波 5~6 所造成的刚刚转入下屈服面上的状态.此一波动图案如图 1.43(a)所示.区域 6 的状态可由其下屈服面状态和右行弹性卸载前驱波 5~6 的动量守恒条件决定:

$$\sigma_6 = \sigma_3 - 2Y = Y, \quad v_6 = v_5 - \frac{\sigma_6 - \sigma_5}{\rho_0 C_e} \tag{1.10.11}$$

求解式(1.10.11)即可得出区域 6 的状态 $6(v_6, \sigma_6)$,如图 1.43(b)中的点 6 所示.

区域 7 的状态可由左行塑性卸载波 $4^*\sim7$ 和右行塑性卸载波 6~7 的动量守恒条件决定:

$$v_7 = v_{4^*} + \frac{\sigma_7 - \sigma_{4^*}}{\rho_0 C_p}, \quad v_7 = v_6 - \frac{\sigma_7 - \sigma_6}{\rho_0 C_p} \tag{1.10.12}$$

求解式(1.10.12)即可得出区域 7 的状态 $7(v_7, \sigma_7)$,如图 1.43(b)中的点 7 所示.

接着我们将遇到右行塑性卸载波 $4^*\sim4$ 和左行塑性卸载波 $4^*\sim7$ 迎面相遇并相互作用的问题.由于两个波都是塑性卸载波,相互作用之后必然相互加强其卸载效果而向左右两侧都传播卸载波,但由于现在的情况是两波作用之前材料的左右两侧状态 4 和 7 都已经处于下屈服面状态,所以向左右两侧传播的必然都是塑性卸载波,分别设之为 4~8 和 7~8,此一波动图案如图 1.43(a)所示.区域 8 的状态可由左行塑性卸载波 4~8 和右行塑性卸载波 7~8 的动量守恒条件决定:

$$v_8 = v_4 + \frac{\sigma_8 - \sigma_4}{\rho_0 C_p}, \quad v_8 = v_7 - \frac{\sigma_8 - \sigma_7}{\rho_0 C_p} \tag{1.10.13}$$

求解式(1.10.13)即可得出区域 8 的状态 $8(v_8, \sigma_8)$,如图 1.43(b)中的点 8 所示.值得注意的是,两个卸载波相互作用的结果使得 8 区的状态达到了反向屈服状态.

至此,我们已经完成了该问题的求解.读者可以尝试求解当材料为各向同性硬化材料而其他条件不变时该问题的解答;也可以对各向同性硬化材料尝试求解其他不同强度卸载波相互作用的问题.

1.11 弹塑性波在两种介质交界面上的透反射

在只涉及弹性波的问题中,波在两种介质交界面上的透反射规律是(见 1.3 节):当第二介质较第一介质“硬”时,反射波和入射波同号,当第二介质较第一介质“软”时,反射波和入射波异号,而不管哪种情况,透射波总是和入射波同号的.在这里区分“硬”“软”的标准是两种介质的弹性波阻抗之比$\frac{\rho_2 C_{e2}}{\rho_1 C_{e1}}$大于或者小于1，这可以由图1.44说明，但为了避免交界面上出现拉应力而分离的情况，我们仅讨论压缩入射波，并且把压缩应力增加的扰动视为加载波(对于出现界面拉应力而分离的问题其解题过程一样，只不过需要额外再解一个两种介质分离的问题罢了).在图1.44(a)的情况中，$\frac{\rho_2 C_{e2}}{\rho_1 C_{e1}}\geqslant 1$，我们有$(\sigma_2-\sigma_1)(\sigma_1-\sigma_0)\geqslant 0$，即反射波和入射波同号；在图1.44(b)的情况中，$\frac{\rho_2 C_{e2}}{\rho_1 C_{e1}}\leqslant 1$，我们有$(\sigma_2-\sigma_1)(\sigma_1-\sigma_0)\leqslant 0$，即反射波和入射波异号；但在两种情况中都有$(\sigma_2-\sigma_0)(\sigma_1-\sigma_0)\geqslant 0$，即透射波总是和入射波同号的.

在弹塑性波透反射的问题中，我们将会说明上述结论仍然是成立的，但是对于两种介质而言什么叫"硬"，什么叫"软"，其确切的含义则要复杂得多.这是因为：第一，对于线性硬化材料而言，每种介质都有两个波阻抗，某一介质的弹性波阻抗大于另一介质的塑性波阻抗，而其塑性波阻抗却可能小于另一介质的塑性波阻抗；对于非线性硬化材料而言，其波阻抗并非是常数，而是与应力水平有关的.第二，屈服极限对介质的动态响应也有着重要影响，从而也将影响波透反射的结果.第三，入射波的强度也占有重要地位，强度不同，可导致不同的透反射结果.总之说到"软""硬"时，必须全面地考虑到两种材料的内在性质——动态响应曲线，同时还要联系其外界条件——入射波的强度，这样才能讲清"硬""软"的概念，并得出正确的透反射结果.下面我们仍将以两种材料都是线性随动硬化弹塑性材料的情况为例来说明波在两种介质交界面上透反射问题的解法.

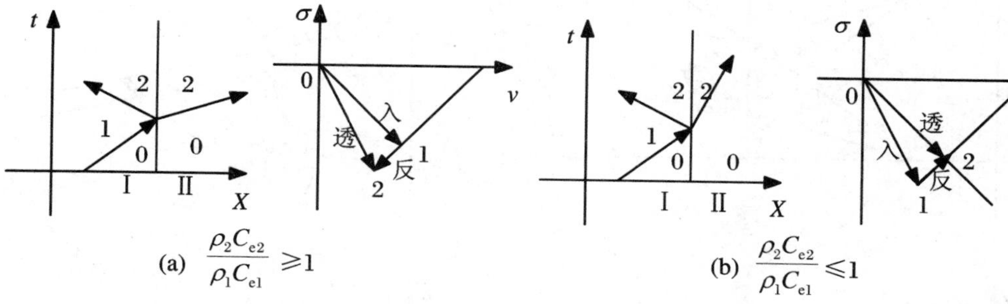

图1.44 弹性波在两种介质交界面上的透反射

设想有一弹塑性加载波0～1～2入射到介质Ⅰ和介质Ⅱ的交界面上.设介质Ⅰ和介质Ⅱ的弹塑性动态曲线如图1.45(b)中的曲线0-1-2和a-c-d所示，其中点1和点c分别作为介质Ⅰ和介质Ⅱ的屈服状态.作为例子，图中假设介质Ⅱ的弹性波阻抗和屈服极限都比介质Ⅰ的高，但其塑性波阻抗却比介质Ⅰ的低(如图1.45(b)所示)，其他情况同学们可作为练习尝试之.

(1) 首先是弹性加载前驱波0～1入射至交界面上.在一般情况下此弹性加载前驱波透反射的结果并不能事先知道：透射波可能是弹加波(比如当介质Ⅱ的屈服应力Y_{II}较高时)，也可能是弹塑性加载波(比如当介质Ⅱ的屈服应力Y_{II}较低时)；反射波可能是弹卸波(比如当介质Ⅰ的屈服应力Y_{I}或弹性波阻抗较高时)，也可能是塑加波(比如当介质Ⅰ的屈服应

力 Y_{I} 较低或弹性波阻抗较低时).我们解题的方法仍然是进行假设和尝试,然后对所得的结果进行检验和调整,直至得到正确合理的结果.根据现在的情况,介质Ⅱ的弹性波阻抗大于介质Ⅰ的弹性波阻抗,且介质Ⅰ的屈服应力较低、介质Ⅱ的屈服应力较高,可先假设弹性加载前驱波 0~1 入射至交界面时反射加载波(但只能是塑加波 1~3,因为 1 区已经屈服),并设透射波为弹性加载波 $a\sim b$,以此为透反射图案(如图 1.45(a)所示)进行尝试性求解.在入射波到达交界面尚未透反射之前,介质Ⅰ、Ⅱ的状态各为 1 和 a,于是利用交界面两侧应力和质速连续的条件,即透反射后交界面两侧状态 3,b 应为同样状态的条件之后,则这一透反射图案所决定的交界面状态 3,b 应由介质Ⅰ的以 1 为基点的左行加载波的(塑性)动态响应曲线和介质Ⅱ的以 a 为基点的右行加载波的(弹性)动态响应曲线的交点来确定,从而可求出图 1.45(b)中的状态点 3,b.求出 3,b 之后,进行校核,如果其解和所做假设的波动图案相一致,即 3 为介质Ⅰ的塑性状态,b 为介质Ⅱ的弹性状态,则此解 3,b 即为正确解,图 1.45(b)的情况就是如此:$|\sigma_3|\geqslant Y_{\mathrm{I}}$,$|\sigma_b|\leqslant Y_{\mathrm{II}}$;但是,如果介质Ⅱ的屈服应力较低(如图 1.45(d)所示),则按以上波动图案所求出的(3,b)将位于介质Ⅱ的屈服状态点 c 之下方:$|\sigma_b|>Y_{\mathrm{II}}$(如图 1.45(d)所示),这与透射弹加波的假设相矛盾,而这一矛盾说明透射波应为弹塑性加载波(如图 1.45(c)所示),正确的状态 3,b 应由介质Ⅰ的以 1 为基点的左行加载波的(塑性)动态响应曲线 1-3 和介质Ⅱ的以 a 为基点的右行加载波的(弹塑性)动态响应曲线 a-c-b 的交点 3,b 来确定,如图 1.45(d)中的点 3,b 所示.

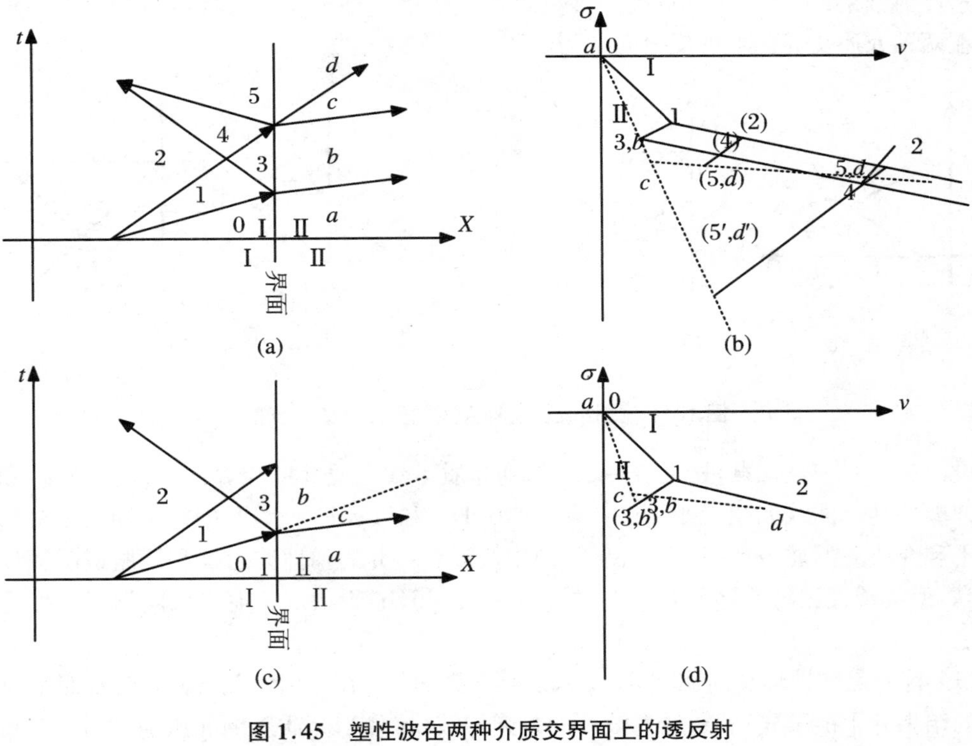

图 1.45 塑性波在两种介质交界面上的透反射

下面我们将以前述的第一种波动图案为正确解的情况(如图 1.45(a)和图 1.45(b)所

示)为例,继续对问题进行求解.

(2) 接着在介质Ⅰ中,塑加波 1～2 和塑加波 1～3 迎面相遇,将介质进一步进行塑性加载至状态 4,4 的状态由波 2～4 和 3～4 的动量守恒条件决定,即由介质Ⅰ的以 2 为基点的左行加载波的(塑性)动态响应曲线和介质Ⅰ的以 3 为基点的右行加载波的(塑性)动态响应曲线的交点决定,如图 1.45(b)中的点 4 所示.

(3) 接着我们遇到了塑加波 3～4 入射到两介质交界面上的透反射问题.当入射塑加波 3～4 到达交界面时,可能向右透射弹性加载波或弹塑性加载波,而可能向左产生塑性加载波或弹性卸载波,这也可由尝试法解之.

① 先设透射弹加波,反射塑加波.由于入射波 3～4 到达交界面尚未产生透反射的瞬间,介质Ⅱ和介质Ⅰ的状态分别为 b 和 4,故按此波动图案,透反射之后交界面上的状态应由介质Ⅱ的以 b 为基点的右行弹加波动态响应曲线和介质Ⅰ的以 4 为基点的左行塑加波动态响应曲线的交点来确定,由此可解得交界面状态 $5'$, d',如图 1.45(b)所示,此时尽管与反射塑加波的假定不矛盾,但是却与透射弹加波的假定相矛盾,因为 $|\sigma_{d'}| > Y_{\mathrm{II}}$.这一矛盾预示透射波应该是弹塑性加载波.

② 再设透射弹塑性加载波,反射塑性波.按此波动图案,透反射之后交界面上的状态应由介质Ⅱ的以 b 为基点的右行弹塑性加载波动态响应曲线和介质Ⅰ的以 4 为基点的左行塑加波动态响应曲线的交点来确定,由此可解得交界面状态 $\bar{5}$, $\bar{d}$,如图 1.45(b)所示,此时尽管与透射弹塑性加载波的假定不矛盾,但是却在介质Ⅰ中出现了压应力的减少,这与反射塑加波的假设相矛盾.这一矛盾预示在介质Ⅰ中应反射弹性卸载波.

③ 再假设透射弹塑性加载波,反射弹卸波.按此波动图案,透反射之后交界面上的状态应由介质Ⅱ的以 b 为基点的右行弹塑性加载波动态响应曲线和介质Ⅰ的以 4 为基点的左行弹卸波动态响应曲线的交点来确定,由此可解得交界面状态 5, d,如图 1.45(b)所示,可见此解与所假设的波系是相一致的,故此解为正确解.

(4) 之后,在介质Ⅰ中弹卸波 4～5 对塑加波 2～4 追赶卸载,将向右传播弹加波,而向左传播弹卸波或塑加波,这与弹卸波 4～5 对塑加波 2～4 的相对强度有关,而这一问题我们已经在讲解弹卸波对塑加波追赶卸载的问题时讲过了(只不过现在我们把压应力的增加和减少分别称为加载和卸载,同时波追赶的方向也由右行改成了左行).此后,弹卸波 4～5 对塑加波 2～4 追赶卸载所产生的右行弹加波又将在交界面上再次产生透反射的问题,这可以参照以上方法类似地进行求解,但这里我们就不再讨论了,读者可思考之.

以上的例子并未对不同材料参数和入射波参数穷尽各种可能,只是结合某些情况对两种介质交界面上应力波透反射问题的解题原则和方法进行了介绍.但是,总结入射波 0～1 和 3～4 在界面上透反射的结果可发现如下的规律和特点:① 透射波总是和入射波同号的.② 入射弹加波 0～1 的波后状态 1 处于介质Ⅱ以自然静止状态 a(入射波前方状态)为基点的右行波动态响应曲线 a-c-d 的右侧(上方),结果反射了加载波 1～3,此时透射波 $a \sim b$ 的波阻抗大于入射波的波阻抗$\left(\left|\dfrac{\sigma_b - \sigma_a}{v_b - v_a}\right| > \left|\dfrac{\sigma_1 - \sigma_0}{v_1 - v_0}\right|\right)$,介质Ⅱ显得比介质Ⅰ“硬”;入射波 3～4 的波后状态 4 处于介质Ⅱ的以状态 b(入射波前方状态)为基点的右行波的动态响应曲线 b-c-d 的左侧(下方),结果反射了卸载波 4～5,此时透射波系 b-c-d 的“总体表观波阻

抗”小于入射波 3～4 的波阻抗$\left(\left|\dfrac{\sigma_d-\sigma_b}{v_d-v_b}\right|<\left|\dfrac{\sigma_4-\sigma_3}{v_4-v_3}\right|\right)$，介质Ⅱ显得比介质Ⅰ“软”. 故可得出如下结论：

一个右行加载波入射到两介质的交界面上时，透射波一定也是加载波；而反射波是加载波抑或是卸载波取决于入射波的后方状态是处于介质Ⅱ以波前状态为基点的右行波动态响应曲线的右侧(上方)还是左侧(下方)：在前一种情况下，我们就说介质Ⅱ显得比介质Ⅰ“硬”(透射波系的“总体表观波阻抗”大于入射波的波阻抗)，在第二种情况下，我们就说介质Ⅱ显得比介质Ⅰ“软”(透射波系的“总体表观波阻抗”小于入射波的波阻抗). 在这里，所谓“硬”和“软”或者“总体表观波阻抗”的“大”或“小”的概念，一方面涉及了两介质的内在性质，即动态响应曲线，另一方面还涉及了入射波的强度(与入射波后状态点位置有关). 比如，当给定的入射波 0～1～2 的状态(2)是由图 1.45(b)中的点(2)表示时，可首先解得入射波 0～1 透反射之后在交界面上所造成的状态 3，b(与前面一样)，并接着求解出塑加波 1～2 和 1～3 相互作用所造成的状态(4)，而此时作为入射波 3～4 后方的状态点(4)将位于介质Ⅱ的以 b 为基点的右行波动态响应曲线 b-c-d 的右侧(上方)，故虽然和前面的情况一样仍将透射弹塑性加载波 b～c～(d)，但是反射波却是塑加波(4)～(5)，透反射结果所造成的交界面状态如图 1.45(b)中的状态点(5，d)所示. 这说明，在波 3～4 入射的情况下，介质Ⅱ显得比介质Ⅰ“软”，而在波 3～(4)入射的情况下，介质Ⅱ却显得比介质Ⅰ“硬”. 总之，在任何情况下，反射波的产生都是补偿了入射波和透射波波阻抗的不匹配，使得既满足了交界面两侧质点速度连续和应力连续的条件，同时也满足了透射波系的“总体表观波阻抗”和入、反射波系“总体表观波阻抗”相等的条件.

需要说明的是，我们以上所总结的波在两种介质交界面上的透反射规律从定性的角度讲对任何类型的波(如流体中的波、爆轰波等等，包括连续波和冲击波)都是成立的.

两个特例：

(1) 如果介质Ⅱ相对介质Ⅰ非常刚硬，则可以将之视为刚壁，其动态响应曲线是 σ 轴 $v=0$，其波阻抗为 ∞. 此时，不管入射波强度如何，反射波总是与入射波同号的，因为入射波后方状态总是位于介质Ⅱ(刚壁)的右行波动态响应曲线的右侧(上方). 图 1.46(a)和图 1.46(b)给出了一个弹塑性(压缩)加载波 0～1～2 在刚壁上反射的解例. 显然，对同时出现弹性波和塑性波的问题，反射的结果都偏离了刚壁上反射时的线弹性应力加倍的定律：

$$\sigma_3-\sigma_0\neq 2(\sigma_1-\sigma_0),\quad \sigma_5-\sigma_0\neq 2(\sigma_2-\sigma_0)$$

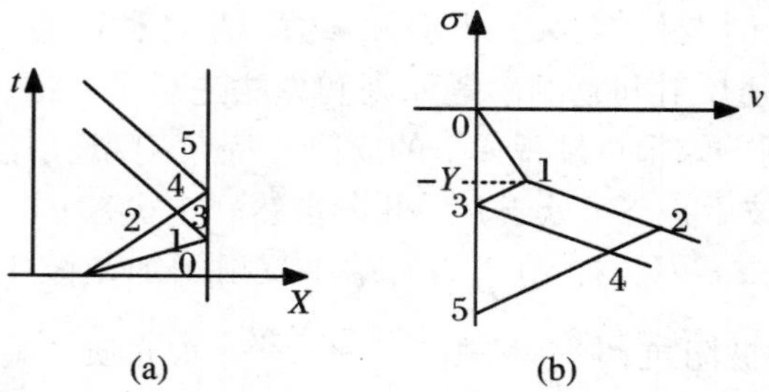

图 1.46　弹塑性加载波在刚壁上的反射

(2) 如果介质Ⅱ非常软，则可视为自由面，其动态响应曲线为 v 轴 $\sigma=0$，其波阻抗为0. 此时，不管入射波强度如何，反射波总和入射波异号，因为入射波后方状态总是位于介质Ⅱ的动态响应曲线的左侧(下方). 作为例子，读者可对图1.47中问题的求解结果进行验证和分析，图中 $\sigma_1=-Y$，$\sigma_2=-1.8Y$，$\rho_1 C_e$，$\rho_1 C_p$ 的值是这样取的，使得第二个右行弹性前驱波在自由面上反射时所产生的弹性卸载波即可将后继的塑性加载波迎面卸载而削弱为弹加波.

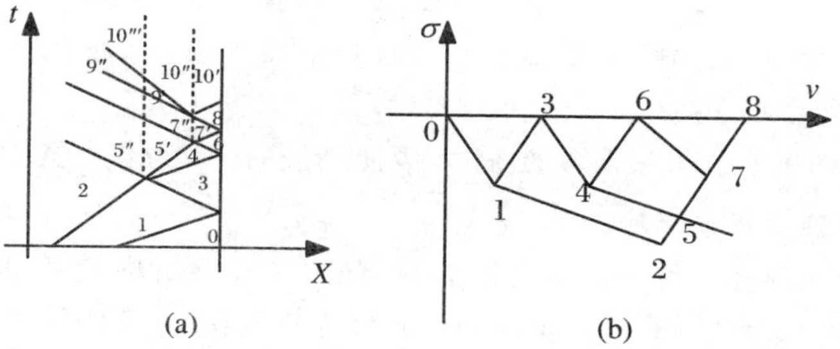

图1.47　弹塑性加载波在自由面上的反射

习　题　1

1.1　设在半无限介质中向右传播平面一维纯剪切冲击波，试导出平面一维纯剪切冲击波阵面的位移连续条件和动量守恒条件；并由此导出线弹性纯剪切冲击波的波速公式.

1.2　试对线弹性材料，导出侧向无限的薄板中的面内弹性纵波公式.

1.3　试在式(1.1.17)中令量 f 为粒子的L氏坐标 X，并利用式(1.1.14)，导出式(1.1.19-a).

1.4　将 $\mathrm{d}t$ 时间内单位面积波阵面所扫过的一段杆作为一个闭口体系，试由该闭口体系的动量守恒导出波阵面上的动量守恒条件(式(1.1.27)).

1.5　对于处于一维应变状态的平面波问题，试在E氏坐标中写出运动网 $x=x_1(t)$ 和 $x_2(t)$ 间开口体系的质量守恒、动量守恒和能量守恒方程. 以此为基础导出冲击波阵面上的质量守恒、动量守恒和能量守恒方程.

1.6　设有一质量为 M 的刚性质量块，以速度 v_0 撞击一个杨氏模量为 E、质量密度为 ρ_0 的弹性杆，试求解撞击端应力和刚块速度的衰减规律.

1.7　试求解同材料弹性杆的对撞问题，图中长为 l 的左杆以速度 v^* 撞击另一长为 $2l$ 的右端刚性固定杆. 试在 x-t 平面和 v-σ 平面上画出两杆弹性对撞过程，求出两杆分离时刻 T、保持弹性撞击的最大速度 v^*. 设材料密度为 ρ_0，杨氏模量为 E，屈服应力为 Y. 改变两杆的长度，或者改变刚性固定位置及撞击的方向，试对相应的问题求解之.

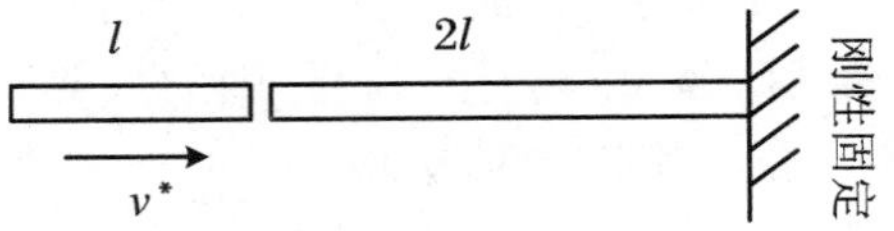

题 1.7 图

1.8　长杆弹以高速 V 撞击靶板，使弹靶出现塑性变形，试求初始撞击的接触应力．设杆为线性硬化弹塑性材料，密度为 ρ_1，杨氏模量为 E_1，弹塑性硬化模量为 E'，简压初始屈服应力为 Y_1；靶为理想塑性材料，满足 Mises 屈服准则，密度为 ρ_2，杨氏模量为 E_2，泊松比为 ν_2，简压初始屈服应力为 Y_2．

1.9　A，B 两杆压缩本构关系各为 $\sigma^3 = 3\rho_A c_A^2 \sigma_A^2 \varepsilon$，$\sigma = \rho_B c_B^2 \varepsilon^3$，A 杆以速度 v^* 撞击 B 杆，试求撞击应力（注意压缩时 $\sqrt{\varepsilon^2} = -\varepsilon$，$\sqrt{\sigma^2} = -\sigma$）．

1.10　线性硬化弹塑性材料的半无限长杆，杆端受极重刚块撞击，持续时间 T 后突然卸去，从而在杆中产生弹性卸载波对塑性加载波的追赶卸载．为了使得杆端弹性卸载波与前方塑性加载波相互作用后塑性波消失，求所不能超过的刚块最大撞击速度 v_*，并求这时杆中塑性变形区的长度．

1.11　参见图 1.28(b)，在追赶卸载问题中，对区分"强"弹卸波追赶"弱"塑加波和"弱"弹卸波追赶"强"塑加波的临界情况，若将弹卸波后方的应力记为 σ_{3^*}，见式(1.7.12-a)：

$$\sigma_2 - \sigma_{3^*} = (\sigma_2 - \sigma_1)\frac{1}{2}\left(1 + \frac{\rho_0 C_e}{\rho_0 C_p}\right)$$

试证明必有：$\sigma_{3^*} \leqslant \sigma_1$．

1.12　有一线性硬化弹塑性杆以向左的速度 $v > \dfrac{Y}{\rho_0 C_e}$ 撞击刚壁，如图所示．求：

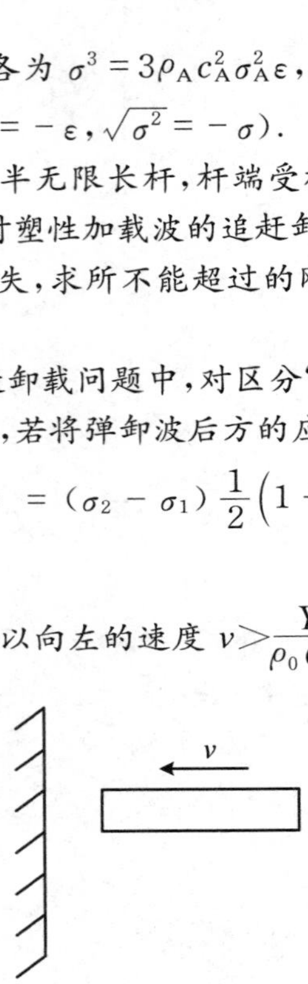

题 1.12 图

(1) 为使从杆右端自由面反射的弹性卸载波和撞击端塑性加载波相遇后塑性波消失，求所不能超过的最大撞击速度 v_*．

(2) 以 v_* 撞击时，卸载波达到刚壁后能否使杆与刚壁分离？若 $\dfrac{Y}{\rho_0 C_e} < v < v_*$，求卸载波到达刚壁后即行分离所不能超过的最大撞击速度 v_{**}．

1.13　设材料的应力偏量和应变偏量之间、静水压力和体积应变之间都满足 Maxwell 关系，其弹性畸变模量和体积模量分别为 $2G$ 和 K，畸变黏性系数和体积黏性系数分别为 η_1 和 η_2．试对轴向撞击的一维应变问题求出其轴向应力和轴向应变之间的本构关系．

第2章 一维单纯应力波的特征线方法

2.0 引 言

在第1章中我们以波阵面上的守恒条件为基础，讨论了线性硬化材料波传播的一些单元过程，并分析总结了有关的规律和结论．如果回顾一下解题的基本方法和特点，可以发现，在解每一个问题时，我们都是把物理平面 X-t 上的每一个区域（即网孔）作为研究对象，这样的每一个区域具有一个确定的状态并且对应状态平面 v-σ 上的一个点，因此这种解题方法在数值方法上可称为“网孔法”．网孔法对于解决线性硬化材料中强间断台阶波的问题是很方便的，物理图像也是很清晰的．而对于线性硬化材料中有连续波传播的问题则需将连续波近似为若干台阶波累积的形式才可以利用第1章的网孔法进行近似计算；如果材料是非线性硬化的，则需将之化为分段硬化的，然后才便于用经过适当修正的网孔法进行近似计算，而这显然是不太方便的．此时我们可以采用本章所讲的解决波传播的规范数学方法即特征线法来求解，基本思想将是把物理平面 v-t 上的每一个点作为一个基本的研究对象，它的状态对应状态平面 v-σ 上的一个点，此种方法可称为“节点法”，节点法在解决连续波的问题以及连续波和强间断波共存的问题时是更为方便的．在介绍以节点法为基础的数值方法之前，我们将首先以细长杆中一维纵波的问题为例来讲解特征线法的基本思想，即特征线和特征关系的概念．

2.1 一维杆中纵波的基本方程组和特征关系

2.1.1 基本假定和基本方程组

我们仍然以细长杆中纵波的传播为例来讨论问题，以 X 表示杆中介质粒子沿杆轴的 L

氏坐标，t 表示时间，ρ_0，A_0 分别表示介质的初始质量密度和杆的初始横截面积，以 u，v，σ，ε 分别表示粒子沿杆轴的轴向位移、轴向质点速度、轴向工程应力、轴向工程应变. 为了简化问题，我们将在两个基本假定下建立杆中纵波的基本方程组. 这两个基本假定是：

（1）平截面假定：假定变形之前垂直于杆轴的平截面变形后仍然为垂直于杆轴的平截面. 由此假定出发，杆中的一切物理量都只是 L 氏坐标 X 和时间 t 的函数，特别地，u，v，σ，ε 也都只是 X 和 t 的函数，即

$$u = u(X,t),\quad v = v(X,t),\quad \sigma = \sigma(X,t),\quad \varepsilon = \varepsilon(X,t)$$

于是问题便简化成了几何上纯一维的问题，而且是一维的平面波问题.

（2）忽略横向惯性效应的假定：认为虽然杆在受轴向打击时既存在轴向运动和相伴的轴向应变，也存在横向运动和相伴的横向应变，但是将认为杆中的横向加速度比轴向加速度小很多因而可以忽略，于是就可以认为杆中的横向正应力可以忽略，即 $\sigma_{YY} = \sigma_{ZZ} = 0$. 于是问题便简化成了纯一维应力的问题，即杆中只有轴向正应力 $\sigma_{XX} \equiv \sigma \neq 0$，这样我们只需用一维应力状态的本构关系即可.

根据前面两个基本假定，参照图 2.1，由长为 $\mathrm{d}X$ 的一段杆的动量守恒条件容易得到

$$A_0\rho_0\mathrm{d}X\,\frac{\partial v}{\partial t} = A_0\sigma(X+\mathrm{d}X) - A_0\sigma(X) = A_0\,\frac{\partial \sigma}{\partial X}\mathrm{d}X$$

即

$$\frac{\partial v}{\partial t} - \frac{1}{\rho_0}\frac{\partial \sigma}{\partial X} = 0 \tag{2.1.1}$$

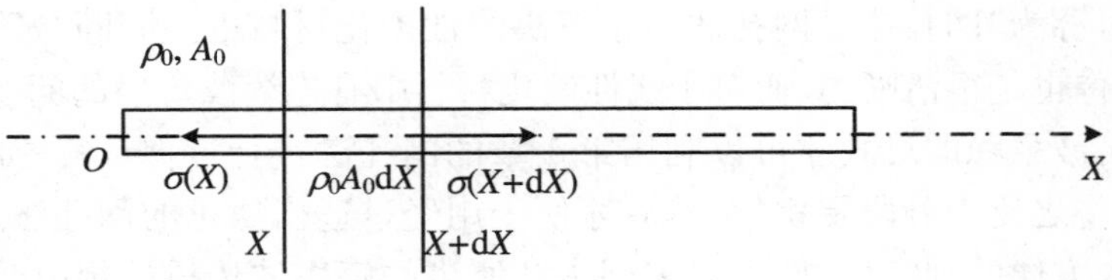

图 2.1　细长杆微体动量守恒

式(2.1.1)即是轴向运动的运动方程. 根据工程应变 ε 和介质质点速度 v 的定义，我们有

$$\varepsilon = \frac{\partial u}{\partial X},\quad v = \frac{\partial u}{\partial t}$$

如果假设介质有单值连续且二阶连续可微的轴向位移 u，则由 u 的二阶混合导数可交换次序的定理，即

$$\frac{\partial^2 u}{\partial t\partial X} = \frac{\partial^2 u}{\partial X\partial t}$$

可得

$$\frac{\partial \varepsilon}{\partial t} - \frac{\partial v}{\partial X} = 0 \tag{2.1.2}$$

式(2.1.2)即是轴向运动的连续方程. 根据前面的基本假定，我们只需考虑一维应力条件下杆的本构方程，即

$$\sigma = \sigma(\varepsilon) \quad 或 \quad \sigma = \sigma\left(\varepsilon,\frac{\partial \varepsilon}{\partial t}\right) \tag{2.1.3}$$

其中前者为不考虑应变率效应的一维应力材料本构关系，即非线性弹性材料（加卸载有同样形式）或弹塑性材料（加卸载有不同形式）的本构关系，后者为考虑应变率效应的一维应力材料本构关系，即黏弹性或黏塑性材料的本构关系．方程(2.1.1)～方程(2.1.3)即构成杆中一维纵波的基本方程组．由于特征线方法对它们都是适用的，所以我们下面将先以与应变率无关的本构关系为例来加以说明，此时方程(2.1.1)～方程(2.1.3)的第一式即构成三个未知量 v,σ,ε 的微分和代数方程组．通过引入一个如下的量 C 可以将之化为其中两个量的偏微分方程组．

引入由下式所定义的量 C：

$$C \equiv \sqrt{\frac{1}{\rho_0}\frac{\mathrm{d}\sigma}{\mathrm{d}\varepsilon}} \tag{2.1.4}$$

当材料的本构关系 $\sigma=\sigma(\varepsilon)$ 给定时，式(2.1.4)所定义的量 C 可以写为应力状态 σ 的函数 $C=C(\sigma)$ 或写为应变状态 ε 的函数 $C=C(\varepsilon)$，这两个函数的具体形式完全是由材料本构关系 $\sigma=\sigma(\varepsilon)$ 的形式所决定的，我们将认为它们是已知的函数．利用函数 $C=C(\sigma)$，可有

$$\frac{\partial \varepsilon}{\partial t}=\frac{\mathrm{d}\varepsilon}{\mathrm{d}\sigma}\frac{\partial \sigma}{\partial t}=\frac{1}{\rho_0 C^2(\sigma)}\frac{\partial \sigma}{\partial t}$$

将之代入连续方程(2.1.2)，可得

$$\frac{\partial \sigma}{\partial t}-\rho_0 C^2(\sigma)\frac{\partial v}{\partial X}=0 \tag{2.1.5}$$

式(2.1.1)和式(2.1.5)即构成以 v 和 σ 为基本未知量的一阶偏微分方程组：

$$\begin{cases}\dfrac{\partial v}{\partial t}-\dfrac{1}{\rho_0}\dfrac{\partial \sigma}{\partial X}=0\\[2ex]\dfrac{\partial \sigma}{\partial t}-\rho_0 C^2(\sigma)\dfrac{\partial v}{\partial X}=0\end{cases} \tag{2.1.6}$$

类似地，利用函数 $C=C(\varepsilon)$，有

$$\frac{\partial \sigma}{\partial X}=\frac{\mathrm{d}\sigma}{\mathrm{d}\varepsilon}\frac{\partial \varepsilon}{\partial X}=\rho_0 C^2(\varepsilon)\frac{\partial \varepsilon}{\partial X}$$

将上式代入运动方程(2.1.1)，可得

$$\frac{\partial v}{\partial t}-C^2(\varepsilon)\frac{\partial \varepsilon}{\partial X}=0 \tag{2.1.7}$$

方程(2.1.7)连同连续方程(2.1.2)即构成了以 v 和 ε 为基本未知量的一阶偏微分方程组：

$$\begin{cases}\dfrac{\partial v}{\partial t}-C^2(\varepsilon)\dfrac{\partial \varepsilon}{\partial X}=0\\[2ex]\dfrac{\partial \varepsilon}{\partial t}-\dfrac{\partial v}{\partial X}=0\end{cases} \tag{2.1.8}$$

如果采用应变率相关的本构关系，即方程(2.1.3)的后一式，则方程(2.1.1)～方程(2.1.3)本身即是以 v,σ,ε 为基本未知量的一阶偏微分方程组，一般而言，方程(2.1.3)的后一式只是应变率 $\dfrac{\partial \varepsilon}{\partial t}$ 的线性函数，此时我们所得到的也将是 v,σ,ε 的所谓一阶拟线性偏微分方程组（对未知量的最高阶导数为线性的偏微分方程组）．一切关于波传播的问题都可以化为如下的一阶拟线性偏微分方程组，故我们将把方程(2.1.6)或方程(2.1.8)作为如下的一阶拟线

性偏微分方程组(2.1.9)的特例来求解.所谓一阶拟线性偏微分方程组是指如下形式的方程组:

$$\boldsymbol{W}_t + \boldsymbol{B} \cdot \boldsymbol{W}_X = \boldsymbol{b} \tag{2.1.9}$$

其中

$$\boldsymbol{W} = \begin{bmatrix} W_1 \\ W_2 \\ \vdots \\ W_n \end{bmatrix}, \quad \boldsymbol{B} = \begin{bmatrix} B_{11} & B_{12} & \cdots & B_{1n} \\ B_{21} & B_{22} & \cdots & B_{2n} \\ \vdots & \vdots & & \vdots \\ B_{n1} & B_{n2} & \cdots & B_{nn} \end{bmatrix} = \boldsymbol{B}(X,t;\boldsymbol{W}), \quad \boldsymbol{b} = \begin{bmatrix} b_1 \\ b_2 \\ \vdots \\ b_n \end{bmatrix} = \boldsymbol{b}(X,t;\boldsymbol{W}) \tag{2.1.10}$$

作为自变量 X 和 t 的未知函数 $\boldsymbol{W} = \boldsymbol{W}(X, t)$,$\boldsymbol{W}$ 具有 n 个分量,所以矢量微分方程组(2.1.9)包含有 n 个方程,其中每一个方程中的最高阶偏导数都是一阶偏导数,所以方程组(2.1.9)称为一阶偏微分方程组;而由于矩阵 $\boldsymbol{B} = \boldsymbol{B}(X, t; \boldsymbol{W})$和矢量 $\boldsymbol{b} = \boldsymbol{b}(X, t; \boldsymbol{W})$不依赖于最高阶偏导数 $\boldsymbol{W}_t$ 和 $\boldsymbol{W}_X$,所以方程组(2.1.9)对最高阶偏导数 $\boldsymbol{W}_t$ 和 $\boldsymbol{W}_X$ 是线性的,我们称这样的对最高阶偏导数是线性的方程为拟线性偏微分方程,于是方程组(2.1.9)就是一个所谓的一阶拟线性偏微分方程组(quasi-linear partial differential equations of first order).特别地,当方程组(2.1.9)中的矩阵 $\boldsymbol{B} = \boldsymbol{B}(X, t)$不依赖于未知函数 $\boldsymbol{W}$ 时,我们称方程组(2.1.9)为一阶半线性(semi-linear)偏微分方程组;而当矩阵 $\boldsymbol{B} = \boldsymbol{B}(X, t)$不依赖于未知函数 $\boldsymbol{W}$ 时,而且右端矢量 $\boldsymbol{b} = \boldsymbol{b}(X, t; \boldsymbol{W})$为 $\boldsymbol{W}$ 的线性函数时,我们称方程组(2.1.9)为一阶的线性(linear)偏微分方程组,显然这只是半线性偏微分方程组的特例而已.通过下面的讨论我们会知道,对于一般的一阶拟线性偏微分方程组,其特征线是不能在求得解之前就预先知道的,特征线是与问题的解(取决于初始条件和边界条件)有关的,特征线的求解需要与未知函数的求解一起随时间的推进而逐步进行;而对于一阶半线性的偏微分方程组,其特征线则是与问题的解无关(因之与初始条件和边界条件也无关)而可以事先知道的;而对于一阶半线性的偏微分方程组,当 $\boldsymbol{b}(X, t; \boldsymbol{W})$为 $\boldsymbol{W}$ 的线性齐次函数时,不但特征线是与问题的解无关而可以事先知道的,而且线性叠加原理也将是成立的.

2.1.2 求解一阶拟线性偏微分方程组的特征线法

一阶拟线性偏微分方程组(2.1.9)的每一个方程都包含未知量 $\boldsymbol{W}$ 在物理平面 X-t 上两个方向的导数,即沿 t 轴方向的偏导数 $\boldsymbol{W}_t$ 和沿 X 轴方向的偏导数 $\boldsymbol{W}_X$,故它是不易按照常微分方程的方法进行数值积分的.我们的想法是:可否在 X-t 平面上的各点处找到一些特殊的方向,其斜率设为

$$\lambda = \frac{\mathrm{d}X}{\mathrm{d}t} \tag{2.1.11}$$

使得方程组(2.1.9)各方程的某种线性组合方程只包含未知量 $\boldsymbol{W}$ 各分量沿此一个方向的方向导数,于是我们便可以对此线性组合方程像常微分方程一样沿此方向进行数值积分了.如果我们可以找到这样的方向和这样的线性组合方程,则该方向就称为该点处的一个特征方向(characteristic directions),而沿该方向的线性组合方程称为沿此特征方向的特征关系(characteristic relations).在物理平面 X-t 上处处与相应点的特征方向相切的曲线称为方

程组(2.1.9)的一条特征线(characteristic curve). 由于 $\boldsymbol{W}$ 沿方向(2.1.11)的方向导数 $\frac{\mathrm{d}\boldsymbol{W}}{\mathrm{d}s}$ 与它沿此方向对 t 的全导数 $\frac{\mathrm{d}\boldsymbol{W}}{\mathrm{d}t}$ 成比例：

$$\frac{\mathrm{d}\boldsymbol{W}}{\mathrm{d}t} = \frac{\mathrm{d}\boldsymbol{W}}{\mathrm{d}s}\frac{\mathrm{d}s}{\mathrm{d}t}$$

其中 s 为沿方向(2.1.11)的弧长，故下面我们将以沿方向(2.1.11) $\boldsymbol{W}$ 对 t 的全导数 $\frac{\mathrm{d}\boldsymbol{W}}{\mathrm{d}t}$ 作为讨论的出发点.

为了实现我们的目的，我们以待定系数 $l_1,\cdots,l_n$ 分别乘方程组(2.1.9)的各个方程并相加，即以分量为 $l_1,\cdots,l_n$ 的矢量 $\boldsymbol{l}$ 与矢量方程组(2.1.9)进行点积，有

$$\boldsymbol{l}\cdot\boldsymbol{W}_t + \boldsymbol{l}\cdot\boldsymbol{B}\cdot\boldsymbol{W}_X = \boldsymbol{l}\cdot\boldsymbol{b} \tag{2.1.9$'$}$$

为了使得方程组(2.1.9)′只含有未知量 $\boldsymbol{W}$ 沿某一方向 $\frac{\mathrm{d}X}{\mathrm{d}t}=\lambda$ 对 t 的全导数

$$\frac{\mathrm{d}\boldsymbol{W}}{\mathrm{d}t} = \boldsymbol{W}_t + \boldsymbol{W}_X\frac{\mathrm{d}X}{\mathrm{d}t}$$

显然只需

$$\boldsymbol{l}\cdot\boldsymbol{B} = \frac{\mathrm{d}X}{\mathrm{d}t}\boldsymbol{l} = \lambda\boldsymbol{l} \tag{2.1.12-a}$$

即

$$\boldsymbol{l}\cdot(\boldsymbol{B}-\lambda\boldsymbol{I}) = (\boldsymbol{B}^{\mathrm{T}}-\lambda\boldsymbol{I})\cdot\boldsymbol{l} = \boldsymbol{O} \tag{2.1.12-b}$$

这是因为此时方程组(2.1.9)′将成为

$$\boldsymbol{l}\cdot\boldsymbol{W}_t + \boldsymbol{l}\cdot\boldsymbol{B}\cdot\boldsymbol{W}_X = \boldsymbol{l}\cdot(\boldsymbol{W}_t+\lambda\boldsymbol{W}_X) = \boldsymbol{l}\cdot\frac{\mathrm{d}\boldsymbol{W}}{\mathrm{d}t} = \boldsymbol{l}\cdot\boldsymbol{b} \tag{2.1.13-a}$$

这样方程组(2.1.13-a)只含有沿方向 λ 的全导数 $\frac{\mathrm{d}\boldsymbol{W}}{\mathrm{d}t}$，我们的目的便达到了. 方程组(2.1.12)说明：能够满足要求的方向 λ 恰恰是二阶张量 $\boldsymbol{B}$ 的特征值(eigenvalues or characteristic values)，而矢量 $\boldsymbol{l}$ 则是与特征值 λ 相对应的 $\boldsymbol{B}$ 的左特征矢量(left eigenvectors). 零矢量 $\boldsymbol{l}$ 对我们显然是没有意义的，而方程组(2.1.12)对矢量 $\boldsymbol{l}$ 有非零解的充要条件是

$$\|\boldsymbol{B}^{\mathrm{T}}-\lambda\boldsymbol{I}\| = \|\boldsymbol{B}-\lambda\boldsymbol{I}\| = 0 \tag{2.1.14}$$

式(2.1.14)恰恰是求解二阶张量 $\boldsymbol{B}$ 的特征值 λ 的所谓特征方程；由特征方程求出特征值 λ 之后，将之代入线性齐次代数方程组(2.1.12-b)，即可求出与此特征值相对应的特征矢量 $\boldsymbol{l}$，再代入方程组(2.1.13-a)即可得出只含有沿此特征方向的全导数 $\frac{\mathrm{d}\boldsymbol{W}}{\mathrm{d}t}$ 的常微分方程. 我们把方程组(2.1.13-a)称为沿特征方向 $\frac{\mathrm{d}X}{\mathrm{d}t}=\lambda$ 的特征关系，因为它是一个对 $\boldsymbol{W}$ 各分量沿此方向全导数即 $\frac{\mathrm{d}\boldsymbol{W}}{\mathrm{d}t}$ 的一个限制性条件，所以有时我们也把方程组(2.1.13-a)称为沿特征方向 $\frac{\mathrm{d}X}{\mathrm{d}t}=\lambda$ 的相容关系. 为了突出特征关系和特征方向的对应关系，我们常常将方程组

(2.1.13-a)写为如下的形式：

$$\boldsymbol{l}\cdot\frac{\mathrm{d}\boldsymbol{W}}{\mathrm{d}t}=\boldsymbol{l}\cdot\boldsymbol{b}\quad\left(\text{沿}\frac{\mathrm{d}X}{\mathrm{d}t}=\lambda\right)\tag{2.1.13-b}$$

如果 n 维空间的二阶张量 $\boldsymbol{B}$ 存在 n 个实的特征值，而且存在着 n 个线性无关的左特征矢量 $\boldsymbol{l}$，则我们称一阶拟线性偏微分方程组(2.1.9)为完全双曲型的偏微分方程组，所有有关波传播的问题都可以归结为完全双曲型的方程组问题.下面我们将假设方程组(2.1.9)为完全双曲型的，于是我们便可求得其 n 个实的特征值以及 n 个相应的左特征矢量，从而我们便得到了 n 个特征关系（方程组(2.1.13-b)），这就是我们数值积分原方程组的出发点：如图 2.2所示，设我们已经求出 $t=T$ 时刻杆中各截面的未知量 $\boldsymbol{W}$，则可求出各点(X,T)处的 n 个特征值 $\lambda_1,\lambda_2,\cdots,\lambda_n$ 以及相应的左特征矢量 $\boldsymbol{l}_1,\boldsymbol{l}_2,\cdots,\boldsymbol{l}_n$.取定一个足够小的时间增量 Δt，由物理平面 X-t 上 $t=T+\Delta t$ 的任意点 $A(X,T+\Delta t)$向回作出 n 条特征线（例如可借用点(X,T)处的特征值），分别和水平线 $t=T$ 交于点 $B_1,B_2,\cdots,B_n$，将沿特征线 $B_1A,B_2A,\cdots,B_nA$ 的微分型特征关系(2.1.13-b)分别展开为差分方程，由于 $B_1,B_2,\cdots,B_n$ 各点处的 $\boldsymbol{W}$ 是已知的，这 n 个差分方程便是求解点 A 处 $\boldsymbol{W}$ 的 n 个分量的线性代数方程组，由此即可求出点 A 处的 $\boldsymbol{W}$.

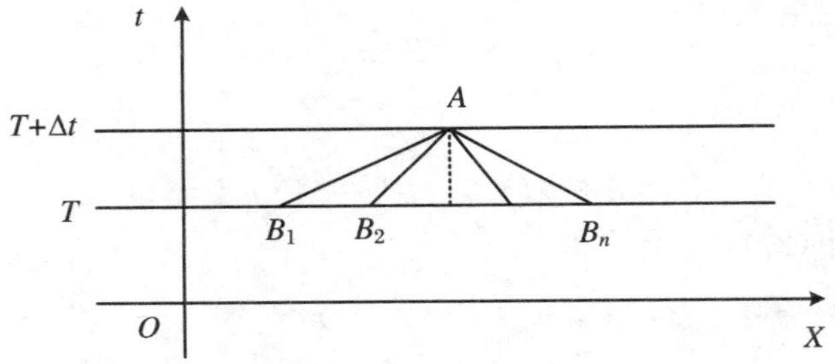

图 2.2　特征线数值求解方法图示

由前面的叙述可以看到，特征线是物理平面上这样的一些特殊曲线，我们可以把原一阶拟线性偏微分方程组(2.1.9)化为沿它们切线方向的常微分方程组$\left(\text{即全导数}\left.\frac{\mathrm{d}\boldsymbol{W}}{\mathrm{d}t}\right|_{\lambda}\text{的方程}\right)$，从而便于进行数值积分.由于沿曲线切线方向的导数是一种沿着曲线本身的所谓内导数，所以我们前面所讲的特征线方法也称为内导数法(approach of interior derivative).特征关系(2.1.13-b)既是我们数值求解问题的依据，同时也是对未知量 $\boldsymbol{W}$ 沿特征线方向内导数的一种限制性条件，又由于 $\boldsymbol{W}$ 沿特征线方向的内导数是完全由 $\boldsymbol{W}$ 沿特征线本身的分布规律即沿特征线的初值所确定的，故特征关系(2.1.13-b)事实上也是一种对未知量 $\boldsymbol{W}$ 沿特征线本身的分布规律即沿特征线初值的一种限制性条件，所以特征关系(2.1.13-b)也常常被称为沿特征线的相容关系(compatibility relations).这种限制性的相容关系意味着，沿着特征线上的 $\boldsymbol{W}$ 初值是不能任意给定的，如果给定的特征线上的 $\boldsymbol{W}$ 初值不满足相容关系，则问题可能无解，这就是特征线的特殊之处.相应地，我们将把非特征线称为自由曲线(free curve)，只从满足特征关系的要求这一点出发，解的存在性一般不会对沿着自由曲线上的初值分布提出什么特殊要求（关于时向曲线和空向曲线的问题可参见 2.2 节).

由前面的讨论还可以看到，特征方向$\dfrac{\mathrm{d}X}{\mathrm{d}t}=\lambda$是由$\boldsymbol{B}$的特征值所决定的，而对一般的一阶拟线性偏微分方程组而言，$\boldsymbol{B}=\boldsymbol{B}(X,t;\boldsymbol{W})$不仅与$X,t$有关，而且还依赖于未知函数$\boldsymbol{W}$，所以对一般的一阶拟线性偏微分方程组，其特征线是不能在求得解之前就预先知道的，特征线是与问题的解$\boldsymbol{W}$(取决于初始条件和边界条件)有关的，特征线的求解需要与未知函数的求解一起随时间的推进而逐步进行；而只有对一阶半线性的偏微分方程组，因为$\boldsymbol{B}=\boldsymbol{B}(X,t)$只依赖于$X$和$t$而与未知函数$\boldsymbol{W}$无关，所以特征线是与问题的解无关(因之与初始条件和边界条件也无关)的，因而是可以事先知道的.

下面我们将前面的理论叙述应用于杆中一维纵波的一阶拟线性偏微分方程组(2.1.6).将方程组(2.1.6)作为方程组(2.1.9)的特例，此时我们有$n=2$，而二维空间中的未知矢量$\boldsymbol{W}$、二阶张量$\boldsymbol{B}$和右端矢量$\boldsymbol{b}$分别为

$$\boldsymbol{W}=\begin{bmatrix}v\\ \sigma\end{bmatrix},\quad \boldsymbol{B}=\begin{bmatrix}0 & -\dfrac{1}{\rho_0}\\ -\rho_0C^2 & 0\end{bmatrix},\quad \boldsymbol{b}=\begin{bmatrix}0\\0\end{bmatrix}$$

于是特征方程(2.1.14)成为

$$\begin{Vmatrix}-\lambda & -\dfrac{1}{\rho_0}\\ -\rho_0C^2 & -\lambda\end{Vmatrix}=\lambda^2-C^2=0$$

所以我们有两个特征值：

$$\lambda_1=C,\quad \lambda_2=-C \tag{2.1.15}$$

确定左特征矢量$\boldsymbol{l}$的线性齐次代数方程组(2.1.13-b)为

$$\begin{bmatrix}-\lambda & -\rho_0C^2\\ -\dfrac{1}{\rho_0} & -\lambda\end{bmatrix}\begin{bmatrix}l_1\\ l_2\end{bmatrix}=\begin{bmatrix}0\\0\end{bmatrix}$$

即

$$\begin{cases}-\lambda l_1-\rho_0C^2l_2=0\\ -\dfrac{l_1}{\rho_0}-\lambda l_2=0\end{cases} \tag{2.1.16-a}$$

由于线性齐次代数方程组(2.1.16)的系数矩阵的行列式为0，所以其中的两个方程只有一个是独立的，我们可以由其中的任何一个来求出特征矢量$\boldsymbol{l}$，比如由第二个方程出发令$l_2=1$可得$l_1=-\rho_0\lambda$，于是与特征值λ相对应的左特征矢量为

$$\boldsymbol{l}=\begin{bmatrix}-\rho_0\lambda\\ 1\end{bmatrix} \tag{2.1.16-b}$$

将两个特征值(式(2.1.15))代入式(2.1.16-b)可分别得出两个左特征矢量如下：

$$\boldsymbol{l}_1=\begin{bmatrix}-\rho_0C\\ 1\end{bmatrix},\quad \boldsymbol{l}_2=\begin{bmatrix}\rho_0C\\ 1\end{bmatrix} \tag{2.1.16-c}$$

将式(2.1.16-c)的两个左特征矢量代入特征关系(2.1.13-b)，分别得出如下的两组特征关系：

$$-\rho_0C\frac{\mathrm{d}v}{\mathrm{d}t}+\frac{\mathrm{d}\sigma}{\mathrm{d}t}=0\quad\left(沿\frac{\mathrm{d}X}{\mathrm{d}t}=C\right)$$

$$\rho_0 C \frac{\mathrm{d}v}{\mathrm{d}t} + \frac{\mathrm{d}\sigma}{\mathrm{d}t} = 0 \quad \left(沿\frac{\mathrm{d}X}{\mathrm{d}t} = -C\right)$$

或

$$-\rho_0 C \mathrm{d}v + \mathrm{d}\sigma = 0 \quad \left(沿\frac{\mathrm{d}X}{\mathrm{d}t} = C\right) \tag{2.1.17-a}$$

$$\rho_0 C \mathrm{d}v + \mathrm{d}\sigma = 0 \quad \left(沿\frac{\mathrm{d}X}{\mathrm{d}t} = -C\right) \tag{2.1.17-b}$$

式(2.1.17)就是当我们以质点速度 v 和轴向应力 σ 为未知量时赖以进行数值积分的出发点，称为在状态平面 v-σ 上的特征关系，将它们展开为差分方程即可进行数值求解，在下节中我们将对此做出进一步的说明.

我们也可以引入如下的状态量而将特征关系(2.1.17)变换为新的形式.定义量 ϕ，R_1，R_2 如下：

$$\phi = \int_0^\sigma \frac{\mathrm{d}\sigma}{\rho_0 C(\sigma)}, \quad \mathrm{d}\phi = \frac{\mathrm{d}\sigma}{\rho_0 C(\sigma)} \tag{2.1.18-a}$$

$$R_1 = v - \phi, \quad \mathrm{d}R_1 = \mathrm{d}v - \mathrm{d}\phi \tag{2.1.18-b}$$

$$R_2 = v + \phi, \quad \mathrm{d}R_2 = \mathrm{d}v + \mathrm{d}\phi \tag{2.1.18-c}$$

则特征关系(2.1.17)可分别化为

$$\mathrm{d}v - \mathrm{d}\phi = 0 \quad \left(沿\frac{\mathrm{d}X}{\mathrm{d}t} = C\right) \tag{2.1.19-a}$$

$$\mathrm{d}v + \mathrm{d}\phi = 0 \quad \left(沿\frac{\mathrm{d}X}{\mathrm{d}t} = -C\right) \tag{2.1.19-b}$$

或

$$\mathrm{d}R_1 = 0 \quad \left(沿\frac{\mathrm{d}X}{\mathrm{d}t} = C\right) \tag{2.1.20-a}$$

$$\mathrm{d}R_2 = 0 \quad \left(沿\frac{\mathrm{d}X}{\mathrm{d}t} = -C\right) \tag{2.1.20-b}$$

式(2.1.19-a)和式(2.1.19-b)是在状态平面 v-ϕ 上的特征关系，而式(2.1.20-a)和式(2.1.20-b)则是在状态平面 R_1-R_2 上的特征关系.它们的定义虽然不如 v 和 σ 一目了然，但是由它们表达的特征关系的形式却更加简单.特征关系(2.1.20)可以表述为：沿着任何一条右行特征线 $\frac{\mathrm{d}X}{\mathrm{d}t} = C$，物理量 R_1 为常数，而沿着任何一条左行特征线 $\frac{\mathrm{d}X}{\mathrm{d}t} = -C$，物理量 R_2 为常数.这就是说，右(左)行特征线可视为传播或携带一个特定物理量 R_1(R_2)的波阵面的迹线，而特征值 $\frac{\mathrm{d}X}{\mathrm{d}t} = \pm C$ 则代表了波速，这就对前面引入的物理量 C 的意义给出了解释.我们通常将物理量 R_1 和 R_2 称为黎曼不变量(Riemann invariants).

需要说明的是，当方程组(2.1.9)中的非齐次项右端矢量 $\boldsymbol{b} \neq \boldsymbol{O}$ 时(如在有几何扩散效应的变截面杆和柱面波及球面波的问题中，以及有应变率效应的黏弹性或黏塑性杆的波传播问题中)，特征关系(2.1.17)中也将有非齐次项出现.此时，沿右行和左行特征线公式(2.1.18)所定义的量 R_1 和 R_2 也将不再是常数，故此时将它们称为黎曼变量更为恰当.不过，一般而言，沿特征线量 R_1 和 R_2 的变化比量 v，σ 等的变化要更为平缓.

2.1.3 简单波解

定义:我们将沿着一个方向朝前方均匀区中传播的波称为简单波(simple waves).

设有一个右行简单波区如图 2.3 所示,以 AB 表示波的前阵面,其前方为均匀区.根据前面介绍的特征线理论,过此右行简单波区中的每一点(X,t)都存在左行和右行的两条特征线,我们暂时不关心它们的具体形状,但是它们的存在性却是可以完全确定的.设 $M(X,t)$为右行简单波区中的任意一点,过此点作一条左行特征线至前方的均匀区,以 N 表示均匀区中此条左行特征线上的某一点,则根据特征关系(2.1.20-b),沿此条左行特征线我们有 $\mathrm{d}R_2=0$,或黎曼不变量 R_2 等于常数 β,即

$$R_2(M)\equiv v(M)+\int_0^{\sigma(M)}\frac{\mathrm{d}\sigma}{\rho_0 C}=v(N)+\int_0^{\sigma(N)}\frac{\mathrm{d}\sigma}{\rho_0 C}\equiv\beta \tag{2.1.21}$$

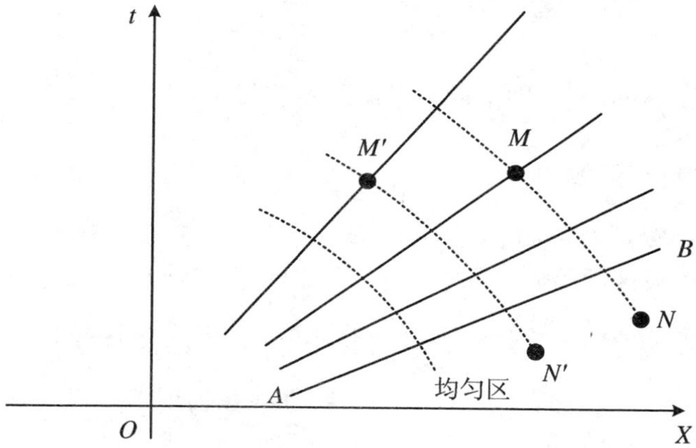

图 2.3 右行简单波

这里我们强调指出:式(2.1.21)中的常数 β 是一个"绝对"常数,即它是完全由右行简单波区前方均匀区的状态所决定而与点 M 在简单波区中的位置无关的,这是因为,即使我们考虑简单波区中的另一点 M',由于考虑的是右行简单波,我们总能由 M'作出延伸至前方均匀区的一条左行特征线 $M'N'$(不管其形状如何),其中 N'为延伸至前方均匀区中的某点,由于与点 N 同处均匀区的点N'具有和点 N 完全相同的状态,所以由它们所决定的常数 β 必然是相同的,即 β 是一个完全由简单波前方均匀区状态所决定的"绝对"常数,这就说明了我们的论断.式(2.1.21)称为右行简单波的表达式(formulation or expression),或参考于初始状态$(v(N),\sigma(N))$的右行波动态响应曲线,它既表明了右行简单波区中黎曼不变量 R_2为"绝对"常数的事实,也是一个联系右行简单波区中质点速度 v 和应力σ 的关系式,在状态平面 v-σ 上,它是一条通过均匀区状态$(v(N),\sigma(N))$的曲线,即参考于状态$(v(N),\sigma(N))$的右行波动态响应曲线.

另外,如果以 r 表示右行简单波区中通过点 M 的右行特征线(暂时不管其形状),则由沿右行特征线的特征关系(2.1.20-a),沿此条右行特征线我们将有 $\mathrm{d}R_1=0$,或沿右行特征线黎曼不变量 R_1为常数,即

$$R_1(M) \equiv v(M) - \int_0^{\sigma(M)} \frac{\mathrm{d}\sigma}{\rho_0 C} = \alpha(r) \tag{2.1.22}$$

需要指出的是，与式(2.1.21)中的常数 β 是一个由右行简单波区前方均匀区状态所决定的“绝对”常数不同，式(2.1.22)中的常数 $\alpha(r)$ 并不是在整个右行简单波区中处处都相同的“绝对”常数，而只有沿着同一条右行特征线才是常数，即 $\alpha(r)$ 是右行特征线 r 的函数，在不同的右行特征线上，常数 $\alpha(r)$ 则可以是不同的，换言之，在右行简单波区中各条不同的右行特征线可以视为传播不同的黎曼不变量 $R_1 = \alpha(r)$ 的波阵面的迹线. 如果把方程(2.1.21)和方程(2.1.22)一起视为求解质点速度 v 和应力 σ 的一个联立方程组并对之求解，则显然我们可以得出结论：

$$v = v(r), \quad \sigma = \sigma(r) \tag{2.1.23-a}$$

也都是右行特征线 r 的函数；由于波速 $C = C(\sigma)$ 是由材料本构关系所决定的应力状态的函数，所以由式(2.1.23-a)又可引出结论：

$$C = C(r) \tag{2.1.23-b}$$

也必然是右行特征线 r 的函数，即沿同一条右行特征线 r 的各点，其斜率 $\frac{\mathrm{d}X}{\mathrm{d}t} = C(r)$ 处处为常数. 于是积分该右行特征线的微分方程 $\frac{\mathrm{d}X}{\mathrm{d}t} = C(r)$，即可得出结论：在右行简单波区中，每一条右行特征线都必然是斜率为 $C(r)$ 的直线，当然不同的右行特征线其斜率可以是不同的. 显然，在右行简单波区中沿同一条左行特征线的不同各点对应着不同的右行特征线 r，故左行特征线上各点处的斜率 $\frac{\mathrm{d}X}{\mathrm{d}t} = -C(r)$ 是不同的，因此在右行简单波区中每一条左行特征线都未必是直线. 在右行简单波区中，右行特征线在物理上代表了右行简单波阵面的迹线，而左行特征线则只有数学上的意义，并不具有实际的物理意义.

现在我们把以上的推理总结为以下的重要结论：

在右行简单波区中，黎曼不变量 R_2 为一“绝对”常数 β，这一“绝对”常数的值是完全由简单波区前方均匀区的给定状态所确定的；其他各个物理量 $v, \sigma, \varepsilon, C, R_1, \phi$ 等则都只是沿着同一条右行特征线 r 才保持为常数，而沿着不同的右行特征线它们可以分别是不同的常数；在右行简单波区中，每一条右行特征线都必然是直线，但是不同的右行特征线的斜率则可以是不同的.

显然我们不难把这一结论改为对左行简单波的说法，读者是不难完成这一任务的，我们不再赘述.

现在我们顺便对式(2.1.18-a)所定义的量 ϕ 的物理意义给以简单说明. 设右行简单波区的前方为自然静止状态($v = 0$, $\sigma = 0$)，于是式(2.1.21)中的“绝对”常数 $\beta = 0$，故式(2.1.21)将给出

$$v = -\int_0^{\sigma} \frac{\mathrm{d}\sigma}{\rho_0 C} = -\phi, \quad -v = \int_0^{\sigma} \frac{\mathrm{d}\sigma}{\rho_0 C} = \phi \tag{2.1.24-a}$$

因此 ϕ 的物理意义是：当从一个自然静止的杆的左端通过一系列右行简单波的作用而使杆中的应力达到应力 σ 时所需要对杆施加的向左的拉伸质点速度 $-v$. 当然我们也可以由左行简单波的表达式来给出 ϕ 的物理意义. 对左行简单波，式(2.1.22)中的常数 α 将是由简单

波区前方均匀区的状态所决定的“绝对”常数，这即为左行简单波的表达式．当均匀区为自然静止状态时，左行简单波的表达式给出

$$v = \int_0^\sigma \frac{d\sigma}{\rho_0 C} = \phi \tag{2.1.24-b}$$

所以 ϕ 的物理意义是：当从一个自然静止的杆的右端通过一系列左行简单波的作用而使杆中的应力达到应力 σ 时所需要对杆施加的向右的拉伸质点速度 v．由于以上的原因，我们常常把 ϕ 称为接触速度(contact velocity)，它具有速度的量纲．当然，我们也可以利用第1章所讲的跨过右行或左行增量波时波阵面上的动量守恒条件，并对之积分而分别得出式(2.1.24-a)和式(2.1.24-b)．所以式(2.1.24-a)和式(2.1.24-b)既给出了接触速度 ϕ 的物理解释，也恰恰分别代表了参考于自然静止状态的杆中右行波和左行波在状态平面 v-σ 上的动态响应曲线．

观察式(2.1.17-a)和式(2.1.17-b)可以发现，沿着右行(左行)特征线的特征关系和1.1节中跨过左行(右行)增量波阵面上的动量守恒条件在形式上是完全相同的，这是因为从物理上讲，当我们沿着右行(左行)特征线前进时，恰恰是在连续地跨过一系列左行(右行)波的波阵面．

2.2　数值方法——几类典型的初边值问题

特征线方法提供了一种以特征线微分方程和特征关系微分方程为基础的求解波传播问题的方法，其思想就是将特征线微分方程和特征关系微分方程分别展开为差分形式的代数方程，从而向时间增加的方向逐步地对问题进行求解．特征线方法的最大优点是，物理图案清晰、计算精度高，其缺点是计算程序走向的逻辑控制较为复杂．尽管有限差分、有限元、离散元、光滑粒子法等各类新的数值计算方法已经大量涌现，而且其计算程序走向的逻辑控制比特征线方法更为简单，更适宜于解决一些比较复杂的工程实际问题，但是作为了解波传播问题物理图像和实质的基础，特征线方法仍然是十分重要和基本的，故在下面几节中我们仍将把利用特征线方法对问题进行数值求解的基本思路加以介绍．

任何一个波传播的实际问题都是在一定的初始条件和边界条件下求解一个双曲型的偏微分方程组．我们已经把这一方程组化为沿特征线进行数值积分的问题．本节我们将以有限长杆中应力波传播的问题为例，来说明特征线数值方法的主要思想．为了突出特征线方法在编程方面的主要思路，而避免涉及弹塑性材料中卸载波与加载波相互作用等复杂的细节问题，在本节中我们将假设材料是非线性弹性的，这样做既避免了加卸载中材料具有不同本构关系的复杂处理，也涵盖了特征线方法编程和数值求解问题的主要方面．

设有一根长为 l 的细长杆，其波传播问题的初始条件和边界条件可分别表达为：

初始条件(initial conditions)：$t=0$ 时，$0\leqslant X\leqslant l$ 处．已知

$$\begin{cases} \sigma = \sigma(X,0) \\ v = v(X,0) \end{cases} \tag{a}$$

边界条件(boundary conditions):$X=0$ 处.已知

$$v = v(0,t) \quad (\text{速度边界条件}) \tag{b}$$

或

$$\sigma = \sigma(0,t) \quad (\text{应力边界条件}) \tag{b$'$}$$

或

$$f(\sigma(0,t),v(0,t)) = 0 \quad (\text{混合边界条件}) \tag{b$''$}$$

$X=l$ 处.已知

$$v = v(l,t) \quad (\text{速度边界条件}) \tag{c}$$

或

$$\sigma = \sigma(l,t) \quad (\text{应力边界条件}) \tag{c$'$}$$

或

$$f(\sigma(l,t),v(l,t)) = 0 \quad (\text{混合边界条件}) \tag{c$''$}$$

根据我们在 2.2.1 小节所述,在物理平面 X-t 上的每一点都存在两条特征线,因之整个问题的特征线网格图将如图 2.4 所示.当然对于一阶拟线性的偏微分方程组而言,在解完问题之前,特征网格的具体形状我们是不能事先知道的,而是需要随着问题的求解一步一步地画出的,所以图 2.4 只有示意的性质.图中画实线的几条特征线将 X-t 平面分割成几个区域,相应地我们将遇到几类基本问题,现分述如下.

2.2.1 初值问题或 Cauchy 问题:A-a-Aa 区域

问题的提法:已知初值线 A-a 上各点的两个状态量 v 和 σ,求解此初值线上所作出的特征三角形 A-a-Aa 中的解,即求解此区中各节点的位置(X,t)和相应的状态量(v,σ).

根据求解精度的要求,将 Aa 划分为若干份,以 $A,1,2,3,\cdots$表示相应的分割节点(图 2.4中示例性地划分成了 4 份).各分节点的状态量(v,σ)是由初始条件给定的,于是其上各点的波速 $C_A,C_1,C_2,C_3,\cdots$可由材料的本构关系求出:

$$C_A = C(\sigma_A),\quad C_1 = C(\sigma_1),\quad C_2 = C(\sigma_2),\quad C_3 = C(\sigma_3),\quad \cdots$$

以此为基础,我们即可以将通过各初值点的特征线方程及相应的特征关系展开为差分方程,从而求出特征线相交的网格点 $A1,12,23,3a$ 等位置的(X,t)及状态(v,σ).例如,首先我们可求出点 A 和点 1 的波速:

$$C_A = C(\sigma_A),\quad C_1 = C(\sigma_1) \tag{2.2.1-a}$$

特征线 A-$A1$ 和 1-$A1$ 的微分方程分别为

$$\text{特征线 } A\text{-}A1:\quad \mathrm{d}X = C\mathrm{d}t$$
$$\text{特征线 } 1\text{-}A1:\quad \mathrm{d}X = -C\mathrm{d}t$$

将之展开为差分方程,分别有

$$\begin{cases} X_{A1} - X_A = C_A(t_{A1} - t_A) \\ X_{A1} - X_1 = -C_1(t_{A1} - t_1) \end{cases} \tag{2.2.2-a}$$

严格而言,式(2.2.2-a)中的 C_A 和C_1 应该分别取特征线段 A-$A1$ 和 1-$A1$ 两端点波速的平均值,但是由于点 $A1$ 的位置和状态尚未求出,所以我们暂时借用初值线上的一个端点 A 和 1 的已知波速.这样,联立求解差分方程(2.2.2-a)即可得到节点 $A1$ 位置的一阶近似结果:

(X_{A1}, t_{A1}).类似地,沿特征线 A-$A1$ 和沿特征线 1-$A1$ 特征关系的微分方程为

沿特征线 A-$A1$ 的特征关系：　$d\sigma = \rho_0 C dv$

沿特征线 1-$A1$ 的特征关系：　$d\sigma = -\rho_0 C dv$

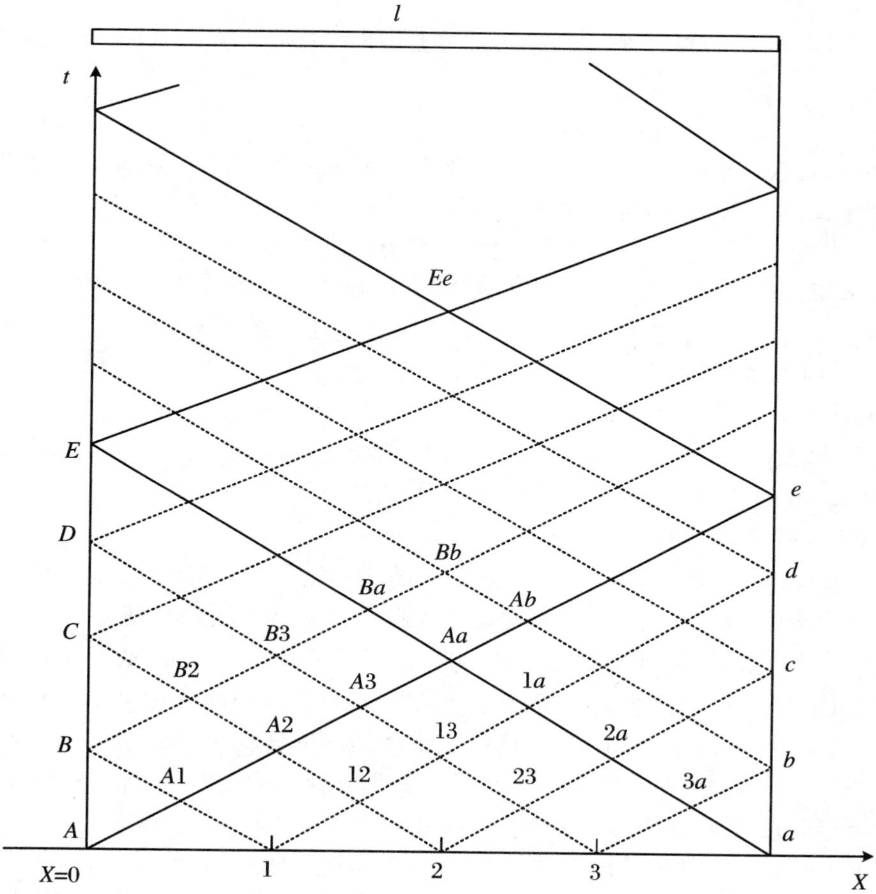

图 2.4　物理平面 X-t 上的特征线网格示意图

将之展开为差分方程,分别有

$$\begin{cases} \sigma_{A1} - \sigma_A = \rho_0 C_A (v_{A1} - v_A) \\ \sigma_{A1} - \sigma_1 = -\rho_0 C_1 (v_{A1} - v_1) \end{cases} \tag{2.2.3-a}$$

联立求解差分方程(2.2.3-a),即可得到节点 $A1$ 处状态量的一阶近似结果(v_{A1}, σ_{A1}),从而我们可以由所求出的 σ_{A1} 根据材料的本构关系而求出相应于此状态的波速 C_{A1},并进一步求出特征线段 A-$A1$ 和 1-$A1$ 各自两端点波速的平均值 $C_{A\text{-}A1}$ 和 $C_{1\text{-}A1}$：

$$C_{A1} = C(\sigma_{A1}), \quad C_{A\text{-}A1} = \frac{1}{2}(C_A + C_{A1}), \quad C_{1\text{-}A1} = \frac{1}{2}(C_1 + C_{A1}) \tag{2.2.1-b}$$

分别以 $C_{A\text{-}A1}$ 和 $C_{1\text{-}A1}$ 代替式(2.2.2-a)和式(2.2.3-a)中的 C_A 和 C_1 即可得出改进的差分方程如下：

$$\begin{cases} X_{A1} - X_A = C_{A\text{-}A1}(t_{A1} - t_A) \\ X_{A1} - X_1 = -C_{1\text{-}A1}(t_{A1} - t_1) \end{cases} \tag{2.2.2-b}$$

$$\begin{cases} \sigma_{A1} - \sigma_A = \rho_0 C_{A\text{-}A1}(v_{A1} - v_A) \\ \sigma_{A1} - \sigma_1 = -\rho_0 C_{1\text{-}A1}(v_{A1} - v_1) \end{cases} \tag{2.2.3-b}$$

联立求解方程(2.2.2-b)和方程(2.2.3-b)即可分别得出特征线节点 $A1$ 位置和状态的二阶近似结果：

$$(X_{A1}, t_{A1}),\quad (v_{A1}, \sigma_{A1})$$

虽然我们可以类似的方式继续改算下去，但是数值方法的理论证明了以后的继续改算并不能进一步提高近似计算的阶，所以我们只需到此为止，这样计算的结果有二阶精度.当然，如果我们只需计算到一阶精度，则不需要改算，而只由式(2.2.1-a)～式(2.2.3-a)进行计算即可.我们以上所讲的计算到二阶精度的算法，事实上相当于把隐式差分方程(2.2.2)和方程(2.2.3)通过显式的改算迭代算法而实现了.显然，重复以上的步骤，以类似的方法依次进行下去，便可求得图 2.4 中各特征线交点 12,23,3a,…的位置及状态，只不过我们需要适当变换差分方程(2.2.2)和方程(2.2.3)中的相应量，例如，将以上公式中的左端点 A 的量置换为点 1 的量，而将右端点 1 的量置换为点 2 的量，则我们即可求出新节点 12 的位置和状态……以此类推，我们即求出了特征三角形区域 A-a-Aa 中一切网格点的位置及相应的状态，这就是所谓的初值问题或 Cauchy 问题.

由以上的解题过程可知，此区域内一切点上的状态完全是由初值线 A-a 上的初值所决定的，即这些点的状态只受到杆上初始扰动的影响，并且是完全可由初值线上的状态所决定的，故将这一问题称为初值问题或 Cauchy 问题，而将该特征三角形区域 A-a-Aa 称为初值线 A-a 的决定区域.点 $A1$,12,23,…都属于所谓的“内点”(internal or interior points)，它们的位置和状态是由两个不同族的左右行特征线和相应的特征关系求出的.我们可以把式(2.2.1)～式(2.2.3)编为一个所谓的“内点子程序”，不断地调用内点子程序(并在每次调用之前进行相应量的代换)即可解完初值线上的特征三角形 A-a-Aa.

数学上有所谓的广义初值问题或广义 Cauchy 问题，即已知一条空向曲线(space-like line)上的初值(v,σ)，求出此空向曲线上的特征三角形及其中的解.所谓空向曲线是指通过某一点 P 而满足关系

$$\left|\frac{\mathrm{d}X}{\mathrm{d}t}\right| > C \tag{2.2.4-a}$$

的曲线，即图 2.5 中处于右行特征线 PR 和左行特征线 PL 以下区域中的曲线，例如 PS，其特点是：过其上每一点向时间增加的方向所作出的两条不同族的特征线位于此曲线的同一侧，因此，通过与前面求解标准初值问题相类似的过程，即可求得在此空向曲线上所作出的特征三角形及其中的解，所以空向曲线可以看作空间轴 X 轴的推广.相反，满足关系

$$\left|\frac{\mathrm{d}X}{\mathrm{d}t}\right| < C \tag{2.2.4-b}$$

的曲线称为时向曲线(time-like line)，即图 2.5 中处于右行特征线 PR 和左行特征线 PL 之间区域中的曲线，例如 PT，它是时间轴的推广，其特点是：过其上每一点沿时间增加方向上的两条不同族的特征线分别落在其两侧，故在此种线上我们无法按前面的解法而得到在时

间增加方向上的特征三角形和其中的解.在时向曲线上不能给定(v,σ)初值而解之,要得到适定的解需要给出边界条件.

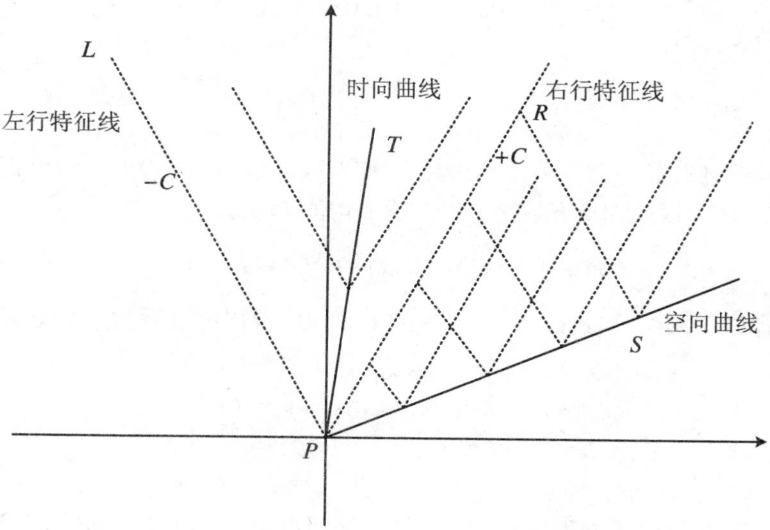

图 2.5　空向曲线和时向曲线

2.2.2　混合问题或 Picard 问题:A-Aa-E 和 a-e-Aa 区域

问题的提法(以 A-Aa-E 为例):已知一条特征线 A-Aa 连同其上的两个状态量 v 和 σ,以及一条时向曲线 A-E 连同其上的一个状态量(例如给定速度边界条件时的 v),求解在此二曲线上所作出的特征三角形中的解,即求解此区中各节点的位置(X,t)和相应的状态量(v,σ).

由于右行特征线 A-Aa 上各节点的状态量(v,σ)都已算出,所以可以根据材料的本构关系得出各节点的波速 C:

$$C_A = C(\sigma_A),\quad C_{A1} = C(\sigma_{A1}),\quad C_{A2} = C(\sigma_{A2}),\quad C_{A3} = C(\sigma_{A3}),\quad C_{Aa} = C(\sigma_{Aa})$$

于是,我们便可以边界 A-E 上的边界条件和过特征线 A-Aa 上各点的左行特征关系为基础而给出区域 A-Aa-E 中的解答.

首先,我们有

$$C_{A1} = C(\sigma_{A1}) \tag{2.2.5-a}$$

其次,边界线 A-E 的方程和过点 A1 的左行特征线 A1-B 的微分方程分别为

$$X = 0,\quad \mathrm{d}X = -C\mathrm{d}t$$

将之展开为差分方程,有

$$\begin{cases} X_B = 0 \\ X_B - X_{A1} = -C_{A1}(t_B - t_{A1}) \end{cases} \tag{2.2.6-a}$$

和前面一样,这里的波速 C 本应用特征线段 A1-B 两端点处的平均值,但是对速度边界条件问题我们暂时并未解出边界点 B 的应力,因而其波速也是不知道的,所以作为一阶近似我们暂且借用端点 A1 的波速 C_{A1}.联立求解差分方程(2.2.6-a)即可求得物理平面上边界网格

点 B 的位置(X_B, t_B). 边界条件和沿左行特征线 $A1\text{-}B$ 的特征关系分别为

$$\begin{cases} v = v(t_B) \quad (\text{已知}) \\ \mathrm{d}\sigma = -\rho_0 C \mathrm{d}v \end{cases}$$

将之展开为差分方程，有

$$\begin{cases} v = v(t_B) \\ \sigma_B - \sigma_{A1} = -\rho_0 C_{A1}(v_B - v_{A1}) \end{cases} \tag{2.2.7-a}$$

联立求解差分方程(2.2.7-a)即可得到边界点 B 处状态量(v_B, σ_B)的一阶近似解. 由此可求得点 B 处的波速 C_B 以及端点 B 和 $A1$ 波速的平均值 $C_{A1\text{-}B}$：

$$C_B = C(\sigma_B), \quad C_{A1\text{-}B} = \frac{1}{2}(C_{A1} + C_B) \tag{2.2.5-b}$$

以 $C_{A1\text{-}B}$ 代替式(2.2.6-a)和式(2.2.7-a)中的 C_{A1} 即可得出改进后的差分方程如下：

$$\begin{cases} X_B = 0 \\ X_B - X_{A1} = -C_{A1\text{-}B}(t_B - t_{A1}) \end{cases} \tag{2.2.6-b}$$

$$\begin{cases} v = v(t_B) \\ \sigma_B - \sigma_{A1} = -\rho_0 C_{A1\text{-}B}(v_B - v_{A1}) \end{cases} \tag{2.2.7-b}$$

联立求解方程(2.2.6-b)和方程(2.2.7-b)即可分别得出边界上节点 B 处位置和状态的二阶近似结果：

$$(X_B, t_B), \quad (v_B, \sigma_B)$$

我们把以上计算边界节点 B 处位置和状态的诸公式(式(2.2.5)～式(2.2.7))称为“边界点(boundary point)子程序”. 计算出点 B 的位置和状态之后，由于特征线 $A\text{-}Aa$ 上的节点 $A2$ 的位置和状态也是已知的，假设通过点 B 的右行特征线和通过点 $A2$ 的左行特征线之交点为 $B2$，则显然我们即可以通过调用前面的“内点子程序”而求出内部节点 $B2$ 的位置和状态，只需分别以点 B 连同其相应的量以及点 $A2$ 连同其相应的量代替“内点子程序”中的 A 和 1 即可；继续调用“内点子程序”，即可求出图 2.4 中 $B3$, Ba 各点的位置和状态……从而一条新的右行特征线段 $B\text{-}Ba$ 各点的位置和状态便求出了，这样我们就把混合问题的求解推进到了一层新的右行特征线段上. 容易理解，只需我们再重复以上所述的整个求解过程，即首先调用“边界点子程序”，接着再依次调用“内点子程序”……从而又可把混合问题再向前推进到一层新的右行特征线上……直至把整个特征三角形 $A\text{-}Aa\text{-}E$ 各节点的位置和状态求出，或简言之解完了整个混合问题中的特征三角形 $A\text{-}Aa\text{-}E$. 由以上的解题过程可见，该区域中的解完全是由边界线 $A\text{-}E$ 上的边界条件和初值线 $A\text{-}a$ 上的初值(通过右行特征线 $A\text{-}Aa$)所决定的，即是由边界所发出的扰动和初始扰动共同作用所引起的，故称之为混合问题.

显然，以类似的方法我们即可解完另一个混合问题中的特征三角形 $a\text{-}e\text{-}Aa$.

2.2.3 特征边值问题或 Goursat 问题或 Darboux 问题：$Aa\text{-}e\text{-}Ee\text{-}E$ 区域

问题提法：已知两条不同族的特征线 $Aa\text{-}E$ 和 $Aa\text{-}e$ 连同其上各点的两个状态量 v 和 σ，求解在其上所作出的特征四边形 $Aa\text{-}e\text{-}Ee\text{-}E$，即求解此区中各节点的位置和状态.

由于现在我们已经知道了两条不同族的特征线 $Aa\text{-}E$ 和 $Aa\text{-}e$ 连同其上各点的两个状态量 v 和 σ，所以容易理解，我们只需通过不断地调用“内点子程序”即可将整个特征四边形解

完.也就是说,我们现在所用的子程序和初值问题中所用的子程序是一样的,都是"内点子程序",只不过与初值问题中所给出的是一条空向初值线上的两个状态量 v 和 σ 不同,在这里所给出的是两条不同族的特征线连同其上的两个状态 v 和 σ,故我们把此类问题称为"特征边值问题"或 Goursat 问题或 Darboux 问题.

在求解完以上各区的解之后,显然以后我们所遇到的将是一系列新的混合问题和特征边值问题,而这对于我们并不存在什么新的困难.

以上介绍的就是以特征线方法为基础对波传播问题进行数值求解的基本思想.与第1章中所介绍的以阵面守恒条件为基础的所谓阵面分析方法不同的是,在阵面分析方法中我们是以物理平面上每一个网孔为研究对象的,这样的每一个网孔对应状态平面上的一个点,所以在数值方法中可以称之为网孔法;而现在我们所介绍的特征线数值方法中,我们是以物理平面上每两条特征线或者特征线与边界线相交的节点为研究对象的,这样的每一个节点对应状态平面上的一个点,所以在数值方法中可以称之为节点法.

通过以上的介绍,可以看到,在所介绍的波传播的基本问题中,一般会遇到三种问题,即初值问题、混合问题和特征边值问题,而所遇到的点主要包括"内点"和"边界点",相应地,我们有求解这些点的"内点子程序"和"边界点子程序".但是,以上的基本问题事实上并不能涵盖和解决所有的问题,在实际的工程问题中我们还会遇到一些更为复杂的问题.例如我们以上所介绍的边界都是已知的和固定的,而在实际的波传播问题中可能还有某种已知的运动边界,例如按照某种已知规律运动而推动流体的活塞、在某些条件下可以预知其运动规律的冲击波迹线等等;同时,在实际的波传播问题中可能还有某种未知的运动边界,在这些问题中求解这种未知运动边界本身也将成为对问题完成求解任务的一部分.涉及这种未知运动边界的主要问题有两类,一类是未知待求的非定常冲击波,另一类是未知待求的相变界面,而在弹塑性材料中后者即表现为所谓的弹塑性交界面.关于这两类问题我们将在下面两节中给以简要介绍.在本节中,我们将对一个有限长杆中的弹塑性加载波的传播问题给出一个示例性的说明.

2.2.4　有限长杆中的加载波

在工程实践上,大多数的问题是以撞击引起的压应力为主的,故在本算例中将以压应力 $p=-\sigma$ 和压应变 $\eta=-\varepsilon$ 作为未知量来进行讨论,在波阵面上的守恒条件以及沿特征线的特征关系等有关公式中都需以 $p=-\sigma$ 和 $\eta=-\varepsilon$ 代入,将差一个符号.

作为一个实例,我们来讨论一根长为 l 的杆在其左端受有恒速冲击 $v(0,t)=v^*>\dfrac{Y}{\rho_0 C_e}$ 时波的传播规律.设其右端固定,即 $v(l,t)=0$;杆材料是递减硬化的,具有如图2.6(c)0-1-5所示的动态反应.我们用 (x,t) 图和 (v,p) 图来示意地说明解题过程.

(1) 当速度 v^* 加于杆之左端面时,便同时有一系列的弹塑性增量波从端面向右传播,形成间断强度为 Y 的弹性前驱波(图2.6(a)中用双线表示)和塑性中心波.这整个弹塑性右行中心单波区各点的状态由黎曼不变量 $R_2=\text{const}$ 所决定的如下映像公式所表达:

$$R_2 \equiv v-\int_0^p \frac{\mathrm{d}p}{\rho_0 C}=\beta \tag{2.2.8-a}$$

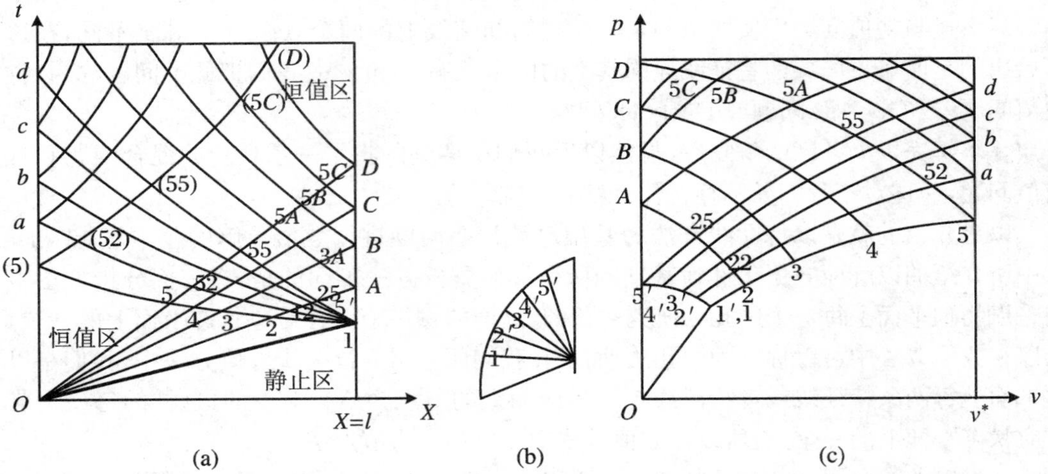

图 2.6 有限长杆中的加载波简例图

其中常数 β 由简单波前方的状态所决定.在这里简单波前方为自然静止区,故常数 $\beta=0$,所以单波映像为

$$v=\int_0^p \frac{\mathrm{d}p}{\rho_0 C} \tag{2.2.8-b}$$

此式即图 2.6(c)中的曲线 0-1-5.最后一道塑性波上的状态为(v^*,p^*),其中 p^* 由方程

$$v^*=\int_0^{p^*} \frac{\mathrm{d}p}{\rho_0 C}$$

确定,而在这道塑性波之后便是由此状态所确定的恒值区.

单波映像

$$v=\int_0^p \frac{\mathrm{d}p}{\rho_0 C}$$

正是参考于自然静止状态的材料动态响应曲线 0-1-5,为了作出它,应该根据材料的压缩应力-应变关系 $p=p(\eta)$先求出波速作为压应力的函数

$$C=\sqrt{\frac{\mathrm{d}p}{\rho_0 \mathrm{d}\eta}}=C(p)$$

然后代入式(2.2.8-b)并进行积分,从而作出曲线 0-1-5.

(2) 按照解题精度的要求,将映像 0-1-5 分成若干段,比如分为五段,其分点各为 1,2,3,4,5,其中 $p_1=Y$(材料压缩屈服应力),$p_5=p^*$,分点 2,3,4,5 分别代表中心塑性波中某一道波上的状态(如图 2.6(c)所示).根据 $C=C(p)$求出和这些分点状态相对应的塑性波速 C,便可在 X-t 平面上过原点作出和这些分点状态相对应的特征线 0-1,0-2,…,0-5,如图 2.6(a)所示.

(3) 弹性间断波 0-1 首先到达固定端并发生反射,由于波后应力已达屈服极限 $p_1=Y$,故可以肯定它将在固定端反射塑性加载波,为了决定反射波后方固定端 $5'$处的状态,我们考虑连接点 1(即点 $1'$)和点 $5'$的右行特征线 1-$5'$(它的长度为零),并利用沿它的特征关系和固定端的边界条件:

$$\begin{cases} v_{5'} - v_1 = -\int_Y^{p_{5'}} \dfrac{\mathrm{d}p}{\rho_0 C} \\ v_{5'} = 0 \end{cases} \tag{2.2.9}$$

其中 $v_1 = \dfrac{Y}{\rho_0 C_e}$为材料的屈服速度.由式(2.2.9)即可求出点 5′的状态 5′($v_{5'} = 0, p_{5'}$),如图 2.6(c)中的点 5′所示.

此反射波刚从固定端出发的一瞬是塑性间断波,强度为 $p_{5'} - Y$,但由于是递减硬化材料,故只要稍微离开右端面,它便拉开为连续波,故它实际上是一族塑性中心波.此中心波从断面上出发尚未和入射波作用时之一瞬是左行单波,故在 v-p 平面上由左行简单波所决定的映射关系所给出:

$$R_1 \equiv v + \int_0^p \frac{\mathrm{d}p}{\rho_0 C} = v_1 + \int_0^Y \frac{\mathrm{d}p}{\rho_0 C}$$

或

$$v = v_1 - \int_Y^p \frac{\mathrm{d}p}{\rho_0 C} \tag{2.2.10}$$

式(2.2.10)即是以(v_1, Y)为初始状态对右行特征关系进行积分所得结果,如图 2.6(c)中之曲线段 1-5′所示.

与前类似按精度要求将之分为若干段,比如分为四段,其分点为 1,2′,3′,4′,5′(如图 2.6(c)所示).此时,便可根据与这些点上对应的波速 C,在 X-t 平面上作出相应的左行特征线 1-1′,1-2′,…,1-5′,如图 2.6(b)所示.

(4) 在 X-t 平面上作出反射波波头的特征线 1-(5):过 1 作波速为 $-C_1$ 的左行特征线交 0-2 于点 2,过 2 作波速为 $-C_2$ 的左行特征线交 0-3 于点 3……最后反射波头特征线交 t 轴于点(5),如图 2.6(a)所示.在图 2.6(a)中的 0-1-5 区和 0-5-(5)区分别是右行单波区和恒值区,而在 1-5-(5)区的上方便是入射波和反射波相互作用的双波区和作用完之后的反射单波区.

(5) 在图 2.6(a)的 1-5′-55-5 区,是解特征边值问题:已知左行特征线 1-5 和右行特征线 1-5′(后者长度为零)上的状态(v, p),求解此区域.根据上一段介绍的方法很容易解此问题.例如在 X-t 平面上过 2 作波速为 C_2 的右行特征线,交特征线 1-2′于点 22,再利用沿此两特征线相应的特征关系即可求出点 22 的状态(v, p)……如此进行下去即可作出图 2.6(a)中的特征网格 1-5′-55-5 及各节点的状态(v, p),后者如图 2.6(c)中的网格 1-5-55-5′所示.

(6) 在 X-t 平面中的区域 5′-D-55 中是解混合问题:已知特征线 5′-55 上各点的状态(v, p),以及一个非特征线的时向边界 5′-D 上的一个量 $v = 0$,求解此区域,这已在前面的 2.2.2 小节中讲过,不再赘述.

把在(5)和(6)中所求解的两区域合在一起,即在图 2.6(a)的区域 5′-D-5 中,实际上是求解入射波和从固定端产生的反射波相互作用的区域,在 5-D 线处其相互作用结束.

(7) 在图 2.6(a)的 5-D 线处入射波和从固定端产生的反射波作用结束之后,在 5-D 线以左的区域,反射波将以左行单波的形式向处于恒值区的杆的左部推进,一直到和第一道反射波从左端再产生的反射波(5)-(D)相遇为止.由于 5-D-(D)-(5)为单波区,故各条左行特征线 5-(5),52-(52),…,D-(D)等都是直线,且(5),(52),…,(D)等处的状态分别和 5,

52,…,D 等处的状态相同.而点(52)在 X-t 平面的位置由过点(5)波速为 C_5 的右行特征线和过点 52 的波速为 $-C_{52}$的左行特征线的交点确定.

(8) 在区域(5)-(D)-g 中,又是解一个混合问题,其中点 g 是特征线D-(D)一步步延伸至 t 轴上的交点,图中没有画出来.此区中已知的是特征线(5)-(D)上的状态(v, p)和左边界(5)-8 上的外加速度 $v=v^*$,解出的此区的特征网格和状态(v, p)分别在图 2.6(a)的(5)-(D)以左及图 2.6(c)的 5-D 以右画出了一部分.

以下的解题过程没有什么新的内容,我们不再讨论.

对以上的结果可总结出如下结论:X-t 平面上的均匀区只对应 v-p 平面上的一个点,比如写着静止区的区域对应 v-p 平面上的原点 O,写着恒值区的两区域分别对应 v-p 平面上的点 5 和点 D;X-t 平面上的单波区对应 v-p 平面上的一条线,比如 X-t 平面上的区域 0-1-5映射为 v-p 平面上的线 0-1-5,X-t 平面上的区域 5-D-(D)-(5)映射为 v-p 平面上的线 5-D;X-t 平面上的双波区则对应着 v-p 平面上的一个区域.

下面我们再分析总结一下弹塑性加载波相互作用而不产生卸载波时问题的特点.

为了说明问题,我们来观察两个强度各为 p_b-p_a 和 p_c-p_a 的弹塑性加载波迎面相遇相互作用的情况,如图 2.7 所示.它们在某一时刻于 A 截面相遇,在另一时刻作用完毕,要求这时遍受了两波全部作用的杆截面上的应力,比如 D 截面上的应力.设此时从 D 截面向左右两边传播的波各具有应力水平 p'和 p'',质点速度为 v'和 v'',则根据作用反作用相等以及速度连续条件,应有

$$\begin{cases} v' = v'' \equiv v \\ p' = p'' \equiv p \end{cases} \tag{2.2.11}$$

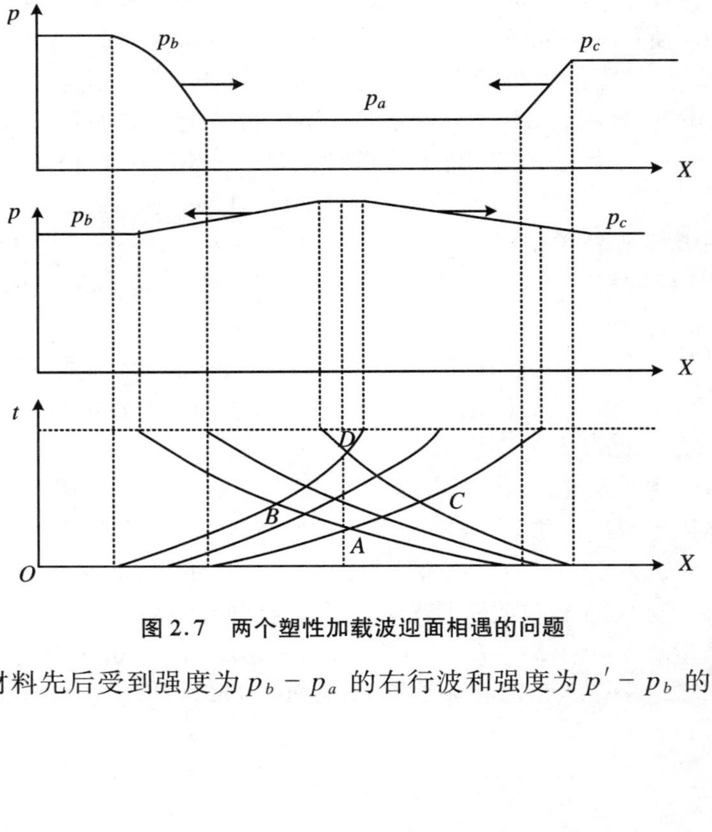

图 2.7　两个塑性加载波迎面相遇的问题

D 截面左侧的材料先后受到强度为 p_b-p_a 的右行波和强度为 $p'-p_b$ 的左行波的作用,

故有

$$v = v_a + \int_{p_a}^{p_b} \frac{\mathrm{d}p}{\rho_0 C} - \int_{p_b}^{p} \frac{\mathrm{d}p}{\rho_0 C} \tag{2.2.12}$$

D 截面右侧的材料先后受到强度为 $p_c - p_a$ 的左行波和强度为 $p' - p_c$ 的右行波的作用，故有

$$v = v_a - \int_{p_a}^{p_c} \frac{\mathrm{d}p}{\rho_0 C} + \int_{p_c}^{p} \frac{\mathrm{d}p}{\rho_0 C} \tag{2.2.13}$$

从特征线法的观点看问题，式(2.2.12)的意义即是沿特征线 AB 以及 BD 进行积分，而式(2.2.13)即是沿特征线 AC 以及 CD 进行积分.

我们定义函数

$$\varphi(p) \equiv \int_0^p \frac{\mathrm{d}p}{\rho_0 C}$$

称之为接触速度(它的定义即是从左端撞击杆达到应力 p 时，杆截面所获得的速度)，则由式(2.2.12)、式(2.2.13)可以解得

$$\begin{cases} v - v_a = \varphi(p_b) - \varphi(p_c) \\ \varphi(p) + \varphi(p_a) = \varphi(p_c) + \varphi(p_b) \end{cases} \tag{2.2.14-a}$$

式(2.2.14-a)即是两波相互作用后杆状态所服从的规律.特别地，当两波前方为静止区时，$v_a = 0$，$p_a = 0$，$\varphi(p_a) = 0$，有

$$\begin{cases} v = \varphi(p_b) - \varphi(p_c) \\ \varphi(p) = \varphi(p_b) + \varphi(p_c) \end{cases} \tag{2.2.14-b}$$

由此可以看到，两个弹塑性波作用后，并不像弹性波一样满足应力的线性叠加原理，即 $p \neq p_b + p_c$，作用后的应力 p 要由接触速度的叠加原理来计算；同样，作用后的质点速度也不再像弹性波一样由作用波的质点速度之差来确定，而是等于两波接触速度之差.

设 p_b 是向刚壁入射的加载波，则因为刚壁上 $v = 0$，由式(2.2.14-b)可得

$$\begin{cases} p_b = p_c \\ \varphi(p) = 2\varphi(p_b) \end{cases} \tag{2.2.15}$$

式(2.2.15)的第一式说明，弹塑性波在刚壁上反射的时候，镜面映射法仍然成立，即可以想象一个对称的波从壁面向左边运动并与入射波相互作用；但是，式(2.2.15)的第二式则说明，在壁面及其附近的应力并不是由这两波应力相加的弹性叠加原理决定的，故壁面上的应力不是加倍，而是由壁面上接触速度加倍的规律所决定的.

2.3　冲击波的求解

2.3.1　冲击波速度和其紧后方物理量求解的一般方法

在2.2节中我们对连续波场应力波传播的几类基本问题的数值解法进行了介绍，将特

征线数值解法的基本子程序归类为“内点子程序”和“边界点子程序”，但是它们并不能解决有冲击波存在的问题. 对冲击波上点的求解，则需要借助于跨过冲击波时的突跃条件来完成.

为了与连续波的特征波速 C 相区别，我们将以 D 来表示杆中冲击波的 L 氏波速. 于是跨过冲击波的突跃条件可表达为(参阅 1.1 节)

$$[v] = -D[\varepsilon]\ (\text{右行冲击波}),\quad [v] = D[\varepsilon]\ (\text{左行冲击波}) \tag{2.3.1}$$

$$[\sigma] = -\rho_0 D[v]\ (\text{右行冲击波}),\quad [\sigma] = \rho_0 D[v]\ (\text{左行冲击波}) \tag{2.3.2}$$

如果分别以 f^+ 和 f^- 来表示物理量 f 在冲击波阵面紧前方和紧后方的值，并设杆材的本构关系为 $\sigma=\sigma(\varepsilon)$ 或 $\varepsilon=\varepsilon(\sigma)$，则一个强度为 $[\sigma]=\sigma^- - \sigma^+$ 的冲击波的 L 氏波速 D 将为

$$D = \sqrt{\frac{[\sigma]}{\rho_0[\varepsilon]}} = \sqrt{\frac{\sigma^- - \sigma^+}{\rho_0(\varepsilon^- - \varepsilon^+)}} = \sqrt{\frac{\sigma^- - \sigma^+}{\rho_0(\varepsilon^-(\sigma^-) - \varepsilon^+(\sigma^+))}} \equiv D(\sigma^-;\sigma^+) \tag{2.3.3}$$

式(2.3.3)说明：冲击波的 L 氏波速 D 不但与冲击波紧后方的应力 σ^- 有关，而且还与冲击波紧前方的应力 σ^+ 有关，而式(2.3.3)中的函数 $D(\sigma^-;\sigma^+)$ 则是完全由材料的本构关系所决定的，这与连续波中任意一个无限小增量波的波速 $C=C(\sigma)$ 可由产生扰动时的应力水平 σ 所单独决定是不同的.

在第 1 章中，我们曾指出只有在递增硬化和线性硬化材料中才能存在稳定的加载冲击波. 如果以加载冲击波为例，设在材料中有一个强度为 $[\sigma]=\sigma^- - \sigma^+$ 的塑性加载冲击波，则如图 2.8 所示，我们必有

$$C(\sigma^+) \leqslant D(\sigma^-;\sigma^+) \leqslant C(\sigma^-) \tag{2.3.4}$$

式(2.3.4)称为冲击波稳定传播的 Lax 条件或 Lax 关系，它在物理上可表达为：一个稳定传播的冲击波相对于前方的介质必是超声速的，而相对于后方的介质必是亚声速的. 于是，比如一个右行的冲击波相对于后方而言必是一条时向曲线，从而存在着后方介质中的连续波各增量波对冲击波的追赶以及追赶上之后二者相互作用所产生的反射波，如图 2.9 所示. 冲击波通常是向前面已知区中传播的，在传播过程中由于后面连续波的不断追赶并和其相互作用而使其强度和传播速度也不断地发生演化. 我们的任务就是如何由已经求出的冲击波上的某一个点(的位置和状态)而求出其下一个点(的位置和状态)，并将之编写为所谓的“冲击波点子程序”，这样，不断地调用此子程序我们即可将冲击波的求解进行下去，从而将问题解决.

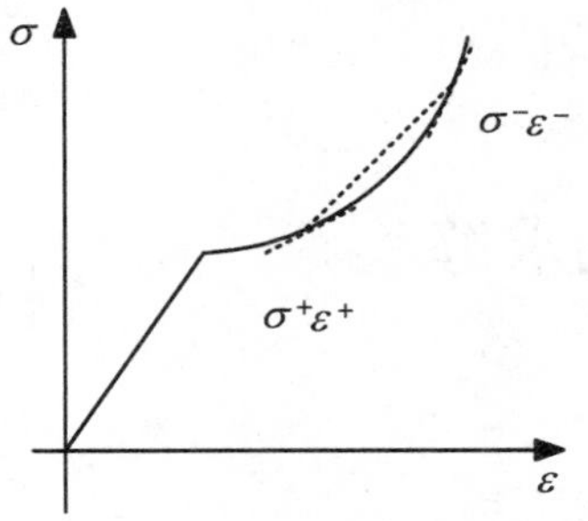

图 2.8　Lax 关系示意图

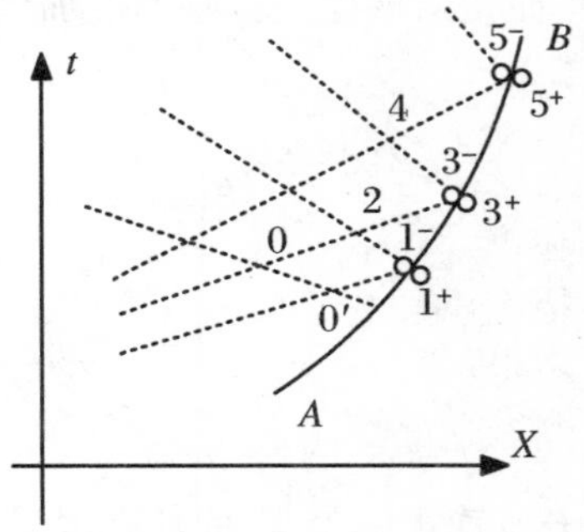

图 2.9　冲击波传播示意图

如图2.9所示，设 A-B 为待求的冲击波迹线，其前方为已经解出的区域，冲击波本身连同其后方是待求的区域. 假设点1是一个已经求出的冲击波上的点，即其在 X-t 平面上的位置和状态已经求出，它是右行增量波 $0'$～1与冲击波相互作用并产生反射波1～2所造成的状态. 设点0是前一时刻冲击波反射波阵面上的一个内节点，则我们可以按上节的方法通过"内点子程序"由点0和点1而求出反射波1～2上的内节点2的位置和状态，此点可称为离冲击波最近的内节点. 我们现在的任务可归结为：如何由已经求出的冲击波上的点1(的位置和状态)以及离冲击波最近的内节点2(的位置和状态)来求出冲击波的下一个点3(的位置和状态).

由于离冲击波最近的内节点2(的位置和状态)以及冲击波上的点1(的位置和状态)已经解出，所以与点2相对应的增量波波速 C_2、点1处冲击波紧后方状态相对应的增量波波速 C_1 以及与该处冲击波强度相对应的冲击波波速 D_1 便可求出：

$$C_2 = C(\sigma_2), \quad C_1 = C(\sigma_{1^-}), \quad D_1 = D(\sigma_{1^-};\sigma_{1^+}) \tag{2.3.5-a}$$

设从点2传出的右行追赶特征线2-3和从点1传出的冲击波迹线1-3相交于冲击波的下一点3，它们的微分方程分别为

$$\text{右行追赶特征线 2-3：}\quad \mathrm{d}X = C\mathrm{d}t$$

$$\text{冲击波迹线 1-3：}\quad \mathrm{d}X = D\mathrm{d}t$$

分别将之展开为差分方程，有

$$\begin{cases} X_3 - X_2 = C_2(t_3 - t_2) \\ X_3 - X_1 = D_1(t_3 - t_1) \end{cases} \tag{2.3.6-a}$$

类似于2.2节中的处理方法，在式(2.3.6-a)中我们取的是特征线微段和冲击波微段起始点的波速 C_2 和 D_1，所以式(2.3.6-a)具有1阶精度，联立对之求解即可得到1阶精度下的冲击波下一点3在物理平面上的位置(X_3，t_3).

沿右行追赶特征线2-3的特征关系和跨过点3处的冲击波 $3^+/3^-$ 的动量守恒条件分别为

$$\text{沿右行追赶特征线 2-3 的特征关系：}\quad \mathrm{d}\sigma = \rho_0 C\mathrm{d}v$$

$$\text{跨过冲击波 } 3^+/3^- \text{ 的动量守恒条件：}\quad [\sigma] = -\rho_0 D[v]$$

分别将之展开为差分方程，有

$$\begin{cases} \sigma_{3^-} - \sigma_2 = \rho_0 C_2(v_{3^-} - v_2) \\ \sigma_{3^-} - \sigma_{3^+} = -\rho_0 D_1(v_{3^-} - v_{3^+}) \end{cases} \tag{2.3.7-a}$$

这里，除了借用特征线段2-3起始点的增量波波速 C_2 以外，对未知待求的冲击波 $3^+/3^-$ 处的冲击波波速也仍然借用了已求出的点1处的冲击波波速 D_1. 联立求解方程(2.3.7-a)，即可得出点3处冲击波后方状态量的1阶近似解(v_{3^-}，σ_{3^-}).

现在我们可以求出与点3处冲击波紧后方状态 σ_{3^-} 相对应的增量波波速 C_{3^-}、与冲击波 $3^+/3^-$ 相对应的冲击波波速 D_3、特征线段2-3两端点增量波波速的平均值 $C_{2\text{-}3}$ 以及点1处和点3处的冲击波波速的平均值 $D_{1\text{-}3}$ 如下：

$$C_{3^-} = C(\sigma_{3^-}), \quad D_3 = D(\sigma_{3^-};\sigma_{3^+}), \quad C_{2\text{-}3} = \frac{C_2 + C_3}{2}, \quad D_{1\text{-}3} = \frac{D_1 + D_3}{2} \tag{2.3.5-b}$$

以式(2.3.5-b)所求出的 $C_{2\text{-}3}$ 和 $D_{1\text{-}3}$ 分别代替式(2.3.6-a)和式(2.3.7-a)中的 C_2 和 D_1，可得2阶精度的差分方程如下：

$$\begin{cases} X_3 - X_2 = C_{2\text{-}3}(t_3 - t_2) \\ X_3 - X_1 = D_{1\text{-}3}(t_3 - t_1) \end{cases} \tag{2.3.6-b}$$

$$\begin{cases} \sigma_{3^-} - \sigma_2 = \rho_0 C_{2\text{-}3}(v_{3^-} - v_2) \\ \sigma_{3^-} - \sigma_{3^+} = -\rho_0 D_{1\text{-}3}(v_{3^-} - v_{3^+}) \end{cases} \tag{2.3.7-b}$$

分别求解方程组(2.3.6-b)和(2.3.7-b)即可得到冲击波点3的位置(X_3，t_3)和其紧后方状态(v_{3^-}，σ_{3^-})的2阶精度解.这样，我们即把冲击波的求解向前推进了一步.我们可把式(2.3.5)～式(2.3.7)编写为一个子程序，称之为"冲击波点子程序".接着，我们便可通过"内点子程序"求出反射特征线上离冲击波最近的内节点4(的位置和状态)；进一步，以点4代替点2、以点3代替点1而调用以上的"冲击波点子程序"，我们即可求出冲击波的下一个点5(的位置和状态).如此周而复始，我们即可完成冲击波连同整个波场的求解.

由以上的叙述可见，冲击波点求解所依据的主要是追赶特征线的方程、冲击波迹线的方程、沿追赶特征线的特征关系以及跨过冲击波的突跃条件；同时，冲击波点的求解和冲击波后方区域内节点的求解是交替进行的，这反映了冲击波和后方的追赶连续波之间的相互耦合作用.

2.3.2 冲击波衰减问题解例

作为例子我们来用以上所介绍的方法求解一个如下的冲击波衰减和波传播的问题.设杆材为如图2.10(a)所示的线弹性加载-递增硬化弹塑性材料，为了简单起见我们假设材料的弹性卸载也是线性的，如图2.10(a)所示.设杆端受有突加至 $p_1 = -\sigma_1 > Y$(杆材的初始压缩屈服应力)而后连续卸载的压缩载荷 $p(t) = -\sigma(t)$，如图2.10(b)所示.由于 $p_1 = -\sigma_1 > Y$ 而且材料是线弹性加载-递增硬化材料，所以在突加压缩载荷 p_1 作用的一瞬将向杆中传出强度为 Y 的弹性压缩前驱冲击波以及强度为 $p_1 - Y$ 的塑性压缩冲击波；随后，随着杆端压缩载荷的逐渐卸载将陆续在不同时刻从杆端发出一系列无限小的增量卸载波，这些增量卸载波陆续对冲击波产生追赶卸载的相互作用，从而使冲击波的强度逐渐减弱，并从冲击波上陆续向左传出追赶卸载的内反射波，这就是该问题的大致波动图案(由于每一个追赶的卸载增量波都是无限小的而压缩加载冲击波是有限的，故这里的追赶卸载都属于"弱"弹卸波对"强"塑加波追赶卸载的情况，因此追赶卸载的结果只是削弱塑性加载冲击波的强度，而并不能将之削弱为弹性波，只有在塑性加载波即将消失也变为无限小时才会转化为弹性波).现在我们就具体求解该问题.

参照图2.10(b)和图2.10(c)，右行弹性前驱波1～o 前、后方的状态(v，σ)分别为自然静止状态0(0,0)和 $y_1\left(\dfrac{Y}{\rho_0 C_e}, -Y\right)$，后者同时也是弹性前驱波1～$o$ 和未知待求的塑性冲击波1～y 之间整个均匀区的状态，其中，对于从 X-t 平面上原点1初始出发的塑性冲击波而言，它也是塑性冲击波前方的状态，为了与前面的记号相一致，这一状态也可记为

$$1^+\left(\frac{Y}{\rho_0 C_e}, -Y\right) = y_1\left(\frac{Y}{\rho_0 C_e}, -Y\right)$$

以 $y_1\left(\dfrac{Y}{\rho_0 C_e}, -Y\right)$ 为参考状态的材料右行冲击波的动态响应曲线为

$$v = \frac{Y}{\rho_0 C_e} - \frac{\sigma - (-Y)}{\rho_0 D(\sigma; -Y)} = \Phi(\sigma) \tag{2.3.8}$$

其中函数 $D(\sigma; -Y)$ 是根据图2.10(a)所给出的递增硬化塑性加载本构关系 $\varepsilon = \varepsilon(\sigma)$，按照式(2.3.3)并令 $(\varepsilon^+, \sigma^+) = \left(\dfrac{-Y}{E}, -Y\right)$ 而得出的，即

$$D(\sigma; -Y) = \sqrt{\frac{[\sigma]}{\rho_0[\varepsilon]}} = \sqrt{\frac{\sigma - \sigma^+}{\rho_0(\varepsilon(\sigma) - \varepsilon(\sigma^+))}} = \sqrt{\frac{\sigma - (-Y)}{\rho_0(\varepsilon(\sigma) - (-Y)/E)}} \tag{2.3.9}$$

为了简洁起见，这里我们将冲击波后方的应力 σ^- 简写成了 σ. 给定不同的突加应力 σ，式(2.3.9)将给出不同的冲击波速度 $D(\sigma; -Y)$，从而式(2.3.8)将给出不同的质点速度 v，故式(2.3.8)将在状态平面 v-σ 上画出一条曲线，这就是以 $y_1\left(\dfrac{Y}{\rho_0 C_e}, -Y\right)$ 为参考状态的材料右行冲击波的动态响应曲线，如图2.10(c)中的曲线 y_1-1 所示，其中点 $1(v = \Phi(\sigma_1), \sigma_1)$ 对应给定压应力 $p_1 = -\sigma_1$ 的初始冲击波后方的状态. 所以物理平面 X-t 上的原点1是一个所谓的"间断分解点"：在弹性前驱波 $1\sim o$ 前方的点1有自然静止状态 $(v, \sigma) = (0, 0)$，在弹性冲击前驱波 $1\sim o$ 和塑性冲击波 $1\sim 3$ 之间的点1有初始压缩屈服状态 $1^+\left(\dfrac{Y}{\rho_0 C_e}, -Y\right)$，在塑性冲击波 $1\sim 3$ 后方的点1有压缩屈服状态 $1(\Phi(\sigma_1), \sigma_1)$.

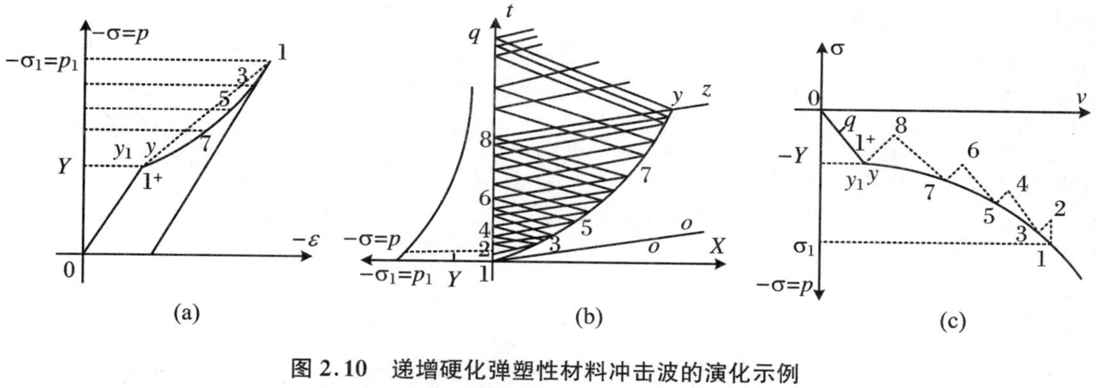

图2.10　递增硬化弹塑性材料冲击波的演化示例

根据求解的精度要求，取一个非常小的时间增量 Δt，从而在图2.10(b)的 t 轴上确定一个点2，我们可以把它作为一个离初始塑性冲击波最近的节点，这个节点的应力 σ_2 可由杆端边界条件给出，但它的质点速度却是未知的，作为近似我们可以用初始塑性冲击波紧后方的点1的质点速度来代替，即取 $v_2 = v_1 = \Phi(\sigma_1)$. 现在，已经知道塑性冲击波上的一个点1(的位置和状态)以及离冲击波最近的点2(的位置和状态)了，于是，我们可以通过直接调用前面所讲的"冲击波点子程序"而求出冲击波的下一个点3(的位置和状态)，其中程序公式中的点 3^+ 的状态就是初始屈服状态 $3^+\left(\dfrac{Y}{\rho_0 C_e}, -Y\right)$，而且在这里我们只需对冲击波速 D 进行改算而并不需要对增量波速 C 进行改算，即 $C_2 = C_{2\text{-}3} = C_e$ 为常数(当然，当材料为非线性弹性卸载时，则需要按照其非线性弹性卸载本构关系对卸载区中不同应力水平的波速进行计算，并

以此为基础对程序中的弹性波速 C 进行改算).

当求出冲击波上的点 3(的位置和状态)之后,我们就已经把问题推进了一步;假设从点 3 所产生的反射左行特征线与杆端边界的交点为点 4,则我们可以求出的点 3(的位置和状态)以及边界条件为基础,通过调用 2.2 节中的"边界点子程序"而求解出边界点 4(的位置和状态),再以求出的边界点 4(的位置和状态)以及刚求出的冲击波点 3(的位置和状态)为基础,通过调用"冲击波点子程序"而求解出新的冲击波点 5(的位置和状态);类似地,再通过"边界点子程序"求出边界点 6(的位置和状态),并接着通过调用"冲击波点子程序"而求解出新的冲击波点 7(的位置和状态)……以此类推,我们可以一直把冲击波连同其后方弹性卸载区的求解进行下去,直至塑性冲击波的强度为零,即前后方的应力状态都等于初始屈服应力 $(-Y)$,如图 2.10(b)中的点 y 所示.此时,塑性冲击波可视为一个强度为零的弹性波,如图 2.10(b)中的右行弹性特征线 y-z 所示.由于此后将不再有弹性卸载波对塑性加载波的追赶卸载,所以也不会在右行弹性特征线 y-z 上产生内反射波,所以图 2.10(b)中特征线 y-q-t 右侧的区域将成为右行简单波区,该区每条右行特征线上的状态对应图 2.10(c)中的直线段 y-q-o 上的各不同点.

上面的解法虽然给出了问题的基本波动图案,但是随着冲击波的传播网格间距越来越大,计算误差也会比较大,而且在弹性卸载区中并没有内节点.为了克服这一缺点并提高计算精度,我们可以在每计算出一个新的冲击波点后,将该点后方的追赶右行特征线段分为若干份而增设若干新的内节点,并通过线性内插法而求出这些内节点的位置和状态,通常的做法是只在冲击波点附近增加一个内节点(因为冲击波附近的计算对精度的要求更高),如在图 2.10(b)中我们就是在点 3、点 5、点 7 等的附近通过将原有追赶特征微段的等分法增加了一个新的内节点,这样,随着计算的进行,每一个新的冲击波点后方的追赶特征线上的节点数就比上一层的节点数多一个,于是,在对每一层新的追赶特征线上各节点(的位置和状态)的计算中,计算出该层的边界点(的位置和状态)之后,我们又需要依次不断地调用"内点子程序"直至离上一层冲击波点最近的内节点,然后再调用"冲击波点子程序",从而就完成了一个层次的计算循环.

我们上面所讲的计算方法可以称为以某一族特征线(这里是右行特征线)为基础的特征线分层循环计算方法.在具体程序实施时,可以预设两层右行特征线各节点的诸物理量的存储单元,分别存储上一层右行特征线各节点的量以及新一层右行特征线各节点的量,而由上一层计算新一层的一个计算循环,按次序则可概括为:首先调用"边界点子程序",接着依次调用"内点子程序"……当计算到冲击波阵面附近时再调用"冲击波点子程序",从而完成了一个循环的计算,此时即可把新一层的各物理量放入旧层的存储单元中,从而为下一个层次的循环计算奠定基础.而各个子程序的转换控制可以通过给边界点(每一层次循环的开始)以及冲击波点(每一层次循环的结束)设置某种特殊的信息而实现.

在图 2.10(b)和图 2.10(c)中,我们示意性地画出了问题的特征网格图和边界点及冲击波点的状态,为了不致图太乱,在图 2.10(c)中我们未画出其他各节点的状态,但这是很容易补上的(具体问题中我们应该根据实际计算的结果而画出有关节点的状态).

显然,如果材料是线性塑性硬化的,则以上的基本解法仍然是适用的,而且事实上问题更加简单,因为此时尽管塑性冲击波的强度会由于弹性卸载波的不断追赶卸载而逐渐衰减,但是塑性冲击波的传播速度 D 将为常数,因此,塑性冲击波在物理平面 X-t 上的迹线是可以预先求出的,于是塑性冲击波的迹线便成为了一个已知的边界.此时我们不但可以用以上的数值方法求得问题的解,而且还可以得到冲击波衰减规律的级数解.

2.3.3　线性硬化弹塑性杆中塑性冲击波衰减的级数解

假设杆是线性硬化的弹塑性材料,其质量密度为 ρ_0,弹性模量为 E,弹塑性硬化模量为 E',压缩屈服应力为 Y,则弹性波速 $C_e=\sqrt{\dfrac{E}{\rho_0}}$ 和塑性波速 $C_p=\sqrt{\dfrac{E'}{\rho_0}}$ 将分别为常数.设在杆的左端有爆炸载荷或有限质量刚块的撞击载荷,一般而言这是一个爆炸产物或刚块与杆材相互作用的耦合波动问题,因而杆端的应力时程曲线和质点速度时程曲线都是不能事先预知的,而是需要作为求解整个耦合波动过程的一部分而求出的.但是为了简单起见,我们将把问题解耦,来求解如下的杆端受有突加至最大峰值压应力 $p(0)>Y$ 而后逐渐衰减的应力边界条件问题.这仍是有实际意义的,因为对上述两种问题由实验所测出的杆端应力时程曲线就具有以上的特点.

如图 2.11 所示,设在杆端 $X=0$ 处作用着如前所述的外载 $p(t)$,在 $t=0$ 的一瞬间,由于压应力由 $p=0$ 突然上升到最大值 $p(0)>Y$,而材料是线性硬化的,故将立即有弹性前驱冲击波 OS' 和塑性冲击波 OS 分别以弹性波速 C_e 和塑性波速 C_p 向杆的右端传播:当跨过 OS' 时,应力由静止区的 $p=0$ 跃升至 $p=Y$;当跨过 OS 时,应力由 $p=Y$ 跃升至 $p=p(0)$(在 OS 左方点 O 附近).由于紧接着载荷便减弱,故随后就有弹性卸载波产生,并产生弹性卸载波对塑性加载波的追赶卸载而使得塑性冲击波后方的应力削弱.由于塑性冲击波的紧后方既是塑性屈服状态,又邻接着左侧的弹性卸载区,所以 OS 既是塑性冲击波的迹线,又同时是一个弹性区和塑性区分界的所谓弹塑性交界面.在物理平面 X-t 上,塑性冲击波 OS 的迹线方程是

$$X = C_p t \tag{2.3.10-a}$$

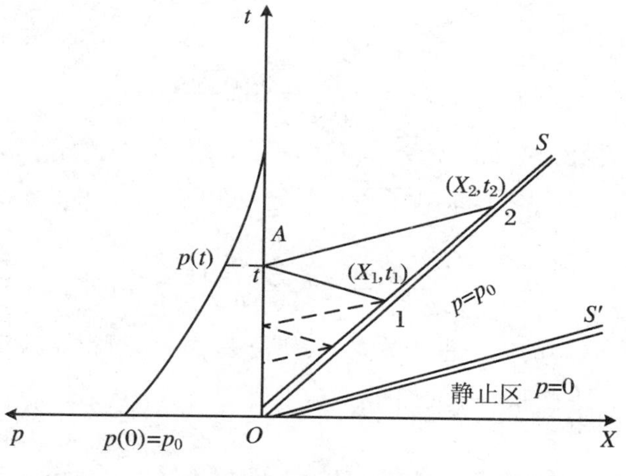

图 2.11　线性硬化弹塑性材料中冲击波衰减问题的波动图案

其中点 S 为分界面的尖端,此处应力为 $p_M(S)=Y$,点 S 以右各截面将不会发生塑性变形,所以点 S 以右的冲击波迹线将与弹性特征线重合.现在的问题中,冲击波迹线事先是知道的,这就可使问题大大简化.下面来求冲击波的衰减规律,即沿界面 OS 紧后方应力的衰减规律 $p_M(X)$.

在图 2.11 中的冲击波迹线 OS 上任取一点 $1(X_1,t_1)$,过 1 作弹性区的左行特征线 1-A 交 t 轴于点 A,此处 $t=t,p=p(t)$,过点 A 作右行特征线 A-2,交冲击波迹线 OS 于点 $2(X_2,t_2)$.在物理上,1-A 是某一条追赶的卸载波和塑性冲击波相互作用所产生的内反射波的迹线,A-2 则是从杆端发出的另一条追赶的弹性卸载波的迹线.

由式(2.3.10-a),有

$$t_2=\frac{X_2}{C_p},\quad t_1=\frac{X_1}{C_p}\tag{2.3.10-b}$$

又因 1-A,2-A 是弹性区的特征线,所以有

$$X_2=C_e(t_2-t),\quad X_1=-C_e(t_1-t)\tag{2.3.11}$$

将式(2.3.10-b)代入式(2.3.11)中,并令

$$\gamma=\frac{C_p}{C_e},\quad \alpha=\frac{C_p}{1-\gamma},\quad \beta=\frac{C_p}{1+\gamma}\tag{2.3.12}$$

便有

$$X_2=\alpha t,\quad X_1=\beta t\tag{2.3.13}$$

沿 1-A,A-2 的特征关系分别为

$$\begin{cases}v(t)-v_M(X_1)=\dfrac{1}{\rho_0C_e}[p(t)-p_M(X_1)]\\[2ex] v(t)-v_M(X_2)=\dfrac{-1}{\rho_0C_e}[p(t)-p_M(X_2)]\end{cases}\tag{2.3.14}$$

其中 $p_M(X)$,$v_M(X)$表示塑性冲击波阵面上 X 处的应力和质点速度.利用右行塑性冲击波的动量守恒条件,有

$$\begin{cases}v_M(X_1)=\dfrac{Y}{\rho_0C_e}+\dfrac{p_M(X_1)-Y}{\rho_0C_p}\\[2ex] v_M(X_2)=\dfrac{Y}{\rho_0C_e}+\dfrac{p_M(X_2)-Y}{\rho_0C_p}\end{cases}\tag{2.3.15}$$

将式(2.3.15)代入式(2.3.14),得

$$\begin{cases}v(t)-\dfrac{Y}{\rho_0C_e}-\dfrac{p_M(X_1)-Y}{\rho_0C_p}=\dfrac{1}{\rho_0C_e}[p(t)-p_M(X_1)]\\[2ex] v(t)-\dfrac{Y}{\rho_0C_e}-\dfrac{p_M(X_2)-Y}{\rho_0C_p}=\dfrac{-1}{\rho_0C_e}[p(t)-p_M(X_2)]\end{cases}\tag{2.3.16}$$

消去 $v(t)$,可得关于 $p(t)$的如下重要关系式(如消去 $p(t)$,可得 $v(t)$的类似表达式):

$$\begin{aligned}p(t)&=\frac{C_e}{2C_p}[p_M(X_2)-p_M(X_1)]+\frac{1}{2}[p_M(X_2)+p_M(X_1)]\\&=\frac{1}{2\gamma}[p_M(X_2)-p_M(X_1)]+\frac{1}{2}[p_M(X_2)+p_M(X_1)]\end{aligned}\tag{2.3.17}$$

我们将式(2.3.17)称为冲击波阵面 OS 上二共轭的点 1 和点 2 之间的所谓共轭关系,它说

明：只要知道杆端上的应力 $p(t)$，就可以由冲击波阵面上的一个点 X_1 处的应力 $p_M(X_1)$ 而由此共轭关系求出冲击波阵面上与之共轭的另一点 X_2 处的应力；式(2.3.17)还说明，只要知道冲击波阵面上任两点 X_1，X_2 处的应力，就可以通过它求出过这两点所作弹性区特征线之交点处(未必在杆端)的应力.

将式(2.3.13)代入式(2.3.17)，有

$$p(t)=\gamma_2 p_M(\alpha t)-\gamma_1 p_M(\beta t) \tag{2.3.18}$$

其中

$$\gamma_2=\frac{1+\gamma}{2\gamma},\quad \gamma_1=\frac{1-\gamma}{2\gamma} \tag{2.3.19}$$

式(2.3.18)是确定函数 $p_M(X)$ 的一个函数方程.我们假设外载 $p(t)$ 及函数 $p_M(X)$ 都可以展开为 Taylor 级数，即

$$p(t)=\sum_{n=0}^{\infty} p_n t^n,\quad p_M(X)=\sum_{n=0}^{\infty} p_{Mn} X^n \tag{2.3.20}$$

将式(2.3.20)代入式(2.3.18)，并比较 t 的同次幂的系数，便可得出由 p_n 确定的 p_{Mn} 的如下公式：

$$p_{Mn}=\frac{p_n}{\gamma_2\alpha^n-\gamma_1\beta^n} \tag{2.3.21}$$

于是，对于待求函数 $p_M(X)$，便有

$$p_M(X)=\sum_{n=0}^{\infty} p_{Mn} X^n=\sum_{n=0}^{\infty}\frac{p_n}{\gamma_2\alpha^n-\gamma_1\beta^n}X^n \tag{2.3.22-a}$$

式(2.3.22-a)便解决了由已知的外载 $p(t)$ 求解冲击波衰减规律的问题.由塑性冲击波的动量守恒条件，即可求出 OS 上点 X 处的质点速度 $v_M(X)$：

$$v_M(X)=\frac{Y}{\rho_0 C_e}+\frac{p_M(X)-Y}{\rho_0 C_p} \tag{2.3.22-b}$$

在式(2.3.22-a)中令 $p_M(X)=Y$，便可求出塑性冲击波迹线的末端点 S，即发生塑性变形的杆的长度 X_S 所满足的方程：

$$Y=\sum_{n=0}^{\infty}\frac{p^n}{\gamma_2\alpha^n-\gamma_1\beta^n}X_S^n \tag{2.3.23}$$

在实际应用时，只需取级数的有限项就足够精确了.

知道了杆端的应力时程曲线 $p(t)$，又根据式(2.3.22-a)、式(2.3.22-b)求出了塑性冲击波迹线 OS 上任一点的应力 $p_M(X)$ 和质点速度 $v_M(X)$，我们只需在 t 轴和 OS 之间的弹性卸载区内解一个混合边值问题，即可求出其中任一点的应力和质点速度.而且，在这里我们还可以给出更简洁和一目了然的求解方法：类似于式(2.3.17)，我们可求出过 OS 上任两点 1 和 2 所作特征线之交点 (X,t) 处之应力：

$$p(X,t)=\frac{1}{2\gamma}[p_M(X_2)-p_M(X_1)]+\frac{1}{2}[p_M(X_2)+p_M(X_1)] \tag{2.3.24}$$

与式(2.3.17)不同，在这里点 (X,t) 不必限制在杆端.在塑性激波迹线 OS 的右方是弹塑性单波，任一点的应力是容易求出的.这样我们就解完了整个问题.然后便可以作出任一截面 X 处的应力时程曲线或任一时刻 t 杆中的应力波形.

为了物理概念清晰起见，我们也可以用如下的半图解方法来简要说明整个问题的求解过程：

(1) 由式(2.3.23)求出塑性冲击波迹线的末端点 S，并在物理平面 X-t 上画出冲击波迹线 OS 和弹性前驱波迹线 OS'，如图 2.12 所示.

(2) 在弹性区内作出过点 S 的特征线网格 S-C-3-B-2…，求出网格在杆端及冲击波阵面上各节点 S，C，3，B，2，…处的应力(由边界条件及式(2.3.22-a)所示).

(3) 对各特征线上的中间点，其应力可由其端点上的应力进行线性插值近似求出，比如图 2.12 中点 G 和点 F 的应力分别为

$$p_G = p_C + \frac{GC}{SC}(p_S - p_C), \quad p_F = p_B + \frac{FB}{B3}(p_3 - p_B) \tag{2.3.25}$$

其中 SC，GC，$B3$，FB 等分别表示物理平面上线段 SC，GC，$B3$，FB 等的长度.由此便可作出截面 X 上的应力时程曲线或任意时刻杆中的应力波形.以上整个过程及结果如图 2.12 所示，并定性地画出了塑性冲击波的应力衰减曲线 $p_M(X)$ 和其中一个截面 X(图 2.12 中的 FG)处的应力时程曲线.这样的网格虽然比较粗糙，线性内插也是近似的，但其结果可以近似地反映整个波动图案.

当然，如果不管上面的分析结果(式(2.3.22)和式(2.3.23))，而直接用图解法也是可以的.

(1) 首先在 v-p 平面上作出右行单波映像 OSO'，其中 $p_S = Y$，$p_{O'} = p(0)$(如图 2.13 所示).

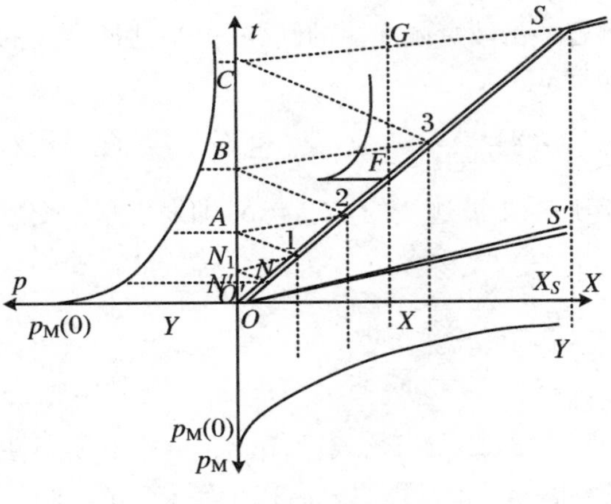

图 2.12 物理平面

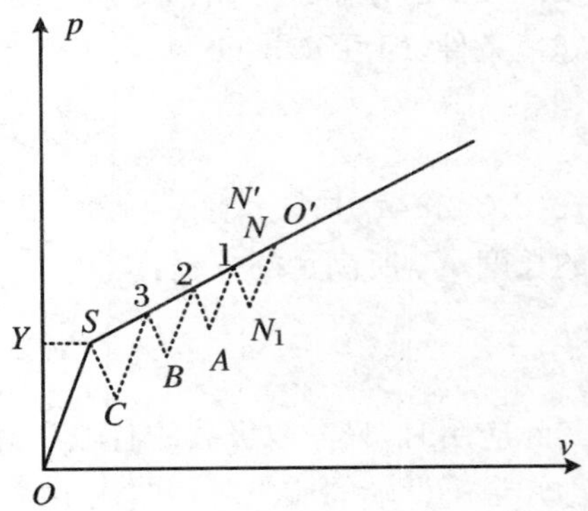

图 2.13 状态平面

(2) 然后在 X-t 平面的冲击波迹线 OS 上取一个和原点足够近的点 N 并近似地令 $p_N = p_{N'}$，其中 N' 是 N 在 t 轴上的投影.于是便可在 v-p 图的右行弹塑性冲击波映像 OSO' 上找到点 N 的映像 N 或 N'；在 X-t 图上作过点 N 的左行弹性特征线交 t 轴于点 N_1，点 N_1 的应力 p_{N_1} 可由边界条件查出；在 v-p 图上作与 NN_1 相对应的特征关系

$$v_N - v_{N_1} = \frac{1}{\rho_0 C_e}(p_N - p_{N_1})$$

并在此直线上截取纵坐标等于 p_{N_1} 的点，即为 N_1 的映像 N_1.

(3) 在 X-t 图上作过 N_1 的右行弹性特征线，交冲击波迹线于点 1，此点的状态映像在 v-p 图上由过点 N_1 的特征关系

$$v_1 - v_{N_1} = \frac{-1}{\rho_0 C_e}(p_1 - p_{N_1})$$

和弹塑性波映像 OSO' 的交点 1 给出. 如此作下去，便可求出图 2.12 中各个点 $A,2,B,3,\cdots$ 以及它们在 v-p 平面上的映像 $A,2,B,3,\cdots$. 当然实际作图时，过点 N 的特征线网格不一定和前面从点 S 作出的特征线相重合，这里为了使图不致太杂乱，我们将它们画在了一起.

2.4 弹塑性交界面的传播

2.4.1 问题的提出和提法

应力波在弹塑性杆中传播时，各个杆截面的状态分为弹性状态和塑性状态两种，在弹性区和塑性区之间有一个分界的截面，这个截面就是所谓的弹塑性交界面(elastic-plastic interface)，在应力波的作用下，弹塑性交界面的位置随着时间的推移会在杆中以某种规律传播，从一个截面传播到另一个截面，这是弹塑性交界面的传播. 设弹塑性交界面在物理平面 X-t 上的迹线为 $X = X(t)$，则其在杆中转移的 L 氏传播速度将为 $\bar{C} = \mathrm{d}X/\mathrm{d}t$. 虽然弹塑性交界面的传播作为一种特殊的信号传播，也可以称为“波速”，而且有的研究人员就把它称为“交界面波速”或“弹塑性相变波速”，但是由于弹塑性交界面的传播速度在物理本质上和作为弹性扰动传播的弹性特征波速 C_e 以及作为塑性扰动传播的塑性特征波速 C_p 还是有区别的(只有在某些情况下才会和特征波速相等)，因此，我们将特别地以 $\bar{C}$ 表示弹塑性交界面的传播速度. 根据弹塑性加卸载的转换是发生在上屈服面还是发生在下屈服面，弹塑性交界面可以区分为与上屈服面相关联的弹塑性交界面和与下屈服面相关联的弹塑性交界面，为了明确和清楚起见，我们将以与上屈服面相关联的弹塑性交界面为例来进行以下的讨论(对于与下屈服面相关联的弹塑性交界面可参照这里的方法类似地进行讨论).

如图 2.14 所示，设有一个与上屈服面相关联的弹塑性交界面 A-B-C-D，其中物理平面 X-t 上的迹线为 $X = X(t)$，设其前方和后方各为塑性区和弹性区，分别以(p)和(e)标示之. 整个弹塑性交界面 A-B-C-D 按其特点可分为两类不同的部分：交界面 A-B 和 C-D 的特点是，随着时间的增加，交界面向着塑性区一侧移动，即弹性区不断扩大而塑性区不断缩小，或者说交界面所经历的介质截面由塑性加载状态转变为弹性卸载状态，我们将把这种界面称为“塑加-弹卸界面”，或简称为“卸载界面”(unloading interface)；交界面 B-C 的特点是，随着时间的增加，交界面向着弹性区一侧移动，即塑性区不断扩大而弹性区不断缩小，或者说交界面所经历的介质截面由弹性加载状态转变为塑性加载状态，我们将把这种界面称为“弹加-塑加界面”，或简称为“加载界面”(loading interface). 和冲击波一样，弹塑性交界面在一般情况下也是一种事先未知的移动界面，其迹线形状 $X = X(t)$ 的求解需要和整个波动问题

的求解一起进行,即弹塑性交界面的求解本身也是问题求解任务的一部分.

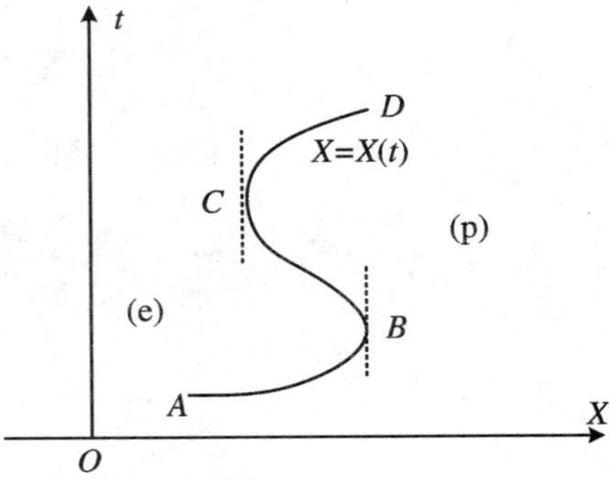

图 2.14 弹塑性交界面示意图

当以质点速度和应力为基本未知量时,即使在包括弹塑性边界存在的问题中,波动问题的基本方程组在弹性区和塑性区将具有完全相同的形式,只不过在弹性区和塑性区中,材料分别具有的弹性本构关系和塑性本构关系是不同的,因之两区中应力扰动的特征波速 C_e 和 C_p 也将是不同的.在两区中的波动问题基本方程组可分别写为

$$\text{弹性区:}\begin{cases} v_t^e - \dfrac{1}{\rho_0}\sigma_X^e = 0 \\ \sigma_t^e - \rho_0 C_e^2 v_X^e = 0 \end{cases} \tag{2.4.1-a}$$

$$\text{塑性区:}\begin{cases} v_t^p - \dfrac{1}{\rho_0}\sigma_X^p = 0 \\ \sigma_t^p - \rho_0 C_p^2 v_X^p = 0 \end{cases} \tag{2.4.1-b}$$

上两式中的标志号 e 和 p 分别表示弹性区和塑性区.此外,如果跨过弹塑性交界面应力和质点速度发生强间断即弹塑性交界面本身也是一个强间断的冲击波,则如下的跨过交界面的突跃条件也应该成立:

$$[v] = -\bar{C}[\varepsilon],\quad [\sigma] = -\rho_0\bar{C}[v] \tag{2.4.2}$$

于是,涉及弹塑性交界面的波动问题的提法就是:给定的初始条件和边界条件下,在弹性区求解基本方程组(2.4.1-a),在塑性区求解基本方程组(2.4.1-b),而在两区的未知待求边界 $X = X(t)$ 上,两区的应力和质点速度需要满足如下的连接条件:在弱间断的弹塑性交界面上两侧的应力和质点速度分别满足跨交界面连续的条件 $\sigma^e = \sigma^p$, $v^e = v^p$;而在强间断的弹塑性交界面上两侧的质点速度和应力(应变)满足跨界突跃条件(2.4.2).

2.4.2 强间断的弹塑性交界面和与冲击波迹线相重合的弱间断的弹塑性交界面

由于跨过强间断的弹塑性交界面时,位移的跨界连续条件和动量守恒条件(2.4.2)也应该成立,故强间断的弹塑性交界面的传播速度 $\bar{C}$ 必为

$$\bar{C} = \pm\sqrt{\frac{1}{\rho_0}\frac{[\sigma]}{[\varepsilon]}} \tag{2.4.3}$$

(1) 如果在交界面上发生的是由某个弹性状态向屈服面上的塑性状态的突跃弹性加

载，即交界面是突跃弹性加载界面，或者在交界面上发生的是由屈服面上的某个塑性状态的突跃弹性卸载，即交界面是突跃弹性卸载界面，则都有

$$[\sigma] = E[\varepsilon] = \rho_0 C_e^2[\varepsilon] \tag{2.4.4}$$

因此，由式(2.4.3)都有

$$\bar{C} = \pm C_e \tag{2.4.5}$$

这就是说，强间断的突跃弹性加载界面和突跃弹性卸载界面的传播速度都必然是弹性特征波速 C_e.

(2) 如果交界面是两侧应力连续而应变发生间断的强间断交界面，则由式(2.4.3)有

$$\bar{C} = 0 \tag{2.4.6}$$

此种强间断的弹塑性交界面即是驻定的应变间断面.

(3) 如果在塑性冲击波的紧后方有连续的弹性卸载波追赶，则会出现一系列无限小的增量弹性卸载波对塑性加载波的追赶卸载并发生相互作用，在塑性冲击波被不断削弱的同时会依次在各时刻反射一系列弹性增量加载波，并保持弹性区应力和塑性冲击波紧后方应力相等. 在此种情况下，弹塑性交界面与塑性冲击波迹线相重合(如 2.3 节中冲击波传播的例子所示)，所以交界面的传播速度即等于塑性冲击波的速度：

$$\bar{C} = D_p \tag{2.4.7}$$

但是由于此时塑性冲击波紧后方的塑性区应力和弹性卸载区的应力保持相等，所以这种特殊的弹塑性交界面事实上是一种弱间断的交界面而不是强间断的交界面，与之重合的紧前方强间断塑性冲击波只不过是塑性区中出现的强间断而已.

在本小段中我们只讲了其本身是强间断的弹塑性交界面以及其本身虽是弱间断的但却是与冲击波迹线相重合的特殊弱间断弹塑性交界面，下面我们将着重对一般的弱间断弹塑性交界面的传播特性进行讨论.

2.4.3　一阶弱间断的弹塑性交界面

所谓弱间断的弹塑性交界面，是指跨过交界面时两侧的未知量(质点速度、应力等)本身连续而其某阶导数发生间断；如果跨过界面时两侧的未知量(质点速度、应力等)的一阶导数发生间断则称其为一阶弱间断的弹塑性交界面，以此类推.

在讨论弹塑性交界面的一般特性之前，我们指出相变界面的最本质特征是在界面两侧材料具有不同的本构关系，作为一种特殊相变界面的弹塑性交界面的最本质特征则是，在交界面的两侧材料分别具有弹性本构关系和塑性本构关系. 我们现在所讨论的弱间断的弹塑性交界面的情况是，在弹塑性交界面的两侧其应力和应变本身都保持连续，即两侧的应力-应变曲线保持连续而其应力-应变曲线的斜率发生了间断(可称之为一阶相变材料)，这就导致跨过弹塑性交界面时两侧应力扰动的特征波速 C 将发生间断，即

$$[C] \neq 0 \tag{2.4.8}$$

下面将看到，这一结果对弹塑性交界面的传播特性有着重要的影响.

弹塑性波问题的基本方程组(2.4.1)可改写为

$$\sigma_X = \rho_0 v_t \tag{2.4.9-a}$$

$$\frac{\sigma_t}{C^2} = \rho_0 v_X \tag{2.4.9-b}$$

此基本方程组在波动场内处处成立，但是式中的波速 C 在弹性区和塑性区应该分别取弹性波速 C_e 和塑性波速 C_p. 将式(2.4.9-a)和式(2.4.9-b)分别应用于弹塑性交界面的紧前方和紧后方并相减，即分别对式(2.4.9-a)和式(2.4.9-b)的两端取间断，即可得

$$[\sigma_X] = \rho_0[v_t] \tag{2.4.10-a}$$

$$\left[\frac{\sigma_t}{C^2}\right] = \rho_0[v_X] \tag{2.4.10-b}$$

需要注意的是，由于式(2.4.8)的缘故，式(2.4.10-b)左端的 C 是不能拿到间断号之外的；同时，与式(2.4.9-a)和式(2.4.9-b)分别在整个弹性区和塑性区处处都成立不同，式(2.4.10-a)和式(2.4.10-b)只在弹塑性交界面上才成立.

对于任何一个跨过交界面时保持连续即其跳跃量 $[f]=0$ 的物理量 f，沿着交界面传播时其对时间的任意阶的全导数 $\frac{\mathrm{d}^n f}{\mathrm{d}t^n}$ 也必然是跨界连续的，即 $\left[\frac{\mathrm{d}^n f}{\mathrm{d}t^n}\right]=0$. 特别说来，对于弱间断的弹塑性交界面，由于质点速度 v 和应力 σ 是跨界连续的，即

$$[v] = 0, \quad [\sigma] = 0$$

所以，其对时间的1阶全导数也必然是跨界连续的，即

$$\left[\frac{\mathrm{d}v}{\mathrm{d}t}\right] = 0 \tag{2.4.11-a}$$

$$\left[\frac{\mathrm{d}\sigma}{\mathrm{d}t}\right] = 0 \tag{2.4.12-a}$$

由于

$$\frac{\mathrm{d}v}{\mathrm{d}t} = v_t + v_X\frac{\mathrm{d}X}{\mathrm{d}t} = v_t + v_X\bar{C}, \quad \frac{\mathrm{d}\sigma}{\mathrm{d}t} = \sigma_t + \sigma_X\frac{\mathrm{d}X}{\mathrm{d}t} = \sigma_t + \sigma_X\bar{C}$$

其中，$\bar{C}=\frac{\mathrm{d}X}{\mathrm{d}t}$ 表示弹塑性交界面的传播速度，故将此二式代入式(2.4.11-a)和式(2.4.12-a)，即有

$$[v_t] = -[v_X]\bar{C} \tag{2.4.11-b}$$

$$[\sigma_t] = -[\sigma_X]\bar{C} \tag{2.4.12-b}$$

利用式(2.4.10-b)、式(2.4.11-b)、式(2.4.10-a)、式(2.4.12-b)，有

$$\left[\frac{\sigma_t}{C^2}\right] = \rho_0[v_X] = -\frac{\rho_0}{\bar{C}}[v_t] = -\frac{[\sigma_X]}{\bar{C}} = \frac{[\sigma_t]}{\bar{C}^2}$$

即

$$\left[\frac{\sigma_t}{C^2}\right] = \frac{[\sigma_t]}{\bar{C}^2} \tag{2.4.13}$$

式(2.4.13)就是弹塑性交界面传播速度 $\bar{C}$ 所必须满足的关系. 如果 $\bar{C}=0$，则我们就已经求出了弹塑性交界面的传播速度而不需要再利用式(2.4.13)；而在 $\bar{C}\neq 0$ 的一般情况下，由式(2.4.13)可见，$[\sigma_t]$ 和 $\left[\frac{\sigma_t}{C^2}\right]$ 必然同时不为零或者同时为零. 现在我们分别对这两种情况来

进行讨论.

1. $[\boldsymbol{\sigma}_t]\neq 0$ 的情况(此时弹塑性交界面必为 1 阶弱间断交界面)

此时,式(2.4.13)可直接给出弹塑性交界面传播速度 $\bar{C}$ 的公式如下:

$$\bar{C}^2 = \frac{[\sigma_t]}{\left[\dfrac{\sigma_t}{C^2}\right]} \tag{2.4.14-a}$$

该式也可写为

$$\frac{\sigma_t^{\mathrm{e}}}{\sigma_t^{\mathrm{p}}} = \frac{\dfrac{1}{C_{\mathrm{p}}^2} - \dfrac{1}{\bar{C}^2}}{\dfrac{1}{C_{\mathrm{e}}^2} - \dfrac{1}{\bar{C}^2}} \tag{2.4.14-b}$$

2. $[\boldsymbol{\sigma}_t]=0$ 的情况(即应力率 $\boldsymbol{\sigma}_t$ 跨过交界面时连续的情况)

此时,因为跨过交界面时 σ_t 连续,故我们有

$$\left[\frac{\sigma_t}{C^2}\right] = \left[\frac{1}{C^2}\right]\sigma_t = 0$$

这里利用了 σ_t 跨过交界面时连续因而在交界面两侧有相同 σ_t 值的条件. 根据弹塑性交界面基本特性的式(2.4.8),必有

$$\left[\frac{1}{C^2}\right]\neq 0$$

故必有 $\sigma_t=0$,或

$$\sigma_t^{\mathrm{e}} = \sigma_t^{\mathrm{p}} = 0 \tag{2.4.15-a}$$

即在此种弹塑性交界面的两侧紧前方和紧后方的应力率必然同时为零. 再利用基本方程组(2.4.9-b),则在此种弹塑性交界面的两侧紧前方和紧后方的质点速度梯度也必然同时为零,即

$$v_X^{\mathrm{e}} = v_X^{\mathrm{p}} = 0 \tag{2.4.15-b}$$

式 (2.4.15-b)自然意味着质点速度梯度跨过弹塑性交界面时也是连续的,即$[v_X]=0$. 利用$[\sigma_t]=0$ 和式(2.4.12-b),有

$$[\sigma_X] = 0 \tag{2.4.15-c}$$

利用$[v_X]=0$ 和式(2.4.12-a),有

$$[v_t] = 0 \tag{2.4.15-d}$$

前面的推导说明,此种情况跨过弹塑性交界面时应力和质点速度的 1 阶导数都是连续的,因此,这种弹塑性交界面必然是 2 阶或者更高阶的弱间断弹塑性交界面. 为了下面应用方便起见,我们将这种 2 阶或者更高阶弹塑性交界面所具有的性质(2.4.15)用如下更为清晰的公式写出来,即

$$[\sigma_t] = [\sigma_X] = [v_t] = [v_X] = 0 \tag{2.4.16-a}$$

$$\sigma_t = 0 = v_X \tag{2.4.16-b}$$

式(2.4.16-a)表明弹塑性交界面是 2 阶或者更高阶的弱间断弹塑性交界面,式(2.4.16-b)则表明这种弹塑性交界面还必然具有的一种特殊性质:在其紧前方和紧后方同时有 $\sigma_t=0$ 和 $v_X=0$.

以上的论述结果可以用如下的定理来概括.

定理 2.1 一个弱间断的弹塑性交界面,如果跨过该弹塑性交界面时$[\sigma_t]\neq 0$,则它必然是1阶弱间断的弹塑性交界面,其交界面的传播速度$\bar{C}$可由式(2.4.14)给出;如果跨过该弹塑性交界面时$[\sigma_t]=0$,则此时不但跨过交界面时应力和质点速度的1阶偏导数都连续,因而它必然是一个2阶或者更高阶的弹塑性交界面,而且在交界面的两侧应力率和质点速度梯度都必然同时为零,即式(2.4.16)成立.

在进行进一步的讨论之前,我们再由式(2.4.14)来讨论1阶弱间断弹塑性交界面传播速度$\bar{C}$的可能数值范围.不妨设在杆端处外加应力载荷$\sigma(t)$于时刻A发出一个与上屈服相关的"弹加-塑加界面"即"加载界面"AB(如图2.15(a)所示)或"塑加-弹卸界面",即"卸载界面"AB(如图2.15(b)所示).显然,对于"加载界面"而言,有

$$\sigma_t^{\mathrm{e}}\geqslant 0,\quad \sigma_t^{\mathrm{p}}\geqslant 0$$

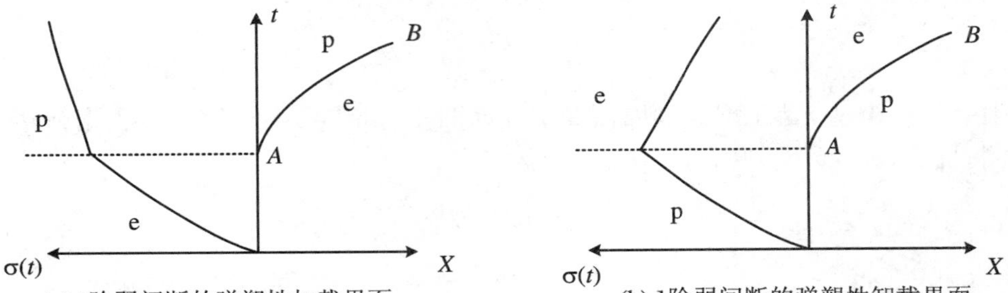

(a) 1阶弱间断的弹塑性加载界面

(b) 1阶弱间断的弹塑性卸载界面

图 2.15

故由式(2.4.14-b),有

$$\frac{\sigma_t^{\mathrm{e}}}{\sigma_t^{\mathrm{p}}}=\frac{\dfrac{1}{C_{\mathrm{p}}^2}-\dfrac{1}{\bar{C}^2}}{\dfrac{1}{C_{\mathrm{e}}^2}-\dfrac{1}{\bar{C}^2}}\geqslant 0$$

所以,"加载界面"的传播速度$\bar{C}_{\mathrm{L}}$必满足

$$|\bar{C}_{\mathrm{L}}|\leqslant C_{\mathrm{p}}\ \ 或\ \ |\bar{C}_{\mathrm{L}}|\geqslant C_{\mathrm{e}}\quad(1\text{ 阶弱间断的“加载界面”})\tag{2.4.17-a}$$

而对于"卸载界面"而言,有

$$\sigma_t^{\mathrm{p}}\geqslant 0,\quad \sigma_t^{\mathrm{e}}\leqslant 0$$

故由式(2.4.14-b),有

$$\frac{\sigma_t^{\mathrm{e}}}{\sigma_t^{\mathrm{p}}}=\frac{\dfrac{1}{C_{\mathrm{p}}^2}-\dfrac{1}{\bar{C}^2}}{\dfrac{1}{C_{\mathrm{e}}^2}-\dfrac{1}{\bar{C}^2}}\leqslant 0$$

所以,"卸载界面"的传播速度$\bar{C}_{\mathrm{U}}$必满足

$$C_{\mathrm{p}}\leqslant|\bar{C}_{\mathrm{U}}|\leqslant C_{\mathrm{e}}\quad(1\text{ 阶弱间断的“卸载界面”})\tag{2.4.17-b}$$

2.4.4 二阶弱间断的弹塑性交界面

根据前面的讨论，我们已经知道，如果一个弹塑性交界面是2阶或者更高阶的，则式(2.4.16)成立.下面，我们将假设交界面是2阶或者更高阶的弹塑性交界面，并以性质(2.4.16)和基本方程组(2.4.9)为基础来做进一步的讨论.

由基本方程组(2.4.9-a)和方程组(2.4.9-b)分别对 X 和 t 求偏导数，可得

$$\sigma_{XX} = \rho_0 v_{tX} \tag{2.4.18-a}$$

$$\sigma_{Xt} = \rho_0 v_{tt} \tag{2.4.18-b}$$

$$\sigma_{tX} = \rho_0 (C^2 v_{XX} + 2CC_X v_X) = \rho_0 C^2 v_{XX} \tag{2.4.19-a}$$

$$\sigma_{tt} = \rho_0 (C^2 v_{Xt} + 2CC_t v_X) = \rho_0 C^2 v_{Xt} \tag{2.4.19-b}$$

在式(2.4.19-a)和式(2.4.19-b)的第二个等号中，我们利用了2阶或者更高阶的弹塑性交界面上的性质(2.4.16)中的 $v_X = 0$. 又由于在2阶或者更高阶的弹塑性交界面的两侧我们同时有式(2.4.16-b)，即

$$\sigma_t = 0, \quad v_X = 0$$

所以，沿着此种2阶或者更高阶的弹塑性交界面的两侧，σ_t 和 v_X 对时间 t 的全导数也必然为零：

$$\frac{\mathrm{d}\sigma_t}{\mathrm{d}t} = \sigma_{tt} + \sigma_{tX}\bar{C} = 0 \tag{2.4.20}$$

$$\frac{\mathrm{d}v_X}{\mathrm{d}t} = v_{Xt} + v_{XX}\bar{C} = 0 \tag{2.4.21}$$

又因为跨过此种2阶或者更高阶的弹塑性交界面 σ 和 v 的1阶偏导数跨界连续(见式(2.4.16-a))，特别说来，σ_X 和 v_t 跨界连续，即

$$[\sigma_X] = 0, \quad [v_t] = 0$$

所以，沿着此种弹塑性交界面 σ_X 和 v_t 对时间 t 的全导数也必然跨界连续：

$$\left[\frac{\mathrm{d}\sigma_X}{\mathrm{d}t}\right] = [\sigma_{Xt} + \sigma_{XX}\bar{C}] = [\sigma_{Xt}] + [\sigma_{XX}]\bar{C} = 0 \tag{2.4.22}$$

$$\left[\frac{\mathrm{d}v_t}{\mathrm{d}t}\right] = [v_{tt} + v_{tX}\bar{C}] = [v_{tt}] + [v_{tX}]\bar{C} = 0 \tag{2.4.23}$$

依次利用式(2.4.19)、式(2.4.18)、式(2.4.22)、式(2.4.20)，有

$$\left[\frac{\sigma_{tt}}{C^2}\right] = \rho_0 [v_{Xt}] = [\sigma_{XX}] = -\frac{[\sigma_{Xt}]}{\bar{C}} = \frac{[\sigma_{tt}]}{\bar{C}^2}$$

即

$$\left[\frac{\sigma_{tt}}{C^2}\right] = \frac{[\sigma_{tt}]}{\bar{C}^2} \tag{2.4.24}$$

式(2.4.24)是2阶或者更高阶的弹塑性交界面的传播速度 $\bar{C}$ 所必须满足的关系. 与前面的讨论类似，如果 $\bar{C} = 0$，则我们就已经求出了弹塑性交界面的传播速度而不需要再利用式(2.4.24)；而在 $\bar{C} \neq 0$ 的一般情况下，由式(2.4.24)可见，$[\sigma_{tt}]$ 和 $\left[\frac{\sigma_{tt}}{C^2}\right]$ 必然同时不为零或者同时为零. 现在我们分别对这两种情况进行讨论.

1. $[\sigma_{tt}]\neq 0$ 的情况(此时弹塑性交界面必为 2 阶弱间断交界面)

此时,式(2.4.24)可直接给出弹塑性交界面传播速度 $\bar{C}$ 的公式如下:

$$\bar{C}^2 = \frac{[\sigma_{tt}]}{\left[\frac{\sigma_{tt}}{C^2}\right]} \tag{2.4.25-a}$$

该式也可写为

$$\frac{\sigma_{tt}^{\mathrm{e}}}{\sigma_{tt}^{\mathrm{p}}} = \frac{\frac{1}{C_{\mathrm{p}}^2} - \frac{1}{\bar{C}^2}}{\frac{1}{C_{\mathrm{e}}^2} - \frac{1}{\bar{C}^2}} \tag{2.4.25-b}$$

2. $[\sigma_{tt}]=0$ 的情况(即 σ_{tt} 跨过交界面时连续的情况)

此时,因为 σ_{tt} 跨过交界面时连续,故

$$\left[\frac{\sigma_{tt}}{C^2}\right] = \left[\frac{1}{C^2}\right]\sigma_{tt} = 0$$

这里利用了 σ_{tt} 跨过交界面时连续因而在交界面两侧有相同 σ_{tt} 值的条件.根据弹塑性交界面基本特性的式(2.4.8),必有

$$\left[\frac{1}{C^2}\right]\neq 0$$

故 $\sigma_{tt}=0$,或

$$\sigma_{tt}^{\mathrm{e}} = \sigma_{tt}^{\mathrm{p}} = 0 \tag{2.4.26}$$

即在此种弹塑性交界面的两侧紧前方和紧后方的 σ_{tt} 必然同时为零.再依次利用前面的有关公式,可分别得到

$$v_{Xt} = 0 \quad (\text{由 } \sigma_{tt} = 0 \text{ 和式(2.4.19-b)})$$
$$\sigma_{XX} = 0 \quad (\text{由 } v_{Xt} = 0 \text{ 和式(2.4.18-a)})$$
$$\sigma_{Xt} = 0 \quad (\text{由 } \sigma_{tt} = 0 \text{ 和式(2.4.20)})$$
$$v_{tt} = 0 \quad (\text{由 } \sigma_{Xt} = 0 \text{ 和式(2.4.18-b)})$$
$$v_{XX} = 0 \quad (\text{由 } \sigma_{Xt} = 0 \text{ 和式(2.4.19-a)})$$

即在此种弹塑性交界面两侧的紧前方和紧后方 σ 和 v 的全部 2 阶导数都为零:

$$\sigma_{tt} = \sigma_{Xt} = \sigma_{XX} = v_{tt} = v_{Xt} = v_{XX} = 0 \tag{2.4.27}$$

σ 和 v 的全部 2 阶导数在交界面的两侧都为零,当然表明它们都跨界连续,所以此种弹塑性交界面必为 3 阶或更高阶的弹塑性交界面.这种 3 阶或更高阶的弹塑性交界面除了具有性质(2.4.27)以外,还具有我们前面所说的性质(2.4.16).

以上的论述结果可以用如下的定理来概括.

定理 2.2 一个高于 1 阶弱间断的弹塑性交界面,如果跨过该弹塑性交界面时$[\sigma_{tt}]\neq 0$,则它必然是 2 阶弱间断的弹塑性交界面,其交界面的传播速度 $\bar{C}$ 可由式(2.4.25)给出;如果跨过该弹塑性交界面时$[\sigma_{tt}]=0$,则此时不但跨过交界面时应力和质点速度的 1 阶及 2 阶偏导数都连续,因而它必然是一个 3 阶或者更高阶的弹塑性交界面,而且在交界面的两侧式(2.4.27)和式(2.4.16)同时成立.

类似于前面的讨论,我们也可以由式(2.4.25)来得出 2 阶弱间断的弹塑性交界面的传

播速度 $\bar{C}$ 的可能数值范围.设外加应力载荷 $\sigma(t)$ 于时刻 A 发出一个与上屈服相关的"弹加-塑加界面"即"加载界面"AB(如图2.16(a)所示)或"塑加-弹卸界面"即"卸载界面"AB(如图2.16(b)所示).由于现在讨论的是2阶弱间断的弹塑性交界面,所以在交界面的两侧,其应力率都为零,即 $\sigma_t^{\mathrm{e}}=\sigma_t^{\mathrm{p}}=0$(见式(2.4.16-b)和图2.16).此时,对于"加载界面"而言,我们有

$$\sigma_{tt}^{\mathrm{e}}\leqslant 0,\quad \sigma_{tt}^{\mathrm{p}}\geqslant 0$$

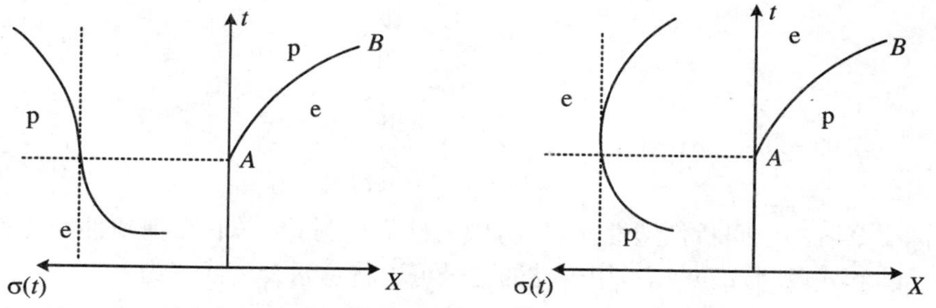

(a) 2阶弱间断弹的塑性加载界面　(b) 2阶弱间断弹的塑性卸载界面

图2.16

故由式(2.4.25-b),有

$$\frac{\sigma_{tt}^{\mathrm{e}}}{\sigma_{tt}^{\mathrm{p}}}=\frac{\dfrac{1}{C_{\mathrm{p}}^2}-\dfrac{1}{\bar{C}^2}}{\dfrac{1}{C_{\mathrm{e}}^2}-\dfrac{1}{\bar{C}^2}}\leqslant 0$$

所以,"加载界面"的传播速度 $\bar{C}_{\mathrm{L}}$ 必满足

$$C_{\mathrm{p}}\leqslant|\bar{C}_{\mathrm{L}}|\leqslant C_{\mathrm{e}}\quad\text{(2 阶弱间断的“加载界面”)}\tag{2.4.28-a}$$

而对于"卸载界面"而言,我们有

$$\sigma_{tt}^{\mathrm{p}}\leqslant 0,\quad \sigma_{tt}^{\mathrm{e}}\leqslant 0$$

故由式(2.4.25-b),有

$$\frac{\sigma_{tt}^{\mathrm{e}}}{\sigma_{tt}^{\mathrm{p}}}=\frac{\dfrac{1}{C_{\mathrm{p}}^2}-\dfrac{1}{\bar{C}^2}}{\dfrac{1}{C_{\mathrm{e}}^2}-\dfrac{1}{\bar{C}^2}}\geqslant 0$$

所以,"卸载界面"的传播速度 $\bar{C}_{\mathrm{U}}$ 必满足

$$|\bar{C}_{\mathrm{U}}|\leqslant C_{\mathrm{p}}\quad\text{或}\quad|\bar{C}_{\mathrm{U}}|\geqslant C_{\mathrm{e}}\quad\text{(2 阶弱间断的“卸载界面”)}\tag{2.4.28-b}$$

很自然地,我们会想到,对于高于2阶弱间断的弹塑性交界面可以参照前面的讨论进行类似的研究,并得出相应的类似结论.比如 n 阶弱间断的弹塑性交界面的传播速度 $\bar{C}$ 可由如下的公式给出:

$$\bar{C}^2=\frac{\left[\dfrac{\partial^n\sigma}{\partial t^n}\right]}{\left[\dfrac{\partial^n\sigma}{\partial t^n}\Big/C^2\right]},\quad \frac{\left(\dfrac{\partial^n\sigma}{\partial t^n}\right)^{\mathrm{e}}}{\left(\dfrac{\partial^n\sigma}{\partial t^n}\right)^{\mathrm{p}}}=\frac{\dfrac{1}{C_{\mathrm{p}}^n}-\dfrac{1}{\bar{C}^n}}{\dfrac{1}{C_{\mathrm{e}}^n}-\dfrac{1}{\bar{C}^n}}\tag{2.4.29}$$

可以证明这一公式是成立的，而且在20世纪80年代以前人们都是利用这一公式进行计算的．但是，后来王礼立、虞吉林和朱兆祥等人经过进一步深入研究发现（参见参考文献[13]），人们事实上还可以得出更进一步的结论，这可以由如下定理来表达．

定理 2.3 一个高于2阶弱间断的弹塑性交界面必然与特征线重合．

下面我们就用一种比较简洁、紧凑的方式来证明该定理．

杆中平面纵波传播的基本方程组可写为

$$\boldsymbol{W}_t = -\boldsymbol{B}\cdot\boldsymbol{W}_X \tag{2.4.30-a}$$

其中

$$\boldsymbol{W} = \begin{bmatrix} v \\ \sigma \end{bmatrix},\quad \boldsymbol{B} = \begin{bmatrix} 0 & -\dfrac{1}{\rho_0} \\ -\rho_0 C^2 & 0 \end{bmatrix} \tag{2.4.30-b}$$

设有一个高于2阶的弱间断弹塑性交界面，则由前面的讨论可知，在弹塑性交界面上，我们有式(2.4.16)和式(2.4.27)成立，用现在的记号可以将这两个公式写为

$$[\boldsymbol{W}_t] = \boldsymbol{O},\quad [\boldsymbol{W}_X] = \boldsymbol{O},\quad \boldsymbol{W}_t = \begin{bmatrix} v_t \\ 0 \end{bmatrix},\quad \boldsymbol{W}_X = \begin{bmatrix} 0 \\ \sigma_X \end{bmatrix} \tag{2.4.16$'$}$$

$$\boldsymbol{W}_{tt} = \boldsymbol{O},\quad \boldsymbol{W}_{tX} = \boldsymbol{O},\quad \boldsymbol{W}_{XX} = \boldsymbol{O} \tag{2.4.27$'$}$$

由基本方程组(2.4.30-a)求偏导数，可得

$$\boldsymbol{W}_{tt} = -\boldsymbol{B}_t\cdot\boldsymbol{W}_X - \boldsymbol{B}\cdot\boldsymbol{W}_{Xt} \tag{2.4.31}$$

$$\boldsymbol{W}_{tX} = -\boldsymbol{B}_X\cdot\boldsymbol{W}_X - \boldsymbol{B}\cdot\boldsymbol{W}_{XX} \tag{2.4.32}$$

$$\boldsymbol{W}_{ttt} = -\boldsymbol{B}_{tt}\cdot\boldsymbol{W}_X - 2\boldsymbol{B}_t\cdot\boldsymbol{W}_{Xt} - \boldsymbol{B}\cdot\boldsymbol{W}_{Xtt} \tag{2.4.33}$$

$$\boldsymbol{W}_{ttX} = -\boldsymbol{B}_{tX}\cdot\boldsymbol{W}_X - \boldsymbol{B}_t\cdot\boldsymbol{W}_{XX} - \boldsymbol{B}_X\cdot\boldsymbol{W}_{Xt} - \boldsymbol{B}\cdot\boldsymbol{W}_{XtX} \tag{2.4.34}$$

$$\boldsymbol{W}_{tXX} = -\boldsymbol{B}_{XX}\cdot\boldsymbol{W}_X - 2\boldsymbol{B}_X\cdot\boldsymbol{W}_{XX} - \boldsymbol{B}\cdot\boldsymbol{W}_{XXX} \tag{2.4.35}$$

注意到

$$\boldsymbol{B}_t = \begin{bmatrix} 0 & 0 \\ * & 0 \end{bmatrix},\quad \boldsymbol{B}_X = \begin{bmatrix} 0 & 0 \\ * & 0 \end{bmatrix},\quad \boldsymbol{B}_{tt} = \begin{bmatrix} 0 & 0 \\ * & 0 \end{bmatrix},\quad \boldsymbol{B}_{tX} = \begin{bmatrix} 0 & 0 \\ * & 0 \end{bmatrix},\quad \boldsymbol{B}_{XX} = \begin{bmatrix} 0 & 0 \\ * & 0 \end{bmatrix}$$

其中记号“*”表示不为零的数值，并利用式(2.4.16)′和式(2.4.27)′，则式(2.4.33)～式(2.4.35)可化简为

$$\boldsymbol{W}_{ttt} = -\boldsymbol{B}\cdot\boldsymbol{W}_{Xtt} \tag{2.4.33$'$}$$

$$\boldsymbol{W}_{ttX} = -\boldsymbol{B}\cdot\boldsymbol{W}_{XtX} \tag{2.4.34$'$}$$

$$\boldsymbol{W}_{tXX} = -\boldsymbol{B}\cdot\boldsymbol{W}_{XXX} \tag{2.4.35$'$}$$

这三个公式是在弹塑性交界面上才成立的．

由于在弹塑性交界面上式(2.4.27)′成立，所以有

$$\frac{\mathrm{d}\boldsymbol{W}_{tt}}{\mathrm{d}t} = \boldsymbol{W}_{ttt} + \bar{C}\boldsymbol{W}_{ttX} = \boldsymbol{O} \tag{2.4.36}$$

$$\frac{\mathrm{d}\boldsymbol{W}_{tX}}{\mathrm{d}t} = \boldsymbol{W}_{tXt} + \bar{C}\boldsymbol{W}_{tXX} = \boldsymbol{O} \tag{2.4.37}$$

$$\frac{\mathrm{d}\boldsymbol{W}_{XX}}{\mathrm{d}t} = \boldsymbol{W}_{XXt} + \bar{C}\boldsymbol{W}_{XXX} = \boldsymbol{O} \tag{2.4.38}$$

将式(2.4.33)′～式(2.4.35)′分别代入式(2.4.36)～式(2.4.38)可分别得到

$$(\boldsymbol{B}-\bar{C}\boldsymbol{I})\cdot \boldsymbol{W}_{ttX}=\boldsymbol{O} \tag{2.4.39-a}$$

$$(\boldsymbol{B}-\bar{C}\boldsymbol{I})\cdot \boldsymbol{W}_{tXX}=\boldsymbol{O} \tag{2.4.39-b}$$

$$(\boldsymbol{B}-\bar{C}\boldsymbol{I})\cdot \boldsymbol{W}_{XXX}=\boldsymbol{O} \tag{2.4.39-c}$$

$$(\boldsymbol{B}-\bar{C}\boldsymbol{I})\cdot \boldsymbol{W}_{ttt}=\boldsymbol{O} \tag{2.4.39-d}$$

其中式(2.4.39-d)可由式(2.4.39-a)和式(2.4.36)得出.式(2.4.39)的四个公式是关于 $\boldsymbol{W}_{ttt}$,$\boldsymbol{W}_{ttX}$,$\boldsymbol{W}_{tXX}$,$\boldsymbol{W}_{XXX}$ 的线性齐次代数方程组.式(2.4.33)′、式(2.4.34)′、式(2.4.35)′是联系它们的三个矢量方程,故它们中只有一个是独立的,而且在交界面的任何一侧都必须同时为 $\boldsymbol{O}$ 或者同时不为 $\boldsymbol{O}$.当在交界面的两侧它们都同时为 $\boldsymbol{O}$ 时,即

$$\boldsymbol{W}_{ttt}=\boldsymbol{W}_{ttX}=\boldsymbol{W}_{tXX}=\boldsymbol{W}_{XXX}=\boldsymbol{O}\quad(\text{e,p 两侧}) \tag{2.4.40}$$

说明交界面必是 4 阶或更高阶的弹塑性交界面,与其是 3 阶弱间断的交界面的前提矛盾;当在交界面的某一侧有

$$\boldsymbol{W}_{ttt}\neq\boldsymbol{O},\quad \boldsymbol{W}_{ttX}\neq\boldsymbol{O},\quad \boldsymbol{W}_{tXX}\neq\boldsymbol{O},\quad \boldsymbol{W}_{XXX}\neq\boldsymbol{O}\quad(\text{e,p 某一侧}) \tag{2.4.40$'$}$$

任何一个成立(而且必同时成立)时,说明式(2.4.39)的四式在交界面的这一侧有非 $\boldsymbol{O}$ 解,故必有

$$\|\boldsymbol{B}-\bar{C}\boldsymbol{I}\|=0\quad(\text{e,p 某一侧}) \tag{2.4.41}$$

式(2.4.41)说明,$\bar{C}$ 恰是 $\boldsymbol{B}$ 的特征值,即此时弹塑性交界面必与弹性或塑性特征线重合,或者说,3 阶弱间断的弹塑性交界面必与弹性或塑性特征线重合.通过对基本方程组进一步求导,并且进行与上面推导过程相类似的讨论,我们也可以得出 4 阶、5 阶……高阶弱间断的弹塑性交界面也必然与弹性或塑性特征线相重合.总之,高于 2 阶的弹塑性交界面必然与弹性或塑性特征线重合.这就证明了定理 2.3.因此,我们可以按照式(2.4.29)计算各阶弱间断的弹塑性交界面的传播速度 $\bar{C}$,其中当弹塑性交界面弱间断的阶 n 大于 2 时,公式所给出的 $\bar{C}$ 必然等于弹性或塑性特征波速;而且,$\bar{C}$ 恰恰等于 W 的 n 阶偏导数不为 $\boldsymbol{O}$ 的这一侧的特征波速,而在交界面的另一侧,$\boldsymbol{W}$ 的 n 阶偏导数则必然为 $\boldsymbol{O}$.

需要说明的是,我们前面对各阶弱间断弹塑性交界面的讨论是基于这样一个事实,即沿着整个弹塑性交界面其弱间断的阶都保持不变,而定理 2.3 则说明高于 2 阶弱间断的弹塑性交界面则只有以转化为特征线的形式才能保持和传播下去.因此,我们并不能排除在弹塑性交界面的个别孤立点上出现高于 2 阶而其传播速度却并不等于特征波速的情况.关于弹塑性交界面上孤立的高阶弱间断点的特性以及此处交界面传播速度的求法可见参考文献[13].

2.4.5　单波区中连续卸载时卸载边界的传播

设在弹塑性递减硬化材料的杆之左端作用有如图 2.17(a)所示的外载压应力 $p=p(t)$,压力自零渐增至 p_A,然后逐渐卸载.在 $t\leqslant t_A$ 之前,有一系列的塑性加载波先后从杆端向右传播,这是一族弹塑性加载单波,其特征线和在 v-p 平面上的映像 OSA 是很容易作出的(如图 2.17(b)所示).在 $t=t_A$ 时刻,杆端出现卸载,于是卸载界面向右传播,界面的前方是单波区.由于是连续卸载,在界面上应力和质点速度应该连续,故上述映像同时也是卸

载边界在 v-p 平面上的映像. 不过由于塑性区的应力 $p \geqslant Y$,故卸载边界 AS 的映像仅是 $p \geqslant Y$ 的一段 AS,其中 S 是卸载边界的末端:$p_S = Y$,在此处边界已和弹性特征线平行,并将在之后转化为弹性特征线. 下面我们示意性地叙述解题过程.

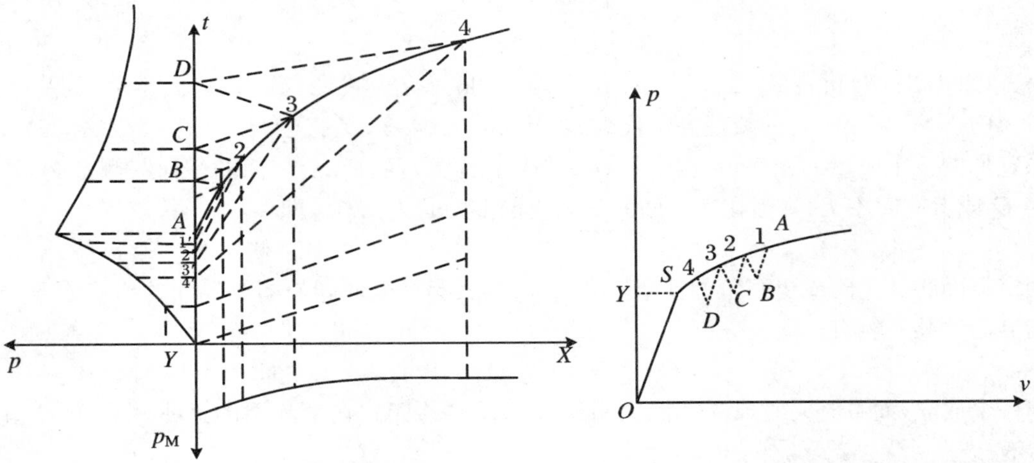

(a) 卸载界面在单波区中的传播(物理平面)　　(b) 卸载界面在单波区中的传播(状态平面)

图 2.17

(1) 首先作出右行单波在 v-p 平面上的映像 $v = \int_0^p \frac{\mathrm{d}p}{\rho_0 C}$,如图 2.17(b)中的 OSA 所示. 这里 OS 段代表弹性单波的映像,而 SA 段既是塑性单波的映像,又是卸载界面 $X = X(t)$在 v-p 平面上的映像. 但是在 X-t 平面上,卸载界面 AS 的迹线 $X = X(t)$却是未知的,需要我们求出.

(2) 根据杆端外载的时程曲线 $P(t)$在点 A 的加载率和卸载率等,由前面所讲的求解卸载界面速度的公式,求出卸载界面在初始时刻即 $t = t_A$ 时的传播速度 $\bar{C}$,从而可从 X-t 平面上的点 A 画出斜率为$\frac{1}{\bar{C}}$的直线段 A-1,这便近似地表示了卸载界面的一小段,而点 1 可按精度要求取得离点 A 足够近.

(3) 求出点 1 在 v-p 平面上的映像. 为此,可近似地取点 1 的未知波速 C_1 为 C_A,并在 X-t 平面上过点 1 作塑性区的右行特征线,交 t 轴于点 1′. 按单波性质,点 1 的应力 p_1 即等于点 1′的应力 p_1',而后者是可以从杆端应力时程曲线查出的,这样,便可在图 2.17(b)中的映像 SA 上找出纵坐标为 $p_1 = p_1'$的点 1,此即 X-t 平面上点 1 的映像.

(4) 求卸载界面上与点 1 共轭的下继点 2 及其状态. 为此,在 X-t 平面上过点 1 作弹性区的左行特征线交 t 轴于点 B,点 B 的应力 p_B 可由外载曲线查出;在 v-p 平面上过点 1 作与左行特征线 $1B$ 相对应的特征关系,于其上取纵坐标为 p_B 的点 B,此点即是 B 在 v-p 平面上的映像,如图 2.17(b)所示. 在 v-p 平面上过点 B 作和弹性区右行特征线 $B2$ 相对应的特征关系,交 SA 于点 2,此即点 2 的映像,但此点在 X-t 平面上尚未求出. 为了求出它,在外载时程曲线的加载段取应力等于 p_2 的点 2′,并过点 2′作塑性区的右行特征线,此特征线和过点 B 所作的弹性区的右行特征线 $B2$ 的交点即是要求的点 2,我们称点 2 为与点 1 共轭的点,这两个同处卸载界面上的点之间的联系是,从点 1 出发的左行特征线在杆端点 B 处反射后到达点 2,如图 2.17(a)所示.由于

$$v_1 - \frac{p_1}{\rho_0 C_e} = v_B - \frac{p_B}{\rho_0 C_e}, \quad v_2 + \frac{p_2}{\rho_0 C_e} = v_B + \frac{p_B}{\rho_0 C_e}$$

故有

$$v_2 + \frac{p_2}{\rho_0 C_e} = 2\frac{p_B}{\rho_0 C_e} + v_1 - \frac{p_1}{\rho_0 C_e} \tag{2.4.42}$$

式(2.4.42)称为点 1 和点 2 之间的共轭关系.由于有单波关系 $v_2 = \varphi(p_2)$,$v_1 = \varphi(p_1)$,故由式(2.4.42)可从点 1 的应力 p_1 及其相应的 p_B 求出点 2 的应力 p_2,这样两点的状态也就求出来了.

需要说明的是,共轭关系(2.4.42)对卸载界面上的任意两个共轭的点都是成立的.

(5) 重复步骤(4),便可依次求出图 2.17(a)中所示的杆端上的点 $C,D,\cdots$与卸载界面上的下继点 3,4,…,以及它们在 v-p 平面上的映像.点 A,1,2,3,4,…的连线便近似地给出卸载界面的迹线,整个过程一直进行到卸载界面和弹性波特征线平行为止.

(6) 卸载界面 A,1,2,3,4,…上的中间各点状态,可以由这些分点的量用线性插值求出.

这样,可以认为整个卸载界面及其上的量都已经求出,又由于端面 $X=0$ 上的外载已知,我们便可以用特征线法中求解混合边值问题的方法求出弹性区内任一点的位置和状态,整个问题便解决了.

卸载界面是由于弹性卸载波不断赶上塑性加载波并与之相互作用而形成的,弹性卸载波不断到来使界面上的应力在传播过程中逐渐衰减,图 2.17(a)中示意性地画出了卸载界面上应力衰竭的大概规律 $p_M = p_M(X)$.

2.4.6　单波区中突然卸载时卸载界面的传播

设有半无限长的弹塑性递减硬化杆的左端受有突加恒值载荷 $p^* > Y$,维持一定时间之后突然卸载至零,我们来研究卸载界面的传播情况(如图 2.18 所示).我们仍然示意地来说明解题步骤.

突加载荷 $p^* > Y$ 将在杆中产生强度为 Y 的弹性前驱波和紧随其后的塑性中心波,而在塑性中心波之后则是恒值区,其内压应力为 p^*,质点速度为

$$v^* = \frac{Y}{\rho_0 C_e} + \int_Y^{p^*} \frac{dp}{\rho_0 C}$$

卸载前物理平面上的波动图案如图 2.18(a)所示,而其上述单波的映像则如图 2.18(b)中的 OSA 所示.下面我们重点分析于时刻 t_A 产生突然卸载后的卸载界面传播情况.简述如下:

(1) 卸载界面自点 A 出发时,由于此处塑性侧应力加载率$\frac{\partial p}{\partial t}=0$,而弹性侧应力率$\frac{\partial p}{\partial t} = -\infty$,故由前面所讲的卸载界面速度的公式知,卸载界面的初始传播速度必为弹性波速 $\bar{C} = C_e$,而且卸载界面是强度为 p^* 的强间断卸载界面.此弹性卸载界面在以后传播的过程中,只要其强间断不消失,它将继续以弹性波速 C_e 前进,故可作出此强间断卸载界面的迹线

A-2,但其强间断卸载界面的消失点 2 的位置是未知待求的. 此强间断的迹线 A-2 在弹性区的一侧 $\bar{A}$-$\bar{2}$ 和弹性特征线重合,而在塑性区的一侧则是非特征线(以后我们以字母上加一横线表示弹性区一侧的点和量).

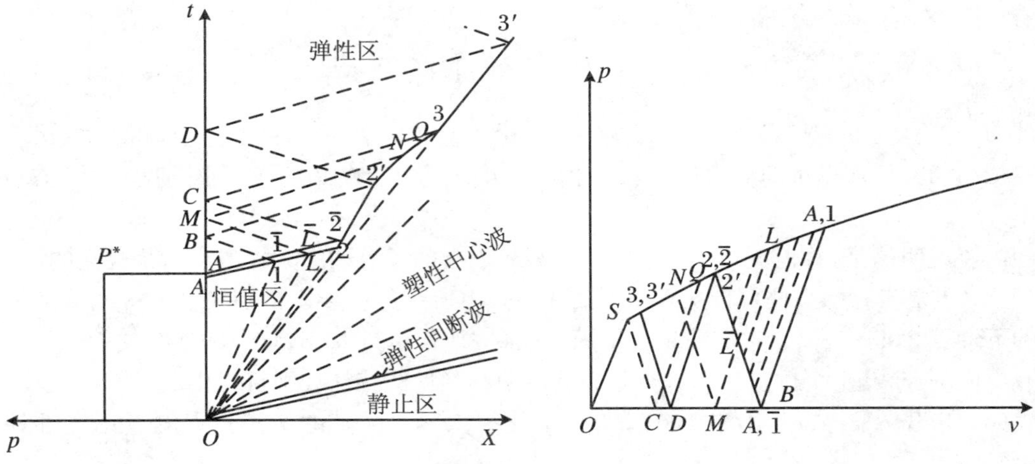

(a) 单波区中的突然卸载(物理平面)　　(b) 单波区中的突然卸载(状态平面)

图 2.18

(2) 设强间断的卸载界面和最后一道塑性加载波的交点为 1,则强间断的卸载界面 A-1 段向塑性恒值区中传播,这和弹性卸载冲击波在静止杆中传播的情况类似,将保持其强度,即在塑性侧有 $p_1 = p_A = p^*$,而在突然卸载后的弹性侧则有 $p_{\bar{1}} = p_{\bar{A}} = 0$. 为说明此点,我们首先求出点 $\bar{1}$ 的映像:在 v-p 平面上作出右行单波的映像 O-S-A,其中 S-A 即同时是卸载界面在塑性区一侧的映像;在 v-p 平面上作出由 A 跨至 $\bar{A}$ 的右行冲击波动量守恒条件,并利用 $p_{\bar{A}} = 0$ 的条件:

$$p_{\bar{A}} = p_A + \rho_0 C_e(v_{\bar{A}} - v_A), \quad p_{\bar{A}} = 0 \tag{2.4.43}$$

即可求出在 v-p 平面上 $\bar{A}$ 的映像 $\bar{A}(v_{\bar{A}}, 0)$,如图 2.18(b)所示. 可见,$v_{\bar{A}} > 0$,这说明杆端应力突然卸载至零后,杆端却仍然保留有残余速度 $v_{\bar{A}} > 0$;$\bar{1}$ 的映像 $\bar{1}(v_{\bar{1}}, p_{\bar{1}})$ 可由沿 $\bar{A}$-$\bar{1}$ 的右行特征关系和由 1 跨至 $\bar{1}$ 的右行弹性卸载冲击波的动量守恒条件共同确定:

$$p_{\bar{1}} = p_{\bar{A}} - \rho_0 C_e(v_{\bar{1}} - v_{\bar{A}}), \quad p_{\bar{1}} = p_1 + \rho_0 C_e(v_{\bar{1}} - v_1) \tag{2.4.44}$$

注意点 1 和点 A 同处恒值区而具有同样的状态,可知由此二式所确定的点 $\bar{1}$ 的映像和由式(2.4.43)所确定的点 $\bar{A}$ 的映像是完全相同的(如图 2.18(b)所示),这就证明了前面的论断.

(3) 强间断的卸载界面于点 1 赶上塑性中心波后便与之相互作用,其间断强度将逐渐减弱,于某一点 2 处强间断消失. 为了说明此点并求出点 2 的位置,我们来考察处于点 1,2 之间的任一点 L 上的间断强度. 在 X-t 平面上点 1,2 之间任取一点 L,从塑性区一侧连接 0-L,便可决定点 L 处的塑性波波速,从而求出相应的应力 p_L;利用由 L 跨至 $\bar{L}$ 的右行弹性卸载冲击波的动量守恒条件、在弹性区一侧沿 $\bar{1}$-$\bar{L}$ 的右行特征关系和由 1 跨至 $\bar{1}$ 的特征关

系容易证明

$$p_{\bar{L}} = \frac{1}{2}(p_L - \rho_0 C_e v_L) - \frac{1}{2}(p_1 - \rho_0 C_e v_L) \tag{2.4.45}$$

故由点 L 跨至 $\bar{L}$ 的卸载间断强度为

$$\begin{aligned} p_L - p_{\bar{L}} &= \frac{1}{2}(p_L + \rho_0 C_e v_L) + \frac{1}{2}(p_1 - \rho_0 C_e v_1) \\ &= \frac{1}{2}[p_L + \rho_0 C_e \varphi(p_L)] + \frac{1}{2}[p_1 - \rho_0 C_e \varphi(p_1)] \end{aligned} \tag{2.4.46}$$

随着卸载界面的前进，p_L 在减小，$\varphi(p_L)$ 也在减小，故间断强度 $p_L - p_{\bar{L}}$ 也将逐渐衰减，这就说明了前面的论断. 假设当点 L 达至点 2 时，间断消失，$p_2 - p_{\bar{2}} = 0$，则式(2.4.46)将给出

$$p_2 + \rho_0 C_e v_2 = \rho_0 C_e v_1 - p_1$$

或

$$p_2 + \rho_0 C_e \varphi(p_2) = \rho_0 C_e \varphi(p_1) - p_1 \tag{2.4.47}$$

式(2.4.47)即是确定强间断消失点 2 的压应力 p_2 的方程，而 $v_2 = \varphi(p_2)$. 知道了 p_2，便知道了 C_2，由此即可求出点 2 在 X-t 平面上的位置.

但是，在卸载界面上应有 $p_L \geqslant Y$. 如果当 $p_L = Y$ 时，仍有 $p_L - p_{\bar{L}} > 0$，则说明直到卸载界面的“尽头”，强间断都不消失，故强间断的卸载界面将以速度 C_e 一直传至无穷远. 由式(2.4.46)可知，这发生在如下条件满足的时候：

$$Y + \rho_0 C_e \varphi(Y) + p^* - \rho_0 C_e \varphi(p^*) > 0$$

即当

$$\varphi(p^*) - \frac{p^*}{\rho_0 C_e} < \frac{2Y}{\rho_0 C_e} \tag{2.4.48}$$

时，式(2.4.48)左端的量的物理意义恰恰是被撞至压应力 p^* 的杆端面当应力 p^* 又卸去时，端面上所保留的残余速度，如图 2.19 所示.

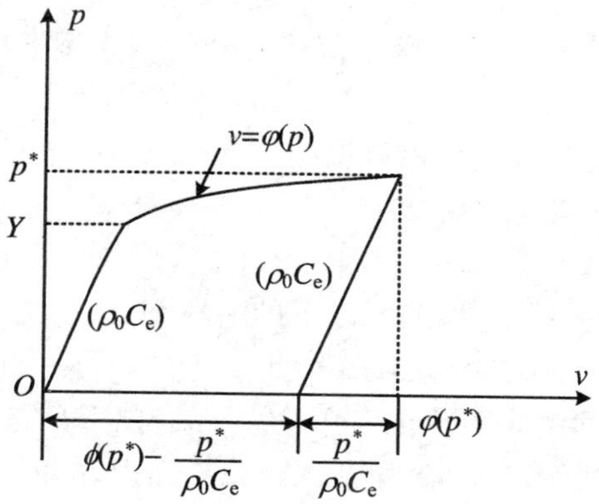

图 2.19　杆端残余速度示意图

当外载应力满足式(2.4.48)时，强间断的卸载界面 $X = C_e(t - t_A)$ 一直传至无穷远，X-t 平面被它分为两部分，它的右方是弹塑性中心单波区，它的左方是弹性区. 在卸载界面(它同时是弹性区的右行特征线)弹性区一侧的状态量由式(2.4.45)或式(2.4.46)确定，因

此在整个弹性区内便是解一个混合问题.

当式(2.4.48)不满足时,卸载界面将于式(2.4.47)所确定的点 2 处转变为连续卸载的界面.

(4) 对卸载界面上的任何一点都可以找到一个与之共轭的点并写出其共轭关系.比如,对点 L(即点 $\bar{L}$),在 X-t 平面上过它作弹性区的左行特征线,交 t 轴于点M,过点 M 作右行特征线交未知界面于点 N.在 v-p 图上,点 M 的映像是过点$\bar{L}$ 的左行特征关系(即和左行特征线相对应的特征关系,斜率为 $\rho_0 C_e$)和 v 轴的交点;点 N 的映像是过点M 的右行特征关系和卸载界面映像的交点,这样便确定了点 M 和点N 的映像,从而可根据其相应的 C_N 求出塑性区特征线和弹性特征线MN 的交点N,这样便确定了与点 L 共轭的点N 的位置.

根据 v-p 平面上$\bar{L}$-M 段的特征关系和M-N 段的特征关系可以得到下式中的第一式,根据 L-M 段特征关系(实际上应由 L-$\bar{L}$ 段的突跃条件和$\bar{L}$-M 段的特征关系相加而得)和 M-N 段的特征关系,可分别得到下式中的第二式:

$$\begin{cases} p_N + \rho_0 C_e v_N = \rho_0 C_e v_{\bar{L}} - p_{\bar{L}} \\ p_N + \rho_0 C_e v_N = \rho_0 C_e v_L - p_L \end{cases} \tag{2.4.49}$$

式(2.4.49)正是联系卸载界面上两个共轭点 L($\bar{L}$)和点 N 之间的共轭关系(这里的点 M 相当于式(2.4.42)中的点 B,但 $p_M=0$).式(2.4.49)说明,共轭关系即使在卸载边界是强间断时也是成立的,而且不论是在边界的哪一侧都成立.利用这一点我们可以根据已求出的卸载界面 A-2 将整个界面都求出来,方法如下:

(5) 从极限观点可知点 A 的共轭点是点 2.设点 1 的共轭点是点 2′,则由于 $p_A=p_1$,$p_{\bar{A}}=p_{\bar{1}}$,从共轭条件(2.4.49)或从 v-p 图立即可以断定,$p_{2'}=p_2$,即点 2′的映像和点 2 的映像重合,因之具有同样的塑性波速 C_2.故在 X-t 平面上,点 2′必和点 2 处于从原点出发的斜率为 C_2 的同一条塑性波特征线上.因之和 A-1 段共轭的界面必是一个直线段 2-2′.

设点 2 的共轭点为点 3,由于在卸载界面上从点 1 至点 2 应力逐渐下降,故由式(2.4.49)知沿卸载界面从点 2 至点 3 应力也逐渐下降而其塑性波速逐渐增加,故这一段上对应的塑性波特征线将越来越平,所以,2-3 段不再像 2-2′段一样是直线段的塑性波特征线,而是与特征线不重合的曲线段.但是,我们仍然可以按通常的求共轭点的步骤求出这段界面及其映像,就如同前述的由点 L 求点N 一样.

卸载界面的下继段 3-3′与 2-2′共轭,因 2-2′上应力不变,故可以肯定 3-3′和 2-2′一样也是塑性波特征线的一段,即是一直线段.3′以下的一段与 2′-3 共轭,又是曲线段……所以整个卸载界面将是交替出现的直线段和曲线段,此求解过程可一直进行到界面上应力下降为 $P=Y$,此处弹塑性卸载界面终止而转化为弹性特征线,以下只是求解弹性波传播的问题.

求得了卸载界面及其映像,我们就可以在卸载界面以左和 t 轴以右的弹性卸载区内解一个弹性波传播的混合边值问题.

2.5 流体中的波

2.5.1 流体中声波的概念

流体作为一种连续介质只是物理形态和本构关系的形式与固体不同而已，作为应力扰动信号而在连续介质中传播的应力波在流体中和在固体中的表现形式和处理方法也基本上是相同的，只不过由于流体有着较大的流动性，所以人们常常采用E氏坐标为空间变量来描述其运动规律，同时采用将一切物理量作为E氏坐标和时间 t 的函数来看待的所谓E氏描述方法.本节中我们将重点介绍以E氏坐标为空间变量时波传播的特征线方法.

众所周知，作为一种特殊的应力波，流体中的声波就是声压扰动的传播，我们以管道中活塞推动流体所引起的压力扰动的传播为例来说明声波的概念和其数学描述方法.如图2.20所示，当管道中的流体受到图中活塞缓慢向右推动时，紧挨着活塞的流体的密度和压力就会发生微量增加，这一微量增加又会引起前方流体的密度和压力发生微量增加，如此由近及远、由此及彼即会在管道的流体中产生一个向右传播的压缩波；类似地，当活塞向左拉动时，紧挨着活塞的流体的密度和压力就会发生微量减小，这一微量减小又会引起前方流体的密度和压力发生微量减小，这样即会在管道的流体中产生一个向右传播的稀疏波.这就是流体中声波的概念，压缩波和稀疏波的特征分别是，波的扰动效果为介质的压力产生微量增加和减小.

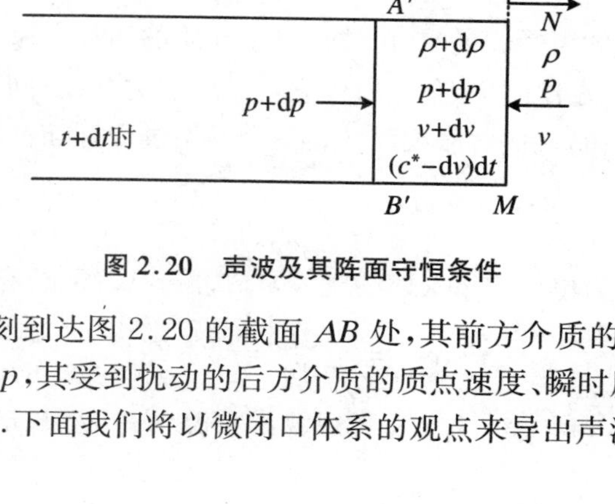

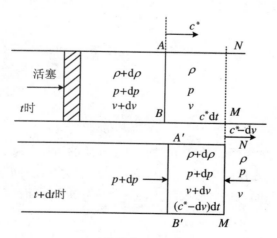

图2.20 声波及其阵面守恒条件

设声波阵面于 t 时刻到达图2.20的截面 AB 处，其前方介质的质点速度、瞬时质量密度和压力分别为 v，ρ 和 p，其受到扰动的后方介质的质点速度、瞬时质量密度和压力分别为 $v+\mathrm{d}v$，$\rho+\mathrm{d}\rho$ 和 $p+\mathrm{d}p$.下面我们将以微闭口体系的观点来导出声波阵面上的质量守恒和动量守恒条件.

以 c^* 表示波阵面相对于前方介质的传播速度(相对声速或局部声速),则波阵面的绝对波速将为 $c=c^*+v$,而波阵面相对于后方介质的传播速度将为

$$c-(v+\mathrm{d}v)=(c^*+v)-(v+\mathrm{d}v)=c^*-\mathrm{d}v$$

设波阵面在 $t+\mathrm{d}t$ 时刻到达截面 MN 处(t 时刻波阵面所经过的物质截面已运动至 $A'B'$ 处),则 $\mathrm{d}t$ 时间内波阵面所扫过的介质作为一个微闭口体系,其质量守恒可以表达为:该微闭口体系在阵面扫过它之前的质量 $\mathrm{d}m$(即 $ABMN$ 的质量)应该等于其在阵面扫过它之后的质量(即 $A'B'MN$ 的质量),用另一种说法也可以表达为:$\mathrm{d}t$ 时间内从前方进入波阵面的介质质量 $\mathrm{d}m$ 应该等于从阵面向后流出的介质质量,如图 2.20 所示,这可以表达为(A 表示管道的截面积)

$$\begin{aligned}\mathrm{d}m&=A\rho c^*\mathrm{d}t=A(\rho+\mathrm{d}\rho)(c^*-\mathrm{d}v)\mathrm{d}t\\&=A\rho c^*\mathrm{d}t+A\mathrm{d}\rho c^*\mathrm{d}t-A\rho\mathrm{d}v\mathrm{d}t-A\mathrm{d}\rho\mathrm{d}v\mathrm{d}t\end{aligned}\tag{a}$$

略去 2 阶小量,即

$$\mathrm{d}v=\frac{c^*}{\rho}\mathrm{d}\rho\tag{2.5.1}$$

式(2.5.1)即是声波阵面上的质量守恒条件,它把声波扰动所引起的无穷小质点速度增量 $\mathrm{d}v$ 和密度增量 $\mathrm{d}\rho$ 联系起来了.该微闭口体系 $\mathrm{d}m$ 的动量守恒条件可以表达为:在 $\mathrm{d}t$ 时间内其动量的增加(即 $A'B'MN$ 的动量相对 $ABMN$ 的动量的增加)等于在 $\mathrm{d}t$ 时间内外压力的冲量,数学上这可以写为

$$\mathrm{d}m(v+\mathrm{d}v-v)=A(p+\mathrm{d}p-p)\mathrm{d}t\tag{b}$$

利用

$$\mathrm{d}m=A\rho c^*\mathrm{d}t\tag{c}$$

则式(b)成为

$$\mathrm{d}p=\rho c^*\mathrm{d}v\tag{2.5.2}$$

式(2.5.2)即是声波阵面上的动量守恒条件.由式(2.5.1)和式(2.5.2)消去 $\mathrm{d}v$,可得

$$\mathrm{d}p=(c^*)^2\mathrm{d}\rho$$

或

$$c^*=\sqrt{\frac{\mathrm{d}p}{\mathrm{d}\rho}}\tag{2.5.3}$$

式(2.5.3)所给出的 c^* 的表达式说明,声波相对于介质的局部声速 c^* 是由声波引起的压力增量 $\mathrm{d}p$ 和密度增量 $\mathrm{d}\rho$ 之比所决定的,所以它是一个热力学量;问题是:到底声波是一个什么样的热力学过程?最初,人们曾假设声波是一个等温过程,此时,以理想气体为例,其状态方程为

$$p=\rho RT\tag{d}$$

其中 T 为绝对温度,R 为单位质量气体的气体常数.由式(2.5.3)有

$$c^*=\sqrt{\frac{\mathrm{d}p}{\mathrm{d}\rho}}=\sqrt{RT}$$

对空气而言 $R=287.14\ \mathrm{m^2/(s^2\cdot K)}$,由此可算出常温 $T=288\ \mathrm{K}$ 时,其空气中的声速为 c^*

$=280\ \mathrm{m/s}$,这与实际情况相差甚多,所以将声波传播视为等温过程显然是不正确的.后来,人们认识到,由于波传播得很快,在波传播时,波所经过的介质来不及和周围介质交换热量,所以,波传播的过程事实上是一个绝热过程.如果波不是非常剧烈而可以看作连续波即声波,则这一过程可视为可逆的绝热过程,即等熵过程.所以式(2.5.3)应该写为如下的形式才是正确的:

$$c^* = \sqrt{\left(\frac{\partial p}{\partial \rho}\right)_s} \tag{2.5.4}$$

式(2.5.4)中的$\left(\frac{\partial p}{\partial \rho}\right)_s$表示在等熵条件下所求的$p$对$\rho$的偏导数.此时,如果我们利用空气的多方形式的熵型状态方程

$$p = p_0(s)\left(\frac{\rho}{\rho_0}\right)^\gamma = A(s)\rho^\gamma \tag{e}$$

则式(2.5.4)将给出

$$c^* = \sqrt{\gamma\rho^{\gamma-1}A(s)} = \sqrt{\frac{\gamma p}{\rho}} = \sqrt{\gamma RT} \tag{f}$$

对空气而言,$\gamma=1.4$,由此可算出常温$T=288\ \mathrm{K}$时的空气声速为$c^*=340\ \mathrm{m/s}$.这与实际测量的空气声速是完全符合的,说明声波的传播的确是一个可逆绝热过程即等熵过程.

如果流体中压力的扰动非常剧烈而出现强间断的冲击波,则虽然波的传播仍然是一个绝热过程,但将不是一个可逆的绝热过程,而是一个不可逆的绝热过程.根据热力学第二定律,不可逆的绝热过程即是一个熵增过程,所以强间断的冲击波的通过必将引起介质熵的增加和温度的提高.在固体中冲击波虽然也会引起介质的熵增,但一般而言固体中冲击波引起的熵增是比较小的,而且常常可以忽略不计,只有对非常强的冲击波才需要考虑其引起的熵增;然而,在流体中特别是在气体中冲击波所引起的熵增和温升通常是很重要而必须加以考虑的.在一般情况下,冲击波在传播过程中其强度会发生演化(即视初始条件和边界条件的不同冲击波的强度会衰减或增强),于是冲击波在传播过程中所引起的介质的熵增也将会发生变化,因而将在介质中形成所谓的非均熵场,此时我们将必须研究一般情况下的非均熵场中的波.在研究非均熵场中的波时,我们必须把介质的熵作为一个重要的物理量,在数学上即表现为必须利用波传播过程中介质的熵型状态方程或者其他等价的热力耦合状态方程,如果要求出介质的内能和温度,则还必须利用介质的能量方程.但是,如果冲击波在传播过程中的强度保持不变或者可视为近似保持不变,则其在传播过程中所引起的介质熵增也将可视为是不变的,于是在冲击波后方我们将遇到所谓的均熵场,即在整个流场中介质的熵处处相等,再加之连续波对介质中的每个粒子而言又是一个等熵过程,因此在均熵场的波动问题中熵将是一个与时间和位置都无关的常数,这样我们就不必再把熵作为一个未知量而进行求解了.为了介绍流体中波的基本知识并说明其和固体中波传播的异同,我们将首先对流体均熵场中的波进行研究.

2.5.2　流体均熵场中的波

如前所述,对于均熵场中的波,熵是一个与时间和位置都无关的常数,于是介质的状态

方程将成为纯力学形式的所谓正压流体的状态方程，$p=p(\rho)$，该方程与运动方程和连续方程一起即组成均熵场中波的基本方程组.

我们将以 x 表示粒子的 E 氏坐标. 考虑面积为 1、长为 $\mathrm{d}x$ 的一个微开口体系 $\mathrm{d}v=1\mathrm{d}x$，其动量守恒可表达为，任意时刻 t 微开口体系的动量增加率等于该时刻体系所受的外力与动量的纯流入率之和，即

$$\mathrm{d}x\,\frac{\partial(\rho v)}{\partial t}=p\mid_x-p\mid_{x+\mathrm{d}x}+(\rho v^2)\mid_x-(\rho v^2)\mid_{x+\mathrm{d}x}=-\frac{\partial p}{\partial x}\mathrm{d}x-\frac{\partial \rho v^2}{\partial x}\mathrm{d}x$$

即

$$\rho\frac{\partial v}{\partial t}+v\frac{\partial \rho}{\partial t}+\frac{\partial p}{\partial x}+2\rho v\frac{\partial v}{\partial x}+v^2\frac{\partial \rho}{\partial x}=0 \tag{2.5.5-a}$$

式(2.5.5-a)即是运动方程. 上述微开口体系 $\mathrm{d}v$ 的质量守恒表现为，其中的质量增加率等于质量的纯流入率，数学上可写为

$$\frac{\partial \rho}{\partial t}\mathrm{d}x=(\rho v)\mid_x-(\rho v)\mid_{x+\mathrm{d}x}=-\rho\frac{\partial v}{\partial x}\mathrm{d}x-v\frac{\partial \rho}{\partial x}\mathrm{d}x$$

化简，即得

$$\frac{\partial \rho}{\partial t}+\rho\frac{\partial v}{\partial x}+v\frac{\partial \rho}{\partial x}=0 \tag{2.5.6-a}$$

式(2.5.6-a)即是连续方程. 运动方程(2.5.5-a)、连续方程(2.5.6-a)连同介质的正压流体状态方程

$$p=p(\rho) \tag{2.5.7}$$

即构成一维均熵场中波动力学的基本方程组. 利用连续方程(2.5.6-a)，可以将运动方程(2.5.5-a)简化成为如下的形式：

$$\frac{\partial v}{\partial t}+v\frac{\partial v}{\partial x}+\frac{1}{\rho}\frac{\partial p}{\partial x}=0 \tag{2.5.5-b}$$

于是运动方程(2.5.5-b)、连续方程(2.5.6-a)和状态方程(2.5.7)即构成一维均熵场中波动力学的基本方程组：

$$\frac{\partial v}{\partial t}+v\frac{\partial v}{\partial x}+\frac{1}{\rho}\frac{\partial p}{\partial x}=0 \tag{2.5.5-b}$$

$$\frac{\partial \rho}{\partial t}+\rho\frac{\partial v}{\partial x}+v\frac{\partial \rho}{\partial x}=0 \tag{2.5.6-a}$$

$$p=p(\rho) \tag{2.5.7}$$

为了将之化为标准的一阶拟线性偏微分方程组，我们按照式(2.5.4)或下式引入局部声速 c^*：

$$(c^*)^2=\frac{\mathrm{d}p}{\mathrm{d}\rho} \tag{2.5.8}$$

当给定介质的状态方程(2.5.7)之后，式(2.5.8)所定义的局部声速 c^* 将是压力 p 的确定函数 $c^*=c^*(p)$ 或者密度 ρ 的确定函数 $c^*=c^*(\rho)$. 如果将 c^* 作为压力 p 的函数，则可以由连续方程(2.5.6-a)消去密度 ρ 而将之变换为

$$\frac{\mathrm{d}\rho}{\mathrm{d}p}\frac{\partial p}{\partial t}+\rho\frac{\partial v}{\partial x}+v\frac{\mathrm{d}\rho}{\mathrm{d}p}\frac{\partial p}{\partial x}=\frac{1}{(c^*)^2}\frac{\partial p}{\partial t}+\rho\frac{\partial v}{\partial x}+\frac{v}{(c^*)^2}\frac{\partial p}{\partial x}=0$$

即

$$\frac{\partial p}{\partial t}+\rho(c^*)^2\frac{\partial v}{\partial x}+v\frac{\partial p}{\partial x}=0 \tag{2.5.6-b}$$

由于 $c^*=c^*(p)$ 和 $\rho=\rho(p)$ 都是压力 p 的函数，所以式(2.5.5-b)和式(2.5.6-b)即构成 v 和 p 的一阶拟线性偏微分方程组：

$$\frac{\partial v}{\partial t}+v\frac{\partial v}{\partial x}+\frac{1}{\rho}\frac{\partial p}{\partial x}=0 \tag{2.5.5-b}$$

$$\frac{\partial p}{\partial t}+\rho(c^*)^2\frac{\partial v}{\partial x}+v\frac{\partial p}{\partial x}=0 \tag{2.5.6-b}$$

类似地，如果将 c^* 作为密度 ρ 的函数，则可以由运动方程(2.5.5-b)消去压力 p 而将之变换为

$$\frac{\partial v}{\partial t}+v\frac{\partial v}{\partial x}+\frac{1}{\rho}\frac{\mathrm{d}p}{\mathrm{d}\rho}\frac{\partial \rho}{\partial x}=\frac{\partial v}{\partial t}+v\frac{\partial v}{\partial x}+\frac{(c^*)^2}{\rho}\frac{\partial \rho}{\partial x}=0 \tag{2.5.5-c}$$

由于 $c^*=c^*(\rho)$ 是密度 ρ 的函数，所以式(2.5.5-c)和连续方程(2.5.6-a)即构成 v 和 ρ 的一阶拟线性偏微分方程组：

$$\frac{\partial v}{\partial t}+v\frac{\partial v}{\partial x}+\frac{(c^*)^2}{\rho}\frac{\partial \rho}{\partial x}=0 \tag{2.5.5-c}$$

$$\frac{\partial \rho}{\partial t}+\rho\frac{\partial v}{\partial x}+v\frac{\partial \rho}{\partial x}=0 \tag{2.5.6-a}$$

我们将以式(2.5.5-b)和式(2.5.6-b)构成的方程组为例来求出其特征波速和特征关系.可以将之写为规范形式的一阶拟线性偏微分方程组：

$$\boldsymbol{W}_t+\boldsymbol{B}\cdot\boldsymbol{W}_x=\boldsymbol{b} \tag{2.5.9}$$

其中

$$\boldsymbol{W}=\begin{bmatrix}v\\p\end{bmatrix},\quad \boldsymbol{B}=\begin{bmatrix}v & \dfrac{1}{\rho}\\ \rho(c^*)^2 & v\end{bmatrix},\quad \boldsymbol{b}=\begin{bmatrix}0\\0\end{bmatrix} \tag{2.5.10}$$

在物理平面 x-t 上特征方向的斜率或特征波速

$$\lambda=\frac{\mathrm{d}x}{\mathrm{d}t} \tag{2.5.11}$$

由张量 $\boldsymbol{B}$ 的特征值所决定，它满足特征方程

$$\|\boldsymbol{B}-\lambda\boldsymbol{I}\|=\begin{Vmatrix}v-\lambda & \dfrac{1}{\rho}\\ \rho(c^*)^2 & v-\lambda\end{Vmatrix}=(v-\lambda)^2-(c^*)^2=0 \tag{2.5.12}$$

由此可求得两个特征波速分别为

$$\lambda_1=v+c^*,\quad \lambda_2=v-c^* \tag{2.5.13}$$

它们分别表示相对于(以质点速度 v 而运动的)介质的右行波和左行波.设与特征值 λ 相对应的张量 $\boldsymbol{B}$ 的左特征矢量为 $\boldsymbol{L}$，则有

$$\boldsymbol{L}\cdot(\boldsymbol{B}-\lambda\boldsymbol{I})=(\boldsymbol{B}-\lambda\boldsymbol{I})^{\mathrm{T}}\cdot\boldsymbol{L}=\boldsymbol{O}$$

写为矩阵形式，即

$$\begin{bmatrix} v-\lambda & \rho(c^*)^2 \\ \dfrac{1}{\rho} & v-\lambda \end{bmatrix}\begin{bmatrix} L_1 \\ L_2 \end{bmatrix} = \begin{bmatrix} 0 \\ 0 \end{bmatrix}$$

由此可得,与特征值 λ 相对应的特征矢量 $\boldsymbol{L}$ 为

$$\boldsymbol{L} = \begin{bmatrix} L_1 \\ L_2 \end{bmatrix} = \begin{bmatrix} \dfrac{\rho(c^*)^2}{\lambda - v} \\ 1 \end{bmatrix} \quad \left(\text{或者 } \boldsymbol{L} = \begin{bmatrix} L_1 \\ L_2 \end{bmatrix} = \begin{bmatrix} \rho(\lambda - v) \\ 1 \end{bmatrix}\right) \tag{2.5.14}$$

将特征值 $\lambda = \lambda_1$ 和 $\lambda = \lambda_2$ 代入可得相应的左特征矢量分别为

$$\boldsymbol{L}_1 = \begin{bmatrix} \rho c^* \\ 1 \end{bmatrix}, \quad \boldsymbol{L}_2 = \begin{bmatrix} -\rho c^* \\ 1 \end{bmatrix} \tag{2.5.14$'$}$$

与特征波速 $\lambda = \dfrac{\mathrm{d}x}{\mathrm{d}t}$ 相对应的特征关系为

$$\boldsymbol{L} \cdot \frac{\mathrm{d}\boldsymbol{W}}{\mathrm{d}t} = \boldsymbol{L} \cdot \boldsymbol{b} = 0 \tag{2.5.15}$$

即

$$\frac{\rho(c^*)^2}{\lambda - v}\mathrm{d}v + \mathrm{d}p = 0 \tag{2.5.15$'$}$$

将式(2.5.14)′所给出的特征矢量分别代入式(2.5.15),或者将两个特征波速 $\lambda = v \pm c^*$ 分别代入式(2.5.15)′,即可得到在 v-p 平面上的两组特征关系如下:

$$\mathrm{d}v \pm \frac{\mathrm{d}p}{\rho c^*} = 0 \quad \left(\text{沿特征线}\frac{\mathrm{d}x}{\mathrm{d}t} = v \pm c^*\right) \tag{2.5.16}$$

我们可以用和上面相同的方法通过平行地处理式(2.5.5-c)和式(2.5.6-a)而得出 v-ρ 平面上的特征关系(请读者尝试之),我们也可以通过数学变换而直接将特征关系(2.5.16)化为 v-ρ 平面上的特征关系.事实上,由于 $\mathrm{d}p = (c^*)^2\mathrm{d}\rho$,所以式(2.5.16)可以化为

$$\mathrm{d}v \pm \frac{c^*\mathrm{d}\rho}{\rho} = 0 \quad \left(\text{沿特征线}\frac{\mathrm{d}x}{\mathrm{d}t} = v \pm c^*\right) \tag{2.5.17}$$

这便是 v-ρ 平面上的特征关系.

我们也可以将特征关系(2.5.16)或(2.5.17)化为 v-c^* 平面上的特征关系

$$\mathrm{d}v \pm p'(c^*)\frac{\mathrm{d}c^*}{\rho c^*} = 0 \quad \left(\text{沿特征线}\frac{\mathrm{d}x}{\mathrm{d}t} = v \pm c^*\right) \tag{2.5.18-a}$$

$$\mathrm{d}v \pm \frac{\rho'(c^*)\mathrm{d}c^*}{\rho} = 0 \quad \left(\text{沿特征线}\frac{\mathrm{d}x}{\mathrm{d}t} = v \pm c^*\right) \tag{2.5.18-b}$$

特别地,对于多方指数为 γ 的多方形流体,由于有

$$p = p_0\left(\frac{\rho}{\rho_0}\right)^\gamma = A\rho^\gamma, \quad (c^*)^2 = \frac{\mathrm{d}p}{\mathrm{d}\rho} = A\gamma\rho^{\gamma-1}$$

$$2c^*\mathrm{d}c^* = A\gamma(\gamma-1)\rho^{\gamma-2}\mathrm{d}\rho = (\gamma-1)\frac{(c^*)^2}{\rho}\mathrm{d}\rho = (\gamma-1)\frac{\mathrm{d}p}{\rho}$$

即

$$\frac{c^*\mathrm{d}\rho}{\rho} = \frac{2\mathrm{d}c^*}{\gamma-1}, \quad \frac{\mathrm{d}p}{\rho c^*} = \frac{2\mathrm{d}c^*}{\gamma-1} \tag{2.5.19}$$

故由式(2.5.17)或式(2.5.16)我们可直接得到 v-c^* 平面上的特征关系如下:

$$dv \pm \frac{2dc^*}{\gamma - 1} = 0 \quad \left(沿特征线\frac{dx}{dt} = v \pm c^*\right) \tag{2.5.20}$$

如果我们引入由以下公式所定义的接触速度 φ 和黎曼不变量 R_1, R_2：

$$d\varphi = \frac{dp}{\rho c^*}, \quad dR_1 = dv + d\varphi = dv + \frac{dp}{\rho c^*}, \quad dR_2 = dv - d\varphi = dv - \frac{dp}{\rho c^*} \tag{2.5.21}$$

则我们可将式(2.5.17)化为 v-φ 平面上的特征关系和 R_1-R_2 平面上的特征关系：

$$dv \pm d\varphi = 0 \quad \left(沿特征线\frac{dx}{dt} = v \pm c^*\right) \tag{2.5.22}$$

$$dR_{1,2} = 0 \quad \left(沿特征线\frac{dx}{dt} = v \pm c^*\right) \tag{2.5.23}$$

我们看到，与杆中纵波的情况相类似，尽管在物理平面 x-t 上特征线$\frac{dx}{dt} = v \pm c^*$ 是不能事先确定的，而且一般来说它们也未必是直线，但是对于任意类型的正压流体的波动问题而言，在 v-φ 平面和 R_1-R_2 平面上的特征关系却都是可以直接积分出来的，而且都是直线，而由于沿着左右行特征线物理量 R_1, R_2 分别为常数，所以称它们为黎曼不变量. 此外，由特征关系(2.5.20)我们可以看到，对于多方指数为 γ 的多方形流体而言，在状态平面 v-c^* 上的特征关系也都是直线.

在此我们强调指出，无论是在 L 氏坐标中还是在 E 氏坐标中，所谓的左右行波都是指波信号相对于介质粒子而言是左行的还是右行的，这在对波的 L 氏描述中是容易理解也不容易产生误解的，但是当我们采用对波的 E 氏描述时则需注意：相对于介质粒子向左传播的左行波在绝对空间中却可能是向右传播的(相对于介质粒子向右传播的右行波在绝对空间中却可能是向左传播的)，这是因为介质粒子本身可能是以超过局部声速的速度 $|v| > c^*$ 向左(或向右)运动的.

2.5.3　简单波解

与波传播的 L 氏描述一样，当采用波传播的 E 氏描述时我们一样可以引入简单波的概念，即将沿着一个方向朝前方均匀区中传播的波称为简单波(simple waves)，只不过需要强调的是，这里的波是向着前方均匀区中的介质传播的，所以，当我们用 E 氏坐标和时间 t 组成的物理平面 x-t 时，右行波的特征线其斜率有可能是负的. 但是为了简单起见，我们仍然在图上按常规向右倾斜的方法来表示右行特征线.

设有一个右行简单波区如图 2.21 所示，以 AB 表示波的前阵面，其前方为均匀区. 过此右行简单波区中的每一点(x, t)都存在左行和右行的两条特征线. 对于此右行简单波区中的任意一点 $M(x, t)$，可作出一条左行特征线至前方的均匀区，以 N 表示均匀区中此条左行特征线上某一点，则根据特征关系(2.5.23)，沿此条左行特征线我们有 $dR_2 = 0$，或黎曼不变量 R_2 等于常数 β，即

$$R_2(M) \equiv v(M) - \int_0^{p(M)} \frac{dp}{\rho c^*} = v(N) - \int_0^{p(N)} \frac{dp}{\rho c^*} \equiv \beta \tag{2.5.24}$$

这里我们强调指出：式(2.5.24)中的常数 β 是一个"绝对"常数，即它是完全由右行简单波区前方均匀区的状态所决定而与点 M 在简单波区中的位置无关的，这是因为，即使我们考虑

简单波区中的另一点 M'，由于考虑的是右行简单波，我们总能由点 M' 作出延伸至前方均匀区的一条左行特征线 $M'N'$（不管其形状如何），其中点 N' 为延伸至前方均匀区中的某点，由于与点 N 同处均匀区的点 N' 具有和点 N 完全相同的状态，所以由它们所决定的常数 β 必然是相同的，即 β 是一个完全由简单波前方均匀区状态所决定的“绝对”常数，这就说明了我们的论断. 式(2.5.24)称为右行简单波的表达式(formulation)或介质的右行简单波动态响应曲线，它既表明了右行简单波区中黎曼不变量 R_2 为“绝对”常数的事实，也是一个联系右行简单波区中质点速度 v 和压力 p 的关系式，在状态平面 $v\text{-}p$ 上，它是一条通过均匀区状态 $(v(N), p(N))$ 的曲线，即状态平面 $v\text{-}p$ 上的右行波动态响应曲线. 当然，我们也可以通过状态量的变换，将之化为 $v\text{-}\rho$，$v\text{-}\varphi$，$v\text{-}c^*$ 等平面上的动态响应曲线.

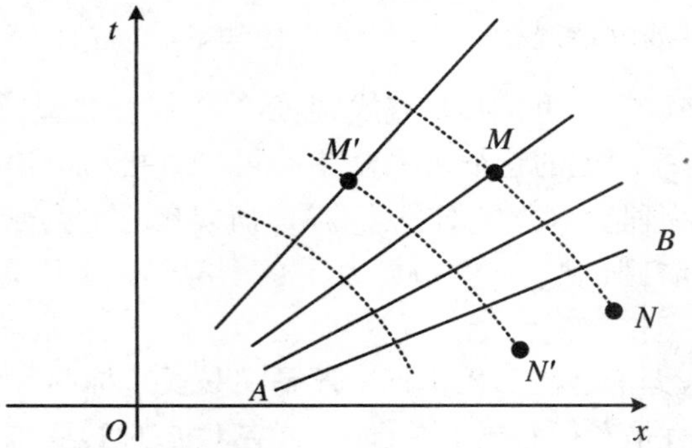

图 2.21　右行简单波

另外，如果以 r 表示右行简单波区中通过点 M 的右行特征线（暂时不管其形状），则由沿右行特征线的特征关系(2.5.23)，沿此条右行特征线我们将有 $dR_1 = 0$，或沿右行特征线黎曼不变量 R_1 为常数，即

$$R_1(M) \equiv v(M) + \int_0^{p(M)} \frac{dp}{\rho c^*} = v(N) + \int_0^{p(N)} \frac{dp}{\rho c^*} \equiv \alpha(r) \tag{2.5.25}$$

需要指出的是，与式(2.5.24)中常数 β 是一个由右行简单波区前方均匀区状态所决定的“绝对”常数不同，式(2.5.25)中常数 $\alpha(r)$ 并不是在整个右行简单波区中处处都相同的“绝对”常数，而是只有沿着同一条右行特征线它才是常数，即 $\alpha(r)$ 是右行特征线 r 的函数，在不同的右行特征线上，常数 $\alpha(r)$ 则可以是不同的，换言之，在右行简单波区中各条不同的右行特征线可以视为传播不同的黎曼不变量 $R_1 = \alpha(r)$ 的波阵面的迹线. 如果把方程(2.5.24)和方程(2.5.25)一起视为求解质点速度 v 和压力 p 的一个联立方程组并对之求解，则显然我们可以得出结论：

$$v = v(r), \quad p = p(r) \tag{2.5.26-a}$$

也都是右行特征线 r 的函数；由于波速 $c^* = c^*(p)$ 是由介质状态方程所决定的压力状态 p 的函数，所以由式(2.5.26-a)我们又可引出结论：

$$c^* = c^*(r) \tag{2.5.26-b}$$

也必然是右行特征线 r 的函数，即沿同一条右行特征线 r 的各点，其斜率 $\dfrac{dx}{dt} = v(r) + c^*(r)$ 处处为常数. 于是积分该右行特征线的微分方程 $\dfrac{dx}{dt} = v(r) + c^*(r)$，即可得出结论：在右行简单波区中,每一条右行特征线都必然是斜率为 $v(r)+c^*(r)$ 的直线,当然不同的右行特征线其斜率可以是不同的.显然,在右行简单波区中沿同一条左行特征线的不同各点对应着不同的右行特征线 r,故左行特征线上各点处的斜率 $\frac{\mathrm{d}x}{\mathrm{d}t}=v(r)-c^*(r)$ 是不同的,因此在右行简单波区中每一条左行特征线未必都是直线.在右行简单波区中,右行特征线在物理上代表了右行简单波阵面的迹线,而左行特征线则只有数学上的意义,并不具有实际的物理意义.

与杆中纵波的情况相似,我们可把以上的推理总结为以下的重要结论:

在右行简单波区中,黎曼不变量 R_2 为一"绝对"常数 β,这一"绝对"常数的值是完全由简单波区前方均匀区的给定状态所确定的,其他各个物理量 v,p,ρ,c^*,R_1,φ 等都只是沿着同一条右行特征线 r 才保持为常数,而沿着不同的右行特征线它们可以分别是不同的常数;在右行简单波区中,每一条右行特征线都必然是直线,但是不同的右行特征线的斜率则可以是不同的.

我们很容易将上述关于右行简单波的结论改为关于左行简单波的相应结论,不再赘述.

现在我们来求出右行简单波解的具体形式,即右行简单波区中的各个状态量的表达式.其中的一个方法可以参照 1.5 节中关于杆中简单波的求解方法,读者可尝试之.这里我们将给出另外一种方法.

如上所述,在右行简单波区中其每条右行特征线 r 都是一条具有确定斜率 $v(r)+c^*(r)$ 的直线,如以 $F(r)$ 表示其在 t 轴上的截距,则它也将是该条右行特征线编号 r 的函数.由于右行简单波区中在同一条右行特征线上一切物理量 v,p,ρ,c^*,R_1,φ 等也都是常数,即它们与右行特征线的编号 r 都有着一一对应的关系,所以每一条右行特征线的斜率和截距都可以由该条特征线上的任何一个状态量 v,p,ρ,c^*,R_1,φ 等来表征,例如将其斜率由状态量 $v+c^*$ 来表征,而将其截距由 $F(v)$,$F(p)$ 等来表征.所以,我们可以写出右行简单波的解如下:

$$\begin{cases} x=(v+c^*)t+F(v) \\ v-\int_0^p \dfrac{\mathrm{d}p}{\rho c^*}=\beta \end{cases} \tag{2.5.27-a}$$

其中常数 β 可由右行简单波前方均匀区的状态确定,而函数 $F(v)$ 则可以由产生右行简单波的左端边界条件确定(当给出的是速度边界条件时我们可采用函数 $F(v)$,当给出的是压力边界条件时我们可采用函数 $F(p)$).对多方指数为 γ 的多方形正压流体,右行简单波解(2.5.27-a)化简为

$$\begin{cases} x=(v+c^*)t+F(v) \\ v-\dfrac{2c^*}{\gamma-1}=\beta \end{cases} \tag{2.5.27-b}$$

由于在应用上的重要性,下面我们写出多方气体的右行简单波表达式.设右行简单波前方均匀区的状态为 v_0,ρ_0,p_0,c_0^* 等,将之代入方程组(2.5.27-b)的第二式可得

$$\beta=v_0-\frac{2c_0^*}{\gamma-1}$$

所以在 v-c^* 平面上的右行简单波表达式为

$$v=v_0+\frac{2(c^*-c_0^*)}{\gamma-1},\quad \frac{c^*}{c_0^*}=1+\frac{\gamma-1}{2c_0^*}(v-v_0) \tag{2.5.28-a}$$

积分式(2.5.19)可得

$$\frac{\rho}{\rho_0} = \left(\frac{c^*}{c_0^*}\right)^{\frac{2}{\gamma-1}} = \left[1 + \frac{\gamma - 1}{2c_0^*}(v - v_0)\right]^{\frac{2}{\gamma-1}} \tag{2.5.28-b}$$

$$\frac{p}{p_0} = \left(\frac{c^*}{c_0^*}\right)^{\frac{2\gamma}{\gamma-1}} = \left[1 + \frac{\gamma - 1}{2c_0^*}(v - v_0)\right]^{\frac{2\gamma}{\gamma-1}} \tag{2.5.28-c}$$

再由理想气体状态方程 $p = \rho RT$ 或者其局部声速公式 $(c^*)^2 = \gamma RT$ 可得

$$\frac{T}{T_0} = \frac{p}{p_0}\frac{\rho_0}{\rho} = \left(\frac{c^*}{c_0^*}\right)^2 = \left[1 + \frac{\gamma - 1}{2c_0^*}(v - v_0)\right]^2 \tag{2.5.28-d}$$

式(2.5.28-a)～式(2.5.28-d)可以分别视为在相应状态平面上的右行简单波表达式.

作为例子,我们考虑充满多方气体管道的如下一维右行简单波问题.设在 $t = 0$ 时刻管道中的活塞位于 $x = 0$ 处,其后活塞以等加速度 a 向左运动,试求活塞运动所激发的气体中的右行简单稀疏波解.以 v_p 表示活塞的瞬时速度,显然我们可有 $v_p = -at$,于是可得活塞在物理平面 x-t 上的运动迹线方程为

$$x = \int_0^t v_p \mathrm{d}t = \int_0^t - at\mathrm{d}t = -\frac{at^2}{2}$$

假设在活塞向左运动时其紧邻的气体质点是和活塞仍然紧密接触的,即质点速度 v 等于活塞速度 v_p,则这一事实在数学上可表达为,在物理平面 x-t 的已知运动边界 $x = -\frac{at^2}{2}$ 之上,气体质点具有速度 $v = -at$.这就是我们的已知移动边界上的边界条件.

不妨设活塞右侧的多方气体是初始静止的,即右行简单波前方均匀区中的气体质点速度为 $v_0 = 0$,则简单波解(2.5.27-b)中的常数 β 将为

$$\beta = v_0 - \frac{2c_0^*}{\gamma - 1} = -\frac{2c_0^*}{\gamma - 1}$$

其中 c_0^* 为前方均匀区中的局部声速,将之代入式(2.5.28-a)可得

$$c^* = c_0^* + \frac{\gamma - 1}{2}v \tag{2.5.29}$$

再将此式代入简单波解(2.5.27-b)的第一式得

$$x = \left(v + c_0^* + \frac{\gamma - 1}{2}v\right)t + F(v)$$

此式对右行简单波区当中的任何一点 (x, t) 都要成立,特别说来,在具有移动速度 $v = -at$ 的移动边界 $x = -\frac{at^2}{2}$ 之上它也应成立,将这一边界条件代入上式可得

$$-\frac{at^2}{2} = \left[-at + c_0^* + \frac{\gamma - 1}{2}(-at)\right]t + F(v)$$

即

$$F(v) = -c_0^* t + \frac{a\gamma t^2}{2}$$

将移动边界上 t 和质点速度 v 的关系 $t = -\frac{v}{a}$ 代入此式,我们即可得出待定函数 $F(v)$ 为

$$F(v) = c_0^* \frac{v}{a} + \frac{\gamma v^2}{2a}$$

将之代入右行简单波解(2.5.27-b)的第一式中，即可得出

$$x = \left(c_0^* + \frac{\gamma+1}{2}v\right)t + \frac{c_0^*}{a}v + \frac{\gamma}{2a}v^2$$

此式是待求函数 $v = v(x,t)$ 的一个二次代数方程，可求出其两个解：

$$v = -\frac{1}{\gamma}\left(c_0^* + \frac{\gamma+1}{2}at\right) \pm \frac{1}{\gamma}\sqrt{\left(c_0^* + \frac{\gamma+1}{2}at\right)^2 - 2a\gamma(c_0^* t - x)}$$

但是容易说明对应"－"的解不能满足 $x = 0$，$t = 0$ 时 $v = 0$ 的条件，所以只有取"＋"的解才是正确的，即我们可得出简单波解为

$$v = -\frac{1}{\gamma}\left(c_0^* + \frac{\gamma+1}{2}at\right) + \frac{1}{\gamma}\sqrt{\left(c_0^* + \frac{\gamma+1}{2}at\right)^2 - 2a\gamma(c_0^* t - x)} \quad (2.5.30)$$

但是此解成立的条件是基于我们前面所做的一个假设，即在活塞向左运动时其紧邻的气体质点是和活塞仍然紧密接触的．而一旦当与活塞相接触的气体由于右行稀疏波的作用而膨胀至接近真空状态，即其局部声速 c 趋于0时，继续向左加速运动的活塞将会与气体分离而在气体与活塞之间形成所谓的真空"空化区"，此一时刻的活塞速度称为"逃逸速度"．在式(2.5.29)中令 $c^* = 0$ 可得

$$v = \frac{2}{\gamma - 1}c_0^*$$

即"逃逸速度"v_e 为

$$v_e = -v = \frac{2}{1-\gamma}c_0^* \quad (2.5.31)$$

而活塞达到"逃逸速度"v_e 时的时间 t_1 和所处的位置 x_1 分别为

$$t_1 = \frac{2c_0^*}{(\gamma-1)a}, \quad x_1 = -\frac{2(c_0^*)^2}{(\gamma-1)^2 a} \quad (2.5.32)$$

当 $0 \leqslant t \leqslant t_1$ 时解(2.5.30)才是正确的．当活塞速度达到逃逸速度 v_e 时，右行简单波的最后一道尾波上应该满足边界条件 $c^* = 0$，读者可作为练习思考并对问题求解之．

作为第二个例子我们考虑如下的问题：设在 $t = 0$ 时刻管道中的活塞位于 $x = 0$ 处，其后活塞突然以某一有限的等速度 v^* 向左运动，则我们将在($x = 0$，$t = 0$)处同时激发一系列的右行稀疏波，它们的波速随着介质压力的下降而依次减小，但其出发时间和地点却相同，于是在气体中传播的将是所谓的右行中心稀疏波，此时右行简单波解(2.5.27)中的待定函数 $\boldsymbol{F}(v)$将为0．故右行中心简单波解将为

$$\begin{cases} x = (v + c^*)t \\ v - \dfrac{2c^*}{\gamma - 1} = \beta \end{cases} \quad (2.5.33)$$

利用前方均匀区的状态(v_0，c_0^*)可求出常数

$$\beta = v_0 - \frac{2c_0^*}{\gamma - 1}$$

将其代入式(2.5.33)中可求出

$$v = v_0 + \frac{2}{\gamma+1}\left(\frac{x}{t} - c_0^* - v_0\right) \quad (2.5.34)$$

$$c^* = \frac{2c_0^*}{\gamma+1} + \frac{\gamma-1}{\gamma+1}\left(\frac{x}{t} - v_0\right) \tag{2.5.35}$$

由式(2.5.34)和式(2.5.35)可见,此种右行中心简单波区中的质点速度 v、声速 c^*(因之其他一切状态量)都只是一个单独的组合自变量$\frac{x}{t}$的函数,而不是像一般情况下分别独立地依赖于 x 和 t 的,这种形式的解称为自模拟解.

现在我们来进一步说明中心简单波解(2.5.34)和(2.5.35)在 x-t 平面上的适用范围.在与前方均匀区紧相衔接的第一道右行稀疏波上介质的状态与均匀区的状态应该相同,即应有 $v = v_0, c^* = c_0^*$,故由式(2.5.34)或式(2.5.35)知,第一道右行波应为

$$\frac{x}{t} = v_0 + c_0^* \tag{2.5.36-a}$$

中心简单波尾部最后一道波上的质点速度应该与活塞的移动速度保持连续,即 $v = -v^*$,故由式(2.5.34)知,中心简单波的尾波迹线应为

$$\frac{x}{t} = c_0^* - \frac{\gamma+1}{2}v^* - \frac{\gamma-1}{2}v_0 \tag{2.5.36-b}$$

所以,中心简单波解(2.5.34)和(2.5.35)的适用范围为

$$c_0^* - \frac{\gamma+1}{2}v^* - \frac{\gamma-1}{2}v_0 \leqslant \frac{x}{t} \leqslant v_0 + c_0^* \tag{2.5.37}$$

我们将把由式(2.5.37)所界定的区域称为Ⅱ区;在Ⅱ区的前方是均匀区的状态,称为Ⅰ区;在Ⅱ区后方的区域称为Ⅲ区,此区内气体保持与尾波上相同的状态,也是一个均匀区状态:

$$v = -v^*, \quad c^* = c_0^* - \frac{\gamma-1}{2}(v^* + v_0) \tag{2.5.38}$$

其中第二个式子是将式(2.5.36-b)代入式(2.5.35)而得出的.

以上结果可由图2.22说明,图中的 OA,OB,OP 分别表示头波、尾波、活塞的迹线.

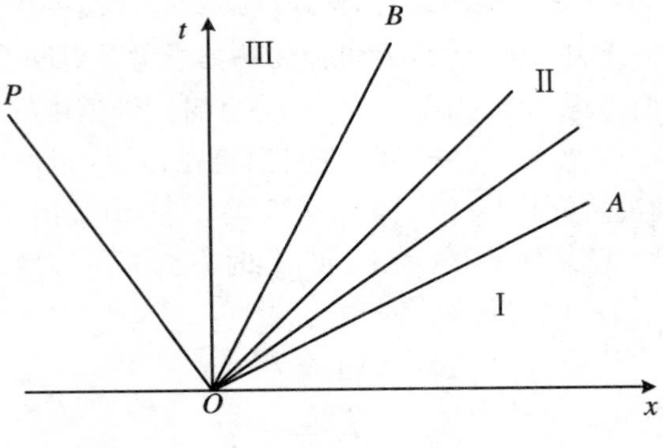

图2.22 中心简单波

2.5.4 流体中的非均熵连续波

如2.5.1小节中所述,当流体中出现非常突然而剧烈的压力扰动时,将出现强间断的冲击波,此时,虽然波动过程仍是一个绝热过程,但将是一个不可逆的绝热过程.根据热力学第

二定律，不可逆过程中的介质熵增 dS 将大于单位热源温度的供热，$dS > \frac{dQ}{T} = 0$，即绝热冲击波是一个熵增过程，必将导致流体的熵增并引起其温度的升高. 如果冲击波是非定常的冲击波，即其强度是变化的，则在其传播过程中将会在其所经历过的不同流体质点中引起不等值的熵增，因此将会在流体中造成非均熵场. 我们将在此小节中介绍流体非均熵场中的连续波，而在 2.5.5 小节中再来介绍其本身引起熵增的强间断冲击波及其有关结果.

研究非均熵场中的连续波，用熵型的状态方程显然是最方便的，因为利用它我们便于引入和计算流体的局部声速. 此时，一维弹性流体动力学的基本方程组为

$$\frac{\partial v}{\partial t} + v\frac{\partial v}{\partial x} + \frac{1}{\rho}\frac{\partial p}{\partial x} = 0 \quad (\text{运动方程}) \tag{2.5.39}$$

$$\frac{\partial \rho}{\partial t} + \rho\frac{\partial v}{\partial x} + v\frac{\partial \rho}{\partial x} = 0 \quad (\text{连续方程}) \tag{2.5.40}$$

$$p = p(\rho, s) \quad (\text{状态方程}) \tag{2.5.41}$$

$$\frac{\partial s}{\partial t} + v\frac{\partial s}{\partial x} = 0 \quad (\text{等熵方程}) \tag{2.5.42}$$

$$\frac{\partial e}{\partial t} + v\frac{\partial e}{\partial x} + p\left(\frac{\partial V}{\partial t} + v\frac{\partial V}{\partial x}\right) = 0 \quad (\text{能量方程}) \tag{2.5.43}$$

其中 v,p,ρ,e,s 分别为质点速度、压力、质量密度、比内能、比熵，而 $V = \frac{1}{\rho}$ 为比容. 方程(2.5.42)即是连续波中的等熵方程

$$\frac{ds}{dt} = 0 \tag{2.5.42$'$}$$

方程(2.5.43)即是连续波中的绝热能量方程，因为绝热故其内能增加只来源于纯力学的压力变形功，即

$$\frac{de}{dt} = -p\frac{dV}{dt} \tag{2.5.43$'$}$$

其中 $\frac{d}{dt}$ 为随体导数. 由于等熵方程(2.5.42)$'$和绝热能量方程(2.5.43)$'$都已经是有关量全微分(随体微分)的组合形式，所以它们其实也就是沿着流体质点迹线的特征关系，由它们就可以分别计算比熵和比内能.

引入局部声速 c^*：

$$c^* = \sqrt{\left(\frac{\partial p}{\partial \rho}\right)_s} \tag{2.5.44}$$

并利用等熵方程(2.5.42)$'$，有

$$\frac{dp}{dt} = \left(\frac{\partial p}{\partial \rho}\right)_s \frac{d\rho}{dt} + \left(\frac{\partial p}{\partial s}\right)_\rho \frac{ds}{dt} = \left(\frac{\partial p}{\partial \rho}\right)_s \frac{d\rho}{dt} = (c^*)^2\frac{d\rho}{dt}$$

即

$$\left(\frac{\partial p}{\partial t} + v\frac{\partial p}{\partial x}\right) - (c^*)^2\left(\frac{\partial \rho}{\partial t} + v\frac{\partial \rho}{\partial x}\right) = 0 \tag{2.5.45-a}$$

将式(2.5.40)给出的

$$\frac{\partial \rho}{\partial t} + v\frac{\partial \rho}{\partial x} = -\rho\frac{\partial v}{\partial x}$$

代入式(2.5.45-a),即得

$$\left(\frac{\partial p}{\partial t}+v\frac{\partial p}{\partial x}\right)+\rho(c^*)^2\frac{\partial v}{\partial x}=0 \tag{2.5.45-b}$$

式(2.5.39)、式(2.5.45-b)、式(2.5.42)即组成关于未知量 v,p,s 的一阶拟线性偏微分方程组:

$$\begin{cases}\dfrac{\partial v}{\partial t}+v\dfrac{\partial v}{\partial x}+\dfrac{1}{\rho}\dfrac{\partial p}{\partial x}=0\\ \left(\dfrac{\partial p}{\partial t}+v\dfrac{\partial p}{\partial x}\right)+\rho(c^*)^2\dfrac{\partial v}{\partial x}=0\\ \dfrac{\partial s}{\partial t}+v\dfrac{\partial s}{\partial x}=0\end{cases} \tag{2.5.46}$$

写为一阶拟线性偏微分方程组的规范形式,即

$$\boldsymbol{W}_t+\boldsymbol{B}\cdot\boldsymbol{W}_x=\boldsymbol{b} \tag{2.5.47}$$

其中

$$\boldsymbol{W}=\begin{bmatrix}v\\p\\s\end{bmatrix},\quad \boldsymbol{B}=\begin{pmatrix}v & \dfrac{1}{\rho} & 0\\ -\rho(c^*)^2 & v & 0\\ 0 & 0 & v\end{pmatrix},\quad \boldsymbol{b}=\begin{bmatrix}0\\0\\0\end{bmatrix} \tag{2.5.48}$$

由特征方程

$$\|\boldsymbol{B}-\lambda\boldsymbol{I}\|=0 \tag{2.5.49}$$

易求出特征值为

$$\lambda_1=v+c^*,\quad \lambda_2=v-c^*,\quad \lambda_3=v \tag{2.5.50}$$

将之分别代入求解 $\boldsymbol{B}$ 的左特矢 $\boldsymbol{L}$ 的线性齐次代数方程组

$$\boldsymbol{L}\cdot(\boldsymbol{B}-\lambda\boldsymbol{I})=\boldsymbol{O},\quad (\boldsymbol{B}-\lambda\boldsymbol{I})^{\mathrm{T}}\cdot\boldsymbol{L}=\boldsymbol{O} \tag{2.5.51}$$

可求出与 $\lambda_1,\lambda_2,\lambda_3$ 相对应的左特矢 $\boldsymbol{L}_1,\boldsymbol{L}_2,\boldsymbol{L}_3$ 分别为

$$\boldsymbol{L}_1=\begin{bmatrix}\rho c^*\\1\\0\end{bmatrix},\quad \boldsymbol{L}_2=\begin{bmatrix}-\rho c^*\\1\\0\end{bmatrix},\quad \boldsymbol{L}_3=\begin{bmatrix}0\\0\\1\end{bmatrix} \tag{2.5.52}$$

将三组特征值和特征矢量分别代入特征关系:

$$\boldsymbol{L}\cdot\frac{\mathrm{d}\boldsymbol{W}}{\mathrm{d}t}=\boldsymbol{L}\cdot\boldsymbol{b}=\boldsymbol{O} \tag{2.5.53}$$

可得如下三组沿特征线的特征关系:

$$\begin{cases}\mathrm{d}v\pm\dfrac{\mathrm{d}p}{\rho c^*}=0 & \left(沿\dfrac{\mathrm{d}x}{\mathrm{d}t}=v\pm c^*\right)\\ \mathrm{d}s=0 & \left(沿\dfrac{\mathrm{d}x}{\mathrm{d}t}=v\right)\end{cases} \tag{2.5.54}$$

上式中的前两式分别表示沿(相对流体质点)的右行波和左行波的特征关系,而其第三式则表示沿流体质点迹线的特征关系.至于流体密度和比内能的计算,则可以分别按照式(2.5.45)和式(2.5.43)′计算,即

$$\frac{\mathrm{d}\rho}{\mathrm{d}t}=\frac{1}{(c^*)^2}\frac{\mathrm{d}p}{\mathrm{d}t}\quad\left(沿\frac{\mathrm{d}x}{\mathrm{d}t}=v\right) \tag{2.5.55}$$

$$\frac{\mathrm{d}e}{\mathrm{d}t} = -p\frac{\mathrm{d}V}{\mathrm{d}t}\quad\left(\text{沿}\frac{\mathrm{d}x}{\mathrm{d}t} = v\right) \tag{2.5.56}$$

对非均熵流场的计算问题，我们可以利用以上所得到的沿三条特征线的有关特征关系和状态方程一起对包括熵 s 在内的各种量进行耦合计算，这对初始条件和已知运动边界是给定的非均熵分布的问题是比较方便的．而对由非定常激波所引起的非均熵场的计算问题，更方便的方法则是通过质量守恒引入 L 氏坐标并将之作为一个独立变量进行计算，由于对同一粒子只有在其跨过冲击波时才会产生熵增，而在连续场中 L 氏坐标与熵是一一对应的，故在连续场中我们只需利用沿左右特征线的特征关系和状态方程就可以完成相关的计算．在 2.6 节中我们将给出利用后一方法的一个算例．

2.5.5　流体中的冲击波

1．冲击波阵面上的突跃条件

在本小节中，我们将以两个运动着的 E 氏坐标网 $x_1(t)$ 和 $x_0(t)$ 所界定的开口体系的守恒条件来导出流体中冲击波阵面上的突跃条件．

考虑如图 2.23 所示的面积为 1 的开口体系 $[x_1(t), x_0(t)]$，显然，通过任何一个运动网 $x(t)$ 的物理量及其所含有的物理量是由网相对于质点的运动速度 $\frac{\mathrm{d}x}{\mathrm{d}t} - v$ 所决定并与其成正比的，通过单位面积网进入其左端的质量流、动量流和能量流分别是

$$\rho\left(\frac{\mathrm{d}x}{\mathrm{d}t} - v\right),\quad \rho\left(\frac{\mathrm{d}x}{\mathrm{d}t} - v\right)v,\quad \rho\left(\frac{\mathrm{d}x}{\mathrm{d}t} - v\right)\left(e + \frac{v^2}{2}\right)$$

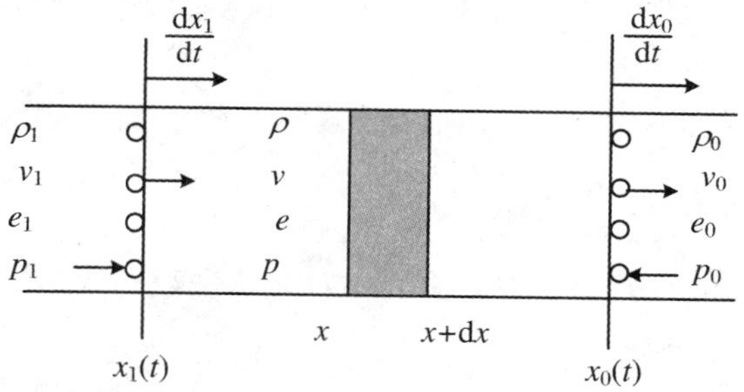

图 2.23　两个运动 E 氏坐标网所界定的开口体系

而任意开口体系的质量守恒、动量守恒和能量守恒可分别表达为，开口体系的质量变化率等于质量的纯流入率；开口体系的动量变化率等于其动量的纯流入率与外力之和；开口体系的能量变化率等于其能量纯流入率和外力的功率之和（对绝热过程）．故如图 2.23 所示的开口体系 $[x_1(t), x_0(t)]$ 的质量守恒、动量守恒和能量守恒可分别表达为

$$\frac{\mathrm{d}}{\mathrm{d}t}\int_{x_1(t)}^{x_0(t)}\rho\mathrm{d}x = \rho_0\left(\frac{\mathrm{d}x_0}{\mathrm{d}t} - v_0\right) - \rho_1\left(\frac{\mathrm{d}x_1}{\mathrm{d}t} - v_1\right) \tag{2.5.57-a}$$

$$\frac{\mathrm{d}}{\mathrm{d}t}\int_{x_1(t)}^{x_0(t)}\rho v\mathrm{d}x = \rho_0 v_0\left(\frac{\mathrm{d}x_0}{\mathrm{d}t} - v_0\right) - \rho_1 v_1\left(\frac{\mathrm{d}x_1}{\mathrm{d}t} - v_1\right) + p_1 - p_0 \tag{2.5.57-b}$$

$$\frac{\mathrm{d}}{\mathrm{d}t}\int_{x_1(t)}^{x_0(t)}\rho\left(e + \frac{v^2}{2}\right)\mathrm{d}x = \rho_0\left(e_0 + \frac{v_0^2}{2}\right)\left(\frac{\mathrm{d}x_0}{\mathrm{d}t} - v_0\right) - \rho_1\left(e_1 + \frac{v_1^2}{2}\right)\left(\frac{\mathrm{d}x_1}{\mathrm{d}t} - v_1\right)$$

$$+ p_1 v_1 - p_0 v_0 \tag{2.5.57-c}$$

式(2.5.57)的三个等式对任意的开口体系$[x_1(t), x_0(t)]$都成立，特别说来，当网 $x_1(t)$和$x_0(t)$分别紧贴在冲击波阵面的紧后方和紧前方时，开口体系$[x_1(t), x_0(t)]$便成为附着在冲击波阵面上的单位面积为 1 的无限薄的薄层，任意时刻内的质量、动量、能量都为零，故式(2.5.57)的三个式子的左端都为零；而

$$\frac{dx_1}{dt} = \frac{dx_0}{dt} = D \tag{2.5.58}$$

恰恰等于冲击波阵面的绝对波速或称 E 氏波速. 如果以

$$[\varphi] \equiv \varphi^- - \varphi^+ \tag{2.5.59}$$

表示从冲击波阵面紧前方跨至其紧后方时量 φ 的跳跃量，即以量 φ 所衡量的冲击波的强度，则式(2.5.57)的三个式子将分别给出

$$[\rho(D - v)] = [\rho D^*] = 0 \tag{2.5.60-a}$$

$$[\rho(D - v)v - p] = [\rho D^* v - p] = 0 \tag{2.5.61-a}$$

$$\left[\rho(D - v)\left(e + \frac{v^2}{2}\right) - pv\right] = \left[\rho D^*\left(e + \frac{v^2}{2}\right) - pv\right] = 0 \tag{2.5.62-a}$$

其中

$$D^* \equiv D - v \tag{2.5.63}$$

为冲击波对介质的相对波速，与绝对波速 D 在跨过冲击波阵面时保持连续不同，冲击波的相对波速 D^* 在跨过冲击波阵面时是不连续而产生突跃的，因为质点速度 v 是不连续而产生突跃的. 式(2.5.60-a)、式(2.5.61-a)、式(2.5.62-a)分别被称作冲击波阵面上的质量守恒条件、动量守恒条件和能量守恒条件，它们是以开口体系的观点所列出的欧拉形式的冲击波阵面守恒条件的数学形式.

为叙述简洁起见，我们将以 φ_0 表示冲击波紧前方量 φ 的值，以 φ 代表其在冲击波紧后方的值，并引入记号

$$D_0 \equiv D - v_0, \quad D_1 \equiv D - v \tag{2.5.64}$$

D_0 和 D_1 分别表示冲击波相对紧前方介质的相对波速和相对紧后方介质的相对波速，则质量守恒条件(2.5.60-a)可简单地写为

$$\rho D_1 = \rho_0 D_0 \tag{2.5.60-b}$$

该式的物理意义是，单位时间内从冲击波阵面前方进入单位面积的冲击波阵面的流体质量等于向其后方流出的流体质量，这也可看作把单位时间内单位面积冲击波阵面所扫过的流体介质作为一个闭口体系时，其质量守恒定律的体现. 我们把 $\rho D_1 = \rho_0 D_0$ 称为冲击波的波阻抗，作为单位时间内单位面积冲击波阵面所扫过的流体质量，它从运动学的角度说明了波阻抗的物理含义. 此外，利用以下恒等式：

$$\begin{cases} [ab] = a^+[b] + b^-[a] = a^-[b] + b^+[a] \\ \left[\dfrac{a}{b}\right] = \dfrac{b^+[a] - a^+[b]}{b^+ b^-} = \dfrac{b^-[a] - a^-[b]}{b^+ b^-} \\ [V] \equiv \left[\dfrac{1}{\rho}\right] = \dfrac{-[\rho]}{\rho^+ \rho^-} \end{cases} \tag{2.5.65}$$

我们还可将质量守恒条件(2.5.60-a)化为以下各种形式：

$$[v] = \frac{D_0}{\rho}[\rho] = \frac{D_1}{\rho_0}[\rho] = -\rho_0 D_0[V] = -\rho D_1[V] \tag{2.5.60-c}$$

质量守恒条件(2.5.60-c)的优点是，它以显式的形式把跨过冲击波时质点速度的间断量$[v]$和密度的间断量$[\rho]$或比容的间断量$[V]$直接联系起来了.

利用恒等式(2.5.65)和质量守恒条件(2.5.60-a)，并注意绝对波速 D 跨波连续，因而$[D]=0$，可将动量守恒条件(2.5.61-a)化为如下形式：

$$[p] = \rho_0 D_0[v] = \rho D_1[v] \tag{2.5.61-b}$$

动量守恒条件(2.5.61-b)的优点是，它直接把跨过冲击波阵面时压力的间断量$[p]$和质点速度的间断量$[v]$直接联系起来了，而其比例系数恰恰是冲击波阻抗 $\rho D_1 = \rho_0 D_0$，这从动力学角度对冲击波阻抗的物理意义给出了解释，它完全类似于电学中电压、电流和电阻之间的关系.

由式(2.5.60-c)和式(2.5.61-b)消去$[v]$，可以求得冲击波相对于其前后方传播速度 D_0 和 D_1 的如下公式：

$$D_0 = \sqrt{\frac{-[p]}{\rho_0^2[V]}} = \sqrt{\frac{\rho[p]}{\rho_0[\rho]}},\quad D_1 = \sqrt{\frac{-[p]}{\rho^2[V]}} = \sqrt{\frac{\rho_0[p]}{\rho[\rho]}} \tag{2.5.66}$$

当冲击波趋于无限小时，即成为等熵的声波，$[\varphi]\to d\varphi$，D_0 和 D_1 都趋于局部声速 c^*，式(2.5.66)即给出

$$c^* = \sqrt{\left(\frac{\partial p}{\partial \rho}\right)_s} = \sqrt{\frac{-1}{\rho^2}\left(\frac{\partial p}{\partial V}\right)_s} \tag{2.5.67}$$

而冲击波阵面上的质量守恒条件(2.5.60-c)将成为跨过声波阵面的守恒条件：

$$dv = \frac{c^*}{\rho}d\rho = -\rho c^* dV \tag{2.5.68}$$

利用恒等式(2.5.65)、质量守恒条件(2.5.60-a)、动量守恒条件(2.5.61-a)，并注意绝对波速 D 跨波连续，因而$[D]=0$，可将能量守恒条件(2.5.62-a)化为如下形式：

$$[pv] = \rho_0 D_0\left[e + \frac{v^2}{2}\right] \tag{2.5.62-b}$$

即

$$\rho_0 D_0[e] = pv - p_0 v_0 - \frac{1}{2}\rho_0 D_0(v - v_0)(v + v_0)$$

利用动量守恒条件(2.5.61-b)可将该式化为

$$\rho_0 D_0[e] = pv - p_0 v_0 - \frac{1}{2}(p - p_0)(v + v_0) = \frac{1}{2}(p + p_0)(v - v_0)$$

再利用质量守恒条件(2.5.60-c)，又可将该式化为

$$[e] = -\frac{1}{2}(p + p_0)[V] \tag{2.5.62-c}$$

当冲击波的强度趋于零时，能量守恒条件(2.5.62-c)将给出如下的绝热等熵能量方程：

$$de = -p dV$$

而这其实也就是前面在非均熵连续波小节中的式(2.5.56).

式(2.5.62-c)也是冲击波阵面上能量守恒条件的一种形式，但是相对式(2.5.62-a)和式(2.5.62-b)而言，它有一个突出的优点，那就是在式(2.5.62-c)中只涉及热力学的量 e，p，

V,而不涉及运动学量质点速度 v,这使我们可以直接将内能型状态方程代入其中而得出冲击波阵面上的所谓(V,p)Hugoniot 曲线.事实上,如果流体的内能型状态方程为

$$e = e(V,p) \tag{2.5.69}$$

将之代入能量守恒条件(2.5.62-c)中,则可得出参考于冲击波前方状态(V_0,p_0)而联系冲击波后方压力 p 和 V 之间的一个关系:

$$p = p_{\mathrm{H}}(V;V_0,p_0) \tag{2.5.70}$$

我们将该式称为绝热冲击波在 V-p 平面上的 Hugoniot 曲线,它的物理意义是,参考于前方状态(V_0,p_0)由状态方程(2.5.69)所描述的流体中,其冲击波后方的状态(V,p)必须是该曲线上的一点.需要强调指出的是,该曲线是与参考状态(V_0,p_0)紧密相关的,即使是同一种流体,其相对于不同参考状态的 Hugoniot 曲线也将会是不同的,这就是我们在式(2.5.70)中特别写出 p_0,V_0 的原因.下面,我们将对其他状态平面上的 Hugoniot 曲线进行一个一般性的说明.

2. 冲击绝热 Hugoniot 曲线

如果冲击波阵面前方的状态量 $\boldsymbol{W}_0(v_0,p_0,\rho_0,e_0)$是已知的,则式(2.5.60-a)、式(2.5.61-a)、式(2.5.62-a)(或者式(2.5.60-c)、式(2.5.61-b)、式(2.5.62-b))连同流体的状态方程(2.5.69)就是关于冲击波阵面后方的状态量 $\boldsymbol{W}(v,p,\rho,e)$以及冲击波绝对波速 D 的四个方程,所以参考于前方状态量$\boldsymbol{W}_0$,我们可以将波阵面后方的状态量 $\boldsymbol{W}(v,p,\rho,e)$作为冲击波速度 D 的函数而解出:

$$\boldsymbol{W} = \boldsymbol{W}_{\mathrm{H}}(D;\boldsymbol{W}_0) \tag{2.5.71-a}$$

式(2.5.71-a)表示在四维状态空间 $\boldsymbol{W}(v,p,\rho,e)$中以 D 为参数的一条曲线的参数方程,并且经过其参考状态 $\boldsymbol{W}_0$.如果由式(2.5.71-a)四个方程中的任意两个方程消去参数 D,我们即可得出任意两个状态量之间的关系,它表示在该状态平面上经过其参考状态的一条曲线,我们将之称为冲击波在该状态平面上的 Hugoniot 曲线,实践上应用最多的是在 v-p 平面上和在ρ-p 平面上的 Hugoniot 曲线:

$$p = p_{\mathrm{H}}(v;v_0,p_0),\quad p = p_{\mathrm{H}}(\rho;\rho_0,p_0) \tag{2.5.71-b}$$

它们表示,以前方状态(v_0,p_0),(ρ_0,p_0)为参考点冲击波后方的状态(v,p)之间或(ρ,p)之间所必须满足的关系.下面我们还将结合具体实例或实际应用对这两种 Hugoniot 曲线的有关问题进行一些说明.

3. 冲击波传播和 Hugoniot 曲线的某些性质

下面我们特别来对 Hugoniot 曲线(2.5.71-b)的第二式和第一式进行一些分析.如前所述,关于其第二式我们可以直接将状态方程(2.5.69)代入冲击波阵面上的能量守恒条件(2.5.62-c)而得到,其结果即为

$$p = p_{\mathrm{H}}(V;V_0,p_0) \tag{2.5.70}$$

作为例子,我们来考虑多方型的流体,其熵型状态方程为 $p = A(s)V^{-\gamma}$,由其绝热条件下的能量守恒条件容易求出其比内能为

$$e = \frac{pV}{\gamma - 1} \tag{2.5.72}$$

将之代入能量守恒条件(2.5.62-c)中,可得其 V-p 平面上的冲击绝热线如下:

$$pV - p_0 V_0 = \frac{\gamma - 1}{2}(p + p_0)(V_0 - V) \tag{2.5.73-a}$$

或

$$\frac{V}{V_0} = -\frac{(\gamma - 1)p + (\gamma + 1)p_0}{(\gamma + 1)p + (\gamma - 1)p_0} \tag{2.5.73-b}$$

或

$$\left(p + \frac{\gamma - 1}{\gamma + 1}p_0\right)\left(V - \frac{\gamma - 1}{\gamma + 1}V_0\right) = \left[1 - \left(\frac{\gamma - 1}{\gamma + 1}\right)^2\right]p_0 V_0 \tag{2.5.73-c}$$

式(2.5.73-c)在 V-p 平面上是通过参考状态点 $B(V_0, p_0)$ 的直角双曲线，有两条渐近线：

$$p = \frac{1 - \gamma}{\gamma + 1}p_0, \quad V = \frac{\gamma - 1}{\gamma + 1}V_0$$

在图 2.24 中示意性地画出了 Hugoniot 曲线(2.5.73-c).为了容易对比，在图中我们也同时画出了通过参考状态 $B(V_0, p_0)$ 的等熵线(即等熵状态方程)：

$$p = p_s(V; p_0, V_0) = p_0\left(\frac{V}{V_0}\right)^{\gamma} \tag{2.5.74}$$

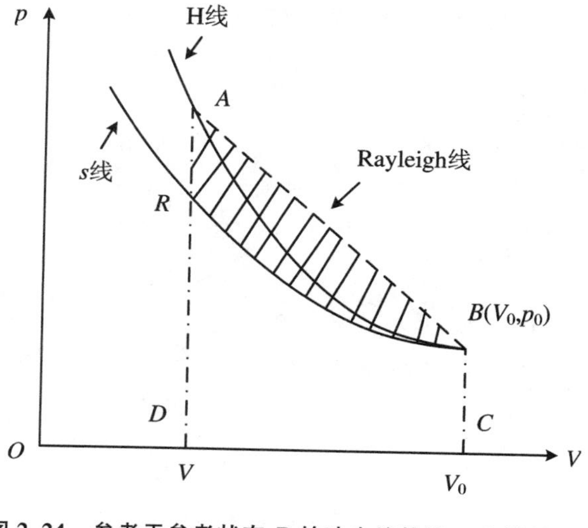

图 2.24 参考于参考状态 B 的冲击绝热线 H 和等熵线 s

图 2.24 中连接冲击波前后方状态的直线 BA 称为 Rayleigh 线，它的斜率为

$$\frac{p - p_0}{V - V_0}$$

由式(2.5.66)可见，该斜率是与冲击波相对于前方介质的传播速度 D_0 以如下的公式而相联系的：

$$\frac{p - p_0}{V - V_0} = -\frac{D_0^2}{V_0^2} \tag{2.5.66$'$}$$

下面我们重点对形成冲击波的条件、冲击波和声波的关系、等熵线和 Hugoniot 曲线之间的关系进行分析.

在第 1 章中我们曾指出递增硬化的材料即凹形应力-应变曲线的材料中才能形成稳定传播的加载冲击波，在物理上这是因为高应力处的加载增量波的波速是高于前方低应力处的波速的，故可以不断淹没前方的连续波而维持或增强其强间断波向前传播. 在流体中也有类似的性质. 事实上，由声波的公式以及对之求导的公式可有

$$c^2 = \left(\frac{\partial p}{\partial \rho}\right)_s, \quad 2c\left(\frac{\partial c}{\partial \rho}\right)_s = \left(\frac{\partial^2 p}{\partial \rho^2}\right)_s$$

可见，如果 p-ρ 平面上的等熵线是凹的，即

$$\left(\frac{\partial^2 p}{\partial \rho^2}\right)_s \geqslant 0$$

则

$$\left(\frac{\partial c}{\partial \rho}\right)_s \geqslant 0$$

故

$$\frac{\partial c}{\partial p} = \frac{\partial c}{\partial \rho}\frac{\partial \rho}{\partial p} = \frac{\partial c}{\partial \rho}\frac{1}{c^2} \geqslant 0$$

这说明，高压力处的声波大于低压力处的声波，故流体中将可以存在稳定传播的加载冲击波. 这是从局部声速的角度来分析问题的；如果我们从绝对波速的角度则可以得出类似的条件. 事实上，利用连续声波阵面上的动量守恒条件

$$\mathrm{d}v = \frac{\mathrm{d}p}{\rho c^*}$$

在等熵条件下求绝对波速对压力的导数，可有

$$\frac{\mathrm{d}c}{\mathrm{d}p} = \frac{\mathrm{d}v}{\mathrm{d}p} + \frac{\mathrm{d}c^*}{\mathrm{d}p} = \frac{1}{\rho c^*} + \frac{\mathrm{d}c^*}{\mathrm{d}V}\frac{\mathrm{d}V}{\mathrm{d}p} \tag{2.5.75}$$

而利用局部声速 c^* 的公式，有

$$\frac{\mathrm{d}c^*}{\mathrm{d}V} = \frac{\mathrm{d}}{\mathrm{d}V}\left(\sqrt{-V^2\frac{\mathrm{d}p}{\mathrm{d}V}}\right) = \frac{1}{2c^*}\left(-2V\frac{\mathrm{d}p}{\mathrm{d}V} - V^2\frac{\mathrm{d}^2 p}{\mathrm{d}V^2}\right) \tag{2.5.76}$$

将式(2.5.76)代入式(2.5.75)中，经过化简可得

$$\frac{\mathrm{d}c}{\mathrm{d}p} = \frac{-V^2}{2c^*}\frac{\left(\frac{\partial^2 p}{\partial V^2}\right)_s}{\left(\frac{\partial p}{\partial V}\right)_s} = \frac{V^4}{2(c^*)^3}\left(\frac{\partial^2 p}{\partial V^2}\right)_s \tag{2.5.77}$$

式(2.5.77)说明，如果(p, V)等熵线是凹形的，即$\left(\frac{\partial^2 p}{\partial V^2}\right)_s \geqslant 0$，则有$\frac{\mathrm{d}c}{\mathrm{d}p} \geqslant 0$，说明高压力处声波的绝对波速大于低压力处声波的绝对波速，流体中将会存在稳定传播的加载冲击波. 从数学上容易说明，如果$\left(\frac{\partial^2 p}{\partial \rho^2}\right)_s \geqslant 0$，则必有$\left(\frac{\partial^2 p}{\partial V^2}\right)_s \geqslant 0$，所以第一个条件更加苛刻，而第二个条件则是稍微放松而在实践上应用更多的判断流体中是否有稳定加载冲击波的充分条件. 如果引入轴向工程压应变 ε，从一维应变轴向压缩应力-应变曲线的角度考虑问题，则我们还可以引入另一个保证材料中存在稳定加载冲击波的条件$\left(\frac{\partial^2 p}{\partial \varepsilon^2}\right)_s \geqslant 0$，读者可以思考该条件与其他两个条件之间的关系.

由图 2.24 可见，在 V-p 平面上 Hugoniot 曲线是位于等熵线上方的，这在物理上反映了要将流体从初始状态 $B(V_0, p_0)$ 通过不可逆的绝热冲击压缩过程而将之压缩至比容 V 的

$A(V,p)$状态，要比通过绝热可逆的等熵过程而将之压至同样比容 V 的 R 处，需要做更多的功，这是不可逆过程中必然存在非负的能量耗散的热力学第二定律的体现，其不可逆的能量耗散值则是由曲线三角形 BAR 的面积所表达的. 这也可以由如下的推理来简单说明. 冲击波阵面上的能量守恒条件(2.5.62-c)说明，从状态 B 将之绝热冲击压缩至状态 A 时介质的内能增加值(热力学第一定律说明该值应等于过程中压力所做的功)，恰恰等于图 2.24 中梯形 $BADC$ 的面积("似乎"不可逆过程是沿 Rayleigh 线由 B 至 A 一样)；而将之从状态 B 等熵压缩至具有同样比容的 R 处，介质的内能增加将是沿等熵线压力所做的功，即曲线梯形 $BRDC$ 的面积：

$$e_R - e_0 = -\int_{V_0}^{V} p\mathrm{d}V = BRDC\ \text{的面积} \tag{2.5.78}$$

如果我们要将介质从状态 R 变到与其具有同样比容的状态 A，则因为是一个等容过程，外力所做的功为零，我们就只能通过供热的方式而实现，而为了达到 A 处的内能值我们所提供的热量 ΔQ 恰应该等于图 2.24 中曲线三角形 BAR 的面积，由热力学第一定律可有

$$e_A - e_R = \Delta Q = \int_{s_R}^{s_A} T\mathrm{d}s = \bar{T}(s_A - s_R) = \bar{T}(s_A - s_0) \tag{2.5.79}$$

这里用了积分中值定理，其中 $\bar{T}$ 是 R 和 A 之间的某一中值温度，而在等熵过程中 $s_R = s_0$. 热力学第二定律要求 $s_A - s_0 > 0$，故 $e_A - e_R > 0$，其值恰由等容过程中所需提供的热量 $\Delta Q = BAR$ 的面积>0 决定.

由于冲击波的强度趋于零时即退化为声波，所以图 2.24 中的 Rayleigh 线的斜率

$$\frac{p - p_0}{V - V_0} = -\frac{D_0^2}{V_0^2}$$

将趋于没有熵增的等熵线在参考点 B 处的斜率

$$\frac{\mathrm{d}p}{\mathrm{d}V} = -\frac{(c_0^*)^2}{V_0^2}$$

所以在参考点处 Hugoniot 曲线和等熵线必是相切的. 而且我们还可以证明，它们在参考点处必然是二阶相切的，下面我们来简要说明这一点. 利用热力学第一定律和冲击波阵面上的能量守恒条件(2.5.62-c)，我们有

$$\begin{aligned} T\mathrm{d}s = \mathrm{d}e + p\mathrm{d}V &= \frac{1}{2}\mathrm{d}p(V_0 - V) - \frac{1}{2}(p + p_0)\mathrm{d}V + p\mathrm{d}V \\ &= \frac{1}{2}\mathrm{d}p(V_0 - V) + \frac{1}{2}(p - p_0)\mathrm{d}V \end{aligned}$$

即

$$T\frac{\mathrm{d}s}{\mathrm{d}p} = \frac{1}{2}(V_0 - V) + \frac{1}{2}(p - p_0)\frac{\mathrm{d}V}{\mathrm{d}p} \tag{2.5.80}$$

由式(2.5.80)对 p 求一阶导数和二阶导数，可分别有

$$\frac{\mathrm{d}T}{\mathrm{d}p}\frac{\mathrm{d}s}{\mathrm{d}p} + T\frac{\mathrm{d}^2 s}{\mathrm{d}p^2} = \frac{1}{2}(p - p_0)\frac{\mathrm{d}^2 V}{\mathrm{d}p^2} \tag{2.5.81}$$

$$\frac{\mathrm{d}^2 T}{\mathrm{d}p^2}\frac{\mathrm{d}s}{\mathrm{d}p} + 2\frac{\mathrm{d}T}{\mathrm{d}p}\frac{\mathrm{d}^2 s}{\mathrm{d}p^2} + T\frac{\mathrm{d}^3 s}{\mathrm{d}p^3} = \frac{1}{2}\frac{\mathrm{d}^2 V}{\mathrm{d}p^2} + \frac{1}{2}(p - p_0)\frac{\mathrm{d}^3 V}{\mathrm{d}p^3} \tag{2.5.82}$$

由式(2.5.80)～式(2.5.82)可见，在参考状态点 $B(p_0, V_0)$处必有

$$\left(\frac{\mathrm{d}s}{\mathrm{d}p}\right)_B = 0 \tag{2.5.83}$$

$$\left(\frac{\mathrm{d}^2 s}{\mathrm{d}p^2}\right)_B = 0 \tag{2.5.84}$$

$$\left(\frac{\mathrm{d}^3 s}{\mathrm{d}p^3}\right)_B = \frac{1}{2T_0}\left(\frac{\mathrm{d}^2 V}{\mathrm{d}p^2}\right)_B \tag{2.5.85}$$

式(2.5.83)和式(2.5.84)说明,在 p-s 状态平面上的 Hugoniot 曲线在参考点处的一阶导数 $\left(\frac{\mathrm{d}s}{\mathrm{d}p}\right)_B$ 和二阶导数 $\left(\frac{\mathrm{d}^2 s}{\mathrm{d}p^2}\right)_B$ 都等于零,而在状态平面 p-s 上的等熵线恰是过参考点的一条水平线,其熵对压力的一阶和二阶导数当然等于零,这就说明了在状态平面 p-s 上的 Hugoniot 曲线和其等熵线在参考点处确实是一阶和二阶相切的,而只有三阶导数不相同,这就证明了我们的论断;同时其二阶导数 $\left(\frac{\mathrm{d}^2 s}{\mathrm{d}p^2}\right)_B=0$ 说明了 p-s 平面上的 Hugoniot 曲线在参考点处必是一个拐点,故 Hugoniot 曲线是二阶相切并且穿越水平的等熵线的,如图2.25所示.通过复合函数求导的链式法则,并利用一阶相切和二阶相切的式(2.5.83)、式(2.5.84),容易说明在其他状态平面上比如说在 v-p 平面上的 Hugoniot 曲线在参考点处也必然和其等熵线是一阶和二阶相切的:

$$\left(\frac{\mathrm{d}V}{\mathrm{d}p}\right)_B = \left(\frac{\partial V}{\partial p}\right)_{sB} \tag{2.5.86}$$

$$\left(\frac{\mathrm{d}^2 V}{\mathrm{d}p^2}\right)_B = \left(\frac{\partial^2 V}{\partial p^2}\right)_{sB} \tag{2.5.87}$$

其中右端表示等熵线的一阶和二阶导数在参考点 B 处的值.

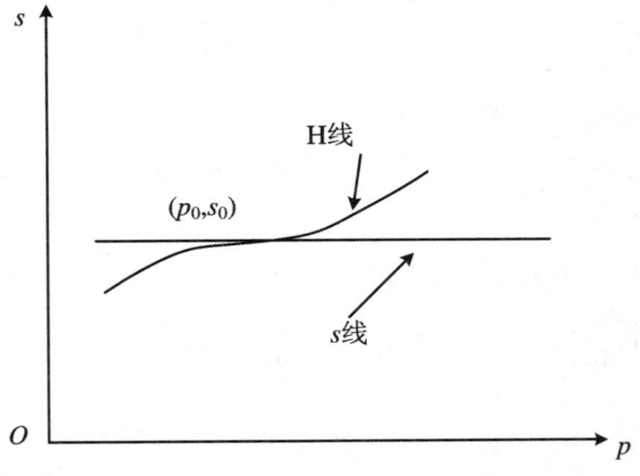

图 2.25　p-s 平面上的冲击绝热线 H 和等熵线 s

以前我们曾经以凹向上的应力-应变曲线为例在 L 氏坐标中给出了冲击波稳定传播的 Lax 条件,这一条件在 E 氏坐标中也是成立的,现在我们就来说明此点.参照图 2.24 中的上凹 Hugoniot 曲线,我们有 Rayleigh 弦的斜率介于冲击波前后方状态点切线的斜率之间,利用 Hugoniot 曲线和等熵线在参考点相切的条件,这可以表达为

$$-\left(\frac{\partial p}{\partial V}\right)_{sB}<\frac{p-p_0}{V_0-V}<-\left(\frac{\partial p}{\partial V}\right)_{sA}$$

由此可有

$$-\left(V_0^2\frac{\partial p}{\partial V}\right)_{sB}<V_0^2\frac{p-p_0}{V_0-V} \tag{2.5.88}$$

$$\left(\frac{V}{V_0}\right)^2V_0^2\frac{p-p_0}{V_0-V}<-\left(V^2\frac{\partial p}{\partial V}\right)_{sA} \tag{2.5.89}$$

式(2.5.88)即是$(c_B^*)^2<D_0^2$，或

$$c_B^*<D_0 \tag{2.5.90}$$

式(2.5.89)即是

$$\left(\frac{V}{V_0}\right)^2D_0^2<(c_A^*)^2 \tag{2.5.91}$$

利用冲击波阵面上的质量守恒条件(2.5.60-b)可有

$$\frac{V}{V_0}=\frac{D_1}{D_0} \tag{2.5.92}$$

将之代入式(2.5.91)，即有 $D_1^2<(c_A^*)^2$，或

$$D_1<c_A^* \tag{2.5.93}$$

式(2.5.90)和式(2.5.93)即是冲击波稳定传播的 Lax 条件，它表明冲击波相对于其前方介质是超声速的，而相对于其后方介质则是亚声速的；如果用冲击波的绝对声速 D 来表达，则可以将之合在一起写为

$$c_B^*+v_B<D<c_A^*+v_A \tag{2.5.94}$$

前面我们曾指出过，通过跨过冲击波阵面的三个突跃条件和其给定的状态方程我们可以得出冲击波在任何两个量的状态平面如 V-p，v-p，…上的 Hugoniot 曲线. 反之，如果我们通过试验的方法得出了冲击波某两个量间的 Hugoniot 关系，则可以由该两个量间的 Hugoniot 关系以及冲击波阵面的突跃条件来求出介质的状态方程. 这在固体高压状态方程理论中有重要的应用. 作为运动学量冲击波速 D 和介质质点速度 v 通常是容易测量的，所以容易通过实验测量而拟合出 D-v 平面上的 Hugoniot 曲线. 试验表明，在相当高的压力范围内该曲线可以用线性关系来近似，我们将之写为冲击波相对于前方介质的波速 $D_0\equiv D-v_0$ 和质点速度突跃量 $v-v_0$ 之间的线性关系，即

$$D-v_0=c_0^*+b(v-v_0) \tag{2.5.95}$$

由于无穷小的激波即为声波，故右端的常数项必为前方状态下的局部声速，所以实验测量主要是拟合出其中的参数 b. 利用 D-v 平面上的 Hugoniot 关系(2.5.95)、冲击波阵面上的动量守恒条件(2.5.61-b)、质量守恒条件(2.5.60-c)容易求出：

$$p-p_0=\rho_0[c_0^*+b(v-v_0)](v-v_0) \tag{2.5.96}$$

$$v-v_0=\frac{\eta c_0^*}{1-\eta b} \tag{2.5.97}$$

$$p-p_0=\rho_0(c_0^*)^2\frac{\eta}{(1-\eta b)^2} \tag{2.5.98}$$

其中

$$\eta \equiv \frac{V_0 - V}{V_0} \tag{2.5.99}$$

为压缩体应变.式(2.5.96)～式(2.5.98)分别是(v, p)Hugoniot关系、(ρ, v)Hugoniot关系和(ρ, p)Hugoniot关系.在固体中即使是很高的冲击压力一般也只会引起很小的熵增,所以其绝热Hugoniot曲线和等熵线是近似重合的,故(ρ, p)Hugoniot关系(2.5.98)也常常被用作其状态方程,文献中一般将之称为Hugoniot状态方程.在压力很高时,该种纯力学形式的状态方程是不够的,需要进行改进,我们还必须利用冲击波阵面上的能量守恒条件并与更多方面的试验数据相结合才行.

2.6 强爆炸空气冲击波在水面透反射的特征线计算

2.6.1 引言

在2.5.4小节和2.5.5小节中我们分别讲述了流体中的非均熵波和冲击波,得到了一维非均熵波的三组特征线、沿特征线的特征关系以及跨过冲击波的突跃条件.以这些知识为基础,在原则上是不难解决流体中任何一维波传播的工程实际问题的.用特征线法解决实际问题的主要困难不是如何把以上的有关公式编成一定的子程序,因为这是很容易做到的,其主要困难是如何科学地把这些子程序合理地串联起来,并给出相应的计算流程,从而设计出正确的计算程序.在用特征线法进行计算时,可以采用等时网格,把有关物理量定义在等时线的各个等分节点上并利用特征关系和突跃条件求出下一个等时线上各节点的相应物理量,由于过前一时刻各节点放出的特征线未必交于下一个等时线上的相应节点处,故这需要大量的差值计算,这种计算方法被称作拟特征线法.另一种方法是按照特征线和特征线以及特征线和冲击波相交的自然节点存储有关物理量,并利用特征关系和突跃条件进行计算,严格而言,这才是标准的特征线计算方法.本节中我们将以空中强点爆炸所引起的冲击波在远处水面透反射的问题为例来具体说明第二种方法.我们通过引入L氏坐标R,给出以α(右行波)和β(左行波)两条特征线为基础的对包含多个间断的非均熵流场的特征线法计算程序,并就不同强度的空中爆炸波入射至水面的问题,通过α特征线的逐层循环,在计算机上完成压力和质点速度等量定时流场和定点波形的计算工作.当入射冲击波较弱时,对水采用了击波-单波近似和声学近似.计算中采用了如下的简化和近似:

爆炸载荷采用无反压的强点爆炸自模拟解,将其传播至较远位置的水面时的空间流场作为问题的初始条件;由于水面离爆心较远,爆炸冲击波传到水面后,按一维平面波进行处理,并假设爆炸冲击波垂直入射至水面;空气被设为理想气体.

整个问题的波动图案如图2.26所示:当空气冲击波传至水面上时,压缩水面向下运动的同时向空中反射一冲击波AB,并向水中透射一冲击波AD,图中AC是水面的运动迹线.

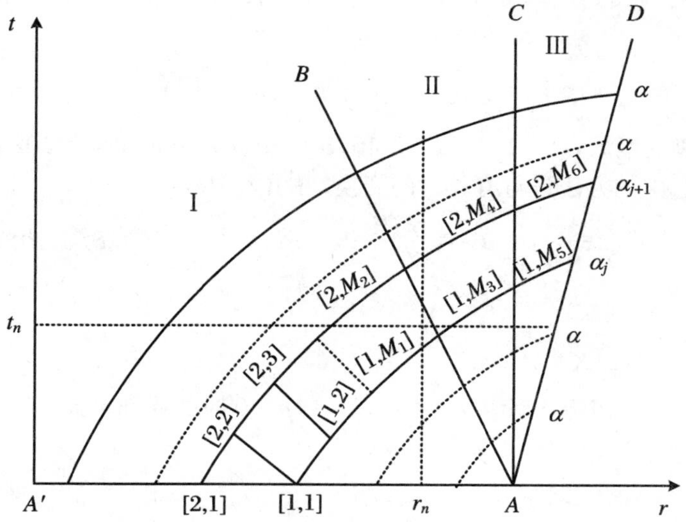

图 2.26　强爆炸冲击波在水面透反射的波动图案

对给定当量 $q=2.5\times10^6$ 吨 TNT，入射到水面上的空气冲击波阵面超压 ΔP 范围为 100～1 500 atm 的问题，考虑水中冲击波和后面追赶声波间的相互作用，对强爆炸冲击波在水面透反射的问题进行了特征线的计算，并对编程中的有关问题进行了简要说明，对计算结果进行了简要分析.

2.6.2　数学处理

1. 基本方程和特征关系

本小节中用 r 和 R 分别表示一维平面 E 氏坐标和 L 氏坐标，其他记号与 2.5.4 小节和 2.5.5 小节中的相同. 有关的公式在前面都已做了介绍，但为了清晰起见，在这里重新列举一下.

一维平面不定常连续流的基本方程组为

$$\begin{cases} \text{运动方程：} & \dfrac{\partial v}{\partial t}+v\dfrac{\partial v}{\partial r}+\dfrac{1}{\rho}\dfrac{\partial p}{\partial r}=0 \\ \text{连续方程：} & \dfrac{\partial \rho}{\partial t}+v\dfrac{\partial \rho}{\partial r}+\rho\dfrac{\partial \rho}{\partial r}=0 \\ \text{等熵方程：} & \dfrac{\partial s}{\partial t}+v\dfrac{\partial s}{\partial r}=0 \\ \text{状态方程：} & p=p(\rho,s) \end{cases} \tag{2.6.1}$$

特征线方程和沿特征线特征关系为(本节中将以 c 表示局部声速)

$$\begin{cases} \dfrac{\mathrm{d}p}{\rho c}+\mathrm{d}v=0 & (\text{沿 } \mathrm{d}r=(v+c)\mathrm{d}t) \\ \dfrac{\mathrm{d}p}{\rho c}-\mathrm{d}v=0 & (\text{沿 } \mathrm{d}r=(v-c)\mathrm{d}t) \\ \mathrm{d}s=0 & (\text{沿 } \mathrm{d}r=v\mathrm{d}t) \end{cases} \tag{2.6.2}$$

方程组(2.6.1)中的状态方程，对空气和水分别取为多方型状态方程和 Murnagham 状态方程：

$$p = k(s)\rho^{\gamma_1} \ （空气）, \quad p = b\left[K(s)\left(\frac{\rho}{\rho_{20}}\right)^{\gamma_2} - 1\right] \ （水）$$

$k(s)$及$K(s)$为熵的函数，$r_1 = 1.4, r_2 = 7.15, b = 3\,047\ \mathrm{kg/cm^2}, \rho_{20} = 102\ \mathrm{kg \cdot s^2/m^4}$.

参照文献[27]中的方法进行有关量的变换，并引入记号：

$$h_1 = \frac{\gamma_1 + 1}{\gamma_1 - 1}, \quad h_2 = \frac{\gamma_2 + 1}{\gamma_2 - 1}, \quad \alpha_1^2 = \gamma_1^{-\frac{h_1 - 1}{2}}, \quad \alpha_2^2 = b\gamma_2$$

$$\nu = \begin{cases} h^{\frac{1}{2\gamma_1}} & （空气） \\ c_0 K^{\frac{1}{2\gamma_2}} & （水） \end{cases}$$

其中 $c_0 = \sqrt{\gamma_2 b/\rho_{20}}$为初始状态 $\rho/\rho_{20} = 1, K = 1, p = 0$ 时的局部声速. 另引入记号：

$$z = \begin{cases} \sqrt{\gamma_1} \cdot p^{\frac{1}{h_1 + 1}} & （空气） \\ \left[K(s)\left(\frac{\rho}{\rho_{20}}\right)^{\gamma_2}\right]^{\frac{\gamma_2 - 1}{2\gamma_2}} = \left(\frac{p}{b} + 1\right)^{\frac{\gamma_2 - 1}{2\gamma_2}} & （水） \end{cases}$$

$$\begin{cases} p = \dfrac{a^2}{\gamma} z^{h+1} \\ \rho = a^2 \dfrac{z^{h-1}}{\nu^2} \\ c = \nu z \end{cases} \tag{2.6.3}$$

其中 ν 是熵的函数，可简称为广义熵，z 是压力的函数，可称为广义压力，

$$a = \begin{cases} a_1 & （空气） \\ a_2 & （水） \end{cases}, \quad h = \begin{cases} h_1 & （空气） \\ h_2 & （水） \end{cases}, \quad \gamma = \begin{cases} \gamma_1 & （空气） \\ \gamma_2 & （水） \end{cases}$$

引入黎曼不变量：

$$\begin{cases} A = (h - 1)c + v \\ B = (h - 1)c - v \end{cases} \tag{2.6.4}$$

则特征关系及特征线方程化为

$$\begin{cases} \mathrm{d}A = (h - 1)z\mathrm{d}\nu & （沿\ \mathrm{d}r = \alpha \mathrm{d}t） \\ \mathrm{d}B = (h - 1)z\mathrm{d}\nu & （沿\ \mathrm{d}r = \beta \mathrm{d}t） \\ \mathrm{d}\nu = 0 & （沿\ \mathrm{d}r = v\mathrm{d}t） \end{cases} \tag{2.6.5}$$

为便于计算广义熵 ν，引入 L 氏坐标 R：

$$\mathrm{d}R = \frac{\rho}{\rho_0(R)}(\mathrm{d}r - v\mathrm{d}t) \tag{2.6.6}$$

其中 $\rho_0(R)$为 R 的任意函数. 当 ρ_0 取爆炸前介质的密度时，R 具有这同一时刻的空间坐标的物理意义.

由式(2.6.6)得

$$\begin{cases} \mathrm{d}R = R'\mathrm{d}t & （沿\ \mathrm{d}r = \alpha \mathrm{d}t） \\ \mathrm{d}R = -R'\mathrm{d}t & （沿\ \mathrm{d}r = \beta \mathrm{d}t） \end{cases} \tag{2.6.7}$$

$$R' = \frac{a^2 z^h}{\rho_0 \nu} \tag{2.6.8}$$

$$a^2=\begin{cases}a_1^2 & (空气)\\ a_2^2 & (水)\end{cases}$$

若 $\nu=\nu(R)$ 为已知函数，则可求得所有热力学量和运动学量.

2. 初始条件

设冲击波入射到水面时的阵面压力记为 p_l，初值采用参考文献[28]介绍的关于强爆炸的自模拟解.

3. 初始间断分解的计算

如图 2.26 所示，A 为间断分解点，Ⅰ区是空中入射击波之后反射击波之前的区域，Ⅱ区是空中反射击波之后的区域，Ⅲ区是水击波之后的区域. 点 A 处Ⅰ区的量由初始条件给出，Ⅱ区与Ⅲ区全部参量则根据相应的击波关系由接触间断两侧压力与速度的连续条件求出：

$$\begin{cases}v_{\mathrm{II}}=v_{1\mathrm{I}}-v_{1\mathrm{I}}\sqrt{\dfrac{h-1}{\rho_{\mathrm{I}}}}\dfrac{p_{\mathrm{II}}-p_{\mathrm{I}}}{\sqrt{h_1p_{\mathrm{II}}+p_{\mathrm{I}}}}\\ v_{\mathrm{III}}=\sqrt{\dfrac{h_2+1}{\rho_{20}}}\dfrac{p_{\mathrm{III}}-p_{\mathrm{IV}}}{\sqrt{\gamma^2(h_2p_{\mathrm{III}}+p_{\mathrm{IV}})+(h_2+1)a_2^2}}\\ v_{\mathrm{II}}=v_{\mathrm{III}},\quad p_{\mathrm{II}}=p_{\mathrm{III}}\end{cases}\tag{2.6.9}$$

$$\begin{cases}v_{\mathrm{II}}=v_1\sqrt{\left(\dfrac{p_{\mathrm{II}}}{p_{\mathrm{I}}}\right)^{\frac{1}{\gamma_1}}\left(\dfrac{p_{\mathrm{II}}}{p_{\mathrm{I}}}+h_1\right)\Big/\left[h_1\left(\dfrac{p_{\mathrm{II}}}{p_{\mathrm{I}}}+1\right)\right]}\\ v_{\mathrm{III}}=v_{\mathrm{IV}}\sqrt{\left(\dfrac{p_{\mathrm{III}}+b}{p_{\mathrm{IV}}+b}\right)^{\frac{1}{\gamma_2}}\left(\dfrac{p_{\mathrm{III}}+b}{p_{\mathrm{IV}}+b}+h_2\right)\Big/\left[h_2\left(\dfrac{p_{\mathrm{III}}+b}{p_{\mathrm{IV}}+b}\right)+1\right]}\\ D_1=v_1-c_{\mathrm{I}}\sqrt{\dfrac{h_1\dfrac{p_{\mathrm{II}}}{p_{\mathrm{I}}}+1}{h_1+1}}\\ D_2=c_{\mathrm{IV}}\sqrt{\dfrac{h_2\dfrac{p_{\mathrm{III}}+b}{p_{\mathrm{IV}}+b}+1}{h_2+1}}\end{cases}\tag{2.6.10}$$

其中 D_1 为空中反射击波速度，D_2 为水中击波速度.

4. 特征线的交点及间断上点的计算

(1) α 与 β 特征线的交点，如图 2.27 所示，若点 1,2 是已算好的点，由点 1 引 α 特征线，由点 2 引 β 特征线交于点 3. 由方程(2.6.5)和方程(2.6.7)的差分形式，可算出点 3 的各量 $t_3, r_3, R_3, \nu(R_3), A_3, B_3, \alpha_3, v_3, z_3, R_3', p_3, \rho_3$. 将此计算过程编成子程序 JAB，这里略去了差分计算的有关公式，读者可作为练习列出. 连续区的计算只需连续调用子程序 JAB.

(2) 空中反射击波间断点，如图 2.28 所示，AB 为空中反射击波间断线，Ⅰ，Ⅱ分别表示击波前后的两个区域. 点 1 是 AB 上已算好的点(参见图 2.26 的第 j 层). 1-1′是已算好的第 j 层 α 特征线，点 2 是第 $j+1$ 层上间断附近Ⅰ区已算好的点. 从点 2 引出的 α 特征线与 AB 交于点 3，从点 3 引出的 β 特征线(用点 1 在Ⅱ区的值 $\beta_{1\mathrm{II}}$)与线 1-1′交于点 4，点 2′是由Ⅰ区点 2 与点 1 引出的特征线交点(为一辅助点)，以供能过 JAB 过程求出其位置和状态，并通过插值求点 3 在Ⅰ区的量. 由击波关系和 β 特征线关系求出点 3 在Ⅱ区的量：

$$\begin{cases} v_{3\mathrm{II}} = v_{3\mathrm{I}} - \sqrt{\dfrac{h_1 - 1}{r_1}} c_{3\mathrm{I}} \dfrac{\left(\dfrac{z_{3\mathrm{II}}}{z_{3\mathrm{I}}}\right)^{h_1+1} - 1}{\sqrt{h_1\left(\dfrac{z_{3\mathrm{II}}}{z_{3\mathrm{I}}}\right)^{h_1+1} - 1}} \\ v_{3\mathrm{II}} = v_4 + (h_1 - 1) v_4 (z_{3\mathrm{II}} - z_4) \end{cases}$$

迭代可解出 $z_{3\mathrm{II}}$，$v_{3\mathrm{II}}$ 等.上述计算过程被编成子程序Ⅱ.

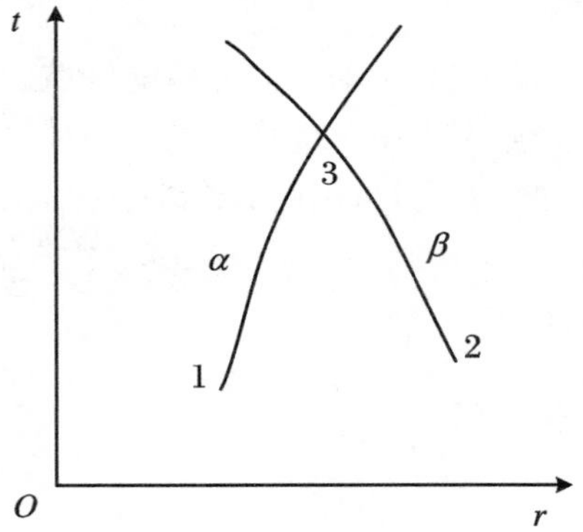

图 2.27　子程序 JAB 示意图

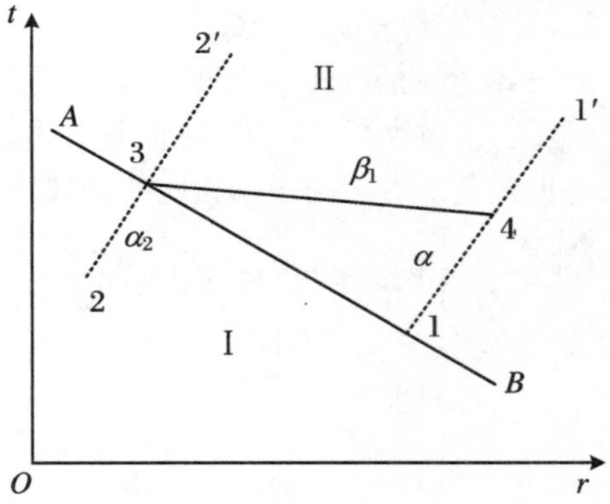

图 2.28　空气反射冲击波点计算的子程序Ⅱ示意图

(3) 接触间断点.图 2.29 中，AB 为接触间断线，点 1,2 是已算好的间断两边的点，点 3 是 β 特征线 l-l' 上算好的点，点 5 是从点 3 引出的 α 特征线与间断 AB 交点的左侧点(空气)，点 6 是与点 5 对应的接触间断线右侧点(水)，点 4 是从点 6 引的 β 特征线(用点 2 的 β_2 值)与 α 特征线 2-2′的交点，根据接触间断线两边的压力、速度的连续性以及特征线 3-5，4-6的特征关系，即可算出点 5 和点 6 的量.将此计算编成子程序Ⅲ，此处略去了相应公式，读者可作为练习将其列出.

(4) 水中击波间断点.图 2.30 中，AB 为水中击波间断线，点 1 为已算好的(也是第 j 层 α 特征线)点，点 2 是第 $j+1$ 层上的已算好的点.从点 2 所引 α 特征线 2-3 上的特征关系和水中击波关系可算出水击波上点 3 的量.将以上计算过程编成子程序Ⅳ，此处略去了相关公式，读者可作为练习将其列出.计算水击波上的点只需调用子程序Ⅳ.

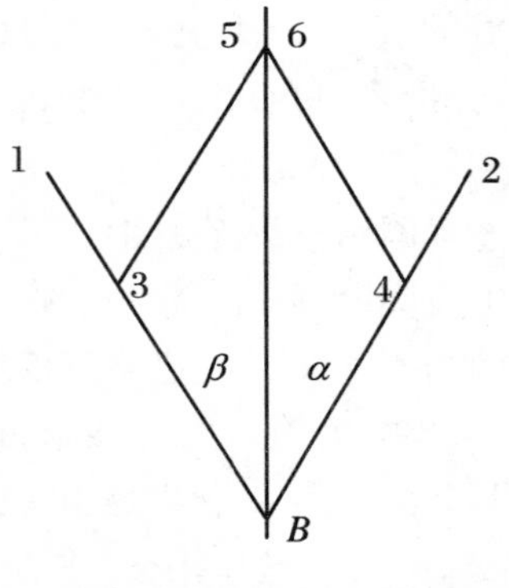

图 2.29　接触间断点计算的子程序Ⅲ示意图

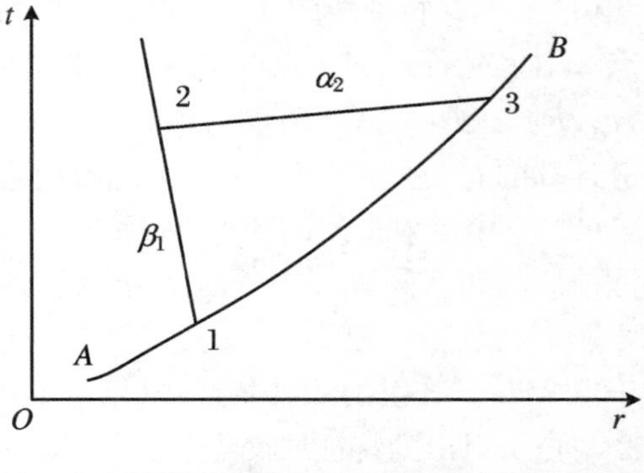

图 2.30　水中透射冲击波点计算的子程序Ⅳ示意图

2.6.3　计算步骤

如图2.26所示,将分解点 A 至爆心 A' 的距离分为 n 个点,从点 A 逐次向爆心 A' 计算.对 AA' 初值线上的每一点,从 $t=0$ 开始沿 α 特征线由Ⅰ区经Ⅱ区、Ⅲ区直至水中冲击波阵面.间断线前后 α 特征线衔接不断,因而得到以 α 特征线分层的规律性变化的特征线网格及格点上的量.每一层 α 特征线的计算依赖于前面一层已算好的 α 特征线以及同层上前面已算好的格点位置及参量.每层格点的位置是在计算过程中逐一得到的,不是事先规定的.但只要判断出给定时刻 t_n 和给定点 r_n 与这层 α 特征线的交点位置以及与间断线相交的位置,插值求出交点的有关量,即可得到指定 t_n 的流场变化和指定点 r_n 的波形.

1. α 特征线的循环

图2.26中,若 α_j 是已算好的第 j 层特征线,则下一层 α_{j+1} 特征线的计算步骤如下:

首先调用过程Ⅰ算点[2,1],即第 $j+1$ 层的第一个点;调用子程序JAB算 α_{j+1} 特征线的下一个点,直至 α_j 上的某点越过反射击波进入Ⅱ区为止,见图2.26点[1,M_1](利用判断程序);调用子程序Ⅱ计算空中反射冲击波,之后继续用子程序JAB算Ⅱ区 α_{j+1} 各点,直至 α_j 上的点越出Ⅱ区为止.见图2.26点[1,M_3](利用判断程序);调用子程序Ⅲ计算接触间断;继续用子程序JAB算Ⅲ区 $j+1$ 层上各点,直至越出Ⅲ区,见图2.26中点[1,M_5](利用判断程序);调用过程Ⅳ算水中击波.这样就完成了由 j 层 α 特征线上各点的位置和物理量计算 $j+1$ 层 α 特征线上各点的位置和物理量的工作.

将 α_{j+1} 特征线上各点的量送入 α_j 的存储单元中,转入下一层 α 特征线的计算.

2. 第一层 α 特征线(起始 α 特征线)的计算

如图2.31所示,分解点 A 按"初始间断分解的计算"中所述方法算好后(包括点[1,1]、[1,2]、[1,3]),即得到了一条长度为零的 α 特征线点 A 本身),在间断还没有"分开"得足够远之前必须做特殊处理:在接触间断上取十分接近点 A 的点[1,4]和[1,5],将点[1,2]、[1,3]的量分别移到点[1,4]、[1,5],用子程序Ⅰ算点[2,1],从点[2,1]引 α 特征线与空中反射冲击波间断线相交,可确定点[2,2]、[2,3]的坐标,从点[2,3]引 β 特征线与接触间断相交,可确定点[1,4]、[1,5]的坐标,由点[1,5]引 α 特征线与水击波间断线相交,可确定点[1,6]的坐标,从点[2,3]引 α 特征线与 AB_2 相交,可确定点[2,4]、[2,5]的坐标,从点[1,6]引 β 特征线,可确定点[2,8]的坐标.

把点[1,2]的量移至点[1,4]后,按2.6.2小节的有关公式算出点[2,2]、[2,3];将点[1,3]的量移至点[1,5],调用子程序Ⅳ算出点[1,6],由点[2,3]沿 α 特征线积分可求得点[4,2]的黎曼不变量 $A[4,2]$,由点[1,6]沿 β 特征线积分可得点[2,8]的黎曼不变量 $B[2,8]$,由 $B[1,3]$ 和 $B[2,8]$ 插值求 $B[2,5]$,由方程:

$$\begin{cases} A[2,4]+B[2,5]=(h_1-1)C[2,4]+(h_2-1)C[2,5] \\ \dfrac{a_1^2}{\gamma_1(\nu[2,4])^{h_1+1}}(C[2,4])^{h_1+1}=\dfrac{a_2^2}{\gamma_2}\left[\dfrac{(C[2,5])^{h_2+1}}{(\nu[2,5])^{h_2+1}}-1\right] \end{cases}$$

可解出量 $C[2,4]$、$C[2,5]$,进而求出点[2,4]、[2,5]的全部参量.由点[1,2]、[2,4]插值求点[1,4]的量,由点[1,3]、[2,5]插值算出点[1,5]的量.

反复计算点[2,3]、[1,6]、[2,4]、[2,5]、[1,4]、[1,5],直到各点的量足够稳定为止.

由点[2,5]、[1,6]用子程序JAB求水区点[2,6]的量，由点[2,6]、[1,6]用子程序Ⅳ算出点[2,7](点[2,8]为计算中的辅助点).

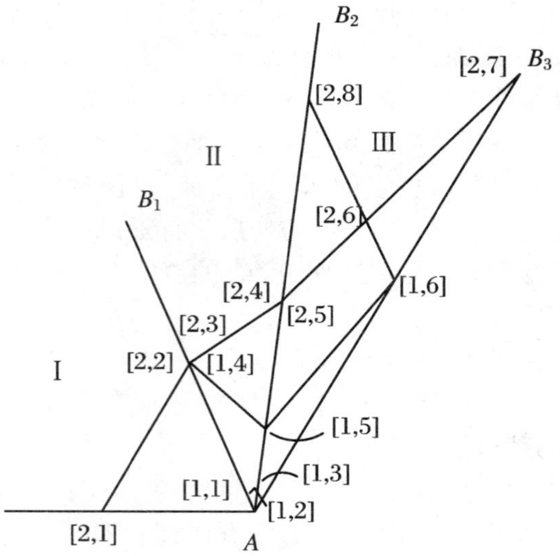

图2.31　第一层 α 特征线的建立

这样我们就得到了一条具有有限长度的 α 特征线[2,1]、[2,2]、[2,3]、[2,4]、[2,5]、[2,6]、[2,7]，将之放入存储[1,1]、[1,2]、[1,3]、[1,4]、[1,5]、[1,6]、[1,7]中就可以按照我们在上面所讲的方法进行分层 α 特征线的循环计算.

2.6.4　结果与分析

在各不同时刻的空气和水中压力定点波形的计算结果如图2.32、图2.33所示，它们分别对应入射冲击波初始超压 $\Delta p = 500$ atm 和 $\Delta p = 100$ atm. 由图可见，冲击波在水中的衰减十分明显，如透反射造成在水面的冲击波压力为3 820 atm时，传播至水深17.5 m时击波最大压力为2 080 atm，击波每前进1 m，最大压力平均下降2.14%；又如，$\Delta p = 100$ atm时，透反射在水面上的最大压力为584 atm，击波每前进1 m，最大压力平均下降0.475%，因此得如下结论：当入射超压 $\Delta p \geqslant 100$ atm时，水中冲击波在传播过程中有明显衰减；水中冲击波衰减的快慢则与入射冲击波的超压大小有关，超压越大衰减越快，超压越小衰减越慢.

需要说明的是，以上的计算值是对入射超压 $\Delta p \geqslant 100$ atm的强冲击波所得出的结果，当入射超压 $\Delta p < 100$ atm时，由于水中击波衰减已经很缓慢(如图2.33所示)，此时水中击波迹线和声波特征线将接近平行，以上计算误差将较大. 此时我们可以将水中冲击波作为弱冲击波看待，而只考虑水中冲击波后方的卸载声波对冲击波的追赶卸载作用但不考虑其相互作用所产生的反射波，于是水中冲击波的后方将近似为一个简单波，这可以叫作弱冲击波区的单波近似. 当入射超压很小时，甚至可以将水中冲击波也视为声波，此时水中冲击波和后方的卸载声波同以声速前进，因此水中冲击波将不再衰减，这可以叫作弱击波的声学近似. 读者可思考关于后两种情况的有关计算方法.

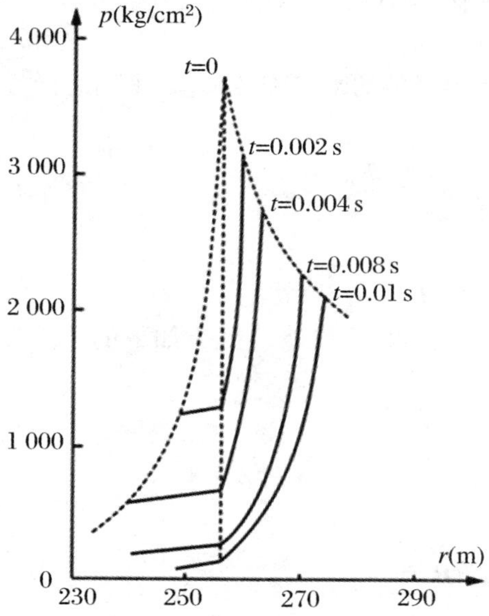

图 2.32　空中反射和水区压力与距离的关系曲线（全当量 2.5×10^6 吨 TNT，水面入射空气冲击波超压 500 kg/cm²）

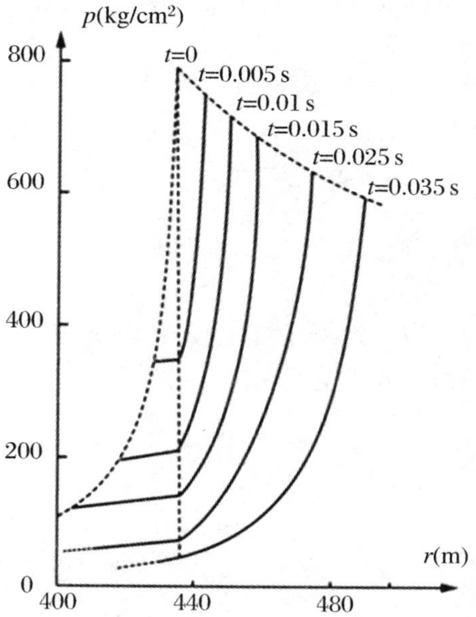

图 2.33　空中反射和水区压力与距离的关系曲线（全当量 2.5×10^6 吨 TNT，水面入射空气冲击波超压 100 kg/cm²）

2.7　黏弹性变截面杆中冲击波的演化和波传播

本节对由标准线性黏弹性材料制成的变截面杆中冲击波及应力波的演化规律问题进行了理论分析和数值计算，引出了对工程应用有启发意义的一些结论，并由此给出了一个实验测量黏弹性材料参数的方法.

2.7.1　问题和基本方程

设有轴对称变截面杆，取 X 轴沿杆轴向右，原点 $X=0$ 取为左端面，截面积变化规律为 $A(X)$，$A(0)=A_0$. 设杆是细长的，杆在轴向纵撞击的作用下处于一维应力状态并传播一维应力平面波. 以 v，σ 和 ε 分别表示杆中的轴向质点速度、轴向应力和轴向应变，ρ 和 t 分别表示介质密度和时间，则杆中的轴向运动方程和轴向位移连续方程分别是

$$v_t-\frac{\sigma_X}{\rho}=\frac{\sigma}{\rho}(\ln A)_X \tag{2.7.1}$$

$$\varepsilon_t-v_X=0 \tag{2.7.2}$$

其中下标表示对 t 和 X 的偏导数.设杆材为标准线性黏弹性材料,则其本构方程可写为

$$\sigma_t - b_1\varepsilon_t = -a_0\sigma + b_0\varepsilon \tag{2.7.3}$$

其中 a_0,b_0,b_1 为材料常数,若以 E_i,E_e,t_s 分别表示材料的瞬态弹性模量、平衡态弹性模量和松弛时间,则有(参见参考文献[14])

$$b_1 = E_i,\quad a_0 = \frac{1}{t_s},\quad b_0 = \frac{E_e}{t_s} \tag{2.7.4}$$

由式(2.7.2),式(2.7.3)可以改写为

$$\sigma_t - b_1 v_X = -a_0\sigma + b_0\varepsilon \tag{2.7.3$'$}$$

方程(2.7.1)、(2.7.3)′、(2.7.2)即组成问题的基本方程组,可以将之写为如下的一阶拟线性偏微分方程组的规范形式:

$$\boldsymbol{W}_t + \boldsymbol{B}\cdot\boldsymbol{W}_X = \boldsymbol{b} \tag{2.7.5}$$

其中

$$\boldsymbol{W} = \begin{bmatrix} v \\ \sigma \\ \varepsilon \end{bmatrix},\quad \boldsymbol{b} = \begin{bmatrix} \dfrac{\sigma}{\rho}(\ln A)_X \\ -a_0\sigma + b_0\varepsilon \\ 0 \end{bmatrix},\quad \boldsymbol{B} = \begin{bmatrix} 0 & -\dfrac{1}{\rho} & 0 \\ -b_1 & 0 & 0 \\ -1 & 0 & 0 \end{bmatrix} \tag{2.7.6}$$

2.7.2 特征关系和冲击波关系

根据一维波传播的特征理论,特征波速 λ 由矩阵 $\boldsymbol{B}$ 的特征值给出,故得特征方程

$$\|\boldsymbol{B} - \lambda\boldsymbol{I}\| = \begin{Vmatrix} -\lambda & -1/\rho & 0 \\ -b_1 & -\lambda & 0 \\ -1 & 0 & -\lambda \end{Vmatrix} = \lambda(\lambda^2 - b_1/\rho) = 0 \tag{2.7.7}$$

我们有

$$\lambda_1 = \sqrt{\frac{b_1}{\rho}} \equiv C > 0,\quad \lambda_2 = -\sqrt{\frac{b_1}{\rho}} = -C < 0,\quad \lambda_3 = 0 \tag{2.7.8}$$

这说明标准线性黏弹性体中应力扰动引起的连续波波速 $C=\sqrt{b_1/\rho}$ 是由其瞬态弹性模量 $b_1 = E_i$ 所决定的,其传播速度应对应于稳态波相速度的高频极限.以 $\boldsymbol{L}$ 表示 $\boldsymbol{B}$ 的左特征矢量,即

$$\boldsymbol{L}\cdot(\boldsymbol{B} - \lambda\boldsymbol{I}) = (\boldsymbol{B} - \lambda\boldsymbol{I})^{\mathrm{T}}\cdot\boldsymbol{L} = 0 \tag{2.7.9}$$

波传播的特征关系可写为

$$\boldsymbol{L}\cdot\left(\boldsymbol{b} - \frac{\mathrm{d}\boldsymbol{W}}{\mathrm{d}t}\right) = 0 \quad (\text{对任意的 } \lambda) \tag{2.7.10}$$

将 $\boldsymbol{B}$ 的表达式(2.7.6)代入式(2.7.9)中,不难求得,对于 $\lambda_1 = C,\lambda_2 = -C,\lambda_3 = 0$ 分别有其相应的左特征矢量为

$$\boldsymbol{L}_1 = \begin{bmatrix} -\rho C \\ 1 \\ 0 \end{bmatrix}\ (\lambda_1 = C),\quad \boldsymbol{L}_2 = \begin{bmatrix} \rho C \\ 1 \\ 0 \end{bmatrix}\ (\lambda_2 = -C),\quad \boldsymbol{L}_3 = \begin{bmatrix} 0 \\ 1 \\ -b_1 \end{bmatrix}\ (\lambda_3 = 0) \tag{2.7.11}$$

故相应的特征关系(2.7.10)可写为

$$\begin{cases}\dfrac{d\sigma}{dt}-\rho C\dfrac{dv}{dt}=-C\sigma\dfrac{\partial}{\partial x}\ln A+b_0\varepsilon-a_0\sigma & \left(沿\dfrac{dX}{dt}=C\right)\\ \dfrac{d\sigma}{dt}+\rho C\dfrac{dv}{dt}=C\sigma\dfrac{\partial}{\partial x}\ln A+b_0\varepsilon-a_0\sigma & \left(沿\dfrac{dX}{dt}=-C\right)\\ \dfrac{d\sigma}{dt}-b_1\dfrac{d\varepsilon}{dt}=-a_0\sigma+b_0\varepsilon & \left(沿\dfrac{dX}{dt}=0\right)\end{cases} \tag{2.7.12}$$

式(2.7.12)的前两个式子分别代表沿左右行特征线的特征关系,其左右行特征线则代表了应力扰动的左右行波,而第三个特征关系恰恰是材料的本构关系(2.7.3),相应的特征线则是质点迹线的方程.

当边界载荷出现突加的载荷时,变截面黏弹性杆中可以有强间断的冲击波出现.容易证明,冲击波阵面上的动量守恒条件和位移连续条件分别为

$$[\sigma]=-\rho D[v] \tag{2.7.13}$$

$$[v]=-D[\varepsilon] \tag{2.7.14}$$

其中 D 是冲击波的速度,$[f]=f^- - f^+$ 表示量 f 的值在跨过冲击波阵面时的跳跃量.由于在冲击波阵面上有 $\dot{\sigma}=\dot{\varepsilon}=\infty$,只有瞬态响应起作用,本构方程(2.7.3)成为

$$\frac{d\sigma}{dt}=b_1\frac{d\varepsilon}{dt},\quad [\sigma]=b_1[\varepsilon]$$

而由式(2.7.13)和消去$[v]$可得

$$\rho D^2=\frac{[\sigma]}{[\varepsilon]} \tag{2.7.15}$$

故将瞬态本构响应$[\sigma]=b_1[\varepsilon]$代入式(2.7.15)可得

$$D=\sqrt{\frac{b_1}{\rho}}=C \tag{2.7.16}$$

即标准线性黏弹性体中冲击波速度和连续波小扰动波的波速相同,这从一个侧面揭示了连续波速 C 对应于稳态波相速度高频极限的物理实质.

2.7.3　冲击波的演化规律和波的传播特征

工程上最常遇到的载荷是突加至某一最大应力 σ_0,然后逐渐衰减的载荷,如图 2.34 所示.此时在变截面杆将出现如图 2.34 所示的波动图案,其中 OA 表示冲击波的迹线,而在冲击波 OA 的后方和 t 轴之间的区域所画的三组直线则表示三族特征线

$$\frac{dX}{dt}=\pm C,\quad \frac{dX}{dt}=0$$

如以 $\sigma_s,\varepsilon_s,v_s$ 分别表示冲击波阵面紧后方的应力、应变和质点速度,则由于冲击波前方处于自然静止状态,故式(2.7.13)~式(2.7.16)给出:

$$\sigma_s=-\rho Cv_s,\quad v_s=-C\varepsilon_s,\quad \varepsilon_s=\frac{\sigma_s}{\rho C^2} \tag{2.7.17}$$

但 OA 紧后方又是一条右行特征线

$$\frac{dX}{dt}=C$$

所以式(2.7.13)给出

$$\mathrm{d}\sigma_s - \rho C\mathrm{d}v_s = -\sigma_s C\mathrm{d}t\frac{\partial}{\partial X}\ln A + b_0\varepsilon_s\mathrm{d}t - a_0\sigma_s\mathrm{d}t \tag{2.7.18}$$

利用式(2.7.17)将 v_s 和 ε_s 由 σ_s 表达后代入式(2.7.18),并注意 $\mathrm{d}X = C\mathrm{d}t$,有

$$2\frac{\mathrm{d}\sigma_s}{\sigma_s} = -\frac{\partial}{\partial X}\left(\ln A + \frac{a_0}{C}X - \frac{b_0}{\rho C^3}X\right)\mathrm{d}X = -\mathrm{d}\left(\ln A + \frac{a_0}{C}X - \frac{b_0}{\rho C^3}X\right) \tag{2.7.19}$$

积分,并利用边条件 $\sigma_s(0) = \sigma_0$,得

$$\frac{\sigma_s}{\sigma_0} = \sqrt{\frac{A_0}{A(X)}}\mathrm{e}^{-\frac{1}{2C}\left(a_0 - \frac{b_0}{\rho C^2}\right)X} \tag{2.7.20}$$

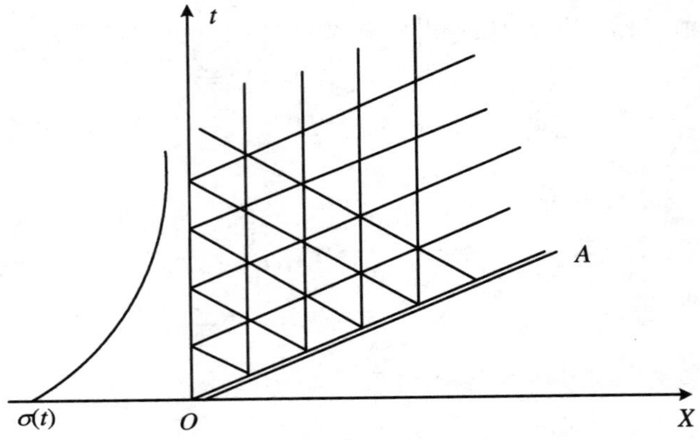

图 2.34　特征网格

式(2.7.20)便是冲击波紧后方的应力随传播距离 X 的演化规律.利用式(2.7.17)立即可得冲击波紧后方质速 v_s 和应变 ε_s 的演化规律,它们的特征是和式(2.7.20)类似的:

$$\frac{v_s}{v_0} = \sqrt{\frac{A_0}{A(X)}}\mathrm{e}^{-\frac{1}{2C}\left(a_0 - \frac{b_0}{\rho C^2}\right)X} \quad \left(v_0 \equiv -\frac{\sigma_0}{\rho C}\right) \tag{2.7.21}$$

$$\frac{\varepsilon_s}{\varepsilon_0} = \sqrt{\frac{A_0}{A(X)}}\mathrm{e}^{-\frac{1}{2C}\left(a_0 - \frac{b_0}{\rho C^2}\right)X} \quad \left(\varepsilon_0 = \frac{\sigma_0}{\rho C^2}\right) \tag{2.7.22}$$

其中

$$v_0 = -\frac{\sigma_0}{\rho C}, \quad \varepsilon_0 = \frac{\sigma_0}{\rho C^2}$$

是以质速和应变表征的冲击波的初始强度.

由式(2.7.20)(或式(2.7.21)、式(2.7.22))可以得出关于变截面杆中冲击波演化规律的如下特性:

(1) 冲击波阵面紧后方的应力 σ_s(质速、应变)只与边界突加载荷 σ_0 成正比,而它随传播距离的演化规律 $\sigma_s(X)$ 却与边界上所加载荷的具体形式 $\sigma(t)$ 完全无关,后者将只是对冲击波后区域内的应力分布特性产生影响.当然,对 $a_0 = b_0 = 0$ 的变截面弹性杆,也会有同样的结论.

(2) 对特定的材料($a_0, b_0, b_1 = \rho C^2$),任一距离端部为 X_1 的截面上的冲击波阵面紧后

方应力 $\sigma_s(X_1)$ 完全由面积比的平方根$\sqrt{\dfrac{A_0}{A(X_1)}}$所决定，而与由端部面积 A_0 过渡到面积 $A(X_1)$ 的具体形式，即决定这段杆形状的函数 $A(X)$ 的具体形式无关.更一般地说，任两杆截面 X_1 和 X_2 处冲击波阵面紧后方的应力之比$\dfrac{\sigma_s(X_2)}{\sigma_s(X_1)}$与两截面的面积比的平方根$\sqrt{\dfrac{A(X_2)}{A(X_1)}}$成反比，而与由 X_1 过渡到 X_2 的具体杆形无关：

$$\frac{\sigma_s(X_2)}{\sigma_s(X_1)} = \sqrt{\frac{A(X_1)}{A(X_2)}}\mathrm{e}^{-\frac{1}{2C}\left(a_0-\frac{b_0}{\rho C^2}\right)(X_2-X_1)} \tag{2.7.23}$$

对 $a_0=b_0=0$ 的变截面弹性杆，上式中的后一因子 $\mathrm{e}^{-\frac{1}{2C}\left(a_0-\frac{b_0}{\rho C^2}\right)(X_2-X_1)}=1$.将式(2.7.19)写为

$$\frac{\mathrm{d}\sigma_s}{\mathrm{d}X} = -\frac{1}{2}\sigma_s\left[\frac{A'(X)}{A(X)}+\frac{a_0}{C}-\frac{b_0}{\rho C^3}\right] \tag{2.7.24}$$

可见在任一截面 X 处，冲击波阵面紧后方的应力是增长抑或是衰减完全取决于量

$$G(X)\equiv\frac{A'(X)}{A(X)}+\frac{a_0}{C}-\frac{b_0}{\rho C^3} \tag{2.7.25}$$

是负抑或是正.$\dfrac{A'(X)}{A(X)}$代表几何因素对冲击波演化规律的贡献：$A'(X)<0$(递减变截面杆)时，此项将力图使冲击波增强，$A'(X)>0$(递增变截面杆)时，此项将力图使冲击波衰减；

$$\frac{a_0}{C}-\frac{b_0}{\rho C^3}=\frac{1}{Ct_s}\left(1-\frac{E_e}{E_i}\right)$$

代表材料参数即本构因素对冲击波演化的贡献，由于黏弹性材料存在着应力松弛行为，即恒有 $E_i\geqslant E_e$，所以该项的效应总是使冲击波强度减弱，这正是材料黏性效应的反映.这一本构因素引起的衰减系数与 Ct_s 成反比，与 $1-\dfrac{E_e}{E_i}$成正比.冲击波在一截面处的演化趋势则取决于几何因素和本构因素的共同作用，因此我们可以称 $G(X)$ 为变截面杆中冲击波的演化因子.特别对指数锥形的变截面杆，即当

$$A(X)=A_0\mathrm{e}^{-kX} \tag{2.7.26}$$

($k>0$，$k<0$，$k=0$ 分别代表收缩杆、扩充杆、等截面杆)时，有

$$G(X)=\frac{a_0}{C}-\frac{b_0}{\rho C^3}-k\equiv G \tag{2.7.25$'$}$$

为常数.故对于

$$k>\frac{a_0}{C}-\frac{b_0}{\rho C^3},\quad k<\frac{a_0}{C}-\frac{b_0}{\rho C^3},\quad k=\frac{a_0}{C}-\frac{b_0}{\rho C^3}$$

的情况，将分别有冲击波增长、衰减和保持不变.我们顺便指出，式(2.7.25)′暗示：通过对指数锥变截面杆中冲击波演化规律的实验测量可以得出标准线性黏弹性材料参数间相互联系的一个关系.如果对三个不同的 k 值的指数锥变截面杆，测出冲击波演化规律并用指数函数进行拟合求出各自的演化因子 G，则便可由式(2.7.25)′给出的三个关系求出材料的三个材料常数 a_0，b_0，b_1.如果考虑到波速 $C=\sqrt{\dfrac{b_1}{\rho}}$很容易单独测量，则可用两种不同 k 值的实验

求出 a_0，b_0. 特别地，对 Maxwell 材料 $b_0=0$，$a_0=E_i/\eta=\rho C^2/\eta$，便有

$$\rho C/\eta - k = G \tag{2.7.27}$$

这给出了由一种指数锥杆即可求出材料黏性系数的方法.

在杆的左端边界，即 t 轴上，物理上通常给出的是应力边界条件、质点速度边界条件或耦合形变条件（比如应力和质速间的一个耦合关系）. 因此一旦在由式(2.7.20)～式(2.7.22)求出冲击波阵面紧后方的应力 σ_s、质速 v_s 和应变 ε_s 之后，在冲击波迹线 OA 和 t 轴之间的区域中只要解一个混合边值问题即可得出杆中应力波传播的完整解答，从而得出杆中各物理量在任一时刻的定时场剖面和它们任一截面 X 处的定点时程曲线. 这可以通过将特征关系(2.7.12)(或者边条件)化为沿三条特征线的差分方程并进行数值积分来完成. 显然相应的计算程序并不复杂，此处不再多述. 下面我们将通过一个给定应力边条件的算例来说明计算结果和某些具有启发性的结论.

2.7.4 算例

考虑一种典型的标准线性黏弹性材料，其材料参数为

$$\rho = 1.224\ \mathrm{g/cm^3},\quad C=\sqrt{\frac{E_i}{\rho}}=1\,790\ \mathrm{m/s},\quad \eta=\frac{E_i}{a_0}=3\times10^5\ \mathrm{N\cdot s/m^2},\quad \frac{E_e}{E_i}=0.1$$

边界应力时程曲线为

$$\sigma=\sigma_0 \mathrm{e}^{-t/300},\quad \sigma_0=5.0\times10^7\ \mathrm{N/m^2}\quad (t\ \text{的单位为}\ \mu\mathrm{s})$$

杆的截面积变化规律为

$$A(X)=A_0\mathrm{e}^{-kX}\quad (X\ \text{和}\ k\ \text{的单位分别为}\ \mathrm{m},\mathrm{m^{-1}})$$

对 $k=4.0, 6.0, 6.57, 7.0$ 四种收缩杆的情况进行计算. 每一种 k 值情况的应力剖面的演化规律分别如图 2.35～图 2.38 所示，每一副图中的三条实线 1,2,3 分别对应时刻 $t=200\ \mu\mathrm{s}$，$350\ \mu\mathrm{s}$ 和 $500\ \mu\mathrm{s}$，而图中的虚线则是杆中冲击波阵面上应力的演化规律. 由图 2.35 和图 2.36 可见，对 $k=4.0$ 和 6.0 两种情况，由于杆截面收缩较慢，几何因素对冲击波的放大作用不足以弥补材料黏性对冲击波的衰减效应，因此冲击波是衰减的；对图 2.38 所示的 $k=7.0$ 的情况，截面收缩这一几何因素所引起的冲击波放大作用超过了材料黏性效应对冲击波的衰减作用，因此冲击波在传播过程中表现出强度不断增大，这正是应力波铆接器所基于的应力波放大原理；对图 2.37 所示的 $k=6.57$ 的情况，恰是一个临界情况，截面收缩的应力放大作用和材料黏性的应力衰减作用相互均衡，冲击波像在等截面弹性杆中传播一样保持其强度不变.

由图 2.35～图 2.38 的应力剖面的演化情况还可以看到，截面的收缩规律不同时，即对应不同形状的变截面杆，应力剖面的特点也是不同的. 随着 k 值的增大，即截面收缩速度的提高，杆中的应力剖面由全凸形变为只在冲击波阵面附近凸形，至最后整个应力剖面成为凹形，这也为工程上的波形控制提供了一个启发性线索. 当然边界上载荷变化规律和变截面杆的二维效应也将对杆中应力波形的演化具有重要影响，前者是不难进行研究的，二维效应的影响则需要通过二维波传播理论的分析来进行研究.

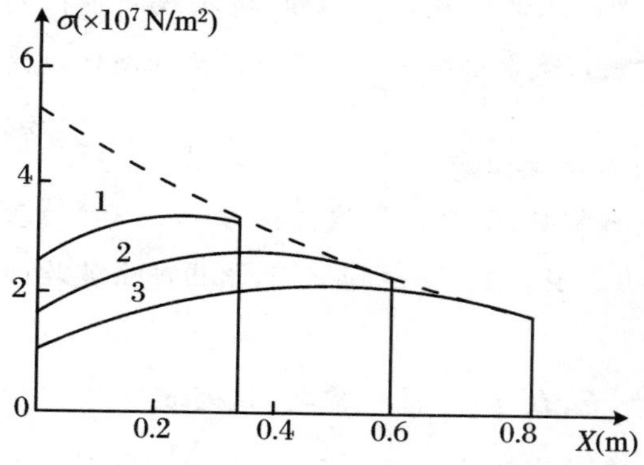

图 2.35 各时刻应力剖面($k=4.0$)

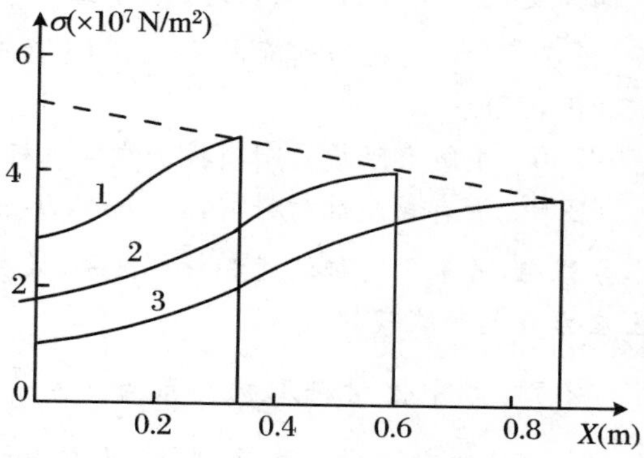

图 2.36 各时刻应力剖面($k=6.0$)

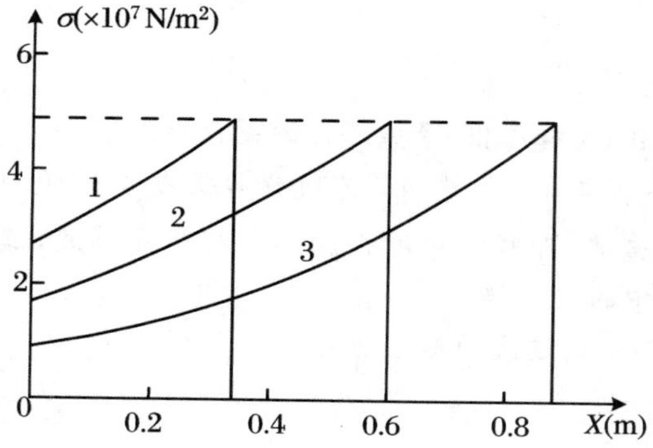

图 2.37 各时刻应力剖面($k=6.57$)

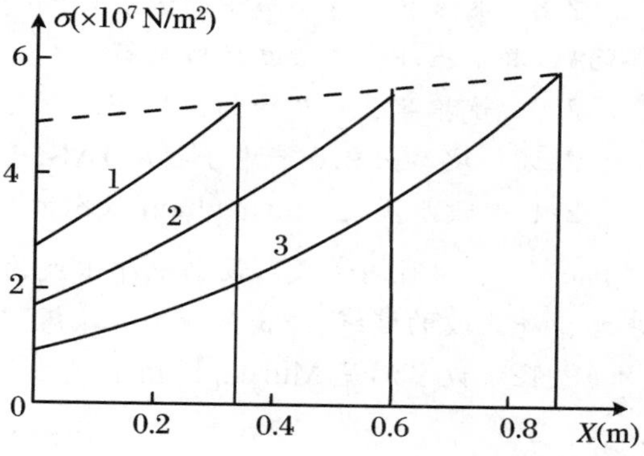

图 2.38 各时刻应力剖面($k=7.0$)

习　题　2

2.1 试导出变截面杆中平面一维纵波的基本方程组，并求出特征波速和特征关系．设材料为线弹性材料，截面变化规律为 $A=A(X)$．设在杆端 $X=0$ 处施加载荷 $\sigma=\sigma_0 e^{-\frac{t}{\tau}}$（$\tau$ 为时间常数），试求出冲击波阵面上应力 σ 随距离的衰减规律．

2.2 试导出 E 氏坐标一维杆中平面波传播的基本方程组，并求出其特征线和特征关系．

2.3 试分别在 L 氏坐标和 E 氏坐标中导出弹性介质中的球面波和柱面波的基本方程组，并求出其特征线和特征关系．

2.4 杆材本构关系为

$$\frac{\partial \sigma}{\partial t}-b_1\frac{\partial \varepsilon}{\partial t}=-a_0\sigma+b_0\varepsilon$$

截面积变化规律为 $A=A(X)$. 试导出杆中一维平面纵波的基本方程组、特征线和特征关系. 设在 $X=0$ 处施加载荷 $\sigma=\sigma_0 e^{-\frac{t}{\tau}}$($\tau$ 为时间常数),试求出冲击波阵面上应力的演化规律 $\sigma_s=\sigma_s(X)$.

2.5 求解有限质量刚块撞击线弹性杆中纵波的传播问题.

2.6 设有黏塑性材料杆,$\dot{\varepsilon}=B\sigma^n$,$B$,$n$ 为材料常数,试导出纵波传播时(v,σ,ε)的基本方程组,并求出特征波速和特征关系. 设在 $X=0$ 处施以载荷 $\sigma=\sigma_0 e^{-\frac{t}{\tau}}$,求出冲击波阵面上应力 σ 的衰减规律.

2.7 黏塑性材料本构关系为 $\dot{\varepsilon}=\dfrac{\dot{\sigma}}{E}+B\sigma^n$,$E$,$B$,$n$ 为材料常数,试写出一维杆中(v,σ,ε)的波动力学基本方程组,并求出特征波速和特征关系. 设 $X=0$ 处施以载荷 $\sigma=\sigma_0 e^{-\frac{t}{\tau}}$($\tau$ 为常数),试求出冲击波阵面上应力的衰减规律 $\sigma^*(X)$.

2.8 参照 2.3.3 小节中的方法,求解有限质量刚块撞击线性弹塑性硬化材料中波的传播问题,并求出冲击波衰减的级数解.

2.9 试推导 2.6 节中的式(2.6.3)~式(2.6.7).

2.10 试写出 2.6 节中子程序 JAB、子程序Ⅱ、子程序Ⅲ、子程序Ⅳ的差分公式.

2.11 设水满足 Murnagham 状态方程,已知水面 $x=0$ 处的压力时程曲线为 $p=p(\tau)=p_0 e^{-\frac{\tau}{T}}$($T$ 为时间常数),设水中冲击波为弱冲击波,即将水中冲击波后方视为简单波,试求水中冲击波的迹线、冲击波压力衰减规律和水中的波动解.

2.12 设水满足 Murnagham 状态方程,运动水面迹线的参数方程为

$$\begin{cases} t = t(\tau) \\ x = x(\tau) \end{cases}$$

运动水面上的压力时程曲线为

$$p = p(\tau) = p_0 e^{-\frac{\tau}{T}} \quad (T \text{ 为时间常数})$$

水中冲击波为弱冲击波,即将水中冲击波后方视为简单波,试求水中冲击波的迹线、冲击波压力衰减规律和水中的波动解.

第3章 一维复合应力波的广义特征理论和典型问题

3.0 引 言

在第1章和第2章中我们分别通过阵面分析方法和特征线方法讲解了一维单纯应力波的基本理论和某些波传播的具体问题,在本章中我们将介绍一维复合应力波的广义特征理论和某些典型的复合应力波传播的问题.所谓一维,是指波传播的问题在几何上是一维的,即是有关平面波、柱面波和球面波的问题;所谓复合应力波,是指此类波传播的问题中,非零且独立的应力分量多于一个:例如薄壁管承受拉(压)扭联合作用所引起的波传播问题,薄板在侧边界上承受面内拉(压)和面内剪切联合作用所引起的波传播问题,半空间边界上承受拉(压)和剪(可以是一个方向的剪应力,也可以是两个方向的剪应力)联合作用所引起的波传播问题,等等.至于材料的本构特性可以是线性或非线性弹性的,可以是黏弹性的,也可以是弹塑性或黏塑性的.只要掌握了复合应力波广义特征理论的基本思想和分析方法,我们就可以将这些理论和方法应用于任何一个不同的具体问题.但是由于受篇幅和内容所限,本书中我们将重点介绍两个有代表性的一维复合应力波传播问题,这就是非线性弹性半空间边界上承受拉(压)和剪联合作用所引起的非线性弹性复合应力波传播的问题,以及弹塑性薄壁管承受拉(压)扭联合作用所引起的弹塑性复合应力波传播的问题.

3.1 线性代数补充知识

3.1.1 线性齐次代数方程组的解空间及其正交补空间

大家知道,一般的线性代数方程组的方程个数和未知量个数不一定是相等的,但是对于讲解波传播的广义特征理论的需要而言,我们只需介绍方程个数和未知量个数相等的情况.这样,我们就可在 n 维欧几里得矢量空间中来讨论线性代数方程组解的性质.为了读者易于理解,我们将同时使用张量的直接记法和矩阵记法:当使用矩阵记法时,我们将矢量和列阵相对应,而行阵是该列阵的转置;同时,由于矩阵的相乘是和张量直接记法中两个张量的一次点积相对应的,所以我们将在相乘的两个黑体矩阵之间加一个记号"∘",只要把这个"∘"改为"·"就成为张量直接记法的一次点积了.

设有一个方程个数和未知量个数都为 n 的线性齐次方程组如下:

$$\begin{cases} D_{11}x_1 + D_{12}x_2 + \cdots + D_{1n}x_n = 0 \\ D_{21}x_1 + D_{22}x_2 + \cdots + D_{2n}x_n = 0 \\ \cdots \\ D_{n1}x_1 + D_{n2}x_2 + \cdots + D_{nn}x_n = 0 \end{cases} \tag{3.1.1-a}$$

引入与 $n\times n$ 矩阵有一一对应关系的 n 维空间中的二阶张量 $\boldsymbol{D}$:$\boldsymbol{D}=[D_{ij}]$,并以 $\boldsymbol{\alpha}_i$ 和 $\boldsymbol{\beta}_i$ 分别表示矩阵$[D_{ij}]$的第 i 个行矢量和列矢量,以 $\boldsymbol{X}$ 表示方程组(3.1.1-a)的解矢量,则

$$\begin{cases} \boldsymbol{D} = \begin{bmatrix} D_{11} & D_{12} & \cdots & D_{1n} \\ \vdots & \vdots & & \vdots \\ D_{i1} & D_{i2} & \cdots & D_{in} \\ \vdots & \vdots & & \vdots \\ D_{n1} & D_{n2} & \cdots & D_{nn} \end{bmatrix}, \quad \boldsymbol{\alpha}_i = \begin{bmatrix} D_{i1} \\ \vdots \\ D_{in} \end{bmatrix} \\ \boldsymbol{\alpha}_i^{\mathrm{T}} = [D_{i1} \ \cdots \ D_{in}], \quad \boldsymbol{\beta}_i = \begin{bmatrix} D_{1i} \\ \vdots \\ D_{ni} \end{bmatrix}, \quad \boldsymbol{X} = \begin{bmatrix} x_1 \\ \vdots \\ x_n \end{bmatrix} \end{cases} \tag{3.1.2}$$

按照张量直接记法和矩阵记法可将线性齐次代数方程组(3.1.1-a)分别写为

$$\boldsymbol{D}\cdot\boldsymbol{X} = \boldsymbol{O}\ (\text{张量直接记法}),\quad \boldsymbol{D}\circ\boldsymbol{X} = \boldsymbol{O}\ \text{或}\ [\boldsymbol{D}][\boldsymbol{X}] = [\boldsymbol{O}]\ (\text{矩阵记法}) \tag{3.1.1-b}$$

而按照式(3.1.2)所引入的记号,我们可将线性齐次代数方程组(3.1.1-a)写成如下的两个矢量的正交化形式:

$$\boldsymbol{\alpha}_i\cdot\boldsymbol{X} = 0 \quad (i = 1,2,\cdots,n) \tag{3.1.1-c}$$

用矢量代数的语言来表达,式(3.1.1-c)说明:线性齐次代数方程组(3.1.1-a)的任何一个解矢量 $\boldsymbol{X}$ 都必然与其系数矩阵 $\boldsymbol{D}$ 的所有 n 个行矢量 $\boldsymbol{\alpha}_i$ 正交;反之亦然,即任何一个与 $\boldsymbol{D}$ 的 n 个行矢量都正交的矢量 $\boldsymbol{X}$ 必然为线性齐次代数方程组(3.1.1-a)的解.

假设系数矩阵 $\boldsymbol{D}$ 的秩为 $r(\leqslant n)$,即 n 个行矢量 $\boldsymbol{\alpha}_i$ 中只有 r 个是线性无关的,不妨设之为 $\boldsymbol{\alpha}_1,\cdots,\boldsymbol{\alpha}_r$,则其余 $n-r$ 个行矢量均可表达为它们的线性组合.线性无关的 r 个行矢量 $\boldsymbol{\alpha}_1,\cdots,\boldsymbol{\alpha}_r$ 全部的线性组合矢量

$$\boldsymbol{\alpha} = c_1\boldsymbol{\alpha}_1 + c_2\boldsymbol{\alpha}_2 + \cdots + c_r\boldsymbol{\alpha}_r$$

生成一个 r 维子空间,称之为系数矩阵 $\boldsymbol{D}$ 的行矢量空间;根据线性代数的有关知识我们知道,此时线性齐次代数方程组(3.1.1-a)必然有 $n-r$ 个线性无关的解,不妨设之为 $\boldsymbol{V}_1,\cdots,\boldsymbol{V}_{n-r}$,而它们的任意线性组合

$$\boldsymbol{X} = d_1\boldsymbol{V}_1 + d_2\boldsymbol{V}_2 + \cdots + d_{n-r}\boldsymbol{V}_{n-r}$$

都仍然是方程组(3.1.1-a)的解,全部这些线性组合矢量 $\boldsymbol{X}$ 生成一个 $n-r$ 维的子空间,称其为方程组(3.1.1-a)的解矢量空间.由正交化条件(3.1.1-c)可知:线性齐次代数方程组(3.1.1-a)的解矢量空间中任何一个矢量 $\boldsymbol{X}$ 都必然和其系数矩阵 $\boldsymbol{D}$ 的行矢量空间中的任何一个矢量 $\boldsymbol{\alpha}$ 正交,简言之这两个子空间是正交的;又因为这两个子空间的维数分别为 $n-r$ 和 r,而 $n-r+r=n$ 恰恰等于我们所讨论的 n 维欧几里得空间的维数.故我们可由以上的推理得出如下的定理3.1.

定理3.1　线性齐次代数方程组(3.1.1-a)的解矢量空间和其系数矩阵 $\boldsymbol{D}$ 的行矢量空间,对我们所讨论的 n 维欧几里得矢量空间而言,互为正交补.

3.1.2　非齐次线性代数方程组

与线性齐次代数方程组(3.1.1-a)相对应的非齐次线性代数方程组为

$$\begin{cases} D_{11}x_1 + D_{12}x_2 + \cdots + D_{1n}x_n = b_1 \\ D_{21}x_1 + D_{22}x_2 + \cdots + D_{2n}x_n = b_2 \\ \cdots \\ D_{n1}x_1 + D_{n2}x_2 + \cdots + D_{nn}x_n = b_n \end{cases} \tag{3.1.3-a}$$

按照张量直接记法和矩阵记法可将非齐次线性代数方程组(3.1.3-a)分别写为

$$\boldsymbol{D}\cdot\boldsymbol{X} = \boldsymbol{b}\ (\text{张量直接记法}),\quad \boldsymbol{D}\circ\boldsymbol{X} = \boldsymbol{b}\ \text{或}\ [\boldsymbol{D}][\boldsymbol{X}] = [\boldsymbol{b}]\ (\text{矩阵记法}) \tag{3.1.3-b}$$

其中

$$\boldsymbol{b} = \begin{bmatrix} b_1 \\ \vdots \\ b_n \end{bmatrix}$$

按照式(3.1.2)引入的记号,线性代数方程组(3.1.3-a)也可写为右端矢量 $\boldsymbol{b}$ 在 $\boldsymbol{D}$ 的列矢量 $\boldsymbol{\beta}_i$ 上进行线性分解的如下形式:

$$x_1\boldsymbol{\beta}_1 + x_2\boldsymbol{\beta}_2 + \cdots + x_n\boldsymbol{\beta}_n = \boldsymbol{b} \tag{3.1.3-c}$$

式(3.1.3-c)说明:如果线性代数方程组(3.1.3-a)有解 $x_1,x_2,\cdots,x_n$,则其右端矢量 $\boldsymbol{b}$ 必然可以表达为对 $\boldsymbol{D}$ 的 n 个列矢量 $\boldsymbol{\beta}_i$ 的形如式(3.1.3-c)的线性分解形式;反之,如果我们可以将方程组(3.1.3-a)的右端矢量 $\boldsymbol{b}$ 表达为对 $\boldsymbol{D}$ 的 n 个列矢量 $\boldsymbol{\beta}_i$ 的形如式(3.1.3-c)的线性分解形式,则分解系数 $x_1,x_2,\cdots,x_n$ 就是方程组(3.1.3-a)的解.当 $\boldsymbol{D}$ 的秩为 $r(\leqslant n)$ 时,其 n 个列矢量 $\boldsymbol{\beta}_1,\boldsymbol{\beta}_2,\cdots,\boldsymbol{\beta}_n$ 中也只有 r 个是线性无关的,不妨记为 $\boldsymbol{\beta}_1,\boldsymbol{\beta}_2,\cdots,\boldsymbol{\beta}_r$,其余的列矢量则可以由它们的线性组合表达.$r$ 个线性无关的列矢量 $\boldsymbol{\beta}_1,\boldsymbol{\beta}_2,\cdots,\boldsymbol{\beta}_r$ 的全部线性组合

$$\boldsymbol{\beta} = f_1\boldsymbol{\beta}_1 + f_2\boldsymbol{\beta}_2 + \cdots + f_r\boldsymbol{\beta}_r$$

也将生成一个 r 维的子空间,称之为系数矩阵 $\boldsymbol{D}$ 的列矢量空间.而方程组(3.1.3-a)的右端矢量 $\boldsymbol{b}$ 能在 $\boldsymbol{D}$ 的 n 个列矢量 $\boldsymbol{\beta}_1,\boldsymbol{\beta}_2,\cdots,\boldsymbol{\beta}_n$ 上进行线性分解的式(3.1.3-c)说明,$\boldsymbol{b}$ 必然是属于 $\boldsymbol{D}$ 的列矢量空间中的一个矢量.所以,我们可以得出如下的定理3.2.

定理3.2　非齐次线性代数方程组(3.1.3-a)有解的充分必要条件是,其右端矢量 $\boldsymbol{b}$ 属于其系数矩阵 $\boldsymbol{D}$ 的列矢量空间.

在此我们指出,定理3.2事实上就是线性代数中大家所熟知的如下定理:非齐次线性代

数方程组有解的充分必要条件是，增广矩阵的秩等于其系数矩阵的秩. 这是因为，增广矩阵的秩等于其系数矩阵的秩表明，将右端矢量 $\boldsymbol{b}$ 加入 $\boldsymbol{D}$ 的 n 个列矢量所组成的 $n+1$ 个矢量并不增加其线性无关矢量的个数，因此 $\boldsymbol{b}$ 必然是和 $\boldsymbol{D}$ 的 n 个列矢量线性相关的，故 $\boldsymbol{b}$ 必然可由 n 个列矢量的线性组合所表达，即式(3.1.3-c).

以上的两个定理事实上都是读者在线性代数中所学过的，我们只不过是用不同的语言来表达而已. 它们是为如下的定理 3.3 做准备的，而定理 3.3 才是新的知识，它在广义特征理论中有着十分重要的意义和广泛的应用. 我们先写出此定理然后再给以证明.

定理 3.3 非齐次线性代数方程组(3.1.3-a)有解的充分必要条件是，其右端矢量 $\boldsymbol{b}$ 和 $\boldsymbol{D}$ 的所有左零化矢量 $\boldsymbol{l}$ 正交，即对一切满足

$$\begin{cases} \boldsymbol{l}\cdot\boldsymbol{D}=\boldsymbol{O}\ \text{（张量直接记法）} \\ \boldsymbol{l}^{\mathrm{T}}\circ\boldsymbol{D}=\boldsymbol{O}\ \text{或}[l_1,l_2,\cdots,l_n][\boldsymbol{D}]=[0,0,\cdots,0]\ \text{（矩阵记法）} \end{cases} \tag{3.1.4}$$

的矢量 $\boldsymbol{l}$，都有

$$\boldsymbol{l}\cdot\boldsymbol{b}=0 \tag{3.1.5}$$

证明 (1) 当 $\|\boldsymbol{D}\|\neq 0$ 时.

此时，由线性代数中的 Cramer 定理可知，方程组(3.1.3)必有唯一解. 既然方程组(3.1.3)有解，故我们只需证其必要性，即对一切满足 $\boldsymbol{l}\cdot\boldsymbol{D}=\boldsymbol{O}$ 的 $\boldsymbol{l}$，都有 $\boldsymbol{l}\cdot\boldsymbol{b}=0$.

而由于我们可将 $\boldsymbol{l}\cdot\boldsymbol{D}=\boldsymbol{O}$ 改写为系数矩阵为 $\boldsymbol{D}^{\mathrm{T}}$ 的如下线性齐次代数方程组：

$$\boldsymbol{l}\cdot\boldsymbol{D}=\boldsymbol{D}^{\mathrm{T}}\cdot\boldsymbol{l}=\boldsymbol{O} \tag*{(3.1.4)$'$}$$

且其系数矩阵的行列式 $\|\boldsymbol{D}^{\mathrm{T}}\|=\|\boldsymbol{D}\|\neq 0$，故由线性代数的熟知定理知，其必然只有零解，即

$$\boldsymbol{l}=\boldsymbol{O}$$

因此，必然有

$$\boldsymbol{l}\cdot\boldsymbol{b}=0$$

定理的必要性证毕.

(2) 当 $\|\boldsymbol{D}\|=0$ 时.

(ⅰ) 先证必要性. $\|\boldsymbol{D}\|=0$ 说明：$\boldsymbol{D}$ 的 n 个行矢量 $\boldsymbol{\alpha}_i$ 必然是线性相关的，即必然存在 n 个不同时为零的数 $l_1,l_2,\cdots,l_n$，使得

$$l_1\boldsymbol{\alpha}_1+l_2\boldsymbol{\alpha}_2+\cdots+l_n\boldsymbol{\alpha}_n=\boldsymbol{O}$$

即

$$l_i\boldsymbol{\alpha}_i=\boldsymbol{O}$$

或

$$l_iD_{ij}=0\quad(j=1,2,\cdots,n)$$

或

$$\boldsymbol{l}\cdot\boldsymbol{D}=\boldsymbol{O} \tag{3.1.4}$$

这说明，$\boldsymbol{l}$ 是 $\boldsymbol{D}$ 的非零左零化矢量. 设方程组(3.1.3)有解为 $\boldsymbol{X}$，则对一切满足式(3.1.4)的 $\boldsymbol{l}$ 都有

$$\boldsymbol{l}\cdot\boldsymbol{b}=\boldsymbol{l}\cdot(\boldsymbol{D}\cdot\boldsymbol{X})=(\boldsymbol{l}\cdot\boldsymbol{D})\cdot\boldsymbol{X}=\boldsymbol{O}\cdot\boldsymbol{X}=0 \tag{3.1.5}$$

即方程组(3.1.3)的右端矢量 $\boldsymbol{b}$ 必然与 $\boldsymbol{D}$ 的所有左零化矢量正交. 定理的必要性证毕.

(ⅱ) 再证定理的充分性.即证明:如果对一切满足

$$\boldsymbol{l}\cdot\boldsymbol{D}=\boldsymbol{O} \tag{3.1.4}$$

的矢量 $\boldsymbol{l}$,都有

$$\boldsymbol{l}\cdot\boldsymbol{b}=0 \tag{3.1.5}$$

则方程组(3.1.3)必有解.

由于

$$\boldsymbol{l}\cdot\boldsymbol{D}=\boldsymbol{D}^{\mathrm{T}}\cdot\boldsymbol{l}=\boldsymbol{O} \tag{3.1.4}$$

说明矢量 $\boldsymbol{l}$ 为线性齐次代数方程组 $\boldsymbol{D}^{\mathrm{T}}\cdot\boldsymbol{l}=\boldsymbol{O}$ 的解,而 $\boldsymbol{l}\cdot\boldsymbol{b}=0$ 说明 $\boldsymbol{b}$ 与式(3.1.4)的解 $\boldsymbol{l}$ 正交,故由定理3.1(线性齐次代数方程组的解矢量空间与其系数矩阵的行矢量空间互为正交补)可知,$\boldsymbol{b}$ 必属于式(3.1.4)的系数矩阵 $\boldsymbol{D}^{\mathrm{T}}$ 的行矢量空间,即 $\boldsymbol{b}$ 必属于方程组(3.1.3)的系数矩阵 $\boldsymbol{D}$ 的列矢量空间.再根据定理3.2可知,方程组(3.1.3)必然有解.定理的充分性证毕.

3.1.3　特征值和特征矢量

定义3.1　设有 n 阶实矩阵 $\boldsymbol{B}$,如果存在数 λ 和非零矢量 $\boldsymbol{r}$,使得

$$\boldsymbol{B}\cdot\boldsymbol{r}=\lambda\boldsymbol{r} \tag{3.1.6-a}$$

则称 λ 为 $\boldsymbol{B}$ 的一个特征值(eigenvalue),而称 $\boldsymbol{r}$ 为 $\boldsymbol{B}$ 的一个与特征值 λ 相对应的右特征矢量(right eigenvictor).

为了求出特征值 λ 和右特征矢量 $\boldsymbol{r}$,我们将方程组(3.1.6-a)改写为

$$(\boldsymbol{B}-\lambda\boldsymbol{I})\cdot\boldsymbol{r}=\boldsymbol{O} \tag{3.1.6-b}$$

方程组(3.1.6-b)为 $\boldsymbol{r}$ 的线性齐次代数方程组,要求 $\boldsymbol{r}\neq\boldsymbol{O}$ 即是要求方程组(3.1.6-b)有非零解,则由线性代数中的定理可知:方程组(3.1.6-b)的系数矩阵的行列式必为零,即

$$\|\boldsymbol{B}-\lambda\boldsymbol{I}\|=0 \tag{3.1.7}$$

式(3.1.7)即是求解 $\boldsymbol{B}$ 的特征值 λ 的方程,称为 $\boldsymbol{B}$ 的特征方程,它是一个关于 λ 的 n 次代数方程.作为在应用中最重要的特例,我们将假设其有 n 个实的特征值 $\lambda_1,\lambda_2,\cdots,\lambda_n$.求出 $\boldsymbol{B}$ 的 n 个实的特征值 $\lambda_1,\lambda_2,\cdots,\lambda_n$ 之后,分别将之代入方程组(3.1.6-b)中,我们即得到了与此特征值 λ 相对应的右特征矢量 $\boldsymbol{r}$ 的线性齐次代数方程组,并可对之求解.作为在应用中最重要的特例,我们将假设 $\boldsymbol{B}$ 有 n 个线性无关的右特征矢量 $\boldsymbol{r}_1,\boldsymbol{r}_2,\cdots,\boldsymbol{r}_n$.如果将以各右特征矢量 $\boldsymbol{r}_1,\boldsymbol{r}_2,\cdots,\boldsymbol{r}_n$ 为列阵的矩阵记为 $\boldsymbol{R}$,将以各特征值 $\lambda_1,\lambda_2,\cdots,\lambda_n$ 为对角元素的对角矩阵记为 $\boldsymbol{\Lambda}$,即记

$$\boldsymbol{R}=[\boldsymbol{r}_1\quad\boldsymbol{r}_2\quad\cdots\quad\boldsymbol{r}_n],\quad\boldsymbol{\Lambda}=\begin{bmatrix}\lambda_1 & & & \\ & \lambda_2 & & \\ & & \ddots & \\ & & & \lambda_n\end{bmatrix} \tag{3.1.8}$$

则 n 个方程

$$\begin{cases} \boldsymbol{B} \cdot \boldsymbol{r}_1 = \lambda_1 \boldsymbol{r}_1 \\ \boldsymbol{B} \cdot \boldsymbol{r}_2 = \lambda_2 \boldsymbol{r}_2 \\ \cdots \\ \boldsymbol{B} \cdot \boldsymbol{r}_n = \lambda_n \boldsymbol{r}_n \end{cases}$$

可合在一起写为

$$\boldsymbol{B} \cdot [\boldsymbol{r}_1 \quad \boldsymbol{r}_2 \quad \cdots \quad \boldsymbol{r}_n] = [\lambda_1 \boldsymbol{r}_1 \quad \lambda_2 \boldsymbol{r}_2 \quad \cdots \quad \lambda_n \boldsymbol{r}_n]$$

采用矩阵记法,即

$$[\boldsymbol{B}][\boldsymbol{r}_1 \quad \boldsymbol{r}_2 \quad \cdots \quad \boldsymbol{r}_n] = [\boldsymbol{r}_1 \quad \boldsymbol{r}_2 \quad \cdots \quad \boldsymbol{r}_n]\begin{bmatrix} \lambda_1 & & & \\ & \lambda_2 & & \\ & & \ddots & \\ & & & \lambda_n \end{bmatrix}$$

回到张量直接记法,即

$$\boldsymbol{B} \cdot \boldsymbol{R} = \boldsymbol{R} \cdot \boldsymbol{\Lambda} \tag{3.1.9-a}$$

或

$$\boldsymbol{R}^{-1} \cdot \boldsymbol{B} \cdot \boldsymbol{R} = \boldsymbol{\Lambda} \tag{3.1.9-b}$$

式(3.1.9-b)说明:如果实方阵 $\boldsymbol{B}$ 存在着 n 个线性无关的右特征矢量 $\boldsymbol{r}_1,\boldsymbol{r}_2,\cdots,\boldsymbol{r}_n$,则可以通过可逆相似变换(3.1.9-b)将之化为对角元素为特征值的对角矩阵 $\boldsymbol{\Lambda}$,而其相似变换的过渡矩阵为 $\boldsymbol{R}^{-1}$,其中 $\boldsymbol{R}$ 恰恰是以 n 个相应的右特征矢量为列矢量的矩阵.

定义 3.2 设有 n 阶实矩阵 $\boldsymbol{B}$,如果存在着数 μ 和非零矢量 $\boldsymbol{l}$,使得

$$\boldsymbol{l} \cdot \boldsymbol{B} = \mu \boldsymbol{l} \tag{3.1.10-a}$$

则称 μ 为 $\boldsymbol{B}$ 的一个特征值(eigenvalue),$\boldsymbol{l}$ 为 $\boldsymbol{B}$ 的一个与特征值 μ 相对应的左特征矢量(left eigenvector).

与前面的叙述相类似,方程组(3.1.10-a)可以改写为

$$\boldsymbol{l} \cdot (\boldsymbol{B} - \mu \boldsymbol{I}) = \boldsymbol{O} \tag{3.1.10-b}$$

利用张量的运算规则,$\boldsymbol{l} \cdot (\boldsymbol{B} - \mu \boldsymbol{I}) = (\boldsymbol{B} - \mu \boldsymbol{I})^{\mathrm{T}} \cdot \boldsymbol{l}$,故方程组(3.1.10-b)可化为如下关于左特征矢量 $\boldsymbol{l}$ 的线性齐次代数方程组:

$$(\boldsymbol{B} - \mu \boldsymbol{I})^{\mathrm{T}} \cdot \boldsymbol{l} = \boldsymbol{O}$$

要求 $\boldsymbol{l} \neq \boldsymbol{O}$,则其系数矩阵的行列式必为零,即

$$\| (\boldsymbol{B} - \mu \boldsymbol{I})^{\mathrm{T}} \| = \| \boldsymbol{B} - \mu \boldsymbol{I} \| = 0 \tag{3.1.11}$$

式(3.1.11)即是求解特征值 μ 的特征方程,它和由右特征矢量确定特征值 λ 的特征方程(3.1.7)是相同的,故我们必有 $\mu = \lambda$,即由左右特征矢量所定义的特征值是完全相同的,以后我们将采用记号 λ. 在此我们强调指出,尽管由左右特征矢量所定义的特征值是相同的,但是一般而言左右特征矢量则未必是相同的,即 $\boldsymbol{l} \neq \boldsymbol{r}$,这是因为确定 $\boldsymbol{r}$ 和 $\boldsymbol{l}$ 的线性齐次代数方程组具有不同的系数矩阵(它们互为转置).

设 $\boldsymbol{B}$ 有 n 个线性无关的左特征矢量 $\boldsymbol{l}_1,\boldsymbol{l}_2,\cdots,\boldsymbol{l}_n$,将以各左特征矢量 $\boldsymbol{l}_1,\boldsymbol{l}_2,\cdots,\boldsymbol{l}_n$ 为列阵的矩阵记为 $\boldsymbol{L}$,仍以各特征值 $\lambda_1,\lambda_2,\cdots,\lambda_n$ 为对角元素的对角矩阵记为 $\boldsymbol{\Lambda}$,即记

$$\boldsymbol{L} = [\boldsymbol{l}_1 \quad \boldsymbol{l}_2 \quad \cdots \quad \boldsymbol{l}_n], \quad \boldsymbol{L}^{\mathrm{T}} = \begin{bmatrix} \boldsymbol{l}_1^{\mathrm{T}} \\ \boldsymbol{l}_2^{\mathrm{T}} \\ \vdots \\ \boldsymbol{l}_n^{\mathrm{T}} \end{bmatrix}, \quad \boldsymbol{\Lambda} = \begin{bmatrix} \lambda_1 & & & \\ & \lambda_2 & & \\ & & \ddots & \\ & & & \lambda_n \end{bmatrix} \tag{3.1.12}$$

则 n 个张量方程

$$\begin{cases} \boldsymbol{l}_1 \cdot \boldsymbol{B} = \lambda_1 \boldsymbol{l}_1 \\ \boldsymbol{l}_2 \cdot \boldsymbol{B} = \lambda_2 \boldsymbol{l}_2 \\ \cdots \\ \boldsymbol{l}_n \cdot \boldsymbol{B} = \lambda_n \boldsymbol{l}_n \end{cases}$$

可写为如下 n 个行阵乘方阵等于行阵的方程：

$$\begin{cases} [\boldsymbol{l}_1^{\mathrm{T}}][\boldsymbol{B}] = [\lambda_1 \boldsymbol{l}_1^{\mathrm{T}}] \\ [\boldsymbol{l}_2^{\mathrm{T}}][\boldsymbol{B}] = [\lambda_2 \boldsymbol{l}_2^{\mathrm{T}}] \\ \cdots \\ [\boldsymbol{l}_n^{\mathrm{T}}][\boldsymbol{B}] = [\lambda_n \boldsymbol{l}_n^{\mathrm{T}}] \end{cases}$$

这 n 个方程可以合写为如下的矩阵方程：

$$\begin{bmatrix} \boldsymbol{l}_1^{\mathrm{T}} \\ \boldsymbol{l}_2^{\mathrm{T}} \\ \vdots \\ \boldsymbol{l}_n^{\mathrm{T}} \end{bmatrix} [\boldsymbol{B}] = [\boldsymbol{\Lambda}] \begin{bmatrix} \boldsymbol{l}_1^{\mathrm{T}} \\ \boldsymbol{l}_2^{\mathrm{T}} \\ \vdots \\ \boldsymbol{l}_n^{\mathrm{T}} \end{bmatrix} = [\boldsymbol{\Lambda}][\boldsymbol{L}^{\mathrm{T}}]$$

以张量直接记法来写，即

$$\boldsymbol{L}^{\mathrm{T}} \cdot \boldsymbol{B} = \boldsymbol{\Lambda} \cdot \boldsymbol{L}^{\mathrm{T}} \tag{3.1.13-a}$$

或

$$\boldsymbol{L}^{\mathrm{T}} \cdot \boldsymbol{B} \cdot (\boldsymbol{L}^{\mathrm{T}})^{-1} = \boldsymbol{\Lambda} \tag{3.1.13-b}$$

式(3.1.13-b)说明，如果 $\boldsymbol{B}$ 存在 n 个线性无关的左特征矢量 $\boldsymbol{l}_1, \boldsymbol{l}_2, \cdots, \boldsymbol{l}_n$，则我们也可以通过矩阵的相似变换将之化为对角元素为特征值的对角矩阵，而其相似变换的过渡矩阵恰恰是以这 n 个左特征矢量为行矢量的矩阵 $\boldsymbol{L}^{\mathrm{T}}$.

现在我们来说明左右特征矢量之间的关系. 设 $\boldsymbol{r}$ 是与特征值 λ 相对应的 $\boldsymbol{B}$ 的右特征矢量，则由于

$$\boldsymbol{B} \cdot \boldsymbol{r} = \boldsymbol{r} \cdot \boldsymbol{B}^{\mathrm{T}} = \lambda \boldsymbol{r}$$

说明 $\boldsymbol{B}$ 的与特征值 λ 相对应的右特征矢量 $\boldsymbol{r}$ 恰恰是 $\boldsymbol{B}^{\mathrm{T}}$ 的与同一特征值相对应的左特征矢量；同样，设 λ 是与特征值 λ 相对应的 $\boldsymbol{B}$ 的左特征矢量，则由于

$$\boldsymbol{l} \cdot \boldsymbol{B} = \boldsymbol{B}^{\mathrm{T}} \cdot \boldsymbol{l} = \lambda \boldsymbol{l}$$

说明 $\boldsymbol{B}$ 的与特征值 λ 相对应的左特征矢量 $\boldsymbol{l}$ 恰恰是 $\boldsymbol{B}^{\mathrm{T}}$ 的与同一特征值相对应的右特征矢量. 特别说来，当 $\boldsymbol{B} = \boldsymbol{B}^{\mathrm{T}}$ 为对称矩阵时，其左右特征矢量便相同而没有必要进行区分，而这是在应用中最为常见的情况.

我们当然可以按照前面的方法分别求矩阵 $\boldsymbol{B}$ 的左右特征矢量，但是当已求出 $\boldsymbol{B}$ 的 n 个线性无关的右特征矢量之后，我们也可以按如下的方法而直接得出其一组线性无关的左特征矢量. 事实上，假设我们已经求出 $\boldsymbol{B}$ 的 n 个线性无关的右特征矢量 $\boldsymbol{r}_1, \boldsymbol{r}_2, \cdots, \boldsymbol{r}_n$，则我们

便得到了可逆矩阵 $\boldsymbol{R}$,$\boldsymbol{R}^{\mathrm{T}}$,$\boldsymbol{R}^{-1}$和方程(3.1.9-b);对比方程(3.1.13-b)和方程(3.1.9-b)可以发现,只要我们取

$$\boldsymbol{L}^{\mathrm{T}} = \boldsymbol{R}^{-1} \tag{3.1.14-a}$$

即

$$\boldsymbol{L} = (\boldsymbol{R}^{-1})^{\mathrm{T}} = (\boldsymbol{R}^{\mathrm{T}})^{-1} \tag{3.1.14-b}$$

则方程(3.1.9-b)便成为方程(3.1.13-b),于是我们便得到了 $\boldsymbol{B}$ 的一组 n 个线性无关的左特征矢量,它们即是 $\boldsymbol{L}$ 的 n 个列矢量.现在我们来说明,这样所得到的由方程(3.1.14-a)或方程(3.1.14-b)相联系的两组 n 个线性无关的左右特征矢量之间在几何上的关系.方程(3.1.14-a)可改写为

$$\boldsymbol{L}^{\mathrm{T}} \cdot \boldsymbol{R} = \boldsymbol{I}$$

写为矩阵的运算,即

$$\begin{bmatrix} \boldsymbol{l}_1^{\mathrm{T}} \\ \boldsymbol{l}_2^{\mathrm{T}} \\ \vdots \\ \boldsymbol{l}_n^{\mathrm{T}} \end{bmatrix} [\boldsymbol{r}_1 \quad \boldsymbol{r}_2 \quad \cdots \quad \boldsymbol{r}_n] = \begin{bmatrix} 1 & & & \\ & 1 & & \\ & & \ddots & \\ & & & 1 \end{bmatrix}, \quad [\boldsymbol{l}_i^{\mathrm{T}}][\boldsymbol{r}_j] = [\delta_{ij}]$$

回到张量直接记法,即

$$\boldsymbol{l}_i \cdot \boldsymbol{r}_j = \delta_{ij} \tag{3.1.15}$$

这就是说,从几何的角度看,我们所给定的 n 个线性无关的右特征矢量 $\boldsymbol{r}_j$ 和按照上述方法所求出的 n 个线性无关的左特征矢量 $\boldsymbol{l}_i$ 之间是 n 维空间中的两组互为倒逆的(reciprocal)基矢量,习惯上我们称它们是两组双正交的(binormal)基矢量组.

3.1.4 广义特征值问题

定义 3.3 设有 n 阶实矩阵 $\boldsymbol{B}$,如果存在数 λ 和非零矢量 $\boldsymbol{r}$,使得对于某可逆实矩阵 $\boldsymbol{A}$ 有

$$\boldsymbol{B} \cdot \boldsymbol{r} = \lambda \boldsymbol{A} \cdot \boldsymbol{r} \tag{3.1.16-a}$$

则称 λ 为矩阵 $\boldsymbol{B}$ 相对于矩阵 $\boldsymbol{A}$ 的特征值,而称 $\boldsymbol{r}$ 为与此特征值 λ 相对应的矩阵 $\boldsymbol{B}$ 相对于矩阵 $\boldsymbol{A}$ 的一个右特征矢量.

方程组(3.1.16-a)可以改写为

$$(\boldsymbol{B} - \lambda \boldsymbol{A}) \cdot \boldsymbol{r} = \boldsymbol{O} \tag{3.1.16-b}$$

方程组(3.1.16-b)为 $\boldsymbol{r}$ 的线性齐次代数方程组,要求 $\boldsymbol{r} \neq \boldsymbol{O}$ 即是要求方程组(3.1.16-b)有非零解,则由线性代数中的定理可知:方程组(3.1.16-b)的系数矩阵的行列式必为零,即

$$\| \boldsymbol{B} - \lambda \boldsymbol{A} \| = 0 \tag{3.1.17}$$

式(3.1.17)即是求解 $\boldsymbol{B}$ 相对于 $\boldsymbol{A}$ 的特征值为 λ 的特征方程.设其有 n 个实的特征值 λ_1,λ_2,…,λ_n,求出这 n 个实的特征值 λ_1,λ_2,…,λ_n 后,分别将之代入方程组(3.1.16-b)中,我们即可得到与此特征值 λ 相对应的右特征矢量 $\boldsymbol{r}$ 的线性齐次代数方程组,并可对之进行求解.我们假设 $\boldsymbol{B}$ 有 n 个线性无关的右特征矢量 $\boldsymbol{r}_1$,$\boldsymbol{r}_2$,…,$\boldsymbol{r}_n$.如果仍然采用式(3.1.8)的记号,则与前面的叙述相类似,我们可以将 n 个方程

$$\begin{cases} \boldsymbol{B}\cdot\boldsymbol{r}_1 = \lambda_1\boldsymbol{A}\cdot\boldsymbol{r}_1 \\ \boldsymbol{B}\cdot\boldsymbol{r}_2 = \lambda_2\boldsymbol{A}\cdot\boldsymbol{r}_2 \\ \cdots \\ \boldsymbol{B}\cdot\boldsymbol{r}_n = \lambda_n\boldsymbol{A}\cdot\boldsymbol{r}_n \end{cases}$$

统一地写为

$$\boldsymbol{B}\cdot\boldsymbol{R} = \boldsymbol{A}\cdot\boldsymbol{R}\cdot\boldsymbol{\Lambda}$$

或

$$\boldsymbol{R}^{-1}\cdot\boldsymbol{A}^{-1}\cdot\boldsymbol{B}\cdot\boldsymbol{R} = \boldsymbol{\Lambda} \tag{3.1.18}$$

式(3.1.18)说明：如果实方阵 $\boldsymbol{B}$ 相对于 $\boldsymbol{A}$ 存在着 n 个线性无关的右特征矢量 $\boldsymbol{r}_1,\boldsymbol{r}_2,\cdots,\boldsymbol{r}_n$，则可以通过可逆相似变换(3.1.18)将 $\boldsymbol{A}^{-1}\cdot\boldsymbol{B}$ 化为对角元素为特征值的对角矩阵 $\boldsymbol{\Lambda}$，而其相似变换的过渡矩阵则为 $\boldsymbol{R}^{-1}$，其中 $\boldsymbol{R}$ 恰恰是以 n 个相应的右特征矢量为列矢量的矩阵.

定义 3.4　设有 n 阶实矩阵 $\boldsymbol{B}$，如果存在 μ 和非零矢量 $\boldsymbol{l}$，使得对于某可逆实矩阵 $\boldsymbol{A}$ 有

$$\boldsymbol{l}\cdot\boldsymbol{B} = \mu\boldsymbol{l}\cdot\boldsymbol{A} \tag{3.1.19-a}$$

则称 μ 为矩阵 $\boldsymbol{B}$ 相对于矩阵 $\boldsymbol{A}$ 的特征值，而称 $\boldsymbol{l}$ 为与此特征值 μ 相对应的矩阵 $\boldsymbol{B}$ 相对于矩阵 $\boldsymbol{A}$ 的一个左特征矢量.

方程组(3.1.19-a)可以改写为

$$\boldsymbol{l}\cdot(\boldsymbol{B}-\mu\boldsymbol{A}) = (\boldsymbol{B}-\mu\boldsymbol{A})^{\mathrm{T}}\cdot\boldsymbol{l} = \boldsymbol{O} \tag{3.1.19-b}$$

方程组(3.1.19-b)为 $\boldsymbol{l}$ 的线性齐次代数方程组，要求 $\boldsymbol{l}\neq\boldsymbol{O}$ 即是要求方程组(3.1.19-b)有非零解，则由线性代数中的定理可知：方程组(3.1.19-b)的系数矩阵的行列式必为零，即

$$\|(\boldsymbol{B}-\mu\boldsymbol{A})^{\mathrm{T}}\| = \|\boldsymbol{B}-\mu\boldsymbol{A}\| = 0 \tag{3.1.20}$$

式(3.1.20)即是求解 $\boldsymbol{B}$ 相对于 $\boldsymbol{A}$ 的特征值为 μ 的特征方程，它与广义右特征值问题的特征方程(3.1.17)具有完全相同的形式，故必有 $\mu=\lambda$，以后我们将采用记号 λ. 设其有 n 个实的特征值 $\lambda_1,\lambda_2,\cdots,\lambda_n$，求出这 n 个实的特征值 $\lambda_1,\lambda_2,\cdots,\lambda_n$ 后，分别将之代入方程组(3.1.19-b)中，我们即得到了与此特征值 λ 相对应的左特征矢量 $\boldsymbol{l}$ 的线性齐次代数方程组，并可对之求解. 我们仍假设 $\boldsymbol{B}$ 相对于 $\boldsymbol{A}$ 有 n 个线性无关的左特征矢量 $\boldsymbol{l}_1,\boldsymbol{l}_2,\cdots,\boldsymbol{l}_n$. 如果仍然采用式(3.1.12)的记号，则与前面的叙述相类似，我们可以将 n 个方程

$$\begin{cases} \boldsymbol{l}_1\cdot\boldsymbol{B} = \lambda_1\boldsymbol{l}_1\cdot\boldsymbol{A} \\ \boldsymbol{l}_2\cdot\boldsymbol{B} = \lambda_2\boldsymbol{l}_2\cdot\boldsymbol{A} \\ \cdots \\ \boldsymbol{l}_n\cdot\boldsymbol{B} = \lambda_n\boldsymbol{l}_n\cdot\boldsymbol{A} \end{cases}$$

统一地写为

$$\boldsymbol{L}^{\mathrm{T}}\cdot\boldsymbol{B} = \boldsymbol{\Lambda}\cdot\boldsymbol{L}^{\mathrm{T}}\cdot\boldsymbol{A}$$

或

$$\boldsymbol{L}^{\mathrm{T}}\cdot\boldsymbol{B}\cdot\boldsymbol{A}^{-1}\cdot(\boldsymbol{L}^{\mathrm{T}})^{-1} = \boldsymbol{\Lambda} \tag{3.1.21}$$

式(3.1.21)说明：如果实方阵 $\boldsymbol{B}$ 相对于 $\boldsymbol{A}$ 存在着 n 个线性无关的左特征矢量 $\boldsymbol{l}_1,\boldsymbol{l}_2,\cdots,\boldsymbol{l}_n$，则可以通过可逆相似变换(3.1.21)将 $\boldsymbol{B}\cdot\boldsymbol{A}^{-1}$ 化为对角元素为特征值的对角矩阵 $\boldsymbol{\Lambda}$，而其相似变换的过渡矩阵恰是 $\boldsymbol{L}^{\mathrm{T}}$，其中 $\boldsymbol{L}^{\mathrm{T}}$ 恰恰是以 n 个相应的左特征矢量为行矢量的矩阵.

由于

$$\boldsymbol{B}\cdot\boldsymbol{r}=\boldsymbol{r}\cdot\boldsymbol{B}^{\mathrm{T}},\quad \boldsymbol{A}\cdot\boldsymbol{r}=\boldsymbol{r}\cdot\boldsymbol{A}^{\mathrm{T}},\quad \boldsymbol{l}\cdot\boldsymbol{B}=\boldsymbol{B}^{\mathrm{T}}\cdot\boldsymbol{l},\quad \boldsymbol{l}\cdot\boldsymbol{A}=\boldsymbol{A}^{\mathrm{T}}\cdot\boldsymbol{l}$$

所以由方程组(3.1.16-a)和(3.1.19-a)容易说明:对应于同一特征值而言,$\boldsymbol{B}$ 相对 $\boldsymbol{A}$ 的右特征矢量恰恰是 $\boldsymbol{B}^{\mathrm{T}}$ 相对 $\boldsymbol{A}^{\mathrm{T}}$ 的左特征矢量,$\boldsymbol{B}$ 相对 $\boldsymbol{A}$ 的左特征矢量恰恰是 $\boldsymbol{B}^{\mathrm{T}}$ 相对 $\boldsymbol{A}^{\mathrm{T}}$ 的右特征矢量.而只有当 $\boldsymbol{B}=\boldsymbol{B}^{\mathrm{T}}$,$\boldsymbol{A}=\boldsymbol{A}^{\mathrm{T}}$ 都同时为对称矩阵时,其左右特征矢量才是相同的.

与狭义特征值问题相类似,我们也可以通过已求出的一组线性无关的右特征矢量 $\boldsymbol{r}_1$,$\boldsymbol{r}_2,\cdots,\boldsymbol{r}_n$(或以它们为列阵的矩阵 $\boldsymbol{R}$)而求出其一组线性无关的左特征矢量.事实上,通过对比方程(3.1.21)和(3.1.18)我们即可发现,只要取

$$\boldsymbol{L}^{\mathrm{T}}=\boldsymbol{R}^{-1}\cdot\boldsymbol{A}^{-1} \tag{3.1.22-a}$$

或

$$\boldsymbol{L}=(\boldsymbol{R}^{-1}\cdot\boldsymbol{A}^{-1})^{\mathrm{T}} \tag{3.1.22-b}$$

我们便由矩阵 $\boldsymbol{R}$ 得到了矩阵 $\boldsymbol{L}$,或者说由一组线性无关的右特征矢量而得到了一组线性无关的左特征矢量.式(3.1.22-a)可以改写为

$$\boldsymbol{L}^{\mathrm{T}}\cdot\boldsymbol{A}\cdot\boldsymbol{R}=\boldsymbol{I} \tag{3.1.23-a}$$

使用矩阵记法,有

$$\begin{bmatrix}\boldsymbol{l}_1^{\mathrm{T}}\\ \boldsymbol{l}_2^{\mathrm{T}}\\ \vdots\\ \boldsymbol{l}_n^{\mathrm{T}}\end{bmatrix}[\boldsymbol{A}][\boldsymbol{r}_1\quad \boldsymbol{r}_2\quad \cdots\quad \boldsymbol{r}_n]=\begin{bmatrix}1 & & \\ & 1 & \\ & & \ddots & \\ & & & 1\end{bmatrix},\quad [\boldsymbol{l}_i^{\mathrm{T}}][\boldsymbol{A}][\boldsymbol{r}_j]=[\boldsymbol{\delta}_{ij}]$$

即

$$\boldsymbol{l}_i\cdot(\boldsymbol{A}\cdot\boldsymbol{r}_j)=\boldsymbol{\delta}_{ij} \tag{3.1.23-b}$$

式(3.1.23-b)表明,我们这样所求出的一组线性无关的左特征矢量 $\boldsymbol{l}_1,\boldsymbol{l}_2,\cdots,\boldsymbol{l}_n$ 与 $\boldsymbol{A}\cdot\boldsymbol{r}_1$,$\boldsymbol{A}\cdot\boldsymbol{r}_2,\cdots,\boldsymbol{A}\cdot\boldsymbol{r}_n$ 是 n 维空间中的两组互为倒逆的(reciprocal)基矢量,在几何上,我们常说 $\boldsymbol{l}_1,\boldsymbol{l}_2,\cdots,\boldsymbol{l}_n$ 与 $\boldsymbol{r}_1,\boldsymbol{r}_2,\cdots,\boldsymbol{r}_n$ 相对于矩阵 $\boldsymbol{A}$ 是双正交的.

我们顺便指出,当矩阵 $\boldsymbol{A}$ 为单位矩阵时,$\boldsymbol{B}$ 相对于 $\boldsymbol{A}$ 的广义特征值问题也就化成了 $\boldsymbol{B}$ 的狭义特征值问题,所以狭义特征值问题只是广义特征值问题当矩阵 $\boldsymbol{A}$ 为单位矩阵时的一个特例而已;同时,$\boldsymbol{B}$ 相对于 $\boldsymbol{A}$ 的广义特征值问题可以化为 $\boldsymbol{A}^{-1}\cdot\boldsymbol{B}$(对右特征矢量问题)或 $\boldsymbol{B}\cdot\boldsymbol{A}^{-1}$(对左特征矢量问题)的狭义特征值问题.为了应用上的普适性,今后我们将以广义特征值问题为基础来讲解波传播的问题,我们将之称为波传播的广义特征理论(generalized characteristic theory).

通过下面对波传播的广义特征理论的介绍,我们将会发现:跨过特征线时弱间断波的强度和简单波解是由右特征矢量来表征的,而左特征矢量则将决定沿着特征线的特征关系.

3.2　一维复合应力波广义特征理论概述

3.2.1　一维复合应力波方程的一般形式

如在本章引言中所述，所谓一维的问题主要是指只有一个空间变量的问题，即平面波、柱面波和球面波的问题，所谓复合应力波(combined stress waves)则是指问题虽然是一维的，但是波阵面上不等于零而且独立的应力分量大于1，在波的传播过程中它们一般会发生相互的耦合作用.对这种一维复合应力波的问题，一切物理量都只是空间标量 X 和时间 t 的函数.对于一维复合应力波的问题，虽然我们可以将其基本方程组写为2.1节中方程组(2.1.9)的形式并应用那一节中所讲的特征线理论来进行阐述，但是为了更具普遍性，在本章中我们将把各种一维复合应力波问题的基本方程组写为如下更为一般形式的一阶拟线性偏微分方程组：

$$\boldsymbol{A}\cdot\boldsymbol{W}_t+\boldsymbol{B}\cdot\boldsymbol{W}_X=\boldsymbol{b} \tag{3.2.1}$$

其中

$$\left\{\begin{aligned}&\boldsymbol{W}=\begin{bmatrix}W_1\\W_2\\\vdots\\W_n\end{bmatrix},\quad \boldsymbol{B}=\begin{bmatrix}B_{11}&B_{12}&\cdots&B_{1n}\\B_{21}&B_{22}&\cdots&B_{2n}\\\vdots&\vdots&&\vdots\\B_{n1}&B_{n2}&\cdots&B_{nn}\end{bmatrix}=\boldsymbol{B}(X,t;\boldsymbol{W})\\&\boldsymbol{A}=\begin{bmatrix}A_{11}&A_{12}&\cdots&A_{1n}\\A_{21}&A_{22}&\cdots&A_{2n}\\\vdots&\vdots&&\vdots\\A_{n1}&A_{n2}&\cdots&A_{nn}\end{bmatrix}=\boldsymbol{A}(X,t;\boldsymbol{W}),\quad \boldsymbol{b}=\begin{bmatrix}b_1\\b_2\\\vdots\\b_n\end{bmatrix}=\boldsymbol{b}(X,t;\boldsymbol{W})\end{aligned}\right. \tag{3.2.2}$$

与以前我们对方程组(2.1.9)的说明相同，作为自变量 X 和 t 的未知函数 $\boldsymbol{W}=\boldsymbol{W}(X,t)$，$\boldsymbol{W}$ 具有 n 个分量，所以微分方程组(3.2.1)包含有 n 个方程，其中每一个方程中的最高阶偏导数都是一阶偏导数，故方程组(3.2.1)称为一阶偏微分方程组；而由于矩阵 $\boldsymbol{B}=\boldsymbol{B}(X,t;\boldsymbol{W})$，$\boldsymbol{A}=\boldsymbol{A}(X,t;\boldsymbol{W})$ 和矢量 $\boldsymbol{b}=\boldsymbol{b}(X,t;\boldsymbol{W})$ 不依赖于最高阶偏导数 $\boldsymbol{W}_t$ 和 $\boldsymbol{W}_X$，所以方程组(3.2.1)对最高阶偏导数 $\boldsymbol{W}_t$ 和 $\boldsymbol{W}_X$ 是线性的，我们称这样的对最高阶偏导数是线性的方程为拟线性偏微分方程组，于是方程组(3.2.1)就是一个所谓的一阶拟线性偏微分方程组(quasi-linear partial differential equations of first order).特别地，当方程组(3.2.1)中的矩阵 $\boldsymbol{B}=\boldsymbol{B}(X,t)$ 和 $\boldsymbol{A}=\boldsymbol{A}(X,t)$ 不依赖于未知函数 $\boldsymbol{W}$ 时，我们称方程组(3.2.1)为一阶半线性(semi-linear)偏微分方程组；而当矩阵 $\boldsymbol{B}=\boldsymbol{B}(X,t)$ 和 $\boldsymbol{A}=\boldsymbol{A}(X,t)$ 不依赖于未知函数 $\boldsymbol{W}$，而且 $\boldsymbol{b}(X,t,\boldsymbol{W})$ 为 $\boldsymbol{W}$ 的线性函数时，我们称方程组(3.2.1)为一阶线性(linear)偏微分方程组，这只是半线性偏微分方程组的特例而已.

此外，我们顺便指出，描写波传播问题的任何一个变量的高阶拟线性偏微分方程组或者多个变量的高阶拟线性偏微分方程组都可以通过引入一些新的变量而将它们化为形如方程组(3.2.1)的一阶拟线性偏微分方程组，所以我们研究方程组(3.2.1)是更有普遍意义的.

3.2.2 引入特征线的第一种方法——内导数法(approach of interior derivative)

尽管方程组(3.2.1)比2.1节中的方程组(2.1.9)多了一个矩阵 $\boldsymbol{A}$，但是内导数法的思想和实施方法则与在2.1节中的思想和方法是完全类似的，我们只需把狭义特征值问题改为广义特征值问题就可以了，在此我们再简要重述一下：一阶拟线性偏微分方程组(3.2.1)的每一个方程都包含未知量 $\boldsymbol{W}$ 在物理平面 X-t 上两个方向的导数，即沿 t 轴方向的偏导数 $\boldsymbol{W}_t$ 和沿 X 轴方向的偏导数 $\boldsymbol{W}_X$，故它是不易按照常微分方程的方法进行数值积分的.我们的想法与2.1节中对方程组(2.1.9)的讨论一样，企图在 X-t 平面上的各点处找出一些特殊的方向，其斜率设为

$$\lambda = \frac{\mathrm{d}X}{\mathrm{d}t} \tag{3.2.3}$$

使得方程组(3.2.1)各方程的某种线性组合方程只包含未知量 $\boldsymbol{W}$ 各分量沿此一个方向的方向导数，于是我们便可以对此线性组合方程像常微分方程一样沿此方向进行数值积分了.如果我们可以找到这样的方向和这样的线性组合方程，则该方向就称为该点处的一个特征方向(characteristic directions)，而沿该方向的线性组合方程则称为沿此特征方向的特征关系(characteristic relations).在物理平面 X-t 上处处与相应点的特征方向相切的曲线称为方程组(3.2.1)的一条特征线(characteristic curves).由于 $\boldsymbol{W}$ 沿方向(3.2.3)的方向导数 $\frac{\mathrm{d}\boldsymbol{W}}{\mathrm{d}s}$ 与它沿此方向对 t 的全导数 $\frac{\mathrm{d}\boldsymbol{W}}{\mathrm{d}t}$ 成比例(见2.1节中的说明)，故下面我们将以沿方向(3.2.3) $\boldsymbol{W}$ 对 t 的全导数 $\frac{\mathrm{d}\boldsymbol{W}}{\mathrm{d}t}$ 作为讨论的出发点.

为了实现目的，我们以待定系数 $l_1,\cdots,l_n$ 分别乘方程组(3.2.1)的各个方程并相加，即以分量为 $l_1,\cdots,l_n$ 的矢量 $\boldsymbol{l}$ 与矢量方程组(3.2.1)进行点积，有

$$\boldsymbol{l}\cdot\boldsymbol{A}\cdot\boldsymbol{W}_t + \boldsymbol{l}\cdot\boldsymbol{B}\cdot\boldsymbol{W}_X = \boldsymbol{l}\cdot\boldsymbol{b} \tag{3.2.1$'$}$$

为了使得方程组(3.2.1)′只含有未知量 $\boldsymbol{W}$ 沿某一方向 $\frac{\mathrm{d}X}{\mathrm{d}t}=\lambda$ 对 t 的全导数：

$$\frac{\mathrm{d}\boldsymbol{W}}{\mathrm{d}t} = \boldsymbol{W}_t + \boldsymbol{W}_X\frac{\mathrm{d}X}{\mathrm{d}t}$$

显然只需

$$\boldsymbol{l}\cdot\boldsymbol{B} = \frac{\mathrm{d}X}{\mathrm{d}t}\boldsymbol{l}\cdot\boldsymbol{A} = \lambda\boldsymbol{l}\cdot\boldsymbol{A} \tag{3.2.4-a}$$

即

$$\boldsymbol{l}\cdot(\boldsymbol{B}-\lambda\boldsymbol{A}) = (\boldsymbol{B}-\lambda\boldsymbol{A})^{\mathrm{T}}\cdot\boldsymbol{l} = \boldsymbol{O} \tag{3.2.4-b}$$

这是因为此时方程组(3.2.1)′将成为

$$\boldsymbol{l}\cdot\boldsymbol{A}\cdot\boldsymbol{W}_t + \boldsymbol{l}\cdot\boldsymbol{B}\cdot\boldsymbol{W}_X = \boldsymbol{l}\cdot\boldsymbol{A}\cdot(\boldsymbol{W}_t+\lambda\boldsymbol{W}_X) = \boldsymbol{l}\cdot\boldsymbol{A}\cdot\frac{\mathrm{d}\boldsymbol{W}}{\mathrm{d}t} = \boldsymbol{l}\cdot\boldsymbol{b} \tag{3.2.5-a}$$

这样方程组(3.2.5-a)便只含有沿方向 λ 的全导数$\frac{\mathrm{d}\boldsymbol{W}}{\mathrm{d}t}$,我们的目的便达到了.方程组(3.2.4-a)说明:能够满足我们要求的方向 λ 恰恰是矩阵 $\boldsymbol{B}$ 相对于矩阵 $\boldsymbol{A}$ 的特征值(eigenvalues or characteristic values),而矢量 $\boldsymbol{l}$ 则是与特征值 λ 相对应的 $\boldsymbol{B}$ 相对于 $\boldsymbol{A}$ 的左特征矢量(left eigenvectors).当 $\boldsymbol{l}$ 为零矢量时对我们显然是没有意义的,而方程组(3.2.4-b)对矢量 $\boldsymbol{l}$ 有非零解的充要条件是

$$\|(\boldsymbol{B}-\lambda\boldsymbol{A})^{\mathrm{T}}\| = \|\boldsymbol{B}-\lambda\boldsymbol{A}\| = 0 \tag{3.2.6}$$

式(3.2.6)恰恰是求解矩阵 $\boldsymbol{B}$ 相对于矩阵 $\boldsymbol{A}$ 的特征值 λ 的特征方程;由特征方程求出特征值 λ 之后,将之代入线性齐次代数方程组(3.2.4-b),即可求出与此特征值相对应的左特征矢量 $\boldsymbol{l}$,再代入方程组(3.2.5-a)即可得出只含有沿此特征方向的全导数$\frac{\mathrm{d}\boldsymbol{W}}{\mathrm{d}t}$的常微分方程了.我们把方程组(3.2.5-a)称为沿特征方向$\frac{\mathrm{d}X}{\mathrm{d}t}=\lambda$ 的特征关系(characteristic relation),因为它是一个对 $\boldsymbol{W}$ 各分量沿此方向全导数即$\frac{\mathrm{d}\boldsymbol{W}}{\mathrm{d}t}$的一个限制性条件,所以有时我们也把方程组(3.2.5-a)称为沿特征方向$\frac{\mathrm{d}X}{\mathrm{d}t}=\lambda$ 的相容关系(compatibility relation).为了突出特征关系和特征方向的对应关系,我们常常将方程组(3.2.5-a)写为如下的形式:

$$\boldsymbol{l}\cdot\boldsymbol{A}\cdot\frac{\mathrm{d}\boldsymbol{W}}{\mathrm{d}t} = \boldsymbol{l}\cdot\boldsymbol{b} \quad \left(\text{沿任意的}\frac{\mathrm{d}X}{\mathrm{d}t} = \lambda\right) \tag{3.2.5-b}$$

如果 n 维空间的二阶张量 $\boldsymbol{B}$ 相对于 $\boldsymbol{A}$ 存在 n 个实的特征值,而且存在 n 个线性无关的左特征矢量 $\boldsymbol{l}$,则我们称一阶拟线性偏微分方程组(3.2.1)为完全双曲型的偏微分方程组,所有有关波传播的问题都可以归结为完全双曲型方程组的问题.下面我们假设方程组(3.2.1)为完全双曲型的,于是我们便可求得其 n 个实的特征值以及 n 个相应的左特征矢量,从而我们便得到了 n 个特征关系(方程组(3.2.5-b)),这就是我们数值积分原方程组的出发点.关于以 n 个特征关系为基础进行数值积分的思想,在2.1节中我们已经叙述过了,可参见图2.2,这里不再重述.

由前面的讨论我们可以看到,特征方向$\frac{\mathrm{d}X}{\mathrm{d}t}=\lambda$ 是由 $\boldsymbol{B}$ 相对于 $\boldsymbol{A}$ 的特征值所决定的,而对一般的一阶拟线性偏微分方程组而言,$\boldsymbol{B}=\boldsymbol{B}(X,t;\boldsymbol{W})$,$\boldsymbol{A}=\boldsymbol{A}(X,t;\boldsymbol{W})$不仅与 X,t 有关,而且还依赖于未知函数 $\boldsymbol{W}$,所以对一般的一阶拟线性偏微分方程组,其特征线是不能在求得解之前就预先知道的,特征线是与问题的解 $\boldsymbol{W}$(取决于初始条件和边界条件)有关的,特征线的求解需要与未知函数的求解一起随时间的推进而逐步进行;而只有对一阶半线性的偏微分方程组,其特征线是可以事先知道的,因为 $\boldsymbol{B}=\boldsymbol{B}(X,t)$,$\boldsymbol{A}=\boldsymbol{A}(X,t)$都只依赖于 X 和 t 而与未知函数 $\boldsymbol{W}$ 无关,所以特征线是与问题的解无关(因之与初始条件和边界条件也无关)的,这就是半线性偏微分方程的较简单之处.此外,显然容易说明,对半线性的一阶偏微分方程组,当 $\boldsymbol{b}$ 为 $\boldsymbol{W}$ 的线性齐次函数时,不但特征线是与问题的解无关而可以事先知道的,而且解的线性叠加原理也将是成立的.

在此我们指出如下一点是有好处的:特征关系(3.2.5-b)是由矩阵 $\boldsymbol{A}$ 所表达的特征关系,不管特征值 λ 为何值,方程组(3.2.5-b)都是成立的;而当特征值 $\lambda\neq0$ 时,我们可以用

$\lambda \neq 0$与方程组(3.2.5-b)相乘而得

$$\lambda \boldsymbol{l} \cdot \boldsymbol{A} \cdot \frac{\mathrm{d}\boldsymbol{W}}{\mathrm{d}t} = \lambda \boldsymbol{l} \cdot \boldsymbol{b}$$

利用方程组(3.2.4-a),有 $\lambda \boldsymbol{l} \cdot \boldsymbol{A} = \boldsymbol{l} \cdot \boldsymbol{B}$,故特征关系可改写为

$$\boldsymbol{l} \cdot \boldsymbol{B} \cdot \frac{\mathrm{d}\boldsymbol{W}}{\mathrm{d}t} = \lambda \boldsymbol{l} \cdot \boldsymbol{b} \quad \left(\text{沿}\frac{\mathrm{d}X}{\mathrm{d}t} = \lambda \neq 0\right) \tag{3.2.5-c}$$

特征关系(3.2.5-c)是由矩阵 $\boldsymbol{B}$ 所表达的特征关系,但它只有对非零的特征值才是适用的.

由前面的叙述我们可以看到,特征线是物理平面上这样的一些特殊曲线,我们可以把原一阶拟线性偏微分方程组(3.2.1)化为沿它们切线方向的常微分方程组$\left(\text{即全导数}\left.\frac{\mathrm{d}\boldsymbol{W}}{\mathrm{d}t}\right|_{\lambda}\text{的方程}\right)$,从而便于进行数值积分.由于沿曲线切线方向的导数是一种沿着曲线本身的所谓内导数,所以我们把前面所讲的特征线方法也称为内导数法(approach of interior derivative).特征关系(3.2.5)既是我们数值求解问题的依据,同时也是对未知量 $\boldsymbol{W}$ 沿特征线方向内导数的一种限制性条件,又由于 $\boldsymbol{W}$ 沿特征线方向的内导数是完全由 $\boldsymbol{W}$ 沿特征线本身的分布规律即沿特征线的初值所确定的,故特征关系(3.2.5)事实上也是一种对未知量 $\boldsymbol{W}$ 沿特征线本身的分布规律即沿特征线初值的一种限制性条件,所以特征关系(3.2.5)也常常被称为沿特征线的相容关系(compatibility relations).这种限制性的相容关系意味着,沿着特征线上 $\boldsymbol{W}$ 的初值是不能任意给定的,如果给定的特征线上的 $\boldsymbol{W}$ 初值不满足相容关系,则问题可能无解,这就是特征线的特殊之处.相应地,我们将把非特征线称为自由曲线(free curve),因为只从满足特征关系的要求这一点出发,解的存在性一般不会对沿着自由曲线上的初值分布提出什么特殊要求.

3.2.3 引入特征线的第二种方法:外导数及偏导数的不定线法(approach of undetermined line of exterior derivative)

如前所述,内导数法是以把原来的偏微分方程化为沿着特征线的常微分方程以便进行数值积分为着眼点的,由此我们引出了特征线和自由曲线的概念,而沿着特征线的微分是一种所谓的内导数.现在我们从另一个角度来考虑对原来的偏微分方程进行数值积分的问题:可否以在物理平面某些曲线 L 上事先给定的未知量 $\boldsymbol{W}$ 的初值以及原偏微分方程组为基础,而向这个曲线之外逐步对 $\boldsymbol{W}$ 进行解析延拓从而完成求解呢?如果我们能由曲线 L 上 $\boldsymbol{W}$ 的初值和原方程组求出 L 上各点处指向 L 的外部方向 $\boldsymbol{n}$ 的 $\boldsymbol{W}$ 之外导数(exterior derivative),则我们便可以向外对解进行解析延拓了.以 $\mathrm{d}s$ 表示沿着物理平面上任何一个单位方向

$$\boldsymbol{n}\left(\frac{\mathrm{d}X}{\mathrm{d}s}, \frac{\mathrm{d}t}{\mathrm{d}s}\right)$$

的弧长微分,则 $\boldsymbol{W}$ 沿 $\boldsymbol{n}$ 的方向导数即外导数将为

$$\frac{\mathrm{d}\boldsymbol{W}}{\mathrm{d}s} = \boldsymbol{W}_X \frac{\mathrm{d}X}{\mathrm{d}s} + \boldsymbol{W}_t \frac{\mathrm{d}t}{\mathrm{d}s} \tag{3.2.7}$$

故我们能否由初值和原方程组对 $\boldsymbol{W}$ 进行解析延拓的问题就归结为能否由初值和原方程组而求出两个偏导数 $\boldsymbol{W}_X$ 和 $\boldsymbol{W}_t$ 的值了.以此种分析为基础我们提出如下的定义:

设在物理平面 X-t 上有一条曲线 L，如果可以由未知量 $\boldsymbol{W}$ 在 L 上的初值和原方程组(3.2.1)为基础而唯一地确定出两个偏导数 $\boldsymbol{W}_X$ 和 $\boldsymbol{W}_t$ 的值，则称曲线 L 为原方程组(3.2.1)的一条自由曲线；否则，即如果不能唯一地确定出两个偏导数 $\boldsymbol{W}_X$ 和 $\boldsymbol{W}_t$ 的值，则称曲线 L 是原方程组(3.2.1)的一条特征曲线.

根据这一定义，特征线就是不能由 $\boldsymbol{W}$ 在其上的初值以及原方程组而将 $\boldsymbol{W}$ 的两个偏导数连同其外导数唯一地确定下来(从而对之向外进行解析延拓)的曲线，故我们将这一引入特征线的方法称为外导数及偏导数的不定线法.

现在我们来分析可否由某一曲线 L 上 $\boldsymbol{W}$ 的初值及原方程组(3.2.1)而唯一地确定其 $\boldsymbol{W}_X$ 和 $\boldsymbol{W}_t$ 的问题，并由此来引出自由曲线和特征线所满足的条件.设有一个物理平面上的曲线 L，方程为 $X=X(t)$，斜率为 $\lambda=\dfrac{\mathrm{d}X}{\mathrm{d}t}$，当我们给定了 $\boldsymbol{W}$ 在其上的初值 $\boldsymbol{W}|_\lambda$ 时，则 L 上各点处，$\boldsymbol{W}$ 的内导数、因之对 t 的全导数 $\left.\dfrac{\mathrm{d}\boldsymbol{W}}{\mathrm{d}t}\right|_\lambda$ 也就完全确定了，即我们有

$$\left.\frac{\mathrm{d}\boldsymbol{W}}{\mathrm{d}t}\right|_\lambda=\frac{\mathrm{d}\boldsymbol{W}(X(t),t)}{\mathrm{d}t}=\boldsymbol{W}_t+\boldsymbol{W}_X\frac{\mathrm{d}X}{\mathrm{d}t}=\boldsymbol{W}_t+\boldsymbol{W}_X\lambda \tag{3.2.8}$$

方程组(3.2.8)是联系两个偏导数 $\boldsymbol{W}_X$，$\boldsymbol{W}_t$ 的一组方程；此外，我们还有联系它们的基本方程组(3.2.1)，即

$$\boldsymbol{A}\cdot\boldsymbol{W}_t+\boldsymbol{B}\cdot\boldsymbol{W}_X=\boldsymbol{b} \tag{3.2.1}$$

方程组(3.2.8)和(3.2.1)共同组成确定两个偏导数 $\boldsymbol{W}_X$，$\boldsymbol{W}_t$ 的方程组.将方程组(3.2.8)给出的

$$\boldsymbol{W}_t=\frac{\mathrm{d}\boldsymbol{W}}{\mathrm{d}t}-\lambda\boldsymbol{W}_X \tag{3.2.8$'$}$$

代入方程组(3.2.1)，可以得到

$$\boldsymbol{A}\cdot\left(\frac{\mathrm{d}\boldsymbol{W}}{\mathrm{d}t}-\lambda\boldsymbol{W}_X\right)+\boldsymbol{B}\cdot\boldsymbol{W}_X=\boldsymbol{b}$$

即

$$(\boldsymbol{B}-\lambda\boldsymbol{A})\cdot\boldsymbol{W}_X=\boldsymbol{b}-\boldsymbol{A}\cdot\frac{\mathrm{d}\boldsymbol{W}}{\mathrm{d}t} \tag{3.2.9}$$

方程组(3.2.9)是一个关于 $\boldsymbol{W}_X$ 的非齐次代数方程组，对于它的解的存在性和性质我们可分如下两种情况进行讨论：

(1) 当

$$\|\boldsymbol{B}-\lambda\boldsymbol{A}\|\neq 0 \tag{3.2.6$'$}$$

时，根据线性代数的知识，我们知道方程组(3.2.9)对 $\boldsymbol{W}_X$ 将有完全确定而且唯一的解，将之代入方程组(3.2.8)′中，$\boldsymbol{W}_t$ 也将有完全确定而且唯一的解，即此时我们可由曲线 L 上的 $\boldsymbol{W}$ 初值及原方程组唯一地确定 L 上各点的 $\boldsymbol{W}_X$ 和 $\boldsymbol{W}_t$ 的值，继而确定其外导数并对 $\boldsymbol{W}$ 进行解析延拓，因此根据前面的定义我们即知：具有性质(3.2.6)′的曲线 L 都是自由曲线，在它上面的初值对方程的积分不构成什么特殊的限制，因而是“自由的”，显然满足这一不等式的自由曲线有很多.

(2) 当

$$\|\boldsymbol{B}-\lambda\boldsymbol{A}\|=0 \tag{3.2.6}$$

时,根据线性代数的知识,我们知道方程组(3.2.9)对 $\boldsymbol{W}_X$ 将不是有唯一解的(即或者无解或者有无穷多解),因此根据前面的定义,具有性质(3.2.6)的曲线 L 将是所谓的特征线,而方程(3.2.6)恰恰也就是我们前面用内导数法所引出的特征方程,即我们用两种方法所定义的特征线是相同的.

当曲线 L 满足方程(3.2.6)的特征线时,我们又有两种情况,一种情况是:方程组(3.2.9)对 $\boldsymbol{W}_X$ 根本无解,因此我们对 $\boldsymbol{W}_X$ 和 $\boldsymbol{W}_t$ 根本无解,这说明我们在特征线 L 上所给定的初值是根本不合理的,所以才导致了问题无解,这说明了,在特征线上我们是不能随意给定 $\boldsymbol{W}$ 的初值的,而这一点我们在前面 3.2.2 小节中内导数法关于把特征关系叫作相容关系的叙述中也已经说明了;另一种情况是:方程组(3.2.9)虽然有解但是却有无穷多解,此时根据 3.1 节中的定理 3.3,我们知道,方程组(3.2.9)有解的充要条件是其右端矢量 $\boldsymbol{b}-\boldsymbol{A}\cdot\dfrac{\mathrm{d}\boldsymbol{W}}{\mathrm{d}t}$ 与其系数矩阵 $\boldsymbol{B}-\lambda\boldsymbol{A}$ 的一切左零化矢量 $\boldsymbol{l}$ 正交,即

$$\boldsymbol{l}\cdot\left(\boldsymbol{b}-\boldsymbol{A}\cdot\frac{\mathrm{d}\boldsymbol{W}}{\mathrm{d}t}\right)=0\quad\left(\text{沿}\frac{\mathrm{d}X}{\mathrm{d}t}=\lambda\right)\tag{3.2.10}$$

其中 $\boldsymbol{B}-\lambda\boldsymbol{A}$ 的左零化矢量 $\boldsymbol{l}$(也就是 $\boldsymbol{B}$ 相对 $\boldsymbol{A}$ 的左特征矢量)满足

$$\boldsymbol{l}\cdot(\boldsymbol{B}-\lambda\boldsymbol{A})=\boldsymbol{O}\tag{3.2.11}$$

我们把全微分方程(3.2.10)称为原方程组(3.2.1)沿特征方向 $\lambda=\dfrac{\mathrm{d}X}{\mathrm{d}t}$ 的特征关系,它与由内导数法所得出的特征关系(3.2.5-b)是完全相同的,由于一个沿特征线 L 的内微分方程是一个对 $\boldsymbol{W}$ 的内导数的(因之是对 $\boldsymbol{W}$ 沿特征线 L 初值的)限制性条件,故我们也将其称为沿特征线的相容关系,这与前面所讲的在特征线上不能随意给定初值是一致的.

为了更深刻地说明特征线的性质,我们再对方程组(3.2.9)的解的性质作出如下分析.特征方程(3.2.6)说明矩阵 $\boldsymbol{B}-\lambda\boldsymbol{A}$ 是非满秩的,设它的秩为 $r<n$,则由线性代数的知识我们知道,与方程组(3.2.9)相对应的线性齐次代数方程组

$$(\boldsymbol{B}-\lambda\boldsymbol{A})\cdot\boldsymbol{W}_X=\boldsymbol{O}\tag{3.2.12}$$

将有 $n-r$ 个线性无关的解 $\boldsymbol{r}_1,\boldsymbol{r}_2,\cdots,\boldsymbol{r}_{n-r}$,而方程组(3.2.9)的通解则可表达为

$$\boldsymbol{W}_X=\boldsymbol{W}_X^*+\sum_{i=1}^{n-r}k_i\boldsymbol{r}_i\tag{3.2.13}$$

其中 $\boldsymbol{W}_X^*$ 为方程组(3.2.9)的某个特解,$\boldsymbol{r}_i(i=1,2,\cdots,n-r)$ 为方程组(3.2.12)的一个线性无关解组,即它们满足

$$(\boldsymbol{B}-\lambda\boldsymbol{A})\cdot\boldsymbol{r}_i=\boldsymbol{O}\quad(i=1,2,\cdots,n-r)\tag{3.2.12$'$}$$

式(3.2.12)$'$表明,$\boldsymbol{r}_i(i=1,2,\cdots,n-r)$ 恰恰是 $\boldsymbol{B}-\lambda\boldsymbol{A}$ 的右零化矢量或者 $\boldsymbol{B}$ 相对 $\boldsymbol{A}$ 的右特征矢量.由于在特征线上方程组(3.2.9)对 $\boldsymbol{W}_X$ 有无穷多个解,再由方程组(3.2.8)$'$对 $\boldsymbol{W}_t$ 也有无穷多个解,故当特征线的一侧跨向另一侧时其偏导数 $\boldsymbol{W}_X$ 和 $\boldsymbol{W}_t$ 即可能发生间断.这就意味着,特征线又是这样的一些曲线,当我们跨过它们时虽然 $\boldsymbol{W}$ 本身是连续的但其一阶偏导数 $\boldsymbol{W}_X$ 和 $\boldsymbol{W}_t$ 却可能发生间断,即特征线是未知量 $\boldsymbol{W}$ 可能的弱间断线.由弱间断线的概念出发是引入特征线的另一种方法.

3.2.4　引入特征线的第三种方法——弱间断线法(approach of weak discontinuity)

$\boldsymbol{W}$ 的一阶弱间断线 L，$X=X(t)$ 或 $\frac{\mathrm{d}X}{\mathrm{d}t}=\lambda$(参见图 3.1)，是指这样的曲线，当跨过该曲线时虽然 $\boldsymbol{W}$ 本身是连续的但其一阶偏导数 $\boldsymbol{W}_X$ 和 $\boldsymbol{W}_t$ 却发生了间断，即

$$[\boldsymbol{W}]=\boldsymbol{W}^- - \boldsymbol{W}^+ = \boldsymbol{O} \tag{3.2.14-a}$$

$$[\boldsymbol{W}_X]=\boldsymbol{W}_X^- - \boldsymbol{W}_X^+ \neq \boldsymbol{O},\quad [\boldsymbol{W}_t]=\boldsymbol{W}_t^- - \boldsymbol{W}_t^+ \neq \boldsymbol{O} \tag{3.2.14-b}$$

对一阶弱间断线，由于有方程组(3.2.14-a)，即跨过它时量 $\boldsymbol{W}$ 是跨线连续的，故 $\boldsymbol{W}$ 的全导数 $\frac{\mathrm{d}\boldsymbol{W}}{\mathrm{d}t}$ 也必然是跨线连续的，再由方程组(3.2.1)的拟线性特征，量 $\boldsymbol{B}-\lambda\boldsymbol{A}$，$\boldsymbol{b}$ 也都必然是跨线连续的，故如果我们将方程组(3.2.9)应用于一阶弱间断线 L 的紧前方和紧后方并相减，即对方程组(3.2.9)的两端取间断时，将有

$$(\boldsymbol{B}-\lambda\boldsymbol{A})\cdot[\boldsymbol{W}_X]=\boldsymbol{O} \tag{3.2.15}$$

方程组(3.2.15)是关于间断量 $[\boldsymbol{W}_X]$ 的线性齐次代数方程组，如果曲线 L 是 $\boldsymbol{W}$ 的一阶弱间断线，则意味着 $[\boldsymbol{W}_X]\neq\boldsymbol{O}$，即方程组(3.2.15)有非零解，故其系数矩阵的行列式必为零，即

$$\|\boldsymbol{B}-\lambda\boldsymbol{A}\|=0 \tag{3.2.6}$$

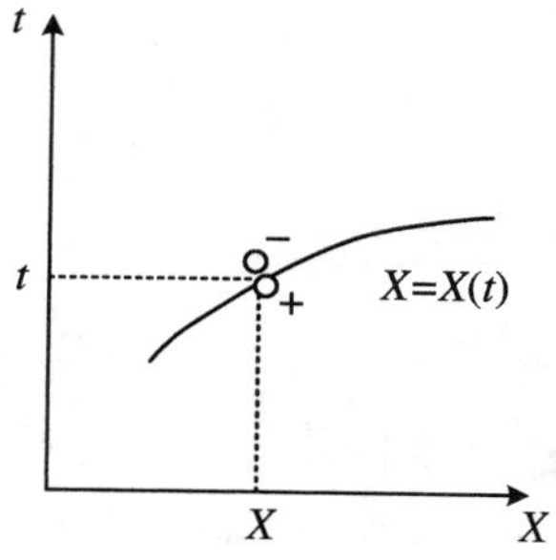

图 3.1　弱间断线

这恰恰是决定特征线的特征方程，说明 $\boldsymbol{W}$ 的一阶弱间断线只能是特征线. 同时，方程组(3.2.15)还说明，当跨过一阶弱间断的特征线时，其一阶偏导数的间断值 $[\boldsymbol{W}_X]$ 恰恰是 $\boldsymbol{B}-\lambda\boldsymbol{A}$ 的右零化矢量，即 $\boldsymbol{B}$ 相对 $\boldsymbol{A}$ 的右特征矢量 $\boldsymbol{r}$，以 k 表示任意的常数因子，我们可以简记为

$$[\boldsymbol{W}_X]=k\boldsymbol{r} \tag{3.2.16}$$

其中 $\boldsymbol{r}$ 是 $\boldsymbol{B}-\lambda\boldsymbol{A}$ 的右零化矢量即 $\boldsymbol{B}$ 相对 $\boldsymbol{A}$ 的右特征矢量：

$$(\boldsymbol{B}-\lambda\boldsymbol{A})\cdot\boldsymbol{r}=\boldsymbol{O} \tag{3.2.15$'$}$$

对式(3.2.8)$'$的两端取间断，并由与前面同样的道理，可得

$$[\boldsymbol{W}_t]=-\lambda[\boldsymbol{W}_X]=-\lambda k\boldsymbol{r} \tag{3.2.16$'$}$$

这说明一阶弱间断量 $[\boldsymbol{W}_t]$ 也是 $\boldsymbol{B}-\lambda\boldsymbol{A}$ 的右零化矢量或 $\boldsymbol{B}$ 相对 $\boldsymbol{A}$ 的右特征矢量.

以上的分析说明：如果在波传播的材料中存在未知量 $\boldsymbol{W}$ 的一阶弱间断线 L，则这种一阶弱间断线只能是特征线；而且，这种一阶弱间断波的强度 $[\boldsymbol{W}_X]$ 和 $[\boldsymbol{W}_t]$ 都是由 $\boldsymbol{B}-\lambda\boldsymbol{A}$ 的右零化矢量或 $\boldsymbol{B}$ 相对 $\boldsymbol{A}$ 的右特征矢量 $\boldsymbol{r}$ 来表征的.

但是需要说明的是，虽然波在传播过程中的一阶弱间断线只能是特征线，但是跨过特征线时其 $\boldsymbol{W}$ 的一阶偏导数却未必就一定发生间断，$\boldsymbol{W}$ 的一阶偏导数是否发生间断还与初始及边界条件的性质有关. 从数学上说，这是因为，即使方程组(3.2.15)的系数矩阵行列式等于零而满足特征方程(3.2.6)，但是 $[\boldsymbol{W}_X]=\boldsymbol{O}$ 也仍然是方程组(3.2.15)的解.

$\boldsymbol{W}$ 的二阶弱间断线 L 是指这样的曲线，当跨过该曲线时虽然 $\boldsymbol{W}$，$\boldsymbol{W}_X$ 和 $\boldsymbol{W}_t$ 都是连续的，但其二阶偏导数却发生了间断，即

$$[\boldsymbol{W}]=\boldsymbol{W}^- - \boldsymbol{W}^+ = \boldsymbol{O} \tag{3.2.17-a}$$

$$[\boldsymbol{W}_X]=\boldsymbol{W}_X^- - \boldsymbol{W}_X^+ = \boldsymbol{O},\quad [\boldsymbol{W}_t]=\boldsymbol{W}_t^- - \boldsymbol{W}_t^+ = \boldsymbol{O} \tag{3.2.17-b}$$

$$[\boldsymbol{W}_{XX}] = \boldsymbol{W}_{XX}^- - \boldsymbol{W}_{XX}^+ \neq \boldsymbol{O}, \quad [\boldsymbol{W}_{tX}] = \boldsymbol{W}_{tX}^- - \boldsymbol{W}_{tX}^+ \neq \boldsymbol{O}, \quad [\boldsymbol{W}_{tt}] = \boldsymbol{W}_{tt}^- - \boldsymbol{W}_{tt}^+ \neq \boldsymbol{O} \tag{3.2.17-c}$$

将原方程组(3.2.1)对 X 求导,可得

$$\boldsymbol{A} \cdot \boldsymbol{W}_{tX} + \boldsymbol{B} \cdot \boldsymbol{W}_{XX} + \boldsymbol{\varphi}(X, t, \boldsymbol{W}, \boldsymbol{W}_X, \boldsymbol{W}_t) = \boldsymbol{O} \tag{3.2.18}$$

其中 $\boldsymbol{\varphi}$ 只是$(X, t, \boldsymbol{W}, \boldsymbol{W}_X, \boldsymbol{W}_t)$的函数而不依赖于 $\boldsymbol{W}$ 的二阶偏导数.将方程组(3.2.18)应用于二阶弱间断线 L 的紧前方和紧后方并相减,再利用方程组(3.2.17),可有

$$\boldsymbol{A} \cdot [\boldsymbol{W}_{tX}] + \boldsymbol{B} \cdot [\boldsymbol{W}_{XX}] = \boldsymbol{O} \tag{3.2.18$'$}$$

又因为跨过 L 时$[\boldsymbol{W}_X] = \boldsymbol{O}$,$[\boldsymbol{W}_t] = \boldsymbol{O}$,所以跨过 L 时 $\boldsymbol{W}_X$ 和 $\boldsymbol{W}_t$ 对 t 的全导数也必然是跨线连续的,即

$$\left[\frac{\mathrm{d}\boldsymbol{W}_X}{\mathrm{d}t}\right] = \boldsymbol{O}, \quad \left[\frac{\mathrm{d}\boldsymbol{W}_t}{\mathrm{d}t}\right] = \boldsymbol{O}$$

利用复合函数求导的链式法则,将此二式展开即有

$$[\boldsymbol{W}_{Xt} + \boldsymbol{W}_{XX}\lambda] = \boldsymbol{O}, \quad [\boldsymbol{W}_{tt} + \boldsymbol{W}_{tX}\lambda] = \boldsymbol{O}$$

或者

$$[\boldsymbol{W}_{Xt}] = -\lambda[\boldsymbol{W}_{XX}] \tag{3.2.19-a}$$

$$[\boldsymbol{W}_{tt}] = -\lambda[\boldsymbol{W}_{tX}] = \lambda^2[\boldsymbol{W}_{XX}] \tag{3.2.19-b}$$

将式(3.2.19-a)代入式(3.2.18)$'$,即有

$$(\boldsymbol{B} - \lambda\boldsymbol{A}) \cdot [\boldsymbol{W}_{XX}] = \boldsymbol{O} \tag{3.2.20}$$

方程组(3.2.20)是关于间断量$[\boldsymbol{W}_{XX}]$的线性齐次代数方程组,如果曲线 L 是 $\boldsymbol{W}$ 的二阶弱间断线,则意味着$[\boldsymbol{W}_{XX}] \neq \boldsymbol{O}$,即方程组(3.2.20)有非零解,故其系数矩阵的行列式必为零,即

$$\| \boldsymbol{B} - \lambda\boldsymbol{A} \| = 0 \tag{3.2.6}$$

这又恰恰是决定特征线的特征方程,说明 $\boldsymbol{W}$ 的二阶弱间断线只能是特征线.同时,方程组(3.2.20)还说明,当跨过二阶弱间断的特征线时,其二阶偏导数的间断值$[\boldsymbol{W}_{XX}]$恰恰也是 $\boldsymbol{B} - \lambda\boldsymbol{A}$ 的右零化矢量,即 $\boldsymbol{B}$ 相对 $\boldsymbol{A}$ 的右特征矢量 $\boldsymbol{r}$,以 k 表示任意常数因子,有

$$[\boldsymbol{W}_{XX}] = k\boldsymbol{r} \tag{3.2.21}$$

再利用方程组(3.2.19) 即知$[\boldsymbol{W}_{tX}]$,$[\boldsymbol{W}_{tt}]$也都是与 $\boldsymbol{B} - \lambda\boldsymbol{A}$ 的右零化矢量成比例的.

以上的分析说明:如果在波传播的材料中存在未知量 $\boldsymbol{W}$ 的二阶弱间断线 L,则这种二阶弱间断线也只能是特征线;而且,这种二阶弱间断波的强度$[\boldsymbol{W}_{XX}]$,$[\boldsymbol{W}_{tX}]$和$[\boldsymbol{W}_{tt}]$也都是由 $\boldsymbol{B} - \lambda\boldsymbol{A}$ 的右零化矢量或 $\boldsymbol{B}$ 相对 $\boldsymbol{A}$ 的右特征矢量 $\boldsymbol{r}$ 来表征的.

继续对原方程组(3.2.1)进行求导并以类似的方法进行论证,容易说明,波传播中的任意高阶弱间断线也只能是特征线;而且,表征这种高阶弱间断波的强度也都是由 $\boldsymbol{B} - \lambda\boldsymbol{A}$ 的右零化矢量或 $\boldsymbol{B}$ 相对 $\boldsymbol{A}$ 的右特征矢量 $\boldsymbol{r}$ 来表征的.

3.2.5 简单波解

在第 1 章和第 2 章我们曾经对简单波解进行了简单的介绍,现在我们再对简单波解给出更严格的定义和更严谨的数学处理.对于时率无关材料中的平面波问题,既无材料性质的黏性耗散效应也无几何扩散效应,其基本方程组(3.2.1)中右端的非齐次项将为 $\boldsymbol{b} = \boldsymbol{O}$,从

而成为

$$\boldsymbol{A} \cdot \boldsymbol{W}_t + \boldsymbol{B} \cdot \boldsymbol{W}_X = \boldsymbol{O} \tag{3.2.22}$$

一阶拟线性偏微分方程组(3.2.22)的所谓简单波解是指如下形式的可以通过某一单参数 ξ 而成为(X,t)复合函数的一类解,即

$$\boldsymbol{W} = \boldsymbol{W}(\xi) \tag{3.2.23}$$

其中

$$\xi = \xi(X, t) \tag{3.2.24-a}$$

是 X 和 t 的函数.这是从纯数学角度对简单波解所给出的严格定义.如果式(3.2.22)存在形如方程组(3.2.23)的简单波解,则沿着物理平面 X-t 上曲线族

$$\xi = \xi(X, t) = \xi_i = \text{const}\ (常数) \tag{3.2.24-b}$$

中的任何一条曲线,未知量 $\boldsymbol{W}$ 也将为 $\boldsymbol{W} = \boldsymbol{W}(\xi_i) = \text{const}$ 而为常值,因此曲线族(3.2.24-b)中的任何一条曲线在力学上都可以视为携带并传播某一特定 $\boldsymbol{W} = \boldsymbol{W}(\xi_i)$ 的波阵面的迹线,而其斜率 $\lambda = \dfrac{\mathrm{d}X}{\mathrm{d}t}$ 即为简单波的波速,这就是简单波解在物理上的含义,如图 3.2 所示.

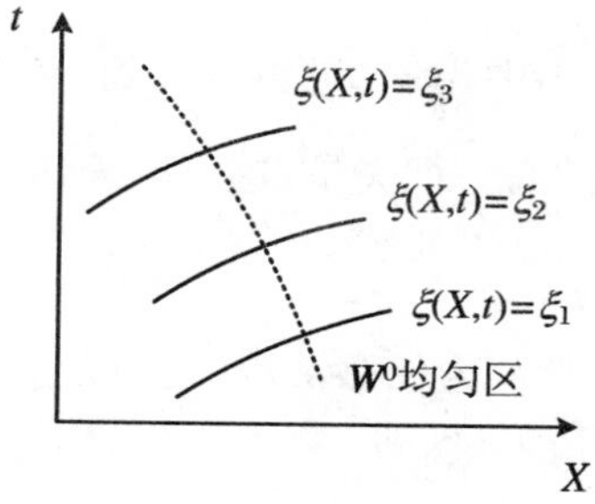

图 3.2　简单波区

现在我们就来分析一下,当方程组(3.2.22)存在简单波解(3.2.23)时,曲线族(3.2.24-b)将是一些什么样的曲线.沿曲线族(3.2.24-b)求对时间 t 的全导数,可得

$$\frac{\mathrm{d}\xi}{\mathrm{d}t} = 0 = \xi_t + \xi_X \frac{\mathrm{d}X}{\mathrm{d}t} = \xi_t + \lambda \xi_X$$

即

$$\lambda = \frac{\mathrm{d}X}{\mathrm{d}t} = -\frac{\xi_t}{\xi_X} \tag{3.2.25}$$

将简单波解(3.2.23)代入方程组(3.2.22),可得

$$\boldsymbol{A} \cdot \frac{\mathrm{d}\boldsymbol{W}}{\mathrm{d}\xi}\xi_t + \boldsymbol{B} \cdot \frac{\mathrm{d}\boldsymbol{W}}{\mathrm{d}\xi}\xi_X = \boldsymbol{O}$$

将式(3.2.25)给出的 $\xi_t = -\lambda\xi_X$ 代入上式,即得

$$(\boldsymbol{B} - \lambda\boldsymbol{A}) \cdot \frac{\mathrm{d}\boldsymbol{W}}{\mathrm{d}\xi} = \boldsymbol{O} \tag{3.2.26}$$

方程组(3.2.26)是关于 $\dfrac{\mathrm{d}\boldsymbol{W}}{\mathrm{d}\xi}$ 的线性齐次代数方程组,其零解 $\dfrac{\mathrm{d}\boldsymbol{W}}{\mathrm{d}\xi} = \boldsymbol{O}$ 代表在整个简单波区中都有 $\boldsymbol{W}$ 等于绝对常数而其实并不存在波的平凡解;我们关心的当然是其非平凡的简单波解,这对应 $\dfrac{\mathrm{d}\boldsymbol{W}}{\mathrm{d}\xi} \neq \boldsymbol{O}$,即方程组(3.2.26)有非零解的情况,而如果方程组(3.2.26)有非零解,则必然有

$$\| \boldsymbol{B} - \lambda\boldsymbol{A} \| = 0 \tag{3.2.6}$$

这样我们又回到了特征方程(3.2.6).这说明,如果方程组(3.2.22)存在着由式(3.2.23)和式(3.2.24-a)所表达的非平凡简单波解,则曲线族(3.2.24-a)只能是特征线,或者说,在非平凡的简单波区中各个不同的 $\boldsymbol{W}(\xi_i)$ 是沿着不同的特征线而传播出去的,$\lambda > 0$ 和 $\lambda < 0$ 则

分别代表右行简单波和左行简单波，我们下面只以 $\lambda>0$ 的右行简单波为例. 在实际问题中较常见的情况是 $\boldsymbol{A}=\boldsymbol{A}(\boldsymbol{W})$ 和 $\boldsymbol{B}=\boldsymbol{B}(\boldsymbol{W})$ 只是依赖于未知量 $\boldsymbol{W}$ 而并不显式地依赖于 X 和 t（例如我们在第 2 章中所讨论的均质杆中纵波的情况和声波的情况），此时由方程(3.2.6)所决定的特征值 λ 也将只依赖于 $\boldsymbol{W}$ 而并不显式地依赖于 X 和 t，即 $\lambda=\lambda(\boldsymbol{W})$，在右行简单波的每一个波阵面(3.2.24-b)上 $\boldsymbol{W}$ 具有同样的值，即每一个右行简单波阵面迹线的斜率是不变的，于是，对右行特征线 $\dfrac{\mathrm{d}X}{\mathrm{d}t}=\lambda(\boldsymbol{W})$ 进行积分即知，此种情况下在右行简单波区中每一条右行特征线都必然是直线. 而在 $\boldsymbol{A}=\boldsymbol{A}(X,t,\boldsymbol{W})$ 和 $\boldsymbol{B}=\boldsymbol{B}(X,t,\boldsymbol{W})$ 不但依赖于未知量 $\boldsymbol{W}$ 而且同时还显式地依赖于 X 和 t 的一般情况下，即使在右行简单波区中，右行特征线也可能是曲线而不是直线.

现在我们再来分析简单波解(3.2.23)本身具有什么性质以及在数学上如何表征它. 由方程组(3.2.26)可以看到，非平凡的简单波解 $\dfrac{\mathrm{d}\boldsymbol{W}}{\mathrm{d}\xi}\neq\boldsymbol{O}$ 必是 $\boldsymbol{B}-\lambda\boldsymbol{A}$ 的右零化矢量或 $\boldsymbol{B}$ 相对 $\boldsymbol{A}$ 的右特征矢量，这可以表达为

$$\frac{\mathrm{d}\boldsymbol{W}}{\mathrm{d}\xi}=k\boldsymbol{r} \tag{3.2.27-a}$$

其中 k 为任意常数（它的数值并不影响问题的本质），$\boldsymbol{r}$ 为与特征值 λ 对应的 $\boldsymbol{B}$ 相对 $\boldsymbol{A}$ 的右特征矢量，即

$$(\boldsymbol{B}-\lambda\boldsymbol{A})\cdot\boldsymbol{r}=\boldsymbol{O} \tag{3.2.26$'$}$$

方程组(3.2.27-a)是以参数 ξ 为自变量的 $\boldsymbol{W}$ 之 n 个分量的常微分方程组，可以将之写为

$$\begin{cases}\dfrac{\mathrm{d}W_1}{\mathrm{d}\xi}=kr_1(\lambda)\\[2mm] \dfrac{\mathrm{d}W_2}{\mathrm{d}\xi}=kr_2(\lambda)\\ \cdots\\ \dfrac{\mathrm{d}W_n}{\mathrm{d}\xi}=kr_n(\lambda)\end{cases} \tag{3.2.27-b}$$

或者

$$\frac{\mathrm{d}W_1}{r_1(\lambda)}=\frac{\mathrm{d}W_2}{r_2(\lambda)}=\cdots=\frac{\mathrm{d}W_n}{r_n(\lambda)}=k\,\mathrm{d}\xi \tag{3.2.27-c}$$

由于参数 ξ 相差任意常数并不影响结果，我们不妨设第一道简单波对应 $\xi=0$，若简单波区前方均匀区的状态为 $\boldsymbol{W}=\boldsymbol{W}^0$，则常微分方程组(3.2.27)的初始条件就是 $\boldsymbol{W}(\xi=0)=\boldsymbol{W}^0$. 以此为初始条件对常微分方程组(3.2.27)进行积分，可得出其解 $\boldsymbol{W}=\boldsymbol{W}(\xi)$，为了突出解对初始条件的依赖关系，我们特将之表达为

$$\boldsymbol{W}=\boldsymbol{W}(\xi,\boldsymbol{W}^0) \tag{3.2.28}$$

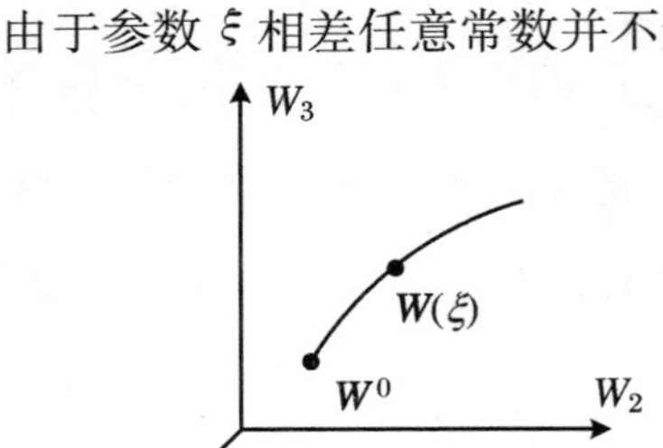

图 3.3 简单波的动态响应曲线

它满足初始条件，即我们有恒等式 $\boldsymbol{W}^0=\boldsymbol{W}(0,\boldsymbol{W}^0)$. 在几何上，式(3.2.28)表示在 n 维状态量空间($W_1,W_2,\cdots,W_n$)中以 ξ 为参数的一条曲线的参数方程，它通过初始状态点($W_1^0,W_2^0,\cdots,W_n^0$)，如图 3.3 所示. 在力学上，其含义是，简

单波具有这样的性质，当我们从前方均匀区依次跨过不同的简单波阵面的迹线 $\xi(X,t)=\xi_i$ $(i=0,1,2,\cdots)$ 时，简单波阵面上的状态量 $\boldsymbol{W}$ 是沿着曲线 $\boldsymbol{W}=\boldsymbol{W}(\xi,\boldsymbol{W}^0)$ 而依次进行改变的，它规定了简单波的力学特性即状态量 $\boldsymbol{W}$ 的 n 个分量 $(W_1,W_2,\cdots,W_n)$ 之间的耦合关系，在数学上我们可简单地将式(3.2.28)称为与特征值 λ 相对应的简单波的 $\boldsymbol{W}$ 路径，在力学上我们将之称为与特征波速 λ 相对应的简单波的动态响应曲线. 例如，对杆中一维纵波的问题，即在 $n=2$, $W_1=v$, $W_2=\sigma$ 的特殊情况，式(3.2.28)就是在状态平面 v-σ 上的简单波动态响应曲线.

在工程实践中，有许多一维复合应力波的实际问题，为了加深对以上基本理论知识的理解和应用，在下面两节中，我们将结合两个具体的问题来说明如何应用本节的基本理论求解一维复合应力波的问题，其重点将是说明相应问题中简单波的力学特性.

3.3　简单弹性材料中的平面复合应力波

作为第一个例子，我们来考虑简单弹性材料中的平面复合应力波的问题. 我们将假设这种平面复合应力波是在半空间的平面边界上的一个正应力和任意两个垂直方向上的切应力所激发的.

3.3.1　基本方程组

将L氏坐标系和E氏坐标系取为同一个直角笛卡儿坐标系，以 X_i 和 x_i 分别表示粒子的L氏坐标和E氏坐标，t 表示时间. 设平面波是向 $X\equiv X_1$ 方向传播的，则其L氏波阵面可记为 $X=X_*(t)$，而其L氏波速将为 $C=\dfrac{\mathrm{d}X_*(t)}{\mathrm{d}t}$. 对于平面波问题，材料中的一切物理量 f 都只是L氏坐标 X 和时间 t 的函数，即

$$f=f(X,t)$$

特别说来，平面波所引起的粒子在三个方向的位移 u_i 和E氏坐标 x_i 也将只是L氏坐标 X 和时间 t 的函数，即

$$x_i=X_i+u_i(X,t)\quad(i=1,2,3)\tag{3.3.1}$$

粒子的变形梯度张量 $\boldsymbol{F}$ 为

$$[F_{ij}]=\left[\frac{\partial x_i}{\partial X_j}\right]=\begin{bmatrix}1+p_1 & 0 & 0\\ p_2 & 1 & 0\\ p_3 & 0 & 1\end{bmatrix}\tag{3.3.2}$$

其中

$$p_i\equiv\frac{\partial u_i}{\partial X}\quad(i=1,2,3)\tag{3.3.3}$$

为质点在三个方向上的位移于波传播方向上的梯度. 粒子的质点速度 $\boldsymbol{v}$ 为

$$v_i = \left.\frac{\partial u_i}{\partial t}\right|_X \quad (i = 1,2,3) \tag{3.3.4}$$

由于位移 u_i 的混合导数可以交换次序：

$$\frac{\partial^2 u_i}{\partial X \partial t} = \frac{\partial^2 u_i}{\partial t \partial X}$$

所以将式(3.3.3)和式(3.3.4)代入上式，可得

$$\frac{\partial p_i}{\partial t} - \frac{\partial v_i}{\partial X} = 0 \quad (i = 1,2,3) \tag{3.3.5}$$

方程(3.3.5)就是复合应力波中的连续方程，它含有三个方程，分别表示平面复合应力波所引起的介质在三个方向上的位移 u_i 是单值连续的而且具有二阶连续可微的偏导数.

在不考虑体积力时，L 氏坐标中表达动量守恒的运动方程为

$$\rho_0 \frac{\partial v_i}{\partial t} - \frac{\partial S_{ij}}{\partial X_j} = 0 \quad (i = 1,2,3) \tag{a}$$

其中 ρ_0 为材料的初始质量密度，S_{ij} 为第一类 P-K 应力张量，它与 Cauchy 应力张量 σ_{ij} 通过下式相联系：

$$\sigma_{ij} = \frac{\rho}{\rho_0} S_{ik} F_{jk} \quad (i = 1,2,3;j = 1,2,3) \tag{b}$$

如果我们将波阵面上的 Cauchy 应力矢量和第一类 P-K 应力矢量分别记为 σ_{i1} 以及 S_{i1}，则利用一维平面波中变形梯度张量 $\boldsymbol{F}$ 的表达式(3.3.2)以及式(b)，则容易证明

$$S_{i1} = \sigma_{i1} \equiv s_i \quad (i = 1,2,3) \tag{c}$$

这里，我们用 s_i 来表达波阵面上的应力矢量. 式(c)说明在平面波的情形波阵面上的两类应力矢量是相等的，而其实这个事实在物理上本是一目了然的，因为在平面波的情形位移只是 L 氏坐标 X 的函数，所以波阵面在变形之前和变形之后必然具有相同的面积，因此其真应力和工程应力就必然相等. 采用我们现在所用的记号，则运动方程(a)可以简写为

$$\rho_0 \frac{\partial v_i}{\partial t} - \frac{\partial s_i}{\partial X} = 0 \quad (i = 1,2,3) \tag{3.3.6}$$

它也含有三个方程，分别表示介质在三个方向 x_i 的动量守恒.

以 Cauchy 应力和第一类 P-K 应力所表达的简单弹性材料的本构关系分别为

$$\boldsymbol{\sigma} = \boldsymbol{\sigma}(\boldsymbol{F}) \quad \text{或} \quad \boldsymbol{S} = \boldsymbol{S}(\boldsymbol{F}) \tag{3.3.7}$$

我们关心的当然只是波阵面上的应力矢量 s_i，而对平面波的问题其变形梯度张量 F_{ij} 只是由位移梯度 p_i 通过式(3.3.2)给出的，于是本构关系(3.3.7)将简化为

$$s_i = s_i(p_1, p_2, p_3) \quad (i = 1,2,3) \tag{3.3.8-a}$$

其反函数可记为

$$p_i = p_i(s_1, s_2, s_3) \quad (i = 1,2,3) \tag{3.3.8-b}$$

如果我们引入柔度张量 $\boldsymbol{G}$：

$$G_{ij} \equiv \frac{\partial p_i}{\partial s_j} = G_{ij}(s_1, s_2, s_3) \quad (i = 1,2,3) \tag{3.3.9}$$

并将之作为波阵面上的应力矢量 $\boldsymbol{s}$ 的函数，则可以通过本构方程(3.3.8-b)和连续方程(3.3.5)而将 p_i 消掉，事实上，将本构方程(3.3.8-b)对 t 求偏导，可有

$$\frac{\partial p_i}{\partial t} = \frac{\partial p_i}{\partial s_j}\frac{\partial s_j}{\partial t} = G_{ij}\frac{\partial s_j}{\partial t} \tag{3.3.8-c}$$

将之代入连续方程(3.3.5),即可化为

$$G_{ij}\frac{\partial s_j}{\partial t} - \frac{\partial v_i}{\partial X} = 0 \tag{3.3.5$'$}$$

方程(3.3.5)$'$可视为由 $\boldsymbol{v}$ 和 $\boldsymbol{s}$ 所表达的连续方程,它和运动方程(3.3.6)共同组成问题的基本方程组:

$$\begin{cases} \rho_0 \dfrac{\partial v_i}{\partial t} - \dfrac{\partial s_i}{\partial X} = 0 \\ G_{ij}\dfrac{\partial s_j}{\partial t} - \dfrac{\partial v_i}{\partial X} = 0 \end{cases} \quad (i = 1,2,3) \tag{3.3.10-a}$$

或

$$\begin{cases} \rho_0 \boldsymbol{v}_t - \boldsymbol{s}_X = \boldsymbol{O} \\ \boldsymbol{G}\cdot\boldsymbol{s}_t - \boldsymbol{v}_X = \boldsymbol{O} \end{cases} \tag{3.3.10-b}$$

其中

$$\boldsymbol{v} = \begin{bmatrix} v_1 \\ v_2 \\ v_3 \end{bmatrix}, \quad \boldsymbol{s} = \begin{bmatrix} s_1 \\ s_2 \\ s_3 \end{bmatrix} \tag{d}$$

将方程组(3.3.10)写为一阶拟线性偏微分方程组的规范形式,即

$$\boldsymbol{A}\cdot\boldsymbol{W}_t + \boldsymbol{B}\cdot\boldsymbol{W}_X = \boldsymbol{b} \tag{3.3.10-c}$$

其中

$$\begin{cases} \boldsymbol{W} = \begin{bmatrix} \boldsymbol{v} \\ \boldsymbol{s} \end{bmatrix}, \quad \boldsymbol{A} = \begin{bmatrix} \rho_0\boldsymbol{I} & \boldsymbol{O} \\ \boldsymbol{O} & \boldsymbol{G} \end{bmatrix}, \quad \boldsymbol{B} = \begin{bmatrix} \boldsymbol{O} & -\boldsymbol{I} \\ -\boldsymbol{I} & \boldsymbol{O} \end{bmatrix} \\ \boldsymbol{I} = \begin{bmatrix} 1 & 0 & 0 \\ 0 & 1 & 0 \\ 0 & 0 & 1 \end{bmatrix}, \quad \boldsymbol{O} = \begin{bmatrix} 0 & 0 & 0 \\ 0 & 0 & 0 \\ 0 & 0 & 0 \end{bmatrix}, \quad \boldsymbol{b} = [0\ 0\ 0\ 0\ 0\ 0]^{\mathrm{T}} \end{cases} \tag{3.3.11}$$

式(3.3.11)中的 $\boldsymbol{I}$ 和 $\boldsymbol{O}$ 分别表示 3×3 单位矩阵和 3×3 零矩阵.

下面我们可以利用 3.2 节中所讲的基本理论来对问题进行求解和分析了.但为了清楚起见,我们仍将对有些基本推理重复一下.尽管方程(3.3.11)中的矩阵 $\boldsymbol{B}$ 和 $\boldsymbol{A}$ 都是对称矩阵,$\boldsymbol{B}$ 相对于 $\boldsymbol{A}$ 的左右特征矢量是相同的,但为了使叙述结果更具一般性,我们在下面仍将把其左右特征矢量用不同的记号来表达.

3.3.2 简单波解和特征关系

设方程组(3.3.10-c)存在简单波解

$$\boldsymbol{W} = \boldsymbol{W}(\xi), \quad \xi = \xi(X, t) \tag{3.3.12-a}$$

如 3.2 节所述,其简单波的 L 氏波速将为

$$C = -\frac{\xi_t}{\xi_X} \tag{3.3.12-b}$$

将简单波解(3.3.12-a)代入方程组(3.3.10-c),并利用式(3.3.12-b)可得

$$(\boldsymbol{B}-C\boldsymbol{A})\cdot\frac{\mathrm{d}\boldsymbol{W}}{\mathrm{d}\xi}=\boldsymbol{O} \tag{3.3.13}$$

存在非平凡简单波解$\frac{\mathrm{d}\boldsymbol{W}}{\mathrm{d}\xi}\neq\boldsymbol{O}$,即方程(3.3.13)有非零解的要求,给出决定材料特征波速的特征方程:

$$\|\boldsymbol{B}-C\boldsymbol{A}\|=0 \tag{3.3.14}$$

而方程(3.3.13)表明,在与每一个特征波速 C 相对应的简单波区中$\frac{\mathrm{d}\boldsymbol{W}}{\mathrm{d}\xi}\neq\boldsymbol{O}$是由$\boldsymbol{B}$相对于$\boldsymbol{A}$的右特征矢量$\boldsymbol{R}$所决定的,即

$$\frac{\mathrm{d}\boldsymbol{W}}{\mathrm{d}\xi}=k\boldsymbol{R} \tag{3.3.15}$$

其中 k 为任意常数,右特征矢量 $\boldsymbol{R}$ 满足线性齐次代数方程组

$$(\boldsymbol{B}-C\boldsymbol{A})\cdot\boldsymbol{R}=\boldsymbol{O} \tag{3.3.13$'$}$$

由于矩阵 $\boldsymbol{B}$ 和 $\boldsymbol{A}$ 都是 6×6 矩阵,所以方程(3.3.14)和(3.3.13)$'$的求解并不是十分简单和一目了然的,在此我们提出一种对它们进行化简求解的所谓"矩阵分块降维法".为此,我们将矩阵 $\boldsymbol{B}-C\boldsymbol{A}$ 写为如下的两个分块矩阵相乘的形式:

$$\boldsymbol{B}-C\boldsymbol{A}=\begin{bmatrix}-\rho_0 C\boldsymbol{I} & -\boldsymbol{I}\\ -\boldsymbol{I} & -C\boldsymbol{G}\end{bmatrix}=\begin{bmatrix}-\rho_0 C\boldsymbol{I} & \boldsymbol{O}\\ -\boldsymbol{I} & \boldsymbol{I}-\rho_0 C^2\boldsymbol{G}\end{bmatrix}\begin{bmatrix}\boldsymbol{I} & \frac{\boldsymbol{I}}{\rho_0 C}\\ \boldsymbol{O} & \frac{\boldsymbol{I}}{\rho_0 C}\end{bmatrix} \tag{3.3.16}$$

其中的 $\boldsymbol{I}$ 和 $\boldsymbol{O}$ 分别是 3×3 单位矩阵和零矩阵.由分块矩阵相乘的规则,容易证明式(3.3.16)是成立的,而这一思想的来源类似于根据待定系数法求出如下矩阵方程中的元素 r,x,y,z:

$$\begin{bmatrix}a & b\\ c & d\end{bmatrix}=\begin{bmatrix}x & 0\\ r & y\end{bmatrix}\begin{bmatrix}1 & z\\ 0 & z\end{bmatrix}$$

请读者思考之.式(3.3.16)右端的两个矩阵各有一块为零矩阵,所以这两个矩阵的行列式可以根据代数的知识求出,分别为

$$\left\|\begin{matrix}-\rho_0 C\boldsymbol{I} & \boldsymbol{O}\\ -\boldsymbol{I} & \boldsymbol{I}-\rho_0 C^2\boldsymbol{G}\end{matrix}\right\|=\|-\rho_0 C\boldsymbol{I}\|\,\|\boldsymbol{I}-\rho_0 C^2\boldsymbol{G}\|,\quad \left\|\begin{matrix}\boldsymbol{I} & \frac{\boldsymbol{I}}{\rho_0 C}\\ \boldsymbol{O} & \frac{\boldsymbol{I}}{\rho_0 C}\end{matrix}\right\|=\|\boldsymbol{I}\|\left\|\frac{\boldsymbol{I}}{\rho_0 C}\right\|$$

于是特征方程(3.3.14)可写为

$$\begin{aligned}\|\boldsymbol{B}-C\boldsymbol{A}\| &= \left\|\begin{matrix}-\rho_0 C\boldsymbol{I} & \boldsymbol{O}\\ -\boldsymbol{I} & \boldsymbol{I}-\rho_0 C^2\boldsymbol{G}\end{matrix}\right\|\left\|\begin{matrix}\boldsymbol{I} & \frac{\boldsymbol{I}}{\rho_0 C}\\ \boldsymbol{O} & \frac{\boldsymbol{I}}{\rho_0 C}\end{matrix}\right\|\\ &= \|-\rho_0 C\boldsymbol{I}\|\,\|\boldsymbol{I}-\rho_0 C^2\boldsymbol{G}\|\,\|\boldsymbol{I}\|\left\|\frac{\boldsymbol{I}}{\rho_0 C}\right\|\\ &= (-\rho_0 C)^3\,\|\boldsymbol{I}-\rho_0 C^2\boldsymbol{G}\|\left(\frac{1}{\rho_0 C}\right)^3=0\end{aligned}$$

即 $\|\rho_0 C^2\boldsymbol{G}-\boldsymbol{I}\|=0$,或

$$\| \boldsymbol{G} - \eta \boldsymbol{I} \| = 0 \tag{3.3.17-a}$$

其中

$$\eta \equiv \frac{1}{\rho_0 C^2} \tag{3.3.17-b}$$

由方程(3.3.17-a)可见，η 恰恰是柔度张量 $\boldsymbol{G}$ 的特征值，这样我们便把求一个 6×6 矩阵 $\boldsymbol{B}-C\boldsymbol{A}$的特征值问题降维成为求一个 3×3 矩阵 $\boldsymbol{G}$ 的特征值问题了. 在物理上柔度张量 $\boldsymbol{G}$ 通常都是正定的，故我们一般会得到三个正的特征值 η_1,η_2,η_3，而由方程(3.3.17-b)可见，对应每一个这样的正的特征值 η_i，我们将会得到绝对值相等的两个特征波速 $\pm C(C>0)$，它们分别代表右行波和左行波，但是它们的物理特性则是一样的.

对应于矩阵 $\boldsymbol{B}-C\boldsymbol{A}$ 的如上分块形式(3.3.16)，我们也可以将右特征矢量 $\boldsymbol{R}$ 进行相应的分段，即设

$$\boldsymbol{R} \equiv \begin{bmatrix} \boldsymbol{q} \\ \boldsymbol{r} \end{bmatrix} = \begin{bmatrix} q_1 \\ q_2 \\ q_3 \\ r_1 \\ r_2 \\ r_3 \end{bmatrix} \tag{3.3.18}$$

则求解 $\boldsymbol{R}$ 的线性齐次代数方程组(3.3.13)′将可写为

$$\begin{bmatrix} -\rho_0 C\boldsymbol{I} & -\boldsymbol{I} \\ -\boldsymbol{I} & -C\boldsymbol{G} \end{bmatrix} \begin{bmatrix} \boldsymbol{q} \\ \boldsymbol{r} \end{bmatrix} = \boldsymbol{O}$$

将之展开并写为张量的直接记法，即

$$\begin{cases} \rho_0 C\boldsymbol{q} + \boldsymbol{r} = \boldsymbol{O} \\ \boldsymbol{q} + C\boldsymbol{G}\cdot\boldsymbol{r} = \boldsymbol{O} \end{cases} \tag{3.3.19}$$

式(3.3.19)的第一式给出

$$\boldsymbol{q} = -\frac{\boldsymbol{r}}{\rho_0 C} \tag{3.3.20}$$

将式(3.3.20)代入式(3.3.19)的第二式，得到

$$\left(C\boldsymbol{G} - \frac{\boldsymbol{I}}{\rho_0 C} \right)\cdot \boldsymbol{r} = \boldsymbol{O}$$

即

$$(\boldsymbol{G} - \eta\boldsymbol{I})\cdot\boldsymbol{r} = \boldsymbol{O} \tag{3.3.21}$$

这说明：$\boldsymbol{r}$ 恰恰是与特征值 η 相对应的柔度张量 $\boldsymbol{G}$ 的右特征矢量. 利用式(3.3.20)，可得到 $\boldsymbol{B}$ 相对于 $\boldsymbol{A}$ 的右特征矢量

$$\boldsymbol{R} \equiv \begin{bmatrix} \boldsymbol{q} \\ \boldsymbol{r} \end{bmatrix} = \begin{bmatrix} -\dfrac{\boldsymbol{r}}{\rho_0 C} \\ \boldsymbol{r} \end{bmatrix} \tag{3.3.22}$$

我们以上的推理说明：如果 $\boldsymbol{r}$ 是与特征值 η 相对应的柔度张量 $\boldsymbol{G}$ 的右特征矢量，则由式(3.3.22)所表达的矢量 $\boldsymbol{R}$ 便是 $\boldsymbol{B}$ 相对于 $\boldsymbol{A}$ 的右特征矢量，这样我们也就把求解一个六维空间中的特征矢量 $\boldsymbol{R}$ 的问题化成了在三维空间中求两个矢量的问题了.

表达问题简单波解的常微分方程(3.3.15)可以写为

$$\frac{\mathrm{d}\boldsymbol{W}}{\mathrm{d}\xi}=k\boldsymbol{R}=k\begin{bmatrix}-\dfrac{\boldsymbol{r}}{\rho_0 C}\\ \boldsymbol{r}\end{bmatrix}\quad\text{或}\quad\begin{bmatrix}\dfrac{\mathrm{d}\boldsymbol{v}}{\mathrm{d}\xi}\\ \dfrac{\mathrm{d}\boldsymbol{s}}{\mathrm{d}\xi}\end{bmatrix}=k\begin{bmatrix}-\dfrac{\boldsymbol{r}}{\rho_0 C}\\ \boldsymbol{r}\end{bmatrix}\tag{3.3.23}$$

方程(3.3.23)的后三个方程和前三个方程也可以分别写为

$$\begin{cases}\dfrac{\mathrm{d}s_1}{r_1}=\dfrac{\mathrm{d}s_2}{r_2}=\dfrac{\mathrm{d}s_3}{r_3}=k\mathrm{d}\xi\\ \mathrm{d}v_i=-\dfrac{kr_i}{\rho_0 C}\mathrm{d}\xi=-\dfrac{\mathrm{d}s_i}{\rho_0 C}\quad(i=1,2,3)\end{cases}\tag{3.3.23$'$}$$

由于柔度张量 $\boldsymbol{G}$ 是应力状态 $\boldsymbol{s}$ 的函数,所以特征波速 C 和右特征矢量 $\boldsymbol{r}$ 也只是 $\boldsymbol{s}$ 的函数,故以简单波前方的应力状态 $\boldsymbol{s}^0$ 为初始条件,可以直接对式(3.3.23)$'$的前三个方程进行积分,而得出一条在应力空间(s_1,s_2,s_3)中的曲线,这就是以初始状态 $\boldsymbol{s}^0$ 为参考状态的简单波在未知量 $\boldsymbol{W}$ 的应力空间中的动态响应曲线,我们可简单地将其称为与特征波速 C 相对应的简单波的应力路径(stress path),它刻画了该种简单波阵面上复合应力波中不同应力分量 s_i 之间的耦合特性.式(3.3.23)$'$中的后三个方程实际上就是跨过右行简单波阵面时的波阵面动量守恒条件,它表明了复合应力波阵面上质点速度和应力之间的耦合特性.积分出应力路径之后,我们即可利用简单波前方的应力状态 $\boldsymbol{s}^0$ 和质速状态 $\boldsymbol{v}^0$,而对式(3.3.23)$'$的后三个方程进行积分.这样我们就把六维空间中简单波 $\boldsymbol{W}$ 路径的求解也降维了.

与对右特征矢量 $\boldsymbol{R}$ 的论述相似,容易证明:如果 $\boldsymbol{l}$ 是与特征值 η 相对应的柔度张量 $\boldsymbol{G}$ 的左特征矢量,即 $\boldsymbol{l}$ 满足

$$\boldsymbol{l}\cdot(\boldsymbol{G}-\eta\boldsymbol{I})=\boldsymbol{O}\tag{3.3.24}$$

则由下式所表达的矢量 $\boldsymbol{L}$ 便是 $\boldsymbol{B}$ 相对于 $\boldsymbol{A}$ 的左特征矢量:

$$\boldsymbol{L}=\begin{bmatrix}\boldsymbol{m}\\ \boldsymbol{l}\end{bmatrix}=\begin{bmatrix}-\dfrac{\boldsymbol{l}}{\rho_0 C}\\ \boldsymbol{l}\end{bmatrix}\tag{3.3.25}$$

请读者自行证明之.

根据3.2节中所述,一维平面复合应力波中的特征关系由式(3.2.5-b)或式(3.2.5-c)所给出,如果以 $\boldsymbol{L}$ 表示 $\boldsymbol{B}$ 相对于 $\boldsymbol{A}$ 的左特征矢量,其特征关系即是

$$\boldsymbol{L}\cdot\boldsymbol{A}\cdot\frac{\mathrm{d}\boldsymbol{W}}{\mathrm{d}t}=\boldsymbol{L}\cdot\boldsymbol{b}\quad\left(\text{沿任意的}\frac{\mathrm{d}X}{\mathrm{d}t}=\lambda\right)\tag{3.3.26-a}$$

$$\boldsymbol{L}\cdot\boldsymbol{B}\cdot\frac{\mathrm{d}\boldsymbol{W}}{\mathrm{d}t}=\lambda\boldsymbol{L}\cdot\boldsymbol{b}\quad\left(\text{沿}\frac{\mathrm{d}X}{\mathrm{d}t}=\lambda\neq 0\right)\tag{3.3.26-b}$$

由于 $\boldsymbol{B}$ 的表达式比较简单而且一般而言 $\lambda\neq 0$,所以我们将用式(3.3.26-b),将之写为矩阵记法,即

$$[\boldsymbol{L}^{\mathrm{T}}][\boldsymbol{B}]\left[\frac{\mathrm{d}\boldsymbol{W}}{\mathrm{d}t}\right]=\lambda[\boldsymbol{L}^{\mathrm{T}}][\boldsymbol{b}]\quad\text{或}\quad[\boldsymbol{m}^{\mathrm{T}},\boldsymbol{l}^{\mathrm{T}}][\boldsymbol{B}]\left[\frac{\mathrm{d}\boldsymbol{W}}{\mathrm{d}t}\right]=\lambda[\boldsymbol{m}^{\mathrm{T}},\boldsymbol{l}^{\mathrm{T}}][\boldsymbol{b}]$$

将式(3.3.11)中的 $\boldsymbol{W}$,$\boldsymbol{B}$ 和 $\boldsymbol{b}$ 代入上式,得

$$[\boldsymbol{m}^{\mathrm{T}},\boldsymbol{l}^{\mathrm{T}}]\begin{bmatrix}\boldsymbol{O} & -\boldsymbol{I}\\ -\boldsymbol{I} & \boldsymbol{O}\end{bmatrix}\begin{bmatrix}\dfrac{\mathrm{d}\boldsymbol{v}}{\mathrm{d}t}\\ \dfrac{\mathrm{d}\boldsymbol{s}}{\mathrm{d}t}\end{bmatrix}=\lambda[\boldsymbol{m}^{\mathrm{T}},\boldsymbol{l}^{\mathrm{T}}]\begin{bmatrix}\boldsymbol{O}\\ \boldsymbol{O}\end{bmatrix}=0 \tag{3.3.26-b$'$}$$

将之展开得

$$-[\boldsymbol{l}^{\mathrm{T}}]\left[\frac{\mathrm{d}\boldsymbol{v}}{\mathrm{d}t}\right]-[\boldsymbol{m}^{\mathrm{T}}]\left[\frac{\mathrm{d}\boldsymbol{s}}{\mathrm{d}t}\right]=0$$

由于

$$\boldsymbol{m}=-\frac{\boldsymbol{l}}{\rho_0 C}$$

所以上式可变为

$$[\boldsymbol{l}^{\mathrm{T}}]\left(\left[\frac{\mathrm{d}\boldsymbol{v}}{\mathrm{d}t}\right]-\frac{1}{\rho_0 C}\left[\frac{\mathrm{d}\boldsymbol{s}}{\mathrm{d}t}\right]\right)=0$$

回到张量的直接记法即为

$$\boldsymbol{l}\cdot\left(\frac{\mathrm{d}\boldsymbol{v}}{\mathrm{d}t}-\frac{1}{\rho_0 C}\frac{\mathrm{d}\boldsymbol{s}}{\mathrm{d}t}\right)=0\quad\left(沿\frac{\mathrm{d}X}{\mathrm{d}t}=C\right) \tag{3.3.27}$$

特征关系(3.3.27)就是我们数值求解初边值问题的基础，读者可找一些典型的初边值问题尝试求解之.而作为基本理论的叙述，在本书中我们将重点讲解简单波解的问题.

3.3.3　各向同性线弹性材料中的一维平面波

对线弹性材料的平面波问题，其本构关系(3.3.8)将取更为简单的形式.以 K 和 μ 分别表示体积模量和剪切模量，以 θ，ε'_{ij} 分别表示体应变和偏应变，以 $\bar{\sigma}$ 和 σ'_{ij} 分别表示球形应力和偏应力，则

$$\theta=\varepsilon_{11}+\varepsilon_{22}+\varepsilon_{33}=\varepsilon_{11}=\frac{\partial u_1}{\partial X_1}=p_1,\quad \varepsilon'_{11}=\varepsilon_{11}-\frac{\theta}{3}=\frac{2p_1}{3}$$

$$s_2\equiv\sigma_{21}=2\mu\varepsilon_{21}=\mu\left(\frac{\partial u_2}{\partial X_1}+\frac{\partial u_1}{\partial X_2}\right)=\mu p_2,\quad s_3\equiv\sigma_{31}=2\mu\varepsilon_{31}=\mu\left(\frac{\partial u_3}{\partial X_1}+\frac{\partial u_1}{\partial X_3}\right)=\mu p_3$$

$$s_1\equiv\sigma_{11}=\bar{\sigma}+\sigma'_{11}=K\theta+2\mu\varepsilon'_{11}=\left(K+\frac{4}{3}\mu\right)p_1$$

即本构关系(3.3.8-b)将具有如下的简单形式：

$$\begin{cases}p_1=\dfrac{s_1}{K+\dfrac{4}{3}\mu}\\ p_2=\dfrac{s_2}{\mu}\\ p_3=\dfrac{s_3}{\mu}\end{cases} \tag{3.3.28}$$

于是，由式(3.3.9)可得柔度张量 $\boldsymbol{G}$ 为如下的对角矩阵：

$$\boldsymbol{G} = \begin{bmatrix} \dfrac{1}{K + \dfrac{4}{3}\mu} & 0 & 0 \\ 0 & \dfrac{1}{\mu} & 0 \\ 0 & 0 & \dfrac{1}{\mu} \end{bmatrix} \tag{3.3.29}$$

对角矩阵的特征值即是其对角元素，我们将之分别记为 η_i，即有

$$\eta_1 = \frac{1}{\rho_0 C_1^2} = \frac{1}{K + \dfrac{4}{3}\mu}, \quad \eta_2 = \frac{1}{\rho_0 C_2^2} = \frac{1}{\mu}, \quad \eta_3 = \frac{1}{\rho_0 C_3^2} = \frac{1}{\mu} \tag{3.3.30-a}$$

$$C_1^2 = \frac{K + \dfrac{4}{3}\mu}{\rho_0}, \quad C_2^2 = C_3^2 = \frac{\mu}{\rho_0} \tag{3.3.30-b}$$

C_1 即是各向同性线弹性无限介质中的纵波波速或一维应变纵波波速；$C_2 = C_3$ 即是各向同性线弹性无限介质中的横波波速，在数学上它们对应一个二重特征根，在力学上它们事实上分别对应在 X_1-X_2 平面内沿 X_2 方向的剪切应力扰动和在 X_1-X_3 平面内沿 X_3 方向的剪切应力扰动，这由下面对特征矢量的分析可以看得很清楚. 现在我们就来求出与各个特征值 η_i 相对应的右特征矢量与简单波解，并说明它们的意义.

将 η_1 代入决定右特征矢量 $\boldsymbol{r}$ 的线性齐次代数方程组(3.3.21)中，有

$$\begin{cases} 0 = 0 \\ \left(\dfrac{1}{\mu} - \dfrac{1}{K + \dfrac{4}{3}\mu}\right) r_2 = 0 \\ \left(\dfrac{1}{\mu} - \dfrac{1}{K + \dfrac{4}{3}\mu}\right) r_3 = 0 \end{cases} \quad (\eta = \eta_1, C = C_1)$$

由此可得与 $\eta = \eta_1$ 对应的单位特征矢量

$$\boldsymbol{r}_1 = \begin{bmatrix} 1 \\ 0 \\ 0 \end{bmatrix} \tag{3.3.31}$$

将 $\eta_2 = \eta_3$ 代入决定右特征矢量 $\boldsymbol{r}$ 的线性齐次代数方程组(3.3.21)中，有

$$\begin{cases} \left(\dfrac{1}{K + \dfrac{4}{3}\mu} - \dfrac{1}{\mu}\right) r_1 = 0 \\ 0 = 0 \\ 0 = 0 \end{cases} \quad (\eta = \eta_2 = \eta_3, C = C_2 = C_3)$$

由此可得与 $\eta = \eta_2 = \eta_3$ 相对应的两个线性无关的单位特征矢量 $\boldsymbol{r}_2, \boldsymbol{r}_3$ 为

$$\boldsymbol{r}_2 = \begin{bmatrix} 0 \\ 1 \\ 0 \end{bmatrix}, \quad \boldsymbol{r}_3 = \begin{bmatrix} 0 \\ 0 \\ 1 \end{bmatrix} \tag{3.3.32}$$

与 $C_1(\eta_1)$ 和 $\boldsymbol{r}_1$ 相对应的简单波解的方程(3.3.23)′为

$$\begin{cases}\dfrac{\mathrm{d}s_1}{1} = \dfrac{\mathrm{d}s_2}{0} = \dfrac{\mathrm{d}s_3}{0} = k\mathrm{d}\xi \\ \mathrm{d}v_i = -\dfrac{\mathrm{d}s_i}{\rho_0 C_1} \quad (i = 1,2,3)\end{cases} \tag{3.3.33-a}$$

即

$$\mathrm{d}s_2 = 0,\quad \mathrm{d}s_3 = 0,\quad \mathrm{d}s_1 = k\mathrm{d}\xi \neq 0;\quad \mathrm{d}v_2 = 0,\quad \mathrm{d}v_3 = 0,\quad \mathrm{d}v_1 = -\frac{\mathrm{d}s_1}{\rho_0 C_1} \neq 0 \tag{3.3.33-b}$$

由式(3.3.33-b)可见,与 $C_1(\eta_1)$ 和 $\boldsymbol{r}_1$ 相对应的简单波在物理上即是所谓的纵波,它只引起纵向正应力和纵向质点速度的改变.如果以简单波前方的应力状态 $\boldsymbol{s}^0(s_1^0, s_2^0, s_3^0)$ 为初始条件对(3.3.33-b)的前三个方程进行积分,可得其应力路径为

$$s_2 = s_2^0,\quad s_3 = s_3^0,\quad s_1 = k\xi + s_1^0 \tag{3.3.33-c}$$

它是应力空间中通过点 $\boldsymbol{s}^0$ 而平行于 s_1 轴的一条直线.

与 $C_2(\eta_2)$ 和 $\boldsymbol{r}_2$ 相对应的简单波解的方程(3.3.23)′为

$$\begin{cases}\dfrac{\mathrm{d}s_1}{0} = \dfrac{\mathrm{d}s_2}{1} = \dfrac{\mathrm{d}s_3}{0} = k\mathrm{d}\xi \\ \mathrm{d}v_i = -\dfrac{\mathrm{d}s_i}{\rho_0 C_2} \quad (i = 1,2,3)\end{cases} \tag{3.3.34-a}$$

即

$$\mathrm{d}s_1 = 0,\quad \mathrm{d}s_3 = 0,\quad \mathrm{d}s_2 = k\mathrm{d}\xi \neq 0;\quad \mathrm{d}v_1 = 0,\quad \mathrm{d}v_3 = 0,\quad \mathrm{d}v_2 = -\frac{\mathrm{d}s_2}{\rho_0 C_1} \neq 0 \tag{3.3.34-b}$$

由式(3.3.34-b)可见,与 $C_2(\eta_2)$ 和 $\boldsymbol{r}_2$ 相对应的简单波在物理上代表一个 X_2-X_1 平面之内沿 X_2 方向的剪切横波,它只引起切应力 s_2 和沿 X_2 方向的横向质点速度的改变.

通过类似的分析容易说明,与 $C_3(\eta_3) = C_2(\eta_2)$ 和 $\boldsymbol{r}_3$ 相对应的简单波在物理上代表一个 X_3-X_1 平面之内沿 X_3 方向的剪切横波,它只引起切应力 s_3 和沿 X_3 方向的横向质点速度的改变.

由以上的分析说明,简单波解的物理特性主要是由特征矢量来决定的,这一点不但对线性材料适用,而且对非线性材料也是适用的.但是,在上面我们所讲的线弹性材料的平面波问题中,每一种简单波中不同应力分量的改变都是相互独立而互不耦合的,这并不能揭示复合应力波中最独特和最重要的特性——波传播中不同应力分量之间的相互耦合作用,而这在具有非线性本构特性的材料中才会显现出来.

3.3.4 各向同性非线性弹性材料中的平面波

1. 本构方程

根据非线性连续介质力学中本构理论的材料对称性原理可知,各向同性弹性材料的 Cauchy 应力张量 $\boldsymbol{\sigma}$ 必为左 Cauchy-Green 张量 $\boldsymbol{F}\cdot\boldsymbol{F}^{\mathrm{T}}$ 的任意张量函数,即

$$\boldsymbol{\sigma} = \hat{\boldsymbol{\sigma}}(\boldsymbol{F}\cdot\boldsymbol{F}^{\mathrm{T}})$$

再根据本构理论的构架无关原理又可知，上式中的张量函数 $\boldsymbol{\sigma}=\hat{\boldsymbol{\sigma}}(\boldsymbol{F}\cdot\boldsymbol{F}^{\mathrm{T}})$ 必为 $\boldsymbol{F}\cdot\boldsymbol{F}^{\mathrm{T}}$ 的各向同性张量函数，而由各向同性张量函数的表达定理，其必然具有如下的形式：

$$\boldsymbol{\sigma} = J_0\boldsymbol{I} + J_1(\boldsymbol{F}\cdot\boldsymbol{F}^{\mathrm{T}}) + J_2(\boldsymbol{F}\cdot\boldsymbol{F}^{\mathrm{T}})^2 \tag{3.3.35}$$

其中 $J_i=J_i(I_1,I_2,I_3)(i=0,1,2)$ 是 $\boldsymbol{F}\cdot\boldsymbol{F}^{\mathrm{T}}$ 的三个主不变量 (I_1,I_2,I_3) 的任意标量函数．所以各向同性弹性材料 Cauchy 应力本构关系是由三个三元函数 $J_i=J_i(I_1,I_2,I_3)$ $(i=0,1,2)$ 所确定的．

对平面波的问题，利用 $\boldsymbol{F}$ 的表达式(3.3.2)，容易证明，函数 $J_i=J_i(I_1,I_2,I_3)$ $(i=0,1,2)$ 必然具有如下的形式：

$$J_i = J_i(p_1, p_2^2 + p_3^2)$$

于是，再由此式和 $\boldsymbol{F}$ 的表达式(3.3.2)可以证明，本构方程(3.3.35)将给出：

$$\begin{cases} s_1 = f(p_1, p_2^2+p_3^2) = f(\varepsilon,\gamma^2) \\ s_2 = p_2 g(p_1, p_2^2+p_3^2) = p_2 g(\varepsilon,\gamma^2) \\ s_3 = p_3 g(p_1, p_2^2+p_3^2) = p_3 g(\varepsilon,\gamma^2) \end{cases} \tag{3.3.36-a}$$

其中

$$\begin{cases} \varepsilon = p_1, \quad \gamma^2 \equiv p_2^2 + p_3^2 \\ p_1 = \varepsilon, \quad p_2 = \gamma\cos\varphi, \quad p_3 = \gamma\sin\varphi \end{cases} \tag{3.3.36-b}$$

而 $f(\varepsilon,\gamma^2)$ 和 $g(\varepsilon,\gamma^2)$ 为两个任意的二元函数，即各向同性弹性材料在平面波问题中的本构方程可以由两个二元函数 $f(\varepsilon,\gamma^2)$ 和 $g(\varepsilon,\gamma^2)$ 来表征；特别地，对超弹性材料，即存在着热力学势应变能 Ψ 而使得

$$s_i = \frac{\partial\Psi}{\partial p_i} \tag{3.3.37-a}$$

的材料，由于

$$\frac{\partial^2\Psi}{\partial p_j\partial p_i} = \frac{\partial^2\Psi}{\partial p_i\partial p_j}, \quad \frac{\partial s_i}{\partial p_j} = \frac{\partial s_j}{\partial p_i} \tag{3.3.37-b}$$

或

$$\boldsymbol{G}^{-1} = (\boldsymbol{G}^{-1})^{\mathrm{T}}, \quad \boldsymbol{G} = \boldsymbol{G}^{\mathrm{T}} \tag{3.3.37-c}$$

即超弹性材料的弹性模量张量 $\boldsymbol{G}^{-1}$ 和柔度张量 $\boldsymbol{G}$ 必是对称张量．利用本构函数(3.3.36-a)，则式(3.3.37-b)也可以写为如下的形式：

$$g_{,\varepsilon} = 2f_{,\gamma^2} \tag{3.3.37-d}$$

这说明，对超弹性材料，函数 g 和 f 只有一个是独立的，只要知道应变能 Ψ，我们便可以通过对 p_i 求导的方式而求出这两个函数和本构关系．

当我们以变形量 p_i 为基本自变量讨论问题时，利用本构关系(3.3.8-a)是比较方便的，因为弹性模量张量 $\boldsymbol{G}^{-1}$ 很容易写成 p_i 的函数．但当我们以应力分量 s_i 为基本自变量讨论问题时，则利用其逆解形式(3.3.8-b)是更为方便的，因为弹性柔度张量 $\boldsymbol{G}$ 很容易写成 s_i 的函数．容易证明，式(3.3.36-a)的逆解形式为

$$\begin{cases} p_1 = h(s_1, s_2^2+s_3^2) = h(\sigma,\tau^2) \\ p_2 = s_2 q(s_1, s_2^2+s_3^2) = s_2 q(\sigma,\tau^2) \\ p_3 = s_3 q(s_1, s_2^2+s_3^2) = s_3 q(\sigma,\tau^2) \end{cases} \tag{3.3.38-a}$$

其中

$$\begin{cases}\sigma = s_1, & \tau^2 = s_2^2 + s_3^2 \\ s_1 = \sigma, & s_2 = \tau\cos\theta, \quad s_3 = \tau\sin\theta\end{cases} \tag{3.3.38-b}$$

由于 $\sigma = s_1$ 是波阵面上的正应力，s_2 和 s_3 分别是波阵面上沿 X_2 和 X_3 方向的分切应力，因此上式中的 τ 即表示波阵面上的总切应力，而 θ 即是总切应力矢量与 X_2 轴之间的夹角. 所以，式(3.3.38-b)在数学上即表示，我们只是做了一个在应力空间中由直角笛卡儿坐标系(s_1, s_2, s_3)到柱坐标系(τ, θ, σ)的变量替换而已，在具体分析问题时我们可以视其方便利用应力坐标(s_1, s_2, s_3)或(τ, θ, σ). 应力空间中坐标变换(3.3.38-b)的几何解释如图3.4所示.

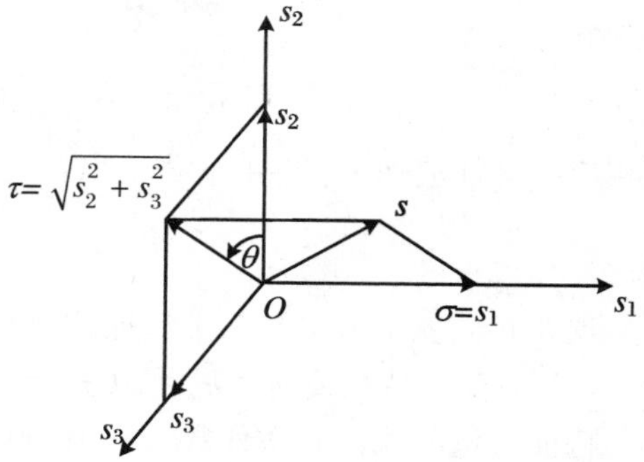

图3.4　应力空间中的坐标变换

与前面的讨论相类似，对超弹性材料，即存在热力学势余能 Φ 而使得

$$p_i = \frac{\partial \Phi}{\partial s_i} \tag{3.3.39-a}$$

的材料，由于

$$\frac{\partial^2 \Phi}{\partial s_j \partial s_i} = \frac{\partial^2 \Phi}{\partial s_i \partial s_j}, \quad \frac{\partial p_i}{\partial s_j} = \frac{\partial p_j}{\partial s_i} \tag{3.3.39-b}$$

或

$$\boldsymbol{G} = \boldsymbol{G}^{\mathrm{T}} \tag{3.3.39-c}$$

即超弹性材料的柔度张量 $\boldsymbol{G}$ 必是对称张量. 利用本构函数(3.3.38-a)，式(3.3.39-b)也可以写为如下的形式：

$$q_{,\sigma} = 2h_{,\tau^2} \tag{3.3.39-d}$$

这说明，对超弹性材料，函数 q 和 h 也只有一个是独立的，只要知道了余能 Φ，我们便可以通过对 s_i 求导的方式而求出这两个函数和本构关系.

下面我们就以本构关系(3.3.38-a)为基础来讨论材料中波的传播特性的问题.

2. 特征波速和简单波解

利用本构关系(3.3.38-a)我们可以求出其柔度张量 $\boldsymbol{G}$ 的表达式，将之代入特征方程(3.3.17-a)即可求出 $\boldsymbol{G}$ 的特征值 η_i 和特征波速 C_i. 尽管比较烦琐，但是容易证明特征方程(3.3.17-a)的展开形式为

$$(\eta - q)[\eta^2 - \eta(h_{,\sigma} + q + 2\tau^2 q_{,\tau^2}) + qh_{,\sigma} + 2\tau^2(h_{,\sigma}q_{,\tau^2} - h_{,\tau^2}q_{,\sigma})] = 0 \tag{3.3.40}$$

由此，容易求出其三个特征值为

$$
\begin{cases}
\eta_1 = \dfrac{1}{2}(h_{,\sigma} + q + 2\tau^2 q_{,\tau^2}) - Y \\
\eta_2 = q \\
\eta_3 = \dfrac{1}{2}(h_{,\sigma} + q + 2\tau^2 q_{,\tau^2}) + Y \\
Y \equiv \dfrac{1}{2}[(-h_{,\sigma} + q + 2\tau^2 q_{,\tau^2})^2 + 8\tau^2 h_{,\tau^2} q_{,\sigma}]^{\frac{1}{2}}
\end{cases}
\tag{3.3.41}
$$

而相应的特征波速 C_i 将由下式给出：

$$
\eta_i \equiv \frac{1}{\rho_0 C_i^2} \tag{3.3.17-b}
$$

现在我们就来求出与三个特征波速相对应的简单波解并分析它们的物理特性.

(1) 对应于特征值 $\eta = \eta_2 = q(\sigma, \tau^2)(C = C_2)$

特征矢量的线性齐次代数方程组(3.3.21)是不难求解的.由线性代数的知识可以证明，对不是重根的特征值 η_i，其相应的特征矢量就是由矩阵 $\boldsymbol{G} - \eta_i \boldsymbol{I}$ 某一行各元素的代数余子式所组成的矢量，由此易得：与 $\eta = \eta_2 = q(\sigma, \tau^2)$ 相对应的 $\boldsymbol{G}$ 的右特征量

$$
\boldsymbol{r}_2 = \begin{bmatrix} 0 \\ s_3 \\ -s_2 \end{bmatrix} \tag{3.3.42}
$$

(请读者验证式(3.3.42)确为与 $\eta = \eta_2$ 相对应的 $\boldsymbol{G}$ 的右特征量).其相应的简单波解(3.3.23)′为

$$
\frac{\mathrm{d}s_1}{0} = \frac{\mathrm{d}s_2}{s_3} = \frac{\mathrm{d}s_3}{-s_2} = k\mathrm{d}\xi
$$

其第一个方程和第二个方程分别给出

$$
\mathrm{d}s_1 = 0,\ \mathrm{d}(s_2^2 + s_3^2) = 0 \quad 或 \quad \mathrm{d}\sigma = 0,\ \mathrm{d}(\tau^2) = 0
$$

以简单波前方的应力状态(s_1^0, s_2^0, s_3^0)或$(\tau^0, \theta^0, \sigma^0)$对之进行积分，可得其简单波的应力路径为

$$
\sigma = \sigma_0 = \mathrm{const}, \quad \tau = \tau_0 = \mathrm{const}, \quad \theta = \theta_0 + k\xi \tag{3.3.43}
$$

其中第三个式子可以由其前两个式子、s_i 的定义方程(3.3.38-b)以及$\dfrac{\mathrm{d}s_3}{-s_2} = k\mathrm{d}\xi$ 而得出.

在数学上，应力路径(3.3.43)是一族双参数的圆，如图 3.5(a)所示，其中一个参数是该圆所在的平面距原点的距离 $\sigma = \sigma^0$，另一个参数是该圆的半径 $\tau = \tau^0$，它们都是由简单波 C_2 前方均匀区的状态(σ^0, τ^0)所决定的.在物理上则表明，当我们从波的前方跨过一个与 C_2 相对应的简单波时，介质中波阵面上的正应力 $\sigma = s_1$ 和总切应力 $\tau = \sqrt{s_2^2 + s_3^2}$都不发生变化，而波阵面上的应力矢量由一个径平面转到另一个径平面，即应力矢量所在的极角 θ 发生变化.由于简单波区中应力矢量的端点画出一个在 s_1 轴方向上距原点为 σ^0、半径为 τ^0 的圆，因此我们称简单波 C_2 为圆偏振波(circularly polarized waves).需要说明的是，在简单波 C_2 区中，尽管正应力 $\sigma = s_1$ 和总切应力 $\tau = \sqrt{s_2^2 + s_3^2}$并不发生变化，但是两个分切应力 s_2 和 s_3 却都是发生变化的，只不过它们的变化要互相制约使得 τ 不变而满足方程(3.3.43)，换言之，在简单波 C_2 区中，虽然并不存在正应力和切应力之间的相互耦合作用，但是却存在

两个分切应力 s_2 和 s_3 之间的相互耦合作用. 由于圆偏振的波 C_2 所导致的材料中的应力扰动即应力矢量的变化是位于波阵面之内的横向切应力改变,但却并不是只在同一个方向上的切应力的改变(我们常见的所谓狭义横波),所以从物理上讲,可把圆偏振的波称为一种广义的横波. 另外,我们指出由于 $\eta_2 = q(\sigma, \tau^2)$ 只是 σ 和 τ 的函数,因而 C_2 也只是 σ 和 τ 的函数,而在该简单波 C_2 区中 σ 和 τ 分别保持波前方的常数值 σ^0 和 τ^0,故简单波 C_2 区中的各条扰动线都必然是相互平行的,如图 3.5(b)所示,这在某种程度上与线性波的情况是相类似的,但是波速 C_2 的值并非像线性波波速那样为绝对常数,而是与简单波区中以及前方均匀区中的应力状态 $\sigma = \sigma^0$ 和 $\tau = \tau^0$ 有关的,在这一点上它又具有非线性波的特点,所以简单波 C_2 可以称为一种"弱非线性波". 由于在简单波 C_2 区中的各条扰动线都是相互平行的,所以当这个简单波区趋于一个极窄的区域时,它就会成为一个具有同样波速 C_2 的强间断冲击波,即在各向同性弹性材料中是可能存在一种波速为 C_2 的冲击波的,而这一点在下面关于冲击波的论述中得到了证明.

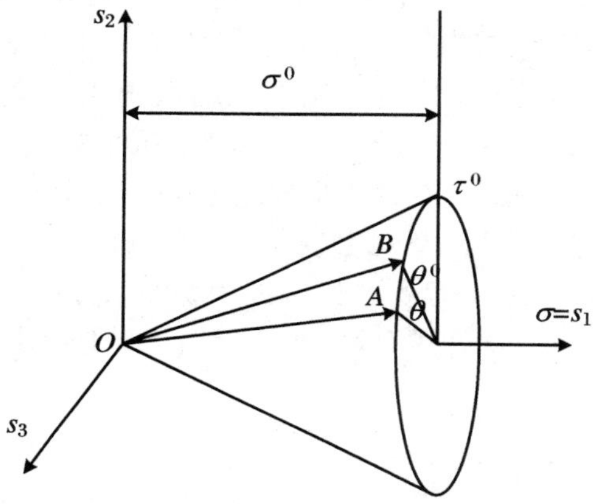

(a) 圆偏振波应力路径

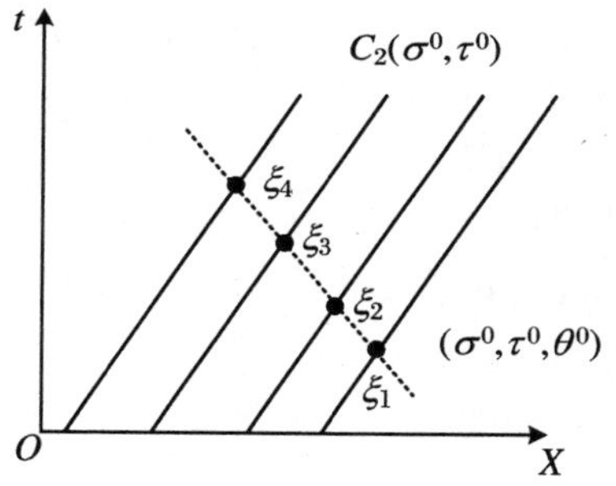

(b) 圆偏振波扰动线

图 3.5

(2) 对应于特征值 $\eta = \eta_1 (C = C_1)$ 和 $\eta = \eta_3 (C = C_3)$

不难证明,与 η_1 和 η_3 相对应的 $\boldsymbol{G}$ 的右特征矢量 $\boldsymbol{r}_1$ 和 $\boldsymbol{r}_3$ 分别为

$$\boldsymbol{r}_1 = \begin{bmatrix} \dfrac{1}{2}(-h_{,\sigma} + q + 2\tau^2 q_{,\tau^2}) + Y \\ -S_2 q_{,\sigma} \\ -S_3 q_{,\sigma} \end{bmatrix}, \quad \boldsymbol{r}_3 = \begin{bmatrix} \dfrac{1}{2}(-h_{,\sigma} + q + 2\tau^2 q_{,\tau^2}) - Y \\ -S_2 q_{,\sigma} \\ -S_3 q_{,\sigma} \end{bmatrix} \tag{3.3.44}$$

将式(3.3.44)代入相应的简单波解(3.3.23)′中,可有

$$\begin{cases} \dfrac{ds_2}{s_2} = \dfrac{ds_3}{s_3} \\ \dfrac{ds_1}{ds_3} = \dfrac{\frac{1}{2}(-h_{,\sigma} + q + 2\tau^2 q_{,\tau^2}) + Y}{-S_3 q_{,\sigma}} \end{cases}, \quad \begin{cases} \dfrac{ds_2}{s_2} = \dfrac{ds_3}{s_3} \\ \dfrac{ds_1}{ds_3} = \dfrac{\frac{1}{2}(-h_{,\sigma} + q + 2\tau^2 q_{,\tau^2}) - Y}{-S_3 q_{,\sigma}} \end{cases} \tag{3.3.45}$$

积分式(3.3.45)的第一个方程可有

$$\frac{s_2}{s_3} \equiv \cot\theta = \text{const}$$

设简单波前方的应力状态为$(\sigma^0, \tau^0, \theta^0)$,则有

$$\theta = \theta^0 = \text{const} \tag{3.3.46-a}$$

将 $s_3 = \tau\sin\theta = \tau\sin\theta^0$ 代入式(3.3.45)的第二个方程,可将之化为

$$\frac{d\sigma}{d\tau} = \frac{\frac{1}{2}(-h_{,\sigma} + q + 2\tau^2 q_{,\tau^2}) \pm Y}{-\tau q_{,\sigma}} = \frac{2\tau h_{,\tau^2}}{\frac{1}{2}(-h_{,\sigma} + q + 2\tau^2 q_{,\tau^2}) \mp Y} \tag{3.3.46-b}$$

其中"+"号对应 C_1 波,"-"号对应 C_3 波,方程(3.3.46-b)的第二个等号是通过对分式进行有理化而得到的,具体积分时我们只需利用其中一个即可.方程(3.3.46-b)是在 $\theta = \theta^0$ 的条件下得出的,故它的积分曲线是一条在径平面 $\theta = \theta^0$ 上的平面曲线,这在物理上表示,当我们跨过一个与 C_1 或 C_3 相对应的简单波时,其波阵面上的正应力 σ 和总切应力 τ 必须按照方程(3.3.46-b)所规定的积分曲线而耦合变化,其应力矢量的端点画出一个由方程(3.3.46-b)的积分曲线所表示的平面曲线,故我们将把简单波 C_1 和 C_3 都称为平面偏振波(plane polarized waves).由方程(3.3.46-b)所决定的全部平面曲线也是一族双参数的曲线族,其中一个参数是该曲线所处的径平面的极角 θ^0,另一个参数就是常微分方程(3.3.46-b)的积分常数,例如,如果简单波前方的应力状态为$(\sigma^0, \tau^0, \theta^0)$,则以此为初始条件(3.3.46-b)的积分曲线可记为 $\sigma = \sigma(\tau, \tau^0)$,曲线族的双参数就可视为 θ^0 和 τ^0(参数 σ^0 不是独立的,因为我们有恒等式 $\sigma^0 = \sigma(\tau^0, \tau^0)$).

由方程(3.3.46-b)可得

$$\left(\frac{d\sigma}{d\tau}\right)_{C_1}\left(\frac{d\sigma}{d\tau}\right)_{C_3} = \frac{2h_{,\tau^2}}{-q_{,\sigma}} \tag{3.3.47-a}$$

特别说来,对于超弹性材料,利用式(3.3.39-d)有

$$\left(\frac{d\sigma}{d\tau}\right)_{C_1}\left(\frac{d\sigma}{d\tau}\right)_{C_3} = -1 \quad (\text{超弹性材料}) \tag{3.3.47-b}$$

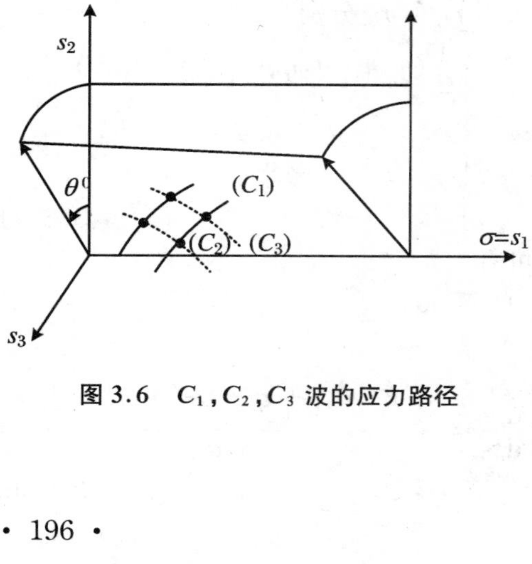

图 3.6　C_1, C_2, C_3 波的应力路径

即对超弹性材料,在任意应力状态点处 C_1 波的应力路径和 C_3 波的应力路径都是正交的;由于 C_2 波的应力路径显然总是与 C_1 波的应力路径和 C_3 波的应力路径相正交的,所以对超弹性材料,在任意应力状态点处三个简单波的应力路径都是两两正交的.以上对简单波应力路径的叙述可定性地由图 3.6 来说明,图中 C_2 波的应力路径为图中的"·"绕 $\sigma = s_1$ 轴所画出的圆.

在这里我们顺便指出如下的事实:对各向同性材料而言,在应力空间 s_i 中简单波的圆偏

振和平面偏振的性质和在应变空间 p_i 中简单波的圆偏振和平面偏振的性质是等价的. 事实上,如果波在应力空间中是圆偏振的,即其应力路径为

$$\sigma = \sigma^0 = \text{const}, \quad \tau = \tau^0 = \text{const} \tag{3.3.43}$$

则利用式(3.3.36-a)和式(3.3.38-a)容易证明,必有

$$\varepsilon = \varepsilon^0 = \text{const}, \quad \gamma = \gamma^0 = \text{const} \tag{3.3.43$'$}$$

这说明波在应变空间中也是圆偏振的. 同样,如果波在应力空间中是平面偏振的,即其应力路径为在平面

$$\theta = \theta^0 = \text{const} \tag{3.3.46-a}$$

中的某一平面曲线,则利用式(3.3.36-a)和式(3.3.38-a)容易证明,必有

$$\varphi = \varphi^0 = \text{const} \tag{3.3.46-a$'$}$$

这说明波在应变空间中也是平面偏振的. 请读者尝试完成以上的证明.

3. 二阶各向同性弹性材料和二阶超弹性各向同性材料

为了说明各向同性非线性弹性材料中波的力学特性,我们考虑最简单的非线性二阶材料,即 p_i 是 s_i 的二次函数的情况. 此时,函数 $h(\sigma,\tau^2)$ 和 $q(\sigma,\tau^2)$ 必然只能具有如下的形式:

$$\begin{cases} h = a\sigma + \dfrac{b}{2}\sigma^2 + \dfrac{e}{2}\tau^2 \\ q = d + f\sigma \end{cases} \tag{3.3.47}$$

其中 a,b,d,e,f 为5个材料常数. 于是本构关系(3.3.38-a)将具有如下形式:

$$\begin{cases} p_1 = a\sigma + \dfrac{b}{2}\sigma^2 + \dfrac{e}{2}\tau^2 \\ p_2 = s_2(d + f\sigma) \\ p_3 = s_3(d + f\sigma) \end{cases} \tag{3.3.48-a}$$

函数 $h(\sigma,\tau^2)$ 中没有零次项,是因为利用了零应力对应零应变的自然状态假定. 式(3.3.48-a)也可写为

$$\begin{cases} \varepsilon = a\sigma + \dfrac{b}{2}\sigma^2 + \dfrac{e}{2}\tau^2 \\ \gamma = \tau(d + f\sigma) \end{cases} \tag{3.3.48-b}$$

对于超弹性材料,利用关系(3.3.39-d)可有

$$f = e$$

即对于二阶超弹性各向同性材料中的平面波问题,其本构关系只含有四个独立材料常数 a, b, d, $e=f$ 而具有如下的形式:

$$\begin{cases} p_1 = a\sigma + \dfrac{b}{2}\sigma^2 + \dfrac{e}{2}\tau^2 \\ p_2 = s_2(d + e\sigma) \\ p_3 = s_3(d + e\sigma) \end{cases} \quad \text{或} \quad \begin{cases} \varepsilon = a\sigma + \dfrac{b}{2}\sigma^2 + \dfrac{e}{2}\tau^2 \\ \gamma = \tau(d + e\sigma) \end{cases} \tag{3.3.48-c}$$

特别地,对于线弹性各向同性材料,我们将有 $b=0$, $e=0$,所以材料常数 a 和 d 恰恰是以如下公式与 Lame 系数 λ 和 μ 相联系的:

$$\begin{cases} d = \dfrac{1}{\mu} \\ a = \dfrac{1}{\lambda + 2\mu} \end{cases}$$

因为 $\lambda>0$,$\mu>0$,所以必有 $d>2a>0$.

对于二阶超弹性各向同性材料,利用式(3.3.41),可得

$$\begin{cases} \eta_1 = \dfrac{1}{2}(a + b\sigma + d + e\sigma) - Y \\ \eta_2 = d + e\sigma \\ \eta_3 = \dfrac{1}{2}(a + b\sigma + d + e\sigma) + Y \\ Y = \dfrac{1}{2}[(-a - b\sigma + d + e\sigma)^2 + 4e^2\tau^2]^{\frac{1}{2}} \end{cases} \tag{3.3.49}$$

根据式(3.3.49),容易证明

$$\begin{gathered} \eta_3 - \eta_1 = 2Y \geqslant 0 \\ (\eta_2 - \eta_1)(\eta_2 - \eta_3) = -e^2\tau^2 \leqslant 0 \end{gathered} \tag{3.3.50-a}$$

所以必然有

$$\eta_1 \leqslant \eta_2 \leqslant \eta_3$$

即

$$C_1 \geqslant C_2 \geqslant C_3 \tag{3.3.50-b}$$

因此,我们将把由特征值 η_1,η_2,η_3 所对应的简单波分别称为快波(fast wave)、中波(medium wave)、慢波(slow wave).

需要特别指出的是,除了中波即圆偏振的波 C_2 是只引起波阵面内横向切应力改变的所谓"广义横波"之外,在两个平面偏振的 C_1 和 C_3 的简单波区中,其波所引起的应力扰动既有垂直于波阵面的正应力 σ 的改变,也有在波阵面之内的总切应力 τ(以及两个分切应力 s_2 和 s_3)的改变,因此,从物理上来讲,平面偏振的波既不是纯粹的纵波也不是纯粹的横波,它们是正应力和切应力的改变之间满足由微分方程(3.3.46-b)所决定的耦合关系的复合应力波,在这一点上才真正地体现了非线性材料复合应力波中各不同应力分量之间相互耦合的非线性特性.

圆偏振波的应力路径如前面的方程(3.3.43)和图 3.5(a)所示,它们是一组在 s_1 轴方向上距原点为 σ^0、半径为 τ^0 的圆,这对任何各向同性非线性弹性材料包括二阶材料都是成立的.而对两个平面偏振的简单波的应力路径,在一般情况下,我们需要通过在不同的初始条件(σ^0,τ^0)下积分常微分方程(3.3.46-b)而得出.下面我们将对各向同性超弹性二阶材料的特殊情况来积分出其应力路径.由于对 $e<0$ 的情况可以进行类似的讨论,所以我们下面将只讨论 $e\geqslant0$ 的情况.为了方便起见,我们引入如下的几个材料常数:

$$m_1 \equiv -\frac{a}{b}, \quad m_2 \equiv -\frac{d}{e}, \quad \sigma^* \equiv \frac{d-a}{b-e}, \quad k \equiv 1 - \frac{b}{e} \tag{3.3.51}$$

其中 m_1,m_2,σ^* 具有应力的量纲,k 为无量纲量,这几个参数特别是 σ^* 和 k 对分析应力路径的特点具有重要的意义.通过引入常数 σ^* 并进行正应力 σ 的平移而定义

$$\bar{\sigma} = \sigma - \sigma^* \tag{3.3.52}$$

之后，平面偏振波应力路径的微分方程(3.3.46-b)可以写为

$$\frac{\mathrm{d}\bar{\sigma}}{\mathrm{d}\tau} = -\frac{k\bar{\sigma}}{2\tau} \mp \left[\left(\frac{k\bar{\sigma}}{2\tau}\right)^2 + 1\right]^{\frac{1}{2}} = \left\{\frac{k\bar{\sigma}}{2\tau} \mp \left[\left(\frac{k\bar{\sigma}}{2\tau}\right)^2 + 1\right]^{\frac{1}{2}}\right\}^{-1} \tag{3.3.53}$$

其中“－”号对应 C_1 波，“＋”号对应 C_3 波.常微分方程(3.3.53)是一个所谓的“齐次常微分方程”，通过引入新的未知量 $u = \bar{\sigma}/\tau$，可以积分出其有限形式，读者可尝试并求解之.而为了通过应力路径来说明一些典型的初边值问题的简单波解的图案，我们只画出以数值求解所得到的应力路径图，对于无量纲量 k 值的不同范围，分别如图 3.7～图 3.10 所示.在各图的下方标出了 k 值的范围，图中的实线和虚线则分别代表 C_1 波和 C_3 波的应力路径，而曲线上的箭头则表示波速递减的方向.

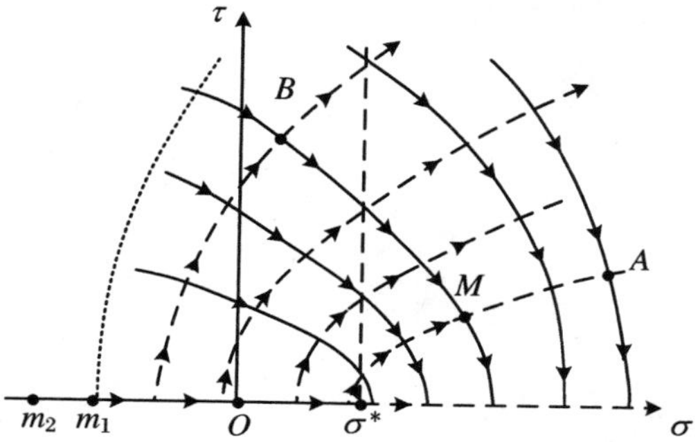

图 3.7　材料 1: $e>0, -\infty<k\leqslant-1$

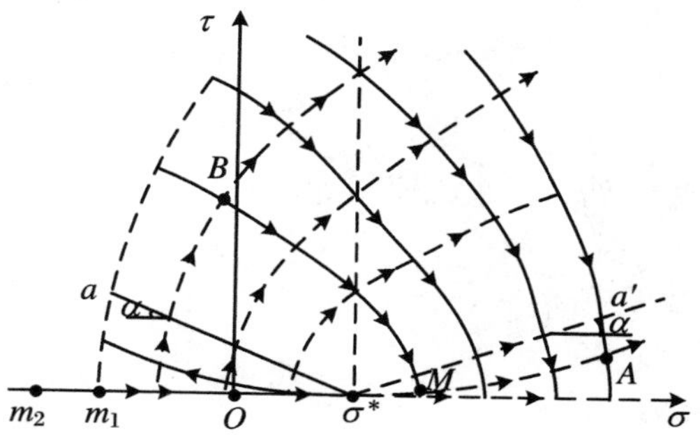

图 3.8　材料 2: $e>0, -1<k\leqslant0, \tan\alpha=(1+k)^{\frac{1}{2}}$

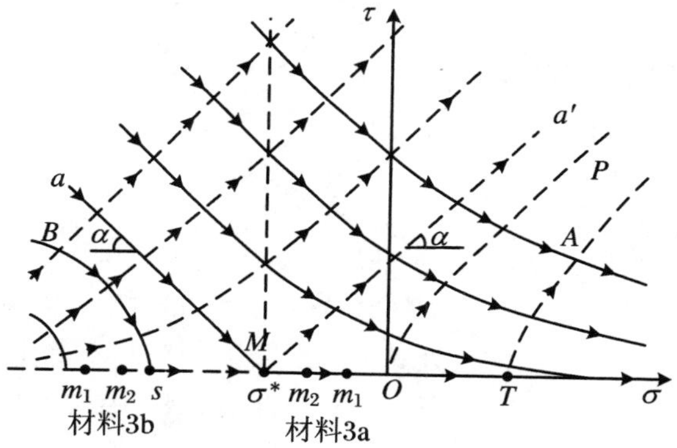

图 3.9　材料 3a: $e>0, 0<k\leqslant1-a/d$;
材料 3b: $e>0, 1-a/d<k\leqslant1$

丁启财教授在分析薄壁管中弹塑性复合应力波的问题时，也曾得到过形如式(3.3.53)的常微分方程，并从数学上对其有关的性质进行了讨论，这些讨论和说明其实是不难理解的，但为了节省篇幅，我们对此不做详细的说明.在分析图 3.7～图 3.10 中的应力路径的特点之前，我们对参数 σ^* 和 k 的意义和作用做一简单说明.

关于 σ^*，从物理上来讲，容易证明，在任何一个径平面 θ 上的应力状态点($\sigma=\sigma^*$，$\tau=$

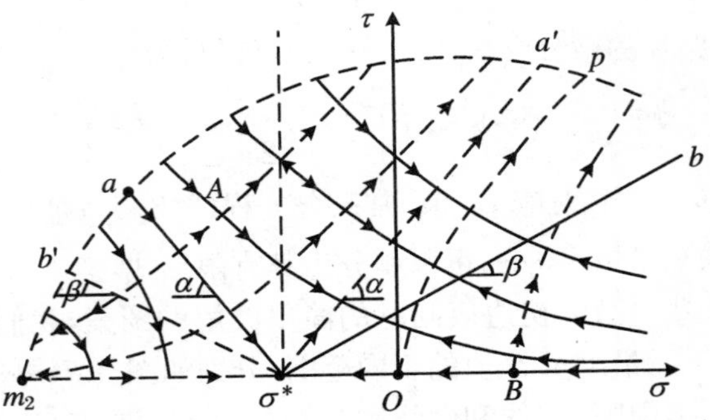

图 3.10　材料 4a: $e>0, 1<k\leqslant 2(\beta\leqslant\alpha)$; 材料 4b: $e>0, 2<k\leqslant 4\left(\alpha<\beta<\frac{\pi}{2}\right)$; 材料 4c: $e>0$, $4<k\leqslant\infty\left(\frac{\pi}{2}<\beta\leqslant\beta_{\max}<\pi-\alpha\right)$

$\tau^*=0$)处有三个波速相等,即

$$C_1 = C_2 = C_3 \quad (\sigma = \sigma^*, \tau = \tau^* = 0) \tag{3.3.54}$$

事实上,为了有 $C_1 = C_2 = C_3$,必有

$$\begin{cases} \eta_1 = \eta_3 \\ \eta_2 = \eta_1 \end{cases}$$

即

$$\begin{cases} Y(\sigma^*, \tau^*) = 0 \\ d + e\sigma^* = \dfrac{1}{2}(a + b\sigma^* + d + e\sigma^*) \end{cases}$$

由此式的第一式及 Y 的表达式(3.3.49)可得 $\tau^*=0$ 和 $-a-b\sigma^*+d+e\sigma^*=0$,而后者与上式的第二式是一样的,它们都给出了

$$\sigma^* = \frac{d-a}{b-e}$$

这就证明了我们的论断.从数学上讲,由于在应力状态点($\sigma=\sigma^*, \tau=\tau^*=0$)处三个波速相等,所以在该点处原偏微分方程将不是"完全相异双曲型"的,故该点将是常微分方程(3.3.53)的一个奇异点(singular point),在该点处其积分曲线的斜率是不确定的.

关于 k,我们指出如下两点.其一,当 $k>-1$,即图 3.8～图 3.10 所表达的材料 2、材料 3、材料 4 三种情况时,其快波 C_1 和慢波 C_3 将分别有如下直线所表达的特解:

$$\mp\frac{\tau}{\sigma} = (1+k)^{\frac{1}{2}} \equiv \tan\alpha \tag{3.3.55}$$

其中"－"号对应 C_1 波,"＋"号对应 C_3 波.这是很容易验证的,读者可通过代入法检验之.由于上式有根号,所以其成立的条件是 $k>-1$.由式(3.3.55)所表达的两条直线分别如图 3.8～图 3.10 中的直线 σ^*a 和 σ^*a' 所示.其二,当 $k>1$,即图 3.10 所表达的材料 4 的情况时,在有关的应力路径上波速 C_1 或 C_3 将存在极值点,因而沿着应力路径波速 C_1 或 C_3 将不再是单调的.事实上,令

$$\frac{\mathrm{d}\eta}{\mathrm{d}\tau} = \frac{\partial \eta}{\partial \tau} + \frac{\partial \eta}{\partial \sigma}\frac{\mathrm{d}\sigma}{\mathrm{d}\tau} = 0$$

并将微分方程(3.3.53)代入上式,我们即得

$$\pm \frac{\tau}{\sigma} = \frac{k[3(k-1)]^{\frac{1}{2}}}{4-k} \equiv \tan\beta \tag{3.3.56}$$

其中"+"号对应 C_1 波,"−"号对应 C_3 波.式(3.3.56)成立的条件是 $k>1$,这就证明了我们的论断.由式(3.3.56)所表达的两条直线分别如图3.10中的直线 $\sigma^* b$ 和 $\sigma^* b'$ 所示.

关于复合应力波的物理特性,我们再指出如下两点.第一,由图3.7～图3.10我们可以看到,σ 轴本身确实是 C_1 波或者是 C_3 波的应力路径,所以在各向同性非线性弹性材料中是可以存在纯粹的纵波的;但是,τ 轴以及平行于 τ 轴的任何直线都既不是 C_1 波的应力路径也不是 C_3 波的应力路径,所以从严格和科学的意义上来说,在各向同性非线性弹性材料中是并不存在平面偏振的纯横波的(但如前所述存在圆偏振的广义横波),而在 σ 轴上各点存在着与 σ 轴垂直的 C_1 波或者 C_3 波的应力路径,这表明在 σ 轴的附近沿这些应力路径切应力 τ 的变化是远远大于其正应力 σ 的变化的,所以在 σ 轴附近,这些波可视为在近似意义上的横波.第二,由图3.7～图3.10我们还可以看到,σ 轴本身的某一部分不但可以是 C_1 波的应力路径,也可以是 C_3 波的应力路径,所以在各向同性非线性弹性材料中,纵波既可能是快波,也可能是慢波,这与纵波永远比横波传播得快的传统观念是不同的.在前期的研究工作中,有的研究者把 C_1 波和 C_3 波分别称为拟纵波(quasi-longitudinal wave)和拟横波(quasi-transverse wave).但是这两个术语显然都是不恰当的,因为根据我们前面的科学论述,一方面与 σ 轴垂直的 C_3 波和 C_1 波在 σ 轴附近都可被视为"拟横波",另一方面,在 σ 轴附近也存在着近似平行于 σ 轴的 C_3 波,而这些 C_3 波在物理上当然应称为"拟纵波"而不是"拟横波",再者,在远离 σ 轴而切应力 τ 相对比较大的应力状态之下,σ 和 τ 的变化可以是同数量级的,因而也就谈不上是"拟纵波"或者"拟横波"了.

3. 解例

利用图3.7～图3.10简单波的应力路径,我们可以得出一些简单的初边值问题波动解.与单纯应力波的简单波解相类似,复合应力波简单波解的基本特征就是后方简单波的波速应该小于前方简单波的波速,我们将这称为连续简单波的许可性条件.这就是说,为了得到一个简单的初边值问题的正确解答,我们只要以简单波的应力路径图为基础,找到一个连接初始条件状态和边界条件状态的波速递减的应力路径组合就可以了.

作为第一个例子,我们考虑材料1中的简单波解,设其初始条件为图3.7中的应力状态点 $B(s_1^b, s_2^b, s_3^b)$ 或 $B(\sigma^b, \tau^b, \theta^b)$,而其边界条件为 $A(s_1^a, s_2^a, s_3^a)$ 或 $A(\sigma^a, \tau^a, \theta^a)$ 所表达的突加恒值脉冲载荷.根据连续简单波解的许可性条件,我们只要能找到一个由 B 到 A 波速递减的应力路径组合,就能得到其问题的正确解答.参见图3.7,显然问题的正确波动图案是

$$B(\sigma^b, \tau^b, \theta^b) \xrightarrow[\text{复合}]{C_1} M(\sigma^m, \tau^m, \theta^b) \xrightarrow{C_2} M(\sigma^m, \tau^m, \theta^a) \xrightarrow[\text{复合}]{C_3} A(\sigma^a, \tau^a, \theta^a)$$

这一中心简单波解的波动图案在物理平面 X-t 上,如图3.11所示.

作为第二个例子,我们考虑材料3b中的简单波解,设其初始条件为图3.9中的应力状态点 $B(s_1^b, s_2^b, s_3^b)$ 或 $B(\sigma^b, \tau^b, \theta^b)$,而其边界条件为 $A(s_1^a, s_2^a, s_3^a)$ 或 $A(\sigma^a, \tau^a, \theta^a)$ 所表达的突加恒值脉冲载荷.其满足简单波速递减许可性条件的应力路径组合显然是图3.9中的

B-S-M-T-A，其相应的波动图案是

$$B(\sigma^b,\tau^b,\theta^b)\xrightarrow[\text{复合}]{C_1}S(\sigma^s,0,\theta^b)\xrightarrow[\text{纯纵}]{C_3}M(\sigma^*,0,\theta^b)\xrightarrow[\text{纯纵}]{C_1}T(\sigma^t,0,\theta^a)\xrightarrow[\text{复合}]{C_3}A(\sigma^a,\tau^a,\theta^a)$$

这一中心简单波解的波动图案在物理平面 X-t 上，如图 3.12 所示. 注意，点 S,M,T 处于 σ 轴上，其总切应力 τ 为 0，极角 θ 是任意值，从而可自然将极角 θ^b 调整到 θ^a，所以我们不需要圆偏振波 C_2，或者说，我们只需要一个(σ,τ)都不改变的强度为 0 的 C_2 波. 另外，需要说明的是，在应力状态点 $M(\sigma^*,\tau^*=0)$处，纯纵波 C_1 波在纯纵波 C_3 波之后，这与波速递减的简单波许可性条件并不矛盾，这是因为应力状态点 $M(\sigma^*,\tau^*=0)$是一个 $C_1=C_2=C_3$ 的奇异点.

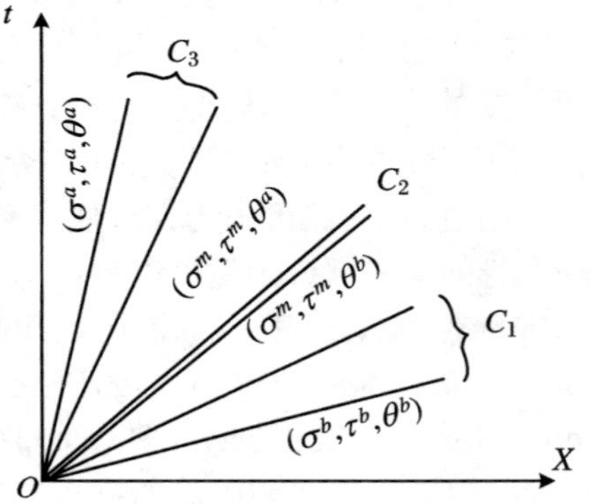

图 3.11　第一个例子的简单波解

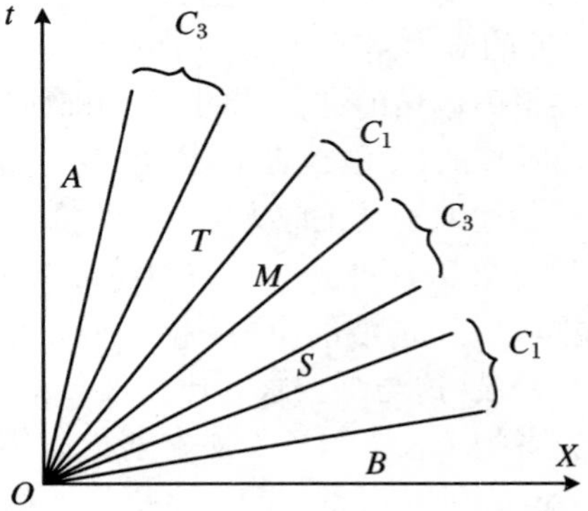

图 3.12　第二个例子的简单波解

但是，并非任何初边值问题都可以得到如上所述的连续简单波的组合解. 比如，当第一个问题中的初始条件 B 和边界条件 A 互换位置时，则沿着连接初始条件和边界条件的应力路径组合之上，简单波的波速将是递增的，这将不符合连续简单波速递减许可性条件，所得到的解将是不正确的. 与单纯应力波的情况类似，我们可以预言，此时将在材料中传播冲击波，故我们需要研究复合应力波中的冲击波理论.

3.3.5　各向同性弹性材料中的平面冲击波

1. 一般理论

在 L 氏坐标中取一个初始截面积为 A_0 的开口体系[$X_1(t)$，$X_2(t)$]，如图 3.13 所示，其左右两个截面的 L 氏坐标分别为 $X_1(t)$和 $X_2(t)$，如以 ρ_0 表示材料的初始质量密度，则开口体系的动量守恒定律"在任何时刻开口体系动量的增加率 = 该时刻作用在体系上的外力 + 动量的纯流入率"在数学上可表达为

$$\frac{\mathrm{d}}{\mathrm{d}t}\int_{X_1(t)}^{X_2(t)}\rho_0A_0\boldsymbol{v}(X,t)\mathrm{d}X=A_0[\boldsymbol{s}(X_2,t)-\boldsymbol{s}(X_1,t)]$$

$$+\rho_0A_0\frac{\mathrm{d}X_2}{\mathrm{d}t}\boldsymbol{v}(X_2,t)-\rho_0A_0\frac{\mathrm{d}X_1}{\mathrm{d}t}\boldsymbol{v}(X_1,t)\quad(3.3.57)$$

特别地，当 $X_2(t)=X_1(t)=X(t)$恰为冲击波阵面时，

$$\frac{\mathrm{d}X_2}{\mathrm{d}t}=\frac{\mathrm{d}X_1}{\mathrm{d}t}=\frac{\mathrm{d}X}{\mathrm{d}t}$$

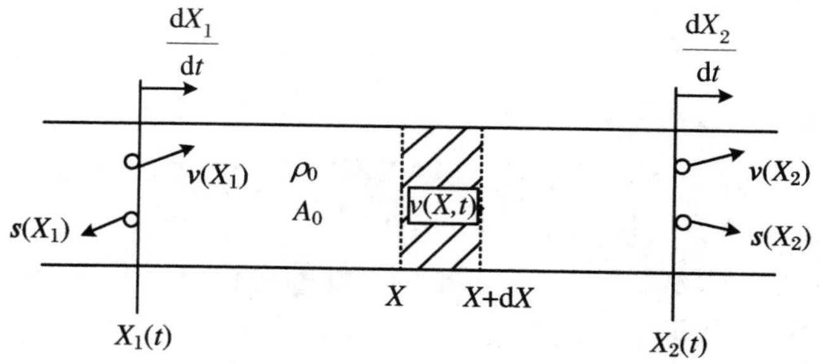

图 3.13 L 氏坐标所表示的开口体系

恰恒等于冲击波阵面的 L 氏波速 V,而开口体系则变成了一个附着在冲击波阵面上无限薄的薄层.此时,动量定律(3.3.57)中左端的积分将趋于 0,而

$$\boldsymbol{v}(X_2,t)\to\boldsymbol{v}^{+}(\text{紧前方值}),\quad \boldsymbol{v}(X_1,t)\to\boldsymbol{v}^{-}(\text{紧后方值})$$

$$\boldsymbol{s}(X_2,t)\to\boldsymbol{s}^{+}(\text{紧前方值}),\quad \boldsymbol{s}(X_1,t)\to\boldsymbol{s}^{-}(\text{紧后方值})$$

则式(3.3.57)将成为

$$[\boldsymbol{s}]=-\rho_0V[\boldsymbol{v}]\quad\text{或}\quad[s_i]=-\rho_0V[v_i]\ (i=1,2,3)$$

其中$[f]\equiv f^{-}-f^{+}$表示跨过冲击波阵面时量 f 的跳跃值.此三式即是冲击波阵面上的动量守恒条件.利用 1.1 节中的 Maxwell 关系(式(1.1.23))

$$\frac{\mathrm{d}[f]}{\mathrm{d}t}=\left[\frac{\partial f}{\partial t}\right]+V\left[\frac{\partial f}{\partial X}\right]$$

并取量 f 为位移矢量$f=u_i$,则由于$\frac{\partial u_i}{\partial t}=v_i$,$\frac{\partial u_i}{\partial X}=p_i$,而位移连续,即

$$[u_i]=0$$

有

$$[v_i]=-V[p_i]\quad(i=1,2,3)$$

此三式即是冲击波阵面上的位移连续条件.这样,我们即有冲击波阵面上的动量守恒条件和位移连续条件如下:

$$\begin{cases}[s_i]=-\rho_0V[v_i]\\ [v_i]=-V[p_i]\end{cases}\quad(i=1,2,3)\tag{3.3.58}$$

将式(3.3.58)的后三式代入前三式,可得

$$[s_i]=\rho_0V^2[p_i]\quad(i=1,2,3)$$

即

$$\zeta\equiv\frac{1}{\rho_0V^2}=\frac{[p_1]}{[s_1]}=\frac{[p_2]}{[s_2]}=\frac{[p_3]}{[s_3]}\tag{3.3.59-a}$$

当给定材料的本构关系时,p_1,p_2,p_3 将是 s_1,s_2,s_3 的给定函数,因此,对于某个冲击波前方的应力状态 $\boldsymbol{s}^{+}(s_1^{+},s_2^{+},s_3^{+})$,式(3.3.59-a)是关于冲击波紧后方应力状态 $\boldsymbol{s}^{-}(s_1^{-},s_2^{-},s_3^{-})$ 的三个方程,以冲击波速度 V 或者$\zeta\equiv\frac{1}{\rho_0V^2}$为参数,我们可将此解简记为(我们省略掉了后

方状态的上标记号“－”)

$$\begin{cases} s_1 = s_1(V; \boldsymbol{s}^+) \\ s_2 = s_2(V; \boldsymbol{s}^+) \\ s_3 = s_3(V; \boldsymbol{s}^+) \end{cases} \tag{3.3.59-b}$$

在数学上这三个方程给出应力空间中通过点 $\boldsymbol{s}^+(s_1^+, s_2^+, s_3^+)$的一条曲线的参数方程,该曲线上的各个点在力学上则表示,具有不同强度以不同冲击波速度 V 而传播的冲击波紧后方的可能应力状态 $\boldsymbol{s}^-$,因此我们将方程(3.3.59)称为平面冲击波在应力空间中的动态响应曲线或者 Hugoniot 曲线,它反映了具有一定本构特性的材料中平面冲击波阵面上各不同应力分量之间的耦合特性,在数学上我们将之简单地称为平面冲击波的应力路径.

对于各向同性弹性材料中的平面波,利用本构关系(3.3.38-a),动态响应曲线(3.3.59-a)将具有如下形式:

$$\zeta \equiv \frac{1}{\rho_0 V^2} = \frac{[h]}{[s_1]} = \frac{[s_2 q]}{[s_2]} = \frac{[s_3 q]}{[s_3]} \tag{3.3.59-c}$$

由于 $h = h(\sigma, \tau^2)$, $q = q(\sigma, \tau^2)$,故式(3.3.59-c)给出各向同性弹性材料中平面波在应力空间中即平面 σ-τ 上的动态响应曲线.

利用恒等式:

$$[ab] = a^+[b] + b^-[a], \quad \left[\frac{a}{b}\right] = \frac{b^+[a] - a^+[b]}{b^+ b^-} \tag{3.3.60}$$

可以证明(请读者尝试证明之),由式(3.3.59-c)中的最后一个方程可以导出下式:

$$[q]\left[\frac{s_2}{s_3}\right] = 0 \tag{3.3.61-a}$$

由此式可以得知,当跨过冲击波时我们必有如下两式中的某一式成立:

$$[q] = 0 \tag{3.3.61-b}$$

$$\left[\frac{s_2}{s_3}\right] = 0 \tag{3.3.61-c}$$

下面我们就来说明,在力学上它们分别代表圆偏振的冲击波和平面偏振的冲击波.

(1) 圆偏振的冲击波

如果式(3.3.61-b)成立,即跨过冲击波时函数 q 不间断,则式(3.3.59-c)的第二个方程

$$\frac{[h]}{[s_1]} = \frac{[s_2 q]}{[s_2]}$$

可写为

$$\frac{[h]}{[\sigma]} = \frac{[s_2]q}{[s_2]} = q$$

即我们同时有

$$\begin{cases} [q] = 0 \\ \zeta \equiv \dfrac{1}{\rho_0 V^2} = \dfrac{[h]}{[\sigma]} = q \end{cases} \tag{3.3.61-b$'$}$$

由于 h 和 q 都是 σ 和 τ^2 的函数,而式(3.3.61-b)$'$是关于冲击波阵面紧后方应力状态(σ^-, τ^-)的两个方程,对一般的非线性本构方程而言,这两个方程只有数学上平凡而力学上

并非平凡的解，即

$$\begin{cases}\sigma^- = \sigma^+ \\ \tau^- = \tau^+\end{cases} \tag{3.3.62-a}$$

而这就说明该种冲击波恰恰就是圆偏振的冲击波，其冲击波在应力空间中的动态响应曲线或应力路径(3.3.62-a)是与圆偏振波 C_2 的应力路径相重合的．式(3.3.61-b)′的第二个方程则说明，圆偏振冲击波的L氏波速 V_2 恰恰是与冲击波前方应力状态以及后方应力状态所对应的圆偏振简单波 C_2 都相等的，即

$$V_2 = C_2^+ = C_2^- \tag{3.3.62-b}$$

这是因为，跨过圆偏振的冲击波时 σ 和 τ 都不间断因而函数 q 也不间断，而函数 q 则恰恰决定了冲击波前后方应力状态的简单波速 C_2．

(2) 平面偏振的冲击波

如果式(3.3.61-c)成立，即 $\begin{bmatrix} s_2 \\ s_3 \end{bmatrix} = 0$，将之改写为 $\begin{bmatrix} \tau\cos\theta \\ \tau\sin\theta \end{bmatrix} = 0$，则有

$$[\theta] = 0 \quad 或 \quad \theta^- = \theta^+ \tag{3.3.61-c$'$}$$

式(3.3.61-c)′说明，该种冲击波恰恰是平面偏振的冲击波．式(3.3.59-c)的前两个方程为

$$\zeta \equiv \frac{1}{\rho_0 V^2} = \frac{[h]}{[\sigma]} = \frac{[q\tau\cos\theta]}{[\tau\cos\theta]}$$

利用 θ 跨波不间断的条件(3.3.61-c)′，可将此二式写为

$$\zeta \equiv \frac{1}{\rho_0 V^2} = \frac{[h]}{[\sigma]} = \frac{[q\tau]}{[\tau]} \tag{3.3.63}$$

由于 h 和 q 都是 σ 和 τ^2 的函数，故对给定的前方应力状态(σ^+，τ^+)，方程(3.3.63)给出冲击波后方应力状态(σ^-，τ^-)的两个方程，以冲击波速 V 为参数．将其解记为

$$\sigma^- = \sigma^-(V;\sigma^+,\tau^+), \quad \tau^- = \tau^-(V;\sigma^+,\tau^+)$$

该解或者方程(3.3.63)即表示在确定的极平面 $\theta^- = \theta^+$ 上通过波前应力状态点(σ^+，τ^+)的一条平面曲线，它们就是平面偏振冲击波的应力路径或动态响应曲线，该曲线上的各点(σ^-，τ^-)反映了以应力状态(σ^+，τ^+)为波前参考状态、具有不同强度而以不同冲击波速度 V 传播的平面偏振冲击波后方正应力 σ^- 和总切应力 τ^- 之间所应具有的耦合特性．

在此，我们顺便说明一下冲击波应力路径和连续简单波应力路径之间的区别．平面偏振简单波的应力路径是由常微分方程(3.3.46-b)以波前方均匀区的应力状态(σ^0，τ^0)为初始条件进行积分所得到的积分曲线所决定的，如果我们以此积分曲线上的其他任何一点为初始条件而对常微分方程(3.3.46-b)进行积分，则所得到的曲线将仍然为同一条曲线，即通过任一应力状态的某一连续简单波的应力路径是唯一的；而平面偏振冲击波的应力路径则是由隐含着冲击波前方应力状态(σ^+，τ^+)的代数方程(3.3.63)所决定的，如果冲击波前方的应力状态(σ^+，τ^+)不同，则我们将会得到一条完全不同的冲击波应力路径，即使我们以某一前方应力状态(σ^+，τ^+)所得到的冲击波应力路径上的另一状态点(σ_1^+，τ_1^+)为新的前方应力状态而代入方程(3.3.63)，也将会得到一条新的完全不同的冲击波应力路径，它表示以(σ_1^+，τ_1^+)为前方状态而强度不同分别以不同冲击波速度 V 传播的冲击波紧后方的可能应力状态(σ^-，τ^-)．

下面我们再来说明一下通过任一应力状态(σ^0，τ^0)的平面偏振连续简单波的应力路径

和以该状态为前方应力状态的平面偏振冲击波应力路径之间的关系.当冲击波的强度趋于0而成为一个无限小的增量波时,我们将有:$V\to C$,$\zeta\to\eta$,$[h]\to dh$,$[q\tau]\to d(q\tau)$,$[\sigma]\to d\sigma$,$[\tau]\to d\tau$,于是代数方程(3.3.63)将成为如下的微分方程:

$$\frac{dh}{d\sigma}=\frac{d(\tau q)}{d\tau}$$

利用 $h=h(\sigma,\tau^2)$,$q=q(\sigma,\tau^2)$和复合函数求导的链式法则将此微分方程展开,可得$\frac{d\sigma}{d\tau}$的一个二次方程,解之即有

$$\frac{d\sigma}{d\tau}=\frac{\frac{1}{2}(-h_{,\sigma}+q+2\tau^2 q_{,\tau^2})\pm Y}{-\tau q_{,\sigma}}=\frac{2\tau h_{,\tau^2}}{\frac{1}{2}(-h_{,\sigma}+q+2\tau^2 q_{,\tau^2})\mp Y}$$

其中"-"号对应 C_1 波,"+"号对应 C_3 波,上式恰恰即是前面我们所得到的两个平面偏振的简单波应力路径的微分方程(3.3.46-b),这说明,以(σ^0,τ^0)为前方应力状态点的平面偏振冲击波的应力路径与通过该点的平面偏振简单波的应力路径在该点是相切的,我们将分别把其应力路径与 C_1 波和 C_3 波应力路径相切的冲击波称为 V_1 波和 V_3 波.

需要指出的是,我们从数学上所得到的冲击波应力路径上的各种应力状态并不一定都能代表物理上合理的冲击波紧后方的应力状态,一个物理上合理的可稳定传播的冲击波还必须满足所谓的 Lax 条件,即冲击波相对于前方介质是超声速的而相对于后方介质则是亚声速的,这一点在单纯应力波中我们已经给出了说明.将这一论断应用于复合应力波的情况,我们可以写出如下的保证冲击波稳定的 Lax 条件:

$$C_i(\sigma^+,\tau^+)\leqslant V_i(\sigma^-,\tau^-;\sigma^+,\tau^+)\leqslant C_i(\sigma^-,\tau^-)\quad(i=1,2,3)\tag{3.3.64}$$

根据条件(3.3.64),我们可以发现,对于各向同性弹性材料中的平面波,圆偏振的冲击波 V_2 永远都是稳定的,因为我们有式(3.3.62-b),即 $V_2=C_2^+=C_2^-$;而对于平面偏振的冲击波 V_1 和 V_3,我们则必须对于由方程(3.3.63)所得出的曲线上的各点(σ^-,τ^-)按照条件(3.3.64)进行检验,从而确定该应力状态是否代表一个合理的、稳定的冲击波.

2. 各向同性超弹性二阶材料中的冲击波及其应力路径

如前所述,圆偏振的冲击波 V_2 的应力路径是由

$$\begin{cases}\sigma^-=\sigma^+\\ \tau^-=\tau^+\end{cases}\tag{3.3.62-a}$$

给出的,它是一个距离 s_2s_3 平面为 $\sigma^-=\sigma^+$、半径为 $\tau^-=\tau^+$ 的圆,这对于任意的各向同性材料(包括各向同性超弹性的二阶材料)都是成立的.而对于平面偏振的冲击波,我们则只以各向同性超弹性的二阶材料为例来进行讨论,此时有

$$h=a\sigma+\frac{b}{2}\sigma^2+\frac{e}{2}\tau^2,\quad q=d+e\sigma$$

而 V_1 波和 V_3 波的应力路径(3.3.63)成为

$$\zeta=\frac{d[\tau]+e[\sigma\tau]}{[\tau]}=\frac{a[\sigma]+\frac{b}{2}[\sigma^2]+\frac{e}{2}[\tau^2]}{[\sigma]}\tag{3.3.65}$$

为了得到其显式表达式,我们对此应力路径分两种情况进行讨论.

(1) $\tau^+\neq 0$(冲击波前方存在不为零的预加切应力 $\tau^+\neq 0$)

此时方程(3.3.65)的第二个方程可展开为

$$\left(1+\frac{k+1}{2\tau^+}[\tau]\right)\frac{[\sigma]^2}{[\tau]^2}+k\frac{\bar{\sigma}^+}{\tau^+}\frac{[\sigma]}{[\tau]}-\left(1+\frac{[\tau]}{2\tau^+}\right)=0$$

这是关于$\frac{[\sigma]}{[\tau]}$的一个二次代数方程,解之可得

$$\frac{[\sigma]}{[\tau]}=\frac{-\frac{k\bar{\sigma}^+}{2\tau^+}\mp\left[\left(\frac{k\bar{\sigma}^+}{2\tau^+}\right)^2+\left(1+\frac{[\tau]}{2\tau^+}\right)\left(1+\frac{k+1}{2\tau^+}[\tau]\right)\right]^{\frac{1}{2}}}{1+\frac{k+1}{2\tau^+}[\tau]}\tag{3.3.66}$$

其中"$-$"号对应 V_1 波,"$+$"号对应 V_3 波,且

$$\bar{\sigma}^+=\sigma^+-\sigma^*$$

而 k 和σ^* 如前面式(3.3.51)所定义.当$[\sigma]\rightarrow d\sigma$,$[\tau]\rightarrow d\tau$,即冲击波趋于无限小时,式(3.3.66)将趋于平面偏振简单波的应力路径(3.3.53),故我们将式(3.3.66)中的上下式分别称为 V_1 波和 V_3 波的应力路径.

(2) $\tau^+=0$(冲击波前方不存在非零的预加切应力)

此时式(3.3.65)的第二个方程将给出如下的两个解:

$$\tau^-=0\quad(\sigma\text{ 轴})\tag{3.3.67-a}$$

$$(\tau^-)^2=(k+1)[\sigma]\left([\sigma]+\frac{2k}{k+1}\bar{\sigma}^+\right)\tag{3.3.67-b}$$

式(3.3.67-a)为 σ 轴,其上各点代表纯纵向冲击波;式(3.3.67-b)为双曲线,其上各点代表复合冲击波.特别说来,当 $\tau^+=0=\sigma^+$,即冲击波的前方为不受应力的自然应力状态时,式(3.3.67-b)成为

$$(\tau^-)^2=(k+1)\sigma^-\left(\sigma^--\frac{2k}{k+1}\sigma^*\right)\tag{3.3.68}$$

双曲线(3.3.68)的其中一支与 σ 轴的交点是原点(0,0),而另一支与 σ 轴的交点是$(\hat{\sigma},0)$,其中

$$\hat{\sigma}=\frac{2k}{k+1}\sigma^*\tag{3.3.69}$$

对某种特定的材料参数,双曲线(3.3.68)的一个例子可如图 3.14 所示.

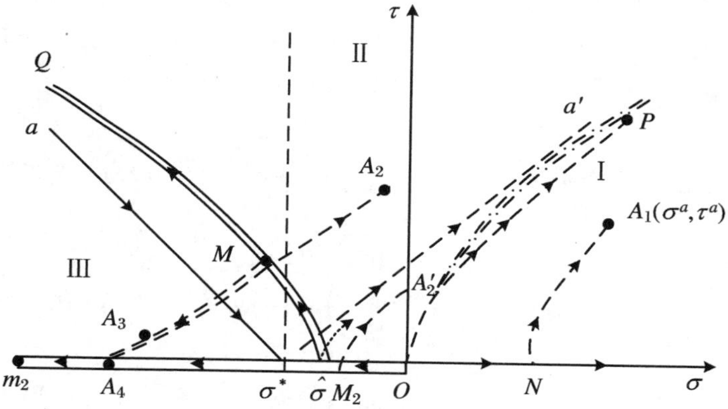

图 3.14

3. 涉及冲击波的初边值问题解例

为了说明以简单波和冲击波的应力路径为手段求解典型初边值问题的方法，我们仍以各向同性超弹性的二阶材料为例. 由于前面已经说明，对于二阶材料而言，圆偏振的波速 C_2 总是在两个平面偏振的波速 C_1 和 C_3 之间，而且其作用是将应力矢量由一个极平面旋转到另一个极平面，所以我们可以不必再讨论涉及圆偏振波的最一般的初边值问题，而只需考虑与平面偏振波有关的初边值问题，即我们可假设初始条件 B 的应力矢量和边界条件 A 的应力矢量处于同一个极平面之内，也就是 $\theta^a=\theta^b$ 的问题. 同时为了简单起见，作为例子我们将只考虑初始条件 $B(\sigma^b,\tau^b)=B(0,0)$ 为零应力状态的问题. 我们将考虑下面的例三.

初边值问题例三：设材料为 $3\mathrm{b}\left(e>0,1-\dfrac{a}{b}<k\leqslant 1\right)$.

我们的问题是，对于材料 $3\mathrm{b}\left(e>0,1-\dfrac{a}{b}<k\leqslant 1\right)$，设初始条件为无应力的自然状态 $B(\sigma^b,\tau^b)=B(0,0)$，对于各种不同的恒值初始边界脉冲 $A(\sigma^a,\tau^a)$ 来寻求问题的正确波动图案. 如图 3.14 所示，在图中我们画出了材料 3b 的若干典型 C_1 波和 C_3 波的应力路径曲线并以箭头表示了其波速递减的方向. 图中的 σ 轴和双曲线 $Q\hat{\sigma}$ 及 OQ' 表示以零应力状态 $O(0,0)$ 为波前状态的平面偏振冲击波的动态响应曲线，但是可以证明（请读者尝试证明之）：负的 σ 轴和双曲支 $Q\hat{\sigma}$ 代表了参考于 $O(0,0)$ 的冲击波 V_1 的应力路径，而且其上的点都代表了满足 Lax 条件(3.3.64)的合理的冲击波，在其上的粗黑箭头表示从波前状态 $O(0,0)$ 跃至这些波后点的方向；而正的 σ 轴和双曲支 OQ' 虽然在数学上分别表示了参考于 $O(0,0)$ 的冲击波 V_1 和 V_3 的应力路径，但是其上的点都并不满足 Lax 条件(3.3.64)，因此它们并不代表合理的冲击波. 现在我们就以图 3.14 为基础，来分析对应于不同边界条件 A 时问题的解.

(1) $A_1\in$ 区域Ⅰ：$PO\sigma$

图 3.14 中的虚线 OP 表示通过原点的 C_3 波应力路径. 当初始条件为 $B(\sigma^b,\tau^b)=B(0,0)$ 而边界条件 $A(\sigma_1^a,\tau_1^a)$ 位于由 $PO\sigma$ 所限定的区域时，显然问题的正确波动图案就是

$$B(0,0)\xrightarrow[\text{纯纵波}]{C_1}N(\sigma^n,\tau^n)\xrightarrow[\text{复合波}]{C_3}A_1(\sigma_1^a,\tau_1^a)$$

其中点 N 为过点 A 的 C_3 波应力路径与 σ 轴的交点. 此波动图案如图 3.15(a)所示.

(2) $A_2\in$ 区域Ⅱ：$Q\hat{\sigma}OP$

如前所述，负的 σ 轴（包括线段 $\hat{\sigma}O$）和双曲支 $Q\hat{\sigma}$ 表示参考于前方应力状态 $O(0,0)$ 的冲击波 V_1 的应力路径，而且其上的点都满足 Lax 条件：

$$C_1(0,0)\leqslant V_1(\sigma^m,\tau^m;0,0)\leqslant C_1(\sigma^m,\tau^m)\quad(Q\hat{\sigma}O\text{ 上任一点 }M(\sigma^m,\tau^m))\tag{3.3.70}$$

所以其上的点代表合理的冲击波 V_1；而且也可以证明，对于 $Q\hat{\sigma}O$ 上任一点 $M(\sigma^m,\tau^m)$ 都有

$$C_3(\sigma^m,\tau^m)\leqslant V_1(\sigma^m,\tau^m;0,0)\quad(Q\hat{\sigma}O\text{ 上任一点 }M(\sigma^m,\tau^m))\tag{3.3.71}$$

这就可保证 C_3 波在 V_1 波之后传播的合理性. 因此，当边界条件 A_2 在区域Ⅱ时，正确的波动图案必然是

$$B(0,0)\xrightarrow[\text{纯纵波或复合波}]{V_1}M(\sigma^m,\tau^m)\xrightarrow[\text{复合波}]{C_3}A_2(\sigma_2^a,\tau_2^a)$$

此波动图案如图 3.15(b)所示.

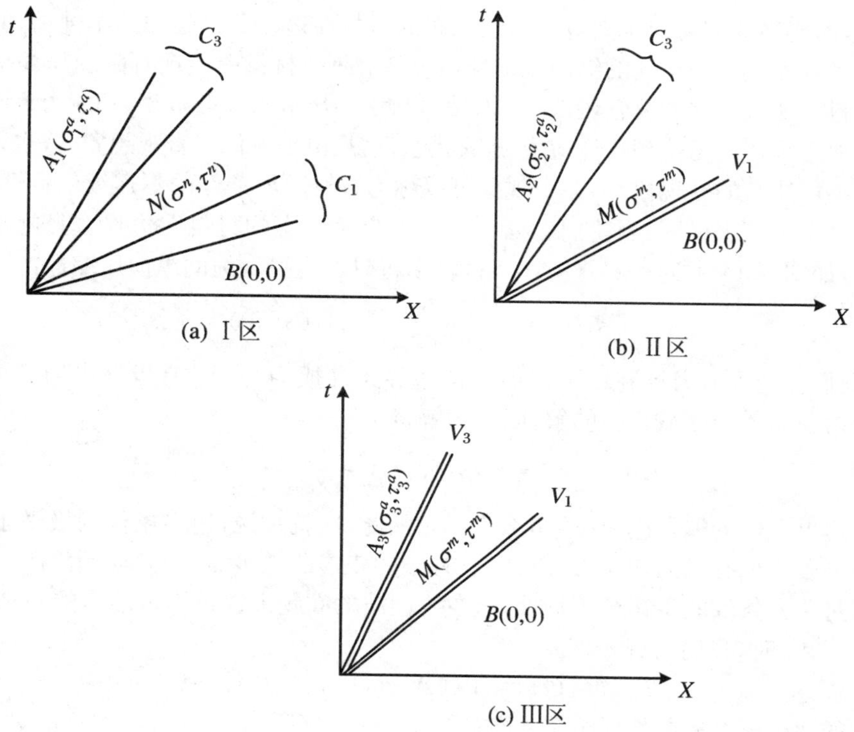

图 3.15

(3) $A_3 \in$ 区域Ⅲ：$Q\hat{\sigma}m_2$

由于自点 M 沿着向此区域Ⅲ中的 C_3 波应力路径移动时，特征波速 C_3 是递增的，所以从物理上我们可预计将会有冲击波 V_3 产生. 对于 $Q\hat{\sigma}$ 上的任意一点 $M(\sigma^m,\tau^m)$，在式(3.3.66)中，令$(\sigma^+,\tau^+)=(\sigma^m,\tau^m)$，我们可以得出参考于点 M 的冲击波 V_3 的应力路径，如图 3.14 中的 MA_3 所示，而且可以证明 MA_3 上的各点 A 都满足如下的 Lax 条件：

$$C_3(\sigma^m,\tau^m) \leqslant V_3(\sigma^a,\tau^a;\sigma^m,\tau^m) \leqslant C_3(\sigma^a,\tau^a) \quad (MA_3\text{ 上的任意点 }A) \tag{3.3.72}$$

而且我们还可证明如下的不等式：

$$V_3(\sigma^a,\tau^a;\sigma^m,\tau^m) \leqslant V_1(\sigma^m,\tau^m;0,0) \tag{3.3.73}$$

式(3.3.72)可保证冲击波 V_3 的稳定性，式(3.3.73)可保证 V_3 波在 V_1 波之后传播. 因此，当边界条件 A_3 在区域Ⅲ时，正确的波动图案必然是

$$B(0,0) \xrightarrow[\text{复合波}]{V_1} M(\sigma^m,\tau^m) \xrightarrow[\text{复合波}]{V_3} A_3(\sigma_3^a,\tau_3^a)$$

此波动图案如图 3.15(c)所示.

在这里我们指出一些非线性材料中波动问题的特有现象. 第一个现象可以由如下的例子来说明：当我们对处于无应力自然状态的材料在边界上施加一个纯剪切应力时，例如图 3.14 中的边界条件 A_2'，问题的解将是

$$B(0,0) \xrightarrow[\text{纯压缩冲击波}]{V_1} M_2(\sigma_2^m, 0) \xrightarrow[\text{复合波}]{C_3} A_2'(\sigma_2^{a'}, \tau_2^{a'})$$

这就是说,即使当我们对处于无应力自然状态的材料在边界上只施加一个纯剪切应力时,在材料中也将首先激发一个纯的纵向压缩冲击波 V_1 而在材料中出现有限的压缩应力 σ_2^m,此后才在材料中通过后继的复合慢波 C_3 而使材料中的压应力逐渐减小,切应力逐渐增加直至达到正应力为零切应力达到边界应力 $\sigma_2^{a'}$的状态,这是出乎人们的直观想象的,也是在线性波的问题中不可能有的新现象.第二个现象可以称为解对边界条件的不连续依赖性,这可以由如下的另一个示例来说明:当我们对处于无应力自然状态的材料在边界上只施加一个纯压缩应力时,如图 3.14 中的点 $A_4(\sigma_4, 0)$,材料中将只产生一个纯的纵向压缩冲击波 V_1,即

$$B(0,0) \xrightarrow[\text{纯压缩冲击波}]{V_1} A_4(\sigma_4^a, 0)$$

但是,当我们对边界应力控制得不好而使得边界条件成为与 A_4 有极微小切应力偏差的点 A_3 时,则由前面关于区域Ⅲ中的解,问题的解将是

$$B(0,0) \xrightarrow[\text{复合波}]{V_1} M(\sigma^m, \tau^m) \xrightarrow[\text{复合波}]{V_3} A_3(\sigma_3^a, \tau_3^a)$$

而且不管边界条件的偏差应力 τ_3^a 多么小都是如此,这就是说,边界条件的极微小切应力 τ_3^a 在材料中可以产生有限的切应力 τ^m(以及有限的正应力改变 $\sigma^m - \sigma_3^a$),我们可以把这一现象称为解对边界条件的不连续依赖性,这在线性波的问题中也是不可能有的新现象.可以证明,当 $A_3 \to A_4$ 时,我们将有

$$V_1(M; O) = V_1(A_4; O) = V_3(A_4; M) \tag{3.3.74}$$

所以上述的两个解在极限情况下是一致的.

3.4 薄壁管中的弹塑性复合应力波

在本节中我们将讨论薄壁管受拉(压)扭联合作用时的复合应力波问题,但我们将假设材料是弹塑性材料,即讨论薄壁管中的弹塑性复合应力波问题,而且假设波是沿着管轴方向传播的平面波,故我们讨论的仍是只有一个空间变量的一维复合应力波问题.

3.4.1 基本方程组

设有一半无限长薄壁圆管,如图 3.16 所示,设薄壁圆管壁厚为 δ、内外圆截面的平均半径为 R,所谓薄壁圆管是指 $\delta/R \ll 1$.以其端截面的中心为原点 O、以其轴线为 X 轴建立如图 3.16 所示的 L 氏柱坐标系$(q_1, q_2, q_3) = (r, \theta, X)$.下面将说明,在管壁不受外载、管端受有拉(压)扭联合作用而忽略其管材的径向惯性效应时,薄壁管将和材料力学中的静力学问题一样而处于二向应力状态,其管微元的受力状态如图 3.16 和图 3.17 所示.由于管壁很薄,可以认为各物理量在厚度方向是均匀的,于是我们所讨论的将是沿管轴方向传播而波阵面垂直于管轴的一维平面波问题.

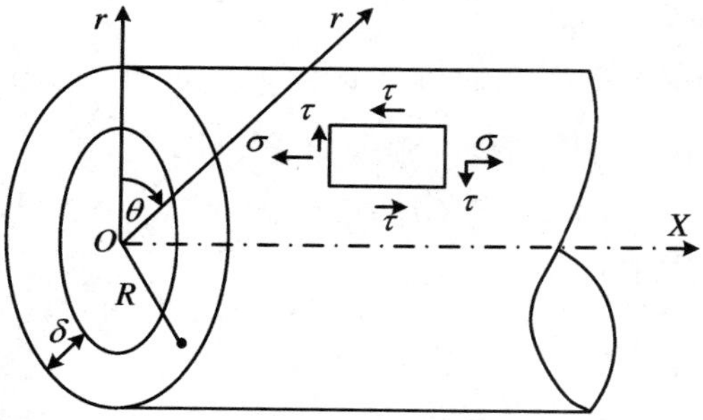

图 3.16 半无限长薄壁圆管

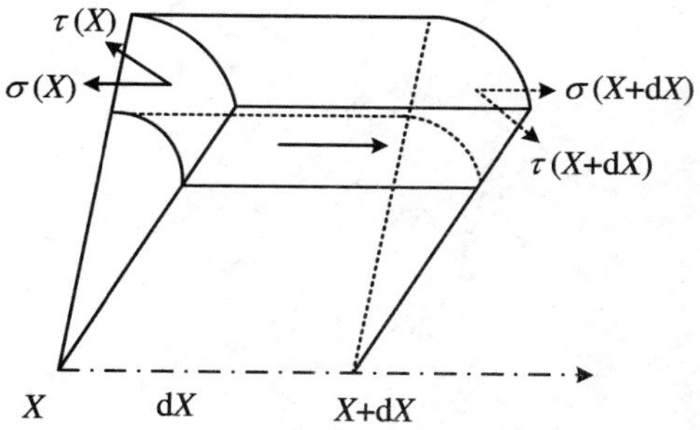

图 3.17 薄壁圆管物质微元

对一维平面波问题,任一物理量 f 都只是 L 氏坐标 X 和时间 t 的函数,即

$$f = f(X, t)$$

特别说来,径向位移 u_r、环向位移 u_θ 和轴向位移 u_X 也只是 X 和 t 的函数,我们可将之记为

$$\begin{cases} u_r = u_1(X, t) \\ u_\theta = u_2(X, t) = R\varphi(X, t) \\ u_X = u_3(X, t) \end{cases} \tag{3.4.1}$$

其中 $\varphi(X, t)$ 是截面 X 的扭转角. 以 ε, γ 分别表示轴向正应变、轴向线元 $\mathrm{d}X$ 和环向线元 $R\mathrm{d}\theta$ 间的角应变(以夹角减小为正),以 u, v 分别表示轴向质点速度、环向质点速度,则有

$$\varepsilon = \frac{\partial u_3}{\partial X}, \quad u = \frac{\partial u_3}{\partial t}, \quad \gamma = \frac{\partial u_3}{R\partial\theta} + \frac{\partial u_2}{\partial X} = R\frac{\partial\varphi}{\partial X}, \quad v = \frac{\partial u_2}{\partial t} = R\frac{\partial\varphi}{\partial t}$$

设位移单值连续而且存在连续的二阶混合导数,则由于二阶混合导数可以交换次序,我们可由上式的前两式和后两式分别得出

$$\frac{\partial\varepsilon}{\partial t} - \frac{\partial u}{\partial X} = 0 \tag{3.4.2-a}$$

$$\frac{\partial\gamma}{\partial t} - \frac{\partial v}{\partial X} = 0 \tag{3.4.2-b}$$

式(3.4.2-a)和式(3.4.2-b)分别是轴向位移连续条件和环向位移连续条件. 如果记

$$\boldsymbol{\varepsilon} \equiv \begin{bmatrix} \varepsilon \\ \gamma \end{bmatrix}, \quad \boldsymbol{v} \equiv \begin{bmatrix} u \\ v \end{bmatrix}$$

则连续方程(3.4.2-a)和方程(3.4.2-b)可以统一地写为矢量方程:

$$\frac{\partial\boldsymbol{\varepsilon}}{\partial t} - \frac{\partial\boldsymbol{v}}{\partial X} = 0 \tag{3.4.2}$$

参照图 3.18,考虑物质元 $\delta R\mathrm{d}\theta\mathrm{d}X$ 的径向动量守恒条件,可有

$$\rho_0\delta R\mathrm{d}\theta\mathrm{d}X\frac{\partial v_r}{\partial t} = -2\delta\mathrm{d}X\sigma_\theta\cos\left(\frac{\pi}{2} - \frac{\mathrm{d}\theta}{2}\right) \approx -\delta\mathrm{d}X\sigma_\theta\mathrm{d}\theta$$

即

$$\rho_0\frac{\partial v_r}{\partial t} = -\frac{\sigma_\theta}{R} \tag{3.4.3}$$

其中 v_r 表示径向质点速度,σ_θ 表示环向正应力.

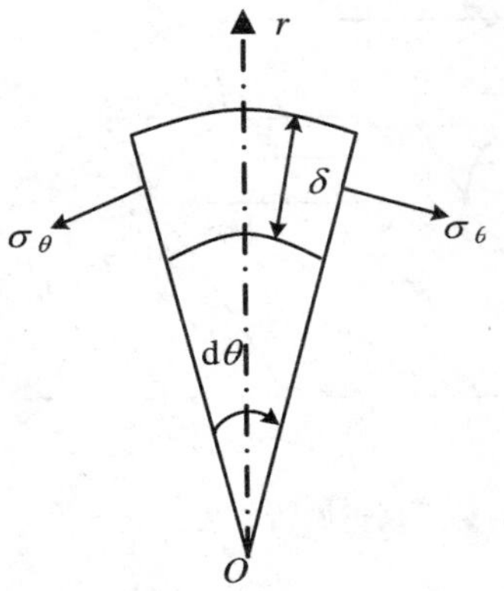

图 3.18　物质微元径向动量守恒

如果假设薄壁管的径向惯性效应可以忽略,即设 $\frac{\partial v_r}{\partial t}\approx 0$,则由式(3.4.3)我们将有 $\sigma_\theta\approx 0$;如果再不考虑管壁上径向正应力 σ_r 的存在,则

$$\sigma_\theta = 0,\quad \sigma_r = 0 \tag{3.4.4-a}$$

即在三个正应力中只有

$$\sigma_X \equiv \sigma \neq 0$$

而在剪应力中则只有

$$\sigma_{X\theta} = \sigma_{\theta X} \equiv \tau \neq 0$$

其他两个剪应力为零,即

$$\sigma_{r\theta} = \sigma_{\theta r} = 0,\quad \sigma_{rX} = \sigma_{Xr} = 0 \tag{3.4.4-b}$$

于是我们便有图 3.16 和图 3.17 中的物质微元受力图示情况.

参照图 3.17,物质元 $\delta R\mathrm{d}\theta\mathrm{d}X$ 的轴向动量守恒条件和环向动量守恒条件分别给出:

$$\rho_0 R\mathrm{d}\theta\delta\mathrm{d}X\frac{\partial u}{\partial t} = \delta R\mathrm{d}\theta(\sigma|_{X+\mathrm{d}X} - \sigma|_X) = \delta R\mathrm{d}\theta\frac{\partial\sigma}{\partial X}\mathrm{d}X$$

和

$$\rho_0 R\mathrm{d}\theta\delta\mathrm{d}X\frac{\partial v}{\partial t} = \delta R\mathrm{d}\theta(\tau|_{X+\mathrm{d}X} - \tau|_X) = \delta R\mathrm{d}\theta\frac{\partial\tau}{\partial X}\mathrm{d}X$$

即

$$\rho_0\frac{\partial u}{\partial t} - \frac{\partial\sigma}{\partial X} = 0 \tag{3.4.5-a}$$

$$\rho_0\frac{\partial v}{\partial t} - \frac{\partial\tau}{\partial X} = 0 \tag{3.4.5-b}$$

方程(3.4.5-a)和方程(3.4.5-b)分别是薄壁管的轴向运动方程和环向运动方程.如果记

$$\boldsymbol{\sigma}\equiv\begin{bmatrix}\sigma\\ \tau\end{bmatrix},\quad \boldsymbol{v}\equiv\begin{bmatrix}u\\ v\end{bmatrix}$$

则运动方程(3.4.5-a)和方程(3.4.5-b)可以统一地写为矢量方程:

$$\rho_0\frac{\partial\boldsymbol{v}}{\partial t} = \frac{\partial\boldsymbol{\sigma}}{\partial X} \tag{3.4.5}$$

式(3.4.2)和式(3.4.5)共给出四个方程而有六个未知量($\varepsilon,\gamma,u,v,\sigma,\tau$)待求,另外两个方程需由管材的本构方程来提供.对线弹性材料,其本构关系为

$$\sigma = E\varepsilon \tag{3.4.6-a}$$

$$\tau = G\gamma \tag{3.4.6-b}$$

其中 E 和 G 分别为材料的杨氏模量和弹性剪切模量.可以看到,对于线弹性材料而言,方程(3.4.2-a)、方程(3.4.5-a)、方程(3.4.6-a)和方程(3.4.2-b)、方程(3.4.5-b)、方程(3.4.6-b)分别组成关于(ε,u,σ)和(γ,v,τ)的封闭方程组,它们分别表示管中的弹性纵波方程组和弹性扭转横波方程组,故在线弹性薄壁管中纵波和横波是互不耦合而各自独立传播的.我们关心的则是非线性材料,在本节中我们将考虑弹塑性材料.容易说明,在我们前面所做的假定和物质元的受力情况之下,Mises 材料和 Tresca 材料的屈服准则可以统一地写

为如下形式：

$$f(\sigma,\tau)\equiv\tau^2+\left(\frac{\sigma}{\alpha}\right)^2=K^2 \tag{3.4.7}$$

$\alpha=\sqrt{3}$ 和 $\alpha=2$ 分别对应 Mises 屈服准则和 Tresca 屈服准则. 对理想塑性材料而言 K 为常数，而对于各向同性硬化材料，硬化参数 K 可以表达为单位体积材料的塑性功 W^p 的函数，即

$$K=K(W^p),\quad W^p=W^p(K) \tag{3.4.8}$$

其中 $W^p(K)$ 是函数 $K(W^p)$ 的反函数. 由屈服准则(3.4.7)，可有

$$\frac{\partial f}{\partial\sigma}=2\frac{\sigma}{\alpha^2},\quad \frac{\partial f}{\partial\tau}=2\tau,\quad 2K\dot{K}=2\frac{\sigma\dot{\sigma}}{\alpha^2}+2\tau\dot{\tau} \tag{3.4.9}$$

根据塑性应变流动的正交法则，可有

$$\dot{\varepsilon}^p=\dot{\lambda}\frac{\partial f}{\partial\sigma},\quad \dot{\gamma}^p=\dot{\lambda}\frac{\partial f}{\partial\tau} \tag{3.4.10}$$

其中 $\dot{\lambda}$ 为塑性流动因子，这里我们把屈服函数 f 中的独立应力分量取为 (σ,τ) 而不是 $(\sigma,\tau_{X\theta}=\tau,\tau_{\theta X}=\tau)$，故(保持功率共轭的)切应力 τ 所对应的塑性应变率为角应变率 $\dot{\gamma}^p$，因而塑性功率 $\dot{W}^p$ 可以写为

$$\dot{W}^p=\sigma\dot{\varepsilon}^p+\tau\dot{\gamma}^p \tag{3.4.11}$$

将式(3.4.10)代入式(3.4.11)，然后再利用式(3.4.9)和式(3.4.7)，则可得

$$\dot{W}^p=2\dot{\lambda}\left(\frac{\sigma^2}{\alpha^2}+\tau^2\right)=2\dot{\lambda}K^2 \tag{3.4.12-a}$$

由此可得塑性流动因子 $\dot{\lambda}$ 为

$$\dot{\lambda}=\frac{\dot{W}^p}{2K^2}=\frac{1}{2K^2}\frac{\mathrm{d}W^p}{\mathrm{d}K}\dot{K}=\frac{1}{2K^3}\frac{\mathrm{d}W^p}{\mathrm{d}K}\left(\frac{\sigma\dot{\sigma}}{\alpha^2}+\tau\dot{\tau}\right) \tag{3.4.12-b}$$

在式(3.4.12-b)的最后一个等式中我们利用了式(3.4.9). 硬化参数 K 为应力状态 (σ,τ) 的函数，由屈服准则(3.4.7)给出，而函数 $W^p(K)$ 则可以通过简单拉压实验曲线或者纯剪切实验曲线来确定. 例如，设材料的简单拉压实验曲线为

$$\sigma=F(\varepsilon)$$

则有

$$\dot{\sigma}=F'(\varepsilon)\dot{\varepsilon}=F'(\varepsilon)(\dot{\varepsilon}^e+\dot{\varepsilon}^p)=F'(\varepsilon)\left(\frac{\dot{\sigma}}{E}+\frac{\dot{W}^p}{\sigma}\right) \tag{a}$$

将材料简单拉压曲线的弹塑性切线模量 $F'(\varepsilon)$ 作为应力状态 σ 的函数并记为 $g(\sigma)$，即

$$F'(\varepsilon)=F'[\varepsilon(\sigma)]\equiv g(\sigma) \tag{b}$$

则式(a)可写为

$$\dot{\sigma}=g(\sigma)\left(\frac{\dot{\sigma}}{E}+\frac{\dot{W}^p}{\sigma}\right) \tag{c}$$

在简单拉压时，屈服准则(3.4.7)简化为

$$\sigma=\alpha K$$

将

$$\begin{cases}\dot{\sigma} = \alpha\dot{K} \\ \dot{W}^{\mathrm{p}} = \dfrac{\mathrm{d}W^{\mathrm{p}}}{\mathrm{d}K}\dot{K}\end{cases} \tag{d}$$

代入式(c)并消去两端的 $\dot{K}$，即得

$$\frac{\mathrm{d}W^{\mathrm{p}}}{\mathrm{d}K} = \alpha^2 K\left[\frac{1}{g(\alpha K)} - \frac{1}{E}\right] \tag{3.4.13}$$

由于刚达至简单拉压的屈服应力 $\sigma = Y$ 时，$K = \frac{Y}{\alpha}$ 而 $W^{\mathrm{p}} = 0$，故以初始条件 $W^{\mathrm{p}}\left(K = \frac{Y}{\alpha}\right) = 0$ 积分式(3.4.13)，我们即可得出函数 $W^{\mathrm{p}}(K)$. 将式(3.4.13)代入塑性流动因子 $\dot{\lambda}$ 的表达式(3.4.12-b)，然后再代入正交法则(3.4.10)，我们即可得出材料的弹塑性本构关系为

$$\dot{\varepsilon} = \dot{\varepsilon}^{\mathrm{e}} + \dot{\varepsilon}^{\mathrm{p}} = \frac{\dot{\sigma}}{E} + \dot{\lambda}\frac{\partial f}{\partial \sigma} = \frac{\dot{\sigma}}{E} + \frac{2\sigma}{\alpha^2}\frac{1}{2K^3}\frac{\mathrm{d}W^{\mathrm{p}}}{\mathrm{d}K}\left(\frac{\sigma\dot{\sigma}}{\alpha^2} + \tau\dot{\tau}\right)$$

$$\dot{\gamma} = \dot{\gamma}^{\mathrm{e}} + \dot{\gamma}^{\mathrm{p}} = \frac{\dot{\tau}}{G} + \dot{\lambda}\frac{\partial f}{\partial \tau} = \frac{\dot{\tau}}{G} + 2\tau\frac{1}{2K^3}\frac{\mathrm{d}W^{\mathrm{p}}}{\mathrm{d}K}\left(\frac{\sigma\dot{\sigma}}{\alpha^2} + \tau\dot{\tau}\right)$$

引入记号

$$H(K) = \frac{\mathrm{d}W^{\mathrm{p}}}{\mathrm{d}K}/(\alpha^2 K^3) = \frac{1}{K^2}\left[\frac{1}{g(\alpha K)} - \frac{1}{E}\right] \tag{3.4.14}$$

则上述弹塑性本构关系可以写为如下形式：

$$\dot{\varepsilon} = \dot{\sigma}\left[\frac{1}{E} + \left(\frac{\sigma}{\alpha}\right)^2 H(K)\right] + \dot{\tau}H(K)\sigma\tau \tag{3.4.15-a}$$

$$\dot{\gamma} = \dot{\sigma}H(K)\sigma\tau + \dot{\tau}\left[\frac{1}{G} + \alpha^2\tau^2 H(K)\right] \tag{3.4.15-b}$$

利用前面的记号

$$\boldsymbol{\varepsilon} = \begin{bmatrix}\varepsilon \\ \gamma\end{bmatrix}, \quad \boldsymbol{\sigma} = \begin{bmatrix}\sigma \\ \tau\end{bmatrix}, \quad \boldsymbol{v} = \begin{bmatrix}u \\ v\end{bmatrix}$$

并引入柔度张量

$$\boldsymbol{G} = \begin{bmatrix}\dfrac{1}{E} + \left(\dfrac{\sigma}{\alpha}\right)^2 H & H\tau\sigma \\ H\tau\sigma & \dfrac{1}{G} + \alpha^2\tau^2 H\end{bmatrix}$$

则本构方程(3.4.15-a)和方程(3.4.15-b)可以写为如下的张量方程：

$$\dot{\boldsymbol{\varepsilon}} = \boldsymbol{G}\cdot\dot{\boldsymbol{\sigma}} \tag{3.4.15}$$

将连续方程(3.4.2)代入本构方程(3.4.15)而消去 $\dot{\boldsymbol{\varepsilon}}$ 可得

$$\boldsymbol{G}\cdot\boldsymbol{\sigma}_t - \boldsymbol{v}_X = \boldsymbol{O}$$

运动方程(3.4.5)连同该方程即构成关于 $\boldsymbol{v}$ 和 $\boldsymbol{\sigma}$ 的基本方程组如下：

$$\rho_0\frac{\partial \boldsymbol{v}}{\partial t} = \frac{\partial \boldsymbol{\sigma}}{\partial X}$$

$$\boldsymbol{G}\cdot\boldsymbol{\sigma}_t - \boldsymbol{v}_X = \boldsymbol{O}$$

将之写为一阶拟线性方程组的规范形式，即为

$$\boldsymbol{A}\cdot\boldsymbol{W}_t + \boldsymbol{B}\cdot\boldsymbol{W}_X = \boldsymbol{O} \tag{3.4.16}$$

其中

$$\boldsymbol{W}=\begin{bmatrix}\boldsymbol{v}\\ \boldsymbol{\sigma}\end{bmatrix}=\begin{bmatrix}u\\ v\\ \sigma\\ \tau\end{bmatrix},\quad \boldsymbol{A}=\begin{bmatrix}\rho_0\boldsymbol{I} & \boldsymbol{O}\\ \boldsymbol{O} & \boldsymbol{G}\end{bmatrix},\quad \boldsymbol{B}=\begin{bmatrix}\boldsymbol{O} & -\boldsymbol{I}\\ -\boldsymbol{I} & \boldsymbol{O}\end{bmatrix},\quad \boldsymbol{I}=\begin{bmatrix}1 & 0\\ 0 & 1\end{bmatrix},\quad \boldsymbol{O}=\begin{bmatrix}0 & 0\\ 0 & 0\end{bmatrix}$$

(3.4.17-a)

$$\boldsymbol{G}=\begin{bmatrix}\dfrac{1}{E}+\left(\dfrac{\sigma}{\alpha}\right)^2 H & H\tau\sigma\\ H\tau\sigma & \dfrac{1}{G}+\alpha^2\tau^2 H\end{bmatrix}\tag{3.4.17-b}$$

弹塑性本构关系(3.4.15)的性质主要是由弹塑性柔度张量 $\boldsymbol{G}$ 所决定的，而 $\boldsymbol{G}$ 则是由表征材料功硬化特性的函数 $W^{p}(K)$和 $H(K)$所决定的，由于硬化参数 K 是由屈服准则(3.4.7)所限定的材料应力状态(σ,τ)的函数，所以 $H(K)$也是应力状态(σ,τ)的函数.由式(3.4.14)可见，对于塑性硬化材料，因为$\dfrac{\mathrm{d}W^{p}}{\mathrm{d}K}>0$，故有 $H(K)>0$；而对于理想塑性材料，因为$\dfrac{\mathrm{d}W^{p}}{\mathrm{d}K}=\infty$，故有 $H(K)=\infty$；而对于弹性材料或者在弹塑性材料的弹性区，因为$\dfrac{\mathrm{d}W^{p}}{\mathrm{d}K}=0$，故有$H(K)=0$.

3.4.2　特征波速和简单波解

由式(3.4.17)可见，柔度张量 $\boldsymbol{G}$ 和矩阵$\boldsymbol{A}$ 及$\boldsymbol{B}$ 都是实对称矩阵，所以它们的左右特征矢量是相同的，但是为了表述的一般性，我们仍将分别以不同的记号来表达它们的左右特征矢量.

由广义特征理论可知，薄壁管中的特征波速 C 是由矩阵$\boldsymbol{B}$ 相对于矩阵$\boldsymbol{A}$ 的特征值所决定的，即

$$\|\boldsymbol{B}-C\boldsymbol{A}\|=0\tag{3.4.18}$$

特征关系则为

$$\boldsymbol{L}\cdot\boldsymbol{A}\cdot\frac{\mathrm{d}\boldsymbol{W}}{\mathrm{d}t}=0\ (\text{对任意的 }C)\quad \text{或}\quad \boldsymbol{L}\cdot\boldsymbol{B}\cdot\frac{\mathrm{d}\boldsymbol{W}}{\mathrm{d}t}=0\ (\text{对 }C\neq 0)\tag{3.4.19}$$

而简单波解可以表达为

$$\frac{\mathrm{d}\boldsymbol{W}}{\mathrm{d}\xi}=\beta\boldsymbol{R}\tag{3.4.20}$$

其中 β 为任意常数，而 $\boldsymbol{L}$ 和 $\boldsymbol{R}$ 分别为矩阵$\boldsymbol{B}$ 相对于矩阵$\boldsymbol{A}$ 的左右特征矢量，即

$$\boldsymbol{L}\cdot(\boldsymbol{B}-C\boldsymbol{A})=\boldsymbol{O},\quad (\boldsymbol{B}-C\boldsymbol{A})\cdot\boldsymbol{R}=\boldsymbol{O}\tag{3.4.21}$$

用类似于3.3节中所采用的矩阵分块降维的方法，我们有

$$\boldsymbol{B}-C\boldsymbol{A}=\begin{bmatrix}-\rho_0 C\boldsymbol{I} & -\boldsymbol{I}\\ -\boldsymbol{I} & -C\boldsymbol{G}\end{bmatrix}=\begin{bmatrix}-\rho_0 C\boldsymbol{I} & \boldsymbol{O}\\ -\boldsymbol{I} & \boldsymbol{I}-\rho_0C^2\boldsymbol{G}\end{bmatrix}\begin{bmatrix}\boldsymbol{I} & \boldsymbol{I}/(\rho_0 C)\\ \boldsymbol{O} & \boldsymbol{I}/(\rho_0 C)\end{bmatrix}$$

故特征方程(3.4.18)可以化简为

$$\|\boldsymbol{B}-C\boldsymbol{A}\|=(-\rho_0 C)^2\|\boldsymbol{I}-\rho_0C^2\boldsymbol{G}\|\left(\frac{1}{\rho_0 C}\right)^2=0$$

即

$$\| \boldsymbol{G} - \eta \boldsymbol{I} \| = 0 \tag{3.4.22-a}$$

其中

$$\eta = \frac{1}{\rho_0 C^2} \tag{3.4.22-b}$$

可见特征波速 C 是由柔度张量 $\boldsymbol{G}$ 的特征值 η 所决定的. 如记

$$\boldsymbol{R} = \begin{bmatrix} \boldsymbol{q} \\ \boldsymbol{r} \end{bmatrix} = \begin{bmatrix} q_1 \\ q_2 \\ r_1 \\ r_2 \end{bmatrix}$$

则式(3.4.21)的第二式的矩阵分块记法将为

$$\begin{bmatrix} -\rho_0 C\boldsymbol{I} & -\boldsymbol{I} \\ -\boldsymbol{I} & -C\boldsymbol{G} \end{bmatrix} \begin{bmatrix} \boldsymbol{q} \\ \boldsymbol{r} \end{bmatrix} = \begin{bmatrix} \boldsymbol{O} \\ \boldsymbol{O} \end{bmatrix} \tag{3.4.23}$$

即

$$\begin{cases} \rho_0 C\boldsymbol{q} + \boldsymbol{r} = \boldsymbol{O} \\ \boldsymbol{q} + C\boldsymbol{G} \cdot \boldsymbol{r} = \boldsymbol{O} \end{cases} \tag{3.4.24}$$

式(3.4.24)的第一式给出:

$$\boldsymbol{q} = -\frac{\boldsymbol{r}}{\rho_0 C}$$

将之代入式(3.4.24)的第二式,可得

$$(\boldsymbol{G} - \eta \boldsymbol{I}) \cdot \boldsymbol{r} = \boldsymbol{O} \tag{3.4.25}$$

这说明:如果 $\boldsymbol{r}$ 是柔度张量 $\boldsymbol{G}$ 的与特征值 η 相对应的右特征矢量,则

$$\boldsymbol{R} = \begin{bmatrix} \boldsymbol{q} \\ \boldsymbol{r} \end{bmatrix} = \begin{bmatrix} \dfrac{-\boldsymbol{r}}{\rho_0 C} \\ \boldsymbol{r} \end{bmatrix}$$

便是矩阵 $\boldsymbol{B}$ 相对于矩阵 $\boldsymbol{A}$ 的对应于同一特征值 η 的右特征矢量. 问题的简单波解可写为

$$\frac{\mathrm{d}\boldsymbol{W}}{\mathrm{d}\xi} = \beta \begin{bmatrix} \dfrac{-\boldsymbol{r}}{\rho_0 C} \\ \boldsymbol{r} \end{bmatrix}$$

其中 β 为任意常数. 将此简单波解展开,即可得

$$\frac{\mathrm{d}\sigma}{r_1} = \frac{\mathrm{d}\tau}{r_2} = \beta \mathrm{d}\xi \tag{3.4.26-a}$$

$$\mathrm{d}u = \frac{-r_1}{\rho_0 C}\beta \mathrm{d}\xi = \frac{-\mathrm{d}\sigma}{\rho_0 C}, \quad \mathrm{d}v = \frac{-r_2}{\rho_0 C}\beta \mathrm{d}\xi = \frac{-\mathrm{d}\tau}{\rho_0 C} \tag{3.4.26-b}$$

以波前方均匀区的应力状态(σ^0, τ^0)为初始条件积分方程(3.4.26-a),即可得到平面 σ-τ 上的应力路径或材料在应力空间(σ, τ)中的简单波动态响应曲线,而以波前方均匀区的应力状态(σ^0, τ^0, u^0, v^0)为初始条件积分方程(3.4.26-b)即可分别得到材料在 u-σ 和 v-τ 平面上的简单波动态响应曲线.

3.4.3　特征波速和简单波解的基本性质

决定特征波速 C 和 $\boldsymbol{G}$ 的特征值 η 的特征方程(3.4.22)可以展开为

$$\|\boldsymbol{G}-\eta\boldsymbol{I}\| = \begin{Vmatrix} G_{11}-\eta & G_{12} \\ G_{21} & G_{22}-\eta \end{Vmatrix} = \begin{Vmatrix} \dfrac{1}{E}+\dfrac{\sigma^2}{\alpha^2}H-\eta & H\sigma\tau \\ H\sigma\tau & \dfrac{1}{G}+\alpha^2\tau^2H-\eta \end{Vmatrix} = 0$$

即

$$\Phi(\eta) \equiv (G_{11}-\eta)(G_{22}-\eta)-G_{12}^2 = \eta^2-(G_{11}+G_{22})\eta+(G_{11}G_{22}-G_{12}^2) = 0 \tag{3.4.27}$$

解之可得

$$\begin{cases} \eta_s = \dfrac{(G_{11}+G_{22})+\sqrt{(G_{11}-G_{22})^2+4G_{12}^2}}{2} \\ \eta_f = \dfrac{(G_{11}+G_{22})-\sqrt{(G_{11}-G_{22})^2+4G_{12}^2}}{2} \end{cases} \tag{3.4.28}$$

我们分别把这两个根记为 η_s 和 η_f，这是因为 $\eta_s \geqslant \eta_f$，故而与它们对应的特征波速有关系 $C_s \leqslant C_f$，即 C_s 和 C_f 分别表示物理上的慢波(slow wave)和快波(fast wave). 容易证明，将 $\boldsymbol{G}$ 的表达式(3.4.17-a)代入之后，二次三项式表达的方程(3.4.27)可以改写为如下形式：

$$\Phi(\eta) = \left(\frac{1}{E}-\eta\right)\left(\frac{1}{G}-\eta\right)+H\left[\left(\frac{1}{E}-\eta\right)\alpha^2\tau^2+\left(\frac{1}{G}-\eta\right)\frac{\sigma^2}{\alpha^2}\right] = 0 \tag{3.4.27$'$}$$

显然有：$\Phi(+\infty)>0$，$\Phi\left(\dfrac{1}{G}\right)\leqslant 0$，$\Phi\left(\dfrac{1}{E}\right)\geqslant 0$，所以方程(3.4.27)$'$的两个根 η_s 和 η_f 必然满足关系

$$\frac{1}{E} \leqslant \eta_f \leqslant \frac{1}{G} \leqslant \eta_s < \infty$$

如果以 C_0 和 C_2 分别表示杆中的弹性纵波波速和弹性横波波速，即

$$E = \rho_0 C_0^2, \quad G = \rho_0 C_2^2$$

则上面的不等式可以写为

$$0 \leqslant C_s \leqslant C_2 \leqslant C_f \leqslant C_0 \tag{3.4.29}$$

式(3.4.29)表明，薄壁管中弹塑性慢波的波速 C_s 必然小于或等于弹性横波的波速 C_2，而弹塑性快波的波速 C_f 必然介于弹性横波波速 C_2 和弹性纵波波速 C_0 之间，这样我们就不但求出了材料的两个特征波速而且在物理上确定了它们的取值范围.

设与某特征值 η(特征波速 C)相对应的 $\boldsymbol{G}$ 的特征矢量为

$$\boldsymbol{r} = \begin{bmatrix} r_1 \\ r_2 \end{bmatrix}$$

则应力路径的微分方程(3.4.26-a)可写为

$$\frac{d\sigma}{d\tau} = \frac{r_1}{r_2} \tag{3.4.30}$$

由于柔度张量 $\boldsymbol{G}$ 是对称张量，所以与特征值 η_s(慢波 C_s)和特征值 η_f(快波 C_f)相对应的特

征矢量 $\boldsymbol{r}^{\mathrm{s}}$ 和 $\boldsymbol{r}^{\mathrm{f}}$ 是正交的,即

$$\boldsymbol{r}^{\mathrm{s}} \cdot \boldsymbol{r}^{\mathrm{f}} = r_1^{\mathrm{s}} r_1^{\mathrm{f}} + r_2^{\mathrm{s}} r_2^{\mathrm{f}} = 0, \quad \frac{r_1^{\mathrm{s}}}{r_2^{\mathrm{s}}} = -\frac{r_2^{\mathrm{f}}}{r_1^{\mathrm{f}}} \tag{3.4.31}$$

式(3.4.30)和式(3.4.31)说明,在任意应力状态点(σ,τ)处,慢波的应力路径和快波的应力路径都是相互正交的.由线性齐次代数方程组(3.4.25)可以解得

$$\boldsymbol{r} = \begin{bmatrix} r_1 \\ r_2 \end{bmatrix} = \begin{bmatrix} G_{22} - \eta \\ -G_{21} \end{bmatrix} = \begin{bmatrix} -G_{12} \\ G_{11} - \eta \end{bmatrix} \tag{3.4.32}$$

将式(3.4.32)给出的

$$\boldsymbol{r} = \begin{bmatrix} r_1 \\ r_2 \end{bmatrix}$$

代入式(3.4.30)即可得到确定慢波或快波的应力路径的微分方程:

$$\frac{\mathrm{d}\sigma}{\mathrm{d}\tau} = \frac{G_{22} - \eta}{-G_{21}} \tag{3.4.30$'$}$$

并以各种不同的波前方的应力状态(σ^0,τ^0)为初始条件对方程(3.4.30)$'$进行积分即可得出相应的波的应力路径 $\sigma = (\tau;\sigma^0,\tau^0)$.

在弹性区内,我们有 $H(K)\equiv 0$,因之有 $C_{\mathrm{f}} = C_0$ 和 $C_{\mathrm{s}} = C_2$,$C_{\mathrm{f}} \neq C_{\mathrm{s}}$,故基本方程组(3.4.16)是完全相异双曲型的;在塑性区域内 $C_{\mathrm{f}} \neq C_{\mathrm{s}}$ 的各点,基本方程组也是完全相异双曲型的;但是在塑性区内满足 $C_{\mathrm{f}} = C_{\mathrm{s}}$ 的点处,特征波速为二重根,基本方程组将不是完全相异双曲型的,在数学上此点处将成为简单波解的微分方程(3.4.30)的奇异点.现在我们来找出这样的奇异点.由方程(3.4.28)可知,$C_{\mathrm{f}} = C_{\mathrm{s}}$(或 $\eta_{\mathrm{f}} = \eta_{\mathrm{s}}$)为二重根的条件是

$$\begin{cases} G_{12} = 0 \\ G_{11} - G_{22} = 0 \end{cases}$$

即

$$\begin{cases} H\sigma\tau = 0 \\ \dfrac{1}{E} + \dfrac{H\sigma^2}{\alpha^2} - \dfrac{1}{G} - H\tau^2\alpha^2 = 0 \end{cases} \tag{3.4.33}$$

要满足式(3.4.33)的第一式,必有 $\sigma = 0$ 或 $\tau = 0$;但 $\sigma = 0$ 显然无法满足式(3.4.33)的第二式,所以只能有 $\tau = 0$,即两个波速相等的奇异点必为$(\sigma^*,\tau^*) = (\sigma^*,0)$.此时式(3.4.33)的第二式给出

$$\frac{1}{E} + H^*\left(\frac{\sigma^*}{\alpha}\right)^2 - \frac{1}{G} = 0 \tag{3.4.34-a}$$

其中 H^* 为在奇异点$(\sigma^*,0)$处的 H 值,即

$$H^* = H(K^*) = H\left(\frac{\sigma^*}{\alpha}\right), \quad K^* = \frac{\sigma^*}{\alpha} \tag{3.4.34-b}$$

式(3.4.34-b)的第二式是由屈服准则(3.4.7)而得到的.利用 $H(K)$的式(3.4.14),可得

$$H^* = H(K^*) = H\left(\frac{\sigma^*}{\alpha}\right) = \left(\frac{\alpha}{\sigma^*}\right)^2\left[\frac{1}{g\left(\alpha\dfrac{\sigma^*}{\alpha}\right)} - \frac{1}{E}\right] = \left(\frac{\alpha}{\sigma^*}\right)^2\left[\frac{1}{g(\sigma^*)} - \frac{1}{E}\right] \tag{3.4.34-c}$$

将之代入式(3.4.34-a)，即得

$$g(\sigma^*) = G \tag{3.4.35-a}$$

式(3.4.35)很简洁且其物理意义也非常明了，它表明两个波速相等的奇异点处的正应力 σ^* 恰恰对应着简单拉压应力-应变曲线上弹塑性切线模量下降至材料的弹性剪切模量 G 时的那一点. 在奇异点$(\sigma^*,0)$处两个波速相等的条件可以简单地写为

$$C_s(\sigma^*,0) = C_2 = C_f(\sigma^*,0) \tag{3.4.35-b}$$

而这一结论在数学上显然我们也可以直接由式(3.4.29)而得出.

利用柔度张量 $\boldsymbol{G}$ 的表达式和式(3.4.27)′，我们有

$$G_{22} - \eta = \frac{1}{\rho_0 C_2^2} + H\alpha^2\tau^2 - \eta = \frac{-H\left(\frac{1}{\rho_0 C_2^2} - \eta\right)\sigma^2}{\left(\frac{1}{\rho_0 C_0^2} - \eta\right)\alpha^2} \tag{3.4.36}$$

再利用 $G_{21} = H\tau\sigma$，则简单波解的常微分方程(3.4.30)′可以写为如下方程：

$$\frac{d\sigma}{d\tau} = \frac{\left(\frac{C^2}{C_2^2} - 1\right)\sigma}{\left(\frac{C^2}{C_0^2} - 1\right)\alpha^2\tau} \tag{3.4.37}$$

观察常微分方程(3.4.37)可以发现，在点$(\sigma^*,0)$处$\frac{d\sigma}{d\tau}$成为$\frac{0}{0}$型而不确定，故点$(\sigma^*,0)$在数学上确实是常微分方程(3.4.37)的奇异点，这就证明了我们前面的论断. 为了分析常微分方程(3.4.7)在奇异点附近的性状，我们将其右端项在点$(\sigma^*,0)$处展开为 Taylor 级数. 记

$$\bar{\sigma} \equiv \sigma - \sigma^*, \quad r^2 \equiv \bar{\sigma}^2 + \tau^2 \tag{3.4.38}$$

则有

$$\sigma = \bar{\sigma} + \sigma^*, \quad K = \frac{\sigma^*}{\alpha} + \frac{\bar{\sigma}}{\alpha} + O(r^2), \quad H(K) = H^* + H'^*\frac{\bar{\sigma}}{\alpha} + O(r^2) \tag{3.4.39-a}$$

其中

$$H'^* \equiv \left.\frac{dH(K)}{dK}\right|_{K=K^*=\sigma^*/\alpha} \tag{3.4.39-b}$$

方程(3.4.28)可写为

$$\frac{1}{C^2} = \frac{1}{2}\left(\frac{1}{C_2^2} + \frac{1}{C_0^2} + \rho_0 H\frac{\sigma^2}{\alpha^2} + \rho_0 H\alpha^2\tau^2\right) \pm \frac{1}{2}\left[\left(-\frac{1}{C_2^2} + \frac{1}{C_0^2} + \rho_0 H\frac{\sigma^2}{\alpha^2} - \rho_0 H\alpha^2\tau^2\right)^2 + (2\rho_0 H\sigma\tau)^2\right]^{\frac{1}{2}} \tag{3.4.40-a}$$

其中“+”号对应慢波 C_s，“−”号对应快波 C_f. 将式(3.4.39)代入式(3.4.40)，并利用式(3.4.34)，则有

$$\frac{1}{C^2} = \frac{1}{C_2^2} + \rho_0\frac{\sigma^*}{\alpha^2}h^*\bar{\sigma} \pm \left[\left(\rho_0\frac{\sigma^*}{\alpha^2}h^*\bar{\sigma}\right)^2 + \left(\frac{1}{C_2^2} - \frac{1}{C_0^2}\right)^2\frac{\alpha^4\tau^2}{(\sigma^*)^2}\right]^{\frac{1}{2}} + O(r^2) \tag{3.4.40-b}$$

其中

$$h^* \equiv H^* + \frac{1}{2}\sigma^* H'^* / \alpha \tag{3.4.40-c}$$

将式(3.4.40-b)代入式(3.4.37),并略去 $O(r^2)$项,则可得

$$\frac{\mathrm{d}\bar{\sigma}}{\mathrm{d}\tau} = -\frac{k\bar{\sigma}}{2\tau} \mp \left[\left(\frac{k\bar{\sigma}}{2\tau}\right)^2 + 1\right]^{\frac{1}{2}} \tag{3.4.41}$$

其中

$$k \equiv -2h^* / (\alpha^2 H^*) \tag{3.4.42}$$

而"+"号对应慢波 C_s,"-"号对应快波 C_f.方程(3.4.41)是应力路径方程(3.4.37)略去高阶项的摄动近似,故在奇异点(σ^*,0)附近应力路径的性质是由方程(3.4.41)所表征的,如图 3.19(b)和图 3.20(b)所示,但在远离奇异点(σ^*,0)时,应力路径(3.4.37)则具有图 3.19(a)和图 3.20(a)所示的形状.常微分方程(3.4.41)与 3.3 节中平面偏振波应力路径的常微分方程(3.3.53)具有完全相同的形式,而从历史发展的角度看,其实是丁启财教授首先对弹塑性薄壁管问题得到了本节的方程(3.4.41),而后才由作者本人和丁启财教授一起对非线性二阶超弹性材料得到了方程(3.3.53),它们在数学上具有完全相同的形式.所不同的是,对非线性二阶超弹性材料的方程(3.3.53),其中的无量纲材料常数 k 可以取从 $-\infty$ 到 $+\infty$ 的任意值,而对弹塑性薄壁管问题的方程(3.4.41),我们可以证明,其中的无量纲材料常数 k 在常见的递减硬化弹塑性材料中必有 $k \leqslant 0$,现在我们就来说明这一点.将式(3.4.40-c)代入式(3.4.42),并利用 H^* 的表达式,可得

$$k\alpha^2\left[\frac{1}{g(\sigma^*)} - \frac{1}{E}\right] = \sigma^* g'(\sigma^*)/g^2(\sigma^*) \tag{3.4.43}$$

由于

$$\frac{1}{g(\sigma^*)} - \frac{1}{E} \geqslant 0$$

所以由式(3.4.43)可见,对于递减硬化材料,即 $g'(\sigma^*) \leqslant 0$ 的材料,必有 $k \leqslant 0$,而对于递增硬化材料,即 $g'(\sigma^*) \geqslant 0$ 的材料,才有 $k \geqslant 0$,而后者在工程材料中是较少见的.

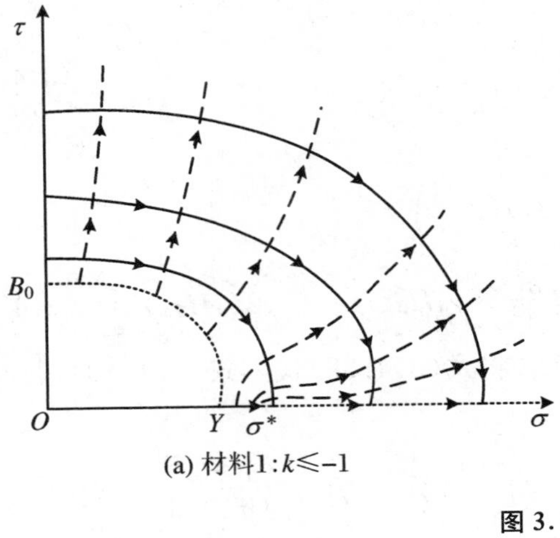

(a) 材料1:$k \leqslant -1$

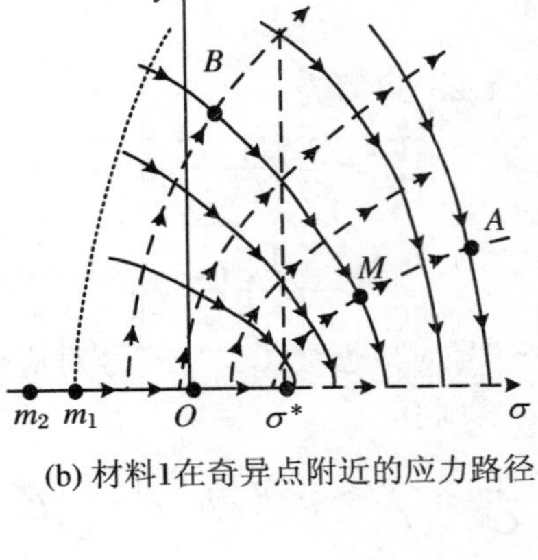

(b) 材料1在奇异点附近的应力路径

图 3.19

现在我们给出一个简单波应力路径的例子.R.J.Clifton 曾对淬火 1100 铝做过简单拉

压的实验并得到了如下的一维应力弹塑性应力-应变曲线：

$$\varepsilon - \varepsilon_Y = \frac{1}{E}(\sigma - Y) + 0.403 \times 10^{-8}(\sigma - Y)^{1.732} \quad (\sigma \geqslant Y) \tag{3.4.44}$$

其中简单拉压屈服应力 $Y = 12.07$ MPa，泊松比 $\nu = 0.33$，杨氏模量 $E = 6.895 \times 10^4$ MPa，质量密度 $\rho = 2.7 \times 10^3$ kg/m³. 以此为基础，得到了函数 $W^p(K)$ 和 $H(K)$，并通过积分微分方程(3.4.30)得到了应力路径，如图 3.19(a)($k \leqslant -1$)和图 3.20(a)($-1 < k \leqslant 0$)所示，两种情况下在奇异点(σ^*,0)附近应力路径的放大情况分别如图 3.19(b)($k \leqslant -1$)和图 3.20(b)($-1 < k \leqslant 0$)所示. 图中的实线和虚线分别代表快波和慢波的应力路径，曲线上的箭头表示波速递减的方向. 图 3.19(a)和图 3.20(a)中的椭圆 B_0Y 为初始屈服椭圆(3.4.7). 在椭圆之内的弹性区，我们有 $H = 0$，$C_f = C_0$，$C_s = C_2$，相应的简单波之应力路径分别为与 σ 轴和 τ 轴平行的直线，它们分别代表纯弹性纵波和纯弹性横波.

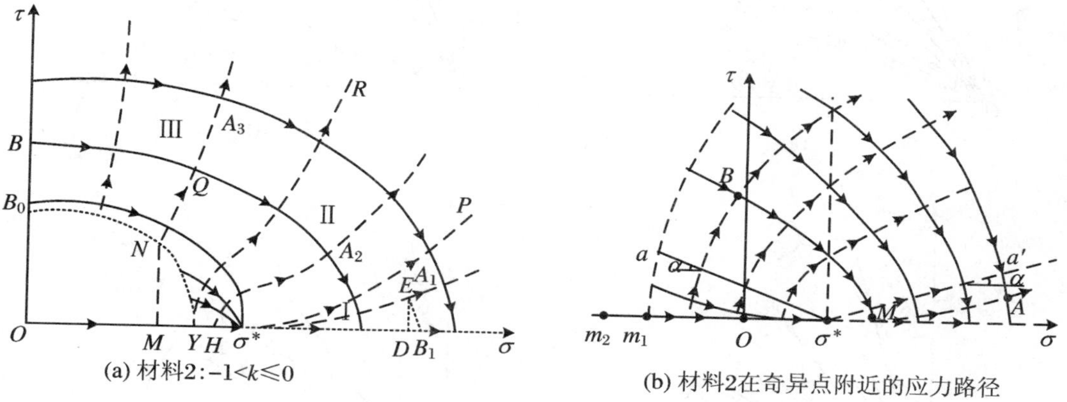

图 3.20

现在我们就以这些应力路径图为基础来分析一些典型的初边值问题的波动图案.

3.4.4 典型初边值问题的解

我们将主要以图 3.20(a)所表征的材料 2($-1 < k \leqslant 0$)为例，来分析一些典型的初边值问题(边界条件仍设为恒值应力脉冲). 该图中 $P\sigma^*$ 是通过奇异点(σ^*,0)的慢波特解的应力路径，YR 为通过点 $Y(Y,0)$ 的慢波应力路径.

1. 初始条件为零应力自然静止，边条件 A_1 在 Ⅰ 区：$P\sigma^*\sigma$

此时，显然将产生如下的波动图案：首先产生弹性纵向冲击波 C_0 将材料由零应力状态加载至屈服状态(Y,0)，然后由纯纵向塑性中心快波 C_f 将材料由(Y,0)加载至奇异点状态(σ^*,0)，最后出现塑性复合慢波 C_s 将材料加载至边界应力状态 $A_1(\sigma_1^a, \tau_1^a)$，即

$$O(0,0) \xrightarrow[\text{纯纵冲击波}]{C_0} Y(Y,0) \xrightarrow[\text{纯纵中心快波}]{C_f} \sigma^*(\sigma^*,0) \xrightarrow[\text{复合中心慢波}]{C_s} A_1(\sigma_1^a, \tau_1^a)$$

此波动图案如图 3.21(a)所示.

2. 初始条件为零应力自然静止，边条件 A_2 在 Ⅱ 区：$RY\sigma^*P$

此时，波动过程将是首先产生弹性纵向冲击波 C_0 将材料由零应力状态加载至屈服状态

$(Y,0)$，然后由纯纵向塑性中心快波 C_f 将材料由 $(Y,0)$ 加载至中间状态 $H(\sigma^h,0)$，最后将出现塑性复合慢波 C_s 而将材料加载至边界应力状态 $A_2(\sigma_2^a,\tau_2^a)$，即

$$O(0,0)\xrightarrow[\text{纯纵冲击波}]{C_0}Y(Y,0)\xrightarrow[\text{纯纵中心快波}]{C_f}H(\sigma^h,0)\xrightarrow[\text{复合中心慢波}]{C_s}A_2(\sigma_2^a,\tau_2^a)$$

此波动图案如图 3.21(b)所示.

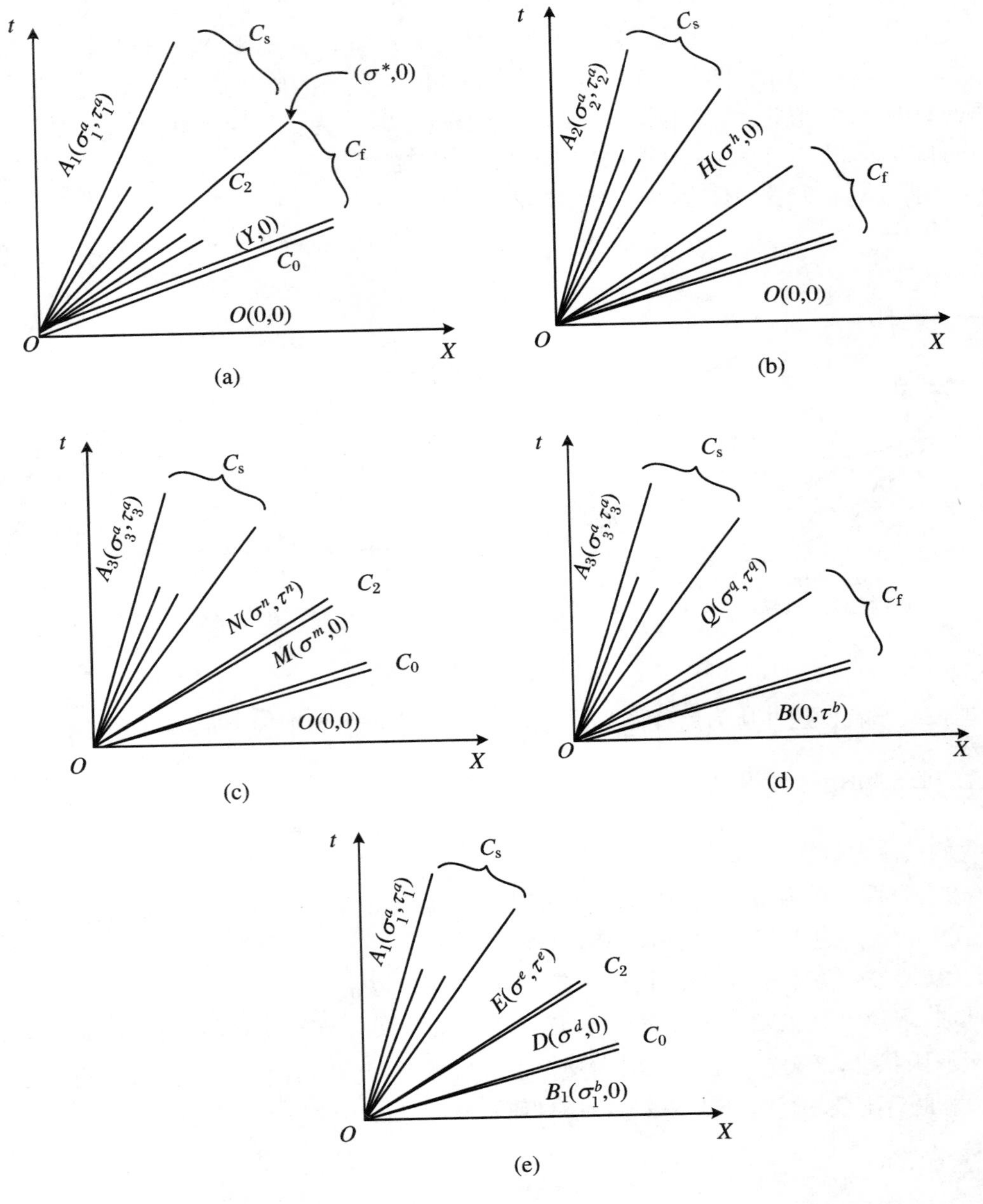

图 3.21

3. 初始条件为零应力自然静止，边条件 A_3 在Ⅲ区：$\tau B_0 YR$

此时，波动过程将是首先产生弹性纵向冲击波 C_0 将材料由零应力状态加载至某弹性状态 $M(\sigma^m,0)$，然后由纯剪切冲击波 C_2 将材料由 $M(\sigma^m,0)$ 加载至屈服状态 $N(\sigma^n=\sigma^m,\tau^n)$，最后将出现塑性复合慢波 C_s 而将材料加载至边界应力状态 $A_3(\sigma_3^a,\tau_3^a)$，即

$$O(0,0)\xrightarrow[\text{纯纵冲击波}]{C_0}M(\sigma^m,0)\xrightarrow[\text{纯剪切冲击波}]{C_2}N(\sigma^n=\sigma^m,\tau^n)\xrightarrow[\text{复合中心慢波}]{C_s}A_3(\sigma_3^a,\tau_3^a)$$

此波动图案如图 3.21(c)所示.

前面几个题例都并不存在特殊的物理现象而且都是容易理解的，但弹塑性复合波值得注意的一些新物理现象是某些出人意料的卸载波的产生，下面的两个题例就是产生这种新现象的例子.

4. 初始条件为预扭屈服状态 B，而边界条件为Ⅲ区中的 A_3（或Ⅱ区中的 A_2）

此时，由应力路径图容易看出，在管中的波动过程将是：首先产生弹塑性复合快波 C_f 将材料由初始扭转屈服状态 $B(0,\tau^b)$ 加载至复合屈服状态 $Q(\sigma^q,\tau^q)$，然后出现塑性复合慢波 C_s 将材料加载至边界应力状态 $A_3(\sigma_3^a,\tau_3^a)$，即

$$B(0,\tau^b)\xrightarrow[\text{复合快波}]{C_f}Q(\sigma^q,\tau^q)\xrightarrow[\text{复合慢波}]{C_s}A_3(\sigma_3^a,\tau_3^a)$$

此波动图案如图 3.21(d)所示.

尽管这一波动图案是容易由应力路径图得出的，但是这一过程所包含的新物理现象却是人们在直观上并不容易想到的，这就是：当边界上所施加的复合应力脉冲 $A_3(\sigma_3^a,\tau_3^a)$ 中的切应力大于预扭切应力，即 $\tau_3^a>\tau^b$ 时，则在复合塑性快波 C_f 通过时材料中的切应力 τ 却是逐渐由 τ^b 下降至 τ^q 的，即尽管边界施加的切应力 τ_3^a 大于初始切应力 τ^b，但在材料中却是先通过快波而产生切应力的减载或“卸载”（但并不是塑性力学意义下的弹性卸载），而后才通过复合慢波 C_s 使材料的正应力和切应力都逐渐增加而达到边界上的应力状态 $A_3(\sigma_3^a,\tau_3^a)$ 的.这一在快波区中的切应力减载或“卸载”的现象应该说是一个出人意料的新现象.

5. 初始条件为预拉屈服状态 B_1，而边界条件为Ⅰ区中的 A_1

此时，我们需要注意，通过点 B_1 的后继屈服面将如图 3.20(a)中的椭圆 B_1E 所示，而此椭圆之内的区域都成了弹性区，故而在此椭圆之内原先所画出的那些应力路径将是无效的，同时椭圆 B_1E 之内的应力路径将是平行于 σ 轴和 τ 轴的直线.由此，我们可知该问题的波动图案将是：首先在管中产生弹性卸载纵向冲击波 C_0 将材料由初始拉伸屈服状态 $B_1(\sigma_1^b,0)$ 卸载至图中的 $D(\sigma^d,0)$，然后出现弹性剪切冲击波 C_2 而将材料加载至与 $B_1(\sigma_1^b,0)$ 处于同一后继屈服面上的应力状态 $E(\sigma^e,\tau^e)$，最后再通过弹塑性复合慢波 C_s 而将材料加载至边界应力状态 $A_1(\sigma_1^a,\tau_1^a)$，即

$$B_1(\sigma_1^b,0)\xrightarrow[\text{卸载纵冲击波}]{C_0}D(\sigma^d,0)\xrightarrow[\text{纯剪切冲击波}]{C_2}E(\sigma^e,\tau^e)\xrightarrow[\text{复合塑性慢波}]{C_s}A_1(\sigma_1^a,\tau_1^a)$$

这一波动图案如图 3.21(e)所示.

这一题例的意外反常现象就是：即使我们所加的边界应力 $A_1(\sigma_1^a,\tau_1^a)$ 的正应力大于材料中的初始正应力，即 $\sigma_1^a>\sigma_1^b$，但是在薄壁管中首先出现的却是正应力减载或卸载（这里是真正塑性力学意义下的弹性卸载）的纵向冲击波 C_0，其后才通过剪切冲击波 C_2 和复合塑性慢波来实现材料中切应力和正应力的共同加载而达到边界上的应力状态 $A_1(\sigma_1^a,\tau_1^a)$.

习 题 3

3.1 试讨论方程组(3.2.1)对解成立线性叠加原理的条件.

3.2 一维复合应力波的基本方程为

$$\begin{cases}\rho_0 v_{i,t} - S_{i,X} = b_i \\ G_{ij}S_{j,t} - v_{i,X} = d_i\end{cases}$$

其中 v_i 和 S_i 分别是质速和波阵面上的应力矢量.设给出奇异面 $t=\tau(X)$ 上的 v_i^* 和 S_i^*,试导出确定奇异面上 $v_{j,t}$ 的方程组,并由此导出特征波速的方程和相应的特征关系.

3.3 对无限介质中平面复合应力波问题,以 x 和 t 分别表示波传播方向上E氏坐标和时间,ρ, v_i, s_i, e 分别表示介质的瞬时质量密度、质速、波阵面上的应力矢量、比内能.试在E氏坐标中导出波阵面上的质量、动量和能量守恒条件.

3.4 对半径为 R、壁厚为 $\delta \ll R$ 的薄壁管,施加扭转突加载荷切应力 τ,试在沿管轴方向的L氏坐标 X 中导出运动网 $X=X_1(t)$ 和 $X=X_2(t)$ 间开口体系的动量(矩)均衡条件,并由此导出冲击波阵面上的动量(矩)守恒方程.

3.5 试由动量矩守恒定理导出薄壁管的环向运动方程,即方程(3.4.5-b).

3.6 对壁厚为 δ、平面半径为 $R \gg \delta$ 的弹性薄壁管,施以拉扭联合作用.若考虑管的横向惯性效应,试导出基本方程组,并求出特征波速和特征关系.

3.7 如果给定的是流体的内能型状态方程 $p=p(\rho,e)$,试求解气动力学基本方程组,并求出特征波速和特征关系.

3.8 设半无限空间受有双向剪应力,材料满足Mises屈服准则和各向同性硬化规律,纯剪切时的剪切曲线为 $\tau=\tau(\gamma)$.导出平面复合应力波的基本方程组、特征关系和简单波解的微分方程组.

3.9 对平面应力条件下的平面波问题,试导出线性各向异性弹性介质中复合应力波的基本方程组,并求出特征值和相应的特征关系.

3.10 试证明恒等式(3.3.60),并利用恒等式(3.3.60)证明式(3.3.61-a).

3.11 对二阶各向同性弹性材料,试证明式(3.3.61-b)′只有解(3.3.62-a).

3.12 试由 $\dfrac{\mathrm{d}h}{\mathrm{d}\sigma}=\dfrac{\mathrm{d}(\tau q)}{\mathrm{d}\tau}$ 导出式(3.3.46-b).

3.13 试证明式(3.3.70)和式(3.3.71).

3.14 试写出 V_3 波应力路径 MA_4 的显式表达式,并证明式(3.3.72)和式(3.3.73).

3.15 试证明式(3.3.74).

3.16 参照书中3.3节对材料3b的简单波问题求解方法,试对材料4a的简单波问题进行求解(请参见参考文献[18]).

3.17 对Mises材料和Tresca材料试导出其弹塑性薄壁管中的屈服准则(3.4.7).

3.18　如果考虑薄壁管的径向惯性效应影响和管内外壁上的外加压力影响，试导出弹塑性薄壁管中复合应力波的基本方程组，并求出其特征波速和特征关系.

3.19　设材料满足 Mises 屈服准则和各向同性硬化规律，试对无限半空间中传播的一维弹塑性复合应力波列出其基本方程组，并求出其特征波速和特征关系.

3.20　设材料的应力偏量和应变偏量之间、静水压力和体积应变之间都满足 Maxwell 关系，其弹性畸变模量和体积模量分别为 $2G$ 和 K，畸变黏性系数和体积黏性系数分别为 η_1 和 η_2. 试对轴向撞击的一维应变问题求出其波传播的特征线和特征关系.

第 4 章　三维介质中应力波的基本理论

4.1　三维波的运动学

与一维波的问题一样,对于三维介质中应力波的问题,同样也可以采用 Lagrange 描述(L 氏描述或物质描述)和 Euler 描述(E 氏描述或空间描述)两种方法.对波阵面的描述来说,L 氏描述方法给出时间 t 和波阵面在初始构形(L 氏构形)中的笛卡儿坐标 $\boldsymbol{X}$ 间的函数关系,E 氏描述方法则给出时间 t 和波阵面在瞬时构形(E 氏构形)中的笛卡儿坐标 $\boldsymbol{x}$ 间的函数关系,即

$$t = \tau(\boldsymbol{X}), \quad f(\boldsymbol{X}, t) \equiv \tau(\boldsymbol{X}) - t = 0 \tag{4.1.1-a}$$

$$t = \hat{\tau}(\boldsymbol{x}), \quad \hat{f}(\boldsymbol{x}, t) \equiv \hat{\tau}(\boldsymbol{x}) - t = 0 \tag{4.1.1-b}$$

式(4.1.1-a)是一个在四维空间(X_1, X_2, X_3, t)中的超曲面,或者说是一个以时间 t 为参数在三维几何空间(X_1, X_2, X_3)中运动的曲面,其意义表示:波阵面到达 L 氏坐标为 $\boldsymbol{X}$ 的粒子处的时间为 t;式(4.1.1-b)是一个在四维空间(x_1, x_2, x_3, t)中的超曲面,或者说是一个以时间 t 为参数在三维几何空间(x_1, x_2, x_3)中运动的曲面,其意义表示:波阵面到达 E 氏坐标为 $\boldsymbol{x}$ 的粒子处的时间为 t.

以 L 氏描述为例,当我们站在波阵面上沿任何一条传播路径 $\boldsymbol{X} = \boldsymbol{X}(t)$ 前进时,相应的 L 氏波速 $\boldsymbol{U}(t)$ 可由函数 $\boldsymbol{X}(t)$ 对 t 求导而得到,即

$$\boldsymbol{X} = \boldsymbol{X}(t), \quad \boldsymbol{U} = \frac{\mathrm{d}\boldsymbol{X}(t)}{\mathrm{d}t} \tag{4.1.2}$$

而将式(4.1.2)代入式(4.1.1-a)并对 t 求导,即得

$$1 = \tau_{,I} \frac{\mathrm{d}X_I}{\mathrm{d}t} = \frac{\partial \tau}{\partial \boldsymbol{X}} \cdot \boldsymbol{U} \tag{4.1.3}$$

以后大小写指标分别表示 L 氏和 E 氏坐标指标,其中第一个等式采用了张量指标记法中的约定求和法,第二个等式中的"·"则是张量直接记法中的一次点积.根据高等数学的知识,L 氏波阵面(4.1.1-a)的法矢量为

$$\frac{\partial f}{\partial \boldsymbol{X}} = \frac{\partial \tau}{\partial \boldsymbol{X}}$$

故如果以 $\boldsymbol{N}$ 表示 L 氏波阵面(4.1.1-a)的单位外法矢，则我们可有

$$\frac{\partial \tau}{\partial \boldsymbol{X}} = k\boldsymbol{N} \quad \text{或} \quad \tau_{,I} = kN_I \tag{4.1.4}$$

其中 k 是待定因子.将式(4.1.4)代入式(4.1.3)可有

$$1 = k\boldsymbol{N} \cdot \boldsymbol{U} \equiv kU_N$$

故可求得待定因子

$$k = \frac{1}{U_N}$$

其中

$$U_N \equiv \boldsymbol{U} \cdot \boldsymbol{N} \tag{4.1.5}$$

为 L 氏法向波速.显然，尽管沿不同的路径 $\boldsymbol{X} = \boldsymbol{X}(t)$ 可得不同的 L 氏波速 $\boldsymbol{U}$，但 L 氏法向波速 U_N 则是唯一确定的.由式(4.1.4)和式(4.1.5)，我们可有

$$\frac{\partial \tau}{\partial \boldsymbol{X}} = \frac{\boldsymbol{N}}{U_N} \quad \text{或} \quad \frac{\partial \tau}{\partial X_I} = \frac{N_I}{U_N}\ (I = 1,2,3) \tag{4.1.6}$$

经过类似的推导，容易证明，当采用波阵面的 E 氏描述时，我们可有

$$\frac{\partial \hat{\tau}}{\partial \boldsymbol{x}} = \frac{\boldsymbol{n}}{V_n} \quad \text{或} \quad \frac{\partial \hat{\tau}}{\partial x_i} = \frac{n_i}{V_n}\ (i = 1,2,3) \tag{4.1.6$'$}$$

其中 $\boldsymbol{n}$ 为 E 氏波阵面的单位外法矢，$V_n = \boldsymbol{V} \cdot \boldsymbol{n}$ 为 E 氏法向波速，而 $\boldsymbol{V} = \dfrac{\mathrm{d}\boldsymbol{x}(t)}{\mathrm{d}t}$ 则是沿任一路径 $\boldsymbol{x} = \boldsymbol{x}(t)$ 的 E 氏波速.由连续介质力学中 L 氏构形面元和 E 氏构形面元之间的关系：

$$\mathrm{d}\boldsymbol{a} = \frac{\rho_0}{\rho}\mathrm{d}\boldsymbol{A} \cdot \boldsymbol{F}^{-1}, \quad \mathrm{d}\boldsymbol{A} = \frac{\rho}{\rho_0}\mathrm{d}\boldsymbol{a} \cdot \boldsymbol{F}$$

(其中 ρ_0 和 ρ 分别为初始和瞬时质量密度)，则易得

$$\boldsymbol{n} = \frac{\boldsymbol{N} \cdot \boldsymbol{F}^{-1}}{|\boldsymbol{N} \cdot \boldsymbol{F}^{-1}|}, \quad \boldsymbol{N} = \frac{\boldsymbol{n} \cdot \boldsymbol{F}}{|\boldsymbol{n} \cdot \boldsymbol{F}|}, \quad |\boldsymbol{n} \cdot \boldsymbol{F}| = \frac{1}{|\boldsymbol{N} \cdot \boldsymbol{F}^{-1}|} \tag{4.1.7}$$

其中 $\boldsymbol{F} = \partial \boldsymbol{x}/\partial \boldsymbol{X}$ 为变形梯度张量.

如果介质的运动规律为 $\boldsymbol{x} = \boldsymbol{x}(\boldsymbol{X}, t)$，则可得 L 氏阵面和 E 氏阵面间的转换关系 $\boldsymbol{x}(t) = \boldsymbol{x}(\boldsymbol{X}(t), t)$，由此式对 t 求导即可得出 L 氏波速和 E 氏波速间的关系如下：

$$\boldsymbol{V} = \boldsymbol{v} + \boldsymbol{F} \cdot \boldsymbol{U}, \quad \boldsymbol{V}^* \equiv \boldsymbol{V} - \boldsymbol{v} = \boldsymbol{F} \cdot \boldsymbol{U} \tag{4.1.8}$$

其中 $\boldsymbol{v}$ 为介质质点速度，$\boldsymbol{V}^* \equiv \boldsymbol{V} - \boldsymbol{v}$ 为波阵面对介质的相对速度即局部波速.将式(4.1.8)的两端点乘以 $\boldsymbol{n}$，并利用式(4.1.7)，即可得出 E 氏法向波速和 L 氏法向波速的关系如下：

$$\begin{cases} V_n - v_n \equiv V_n^* = \dfrac{U_N}{|\boldsymbol{N} \cdot \boldsymbol{F}^{-1}|} = U_N\,|\boldsymbol{n} \cdot \boldsymbol{F}| \\[2ex] U_N = \dfrac{V_n^*}{|\boldsymbol{n} \cdot \boldsymbol{F}|} = V_n^*\,|\boldsymbol{N} \cdot \boldsymbol{F}^{-1}| \end{cases} \tag{4.1.9}$$

显然，在 1.1 节中一维波的式(1.1.19-a)和式(1.1.19-b)只是这里三维波的式(4.1.8)和式(4.1.9)的特例，故式(4.1.8)和式(4.1.9)是一维波的式(1.1.19-a)和(1.1.19-b)向三维波的推广.

4.2　三维固体冲击波的突跃条件

4.2.1　广义开口体系和冲击波突跃条件的E氏表述

任何一个封闭网表面 $a(t)$(E 氏表述)所包含其内的空间体系 $v(t)$,当其表面有介质出入时都是一个广义开口体系.这里加“广义”二字,是为了区别于流体力学中常用的静止控制体系那种特殊的开口体系.如果以 $\boldsymbol{V}$ 表示网表面某点沿某方向的 E 氏路径网速,则显然当网上各点皆有 $\boldsymbol{V}=\boldsymbol{v}$ 时,体系即成为与外界无质量交换的闭口体系;当 $\boldsymbol{V}=\boldsymbol{O}$ 时,体系即成为常用的静止控制体;而在一般情况下,只要在部分网面上 $\boldsymbol{V}^*\equiv\boldsymbol{V}-\boldsymbol{v}\neq\boldsymbol{O}$,体系即为一般情况下的广义开口体系.在任意时刻 t,某一体密度量(或称强度量)为 $\varphi(\boldsymbol{x},t)$的物理量,其在开口体系 $v(t)$中的总体量(或称广延量)Φ 可以表达为如下体积分:

$$\Phi(t)=\int_{v(t)}\varphi(\boldsymbol{x},t)\mathrm{d}v \tag{4.2.1-a}$$

而此开口体系中的总体量 Φ 随时间的变化率将为

$$\frac{\mathrm{d}\Phi(t)}{\mathrm{d}t}=\frac{\mathrm{d}\left(\int_{v(t)}\varphi(\boldsymbol{x},t)\mathrm{d}v\right)}{\mathrm{d}t} \tag{4.2.1-b}$$

特别说来,当密度量 φ 分别取为介质的质量密度 ρ、动量密度 $\rho\boldsymbol{v}$ 和能量密度 $\rho\left(e+\dfrac{v^2}{2}\right)$时,式(4.2.1-a)将分别表示开口体系 $v(t)$中的介质在时刻 t 的总质量、总动量和总能量,而式(4.2.1-b)则将分别表示开口体系 $v(t)$中的介质总质量、总动量和总能量在该时刻的时变率.

体系和外界的质量交换取决于网对介质的相对法向网速 V_n^*,而单位时间内通过网面元 $\mathrm{d}a$ 流入体系的质量流、动量流和能量流分别是

$$\rho V_n^*\,\mathrm{d}a,\quad \rho V_n^*\boldsymbol{v}\mathrm{d}a\quad \rho V_n^*\left(e+\frac{v^2}{2}\right)\mathrm{d}a \tag{4.2.2}$$

其中 e 和 $v^2/2$ 分别为介质的比内能(即单位质量介质的内能)和比动能.而广义开口体系的质量、动量和能量守恒定律可以分别表述为

开口体系的质量增加率 = 质量纯流入率

开口体系的动量增加率 = 动量纯流入率 + 外力

开口体系的能量增加率 = 能量纯流入率 + 外力功率 + 外供热率

其数学形式分别为

$$\begin{cases}\dfrac{\mathrm{d}}{\mathrm{d}t}\displaystyle\int_{v(t)}\rho\mathrm{d}v=\oint_{a(t)}\rho V_n^*\mathrm{d}a\\ \dfrac{\mathrm{d}}{\mathrm{d}t}\displaystyle\int_{v(t)}\rho\boldsymbol{v}\mathrm{d}v=\oint_{a(t)}\rho V_n^*\boldsymbol{v}\mathrm{d}a+\oint_{a(t)}\boldsymbol{\sigma}\cdot\boldsymbol{n}\mathrm{d}a+\int_{v(t)}\rho\boldsymbol{b}\mathrm{d}v\\ \dfrac{\mathrm{d}}{\mathrm{d}t}\displaystyle\int_{v(t)}\rho\left(e+\frac{v^2}{2}\right)\mathrm{d}v=\oint_{a(t)}\rho V_n^*\left(e+\frac{v^2}{2}\right)\mathrm{d}a+\oint_{a(t)}\boldsymbol{v}\cdot\boldsymbol{\sigma}\cdot\boldsymbol{n}\mathrm{d}a\\ \qquad\qquad+\displaystyle\int_{v(t)}\boldsymbol{v}\cdot\rho\boldsymbol{b}\mathrm{d}v+\int_{v(t)}\rho\gamma\mathrm{d}v-\oint_{a(t)}\boldsymbol{h}\cdot\boldsymbol{n}\mathrm{d}a\end{cases}\tag{4.2.3}$$

其中 $\boldsymbol{\sigma}$ 为 Cauchy 应力张量，$\boldsymbol{b}$ 为比体积力，γ 为热辐射比供热率，$\boldsymbol{h}$ 为 E 氏热流矢量，而 $\mathrm{d}(\cdot)/\mathrm{d}t$ 表示体系内相应量的时变率．式(4.2.3)适用于任何开口体系，特别当取其为一个有限面积为 S 并且附着在冲击波阵面上的无限薄的薄层时，$\boldsymbol{V}$，V_n 和 V_n^* 即分别成为冲击波的 E 氏射线波速、法向波速和相对法向波速，而此时我们有 $a=a_1+a_2+a_3+a_4+S^++S^-$，如图 4.1 所示．

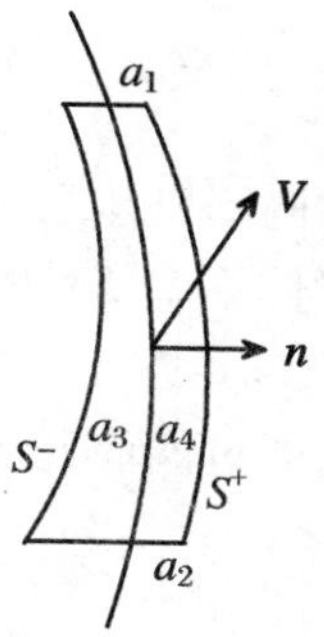

图 4.1　波阵面上的薄层开口体系

由于 a_1,a_2,a_3,a_4 和薄层体积 v 都与薄层厚度 δ 成比例皆为一阶小量，只有 $S^+=S^-=S$ 为任意有限的量，故当薄层厚度 δ 趋于 0 的情况下，将有

$$\int_v(\cdot)\mathrm{d}v\to 0,\quad \frac{\mathrm{d}}{\mathrm{d}t}\int_v(\cdot)\mathrm{d}v\to 0,\quad \oint_{a_1+a_2+a_3+a_4}(\cdot)\mathrm{d}a\to 0$$

而式(4.2.3)的三式将分别给出

$$\begin{cases}0=\displaystyle\int_{S^++S^-}\rho V_n^*\mathrm{d}a,\quad \boldsymbol{O}=\int_{S^++S^-}\{\rho V_n^*\boldsymbol{v}+\boldsymbol{\sigma}\cdot\boldsymbol{n}\}\mathrm{d}a\\ 0=\displaystyle\int_{S^++S^-}\left\{\rho V_n^*\left(e+\frac{v^2}{2}\right)+\boldsymbol{v}\cdot\boldsymbol{\sigma}\cdot\boldsymbol{n}-\boldsymbol{h}\cdot\boldsymbol{n}\right\}\mathrm{d}a\end{cases}\tag{4.2.4}$$

利用 $S^+=S^-=S$ 的任意性，并注意作为开口体系 v 外表面的一部分，冲击波内外表面 S^- 和 S^+ 的外法线方向分别与冲击波前进的外法向 $\boldsymbol{n}$ 反向和同向，则由式(4.2.4)的三式可分别得到

$$[\rho V_n^*]=0\quad（质量守恒）\tag{4.2.5}$$

$$[\rho V_n^*\boldsymbol{v}+\boldsymbol{\sigma}\cdot\boldsymbol{n}]=\boldsymbol{O}\quad（动量守恒）\tag{4.2.6}$$

$$\left[\rho V_n^*\left(e+\frac{v^2}{2}\right)+\boldsymbol{v}\cdot\boldsymbol{\sigma}\cdot\boldsymbol{n}-\boldsymbol{h}\cdot\boldsymbol{n}\right]=0\quad（能量守恒）\tag{4.2.7}$$

其中

$$[f]\equiv f^--f^+\tag{4.2.8}$$

表示任一物理量 f 由冲击波紧前方跨跃到紧后方的突跃量，即由量 f 来衡量的冲击波的强度．

式(4.2.5)～式(4.2.7)可简单地表述为：当跨过冲击波阵面时，质量流 ρV_n^*、广义动量流 $\rho V_n^*\boldsymbol{v}+\boldsymbol{\sigma}\cdot\boldsymbol{n}$ 和广义能量流 $\rho V_n^*(e+v^2/2)+\boldsymbol{v}\cdot\boldsymbol{\sigma}\cdot\boldsymbol{n}-\boldsymbol{h}\cdot\boldsymbol{n}$ 都保持连续．注意，广义动量流在动量流中加入了波阵面上的应力矢量，而广义能量流则在能量流中加入了热传导供热率和波阵面上应力矢量的功率．当考虑到冲击波效应极快而不计热传导效应，即 $-\boldsymbol{h}\cdot\boldsymbol{n}=0$ 时，可得常用的绝热冲击波的突跃条件，一般情况下我们将只考虑绝热冲击波．

同时我们指出，当把单位面积的冲击波阵面单位时间内所扫过的物质量$(\rho V_n^*)^- = (\rho V_n^*)^+$作一个闭口体系考虑时，式(4.2.5)～式(4.2.7)也即是这个闭口体系质量守恒、动量守恒、能量守恒的表现形式：

$$(\rho V_n^*)^- - (\rho V_n^*)^+ = 0,\quad \rho V_n^*[\boldsymbol{v}] = -[\boldsymbol{\sigma}\cdot\boldsymbol{n}],\quad \rho V_n^*\left[e + \frac{v^2}{2}\right] = [\boldsymbol{h}\cdot\boldsymbol{n} - \boldsymbol{v}\cdot\boldsymbol{\sigma}\cdot\boldsymbol{n}]$$

即单位时间内闭口体系$(\rho V_n^*)^- = (\rho V_n^*)^+$的质量增加率为零、动量增加率等于其外力的矢量和、能量的增加率等于外力的功率和热传导供热率.

4.2.2 广义开口体系和冲击波突跃条件的 L 氏表述

如同闭口体系一样，对广义开口体系也同样可采用 E 氏描述和 L 氏描述. 设 E 氏构形中开口体系 $v(t)$、网表面 $a(t)$及单位外法矢量 $\boldsymbol{n}$ 在 L 氏构形中的映像分别为 $V(t)$，$A(t)$和 $\boldsymbol{N}(t)$，并以 $\boldsymbol{U}$ 和 $U_N = \boldsymbol{U}\cdot\boldsymbol{N}$ 表示网表面的 L 氏路径网速和 L 氏法向路径网速，则单位时间内通过网面元 $\mathrm{d}A$ 流入体系的质量流、动量流和能量流将分别是

$$\rho_0 U_N \mathrm{d}A,\quad \rho_0 U_N \boldsymbol{v}\mathrm{d}A,\quad \rho_0 U_N\left(e + \frac{v^2}{2}\right)\mathrm{d}A \tag{4.2.9}$$

由于

$$\rho\mathrm{d}v = \rho_0\mathrm{d}V,\quad \boldsymbol{\sigma}\cdot\boldsymbol{n}\mathrm{d}a = \boldsymbol{S}\cdot\boldsymbol{N}\mathrm{d}A,\quad \boldsymbol{h}\cdot\boldsymbol{n}\mathrm{d}a = \boldsymbol{H}\cdot\boldsymbol{N}\mathrm{d}A$$

因而将三个守恒定律的 E 氏表述(4.2.3)映射到 L 氏构形中，将有

$$\begin{cases} \dfrac{\mathrm{d}}{\mathrm{d}t}\displaystyle\int_{V(t)}\rho_0\mathrm{d}V = \oint_{A(t)}\rho_0 U_N\mathrm{d}A \\ \dfrac{\mathrm{d}}{\mathrm{d}t}\displaystyle\int_{V(t)}\rho_0\boldsymbol{v}\mathrm{d}V = \oint_{A(t)}\rho_0 U_N\boldsymbol{v}\mathrm{d}A + \oint_{A(t)}\boldsymbol{S}\cdot\boldsymbol{N}\mathrm{d}A + \int_{V(t)}\rho_0\boldsymbol{b}\mathrm{d}V \\ \dfrac{\mathrm{d}}{\mathrm{d}t}\displaystyle\int_{V(t)}\rho_0\left(e + \frac{v^2}{2}\right)\mathrm{d}V = \oint_{A(t)}\rho_0 U_N\left(e + \frac{v^2}{2}\right)\mathrm{d}A + \oint_{A(t)}\boldsymbol{v}\cdot\boldsymbol{S}\cdot\boldsymbol{N}\mathrm{d}A \\ \qquad + \displaystyle\int_{V(t)}\boldsymbol{v}\cdot\rho_0\boldsymbol{b}\mathrm{d}V + \int_{V(t)}\rho_0\gamma\mathrm{d}V - \oint_{A(t)}\boldsymbol{H}\cdot\boldsymbol{N}\mathrm{d}A \end{cases} \tag{4.2.10}$$

其中 ρ_0 是介质的初始质量密度，$\boldsymbol{S}$ 为第一类 Piola-Kirchhoff 应力张量，$\boldsymbol{H}$ 为 L 氏热流矢量. 通过与 4.2.1 小节类似的极限过程，容易得到与冲击波阵面上突跃条件 E 氏表述式(4.2.5)～式(4.2.7)相对应的突跃条件的 L 氏表述为

$$[\rho_0 U_N] = 0 \quad (\text{质量守恒}) \tag{4.2.11}$$

$$[\rho_0 U_N\boldsymbol{v} + \boldsymbol{S}\cdot\boldsymbol{N}] = \boldsymbol{O} \quad (\text{动量守恒}) \tag{4.2.12}$$

$$\left[\rho_0 U_N\left(e + \frac{v^2}{2}\right) - \boldsymbol{H}\cdot\boldsymbol{N} + \boldsymbol{v}\cdot\boldsymbol{S}\cdot\boldsymbol{N}\right] = 0 \quad (\text{能量守恒}) \tag{4.2.13}$$

由物理意义显然可知，E 氏波速 $\boldsymbol{V}$、E 氏法向波速 V_n、L 氏波速 $\boldsymbol{U}$、L 氏法向波速 U_N都是跨波连续的，但 E 氏相对波速 $\boldsymbol{V}^*$ 和相对法向波速 V_n^* 则是跨波间断的，这是因为质点速度 $\boldsymbol{v}$ 及法向质点速度 v_n是跨波间断的. 因此对比质量守恒条件(4.2.5)和(4.2.11)可知：质量守恒的 E 氏表述是有实质意义的，而质量守恒的 L 氏表述(4.2.11)只是一个平凡和显然可见的结果，并无实质意义，因为 ρ_0，U_N 显然都是跨波连续的. 与此相应的是，L 氏突跃条件中

少了一个未知量——瞬时密度 ρ，而 ρ 却是出现在E氏突跃条件中的. 当然，当采用L氏表述时，瞬时密度可通过 $\rho_0=\rho\|\boldsymbol{F}\|$ 而求出，其中 $\|\boldsymbol{F}\|$ 表示 $\boldsymbol{F}$ 的行列式，即材料的体积膨胀比.

4.2.3　冲击波阵面上的位移连续条件

只要不出现破坏，介质的位移应是单值连续的，这就是连续介质力学中的位移连续条件，当跨过存在着应力、质速等间断现象的冲击波时，同样应满足这一条件. 位移连续也就是运动的连续，或粒子坐标的连续，故跨过冲击波的位移连续条件可表达为

$$[\boldsymbol{x}]=\boldsymbol{O}\quad(\text{或}[\boldsymbol{X}]=\boldsymbol{O})\tag{4.2.14}$$

设介质运动规律为 $\boldsymbol{x}=\boldsymbol{x}(\boldsymbol{X},t)$，冲击波的L氏阵面为 $t=\tau(\boldsymbol{X})$，则在冲击波阵面上粒子的E氏坐标将成为波阵面所经过的L氏坐标的复合函数：

$$\boldsymbol{x}=\boldsymbol{x}(\boldsymbol{X},\tau(\boldsymbol{X}))\equiv\boldsymbol{x}^*(\boldsymbol{X}),\quad x_i=x_i(X_K,\tau(X_K))\equiv x_i^*(X_K)\tag{4.2.15}$$

式(4.2.15)中的函数 $\boldsymbol{x}^*(\boldsymbol{X})$ 可称为运动学量E氏坐标 $\boldsymbol{x}$ 的随波场函数，而式(4.2.14)则说明，这一随波场函数应是跨波连续的，即在冲击波紧前方和紧后方人们应感受到同样的随波场函数 $\boldsymbol{x}^*(\boldsymbol{X})$，故

$$[\boldsymbol{x}^*(\boldsymbol{X})]=\boldsymbol{O},\quad[x_i^*(X_K)]=[x_i(X_K,\tau(X_K))]=0\tag{4.2.14$'$}$$

因此其随波偏导数(它是阵面上的内导数，不同于外导数 $\partial\boldsymbol{x}(\boldsymbol{X},t)/\partial\boldsymbol{X}$ 和 $\partial\boldsymbol{x}(\boldsymbol{X},t)/\partial t$)也必然跨波连续，即

$$\left[\frac{\partial\boldsymbol{x}^*(\boldsymbol{X})}{\partial\boldsymbol{X}}\right]=\left[\frac{\partial\boldsymbol{x}(\boldsymbol{X},\tau(\boldsymbol{X}))}{\partial\boldsymbol{X}}\right]=\boldsymbol{O},\quad\left[\frac{\partial x_i^*(X_K)}{\partial X_K}\right]=\left[\frac{\partial x_i(X_K,\tau(X_K))}{\partial X_K}\right]=0\tag{4.2.16}$$

将式(4.2.15)代入式(4.2.16)，并利用复合函数求导的链式法则和式(4.1.6)，即得

$$\left[\boldsymbol{F}+\frac{\boldsymbol{vN}}{U_N}\right]=\boldsymbol{O},\quad\left[F_{iK}+\frac{v_iN_K}{U_N}\right]=0\tag{4.2.17}$$

其中 $\boldsymbol{vN}$ 表示 $\boldsymbol{v}$ 和 $\boldsymbol{N}$ 的并矢. 再利用 U_N 和 V_n^* 的关系式(4.1.9)以及 $\boldsymbol{N}$ 和 $\boldsymbol{n}$ 间的关系式(4.1.7)，则式(4.2.17)也可化为

$$\left[\boldsymbol{F}+\frac{\boldsymbol{vn}\cdot\boldsymbol{F}}{V_n^*}\right]=\boldsymbol{O},\quad\left[F_{iK}+\frac{v_in_jF_{jK}}{V_n^*}\right]=0\tag{4.2.18}$$

式(4.2.17)和式(4.2.18)各包含九个公式，它们分别是冲击波阵面上位移连续条件的L氏表述和E氏表述.

4.2.4　关于质量守恒条件和位移连续条件的关系

在连续介质理论中，至今人们一直习惯地将由质量守恒定律导出的方程称为连续方程，严格而言这是不恰当和不严谨的. 事实上，位移单值连续的条件必然可导出并因之包含了质量守恒方程，但质量守恒却并不能代替和包含位移单值连续的条件，后者包含了更为丰富的内容和更为多彩的结果. 下面将以冲击波阵面上的质量守恒条件和位移连续条件的关系来具体说明这一问题.

质量守恒条件(4.2.5)或(4.2.11)只有一个关系，它不能完全包含和代替有九个方程的

位移连续条件(4.2.17)和(4.2.18),这是显然的.现在我们将证明如下命题:质量守恒方程(4.2.5)只是位移连续条件(4.2.18)的结果而已.

事实上,式(4.2.18)可写为

$$\left[\left(\boldsymbol{I}+\frac{\boldsymbol{vn}}{V_n^*}\right)\cdot\boldsymbol{F}\right]=\boldsymbol{O}\quad(\boldsymbol{I}\text{ 为单位张量})\tag{4.2.18$'$}$$

任一二阶张量跨波连续时,其行列式的值也必然跨波连续:

$$\left[\left\|\left(\boldsymbol{I}+\frac{\boldsymbol{vn}}{V_n^*}\right)\cdot\boldsymbol{F}\right\|\right]=0\tag{4.2.18$''$}$$

由此,并利用线性代数中的公式

$$\|\boldsymbol{B}\cdot\boldsymbol{C}\|=\|\boldsymbol{B}\|\,\|\boldsymbol{C}\|,\quad\|\boldsymbol{I}+\boldsymbol{ab}\|=1+\boldsymbol{a}\cdot\boldsymbol{b}\tag{4.2.19}$$

其中 $\boldsymbol{B}$ 和 $\boldsymbol{C}$ 为任意两个二阶张量,而 $\boldsymbol{a}$ 和 $\boldsymbol{b}$ 为任意两个矢量,则由式(4.2.18)$''$便可得到

$$\left[\frac{V_n}{V_n^*}\frac{\rho_0}{\rho}\right]=0\tag{4.2.20}$$

由于 ρ_0 和 V_n 都是跨波连续的,故由式(4.2.20)可引出 $1/(\rho V_n^*)$ 跨波连续,因此 ρV_n^* 也跨波连续,即

$$[\rho V_n^*]=0$$

而这恰恰即是质量守恒条件(4.2.5),这就证明了我们的命题.

4.3 三维固体中连续波的基本方程组

4.3.1 大变形条件下三维波动力学的基本方程组

为了作为例子来说明问题,在本节的叙述中我们将不考虑热效应而只考虑纯力学的情况,因此,基本方程组将由表达动量守恒的运动方程、表达运动连续和质量守恒的连续方程以及表达材料性质的本构方程所组成.但是,引入热效应的影响在原则上并不会增加实质的困难,我们只需要在基本方程组中再引入能量方程就可以了.

我们仍将以 $\boldsymbol{x}$ 和 $\boldsymbol{X}$ 分别表示介质质点的 E 氏坐标和 L 氏坐标,而以 t 表示时间,并分别以小写指标和大写指标来表示 E 氏坐标和 L 氏坐标的指标,则介质的运动规律可以表达为

$$\boldsymbol{x}=\boldsymbol{x}(\boldsymbol{X},t),\quad x_i=x_i(X_I,t)\tag{4.3.1}$$

而介质的变形梯度张量 $\boldsymbol{F}$ 和质点速度 $\boldsymbol{v}$ 将分别为

$$\boldsymbol{F}=\frac{\partial\boldsymbol{x}}{\partial\boldsymbol{X}},\quad F_{iI}=\frac{\partial x_i}{\partial X_I}\tag{4.3.2}$$

$$\boldsymbol{v}=\frac{\partial\boldsymbol{x}}{\partial t},\quad v_i=\frac{\partial x_i}{\partial t}\tag{4.3.3}$$

任意由固定粒子所组成的闭口体系,设其于 t 时刻在瞬时构形中所占据的空间体积为

$v(t)$,其动量守恒定律可表达为:闭口体系在任意时刻 t 的动量增加率＝该时刻体系所受的外力矢量和.在数学上这可以由下式表达:

$$\frac{\mathrm{d}}{\mathrm{d}t}\int_{v(t)}\rho\boldsymbol{v}\mathrm{d}v = \oint_{a(t)}\boldsymbol{\sigma}\cdot\boldsymbol{n}\mathrm{d}a + \int_{v(t)}\rho\boldsymbol{b}\mathrm{d}v \tag{a}$$

其中 ρ 为材料的瞬时质量密度,$\boldsymbol{b}$ 为比体积力,而 $\boldsymbol{\sigma}$ 为 Cauchy 应力张量.请注意,尽管我们都用了记号 $v(t)$,但与 4.2 节中 $v(t)$表示运动开口体系不同,本节的 $v(t)$则表示由固定粒子所组成的运动闭口体系,而 $a(t)$则表示闭口体系的边界,$\boldsymbol{n}$ 则是 $a(t)$的单位外法矢量.由于 $v(t)$是闭口体系,所以它不存在与外界的质量交换和与此相关联的动量的流进流出,即动量的纯流入,所以对动量守恒我们才有式(a).同样,与式(4.2.3)的第二式左端 $\mathrm{d}(\cdot)/\mathrm{d}t$ 表示开口体系中某总体量的时变率不同,本节式(a)中的 $\mathrm{d}(\cdot)/\mathrm{d}t$ 则表示闭口体系中某总体量的时变率即随体导数.由于体积分表示无穷多微分的求和,而和的微商等于微商的和,所以对于式(a)的左端,我们有

$$\frac{\mathrm{d}}{\mathrm{d}t}\int_{v(t)}\rho\boldsymbol{v}\mathrm{d}v = \int_{v(t)}\frac{\mathrm{d}}{\mathrm{d}t}(\rho\boldsymbol{v}\mathrm{d}v) = \int_{v(t)}\rho\mathrm{d}v\frac{\mathrm{d}\boldsymbol{v}}{\mathrm{d}t} + \int_{v(t)}\boldsymbol{v}\frac{\mathrm{d}}{\mathrm{d}t}(\rho\mathrm{d}v) = \int_{v(t)}\rho\frac{\mathrm{d}\boldsymbol{v}}{\mathrm{d}t}\mathrm{d}v \tag{b}$$

在最后一个等号中,我们利用了闭口体系的质量守恒定律,即

$$\frac{\mathrm{d}}{\mathrm{d}t}(\rho\mathrm{d}v) = 0 \tag{c}$$

因为我们是将整个闭口体系分解为无穷多微闭口体系 $\rho\mathrm{d}v$ 而进行分割的.而对式(a)右端的第一项,在瞬时构形中利用 Gauss 定律,则可将之写为

$$\oint_{a(t)}\boldsymbol{\sigma}\cdot\boldsymbol{n}\mathrm{d}a = \int_{v(t)}\boldsymbol{\sigma}\cdot\overleftarrow{\nabla}\mathrm{d}v \tag{d}$$

这里$\overleftarrow{\nabla}$ 表示在 E 氏坐标中的右梯度算子.将式(b)和式(d)代入式(a),可得

$$\int_{v(t)}\rho\frac{\mathrm{d}\boldsymbol{v}}{\mathrm{d}t}\mathrm{d}v = \int_{v(t)}\boldsymbol{\sigma}\cdot\overleftarrow{\nabla}\mathrm{d}v + \int_{v(t)}\rho\boldsymbol{b}\mathrm{d}v \tag{e}$$

式(e)与式(a)相等价,也是闭口体系 $v(t)$的动量守恒的数学表达形式,它对任何的闭口体系都是成立的.由闭口体系 $v(t)$的任意性和被积函数的处处连续性,即可得

$$\rho\frac{\mathrm{d}\boldsymbol{v}}{\mathrm{d}t} - \boldsymbol{\sigma}\cdot\overleftarrow{\nabla} = \rho\boldsymbol{b},\quad \rho\frac{\mathrm{d}v_i}{\mathrm{d}t} - \frac{\partial\sigma_{ij}}{\partial x_j} = \rho b_i \tag{4.3.4}$$

式(4.3.4)即是动量守恒定律在 E 氏坐标中的局部形式或微分形式,即 E 氏坐标中的运动方程.

如果将闭口体系 $v(t)$映射到初始构形中,并以 V 和 A 分别表示其在初始构形中所占据的体积及其外表面,$\boldsymbol{N}$ 表示 A 的单位外法矢量,而以 ρ_0 表示介质的初始质量密度,则由于

$$\rho\mathrm{d}v = \rho_0\mathrm{d}V,\quad \boldsymbol{\sigma}\cdot\boldsymbol{n}\mathrm{d}a = \boldsymbol{S}\cdot\boldsymbol{N}\mathrm{d}A \tag{f}$$

其中 $\boldsymbol{S}$ 为第一类 P-K 应力张量,则闭口体系 $v(t)$的动量守恒方程(a)在初始构形中的映射形式将是

$$\frac{\mathrm{d}}{\mathrm{d}t}\int_V\rho_0\boldsymbol{v}\mathrm{d}V = \oint_A\boldsymbol{S}\cdot\boldsymbol{N}\mathrm{d}A + \int_V\rho_0\boldsymbol{b}\mathrm{d}V \tag{a$'$}$$

对于式(a)$'$的左端,我们有

$$\frac{\mathrm{d}}{\mathrm{d}t}\int_V \rho_0 \boldsymbol{v}\mathrm{d}V = \int_V \frac{\mathrm{d}}{\mathrm{d}t}(\rho_0 \boldsymbol{v}\mathrm{d}V) = \int_V \frac{\mathrm{d}\boldsymbol{v}}{\mathrm{d}t}\rho_0\mathrm{d}V + \int_V \boldsymbol{v}\frac{\mathrm{d}}{\mathrm{d}t}(\rho_0\mathrm{d}V) = \int_V \frac{\mathrm{d}\boldsymbol{v}}{\mathrm{d}t}\rho_0\mathrm{d}V \quad (\mathrm{b})'$$

在最后一个等号中,我们利用了闭口体系的质量守恒定律,即

$$\frac{\mathrm{d}}{\mathrm{d}t}(\rho_0\mathrm{d}V) = 0 \quad (\mathrm{c})'$$

因为我们是将整个闭口体系分解为无穷多微闭口体系 $\rho_0\mathrm{d}V$ 而进行分割的.而对式(a)$'$右端的第一项,在初始构形中利用 Gauss 定律,则可将之写为

$$\oint_A \boldsymbol{S}\cdot\boldsymbol{N}\mathrm{d}A = \int_V \boldsymbol{S}\cdot\overleftarrow{\nabla}\mathrm{d}V \quad (\mathrm{d})'$$

这里$\overleftarrow{\nabla}$ 表示在 L 氏坐标中的右梯度算子.将式(b)$'$和式(d)$'$代入式(a)$'$,可得

$$\int_V \frac{\mathrm{d}\boldsymbol{v}}{\mathrm{d}t}\rho_0\mathrm{d}V = \int_V \boldsymbol{S}\cdot\overleftarrow{\nabla}\mathrm{d}V + \int_V \rho_0\boldsymbol{b}\mathrm{d}V \quad (\mathrm{e})'$$

式(e)$'$与式(a)$'$相等价,也是闭口体系 V 动量守恒的数学表达形式,它对任何的闭口体系都是成立的.由闭口体系 V 的任意性和被积函数的处处连续性,我们即可得

$$\rho_0\frac{\mathrm{d}\boldsymbol{v}}{\mathrm{d}t} - \boldsymbol{S}\cdot\overleftarrow{\nabla} = \rho_0\boldsymbol{b},\quad \rho_0\frac{\mathrm{d}v_i}{\mathrm{d}t} - \frac{\partial S_{iJ}}{\partial X_J} = \rho_0 b_i \quad (4.3.4)'$$

式(4.3.4)$'$即是动量守恒定律在 L 氏坐标中的局部形式或微分形式,即 L 氏坐标中的运动方程. Cauchy 应力张量 $\boldsymbol{\sigma}$ 和第一类 P-K 应力张量 $\boldsymbol{S}$ 之间由高等连续介质力学中的如下关系相联系:

$$\boldsymbol{\sigma} = \frac{\rho}{\rho_0}\boldsymbol{S}\cdot\boldsymbol{F}^{\mathrm{T}},\quad \sigma_{ij} = \frac{\rho}{\rho_0}S_{iJ}F_{jJ} \quad (4.3.5)$$

连续方程可以由联系变形梯度张量 $\boldsymbol{F}$ 和质点速度矢量 $\boldsymbol{v}$ 的方程给出:

$$\frac{\mathrm{d}\boldsymbol{F}}{\mathrm{d}t} = \frac{\mathrm{d}}{\mathrm{d}t}\left(\frac{\partial\boldsymbol{x}}{\partial\boldsymbol{X}}\right) = \frac{\partial}{\partial\boldsymbol{X}}\left(\frac{\mathrm{d}\boldsymbol{x}}{\mathrm{d}t}\right) = \frac{\partial\boldsymbol{v}}{\partial\boldsymbol{X}}$$

即

$$\frac{\mathrm{d}\boldsymbol{F}}{\mathrm{d}t} = \frac{\partial\boldsymbol{v}}{\partial\boldsymbol{X}},\quad \frac{\mathrm{d}F_{kK}}{\mathrm{d}t} = \frac{\partial v_k}{\partial X_K} \quad (4.3.6)'$$

式(4.3.6)$'$就是 L 氏坐标中所表述的连续方程,其中我们对变形梯度张量 $\boldsymbol{F}$ 和质点速度矢量 $\boldsymbol{v}$ 采用的是所谓的 L 氏表述,即是将它们作为 L 氏坐标 $\boldsymbol{X}$ 和时间 t 的函数来看待的.当我们对变形梯度张量 $\boldsymbol{F}$ 和质点速度矢量 $\boldsymbol{v}$ 采用 E 氏表述,即将它们作为 E 氏坐标 $\boldsymbol{x}$ 和时间 t 的函数来看待时,对式(4.3.6)$'$的右端应用复合函数求导的链式法则可有

$$\frac{\mathrm{d}\boldsymbol{F}}{\mathrm{d}t} = \frac{\partial\boldsymbol{v}}{\partial\boldsymbol{x}}\cdot\frac{\partial\boldsymbol{x}}{\partial\boldsymbol{X}} = \boldsymbol{L}\cdot\boldsymbol{F}$$

即

$$\frac{\mathrm{d}\boldsymbol{F}}{\mathrm{d}t} = \boldsymbol{L}\cdot\boldsymbol{F},\quad \frac{\mathrm{d}F_{kK}}{\mathrm{d}t} = L_{kl}F_{lK} = \frac{\partial v_k}{\partial x_l}F_{lK} \quad (4.3.6)$$

其中,物理量

$$\boldsymbol{L} \equiv \frac{\partial\boldsymbol{v}}{\partial\boldsymbol{x}},\quad L_{kl} \equiv \frac{\partial v_k}{\partial x_l} \quad (4.3.7)$$

表示质点速度 $\boldsymbol{v}$ 在 E 氏坐标中的空间梯度张量.式(4.3.6)就是 E 氏坐标中所表述的连续方程.

以简单弹性材料为例，材料 Cauchy 应力 $\boldsymbol{\sigma}$ 和第一类 P-K 应力 $\boldsymbol{S}$ 的本构关系可以分别写为

$$\boldsymbol{\sigma} = \boldsymbol{\sigma}(\boldsymbol{F}), \quad \sigma_{ij} = \sigma_{ij}(F_{kK}) \tag{4.3.8}$$

$$\boldsymbol{S} = \boldsymbol{S}(\boldsymbol{F}), \quad S_{iI} = S_{iI}(F_{kK}) \tag{4.3.8$'$}$$

当然，张量函数 $\boldsymbol{\sigma}(\boldsymbol{F})$ 和 $\boldsymbol{S}(\boldsymbol{F})$ 的形式应该满足构架无关原理的要求，下面我们将假设它们是满足这一要求的.

运动方程(4.3.4)、连续方程(4.3.6)和本构方程(4.3.8)以及式(4.3.4)′、式(4.3.6)′和式(4.3.8)′即分别构成 E 氏坐标和 L 氏坐标中的基本方程组：

$$\rho\frac{\mathrm{d}\boldsymbol{v}}{\mathrm{d}t} - \boldsymbol{\sigma}\cdot\overleftarrow{\nabla} = \rho\boldsymbol{b}, \quad \rho\frac{\mathrm{d}v_i}{\mathrm{d}t} - \frac{\partial\sigma_{ij}}{\partial x_j} = \rho b_i \tag{4.3.4}$$

$$\frac{\mathrm{d}\boldsymbol{F}}{\mathrm{d}t} = \boldsymbol{L}\cdot\boldsymbol{F}, \quad \frac{\mathrm{d}F_{kK}}{\mathrm{d}t} = L_{kl}F_{lK} = \frac{\partial v_k}{\partial x_l}F_{lK} \tag{4.3.6}$$

$$\boldsymbol{\sigma} = \boldsymbol{\sigma}(\boldsymbol{F}), \quad \sigma_{ij} = \sigma_{ij}(F_{kK}) \tag{4.3.8}$$

$$\rho_0\frac{\mathrm{d}\boldsymbol{v}}{\mathrm{d}t} - \boldsymbol{S}\cdot\overleftarrow{\nabla} = \rho_0\boldsymbol{b}, \quad \rho_0\frac{\mathrm{d}v_i}{\mathrm{d}t} - \frac{\partial S_{iJ}}{\partial x_J} = \rho_0 b_i \tag{4.3.4$'$}$$

$$\frac{\mathrm{d}\boldsymbol{F}}{\mathrm{d}t} = \frac{\partial\boldsymbol{v}}{\partial\boldsymbol{X}}, \quad \frac{\mathrm{d}F_{kK}}{\mathrm{d}t} = \frac{\partial v_k}{\partial X_K} \tag{4.3.6$'$}$$

$$\boldsymbol{S} = \boldsymbol{S}(\boldsymbol{F}), \quad S_{iI} = S_{iI}(F_{kK}) \tag{4.3.8$'$}$$

其中待求的未知量分别为 $\boldsymbol{v},\boldsymbol{F},\boldsymbol{\sigma}$ 和 $\boldsymbol{v},\boldsymbol{F},\boldsymbol{S}$，而在 E 氏坐标中的另一未知量 ρ 可以通过表达质量守恒的代数方程 $\rho = \dfrac{\rho_0}{\|\boldsymbol{F}\|}$ 而得到，下面我们将不再列出它.

像一维波的情况一样，我们可以通过引入弹性模量张量或者弹性柔度张量来消去变形量 $\boldsymbol{F}$ 而将基本方程组化为关于质点速度 $\boldsymbol{v}$ 以及应力张量 $\boldsymbol{\sigma}$ 或 $\boldsymbol{S}$ 的基本方程组. 事实上，在采用 E 氏描述时，对本构方程(4.3.8)求随体导数，并利用连续方程(4.3.6)，我们可有

$$\frac{\mathrm{d}\sigma_{ij}}{\mathrm{d}t} = \frac{\partial\sigma_{ij}}{\partial F_{kK}}\frac{\mathrm{d}F_{kK}}{\mathrm{d}t} = \frac{\partial\sigma_{ij}}{\partial F_{kK}}\frac{\partial v_k}{\partial x_l}F_{lK} = M_{ijkl}\frac{\partial v_k}{\partial x_l} \tag{4.3.9-a}$$

其中

$$M_{ijkl} \equiv \frac{\partial\sigma_{ij}}{\partial F_{kK}}F_{lK} \tag{4.3.9-b}$$

称为 E 氏描述时的弹性模量张量. 可以证明(请读者尝试证明之)，尽管对非极性物质 $\boldsymbol{\sigma}$ 有六个独立分量而 $\boldsymbol{F}$ 有九个独立分量，但当张量函数 $\boldsymbol{\sigma}=\boldsymbol{\sigma}(\boldsymbol{F})$ 满足构架无关原理的要求时，弹性模量张量 M_{ijkl} 一定可以表达为应力状态 $\boldsymbol{\sigma}$ 的函数. 而采用 L 氏描述时，对本构方程(4.3.8)′求随体导数，并利用连续方程(4.3.6)′，我们可有

$$\frac{\mathrm{d}S_{iI}}{\mathrm{d}t} = \frac{\partial S_{iI}}{\partial F_{kK}}\frac{\mathrm{d}F_{kK}}{\mathrm{d}t} = \frac{\partial S_{iI}}{\partial F_{kK}}\frac{\partial v_k}{\partial X_K} = M'_{iIkK}\frac{\partial v_k}{\partial X_K} \tag{4.3.9-a$'$}$$

其中

$$M'_{iIkK} \equiv \frac{\partial S_{iI}}{\partial F_{kK}} \tag{4.3.9-b$'$}$$

称为 L 氏描述时的弹性模量张量. 由于 $\boldsymbol{S}$ 和 $\boldsymbol{F}$ 都有九个独立的分量，所以弹性模量张量 M'_{iIkK} 当然可以表达为应力状态 $\boldsymbol{S}$ 的函数. 方程(4.3.9-a)和方程(4.3.9-a)′是通过对本构方

程求导并代入连续方程而得到的，所以这两个方程是本构方程和连续方程的共同结果，而由于弹性模量张量 M_{ijkl} 和 M'_{iIkK} 可以分别视为应力状态 $\boldsymbol{\sigma}$ 和 $\boldsymbol{S}$ 的函数，所以我们以上的推导事实上就是一个通过本构方程和连续方程而消掉变形量 $\boldsymbol{F}$ 的过程．运动方程(4.3.4)以及方程(4.3.4)′和这两个方程相结合就分别组成了 E 氏坐标中关于 $\boldsymbol{v},\boldsymbol{\sigma}$ 的基本方程组和 L 氏坐标中关于 $\boldsymbol{v},\boldsymbol{S}$ 的基本方程组：

$$\begin{cases}\rho\dfrac{\mathrm{d}v_i}{\mathrm{d}t}-\dfrac{\partial\sigma_{ij}}{\partial x_j}=\rho b_i\\[2ex]\dfrac{\mathrm{d}\sigma_{ij}}{\mathrm{d}t}-M_{ijkl}\dfrac{\partial v_k}{\partial x_l}=0\end{cases}\quad(\text{E 氏坐标中})\tag{4.3.10}$$

$$\begin{cases}\rho_0\dfrac{\mathrm{d}v_i}{\mathrm{d}t}-\dfrac{\partial S_{iJ}}{\partial x_J}=\rho_0 b_i\\[2ex]\dfrac{\mathrm{d}S_{iI}}{\mathrm{d}t}-M'_{iIkK}\dfrac{\partial v_k}{\partial X_K}=0\end{cases}\quad(\text{L 氏坐标中})\tag{4.3.10$'$}$$

但是需要注意的是，在采用 L 氏描述时任一物理量 f 的随体导数 $\mathrm{d}f/\mathrm{d}t$ 就等于其对 t 的偏导数，故方程组(4.3.10)′已经是关于 $\boldsymbol{X}$ 和 t 的标准的偏微分方程组形式；而在采用 E 氏描述时其随体导数 $\mathrm{d}f/\mathrm{d}t$ 将等于其局部导数(对 $\boldsymbol{x}$ 的偏导数)和迁移导数之和，即

$$\frac{\mathrm{d}f}{\mathrm{d}t}=\frac{\partial f}{\partial t}\quad(\text{采用 L 氏描述 } f=f(\boldsymbol{X},t)\text{ 时})\tag{4.3.11$'$}$$

$$\frac{\mathrm{d}f}{\mathrm{d}t}=\frac{\partial f}{\partial t}+\frac{\partial f}{\partial x_k}v_k\quad(\text{采用 E 氏描述 } f=f(\boldsymbol{x},t)\text{ 时})\tag{4.3.11}$$

所以需要在式(4.3.10)的两个方程中分别令 $f=v_i$ 和 $f=\sigma_{ij}$ 才可将之化为关于 $\boldsymbol{x}$ 和 t 的标准的偏微分方程组形式．于是基本方程组(4.3.10)和方程组(4.3.10)′可分别写为如下的形式：

$$\begin{cases}\rho\left(\dfrac{\partial v_i}{\partial t}+\dfrac{\partial v_i}{\partial x_k}v_k\right)-\dfrac{\partial\sigma_{ij}}{\partial x_j}=\rho b_i\\[2ex]\left(\dfrac{\partial\sigma_{ij}}{\partial t}+\dfrac{\partial\sigma_{ij}}{\partial x_k}v_k\right)-M_{ijkl}\dfrac{\partial v_k}{\partial x_l}=0\end{cases}\quad(\text{E 氏坐标中})\tag{4.3.12}$$

$$\begin{cases}\rho_0\dfrac{\partial v_i}{\partial t}-\dfrac{\partial S_{iJ}}{\partial x_J}=\rho_0 b_i\\[2ex]\dfrac{\partial S_{iI}}{\partial t}-M'_{iIkK}\dfrac{\partial v_k}{\partial X_K}=0\end{cases}\quad(\text{L 氏坐标中})\tag{4.3.12$'$}$$

方程组(4.3.12)和方程组(4.3.12)′分别是 E 氏坐标和 L 氏坐标中关于简单弹性材料的波动力学基本方程组．

4.3.2 小变形条件下三维波动力学的基本方程组

如果材料的变形不大而可以采用小变形近似，则可以忽略粒子的 L 氏坐标和 E 氏坐标的区别而统一地以 $\boldsymbol{x}$ 表示粒子的笛卡儿坐标，并忽略 E 氏描述时的迁移导数项，同时也可忽略材料的瞬时质量密度和初始质量密度的区别而统一地用 ρ 表示其质量密度，忽略 Cauchy 应力和 P-K 应力的区别而统一地以 $\boldsymbol{\sigma}$ 表示其应力张量．此时，运动方程(4.3.4)将可简化为

$$\rho\frac{\partial v_i}{\partial t}-\frac{\partial\sigma_{ij}}{\partial x_j}=\rho b_i \tag{4.3.13}$$

对材料的变形情况，我们则可以用介质的工程应变张量 $\boldsymbol{\varepsilon}$ 来刻画，即

$$\varepsilon_{kl}=\frac{1}{2}\left(\frac{\partial u_k}{\partial x_l}+\frac{\partial u_l}{\partial x_k}\right) \tag{4.3.14}$$

其中 $\boldsymbol{u}$ 为粒子的位移矢量.将此式对 t 求导数，并利用位移二阶混合导数可以交换次序的定理，即可得小变形条件下的连续方程如下：

$$\frac{\partial\varepsilon_{kl}}{\partial t}=\frac{1}{2}\left(\frac{\partial v_k}{\partial x_l}+\frac{\partial v_l}{\partial x_k}\right) \tag{4.3.15}$$

小变形下的简单弹性材料的本构方程可以写为

$$\boldsymbol{\sigma}=\boldsymbol{\sigma}(\boldsymbol{\varepsilon}),\quad \sigma_{ij}=\sigma_{ij}(\varepsilon_{kl}) \tag{4.3.16}$$

运动方程(4.3.13)、连续方程(4.3.15)和本构方程(4.3.16)即构成小变形情况下简单弹性材料弹性动力学的基本方程组.将本构方程(4.3.16)对 t 求导数，并利用连续方程(4.3.15)和 ε_{kl} 的对称性，可有

$$\frac{\partial\sigma_{ij}}{\partial t}=\frac{\partial\sigma_{ij}}{\partial\varepsilon_{kl}}\frac{\partial\varepsilon_{kl}}{\partial t}=\frac{\partial\sigma_{ij}}{\partial\varepsilon_{kl}}\frac{1}{2}\left(\frac{\partial v_k}{\partial x_l}+\frac{\partial v_l}{\partial x_k}\right)=\frac{\partial\sigma_{ij}}{\partial\varepsilon_{kl}}\frac{\partial v_k}{\partial x_l}=M_{ijkl}\frac{\partial v_k}{\partial x_l}$$

即

$$\frac{\partial\sigma_{ij}}{\partial t}==M_{ijkl}\frac{\partial v_k}{\partial x_l} \tag{4.3.17}$$

其中

$$M_{ijkl}\equiv\frac{\partial\sigma_{ij}}{\partial\varepsilon_{kl}} \tag{4.3.18}$$

为小变形情况下的弹性模量张量，它是一个完全对称的四阶张量，而且可以视为材料应变状态或应力状态的函数.于是，运动方程(4.3.13)和由连续方程及本构方程所得到的方程(4.3.17)即组成小变形情况下关于 $\boldsymbol{v}$ 和 $\boldsymbol{\sigma}$ 的基本方程组，将之重新列出，即

$$\begin{cases}\rho\dfrac{\partial v_i}{\partial t}-\dfrac{\partial\sigma_{ij}}{\partial x_j}=\rho b_i\\[2ex]\dfrac{\partial\sigma_{ij}}{\partial t}-M_{ijkl}\dfrac{\partial v_k}{\partial x_l}=0\end{cases} \tag{4.3.19}$$

需要说明的是，只要我们根据弹塑性本构关系的增量理论得出材料的弹塑性模量，并将方程组(4.3.19)中的弹性模量张量改为弹塑性模量张量，则基本方程组便成为弹塑性材料中的基本方程组，而黏塑性材料的基本方程组则只是增加了相应的非齐次项而已.

我们得到了三套基本方程组(4.3.12)，(4.3.12)′和(4.3.19)，如果不管所取的坐标系的区别和所选的指标的区别，它们都可以统一地写为如下三维波的一阶拟线性偏微分方程组：

$$\boldsymbol{A}_0\cdot\boldsymbol{W}_{,t}+\boldsymbol{B}_i\cdot\boldsymbol{W}_{,i}=\boldsymbol{b} \tag{4.3.20}$$

这里 $\boldsymbol{W}$ 是待求的 n 维未知列矢量，它的分量由质点速度和应力的分量所组成，$\boldsymbol{W}_{,t}$ 和 $\boldsymbol{W}_{,i}$ 分别表示 $\boldsymbol{W}$ 对 t 的偏导数和对 x_i 的偏导数，$\boldsymbol{A}_0$，$\boldsymbol{B}_i$ $(i=1,2,3)$ 为四个 n 阶方阵，方程(4.3.20)中的第二项表示约定求和，右端项 $\boldsymbol{b}$(尽管用了同样的记号，但这里它并非指前面的比体积力)则是已知的 n 维矢量，该项除了与体积力有关外，通常还与本构方程中的黏性

效应有关.一阶拟线性偏微分方程是指 $\boldsymbol{A}_0, \boldsymbol{B}_i, \boldsymbol{b}$ 只是坐标、时间和未知量 $\boldsymbol{W}$ 的函数.

在下一节中我们将从最一般的一阶拟线性偏微分方程组(4.3.20)出发来讨论波传播的基本问题.

4.4 三维波传播的特征曲面、特征波速和特征关系

4.4.1 一般理论和方法

在4.3节中,我们以简单弹性材料为例得出了描述材料大变形和小变形条件下的三套三维波传播的基本方程组(4.3.12),(4.3.12)′和(4.3.19),并指出在数学上它们都可以写为统一形式的一阶拟线性偏微分方程组(4.3.20),即

$$\boldsymbol{A}_0 \cdot \boldsymbol{W}_{,t} + \boldsymbol{B}_i \cdot \boldsymbol{W}_{,i} = \boldsymbol{b} \tag{4.4.1}$$

设其波阵面为 Γ,则如4.1节所述,波阵面的L氏描述和E氏描述可以分别表达为

$$t = \tau(\boldsymbol{X}), \quad t = \hat{\tau}(\boldsymbol{x})$$

而其函数 $\tau(\boldsymbol{X})$ 和 $\hat{\tau}(\boldsymbol{x})$ 对相应自变量的偏导数矢量将分别和L氏波阵面和E氏波阵面的单位法矢量 $\boldsymbol{N}$ 及 $\boldsymbol{n}$ 以下式相联系:

$$\frac{\partial \tau}{\partial \boldsymbol{X}} = \frac{\boldsymbol{N}}{U_N}, \quad \frac{\partial \hat{\tau}}{\partial \boldsymbol{x}} = \frac{\boldsymbol{n}}{V_n}$$

其中 U_N 和 V_n 分别为L氏法向波速和E氏法向波速.为了下面便于进行统一叙述,我们将对上述几式采用统一的数学表达方法,即一律使用小写英文字母和小写指标,即将波阵面写为下式:

$$t = \tau(\boldsymbol{x}) \tag{4.4.2}$$

而将函数 $\tau(\boldsymbol{x})$ 对坐标的偏导数矢量与波阵面单位法矢量的关系写为

$$\frac{\partial \tau}{\partial \boldsymbol{x}} = \frac{\boldsymbol{n}}{c}, \quad \frac{\partial \tau}{\partial x_i} = \frac{n_i}{c} \tag{4.4.3}$$

其中对L氏描述和E氏描述而言,$\boldsymbol{x}$ 分别表示L氏坐标和E氏坐标,$\boldsymbol{n}$ 分别表示L氏波阵面的单位法矢量和E氏波阵面的单位法矢量,c 分别表示L氏法向波速和E氏法向波速.

如在4.1节中所述,波阵面(4.4.2)表示在四维空间(x_1, x_2, x_3, t)中的一个超曲面,或者说在三维几何空间(x_1, x_2, x_3)中以时间 t 为参数的运动着的曲面,如图4.2所示.以二维波为例,则波阵面 $t = \tau(x_1, x_2)$ 表示在三维空间(x_1, x_2, t)中的一个超曲面,或者说在二维几何空间(x_1, x_2)中以时间 t 为参数的运动着的曲线,此曲线可由一系列平面 $t = t_1, t = t_2, \cdots$ 与曲面 $t = \tau(x_1, x_2)$ 的交线 $t_1 = \tau(x_1, x_2), t_2 = \tau(x_1, x_2), \cdots$ 或者它们在几何平面(x_1, x_2)上的投影曲线来表示,如图4.3所示.

在波阵面 $t = \tau(\boldsymbol{x})$ 上,t 成为坐标 $\boldsymbol{x}$ 的函数,于是任一物理量 f 在波阵面上将成为坐标 $\boldsymbol{x}$ 的复合函数,即

$$f = f(\boldsymbol{x}, \tau(\boldsymbol{x})) \equiv f^*(\boldsymbol{x}) \tag{4.4.4}$$

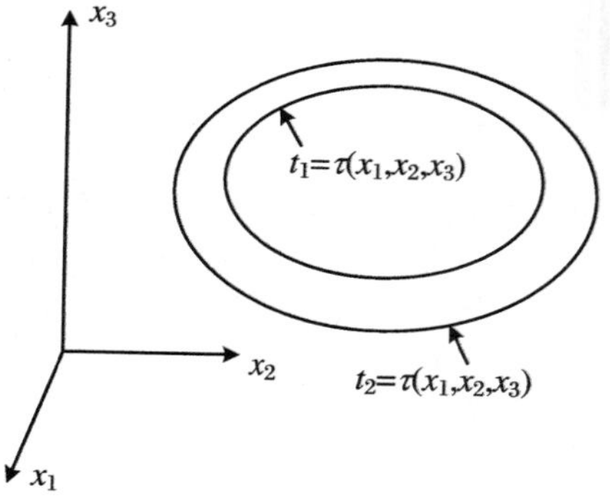

图 4.2　三维空间(x_1, x_2, x_3)中运动的三维波阵面

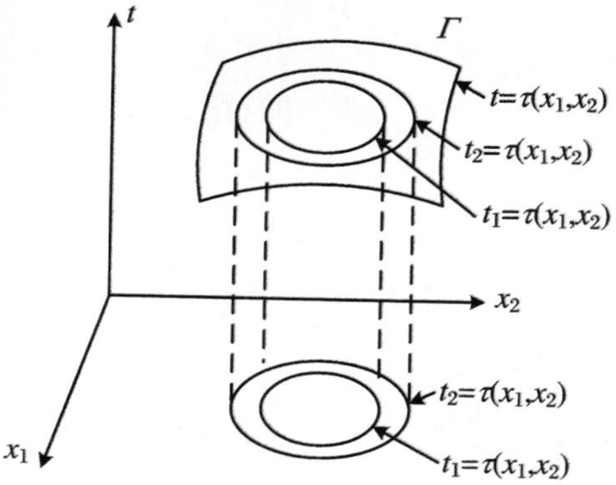

图 4.3　空间(x_1, x_2, t)中的二维波阵面

因为函数 $f^*(\boldsymbol{x})$是量 f 在波阵面上的值，所以我们可将之称为量 f 的随波场函数. 随波场函数 $f^*(\boldsymbol{x})$对 $\boldsymbol{x}$ 的偏导数$\dfrac{\partial f^*(\boldsymbol{x})}{\partial \boldsymbol{x}}$是量$f$ 在波阵面之内两相邻点处的变化，因之是量 f 的内导数，可称之为量 f 的随波偏导数，它是完全可以由量 f 在波阵面上的给定初值分布所确定的，这与四元函数 $f=f(\boldsymbol{x},t)$对 $\boldsymbol{x}$ 的偏导数$\dfrac{\partial f(\boldsymbol{x},t)}{\partial \boldsymbol{x}}$为波阵面上的外导数是完全不同的，后者并不能完全由量 f 在波阵面上的给定初值分布所确定. 内导数$\dfrac{\partial f^*(\boldsymbol{x})}{\partial \boldsymbol{x}}$与外导数$\dfrac{\partial f(\boldsymbol{x},t)}{\partial \boldsymbol{x}}$之间的关系可通过复合函数求导的链式法则由下式确定：

$$f^*_{,i} = f_{,i} + f_{,t}\tau_{,i}$$

这里，$f_{,i}$，$f_{,t}$分别表示f 对x_i 和对 t 的偏导数. 特别说来，对我们所要求的未知矢量 $\boldsymbol{W}$ 而言，则有

$$\boldsymbol{W}^*_{,i} = \boldsymbol{W}_{,i} + \boldsymbol{W}_{,t}\tau_{,i} \tag{4.4.5}$$

一旦给定了 $\boldsymbol{W}$ 在波阵面 $t=\tau(\boldsymbol{x})$上的初值分布 $\boldsymbol{W}^*$，则作为其内导数的随波偏导数 $\boldsymbol{W}^*_{,i}$便完全确定了，但是其外导数 $\boldsymbol{W}_{,i}$，$\boldsymbol{W}_{,t}$在波阵面上的值却并不一定能够完全确定. 与一维波时由外导数的不确定线定义特征线的思想一样，我们可以按照类似的思想来提出如下的问题并定义基本方程组(4.4.1)的特征曲面. 我们的问题提法就是：

设给定了未知量 $\boldsymbol{W}$ 在某曲面 $t=\tau(\boldsymbol{x})$上的初值 $\boldsymbol{W}^*$，如果我们可以由其初值 $\boldsymbol{W}^*$ 以及原偏微分方程组(4.4.1)唯一地确定出作为 $\boldsymbol{W}$ 外导数的偏导数 $\boldsymbol{W}_{,i}$，$\boldsymbol{W}_{,t}$，则我们就称曲面 $t=\tau(\boldsymbol{x})$为方程组(4.4.1)的一个自由曲面(free surface)；否则，我们就称曲面 $t=\tau(\boldsymbol{x})$为方程组(4.4.1)的一个特征曲面(characteristic surface).

现在我们就来求出自由曲面和特征曲面所各自满足的数学条件. 由式(4.4.5)解出偏导数 $\boldsymbol{W}_{,i}$并代入基本方程组(4.4.1)从而消掉 $\boldsymbol{W}_{,i}$，可得

$$\boldsymbol{A}_0 \cdot \boldsymbol{W}_{,t} + \boldsymbol{B}_i \cdot (\boldsymbol{W}^*_{,i} - \boldsymbol{W}_{,t}\tau_{,i}) = \boldsymbol{b}$$

即

$$(\boldsymbol{A}_0 - \tau_{,i}\boldsymbol{B}_i) \cdot \boldsymbol{W}_{,t} = \boldsymbol{b} - \boldsymbol{B}_i \cdot \boldsymbol{W}^*_{,i} \tag{4.4.6}$$

由于基本方程组(4.4.1)是一阶拟线性的偏微分方程组,$\boldsymbol{A}_0$,$\boldsymbol{B}_i$ 和 $\boldsymbol{b}$ 都只是 $\boldsymbol{x}$,t 和 $\boldsymbol{W}$ 的函数,所以当给定了 $\boldsymbol{W}$ 在曲面 $t=\tau(\boldsymbol{x})$ 上的初值 $\boldsymbol{W}^*$ 之后,方程(4.4.6)中的 $\boldsymbol{A}_0-\tau_{,i}\boldsymbol{B}_i$ 和 $\boldsymbol{b}-\boldsymbol{B}_i\cdot\boldsymbol{W}^*_{,i}$ 便都是已知量了,于是方程(4.4.6)便是关于外导数 $\boldsymbol{W}_{,t}$ 的一个线性代数方程组.因此,如果其系数矩阵的行列式不为零,即

$$\|\boldsymbol{A}_0-\tau_{,i}\boldsymbol{B}_i\|\neq 0 \tag{4.4.7}$$

则根据代数中的 Cramer 定理,线性代数方程组(4.4.6)对 $\boldsymbol{W}_{,t}$ 便有唯一解,再由方程(4.4.5)知,对 $\boldsymbol{W}_{,i}$ 便也有唯一解,于是,根据我们的定义,曲面 $t=\tau(\boldsymbol{x})$ 便是基本方程组(4.4.1)的一个自由曲面;反之,如果矩阵 $\boldsymbol{A}_0-\tau_{,i}\boldsymbol{B}_i$ 为奇异矩阵,即

$$\|\boldsymbol{A}_0-\tau_{,i}\boldsymbol{B}_i\|=0 \tag{4.4.8}$$

则方程组(4.4.6)对 $\boldsymbol{W}_{,t}$ 便不是有唯一解,由式(4.4.5)知,对 $\boldsymbol{W}_{,i}$ 也便不是有唯一解,于是,根据我们的定义,曲面 $t=\tau(\boldsymbol{x})$ 便是基本方程组(4.4.1)的一个特征曲面,或简称波阵面.

方程(4.4.8)是关于特征曲面 $t=\tau(\boldsymbol{x})$ 右函数 $\tau(\boldsymbol{x})$ 的一个一阶的但却是完全非线性的偏微分方程,我们将之称为基本方程组(4.4.1)的特征微分方程,解此方程我们即可求出特征曲面 $t=\tau(\boldsymbol{x})$.将式(4.4.3)代入式(4.4.8),可得

$$\left\|\boldsymbol{A}_0-\frac{n_i\boldsymbol{B}_i}{c}\right\|=0 \tag{4.4.8$'$}$$

方程(4.4.8)′是关于特征法向波速 c 的一个代数方程,我们将之称为基本方程组(4.4.1)的特征方程,解此方程即可求出特征法向波速 c.由式(4.4.8)′可以得出结论:对一般固体中的三维波而言,其特征法向波速 c 不仅与材料的应力状态有关(因为 $\boldsymbol{A}_0$ 和 $\boldsymbol{B}_i$ 依赖于 $\boldsymbol{W}$ 从而依赖于应力状态),而且也与波传播的方向 $\boldsymbol{n}$ 有关,这突出地反映了非线性固体材料中波传播的各向异性特征,即使材料本身是初始各向同性的,但一般而言,在其发生变形而达到新的应力状态以后,其波的传播特性也将表现出各向异性的特征,只有在某些极特殊的材料中,特征法向波速 c 才只与应力状态有关而与传播方向 $\boldsymbol{n}$ 无关,人们将这类材料称为谐和材料(harmonic material).

当曲面 $t=\tau(\boldsymbol{x})$ 为一个特征曲面而有方程(4.4.8)时,关于 $\boldsymbol{W}_{,t}$ 的线性代数方程组(4.4.6)有两种情况,第一种情况是它对 $\boldsymbol{W}_{,t}$ 根本就无解,这说明我们所给定的 $t=\tau(\boldsymbol{x})$ 上的初值 $\boldsymbol{W}^*$ 是不合理的,同时也说明了在特征曲面上人们是不能够任意给定初值分布的;第二种情况就是线性代数方程组(4.4.6)对 $\boldsymbol{W}_{,t}$ 有解且有无穷多解,而根据3.1节中的定理3.3,可知方程组(4.4.6)对 $\boldsymbol{W}_{,t}$ 有解的充分必要条件是,其右端非齐次项 $\boldsymbol{b}-\boldsymbol{B}_i\cdot\boldsymbol{W}^*_{,i}$ 与系数矩阵

$$\boldsymbol{A}_0-\tau_{,i}\boldsymbol{B}_i=\boldsymbol{A}_0-\frac{n_i\boldsymbol{B}_i}{c}\equiv\boldsymbol{D} \tag{4.4.9}$$

的一切左零化矢量 $\boldsymbol{l}$ 正交,即

$$\boldsymbol{l}\cdot(\boldsymbol{b}-\boldsymbol{B}_i\cdot\boldsymbol{W}^*_{,i})=0 \tag{4.4.10}$$

其中左零化矢量 $\boldsymbol{l}$ 由如下的线性齐次代数方程组所确定:

$$\boldsymbol{l}\cdot\boldsymbol{D}=\boldsymbol{O} \tag{4.4.11}$$

方程(4.4.10)是确定内导数 $\boldsymbol{W}^*_{,i}$ 的方程,它是对波动问题进行数值求解的基础,我们将之称为基本方程组(4.4.1)与特征法向波速 c 相对应的特征关系,由于特征关系同时是对于特征

曲面上的内导数 $\boldsymbol{W}_{,i}^{*}$，因之也是对特征曲面上所给初值 $\boldsymbol{W}^{*}$ 的一个限制性条件，所以也把特征关系称为相容关系，这些思想与一维波的情况都是类似的.

当在特征曲面上方程组(4.4.6)对外导数 $\boldsymbol{W}_{,t}$ 有无穷多解时，由式(4.4.5)可知对 $\boldsymbol{W}_{,i}$ 也将有无穷多解，这说明特征曲面是未知量 $\boldsymbol{W}$ 可能的一阶弱间断面，当跨过它时其一阶偏导数 $\boldsymbol{W}_{,t}$ 和 $\boldsymbol{W}_{,i}$ 可能发生间断.事实上，我们还可以证明，$\boldsymbol{W}$ 的一阶弱间断面只能是特征曲面，这一点可以由如下的推理而直接得出：设曲面 $t=\tau(\boldsymbol{x})$ 是 $\boldsymbol{W}$ 的一个一阶弱间断面，即跨过它时 $\boldsymbol{W}$ 本身连续而其一阶偏导数 $\boldsymbol{W}_{,t}$ 或 $\boldsymbol{W}_{,i}$ 发生间断，则考虑到原方程组(4.4.1)的一阶拟线性偏微分方程特性，可知 $\boldsymbol{A}_0-\tau_{,i}\boldsymbol{B}_i$ 和 $\boldsymbol{b}-\boldsymbol{B}_i\cdot\boldsymbol{W}_{,i}^{*}$ 必然都是跨波连续的，于是将线性代数方程组(4.4.6)应用于曲面 $t=\tau(\boldsymbol{x})$ 的紧前方和紧后方并相减，即对方程组(4.4.6)的两端跨过曲面 $t=\tau(\boldsymbol{x})$ 而取间断，则可得

$$(\boldsymbol{A}_0-\tau_{,i}\boldsymbol{B}_i)\cdot[\boldsymbol{W}_{,t}]=\boldsymbol{O}$$

即

$$\boldsymbol{D}\cdot[\boldsymbol{W}_{,t}]=\boldsymbol{O} \tag{4.4.12}$$

这是关于间断量$[\boldsymbol{W}_{,t}]$的一个线性齐次代数方程组，如果方程组(4.4.12)对其有非零解，即

$$[\boldsymbol{W}_{,t}]\neq\boldsymbol{O}$$

则方程组(4.4.12)的系数矩阵 $\boldsymbol{D}$ 的行列式必然等于零，即

$$\|\boldsymbol{D}\|=\|\boldsymbol{A}_0-\tau_{,i}\boldsymbol{B}_i\|=\left\|\boldsymbol{A}_0-\frac{n_i\boldsymbol{B}_i}{c}\right\|=0$$

而这恰恰就是特征微分方程(4.4.8)或特征方程(4.4.8)′，这说明 $\boldsymbol{W}$ 的一阶弱间断面 $t=\tau(\boldsymbol{x})$ 只能是特征曲面.类似地，也可以证明其高阶弱间断面也只能是特征曲面.这些也都是与一维波的情况相类似的.

线性齐次代数方程组(4.4.12)表明，$\boldsymbol{W}$ 的一阶弱间断量$[\boldsymbol{W}_{,t}]$必然是与矩阵 $\boldsymbol{D}$ 的右零化矢量 $\boldsymbol{r}$ 成比例的，即

$$[\boldsymbol{W}_{,t}]=k\boldsymbol{r} \tag{4.4.13}$$

其中 k 为任意的比例因子，而 $\boldsymbol{D}$ 的右零化矢量 $\boldsymbol{r}$ 由下列齐次代数方程组所确定：

$$\boldsymbol{D}\cdot\boldsymbol{r}=\boldsymbol{O} \tag{4.4.14}$$

跨过波阵面对式(4.4.5)的两端取间断，并注意 $\boldsymbol{W}^{*}$ 及 $\boldsymbol{W}_{,i}^{*}$ 跨波连续以及式(4.4.13)，则可得知，$[\boldsymbol{W}_{,i}]$也是与 $\boldsymbol{D}$ 的右零化矢量 $\boldsymbol{r}$ 成比例的，即

$$[\boldsymbol{W}_{,i}]=k_i\boldsymbol{r} \tag{4.4.15}$$

其中 k_i 也为任意的比例因子.

在前面对三维波基本理论和方法的介绍中，我们所用的思想和方法与一维波中所做的叙述总体上都是类似的，它反映了波的特征理论的核心内容.但是，三维波的问题和一维波的问题在很多方面还是有着重要区别的，在此，我们特别指出如下几个问题并加以初步说明，在本节的最后以及下面的几节中我们将对这里提出的几个问题分别进行叙述.

4.4.2　三维波传播中几个需要说明的问题

1. 关于波阵面的求解问题

一维波阵面的几何形状是已知的(平面、柱面或球面),因此波阵面的形状是不需要求解的,我们只需要求出一维波的特征波速即知道了波阵面的演化情况.而三维波的波阵面则是未知和需要求解的,这表现为我们需要求解特征微分方程(4.4.8).需要特别强调指出的是,尽管三维波传播的基本方程组(4.4.1)是一阶拟线性偏微分方程组(甚至是一阶线性偏微分方程组),但是求解三维波阵面 $t=\tau(\boldsymbol{x})$ 右函数 $\tau(\boldsymbol{x})$ 的特征微分方程(4.4.8)却必然是一个一阶非拟线性偏微分方程,即它不可能是拟线性的.因此为了求出波阵面 $t=\tau(\boldsymbol{x})$,我们必须研究一阶非拟线性偏微分方程的解法.特征微分方程(4.4.8)的任何一个解 $t=\tau(\boldsymbol{x})$ 几何上表示四维空间(x_1,x_2,x_3,t)中的一个超曲面,我们将之简称为方程(4.4.8)的一个积分曲面,在下面两节中我们将会指出,方程(4.4.8)的积分曲面是由它在空间(x_1,x_2,x_3,t)中的特征线所生成的.由于方程(4.4.8)的积分曲面是原方程组(4.4.1)的特征曲面,而这个特征曲面又是由它的特征线所生成的,所以人们将特征曲面上的特征线称为原方程组(4.4.1)的双特征或二次特征(bicharacteristics).我们将在4.5节中集中讲解特征曲面及其双特征的求解问题.

2. 特征关系的化简问题

在一维波的问题中,作为未知量 $\boldsymbol{W}$ 内微分方程的特征关系(3.2.5)本身已经是沿着特征线的常微分方程了,因此我们只要将特征关系化为差分方程,即可进行数值求解.但是,对于三维波的问题而言,尽管特征关系(4.4.10)是一个关于未知量 $\boldsymbol{W}$ 在特征曲线面内的内微分方程,但是与一维波不同的是,它却仍然是一个偏微分方程,因此我们对它直接进行数值积分仍然是很不方便的,需要将它化为在特征曲面之内某些特定方向上的常微分方程,才便于对之化为差分方程而进行求解.以后我们将在4.6节和4.7节中指出,在特征曲面内,我们确实可以找到一些特定的曲线来将特征关系(4.4.10)化为沿这些曲线方向上的常微分方程,而这些特定的曲线恰恰就是特征曲面积分曲面上的双特征.

由前面所述我们可以发现,双特征的概念在三维波的传播中占有十分重要的地位,而这一新的概念是三维波与一维波的重要区别之一.

3. 关于未知量 $\boldsymbol{W}$ 空间的降维问题

尽管对一维波和三维波的问题,我们都可将之归结为求解一阶拟线性偏微分方程的问题,但是一般而言,未知量 $\boldsymbol{W}$ 通常包含质点速度和应力(或应变)的各个分量,因此矢量 $\boldsymbol{W}$ 的阶数一般是很高的,这对我们求解特征波速和特征关系都带来了困难.在一维波的问题中,我们曾经提出了一种“矩阵分块降维法”而解决了这个问题,对三维波的问题而言,尽管这个方法原则上仍是可以使用的,但由于我们有三个坐标,所以即使我们采取了这一方法,分块之后的矩阵仍将阶数很高而不便进行更深入的研究.在此,我们将提出另外一种新的方法来解决对未知量的降维问题,这就是所谓的“速度空间法”,这个方法的思想就是,我们将所有的未知量都消去而将基本方程组化为关于质点速度矢量 $\boldsymbol{v}$ 的方程组来进行研究,由于 $\boldsymbol{v}$ 只有三个分量,所以我们就可将求解特征波速和特征关系的问题化为对 3×3 矩阵特征值问题的处理了.这一方法对一维波的问题当然也是适用的,请读者参考我们以下对三维波问题的速度空间法的处理而作为练习思考.下面我们就以大变形条件下三维波传播的基本方程组(4.3.12)′为例来说明速度空间法的具体实施方法,不过为了书写简单和统一起见,我们将一律采用小写指标并略去L氏弹性模量张量 $\boldsymbol{M}'$ 中的“′”.如此,基本方程组(4.3.12)′便可以写为如下形式:

$$\begin{cases} S_{ij,j} = \rho_0 v_{i,t} - \rho_0 b_i \\ S_{ij,t} = M_{ijkl} v_{k,l} \end{cases} \tag{4.4.16}$$

将任意物理量 f 的随波场函数 f^* 和随波偏导数 $f^*_{,i}$ 的如下公式:

$$\begin{cases} f^*(\boldsymbol{x}) \equiv f(\boldsymbol{x}, \tau(\boldsymbol{x})) \\ f^*_{,j} = f_{,j} + f_{,t}\tau_{,j}, \quad f^*_{,l} = f_{,l} + f_{,t}\tau_{,l} \end{cases}$$

分别应用于 $f = S_{ij}$ 和 $f = v_k$,可有

$$\begin{cases} S^*_{ij,j} = S_{ij,j} + S_{ij,t}\tau_{,j} \\ v^*_{k,l} = v_{k,l} + v_{k,t}\tau_{,l} \end{cases} \tag{4.4.17}$$

由式(4.4.17)的两式分别解出 $S_{ij,j}$ 和 $v_{k,l}$,并将之代入基本方程组(4.4.16),我们即可消去对坐标的偏导数项 $S_{ij,j}$ 和 $v_{k,l}$,而得出如下方程:

$$\begin{cases} S^*_{ij,j} - S_{ij,t}\tau_{,j} = \rho_0 v_{i,t} - \rho_0 b_i \\ S_{ij,t} = M_{ijkl}(v^*_{k,l} - v_{k,t}\tau_{,l}) \end{cases} \tag{4.4.18}$$

再将式(4.4.18)的第二式代入其第一式而消去应力对时间的偏导数 $S_{ij,t}$,我们即可得出关于质点速度对时间偏导数的如下方程组:

$$S^*_{ij,j} - M_{ijkl}(v^*_{k,l} - v_{k,t}\tau_{,l})\tau_{,j} = \rho_0 v_{i,t} - \rho_0 b_i$$

即

$$D_{ik} v_{k,t} = M_{ijkl}\tau_{,j} v^*_{k,l} - S^*_{ij,j} - \rho_0 b_i \tag{4.4.19}$$

其中

$$D_{ik} = M_{ijkl}\tau_{,j}\tau_{,l} - \rho_0 \delta_{ik} \tag{4.4.20}$$

而 δ_{ik} 为Kronecker记号.请注意,在式(4.4.19)和式(4.4.20)中尽管我们用了同样的矩阵记号 $\boldsymbol{D}$,但它是一个3×3矩阵,与前面我们在一般理论方法中由式(4.4.8)所定义的 $n \times n$ 矩阵 $\boldsymbol{D}$ 是不同的.当给定曲面 $t = \tau(\boldsymbol{x})$ 上的未知量初值之后,方程组(4.4.19)中的系数矩阵 D_{ik} 和右端的非齐次项 $M_{ijkl}\tau_{,j}v^*_{k,l} - S^*_{ij,j} - \rho_0 b_i$ 也将是已知的,故方程组(4.4.19)是一个关于质点加速度 $v_{k,t}$ 的线性代数方程组,因而由与前面对方程组(4.4.6)同样的分析可知,方程组(4.4.19)对 $v_{k,t}$ 不是有唯一解的条件是 D_{ik} 为奇异矩阵,这样我们即可得出如下的特征微分方程:

$$\| D_{ik} \| = \| M_{ijkl}\tau_{,j}\tau_{,l} - \rho_0 \delta_{ik} \| = 0 \tag{4.4.21}$$

利用方程(4.4.3),可将特征微分方程(4.4.21)化为求解特征法向波速 c 的代数方程:

$$\| M_{ijkl} n_j n_l - \rho_0 c^2 \delta_{ik} \| = \| Q_{ik} - \rho_0 c^2 \delta_{ik} \| = 0 \tag{4.4.21$'$}$$

其中

$$Q_{ik} = M_{ijkl} n_j n_l \tag{4.4.22}$$

称为声张量(acoustic tensor),显然它同时是应力状态和波传播方向 $\boldsymbol{n}$ 的函数;由特征方程(4.4.21)′可以看到,特征法向波速 c 是由声张量 $\boldsymbol{Q}$ 的特征值 $\rho_0 c^2$ 所决定的,所以特征法向波速 c 同时依赖于应力状态和波传播的方向 $\boldsymbol{n}$,这与我们前面所得出的结论是完全相同的.

我们看到：特征微分方程(4.4.21)中的矩阵 D_{ik} 和声张量 Q_{ik} 都已经是 3×3 矩阵，这样我们就实现了矩阵降维的目标.

当曲面 $t=\tau(\boldsymbol{x})$ 为特征曲面而满足特征微分方程(4.4.21)时，线性代数方程组(4.4.19)对 $v_{k,t}$ 有解的充分必要条件是，其右端项与系数矩阵 D_{ik} 的一切左零化矢量 $\boldsymbol{l}$ 正交，这就给出了如下的特征关系：

$$l_i(M_{ijkl}\tau_{,j}v_{k,l}^*-S_{ij,j}^*-\rho_0 b_i)=0$$

即

$$l_i\left(M_{ijkl}\frac{n_j}{c}v_{k,l}^*-S_{ij,j}^*-\rho_0 b_i\right)=0\quad(k=1,2,3)\tag{4.4.23}$$

而左零化矢量 $\boldsymbol{l}$ 由下面的齐次代数方程组确定：

$$l_iD_{ik}=l_i(M_{ijkl}\tau_{,j}\tau_{,l}-\rho_0\delta_{ik})=0$$

即

$$l_iD_{ik}=l_i\left(M_{ijkl}\frac{n_jn_l}{c^2}-\rho_0\delta_{ik}\right)=0\quad(k=1,2,3)\tag{4.4.24}$$

与前面的推导相类似，通过对线性代数方程组(4.4.19)跨过特征曲面 $t=\tau(\boldsymbol{x})$ 取间断，可得

$$D_{ik}[v_{k,t}]=0\quad(i=1,2,3)\tag{4.4.25}$$

这说明一阶弱间断量 $[v_{k,t}]$ 必然正比于矩阵 $\boldsymbol{D}$ 的右零化矢量 $\boldsymbol{r}$，即

$$[v_{k,t}]=\beta r_k\quad(k=1,2,3)\tag{4.4.26}$$

其中 β 为任意常数因子，而右零化矢量 $\boldsymbol{r}$ 由下面的齐次代数方程组确定：

$$D_{ik}r_k=(M_{ijkl}\tau_{,j}\tau_{,l}-\rho_0\delta_{ik})r_k=0$$

即

$$D_{ik}r_k=\left(M_{ijkl}\frac{n_jn_l}{c^2}-\rho_0\delta_{ik}\right)r_k=0\quad(i=1,2,3)\tag{4.4.27}$$

容易说明，质点速度和应力的其他一阶偏导数的间断量也必然正比于矩阵 $\boldsymbol{D}$ 的右零化矢量. 对高阶弱间断也可有类似的结论.

4.5 一阶偏微分方程的几何理论和解析求解——特征曲面求解的预备知识

4.5.1 引言

由 4.4 节中的叙述我们已经得知，三维波传播中的特征曲面 $t=\tau(\boldsymbol{x})$ 的右函数 $\tau(\boldsymbol{x})$ 所满足的方程必然是一个一阶非拟线性的偏微分方程，例如式(4.4.21)：

$$\|D_{ik}\|=\|M_{ijkl}\tau_{,j}\tau_{,l}-\rho_0\delta_{ik}\|=0$$

即使波传播的原基本方程组(4.4.1)是拟线性的甚至是线性的一阶偏微分方程组,情况也是如此,即特征曲面 $t=\tau(\boldsymbol{x})$ 的右函数 $\tau(\boldsymbol{x})$ 所满足的方程必然是一个一阶非拟线性的偏微分方程而不可能是拟线性的偏微分方程,因此,为了求出特征曲面我们必须要解决一阶非拟线性偏微分方程的求解问题.但是,为了易于理解,在数学上我们将先讲解一阶拟线性偏微分方程的求解问题以作为对一阶非拟线性偏微分方程求解的预备知识;同时,为了叙述上简单起见,我们将只讲解二元函数 $\tau=\tau(x,y)$ 的一阶拟线性偏微分方程和一阶非拟线性偏微分方程的求解问题,有了这些知识我们是不难将之推广到三元函数求解情况的.

4.5.2　二元函数的一阶拟线性偏微分方程

1. 几何表述及求解

二元函数 $\tau=\tau(x,y)$ 的一阶拟线性偏微分方程的一般标准形式可由如下方程来表达:

$$a(x,y,\tau)\frac{\partial\tau}{\partial x}+b(x,y,\tau)\frac{\partial\tau}{\partial y}=c(x,y,\tau) \tag{4.5.1}$$

其中 $a(x,y,\tau)$, $b(x,y,\tau)$ 和 $c(x,y,\tau)$ 为自变量 x, y 和因变量 τ 的任意函数.偏微分方程(4.5.1)的任何一个解 $\tau=\tau(x,y)$ 在几何上可以视为扩充空间 (x,y,τ) 中的一个曲面,如图 4.4 所示,我们将之称为(4.5.1)的一个积分曲面.这里,我们特意用了扩充空间这一术语来表达由自变量 x, y 和因变量 τ 所共同确定的空间,以区别于由纯自变量所确定的空间 (x,y).

设函数 $\tau=\tau(x,y)$ 为方程(4.5.1)的解,则我们有微分关系

$$\mathrm{d}\tau=\frac{\partial\tau}{\partial x}\mathrm{d}x+\frac{\partial\tau}{\partial y}\mathrm{d}y \tag{a}$$

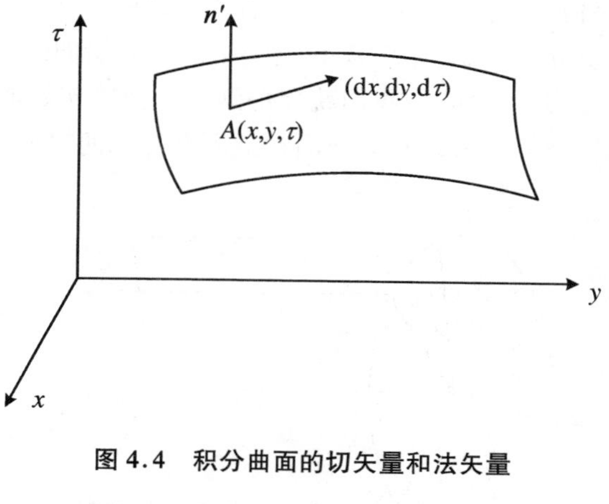

图 4.4　积分曲面的切矢量和法矢量

设 $A(x,y,\tau)$ 为扩充空间中的任意一点,如果以

$$\boldsymbol{s}=(\mathrm{d}x,\mathrm{d}y,\mathrm{d}\tau) \tag{b}$$

表示过点 A 处沿积分曲面 $\tau=\tau(x,y)$ 的任一方向的切矢量,而以 $\boldsymbol{n}'$ 表示如下的矢量:

$$\boldsymbol{n}'=\left(\frac{\partial\tau}{\partial x},\frac{\partial\tau}{\partial y},-1\right) \tag{c}$$

则方程(a)可以等价地写为如下形式:

$$\boldsymbol{s}\cdot\boldsymbol{n}'=0 \tag{d}$$

由于 $\boldsymbol{s}$ 为积分曲面切平面内沿任意方向的切矢量，所以方程(d)表明：由式(c)所定义的矢量 $\boldsymbol{n}'$就是积分曲面 $\tau=\tau(x,y)$在点 A 处的法矢量.而这一点是读者在高等数学中就已经熟悉的.由于 $a(x,y,\tau)$，$b(x,y,\tau)$和 $c(x,y,\tau)$都是(x,y,τ)的函数，所以我们可以在扩充空间(x,y,τ)中的任意一点 A 处，定义一个如下的矢量 $\boldsymbol{l}$：

$$\boldsymbol{l}=(a,b,c) \tag{4.5.2}$$

并将之称为方程(4.5.1)在点 A 处(在扩充空间中)的特征方向.在扩充空间(x,y,τ)中的每一点 A 处都有一个由式(4.5.2)所确定的特征方向，于是我们就确定了方程(4.5.1)的一个特征方向场；我们把在空间(x,y,τ)中处处与该点处特征方向相切的曲线称为式(4.5.1)的(在扩充空间中的)特征曲线.利用特征方向的定义式(4.5.2)，一阶拟线性偏微分方程(4.5.1)也可以写为如下方程：

$$\boldsymbol{l}\cdot\boldsymbol{n}'=0 \tag{4.5.1$'$}$$

如前所述，$\boldsymbol{n}'$是方程(4.5.1)的积分曲面的法矢量，所以方程(4.5.1)$'$表明：特征方向 $\boldsymbol{l}$ 必然位于积分曲面的切平面之内，或者反过来说，过点 A 处任意一个法矢量 $\boldsymbol{n}'$与特征方向 $\boldsymbol{l}$ 垂直的平面都是方程(4.5.1)的某积分曲面的切平面，即只要有一个曲面在各点处的切平面都包含该点的特征方向 $\boldsymbol{l}$ 于其内，则该曲面就必然是方程(4.5.1)的一个积分曲面.在任一确定的点 A 处，与该点特征方向 $\boldsymbol{l}$ 相切的任何平面都是过该点的一个可能的积分曲面的切平面，全部这些过点 A 的积分曲面的切平面形成一个以矢量 $\boldsymbol{l}$ 为轴的平面束，我们将之称为该点的 Monge 束，而将 Monge 束的轴线即特征方向 $\boldsymbol{l}$ 称为该点的 Monge 轴(Monge pencil)，如图 4.5 所示.由于过点 A 的全部积分曲面的切平面由 Monge 束来刻画，所以方程(4.5.1)的积分曲面可有无穷多，为了从这无穷多可能的积分曲面中确定某个特定的积分曲面，我们还必须给出某种初始条件，这在点 A 处就表现为需要给出引导积分曲面切平面的另一个不同于特征方向 $\boldsymbol{l}$ 的初始引导方向 $\boldsymbol{s}$.当点 A 在空间中沿某初始曲线 C 移动而将该曲线的切线方向作为在该点的初始引导方向时，我们就会得到一个把该初始曲线 C 包含在内的确定的积分曲面，这就是求解方程(4.5.1)积分曲面初值问题的几何提法.

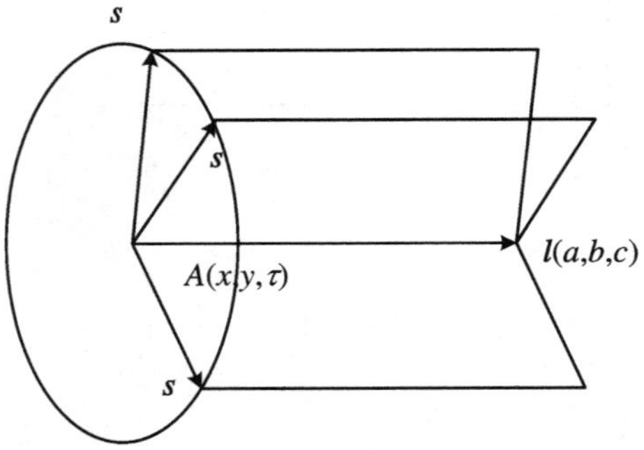

图 4.5　Monge 束(Monge pencil)

2. 初值问题的几何表述

根据上面所述，我们可以把一阶拟线性偏微分方程(4.5.1)的初值问题用几何的语言表述如下：

求解方程(4.5.1)的一个积分曲面 $\tau=\tau(x,y)$，使其通过事先给定的扩充空间(x,y,τ)中的某初始曲线 C.(“曲面 $\tau=\tau(x,y)$是积分曲面”这句话，其解析的含义就是函数 $\tau(x,y)$满足偏微分方程(4.5.1)，而“通过初始曲线 C”这句话就限定了问题的初始条件.)

由于积分曲面既要通过初始曲线 C 而将之包含在曲面之内，又要在各点处与该点的特征方向 $\boldsymbol{l}$ 相切而将特征曲线包含在内，所以显然，只要我们通过初始曲线 C 上各点作出通过该点的特征曲线，则所有这些特征曲线所生成的曲面就必然是我们要求的初值问题的解.如图 4.6 所示.这个解的正确性是显然的，因为这样得到的积分曲面在各点处都与该点的特征方向相切即满足偏微分方程(4.5.1)，又通过初始曲线即满足初始条件.

根据这一求解方法，显然我们还可以得出如下三个重要结论：

(1) 方程(4.5.1)的任何一个积分曲面都是由其特征曲线所生成的，而且当初始曲线 C 本身不是特征曲线时，初值问题的解是唯一的.

(2) 如果初始曲线 C 本身是特征曲线，则初值问题的解将有无穷多.这一结论乍一看似乎较难理解，因为按照(1)中的做法，过原来是特征曲线的初始曲线 C 上各点所作出的特征线只能是它本身，看似我们并不能生成一个积分曲面，但其实是很容易说明此时初值问题的解是有无穷多的：事实上，只要我们通过初始曲线 C 上的某点 M 作出任意一些不是特征曲线的曲线 $C_1,C_2,C_3,\cdots$，则通过 $C_1,C_2,C_3,\cdots$ 上各点引出的特征曲线所生成的曲面也都必然是初值问题的解(因为这些曲面既是由特征曲线生成的又必然包含初始曲线 C)，这样我们就在几何上得到了初值问题的无穷多解.关于这一点可如图 4.7 所示.

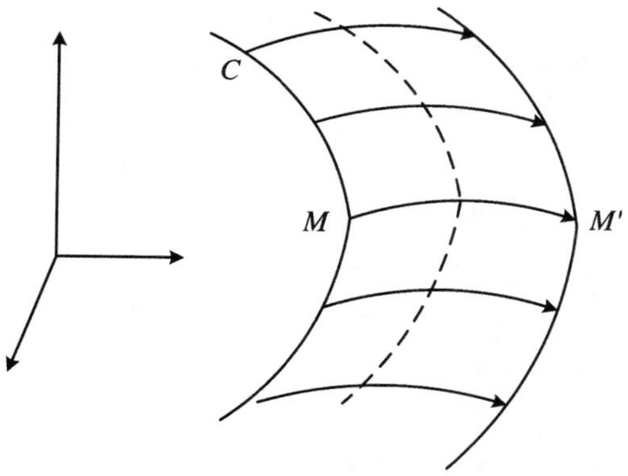

图 4.6　初值问题几何解法

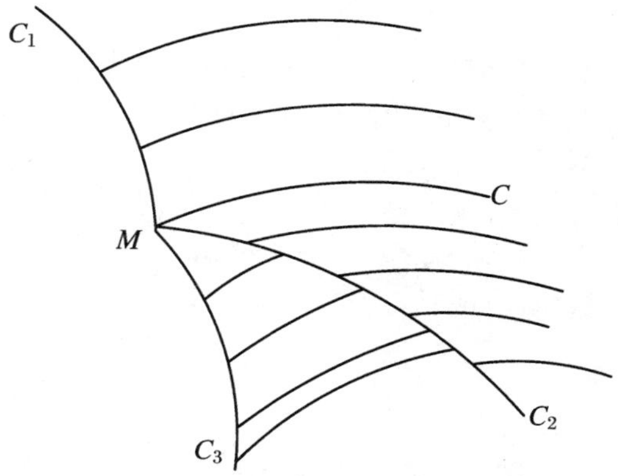

图 4.7　特征曲线是积分曲面的分支曲线

我们也可以将这第(2)条结论表达为：特征曲线在几何上是积分曲面的分支曲线.

(3) 如果初始曲线 C 处处是足够光滑的，则积分曲面也将必然是足够光滑的；如果初始曲线 C 在某点 M 处存在某种不光滑突然的转折，则这种不光滑的特性将可能会沿着过点 M 的特征曲线保持或“传播”下去，即积分曲面的不光滑特性只会沿着特征曲线保持或“传播”下去.关于这一点的论证虽然不是非常严格，但是参照图 4.6 我们是容易理解的，在图中我们特意画了一个折点 M.这一结论事实上就对应着我们在解析分析中的结论：弱间断只能沿着特征线传播.

3. 特征曲线和积分曲面的解析求解

现在我们以积分曲面的几何求解为基础，来给出积分曲面的解析求解方法. 由于方程(4.5.1)的任何一个积分曲面都是由其特征曲线所生成的，所以，只要我们求出了方程(4.5.1)的所有特征曲线，其积分曲面的求解问题也便解决了，即方程(4.5.1)的积分曲面的求解等价于对其全部特征曲线的求解.

设任一特征曲线的切矢量为$(\mathrm{d}x,\mathrm{d}y,\mathrm{d}\tau)$，则根据特征方向的定义知，该切矢量必然平行于相应点处的特征方向 $\boldsymbol{l}(a,b,c)$，即$(\mathrm{d}x,\mathrm{d}y,\mathrm{d}\tau)=\beta(a,b,c)$，$\beta$ 是比例因子. 如果我们以 s 来表达沿特征曲线而变化的某一个参数，则适当地调整该参数的比例，可以有

$$\begin{cases}\dfrac{\mathrm{d}x}{\mathrm{d}s}=a(x,y,\tau)\\[2mm]\dfrac{\mathrm{d}y}{\mathrm{d}s}=b(x,y,\tau)\\[2mm]\dfrac{\mathrm{d}\tau}{\mathrm{d}s}=c(x,y,\tau)\end{cases}\tag{4.5.3}$$

方程组(4.5.3)是一个关于扩充空间变量(x,y,τ)的常微分方程组，其自变量是参数 s；由于其右函数 $a(x,y,\tau)$，$b(x,y,\tau)$和 $c(x,y,\tau)$只包含待求变量(x,y,τ)而不包含自变量 s，所以 s 可差一个任意常数而并不会影响问题的结果. 常微分方程组(4.5.3)的任何一个解

$$\begin{cases}x=x(s)\\y=y(s)\\\tau=\tau(s)\end{cases}$$

代表扩充空间(x,y,τ)中的一条曲线，这就是特征曲线的参数方程表达式. 如果消掉其中的自变量参数 s，我们也可以将常微分方程组(4.5.3)等价地写为如下两个方程组中的任何一个：

$$\frac{\mathrm{d}x}{a(x,y,\tau)}=\frac{\mathrm{d}y}{b(x,y,\tau)}=\frac{\mathrm{d}\tau}{c(x,y,\tau)}$$

$$\begin{cases}\dfrac{\mathrm{d}y}{\mathrm{d}x}=\dfrac{b}{a}(x,y,\tau)\\[2mm]\dfrac{\mathrm{d}\tau}{\mathrm{d}x}=\dfrac{c}{a}(x,y,\tau)\end{cases}$$

如果我们以这两个方程组中的第二个为例来进行积分并把 x 作为自变量而把 y 和 τ 作为待求变量，则在初始条件 $y(x=0)=y_0$，$\tau(x=0)=\tau_0$ 下对其进行积分，其解可以写为

$$\begin{cases}y=y(x;y_0,\tau_0)\\\tau=\tau(x;y_0,\tau_0)\end{cases}$$

这在空间(x,y,τ)中是两个柱面的交线，代表通过点$(0,y_0,\tau_0)$的一条曲线. 这说明常微分方程组(4.5.3)全部的解，即方程(4.5.1)的全部特征曲线组成在扩充空间(x,y,τ)中的双参数的曲线族. 我们以两个最简单的例子来说明特征曲线和积分曲面的求解.

例 4.5.1 考虑如下的线性偏微分方程：

$$\frac{\partial\tau}{\partial x}+2\frac{\partial\tau}{\partial y}=3$$

此时我们有 $a=1$，$b=2$，$c=3$，故在每一点处特征方向都是常矢量 $\boldsymbol{l}(1,2,3)$，因此特征曲线

将是方向沿 $\boldsymbol{l}(1,2,3)$ 的任一直线，某一直线特征线与 y-τ 平面 $x=0$ 交点的坐标 (y_0,τ_0) 即可视为这些所有特征线族的双参数. 如果取任意一条非特征曲线为初始曲线 C，则该偏微分方程的初值问题的解显然就是以 C 为导线、以沿方向 $\boldsymbol{l}(1,2,3)$ 的直线为母线所生成的柱面.

例 4.5.2　考虑如下的拟线性偏微分方程：

$$\tau\frac{\partial\tau}{\partial y}+y=0$$

此时我们有 $a=0,b=\tau,c=-y$，常微分方程组(4.5.3)将具有如下形式：

$$\begin{cases}\dfrac{\mathrm{d}x}{\mathrm{d}s}=0\\[2mm]\dfrac{\mathrm{d}y}{\mathrm{d}s}=\tau\\[2mm]\dfrac{\mathrm{d}\tau}{\mathrm{d}s}=-y\end{cases}$$

由其第一个方程可解得

$$x=c_1$$

其中 c_1 为积分常数. 由其第二个方程和第三个方程可解得

$$\frac{\mathrm{d}y}{\mathrm{d}\tau}=-\frac{\tau}{y},\quad \tau\mathrm{d}\tau+y\mathrm{d}y=0,\quad \mathrm{d}(\tau^2+y^2)=0$$

积分，可解得

$$\tau^2+y^2=c_2^2$$

c_2 为积分常数，即全部的特征曲线可表达为

$$\begin{cases}x=c_1\\ y^2+\tau^2=c_2^2\end{cases}$$

这是一组双参数的圆族，参数 c_1 代表特征曲线圆所在的平面距 y-τ 平面的距离，参数 c_2 代表特征曲线圆的半径. 例如，如果初始曲线 C 为 x-τ 平面上的任意一条曲线，则过 C 上各点绕 x 轴旋转所生成的圆即是过该点的特征曲线圆，这些特征曲线圆所生成的旋转曲面就是初值问题的解.

4. 初值问题的解析表述和求解

为了说明本节所讲的特征曲线与我们在一维波中所讲的特征曲线的联系和区别，我们引入特征基线和初始基线的概念. 所谓特征基线 L_0 就是扩充空间 (x,y,τ) 中的特征曲线 L 在自变量平面 x-y 中的投影曲线，所谓初始基线 C_0 就是扩充空间 (x,y,τ) 中的初始曲线 C 在自变量平面 x-y 中的投影曲线. 于是，特征曲线 L 和特征基线 L^0 的参数方程可分别写为

$$\begin{cases}x=x(s)\\ y=y(s),\\ \tau=\tau(s)\end{cases}\quad\begin{cases}x=x(s)\\ y=y(s)\\ \tau=0\end{cases}\tag{4.5.4}$$

而初始曲线 C 和初始基线 C_0 的参数方程可分别写为

$$\begin{cases}x=x_0(\xi)\\ y=y_0(\xi),\\ \tau=\tau_0(\xi)\end{cases}\quad\begin{cases}x=x_0(\xi)\\ y=y_0(\xi)\\ \tau=0\end{cases}\tag{4.5.5}$$

其中 s 和 ξ 分别表示沿特征曲线和初始曲线而变化的参数. 我们现在所讲的在扩充空间中的特征基线,就对应着我们以前在一维波中自变量平面上所定义的特征曲线. 事实上,如果我们把因变量 τ 与一维波中所讲的只有一个分量的未知量 $\boldsymbol{W}$ 相对应,而将自变量 x 和 y 分别与一维波中空间变量 x 和时间 t 相对应,则一阶拟线性偏微分方程(4.5.1)便简化为一维波的基本方程:

$$\frac{\partial \tau}{\partial y} + \frac{a}{b}\frac{\partial \tau}{\partial x} = \frac{c}{b}$$

于是,利用我们以前在一维波中所讲的特征线的概念便知,问题的特征方程便是 $\frac{a}{b} - \lambda = 0$,而在 x-y 平面上的特征线的微分方程便是

$$\frac{\mathrm{d}x}{\mathrm{d}y} = \lambda = \frac{a}{b}(x, y, \tau)$$

而按照我们现在所讲的扩充空间(x, y, τ)中特征曲线的微分方程(4.5.3)可知,它在自变量平面 x-y 上的投影曲线即特征基线的微分方程也恰恰是

$$\frac{\mathrm{d}x}{\mathrm{d}y} = \frac{a}{b}(x, y, \tau)$$

二者完全是相同的. 简言之,我们以前在一维波中所讲的特征线是在自变量空间中的特征线,现在所讲的特征线是在包括自变量和因变量的扩充空间中的特征线.

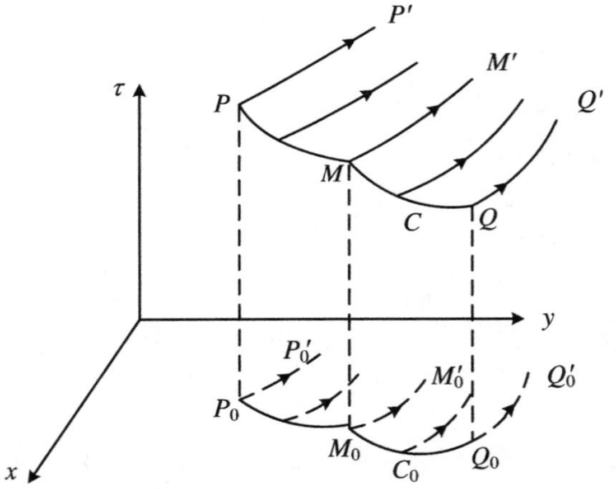

图 4.8　初值问题的几何求解和解析求解

有了特征曲线、初始曲线、特征基线和初始基线的概念,我们现在可以把求解方程(4.5.1)初值问题的几何表述转化为解析表述. 设给定的初始曲线为 C,按照初值问题的几何表述,只要我们依次作出通过初始曲线上各点 $P, M, Q, \cdots$ 的特征曲线 $PP', MM', QQ', \cdots$,则由这些特征曲线所生成的曲面就是所要求的积分曲面,如图 4.8 所示,其相应的初始基线 C_0 上的各点 $P_0, M_0, Q_0, \cdots$ 及其相应的特征基线 $P_0P_0', M_0M_0', Q_0Q_0', \cdots$ 也在图中标出.

设初始曲线 C 的参数方程是式(4.5.5)的第一式,则其初始基线 C_0 的参数方程便是式(4.5.5)的第二式,所以初始曲线的解析含义就是,在初始基线 C_0 上的各点 ξ 处即当 $x = x_0(\xi)$, $y = y_0(\xi)$时,要求因变量 τ 具有确定的值 $\tau = \tau_0(\xi)$;而积分曲面的解析含义是,要求曲面 $\tau = \tau(x, y)$的右函数 $\tau(x, y)$满足方程(4.5.1). 所以,把这两个方面结合起来,我们就可以给出方程(4.5.1)初值问题的如下解析表述:

求一个函数 $\tau = \tau(x, y)$,使其在初始基线 C_0 的某一个邻域内满足偏微分方程(4.5.1);而在初始基线 C_0 上即当 $x = x_0(\xi)$, $y = y_0(\xi)$时,该函数具有值 $\tau = \tau(x_0(\xi), y_0(\xi)) = \tau_0(\xi)$. 这里的第一句话表示曲面 $\tau = \tau(x, y)$为积分曲面,而第二句话表示该积分曲面通

过初始曲线 C.

我们不妨把初始曲线 C 上的各点取为沿特征线而变化的参数 s 的起点 $s=0$. 由于方程(4.5.1)的积分曲面是由特征曲线所生成的，而特征曲线是由常微分方程组(4.5.3)所决定的，所以当初始曲线的参数方程由式(4.5.5)的第一式所表达时，偏微分方程(4.5.1)的初值问题可以归结为如下常微分方程组的初值问题：

$$\begin{cases} \dfrac{\mathrm{d}x}{\mathrm{d}s} = a(x,y,\tau), & x\,|_{s=0} = x_0(\xi) \\ \dfrac{\mathrm{d}y}{\mathrm{d}s} = b(x,y,\tau), & y\,|_{s=0} = y_0(\xi) \\ \dfrac{\mathrm{d}\tau}{\mathrm{d}s} = c(x,y,\tau), & \tau\,|_{s=0} = \tau_0(\xi) \end{cases} \tag{4.5.6}$$

初值问题(4.5.6)的解的一般形式可以表达为

$$\begin{cases} x = x(s,\xi) \\ y = y(s,\xi) \\ \tau = \tau(s,\xi) \end{cases} \tag{4.5.7}$$

式(4.5.7)表示一个在扩充空间(x,y,τ)中的曲面的参数方程，其参数为 s 和 ξ. 这个由式(4.5.7)所表达的曲面就是所要求的初值问题的解，从几何角度讲我们求解积分曲面的任务已经完成了. 但是，从解析的角度讲，人们常常希望能够求出初值问题的显式解 $\tau=\tau(x,y)$，对此我们可以作出如下的初步分析和论证：如果式(4.5.7)的前两式存在反函数而可以反解出 $s=s(x,y)$和 $\xi=\xi(x,y)$，将之代入式(4.5.7)的第三式，我们便可以得出如下的显式复合函数：

$$\tau = \tau(s(x,y),\xi(x,y)) \equiv \tau(x,y) \tag*{(4.5.7)$'$}$$

可以证明，此函数(4.5.7)$'$便是初值问题的解析解. 事实上，根据常微分方程组(4.5.6)并利用复合函数的表达式(4.5.7)$'$，我们便有

$$c = \frac{\mathrm{d}\tau}{\mathrm{d}s} = \frac{\partial\tau}{\partial x}\frac{\mathrm{d}x}{\mathrm{d}s} + \frac{\partial\tau}{\partial y}\frac{\mathrm{d}y}{\mathrm{d}s} = a\frac{\partial\tau}{\partial x} + b\frac{\partial\tau}{\partial y}$$

而这恰恰就是偏微分方程(4.5.1)，因此证明了我们的论断. 当然，从更严格的角度进行分析，式(4.5.7)的前两式存在反函数是有条件的，由高等数学中的隐函数定理可知，如果式(4.5.7)的前两式所给出的两个函数的 Jacobi 行列式 J 在初始曲线 C 上处处不等于零，则我们必有唯一的反函数 $s=s(x,y)$和 $\xi=\xi(x,y)$，于是初值问题便有上面的唯一解(4.5.7)$'$. 同时我们可以证明，Jacobi 行列式 J 在初始曲线 C 上处处不等于零意味着 C 必然不是特征曲线，事实上，这时我们有

$$J\,|_C = \left\| \begin{matrix} x_s & x_\xi \\ y_s & y_\xi \end{matrix} \right\|_{s=0} = \left\| \begin{matrix} a & x_0'(\xi) \\ b & y_0'(\xi) \end{matrix} \right\| = a y_0'(\xi) - b x_0'(\xi) \neq 0 \tag{4.5.8}$$

即

$$\frac{y_0'(\xi)}{x_0'(\xi)} \neq \frac{b}{a}$$

而这表明初始曲线 C 必然不是特征曲线. 我们以上的论述可以表述为如下的第(1)条结论：

(1) 如果在初始曲线 C 上参数解(4.5.7)前两式的 Jacobi 行列式 J 处处不为零，即式

(4.5.8)成立,则表明初始曲线 C 必然不是特征曲线,此时偏微分方程(4.5.1)的初值问题必然有唯一的光滑有界解(4.5.7)$'$.

关于初始曲线 C 本身是特征曲线的情形,我们可以证明如下的第(2)条结论:

(2) 如果在初始曲线 C 上参数解(4.5.7)前两式的 Jacobi 行列式 J 处处等于零,而方程(4.5.1)的初值问题存在光滑有界解 $\tau=\tau(x,y)$,则初始曲线 C 本身便必然是一条特征曲线,此时初值问题便有无穷多解.

我们来证明这一点.事实上,此时我们有

$$\frac{y_0'(\xi)}{x_0'(\xi)}=\frac{b}{a}$$

适当地选择参数 ξ,我们可以使得 $y_0'(\xi)=b$, $x_0'(\xi)=a$;将初始曲线表达式(4.5.5)代入初值问题的解函数 $\tau=\tau(x,y)$ 中,可知在初始曲线 C 上有

$$\tau_0(\xi)=\tau(x_0(\xi),y_0(\xi))$$

于是根据复合函数求导的链式法则,并利用 $y_0'(\xi)=b$, $x_0'(\xi)=a$ 和方程(4.5.1),有

$$\tau_0'(\xi)=\frac{\partial\tau}{\partial x}x_0'(\xi)+\frac{\partial\tau}{\partial y}y_0'(\xi)=\frac{\partial\tau}{\partial x}a+\frac{\partial\tau}{\partial y}b=c$$

即同时满足

$$\begin{cases}x_0'(\xi)=a\\ y_0'(\xi)=b\\ \tau_0'(\xi)=c\end{cases}$$

这就证明了我们的论断:初始曲线 C 本身必然是一条特征曲线;而根据我们在前面几何论述中的第(2)条结论知,此时方程(4.5.1)的初值问题必然有无穷多解.

关于与这两种情况所不同的另一种情况我们可以写出如下的第(3)条结论:

(3) 如果在初始曲线 C 上参数解(4.5.7)前两式的 Jacobi 行列式 J 处处等于零,而初始曲线 C 本身又不是一条特征曲线,则式(4.5.1)的初值问题一定不存在光滑有界解 $\tau=\tau(x,y)$.

由反证法可见这一结论是显然的,这是因为:如果在初始曲线 C 上参数解(4.5.7)前两式的 Jacobi 行列式 J 处处等于零,而式(4.5.1)的初值问题却存在光滑有界解,则根据前面的第(2)条结论可知,初始曲线 C 本身必然是一条特征曲线,而这与初始曲线 C 本身不是一条特征曲线的前提是相矛盾的.

为了说明偏微分方程(4.5.1)初值问题的具体求解方法和在上面结论中所讲的三种具体情况,我们给出如下的例子.

例 4.5.3 求解偏微分方程

$$\tau\frac{\partial\tau}{\partial x}+\frac{\partial\tau}{\partial y}=1$$

的解,其初始曲线分别为:

(1) $\begin{cases}x=0\\ \tau=-y\end{cases}$ (y-τ 平面上斜率为 -1 的直线);

(2) $\begin{cases}y=\tau\\ x=\dfrac{\tau^2}{2}\end{cases}$ (平面 $y=\tau$ 上的抛物线);

(3) $\begin{cases} x=0 \\ \tau=0 \end{cases}$($y$ 轴).

解　我们有 $a=\tau, b=1, c=1$. 设初始曲线的参数方程为方程(4.5.5),则原初值问题可归结为求解如下的常微分方程组初值问题:

$$\begin{cases} \dfrac{dx}{ds} = \tau \\ \dfrac{dy}{ds} = 1, \\ \dfrac{d\tau}{ds} = 1 \end{cases} \quad \begin{cases} x\,|_{s=0} = x_0(\xi) \\ y\,|_{s=0} = y_0(\xi) \\ \tau\,|_{s=0} = \tau_0(\xi) \end{cases} \tag{i}$$

由此可解得(先解后两个方程并将之代入第一个方程解之)

$$\begin{cases} x = \dfrac{1}{2}s^2 + \tau_0(\xi)s + x_0(\xi) \\ y = s + y_0(\xi) \\ \tau = s + \tau_0(\xi) \end{cases} \tag{ii}$$

我们可以由式(ii)的前两个方程解出 s 和 ξ 并将之代入第三个方程而同时将 s 和 ξ 消掉,从而求得初值问题的解析解 $\tau=\tau(x,y)$;我们也可以逐次地将 s 和 ξ 消掉而求得初值问题的解析解 $\tau=\tau(x,y)$. 首先消掉 s,可有

$$\begin{cases} y - \tau = y_0(\xi) - \tau_0(\xi) \equiv \alpha(\xi) \\ x - \dfrac{1}{2}\tau^2 = x_0(\xi) - \dfrac{1}{2}\tau_0^2(\xi) \equiv \beta(\xi) \end{cases} \tag{iii}$$

再由式(iii)消掉 ξ,我们即可得出初值问题的解析解. 我们可以由式(iii)对初值问题积分曲面的几何特征给出如下分析:对应每一个参数 ξ,式(iii)的第一个方程代表一个与 x 轴平行、与 y 轴和 τ 轴都成 45°角、在 y 轴上的截距为 $\alpha(\xi)$ 的平面;式(iii)的第二个方程代表一个母线平行于 y 轴的抛物柱面,其在 x-τ 平面内的截线是一个顶点在 $(\beta(\xi),0)$、轴线平行于 x 轴的抛物线. 上述平面和抛物柱面的交线即是一条与参数 ξ 对应的特征曲线,它也是一条抛物线,对应不同的参数 ξ,所有这些抛物线所生成的曲面就是初值问题的解. 现在我们来具体求解前面三个初值问题.

对应初始曲线(1),其参数方程可以写为

$$\begin{cases} x = x_0(\xi) = 0 \\ y = y_0(\xi) = \xi \\ \tau = \tau_0(\xi) = -\xi \end{cases}$$

将之代入式(iii),可有

$$\begin{cases} y - \tau = 2\xi \\ x - \dfrac{1}{2}\tau^2 = -\dfrac{\xi^2}{2} \end{cases}$$

由其第一式解出 ξ 并代入第二式,可得一个关于 τ 的二次方程,从而解得

$$\tau = \frac{-y \mp 2\sqrt{6x + y^2}}{3}$$

为了要满足初始条件 $x=0$ 时 $\tau=-y$,对应 $y\geqslant 0$ 和 $y\leqslant 0$,我们应该分别取上式中的“-”号

和“+”号.

容易说明,该初值问题对应前面结论中的情况(1):$J|_C\neq 0$.

对应初始曲线(2),其参数方程可以写为

$$\begin{cases} x = x_0(\xi) = \dfrac{1}{2}\xi^2 \\ y = y_0(\xi) = \xi \\ \tau = \tau_0(\xi) = \xi \end{cases}$$

将之代入式(ⅱ)和式(ⅲ),分别可得

$$\begin{cases} x = \dfrac{1}{2}s^2 + \xi s + \dfrac{1}{2}\xi^2 = \dfrac{1}{2}(s+\xi)^2 \\ y = s + \xi \\ \tau = s + \xi \end{cases},\quad \begin{cases} y - \tau = 0 \\ x - \dfrac{1}{2}\tau^2 = 0 \end{cases}$$

显然所有这些特征曲线都只是初始曲线本身,或者说初始曲线本身是特征曲线,这属于前面结论中的第(2)种情况.事实上我们有

$$J|_C = \begin{Vmatrix} s+\xi & s+\xi \\ 1 & 1 \end{Vmatrix} = 0$$

故初始曲线 C 必为特征曲线,初值问题有无穷多解,我们可以写出这些无穷多解中的一些解,例如:

$$\begin{cases} \tau = y + g\left(x - \dfrac{1}{2}\tau^2\right) \\ g(0) = 0 \end{cases}$$

都是初值问题的解,其中函数 g 为任意满足 $g(0)=0$ 的函数,这是因为:一方面,对于任意的函数 g,上式所确定的隐函数 $\tau=\tau(x,y)$ 都满足原偏微分方程;另一方面,该解也满足初始条件,即当 $x-\dfrac{1}{2}\tau^2=0$ 时,$\tau=y$,而这两个式子恰恰就是前面的解,同时也是特征曲线的初始曲线.

对应初始曲线(3),其参数方程可以写为

$$\begin{cases} x_0 = 0 \\ y_0 = y(\xi) = \xi \\ \tau_0 = 0 \end{cases}$$

将之代入式(ⅱ)可得

$$\begin{cases} x = \dfrac{s^2}{2} \\ y = s + \xi \\ \tau = s \end{cases}$$

由其第一个方程和第三个方程,显然我们可有 $x=\dfrac{\tau^2}{2}$,故我们可得

$$\tau = \pm\sqrt{2x}$$

这样,我们就得到了初值问题的解析解,从几何的角度看,这是没有什么问题的,但是从解析的

角度看，这些解却是不符合光滑和有界的要求的，因为在初始曲线 y 轴上，我们有$\left.\frac{\partial \tau}{\partial x}\right|_C = \infty$，所以从解析的角度我们应该说，初值问题是不存在光滑和有界解的，这属于前面结论中的第(3)种情况，即在初始曲线 C 上，

$$J\mid_C = \left\|\begin{matrix} s & 0 \\ 1 & 1 \end{matrix}\right\|_{s=0} = 0$$

但初始曲线 C 本身却并不是特征曲线. 可以说明，初始曲线 C 即 y 轴是特征曲线的包络线.

4.5.3　二元函数的一阶非拟线性偏微分方程

1. 法锥、特征锥、特征方向、特征线、特征带

如前所述，一阶拟线性偏微分方程和特征曲面的求解并无直接关系，因为特征曲面的微分方程一定是一阶非拟线性偏微分方程，下面我们就来讨论和特征曲面的求解有直接关系的一阶非拟线性偏微分方程的问题. 我们仍然从二元函数入手.

二元函数 $\tau=\tau(x,y)$的完全非线性偏微分方程(包括拟线性和非拟线性)的一般形式可以写为

$$F(x,y,\tau,p,q) = 0 \tag{4.5.9}$$

其中 F 为任意的五元函数，而 p 和 q 分别为待求函数 $\tau=\tau(x,y)$对 x 和 y 的偏导数，即

$$p \equiv \tau_x,\quad q \equiv \tau_y \tag{4.5.10}$$

和前面一样，我们也将解函数 $\tau=\tau(x,y)$称为方程(4.5.9)在扩充空间(x,y,τ)中的一个积分曲面，如前所述，积分曲面的法矢量为

$$\boldsymbol{n}' = \left[\frac{\partial \tau}{\partial x},\frac{\partial \tau}{\partial y},-1\right] = [p,q,-1] \tag{4.5.11}$$

对于一般曲面 $\tau=\tau(x,y)$的法矢量 $\boldsymbol{n}'$而言，它依赖于两个独立的参数 p 和 q(或者其平方和等于1的三个方向余弦中的两个独立参数)；但是，对于作为偏微分方程(4.5.9)的积分曲面 $\tau=\tau(x,y)$的法矢量 $\boldsymbol{n}'$而言，这两个参数 p 和 q 之中却只有一个是独立的，因为它们之间要满足偏微分方程(4.5.9)所给出的关系. 所以，我们可以说：在扩充空间中的任何一点 $A(x,y,\tau)$处，偏微分方程(4.5.9)通过该点的全部积分曲面的法矢量 $\boldsymbol{n}'$形成一个经过该点的单参数的方向族，因而形成一个经过该点 A 的锥面，我们把该锥面称为偏微分方程(4.5.9)在点 A 处的法锥(normal cone). 这一点在几何上是很容易理解的，事实上，在任意一个给定的点 $A(x,y,\tau)$处，只要我们任意给出一个 p 值，将之代入方程(4.5.9)并对 q 求解，即可求出一个相应的 q 值，从而按式(4.5.11)得出一个方程(4.5.9)可能的积分曲面的法矢量 $\boldsymbol{n}'$，当 p 取遍各种可能的值时，我们即可得出一系列通过点 A 的不同积分曲面的法矢量$\boldsymbol{n}'$，这样我们就得到了一个方程(4.5.9)在点 A 处的法锥，如图 4.9 所示. 显然，法锥的具体形状是由方程(4.5.9)的具体形式即五元函数 F 的具体形式所决定的. 由于参数 p 和 q 中只有一个是独立的，为了数学表述上的一般性，我们可以假设它们都是一个单参数 λ 的函数 $p(\lambda)$和 $q(\lambda)$，其中所取函数 $p(\lambda)$和 $q(\lambda)$代入方程(4.5.9)之后应该成为 λ 的恒等式. 当参数 λ 取遍各种可能的值后，我们即得出各种可能的 $\boldsymbol{n}'(\lambda)=[p(\lambda),q(\lambda),-1]$，从而得出

了点 A 处的法锥.这些法矢量 $\boldsymbol{n}'$ 的端点曲线方程以及以该曲线为导线、过 A 而沿 $\boldsymbol{n}'$ 的直线为母线的法锥方程显然可以分别表达为

$$\begin{cases} X = x + p(\lambda) \\ Y = y + q(\lambda), \\ T = \tau - 1 \end{cases} \quad \begin{cases} X = x + p(\lambda)s \\ Y = y + q(\lambda)s \\ T = \tau - s \end{cases}$$

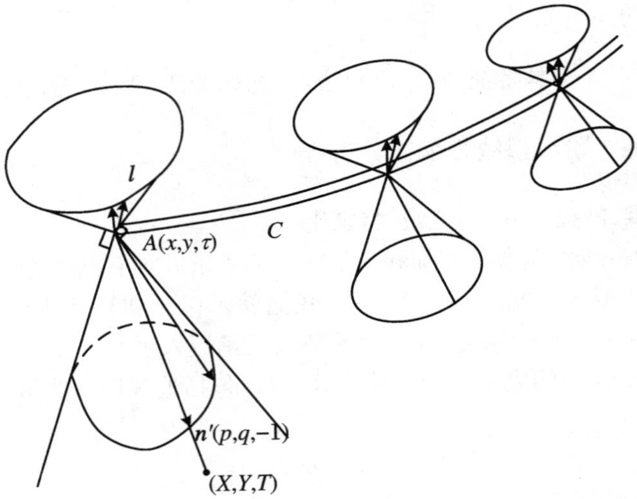

图 4.9　法锥和特征锥

在扩充空间的每一点 $A(x,y,\tau)$ 处方程(4.5.9)都存在一个法锥,于是我们便可以得到它的一个法锥场,如图 4.9 所示.

在点 A 处我们可以选出以其法锥上某一个母线方向 $\boldsymbol{n}'$ 为法矢量的积分曲面的切平面,当我们取不同的法矢量 $\boldsymbol{n}'$,即通过点 A 将矢量 $\boldsymbol{n}'$ 绕着法锥的不同母线方向而旋转时,我们将得到一系列通过点 A 而连续变化的积分曲面的切平面,这些切平面将会包络出另外一个以点 A 为顶点的锥面,我们将之称为偏微分方程(4.5.9)在点 A 处的特征锥(characteristic cone),特征锥上的每一条母线可以视为两条无限接近的以 $\boldsymbol{n}'$ 为法线的积分曲面切平面的交线,并且将特征锥的各个母线方向 $\boldsymbol{l}$ 称为偏微分方程(4.5.9)在扩充空间中的一个特征方向(characteristic direction),而将在各点处都与该点特征方向相切的曲线称为偏微分方程(4.5.9)在扩充空间中的一条特征曲线(characteristic curve).由于在非拟线性偏微分方程的一般情况下,扩充空间的各点处特征方向不是唯一的,因而过各点的特征线也将不再是唯一的,这一点是与拟线性偏微分方程的重大区别.由特征方向的定义可知,与法锥上每一个母线方向 $\boldsymbol{n}'$ 相对应,在特征锥上就必然有一个相应的母线方向 $\boldsymbol{l}$ 与之相垂直,我们将这简单地表达为"特征锥与法锥对偶垂直".与法锥相对应,在扩充空间的每一点 $A(x,y,\tau)$ 处方程(4.5.9)都存在一个特征锥,于是我们便可以得到它的一个特征锥场,如图 4.9 所示.对于求解偏微分方程(4.5.9)而言,法锥和特征锥是一个问题的两个方面:以法锥为基础,从几何上讲,求偏微分方程(4.5.9)的积分曲面,就是求处处与该点处法锥的某一个母线方向 $\boldsymbol{n}'$ 相垂直的曲面;而以特征锥为基础,从几何上讲,求偏微分方程(4.5.9)的积分曲面,就是求处处与该点处特征锥的某一个母线方向 $\boldsymbol{l}$ 相切并且相包的曲面.

由以上的几何论述我们可以得出结论，偏微分方程(4.5.9)的任何一个积分曲面，在某点 A 处的局部几何图像就是附着在该点特征锥上的某一个无限窄和无限短的带子，我们将之简单地称为其在该点的特征带(characteristic strip). 因此我们可以说，偏微分方程(4.5.9)的任何一个积分曲面都是由其特征带或者说由其特征线所生成的. 非拟线性偏微分方程(4.5.9)和拟线性偏微分方程(4.5.1)的区别在于，后者在扩充空间中的每一点都存在着唯一的特征方向 $\boldsymbol{l}$，而前者在扩充空间中的每一点处所有沿着特征锥母线的方向都是其特征方向 $\boldsymbol{l}$，因此特征方向有无穷多，这些无穷多的特征方向中的任何一个方向 $\boldsymbol{l}$ 与其他处于同一特征锥上的特征方向的不同特征是由它所处的特征带来表征的. 特征带在几何上的形象就是附着在特征锥上的一个无限窄和无限短的带子，这很直观但不便分析运算；而对于特征带的解析表述，我们可以用由它自己所处的特征方向 $\boldsymbol{l}$ 连同与这个带子相对偶垂直的积分曲面法线方向 $\boldsymbol{n}'$ 来共同表征，因此，如果在扩充空间的特征方向由矢量 $\boldsymbol{l}(\mathrm{d}x,\mathrm{d}y,\mathrm{d}\tau)$ 来表征，则我们可以用如下的五维空间中的矢量来作为特征带的解析表述：

$$\boldsymbol{L} = [\mathrm{d}x \quad \mathrm{d}y \quad \mathrm{d}\tau \quad p \quad q]$$

简言之，特征带是带有特有定向(其法线方向)的特征方向.

2. 初值问题的几何提法和几何求解

在初值问题的几何提法方面，偏微分方程(4.5.9)和拟线性偏微分方程(4.5.1)是完全一样的，这就是：求其一个积分曲面，使之通过事先给定的扩充空间中的某初始曲线 C.

由前面的叙述可知，偏微分方程(4.5.9)的任何一个积分曲面都是由其在各点的特征带或特征线所生成的，所以从几何上讲，只要我们能找出一个曲面，使得它不但在各点处与该点的特征锥上的某个特征带相切相包，而且在初始曲线 C 上的各点处该曲面既能与 C 相切又能与该点处的某一个特征带相切相包就可以了. 在拟线性偏微分方程的情况下，过各点的特征曲线是唯一的，所以我们可以通过初始曲线 C 上各点分别单独地作出通过这些点的特征曲线，从而生成初值问题的积分曲面；而对于非拟线性的偏微分方程而言，过扩充空间的每一点，特征线并不是唯一的，所以我们不能够再通过初始曲线 C 上各点分别单独地作出通过这些点的特征曲线，而必须将 C 上各点与邻近的点相联系才能选出与 C 相切的所需要的特征带. 具体进行时，我们可以按如下步骤来做：

首先作出在初始曲线 C 上各点的法锥和特征锥；接着在 C 上各点旋转其特征带并寻找出一个与 C 相切的特征带(为了找到这个特征带，我们可以首先过 C 上各点作出 C 的法平面，其与法锥的交线设为 $\boldsymbol{n}'$，再在特征锥上寻找与此 $\boldsymbol{n}'$ 相垂直的特征方向 $\boldsymbol{l}$，包含此 $\boldsymbol{l}$ 的特征带就是我们要寻找的与 C 相切的特征带)；沿着这些特征带方向积分一个微小弧长 $\mathrm{d}s$，这样我们就把初始曲线 C 积分扩充成了一个由特征带所生成的积分带，如图 4.9 所示；再以这个积分带的新边界线 C' 作为新的初始曲线重复以上步骤，我们即可一步一步地得出所要求的初值问题的积分曲面. 这样所得到的曲面，显然是由过初始曲线 C 上各点的特征带或特征线所生成的，同时也把初始曲线 C 包含在内从而是通过它的，所以这样得到的曲面确实是初值问题的积分曲面.

这样的几何求解方法虽然比较直观，但是不便进行分析和运算，下面我们就给出特征带或特征线的解析表述，即表征它们的常微分方程组.

3. 特征带或特征线的常微分方程组

如图 4.10 所示，设 $\boldsymbol{l}(\lambda)$ 为某点 $A(x,y,\tau)$ 处的其中一个特征方向，与此特征方向相切的积分曲面切平面为 Π，与 $\boldsymbol{l}$ 对偶垂直的法锥上的母线即 Π 平面的法线方向为 $\boldsymbol{n}'(p(\lambda), q(\lambda), -1)$，以 $B(X,Y,T)$ 表示 Π 平面上的任一点，则 Π 平面的方程可以写为 $\overline{AB}\cdot\boldsymbol{n}'=0$，即

$$T-\tau=p(\lambda)(X-x)+q(\lambda)(Y-y) \tag{4.5.12}$$

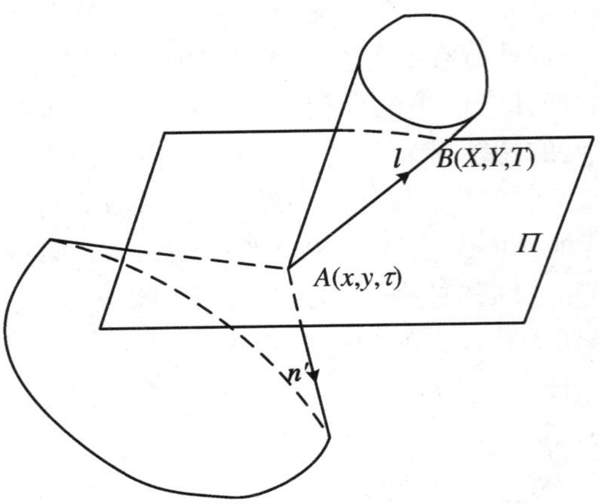

图 4.10　特征方向求解图示

当参数 λ 改变时，方程(4.5.12)将代表过点 A 的另一个积分曲面切平面，所以方程(4.5.12)代表一个以 λ 为参数的平面族，该平面族的包络面就给出点 A 处的特征锥，它的母线方向 $\boldsymbol{l}(\lambda)$ 可以由平面(4.5.12)和另一个无限接近的平面的交线来表达. 求其另一无限接近的平面相当于将 $\boldsymbol{n}'$ 或参数 λ 做一个无限小的改变，这在数学上相当于求方程(4.5.12)对 λ 的导数，由此可得

$$0=p'(\lambda)(X-x)+q'(\lambda)(Y-y) \tag{4.5.13}$$

其中 $p'(\lambda)$ 和 $q'(\lambda)$ 分别表示函数 $p(\lambda)$ 和 $q(\lambda)$ 对 λ 的导数. 由方程(4.5.12)和方程(4.5.13)所表达的两个平面的交线即给出特征锥上与参数 λ 相对应的母线即特征方向. 方程(4.5.13)给出

$$\frac{X-x}{q'(\lambda)}=\frac{Y-y}{-p'(\lambda)}\equiv K \tag{4.5.14}$$

将其代入方程(4.5.12)可得

$$T-\tau=K[p(\lambda)q'(\lambda)-q(\lambda)p'(\lambda)] \tag{4.5.15}$$

将式(4.5.14)和式(4.5.15)写在一起，即有

$$\frac{X-x}{q'(\lambda)}=\frac{Y-y}{-p'(\lambda)}=\frac{T-\tau}{p(\lambda)q'(\lambda)-q(\lambda)p'(\lambda)}=K \tag{4.5.16}$$

令 (X,Y,T) 趋于 (x,y,τ)，我们即可得出在点 A 处与参数 λ 相对应的特征方向为

$$\boldsymbol{l}\equiv(\mathrm{d}x,\mathrm{d}y,\mathrm{d}\tau)=K(q'(\lambda),-p(\lambda),p(\lambda)q'(\lambda)-q(\lambda)p'(\lambda)) \tag{4.5.17}$$

由于矢量 $\boldsymbol{n}'(\lambda)$ 位于法锥之上，所以其满足法锥的方程(4.5.9)，即

$$F(x,y,\tau,p(\lambda),q(\lambda))=0 \tag*{(4.5.9)$'$}$$

由该式对 λ 求导可得

$$F_p p'(\lambda)+F_q q'(\lambda)=0$$

即

$$q'(\lambda)=-\frac{F_p}{F_q}p'(\lambda) \tag{4.5.18}$$

其中 F_p 和 F_q 分别表示函数 $F(x,y,\tau,p,q)$ 对 p 和 q 的偏导数. 将式(4.5.18)代入式(4.5.17)，即可得到特征方向 $\boldsymbol{l}$ 的如下表达式：

$$\boldsymbol{l}\equiv(\mathrm{d}x,\mathrm{d}y,\mathrm{d}\tau)=K_1(F_p,F_q,pF_p+qF_q) \tag{4.5.19}$$

其中 K_1 为新的比例因子；

$$K_1 \equiv - K \frac{p'}{F_q}$$

如果我们以 s 表示沿特征线变化的参数,则可得特征线的常微分方程如下:

$$\begin{cases} \dfrac{\mathrm{d}x}{\mathrm{d}s} = F_p(x,y,\tau,p,q) \\ \dfrac{\mathrm{d}y}{\mathrm{d}s} = F_q(x,y,\tau,p,q) \\ \dfrac{\mathrm{d}\tau}{\mathrm{d}s} = pF_p + qF_q(x,y,\tau,p,q) \end{cases} \tag{4.5.20}$$

但是,需要强调指出的是,由于常微分方程组(4.5.20)的三个右函数都含有 p 和 q,而我们却只有关于(x,y,τ)的三个微分方程,所以在一般情况下我们并不能直接由它们而求出特征曲线,即方程组(4.5.20)在数学上是所谓的"欠定的"常微分方程组,这一点的几何意义就是,在扩充空间的每一点处其特征方向可以沿着该点特征锥的任意母线方向因而并不是唯一的.而为了从这些位于特征锥母线方向的无穷多特征方向中选出一个特定的特征方向 $\boldsymbol{l}$,我们就必须给出与它对偶垂直的法锥母线方向 $\boldsymbol{n}'(p,q,-1)$,即我们还应该给出关于 p 和 q 的微分方程以作为对方程组(4.5.20)的补充.这就是对于一般的非拟线性偏微分方程(4.5.9)的情况.只有对于一阶拟线性偏微分方程(4.5.1)的特殊情况,因为我们有

$$F = a(x,y,\tau)p + b(x,y,\tau)q - c(x,y,\tau) = 0$$

$$F_p = a,\quad F_q = b,\quad pF_p + qF_q = ap + bq = c$$

故特征线的常微分方程组(4.5.20)简化为

$$\begin{cases} \dfrac{\mathrm{d}x}{\mathrm{d}s} = a(x,y,\tau) \\ \dfrac{\mathrm{d}y}{\mathrm{d}s} = b(x,y,\tau) \\ \dfrac{\mathrm{d}\tau}{\mathrm{d}s} = c(x,y,\tau) \end{cases} \tag{4.5.3}$$

特征曲线的常微分方程组才是"不欠定"而确定可解的,这也就是我们前面曾得到的常微分方程组(4.5.3).容易理解,在一阶拟线性偏微分方程(4.5.1)的特殊情况下,每一点的特征方向 $\boldsymbol{l}$ 是唯一的,因之其特征锥收缩成为一个无限窄的直线即 Monge 轴,而法锥则扩展成一个与特征方向垂直的平面.

现在我们对一般的非拟线性偏微分方程来求出关于 p 和 q 的补充方程.由法锥方程即偏微分方程(4.5.9)分别求其对 x 和 y 的偏导数,可得

$$\begin{cases} F_p p_x + F_q q_x + F_x + F_\tau \tau_x = 0 \\ F_p p_y + F_q q_y + F_y + F_\tau \tau_y = 0 \end{cases} \tag{4.5.21}$$

利用方程组(4.5.20),并注意

$$q_x = \tau_{yx} = \tau_{xy} = p_y,\quad p_y = \tau_{xy} = \tau_{yx} = q_x$$

则根据复合函数求导的链式法则,方程组(4.5.21)可以写为

$$\begin{cases} \dfrac{\mathrm{d}p}{\mathrm{d}s} = -(F_x + F_\tau p) \\ \dfrac{\mathrm{d}q}{\mathrm{d}s} = -(F_y + F_\tau q) \end{cases} \tag{4.5.22}$$

这就是我们所得到的关于 p 和 q 的补充微分方程.将方程组(4.5.20)和方程组(4.5.22)写在一起,即有

$$\begin{cases}\dfrac{\mathrm{d}x}{\mathrm{d}s} = F_p(x,y,\tau,p,q) \\ \dfrac{\mathrm{d}y}{\mathrm{d}s} = F_q(x,y,\tau,p,q) \\ \dfrac{\mathrm{d}\tau}{\mathrm{d}s} = pF_p + qF_q(x,y,\tau,p,q) \\ \dfrac{\mathrm{d}p}{\mathrm{d}s} = -(F_x + F_\tau p) \\ \dfrac{\mathrm{d}q}{\mathrm{d}s} = -(F_y + F_\tau q)\end{cases} \tag{4.5.23}$$

方程组(4.5.23)是关于未知量(x,y,τ,p,q)的常微分方程组,它就是关于带有定向的特征曲线即特征带的常微分方程组.在一阶拟线性偏微分方程组的分析中,我们曾指出常微分方程组(4.5.3)的全部特征曲线解组成空间(x,y,τ)中的双参数的曲线族;类似地,我们也容易说明,常微分方程组(4.5.23)的全部特征带解组成空间(x,y,τ,p,q)中的四参数的曲线族.

4. 初值问题的解析表述和求解

对于初值问题的几何表述和解析表述而言,一阶非拟线性偏微分方程(4.5.9)和一阶拟线性偏微分方程(4.5.1)是完全相同的,我们不再重述.而它们的区别则在于,对于后者而言,由于过每一点的特征曲线是唯一的,所以我们只需要给出初始曲线 C 的参数方程而将之作为在特征曲线上(x,y,τ)的初始条件,并通过直接求解初值问题(4.5.6)而得出其参数解(4.5.7);而对于前者,由于过每一点的特征曲线不是唯一的,我们则需要从特征锥母线中选出所需要的特征带而对特征带的方程组(4.5.23)进行积分,于是我们就需要给出在初始曲线 C 上每一点处积分曲面的初始法矢量 $\boldsymbol{n}_0'$,然后才可以由初始曲线 C 的参数方程所给出的(x,y,τ)的初始条件以及初始法矢量 $\boldsymbol{n}_0'$所给出的 p 和 q 的初始条件一起,作为方程组(4.5.23)的初始条件来对特征带进行求解,从而求出初值问题的解.下面我们就来求出在初始曲线 C 上各点处的积分曲面的初始法矢量 $\boldsymbol{n}_0'$.

设初始曲线 C 上各点 ξ 处积分曲面的初始法矢量为 $\boldsymbol{n}_0'(p_0(\xi), q_0(\xi), -1)$,而初始曲线 C 的参数方程为

$$\begin{cases}x = x_0(\xi) \\ y = y_0(\xi) \\ \tau = \tau_0(\xi)\end{cases}$$

则其切线方向的矢量将为 $\boldsymbol{\xi}(x_0'(\xi), y_0'(\xi), \tau_0'(\xi))$,此矢量必然与 C 上各点处积分曲面的法矢量 $\boldsymbol{n}_0'$正交,$\boldsymbol{\xi}\cdot\boldsymbol{n}_0'=0$,即

$$x_0'(\xi)p_0(\xi) + y_0'(\xi)q_0(\xi) = \tau_0'(\xi)$$

这是制约初始法矢量 $\boldsymbol{n}_0'$的一个方程;此外我们还有另一个方程,就是初始法矢量 $\boldsymbol{n}_0'$必然位于法锥之上而满足法锥方程(4.5.9),这样我们就有确定初始法矢量 $\boldsymbol{n}_0'$即 $p_0(\xi)$和 $q_0(\xi)$的两个方程如下:

$$\begin{cases} x_0'(\xi)p_0(\xi) + y_0'(\xi)q_0(\xi) = \tau_0'(\xi) \\ F(x_0(\xi), y_0(\xi), \tau_0(\xi), p_0(\xi), q_0(\xi)) = 0 \end{cases} \tag{4.5.24}$$

解方程组(4.5.24)我们即可求得在初始曲线 C 上每一点处的初始法矢量 $\boldsymbol{n}_0'$，即 $p_0(\xi)$ 和 $q_0(\xi)$. 于是求解偏微分方程(4.5.9)的初值问题就可以化为求解如下特征带的常微分方程组的初值问题：

$$\begin{cases} \dfrac{dx}{ds} = F_p(x,y,\tau,p,q) \\ \dfrac{dy}{ds} = F_q(x,y,\tau,p,q) \\ \dfrac{d\tau}{ds} = pF_p + qF_q(x,y,\tau,p,q), \\ \dfrac{dp}{ds} = -(F_x + F_\tau p) \\ \dfrac{dq}{ds} = -(F_y + F_\tau q) \end{cases} \quad \begin{cases} x|_{s=0} = x_0(\xi) \\ y|_{s=0} = y_0(\xi) \\ \tau|_{s=0} = \tau_0(\xi) \\ p|_{s=0} = p_0(\xi) \\ q|_{s=0} = q_0(\xi) \end{cases} \tag{4.5.25}$$

常微分方程组的初值问题(4.5.25)的一般解可以表述为

$$\begin{cases} x = x(s,\xi) \\ y = y(s,\xi) \\ \tau = \tau(s,\xi) \\ p = p(s,\xi) \\ q = q(s,\xi) \end{cases} \tag{4.5.26}$$

方程组(4.5.26)即给出带有定向的特征线即特征带的一般解，而其中的前三个方程则给出通过初始曲线 C 上各点所作的特征线，它们所生成的积分曲面即是初值问题的解，或者说表达初值问题的积分曲面的参数方程是由方程组(4.5.26)的前三个方程所给出的. 但是需要注意的是，我们并不能单独地求出这三个方程所给出的解，而是必须和 p，q 的方程一起才能求出它们，这就是非拟线性偏微分方程(4.5.9)和拟线性偏微分方程(4.5.1)的区别.

与一阶拟线性偏微分方程的情况类似，如果我们只满足于在几何上求出初值问题的积分曲面，则所得解的方程组(4.5.26)的前三式便给出我们要求的初值问题的积分曲面；如果我们要给出初值问题的显式解函数 $\tau = \tau(x,y)$，则可以首先由前两个方程求出其反函数 $s = s(x,y)$ 和 $\xi = \xi(x,y)$(如果反函数存在)，并将之代入方程组(4.5.26)的第三式，从而得出如下的显式复合函数：

$$\tau = \tau(s(x,y), \xi(x,y)) \equiv \tau(x,y) \tag{4.5.26$'$}$$

与一阶拟线性方程的情况一样，我们也可以证明，此函数(4.5.26)′便是初值问题的解析解. 而且，对于方程(4.5.9)初值问题解的存在性问题，可以有与方程(4.5.1)初值问题同样的结论，我们不再重复这些论证过程，而直接写出如下的结论：

(1) 如果在初始曲线 C 上参数解(4.5.26)前两式的 Jacobi 行列式 J 处处不为零，即下式成立：

$$J|_C = \left\| \begin{matrix} x_s & x_\xi \\ y_s & y_\xi \end{matrix} \right\|_{s=0} = \left\| \begin{matrix} F_p & x_0'(\xi) \\ F_q & y_0'(\xi) \end{matrix} \right\| = F_p y_0'(\xi) - F_q x_0'(\xi) \neq 0$$

则表明初始曲线 C 必然不是特征曲线，此时偏微分方程(4.5.9)的初值问题必然有唯一的光滑有界解(4.5.26)$'$.

(2) 如果在初始曲线 C 上参数解(4.5.26)前两式的 Jacobi 行列式 J 处处等于零，而方程(4.5.9)的初值问题存在光滑有界解 $\tau=\tau(x,y)$，则初始曲线 C 本身便必然是一条特征曲线，而此时初值问题便有无穷多解.

(3) 如果在初始曲线 C 上参数解(4.5.26)前两式的 Jacobi 行列式 J 处处等于零，而初始曲线 C 本身又不是一条特征曲线，则方程(4.5.9)的初值问题一定不存在光滑有界解 $\tau=\tau(x,y)$.

下面我们给出偏微分方程(4.5.9)初值问题求解的一个具体例子.

例 4.5.4 求解偏微分方程

$$F(x,y,\tau,p,q)=\frac{1}{2}(p^2+q^2)+(p-x)(q-y)-\tau=0$$

的积分曲面，其初始曲线为 x 轴.

解 对该问题，其特征带的常微分方程组(4.5.23)为

$$\frac{\mathrm{d}x}{\mathrm{d}s}=F_p=p+q-y \tag{4.5.27-a}$$

$$\frac{\mathrm{d}y}{\mathrm{d}s}=F_q=p+q-x \tag{4.5.27-b}$$

$$\frac{\mathrm{d}\tau}{\mathrm{d}s}=pF_p+qF_q=p(p+q-y)+q(p+q-x) \tag{4.5.27-c}$$

$$\frac{\mathrm{d}p}{\mathrm{d}s}=-(pF_\tau+F_x)=p+q-y \tag{4.5.27-d}$$

$$\frac{\mathrm{d}q}{\mathrm{d}s}=-(qF_\tau+F_y)=p+q-x \tag{4.5.27-e}$$

初始曲线 x 轴的参数方程可以写为

$$\begin{cases}x=x_0(\xi)=\xi\\y=y_0(\xi)=0\\\tau=\tau_0(\xi)=0\end{cases}$$

将之代入方程(4.5.24)，有

$$\begin{cases}p_0(\xi)=0\\\dfrac{1}{2}q_0^2-\xi q_0=0\end{cases}$$

由此可得初始法向的如下两个解：

$$\begin{cases}p_0(\xi)=0\\q_0(\xi)=0\end{cases},\quad\begin{cases}p_0(\xi)=0\\q_0(\xi)=2\xi\end{cases}$$

即我们可得如下的两个初始带：

$$\begin{cases} x\mid_{s=0} = x_0(\xi) = \xi \\ y\mid_{s=0} = y_0(\xi) = 0 \\ \tau\mid_{s=0} = \tau_0(\xi) = 0 \\ p\mid_{s=0} = p_0(\xi) = 0 \\ q\mid_{s=0} = q_0(\xi) = 0 \end{cases} \tag{4.5.28-a}$$

$$\begin{cases} x\mid_{s=0} = x_0(\xi) = \xi \\ y\mid_{s=0} = y_0(\xi) = 0 \\ \tau\mid_{s=0} = \tau_0(\xi) = 0 \\ p\mid_{s=0} = p_0(\xi) = 0 \\ q\mid_{s=0} = q_0(\xi) = 2\xi \end{cases} \tag{4.5.28-b}$$

我们需要将它们分别作为常微分方程组(4.5.27)的初始条件来求解.

由方程(4.5.27-d)＋方程(4.5.27-e)－方程(4.5.27-b)可得

$$\frac{\mathrm{d}}{\mathrm{d}s}(p + q - y) = p + q - y$$

分别以方程组(4.5.28-a)和方程组(4.5.28-b)为初始条件积分此方程可得

$$p + q - y = \begin{cases} 0 \\ 2\xi \mathrm{e}^s \end{cases} \tag{4.5.29}$$

式(4.5.29)以及以下各式中的第一行和第二行分别对应初始条件(4.5.28-a)和(4.5.28-b).

由方程(4.5.27-d)＋方程(4.5.27-e)－方程(4.5.27-a)可得

$$\frac{\mathrm{d}}{\mathrm{d}s}(p + q - x) = p + q - x$$

分别以方程组(4.5.28-a)和方程组(4.5.28-b)为初始条件积分此方程可得

$$p + q - x = \begin{cases} -\xi \mathrm{e}^s \\ \xi \mathrm{e}^s \end{cases} \tag{4.5.30}$$

将式(4.5.29)代入方程(4.5.27-d)和方程(4.5.27-a),可分别得出

$$\frac{\mathrm{d}p}{\mathrm{d}s} = \frac{\mathrm{d}x}{\mathrm{d}s} = \begin{cases} 0 \\ 2\xi \mathrm{e}^s \end{cases}$$

分别以方程组(4.5.28-a)和方程组(4.5.28-b)为初始条件积分此方程可得

$$p = \begin{cases} 0 \\ 2\xi(\xi - 1) \end{cases} \tag{4.5.31}$$

$$x = \begin{cases} \xi \\ 2\xi \mathrm{e}^s - \xi \end{cases} \tag{4.5.32}$$

将式(4.5.30)代入方程(4.5.27-e)和方程(4.5.27-b),可得出

$$\frac{\mathrm{d}y}{\mathrm{d}s} = \frac{\mathrm{d}q}{\mathrm{d}s} = \begin{cases} -\xi \mathrm{e}^s \\ \xi \mathrm{e}^s \end{cases}$$

分别以方程组(4.5.28-a)和方程组(4.5.28-b)为初始条件积分此方程可得

$$q = \begin{cases} -\xi(\mathrm{e}^s - 1) \\ \xi(\mathrm{e}^s - 1) \end{cases} \tag{4.5.33}$$

$$y = \begin{cases} -\xi(\mathrm{e}^s - 1) \\ \xi(\mathrm{e}^s - 1) \end{cases} \tag{4.5.34}$$

将式(4.5.29)、式(4.5.30)、式(4.5.31)、式(4.5.33)代入方程(4.5.27-c)可得

$$\frac{\mathrm{d}\tau}{\mathrm{d}s} = \begin{cases} \xi^2 \mathrm{e}^s(\mathrm{e}^s - 1) \\ \xi^2 \mathrm{e}^s(4\mathrm{e}^s - 1) + (\mathrm{e}^s - 1) \end{cases}$$

分别以方程组(4.5.28-a)和方程(4.5.28-b)为初始条件积分此方程可得

$$\tau = \begin{cases} \dfrac{1}{2}\xi^2(\mathrm{e}^s - 1)^2 \\ \dfrac{1}{2}\xi^2(\mathrm{e}^s - 1)(5\mathrm{e}^s - 1) = \dfrac{\xi(\mathrm{e}^s - 1)\xi(5\mathrm{e}^s - 1)}{2} \end{cases} \tag{4.5.35}$$

利用式(4.5.32)和式(4.5.34),可将式(4.5.35)写为如下的形式:

$$\tau = \begin{cases} \dfrac{y^2}{2} \\ \dfrac{y(4x - 3y)}{2} \end{cases} \tag{4.5.35$'$}$$

式(4.5.35)′就给出了初值问题的显式解.

4.6 弹性流体中的波

4.6.1 弹性流体中三维均熵波的基本方程组及其线性化

作为一个重要的例证,我们来研究纯力学情况下弹性流体中的三维波动方程,此时波传播的基本方程组将由运动方程、连续方程和正压流体的状态方程所组成.考虑到弹性流体中的 Cauchy 应力张量是一个二阶各向同性张量,即

$$\boldsymbol{\sigma} = -p\boldsymbol{I}, \quad \sigma_{ij} = -p\delta_{ij}$$

其散度 div$\boldsymbol{\sigma}$ 可表达为

$$\mathrm{div}\boldsymbol{\sigma} = -\nabla\cdot(p\boldsymbol{I}) = -\boldsymbol{i}_j\nabla_j\cdot(\delta_{ki}\boldsymbol{i}_k\boldsymbol{i}_i p) = -\nabla_i(\boldsymbol{i}_i p) = -\boldsymbol{i}_i\nabla_i p$$

它恰恰为负的压力梯度,所以在不考虑体积力影响的情况下,波传播的基本方程组可以写为

$$\begin{cases} \boldsymbol{v}_{,t} + \boldsymbol{v}\cdot\vec{\nabla}\boldsymbol{v} = -\dfrac{1}{\rho}\mathrm{grad}p \\ \rho_{,t} + \boldsymbol{v}\cdot\vec{\nabla}\rho + \rho\mathrm{div}\boldsymbol{v} = 0 \\ p = p(\rho) \end{cases} \tag{4.6.1}$$

其中 $\boldsymbol{v}$ 为介质的质点速度矢量,p 和 ρ 分别为介质的压力和质量密度.我们首先考虑小扰动声波的情况,此时可略去上述方程中的有关迁移项;同时将压力 p 在初始密度 ρ_0 处展开为密度扰动 $\rho-\rho_0$ 的 Taylor 级数,并只保留一阶项,即可近似写出

$$p = p(\rho) = p_0 + \left(\frac{\mathrm{d}p}{\mathrm{d}\rho}\right)_{\rho_0}(\rho - \rho_0) + \cdots \approx p_0 + a^2(\rho - \rho_0)$$

其中常数

$$a \equiv \sqrt{\left(\frac{\mathrm{d}p}{\mathrm{d}\rho}\right)_{\rho_0}} \tag{4.6.2}$$

于是可得基本方程组(4.6.1)在小扰动声波情况下的线性化方程组为

$$\begin{cases} \boldsymbol{v}_{,t} = -\dfrac{1}{\rho_0}\nabla p \\ \rho_{,t} + \rho \operatorname{div}\boldsymbol{v} = 0 \\ \rho = \rho_0 + \dfrac{p - p_0}{a^2} \end{cases} \tag{4.6.3}$$

由于

$$\rho_{,t} = \frac{\mathrm{d}\rho}{\mathrm{d}p}p_{,t} = \frac{1}{a^2}p_{,t}$$

将之代入式(4.6.3)的第二式即可消去密度 ρ 而得出以压力 p 所表达的连续方程：

$$\frac{p_{,t}}{a^2} + \rho_0 \operatorname{div}\boldsymbol{v} = 0$$

此式和运动方程一起即构成以 $\boldsymbol{v}$ 和 p 为未知量的基本方程组，将之写为指标记法，即

$$\begin{cases} \rho_0 v_{i,t} + p_{,i} = 0 \quad (i = 1,2,3) \\ p_{,t} = -\rho_0 a^2 v_{k,k} \end{cases} \tag{4.6.4}$$

方程组(4.6.4)就是求解小扰动声波的一阶线性偏微分方程组.

4.6.2　特征曲面、特征波速和特征关系

小扰动声波的基本方程组(4.6.4)是一个一阶线性偏微分方程组，含有四个未知量 v_1，v_2，v_3 和 p，现在我们利用4.3节中所讲的“速度空间法”来求出其波阵面的特征微分方程.

设奇异面方程为

$$t = \tau(\boldsymbol{x}) \tag{4.6.5}$$

则有

$$\tau_{,i} = \frac{n_i}{c} \quad (i = 1,2,3) \tag{4.6.6}$$

其中 c 为特征法向波速. p 和 v_i 的随波场函数和其随波偏导数分别为

$$\begin{cases} p^*(\boldsymbol{x}) = p(\boldsymbol{x}, \tau(\boldsymbol{x})), \quad \boldsymbol{v}^*(\boldsymbol{x}) = \boldsymbol{v}(\boldsymbol{x}, \tau(\boldsymbol{x})) \\ p^*_{,i} = p_{,i} + p_{,t}\tau_{,i}, \quad v^*_{i,k} = v_{i,k} + v_{i,t}\tau_{,k}, \quad v^*_{k,k} = v_{k,k} + v_{k,t}\tau_{,k} \end{cases}$$

由此可解出偏导数 $p_{,i}$ 和 $v_{k,k}$ 由内导数 $p^*_{,i}$ 和 $v^*_{k,k}$ 表达的公式如下：

$$p_{,i} = p^*_{,i} - p_{,t}\tau_{,i}, \quad v_{k,k} = v^*_{k,k} - v_{k,t}\tau_{,k} \tag{4.6.7}$$

将式(4.6.7)代入方程组(4.6.4)即可消掉压力 p 和质点速度 $\boldsymbol{v}$ 对坐标的偏导数而得出如下方程：

$$\begin{cases} \rho_0 v_{i,t} + p^*_{,i} - p_{,t}\tau_{,i} = 0 \\ p_{,t} = -\rho_0 a^2(v^*_{k,k} - v_{k,t}\tau_{,k}) \end{cases} \tag{4.6.8}$$

将式(4.6.8)第二式给出的 $p_{,t}$ 代入其第一式，即可消掉 $p_{,t}$ 而得出

$$\rho_0 v_{i,t} + p^*_{,i} + \tau_{,i}\rho_0 a^2(v^*_{k,k} - v_{k,t}\tau_{,k}) = 0$$

即

$$D_{ik}v_{k,t} = (a^2\tau_{,i}\tau_{,k} - \delta_{ik})v_{k,t} = \frac{1}{\rho_0}p^*_{,i} + a^2\tau_{,i}v^*_{k,k} \quad (i = 1,2,3) \tag{4.6.9}$$

其中

$$D_{ik} = a^2\tau_{,i}\tau_{,k} - \delta_{ik} \tag{4.6.10}$$

当给定奇异面 $t = \tau(\boldsymbol{x})$ 上的未知量 $\boldsymbol{v}$ 和 p 之后，其作为内导数的随波偏导数 $p^*_{,i}$ 和 $v^*_{k,k}$ 便确定了，而 D_{ik} 也是由奇异面所确定的，所以方程(4.6.9)便是一个关于质点加速度 $v_{k,t}$ 的线性代数方程组，根据 4.3 节中的理论可知，奇异面为特征曲面的条件由 D_{ik} 为奇异矩阵的条件所给出，即

$$\| D_{ik} \| = \| a^2\tau_{,i}\tau_{,k} - \delta_{ik} \| = 0 \tag{4.6.11}$$

式(4.6.11)即是确定特征曲面的特征微分方程，可以看到，尽管原方程组(4.6.4)是一阶线性偏微分方程组，但是特征微分方程(4.6.11)却是一个关于特征曲面 $t = \tau(\boldsymbol{x})$ 右函数 $\tau(\boldsymbol{x})$ 的一阶非拟线性偏微分方程. 由 4.3 节中的理论可知，特征关系由方程(4.6.9)的右端非齐次项与系数矩阵 $\boldsymbol{D}$ 的左零化矢量的正交条件所给出，即

$$l_i\left(\frac{1}{\rho_0}p^*_{,i} + a^2\tau_{,i}v^*_{k,k}\right) = 0 \tag{4.6.12}$$

其中 $\boldsymbol{l}$ 为 $\boldsymbol{D}$ 的左零化矢量，即

$$l_iD_{ik} = l_i(a^2\tau_{,i}\tau_{,k} - \delta_{ik}) = 0 \quad (k = 1,2,3) \tag{4.6.13}$$

将式(4.6.6)代入特征微分方程(4.6.11)，即可得出确定特征法向波速 c 的特征方程：

$$\left\| \frac{a^2}{c^2}n_in_k - \delta_{ik} \right\| = 0$$

即

$$\left\| \delta_{ik} - \frac{a^2}{c^2}n_in_k \right\| = 0 \tag{4.6.14}$$

利用张量和行列式的知识可以证明(请读者尝试证明之)如下的公式：

$$\| \delta_{ik} + \beta f_ig_k \| = 1 + \beta f_ig_i \tag{4.6.15}$$

其中 f_i 和 g_k 是任意的两个矢量，β 为任意的常数. 利用式(4.6.15)，由确定特征法向波速的方程(4.6.14)可以得到

$$1 - \frac{a^2}{c^2} = 0$$

即

$$c = a \equiv \sqrt{\left(\frac{\mathrm{d}p}{\mathrm{d}\rho}\right)_{\rho_0}} \tag{4.6.16}$$

由此可见，在小扰动声波的情况下，特征法向波速 c 是特征方程的三重根，它恰恰等于由式(4.6.2)所确定的常数 a. 一维声波的情况我们早已给出过与此相类似的公式了，而且声速 c 是密度 ρ 的函数.

4.6.3 特征曲面的求解

现在我们利用4.5节中的一阶偏微分方程的理论来求解特征微分方程(4.6.11)，但是为了可以画出有关的图形而易于理解，我们仍以二维波的问题为例.

利用式(4.6.15)，特征曲面的微分方程(4.6.11)可以写为

$$1 - a^2\tau_{,i}\tau_{,i} = 0$$

在二维波的情况下，波阵面的方程为 $\tau = \tau(x, y)$，上述方程可以写为

$$F(x, y, \tau, p, q) \equiv \frac{1}{2}(p^2 + q^2) - \frac{1}{2a^2} = 0 \tag{4.6.17}$$

其中

$$p \equiv \tau_{,x}, \quad q \equiv \tau_{,y} \tag{4.6.18}$$

根据4.5节所讲的一阶偏微分方程的理论，方程(4.6.17)的积分曲面或波阵面是由它的特征线(或附着在特征锥上的特征带)所生成的，而波阵面本身是原波动方程组(4.6.4)的特征曲面，因此我们将特征微分方程(4.6.17)的特征线称为原方程组(4.6.4)的次特征或二次特征(bicharacteristics)，在声学和光学中人们也常常将二次特征称为射线(ray)，而将射线在几何空间 x-y 平面上的投影线称为基射线. 如4.5节所述，求解偏微分方程(4.6.17)的积分曲面等价于求解其特征带的常微分方程组. 在现在的情况下，特征带的常微分方程组为

$$\begin{cases} \dfrac{dx}{ds} = F_p = p \\ \dfrac{dy}{ds} = F_q = q \\ \dfrac{d\tau}{ds} = pF_p + qF_q = p^2 + q^2 = \dfrac{1}{a^2} \\ \dfrac{dp}{ds} = -pF_\tau - F_x = 0 \\ \dfrac{dq}{ds} = -qF_\tau - F_y = 0 \end{cases} \tag{4.6.19}$$

常微分方程组(4.6.19)是容易积分的：由后三个方程我们可以得到 $p = p_0, q = q_0, \tau = \dfrac{s}{a^2} + \tau_0$，将之代入前两个方程并积分可有 $x = p_0 s + x_0, y = q_0 s + y_0$，其中 p_0, q_0, x_0, y_0 和 τ_0 为任意常数. 由于 x, y, τ 都是参数 s 的线性函数，所以特征线或射线都是直线，这说明在扩充空间 (x, y, τ) 中的每一点 (x_0, y_0, τ_0) 处，其特征锥确实都是由直线所生成的直锥面. 特征曲面在扩充空间 (x, y, τ) 中的法矢量为 $\boldsymbol{n}'(p, q, -1)$，其在几何空间 x-y 平面上的投影矢量为 (p, q)，该方向的单位矢量为

$$\boldsymbol{n}\left(\frac{p}{\sqrt{p^2 + q^2}}, \frac{q}{\sqrt{p^2 + q^2}}\right) = (ap, aq)$$

这里利用了方程(4.6.17). 该单位矢量 $\boldsymbol{n}$ 也恰恰就是任意确定时刻 τ_1 的几何波阵面 $\tau_1 = \tau(x, y)$ 的单位法矢量.

4.6.4 波阵面的求解

数学上求解偏微分方程(4.6.17)的初值问题在力学上就表现为求出一定类型的声源所发出的波阵面的形状. 下面我们对一些常见的问题分别进行叙述.

1. 固定点源

求在位置(x_0, y_0)于某一确定时刻$\tau=\tau_0$所发出的波阵面的问题,对应着在扩充空间(x, y, τ)中初始曲线C退化为一点(x_0, y_0, τ_0)的问题. 该初始曲线的参数方程可以写为

$$\begin{cases} x = x_0(\xi) = x_0 \\ y = y_0(\xi) = y_0 \\ \tau = \tau_0(\xi) = \tau_0 \end{cases} \tag{4.6.20}$$

与此初始曲线对应的初始定向参数$p_0(\xi)$和$q_0(\xi)$的方程,即4.5节中的式(4.5.24)给出:

$$\begin{cases} x_0'(\xi) p_0(\xi) + y_0'(\xi) q_0(\xi) = \tau_0'(\xi) \\ p_0^2(\xi) + q_0^2(\xi) = \dfrac{1}{a^2} \end{cases}$$

即

$$\begin{cases} 0 = 0 \\ p_0^2(\xi) + q_0^2(\xi) = \dfrac{1}{a^2} \end{cases}$$

由此可得

$$\begin{cases} p_0(\xi) = \dfrac{\cos\lambda}{a} \\ q_0(\xi) = \dfrac{\sin\lambda}{a} \end{cases}$$

其中λ为任意值. 以初始条件

$$\begin{cases} x \big|_{s=0} = x_0 \\ y \big|_{s=0} = y_0 \\ \tau \big|_{s=0} = \tau_0 \\ p \big|_{s=0} = \dfrac{\cos\lambda}{a} \\ q \big|_{s=0} = \dfrac{\sin\lambda}{a} \end{cases} \tag{4.6.21}$$

积分常微分方程组(4.6.19)可得如下的特征带解:

$$\begin{cases} x = \dfrac{\cos\lambda}{a} s + x_0 \\ y = \dfrac{\sin\lambda}{a} s + y_0 \\ \tau = \dfrac{s}{a^2} + \tau_0 \end{cases} \tag{4.6.22-a}$$

$$\begin{cases} p = p_0(\xi) = \dfrac{\cos\lambda}{a} \\ q = q_0(\xi) = \dfrac{\sin\lambda}{a} \end{cases} \tag{4.6.22-b}$$

式(4.6.22-a)即给出在扩充空间(x,y,τ)中的特征曲面，它是一个以(x_0,y_0,τ_0)为顶点的圆锥面的参数方程，曲面参数为 s 和 λ，对应每一个确定的参数 λ，这三式给出一条经过点(x_0,y_0,τ_0)、方向沿$\left[\dfrac{\cos\lambda}{a},\dfrac{\sin\lambda}{a},\dfrac{1}{a^2}\right]$的直线，这就是扩充空间中的特征线或射线，参数 s 恰是沿这条特征线的弧长，如图4.11所示，其物理意义是，随着时间 τ 的增加，波沿着每一条射线向各个方向传播. 我们也可以求出这个特征圆锥面的显式方程，事实上，由式(4.6.22-a)的前两式消去 λ 可得

$$(x-x_0)^2+(y-y_0)^2=\frac{s^2}{a^2}$$

将第三式给出的

$$\frac{s}{a}=a(\tau-\tau_0)$$

代入上式，即得特征圆锥面的显式方程如下：

$$(x-x_0)^2+(y-y_0)^2=a^2(\tau-\tau_0)^2 \tag{4.6.22-a$'$}$$

为了更清楚地说明式(4.6.22-a)的物理意义，我们来看 τ_0 之后一秒钟时的几何波阵面，这相当于求平面

$$\tau-\tau_0=1$$

与特征曲面(4.6.22-a)的交线. 将 $\tau-\tau_0=1$ 代入式(4.6.22-a)的第三式即有 $s=a^2$，于是式(4.6.22-a)成为

$$\begin{cases} x = a\cos\lambda + x_0 \\ y = a\sin\lambda + y_0 \\ \tau = 1+\tau_0 \end{cases} \tag{4.6.23}$$

这表示在扩充空间中的平面 $\tau=\tau_0+1$ 上圆心为(x_0,y_0,τ_0+1)、半径为 a 的圆的参数方程，其在几何平面 x-y 上的投影圆就是几何波阵面，该圆的每一个半径代表由点源向各个方向 λ 以波速 a 传播的波路径线即基射线，它恰恰是特征圆锥上相应射线在几何平面上的投影，所以参数 λ 的几何意义是基射线与 x 轴的夹角. 以上这些说明都如图4.11所示.

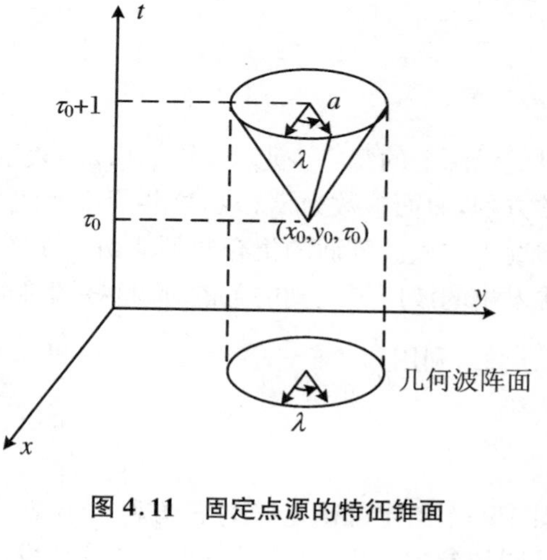

图4.11　固定点源的特征锥面

下面我们引出一个很重要的物理量——射线波速 $\boldsymbol{b}$，并求出它的表达式. 所谓射线波速就是波沿着特征基线方向的传播速度. 注意 τ 代表时间，则利用复合函数求导的链式法则可有

$$b_i = \frac{\mathrm{d}x_i}{\mathrm{d}t} = \frac{\dfrac{\mathrm{d}x_i}{\mathrm{d}s}}{\dfrac{\mathrm{d}\tau}{\mathrm{d}s}} \tag{4.6.24}$$

再利用常微分方程组(4.6.19)有

$$\boldsymbol{b} \equiv [b_1, b_2] = a^2[p, q] = a\left[\frac{p}{\sqrt{p^2+q^2}}, \frac{q}{\sqrt{p^2+q^2}}\right] = a\boldsymbol{n} \tag{4.6.25}$$

其中,矢量

$$\boldsymbol{n} \equiv \left[\frac{p}{\sqrt{p^2+q^2}}, \frac{q}{\sqrt{p^2+q^2}}\right] \tag{4.6.26}$$

$\boldsymbol{n}$ 恰恰就是几何波阵面的单位法矢量.式(4.6.25)表明,在小扰动声波的情况下,射线波速 $\boldsymbol{b}$ 恰恰是与几何波阵面的法矢量 $\boldsymbol{n}$ 同方向的,而其大小等于小扰动声波的波速 a.但是,我们在此强调指出,射线波速 $\boldsymbol{b}$ 与几何波阵面的法矢量 $\boldsymbol{n}$ 同方向的结论,只有对流体中的声波才是正确的,而对固体的情况这一结论将不再成立,对此可参见 4.7 节.

2. 固定线源

固定线源初值问题的物理意义是指,求出在某一确定时刻 $\tau = \tau_0$ 时位于几何空间 (x, y) 上的某一曲线即初始基线 C_0 上各点所发出的波阵面.设固定线源的参数方程为

$$\begin{cases} x = x_0(\xi) \\ y = y_0(\xi) \\ \tau = \tau_0 \end{cases} \tag{4.6.27}$$

则对固定线源波阵面的求法问题我们可以给出两种不同的分析方法.

(1) 视固定线源为固定点源的集合

将固定线源所发出的波阵面视为线源上各点 ξ 作为固定点源所发出的波阵面的集合,则利用固定点源波阵面的式(4.6.22-a),可有

$$\begin{cases} x = \dfrac{\cos\lambda}{a}s + x_0(\xi) \\ y = \dfrac{\sin\lambda}{a}s + y_0(\xi) \\ \tau = \dfrac{s}{a^2} + \tau_0 \end{cases} \tag{4.6.28}$$

对应线源上的每一个点 ξ,式(4.6.28)表示一个以 $(x_0(\xi), y_0(\xi), \tau_0)$ 为顶点的圆锥面的参数方程,曲面参数为 s 和 λ,这些圆锥面的全部集合就是固定线源的波阵面总体,显然在一般情况下这些波阵面的集合并不能由一个单独的曲面来表达,它们表示在扩充空间中所有点源发出的波所影响到的范围,而这些圆锥面集合的包络面表示扩充空间的前阵波阵面.与前面类似,利用 $\dfrac{s}{a^2} = \tau - \tau_0$ 消去参数 s,可得

$$\begin{cases} x = a(\tau - \tau_0)\cos\lambda + x_0(\xi) \\ y = a(\tau - \tau_0)\sin\lambda + y_0(\xi) \end{cases} \tag{4.6.29}$$

对于一个给定的确定时刻 τ,方程(4.6.29)是一个以 $(x_0(\xi), y_0(\xi))$ 为圆心、半径为 $a(\tau - \tau_0)$ 的圆的参数方程,这就是 τ 时各点 ξ 所发出的几何波阵面的全体集合,如图 4.12 所示.全部

这些圆族的包络线就是波所到达范围的前阵面，而这也就是所谓的惠更斯原理(Huygens principle).

(2) 规范化方法

对于求固定线源上各点 ξ 处所发出的波阵面集合的包络面，可以用高等数学求包络面的方法，也可以用4.5节中所讲的求解偏微分方程初值问题解的规范化方法.

设由固定线源上各点 ξ 处所发出的波阵面的初始法向由参数 $p_0(\xi)$ 和 $q_0(\xi)$ 所表达，则有

$$\begin{cases} x_0'(\xi)p_0(\xi)+y_0'(\xi)q_0(\xi)=\tau_0'(\xi)=0 \\ p_0^2(\xi)+q_0^2(\xi)=\dfrac{1}{a^2} \end{cases} \tag{4.6.30}$$

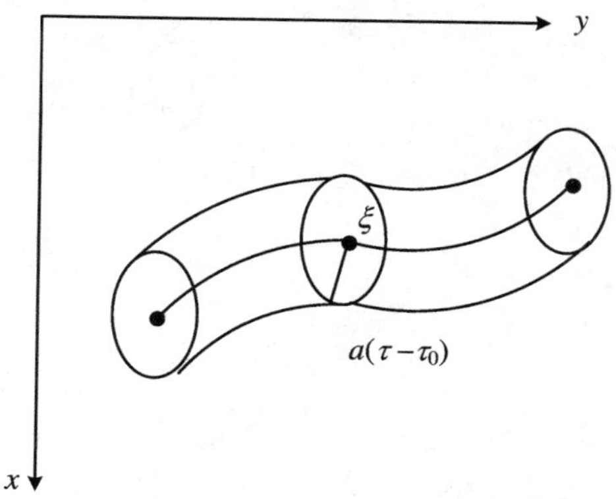

图4.12　固定线源的几何波阵面

由此可求得

$$\begin{cases} p_0(\xi)=\pm\dfrac{1}{a\sqrt{1+\left(\dfrac{x_0'(\xi)}{y_0'(\xi)}\right)^2}} \\ q_0(\xi)=\mp\dfrac{x_0'(\xi)}{y_0'(\xi)a\sqrt{1+\left(\dfrac{x_0'(\xi)}{y_0'(\xi)}\right)^2}} \end{cases} \tag{4.6.30$'$}$$

以式(4.6.27)和式(4.6.30)′为初始条件解常微分方程组(4.6.19)，可得固定线源的特征带解如下：

$$\begin{cases} x=p_0(\xi)s+x_0(\xi) \\ y=q_0(\xi)s+y_0(\xi) \\ \tau=\dfrac{s}{a^2}+\tau_0 \\ p=p_0(\xi) \\ q=q_0(\xi) \end{cases} \tag{4.6.31}$$

方程组(4.6.31)的前三个方程即给出要求的前阵波阵面，由它们出发，利用以前所讲的方法消掉参数 ξ 和 s，即可得到前阵波阵面的显式形式 $\tau=\tau(x,y)$，令 $\tau=\tau_1$，即可得出 τ_1 时刻的几何波阵面 $\tau_1=\tau(x,y)$.

3. 运动点源

运动点源的参数方程可以写为

$$\begin{cases} x=x_0(\xi) \\ y=y_0(\xi) \\ \tau=\tau_0(\xi)=\xi \end{cases} \tag{4.6.32}$$

读者可作为练习思考之，在此不再细述.

4.6.5 特征关系及其化简

前面我们已经给出了线性声波扰动的波速公式(4.6.16)、特征关系(4.6.12)和求解特征关系中左特征矢量 $\boldsymbol{l}$ 的公式(4.6.13)：

$$c = a \equiv \left(\sqrt{\frac{\mathrm{d}p}{\mathrm{d}\rho}}\right)_{\rho_0} \tag{4.6.16}$$

$$l_i\left(\frac{1}{\rho_0}p^*_{,i} + a^2\tau_{,i}v^*_{k,k}\right) = 0 \tag{4.6.12}$$

$$l_iD_{ik} = l_i(a^2\tau_{,i}\tau_{,k} - \delta_{ik}) = 0 \quad (k = 1,2,3) \tag{4.6.13}$$

为求得左特征矢量 $\boldsymbol{l}$，利用式(4.6.6)，即

$$\tau_{,j} = \frac{n_j}{a}, \quad \tau_{,k} = \frac{n_k}{a}$$

式(4.6.13)成为

$$l_in_in_k = l_k$$

或

$$(\boldsymbol{l} \cdot \boldsymbol{n})n_k = l_k$$

这说明左特征矢量 $\boldsymbol{l}$ 必是与波阵面的单位法矢量 $\boldsymbol{n}$ 共线的，我们可以取单位长度的 $\boldsymbol{l}$，即

$$\boldsymbol{l} = \boldsymbol{n} \tag{4.6.33}$$

将之代入特征关系(4.6.12)中，可将特征关系改写为

$$p^*_{,i}n_i + \rho_0 av^*_{k,k} = 0 \tag{4.6.34}$$

这就是我们所得到的线性声波的特征关系，它是波阵面之内的一个内微分方程，只涉及压力和质点速度的随波偏导数 $p^*_{,i}$ 和 $v^*_{k,k}$.

为了便于进行数值积分，我们需要将特征关系(4.6.34)化为沿双特征的微分方程. 前面已经指出，弹性流体中的射线波速是由式(4.6.25)所确定的，即

$$\boldsymbol{b} = a\boldsymbol{n} \tag{4.6.25}$$

沿射线方向任一物理量 f 对时间 t 的全导数 $\frac{\mathrm{d}f}{\mathrm{d}t}$ 以及其随波偏导数 $f^*_{,l}$ 分别为

$$\frac{\mathrm{d}f}{\mathrm{d}t} = f_{,m}b_m + f_{,t} \tag{4.6.35}$$

$$f^*_{,l} = f_{,l} + f_{,t}\tau_{,l} \tag{4.6.36}$$

将式(4.6.35)中的 $f_{,t}$ 代入式(4.6.36)，从而消去 $f_{,t}$，可得

$$f^*_{,l} = f_{,l} + \left(\frac{\mathrm{d}f}{\mathrm{d}t} - f_{,m}b_m\right)\tau_{,l} \tag{4.6.37}$$

由此可得

$$p^*_{,i} = p_{,i} + \frac{\mathrm{d}p}{\mathrm{d}t}\frac{n_{,i}}{a} - p_{,m}n_mn_{,i} \tag{4.6.38}$$

$$v^*_{k,k} = v_{k,k} + \frac{\mathrm{d}v_k}{\mathrm{d}t}\frac{n_{,k}}{a} - v_{k,m}n_mn_k \tag{4.6.39}$$

将此二式代入特征关系(4.6.34)中，并化简可得如下的公式：

$$\frac{\mathrm{d}p}{\mathrm{d}t} + \rho_0 a n_i \frac{\mathrm{d}v_i}{\mathrm{d}t} = -\rho_0 a^2 v_{k,k} + \rho_0 a^2 v_{k,m} n_k n_m \tag{4.6.40}$$

式(4.6.40)就是我们所要寻求的沿射线方向的特征关系，它的左端只涉及沿射线 $\boldsymbol{b} = a\boldsymbol{n}$ 方向压力 p 和质点速度 v_i 对时间的全导数，可以将之化为由 t 时刻到 $t+\mathrm{d}t$ 时刻的差分；而其右端项

$$-\rho_0 a^2 v_{k,k} + \rho_0 a^2 v_{k,m} n_k n_m \equiv S \tag{4.6.41}$$

只涉及有关物理量(这里只有质点速度)对坐标的偏导数，只要知道了前一时刻有关物理量的分布，我们就可以某种方式计算出 S 的值. 这样，我们就可以从特征关系(4.6.41)出发，通过有限差分的方法将问题由一个时刻的结果得出其下一个时刻的结果，并周而复始地完成波传播问题的计算.

以上对线性声波所讲的有关方法，对非线性声波同样是适用的，只需加入有关物理量的迁移导数项即可，读者可作为练习思考. 下面我们将对固体中的三维非线性波问题进行介绍.

4.7　三维弹性固体中的应力波

我们仍然以简单弹性材料中大变形条件下 L 氏描述的波动力学基本方程组为例，来说明分析问题的一些基本理论和主要方法，对于 E 氏描述的基本方程组，下面所讲的方法和主要结果仍然是适用的(只要将 L 氏特征法向波速改为 E 氏相对法向波速)，请读者思考之.

在本节的叙述中，我们将突出如下几个问题：第一个问题就是如何利用"速度空间法"将特征曲面求解问题降维的问题，关于这一点我们在 4.4 节的最后已经讲过了，但是为了理论叙述的系统性，我们在本节中将简单再重述一遍；第二个问题就是把特征曲面的求解问题由 4.6 节中的二维波推广到三维波，而且给出固体中射线波速的一般公式，并说明它和流体波的重要区别；第三个问题就是将虽是内微分方程但却仍是偏微分方程的特征关系化为沿着双特征的常微分方程，从而为数值求解波传播的规律奠定基础.

4.7.1　特征微分方程、特征波速和特征关系

以 $\boldsymbol{S}, \boldsymbol{v}, \rho_0$ 分别表示介质中的第一类 P-K 应力张量、质点速度矢量、初始质量密度，在引入弹性模量张量 $\boldsymbol{M}_{ijkl}$ 之后，简单弹性材料中，以 $\boldsymbol{S}, \boldsymbol{v}$ 为未知量，大变形波动力学基本方程组的 L 氏描述将由 4.4 节中的式(4.4.16)给出，即

$$\begin{cases} S_{ij,j} = \rho_0 v_{i,t} - \rho_0 b_i \\ S_{ij,t} = M_{ijkl} v_{k,l} \end{cases} \tag{4.7.1}$$

为了数学表示上的简单和统一，我们对 L 氏坐标和 E 氏坐标的指标都统一地用了小写指标，而且下面我们也将以小写字母 $\boldsymbol{x}, \boldsymbol{n}$ 和 c 来分别表示 L 氏坐标、L 氏波阵面单位法矢量和 L 氏法向波速.

设运动着的奇异面为 $t=\tau(\boldsymbol{x})$，其单位法矢为 $\boldsymbol{n}$，则如前所述，将有

$$\tau_{,i} = \frac{n_i}{c} \tag{4.7.2}$$

设介质运动规律的 L 氏描述为

$$f = f(\boldsymbol{x}, t)$$

则任意物理量 f 的随波场函数 f^* 和其随波偏导数 $f^*_{,i}$ 将为

$$\begin{cases} f^*(\boldsymbol{x}) \equiv f(\boldsymbol{x}, \tau(\boldsymbol{x})) \\ f^*_{,j} = f_{,j} + f_{,t}\tau_{,j}, \quad f^*_{,l} = f_{,l} + f_{,t}\tau_{,l} \end{cases} \tag{4.7.3}$$

将式(4.7.3)分别应用于 $f=S_{ij}$ 和 $f=v_k$，我们可有

$$\begin{cases} S^*_{ij,l} = S_{ij,l} + S_{ij,t}\tau_{,l}, \quad S^*_{ij,j} = S_{ij,j} + S_{ij,t}\tau_{,j} \\ v^*_{k,l} = v_{k,l} + v_{k,t}\tau_{,l} \end{cases} \tag{4.7.4}$$

将式(4.7.4)给出的 $S_{ij,j}$，$v_{k,l}$ 代入式(4.7.1)，可得

$$\begin{cases} S^*_{ij,j} - S_{ij,t}\tau_{,j} = \rho_0 v_{i,t} - \rho_0 b_i \\ S_{ij,t} = M_{ijkl}(v^*_{k,l} - v_{k,t}\tau_{,l}) \end{cases} \tag{4.7.5}$$

由式(4.7.5)消去 $S_{ij,t}$ 即可得出关于 $v_{k,t}$ 的如下线性代数方程组：

$$(M_{ijkl}\tau_{,j}\tau_{,l} - \rho_0\delta_{ik})v_{k,t} = M_{ijkl}\tau_{,j}v^*_{k,l} - S^*_{ij,j} - \rho_0 b_i$$

即

$$D_{ik}v_{k,t} = M_{ijkl}\tau_{,j}v^*_{k,l} - S^*_{ij,j} - \rho_0 b_i \quad (i = 1,2,3) \tag{4.7.6}$$

其中

$$D_{ik} \equiv M_{ijkl}\tau_{,j}\tau_{,l} - \rho_0\delta_{ik} \tag{4.7.7}$$

这里 D_{ik} 是一个 3×3 矩阵，我们实现了矩阵降维的目标. 由式(4.7.6)出发，重复 4.4 节中的分析，可得特征微分方程如下：

$$F(x_1, x_2, x_3, \tau, \tau_{,1}, \tau_{,2}, \tau_{,3}) \equiv \| D_{ik} \| = \| M_{ijkl}\tau_{,j}\tau_{,l} - \rho_0\delta_{ik} \| = 0 \tag{4.7.8}$$

特征微分方程(4.7.8)是关于波阵面 $t=\tau(\boldsymbol{x})$ 的右函数 $\tau(\boldsymbol{x})$ 的一个一阶非拟线性偏微分方程. 利用方程(4.7.2)，可将特征微分方程(4.7.8)化为求解特征法向波速 c 的如下代数方程：

$$\| M_{ijkl}n_j n_l - \rho_0 c^2\delta_{ik} \| = \| Q_{ik} - \rho_0 c^2\delta_{ik} \| = 0 \tag{4.7.8$'$}$$

其中

$$Q_{ik} \equiv M_{ijkl}n_j n_l \tag{4.7.9}$$

为声张量(acoustic tensor)，它同时是应力状态和波传播方向 $\boldsymbol{n}$ 的函数，而特征方程(4.7.8)$'$表明，特征法向波速 c 是由声张量 $\boldsymbol{Q}$ 的特征值 $\rho_0 c^2$ 所决定的，所以特征法向波速 c 也是同时依赖于应力状态和波传播的方向 $\boldsymbol{n}$ 的，这是固体中的一般情况，与流体中的情况是不同的.

特征关系由式(4.7.6)右端矢量与系数矩阵 $\boldsymbol{D}$ 的左零化矢量 $\boldsymbol{l}$ 的正交条件给出，即

$$l_i(M_{ijkl}\tau_{,j}v^*_{k,l} - S^*_{ij,j} - \rho_0 b_i) = 0 \tag{4.7.10}$$

其中左零化矢量 $\boldsymbol{l}$ 由以下线性齐次代数方程组所给出，即

$$l_i D_{ik} \equiv l_i(M_{ijkl}\tau_{,j}\tau_{,l} - \rho_0\delta_{ik}) = l_i\left(M_{ijkl}\frac{n_j n_l}{c^2} - \rho_0\delta_{ik}\right) = 0 \quad (k = 1,2,3) \tag{4.7.11}$$

设 $t=\tau(\boldsymbol{x})$ 为质点速度 $\boldsymbol{v}$ 和 $\boldsymbol{S}$ 的一阶弱间断面，则由式(4.7.6)两端取间断可得

$$D_{ik}[v_{k,t}]=0\quad(i=1,2,3)\tag{4.7.12}$$

这说明，$[v_{k,t}]\neq 0$ 即奇异面为一阶弱间断面的条件必然由特征微分方程(4.7.8)所给出，而且一阶弱间断量 $[v_{k,t}]$ 是由 $\boldsymbol{D}$ 的右零化矢量所决定的，即

$$[v_{k,t}]=\beta r_k\quad(k=1,2,3)\tag{4.7.13}$$

其中 β 为任意常数因子，而右零化矢量 $\boldsymbol{r}$ 由以下线性齐次代数方程组所给出：

$$D_{ik}r_k\equiv(M_{ijkl}\tau_{,j}\tau_{,l}-\rho_0\delta_{ik})r_k=\left(M_{ijkl}\frac{n_jn_l}{c^2}-\rho_0\delta_{ik}\right)r_k=0\quad(i=1,2,3)\tag{4.7.14}$$

容易说明，质点速度和应力的其他一阶偏导数的间断量也必然是正比于矩阵 $\boldsymbol{D}$ 的右零化矢量的：由方程(4.7.4)的第三个方程取间断，可以说明 $[v_{k,l}]$ 是正比于右零化矢量的，再由式(4.7.1)的第二个方程取间断可知，$[S_{ij,t}]$ 也是正比于右零化矢量的，再由式(4.7.4)的第二个方程，即

$$S^*_{ij,l}=S_{ij,l}+S_{ij,t}\tau_{,l}$$

取间断，可知 $[S_{ij,l}]$ 也是正比于右零化矢量的．对高阶弱间断也可有类似的结论．

4.7.2　特征曲面的求法和性质

如前所述，特征曲面 $t=\tau(\boldsymbol{x})$ 的右函数 $\tau(\boldsymbol{x})$ 满足

$$F(x_1,x_2,x_3,\tau,\tau_{,1},\tau_{,2},\tau_{,3})\equiv\|D_{ik}\|=\|M_{ijkl}\tau_{,j}\tau_{,l}-\rho_0\delta_{ik}\|=0\tag{4.7.8}$$

该方程是一个一阶的非拟线性偏微分方程，它的任何一个积分曲面均是由其在扩充空间的特征带（带有定向的特征曲线）所生成的，求解方程(4.7.8)的积分曲面等价于求解其特征带的常微分方程组．将 4.5 节中二元函数偏微分方程的问题推广为现在的三元函数偏微分方程的问题，特征带的常微分方程组(4.5.23)可以写为如下的方程组：

$$\begin{cases}\dfrac{\mathrm{d}x_l}{\mathrm{d}s}=\dfrac{\partial F}{\partial\tau_{,l}}\quad(l=1,2,3)\\[2mm]\dfrac{\mathrm{d}\tau}{\mathrm{d}s}=\tau_{,m}\dfrac{\partial F}{\partial\tau_{,m}}\\[2mm]\dfrac{\mathrm{d}\tau_{,i}}{\mathrm{d}s}=-\left(\tau_{,i}\dfrac{\partial F}{\partial\tau}+\dfrac{\partial F}{\partial x_i}\right)\quad(i=1,2,3)\end{cases}\tag{4.7.15}$$

如果我们定义射线波速 $\boldsymbol{b}$ 为沿着波在基射线方向的传播速度，则由其定义以及式(4.7.15)，可有

$$b_l=\frac{\mathrm{d}x_l}{\mathrm{d}\tau}=\frac{\dfrac{\mathrm{d}x_l}{\mathrm{d}s}}{\dfrac{\mathrm{d}\tau}{\mathrm{d}s}}=\frac{\dfrac{\partial F}{\partial\tau_{,l}}}{\tau_{,m}\dfrac{\partial F}{\partial\tau_{,m}}}\tag{4.7.16}$$

式(4.7.16)说明射线波速 $\boldsymbol{b}$ 是沿着矢量 $\left(\dfrac{\partial F}{\partial\tau_{,1}},\dfrac{\partial F}{\partial\tau_{,2}},\dfrac{\partial F}{\partial\tau_{,3}}\right)$ 的方向的，而几何波阵面的法矢量为 $(\tau_{,1},\tau_{,2},\tau_{,3})$，所以对固体而言，射线波速 $\boldsymbol{b}$ 在一般情况下是并不与几何波阵面的法矢量同方向的，其大小 $|\boldsymbol{b}|$ 也不一定等于法向波速 c，这一点是与流体完全不同的．但是，如果以几何波阵面的单位法矢量 $\boldsymbol{n}$ 与式(4.7.16)进行点积，并利用式(4.7.2)和式(4.7.16)，则

可得

$$\boldsymbol{b}\cdot\boldsymbol{n} = b_l n_l = b_l \tau_{,l} c = \frac{\dfrac{\partial F}{\partial \tau_{,l}}\tau_{,l} c}{\tau_{,m}\dfrac{\partial F}{\partial \tau_{,m}}} = c$$

即

$$\boldsymbol{b}\cdot\boldsymbol{n} = c \tag{4.7.17}$$

式(4.7.17)说明,射线波速矢量在几何波阵面法线方向的正交投影 $\boldsymbol{b}\cdot\boldsymbol{n}$ 是恰恰等于法向波速 c 的.

我们可以由式(4.7.16)通过对七元函数 F 的求导运算而求出射线波速 $\boldsymbol{b}$,但是我们也可以由矩阵 $\boldsymbol{D}$ 的左右零化矢量 $\boldsymbol{l}$ 和 $\boldsymbol{r}$ 通过如下的代数运算而求出射线波速 $\boldsymbol{b}$.现在我们来说明这一点.

考虑确定矩阵 $\boldsymbol{D}$ 右零化矢量 $\boldsymbol{r}$ 的线性齐次代数方程组:

$$D_{ik} r_k \equiv (M_{ijkl}\tau_{,j}\tau_{,l} - \rho_0\delta_{ik}) r_k = 0 \quad (i = 1,2,3) \tag{4.7.14}$$

对确定的应力状态改变波的传播方向 $\boldsymbol{n} = c\dfrac{\partial \tau}{\partial \boldsymbol{x}}$而对该式求微分,可得

$$(M_{ijkl}\tau_{,j}\tau_{,l} - \rho_0\delta_{ik})\mathrm{d}r_k + (M_{ijkl}\tau_{,j}\mathrm{d}\tau_{,l} + M_{ijkl}\mathrm{d}\tau_{,j}\tau_{,l}) r_k = 0$$

即

$$(M_{ijkl}\tau_{,j}\tau_{,l} - \rho_0\delta_{ik})\mathrm{d}r_k + (M_{ijkl} + M_{ilkj})\tau_{,j}\mathrm{d}\tau_{,l} r_k = 0 \tag{4.7.18}$$

将式(4.7.18)乘以左零化矢量的分量 l_i,并利用其所满足的线性齐次代数方程组(4.7.11),可得

$$l_i(M_{ijkl} + M_{ilkj}) r_k \tau_{,j}\mathrm{d}\tau_{,l} = 0 \tag{4.7.19}$$

而对法锥的方程 $F=0$ 求微分,则可得

$$\mathrm{d}F = \frac{\partial F}{\partial \tau_{,l}}\mathrm{d}\tau_{,l} = 0 \tag{4.7.20}$$

对比方程(4.7.19)和方程(4.7.20),并利用 $\mathrm{d}\tau_{,l}$的任意性(只要 $\tau_{,l}$满足法锥方程(4.7.8)即可),可得如下公式:

$$\frac{\partial F}{\partial \tau_{,l}} = \alpha l_i(M_{ijkl} + M_{ilkj})\tau_{,j} r_k, \quad \frac{\partial F}{\partial \tau_{,m}} = \alpha l_n(M_{njsm} + M_{nmsj})\tau_{,j} r_s \tag{4.7.21}$$

其中 α 为任意常数因子,而用不同指标所表达的后一式是为了下面不致出现指标的混乱.式(4.7.21)就是由 $\boldsymbol{D}$ 的左右零化矢量 $\boldsymbol{l}$ 和 $\boldsymbol{r}$ 来表达函数 F 偏导数的公式,将之代入射线波速 $\boldsymbol{b}$ 的式(4.7.16),即可得出

$$\begin{aligned} b_l &= \frac{\alpha l_i(M_{ijkl} + M_{ilkj})\tau_{,j} r_k}{\tau_{,m}\alpha l_n(M_{njsm} + M_{nmsj})\tau_{,j} r_s} = \frac{l_i(M_{ijkl} + M_{ilkj})\tau_{,j} r_k}{2\tau_{,m} l_n M_{njsm}\tau_{,j} r_s} \\ &= \frac{l_i(M_{ijkl} + M_{ilkj})\tau_{,j} r_k}{2\rho_0 \boldsymbol{l}\cdot\boldsymbol{r}} \quad (l = 1,2,3) \end{aligned} \tag{4.7.22}$$

其中第二个等号是因为哑标 m 和 j 互换并不改变结果.式(4.7.22)就是由 $\boldsymbol{D}$ 的左右零化矢量 $\boldsymbol{l}$ 和 $\boldsymbol{r}$ 表达射线波速 $\boldsymbol{b}$ 的公式.特别说来,当我们取双正交的左右矢量组时,可有

$$\boldsymbol{l}\cdot\boldsymbol{r} = 1$$

4.7.3　特征关系的化简

前面我们已经得到了特征关系

$$l_i(M_{ijkl}\tau_{,j}v^*_{k,l} - S^*_{ij,j} - \rho_0 b_i) = 0 \tag{4.7.10}$$

它是一个在特征曲面之内的内微分方程,但它仍然是一个偏微分方程,现在我们将把它化为沿特征曲面之内双特征方向即射线方向的常微分方程,以方便对问题进行数值积分.

设射线的方程为

$$\boldsymbol{x} = \boldsymbol{x}(t)$$

则沿着射线前进时任意物理量 f 将成为时间 t 的复合函数:

$$f = f(\boldsymbol{x}(t), t)$$

于是,如果以$\dfrac{\mathrm{d}f}{\mathrm{d}t}$来表示量 f 沿射线方向的时变率,则有

$$\frac{\mathrm{d}f}{\mathrm{d}t} = f_{,m}b_m + f_{,t} \tag{4.7.23}$$

而随波偏导数的公式为式(4.7.3),即

$$f^*_{,j} = f_{,j} + f_{,t}\tau_{,j}, \quad f^*_{,l} = f_{,l} + f_{,t}\tau_{,l} \tag{4.7.3}$$

由式(4.7.23)和式(4.7.3)消去 $f_{,t}$,即可得出随波偏导数由射线导数所表达的如下公式:

$$f^*_{,l} = \frac{\mathrm{d}f}{\mathrm{d}t}\tau_{,l} + (\delta_{lm} - \tau_{,l}b_m)f_{,m}, \quad f^*_{,j} = \frac{\mathrm{d}f}{\mathrm{d}t}\tau_{,j} + (\delta_{jm} - \tau_{,j}b_m)f_{,m} \tag{4.7.24}$$

将式(4.7.24)分别应用于 $v^*_{k,l}$ 和 $S^*_{ij,j}$,可得

$$\begin{cases} v^*_{k,l} = \dfrac{\mathrm{d}v_k}{\mathrm{d}t}\tau_{,l} + (\delta_{lm} - \tau_{,l}b_m)v_{k,m} \\ S^*_{ij,j} = \dfrac{\mathrm{d}S_{ij}}{\mathrm{d}t}\tau_{,j} + (\delta_{jm} - \tau_{,j}b_m)S_{ij,m} \end{cases} \tag{4.7.25}$$

将式(4.7.25)代入特征关系(4.7.10),可得

$$l_i\left\{M_{ijkl}\tau_{,j}\left[\frac{\mathrm{d}v_k}{\mathrm{d}t}\tau_{,l} + (\delta_{lm} - \tau_{,l}b_m)v_{k,m}\right] - \left[\frac{\mathrm{d}S_{ij}}{\mathrm{d}t}\tau_{,j} + (\delta_{jm} - \tau_{,j}b_m)S_{ij,m} - \rho_0 b_i\right]\right\} = 0 \tag{4.7.10$'$}$$

利用左零化矢量 $\boldsymbol{l}$ 所满足的线性齐次代数方程组(4.7.11)以及几何关系(4.7.2),可将公(4.7.10)′化为如下的形式:

$$l_i\left(\rho_0 c\frac{\mathrm{d}v_i}{\mathrm{d}t} - n_j\frac{\mathrm{d}S_{ij}}{\mathrm{d}t}\right) = F \quad \left(沿\frac{\mathrm{d}x_i}{\mathrm{d}t} = b_i\right) \tag{4.7.26}$$

其中

$$F \equiv l_i[(\delta_{jm} - \tau_{,j}b_m)S_{ij,m} - \rho_0 b_i] - l_i[M_{ijkl}\tau_{,j}(\delta_{lm} - \tau_{,l}b_m)v_{k,m}] \tag{4.7.27}$$

这样,我们就将特征关系(4.7.10)化成了沿射线方向的新型特征关系(4.7.26),其中左端项是 $\boldsymbol{v}$ 和 $\boldsymbol{S}$ 沿射线方向的时间变化率,而其右端项 $\boldsymbol{F}$ 则只含有 $\boldsymbol{v}$ 和 $\boldsymbol{S}$ 对坐标的偏导数,而不含有其对时间的偏导数,这样我们便可以由已解出的前一个时刻 t_1 的结果,而求出平面 $t = t_1$ 上各点的 F 值,并将特征关系(4.7.26)展开成为沿着射线方向的差分方程,从而求出新时刻 $t_1 + \Delta t$ 的解,所以特征关系(4.7.26)就是我们数值求解波动问题的基础.

关于量 F 的意义我们再顺便说几句.由于特征关系(4.7.10)是一个在特征曲面之内的内微分方程,它所含有的随波偏导数是特征曲面之内的内导数,所以与之等价的特征关系(4.7.26)也必然是一个在特征曲面之内的内微分方程.而特征关系(4.7.26)中的左端项已是沿特征曲面之内的特殊方向——射线方向的导数,它已经是内导数,所以其右端项 F 中尽管在形式上含有似乎是外导数对坐标的偏导数,但是从理论上讲 F 事实上也必然是沿特征曲面某方向的内导数.因为 F 是沿特征曲面某方向的内导数,且它又只含对坐标的偏导数而不含对时间的偏导数,所以我们可以得出结论:从物理上讲,F 一定是沿特征曲面与平面 $t=$ const 之交线,即前一时刻几何波阵面 W 之切线方向的导数,二维波的情形如图 4.13(b)所示,这就是右端项 F 的物理意义.在某些特殊的情况下,人们可以进一步写出 F 的更为简明的表达式.

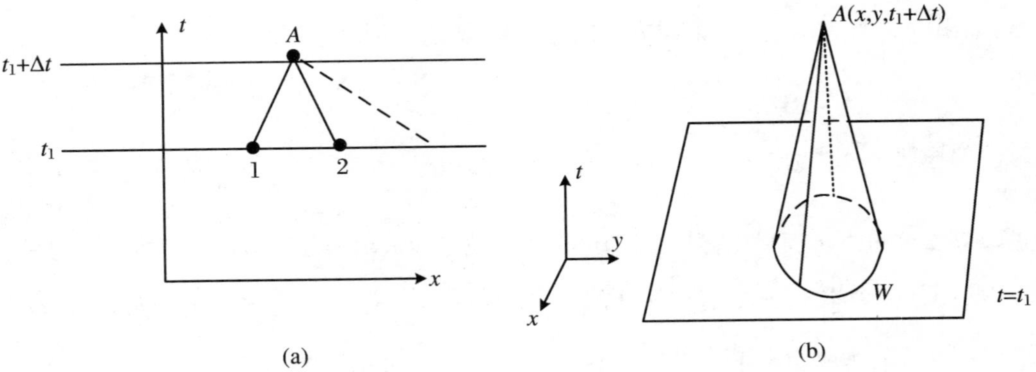

图 4.13　将特征关系化为差分方程的图示

最后我们再对如何将特征关系化为沿双特征射线方向的差分方程而进行编程的基本思想做一个简要说明,为了直观起见,我们将以一维波和二维波为例来对照加以说明.在一维波的情况下,设已经求出了某一时刻 t_1 的解,为了求出在任一点 A 处的下一时刻 $t_1+\Delta t$ 的解,我们可以近似利用该点在前一时刻的波速值作出过点 A 的各条特征线,交水平线 $t=t_1$ 于若干个点 1,2,…,如图 4.13(a)所示.由于 t_1 时刻的解已经得到,我们就可以通过差值的方法,求出这些点上有关物理量的值,然后将沿各条特征线的特征关系展开为差分方程,从而得出在新时刻 $t_1+\Delta t$ 点 A 的解,这就是一个基本的子程序,利用该子程序对各点类似处理,我们就可以得到在各点处新时刻 $t_1+\Delta t$ 的解,从而把问题向前推进一步.显然,从物理上讲 $t=t_1$ 时刻各交点之间的区域就是点 A 的依赖区域.在二维波的情况下,设已经求出了某一时刻 t_1 的解,为了求出在任一点 A 处的下一时刻 $t_1+\Delta t$ 的解,我们可以近似利用该点在前一时刻的各个特征波速值作出过该点 A 的各个特征锥,各与前一时刻的平面 $t=t_1$ 交于一条曲线 W,如图 4.13(b)所示(但为了清晰起见,我们在图中只画出了与一个特征波速相对应的特征锥).由于 t_1 时刻的解已经得到,而式(4.7.27)所给出的量 F 只含有对坐标的偏导数,所以我们也可以通过差值的方法,求出 W 上各点处(包括下面所取的双特征与 F 的交点处)有关物理量的值以及量 F 的值;然后再根据未知量的多少,在每个特征锥上取若干条双特征射线$\left(\text{不同的射线对应不同的传播方向 } \boldsymbol{n}=c\dfrac{\partial\tau}{\partial\boldsymbol{x}}\text{,从而对应不同的射线波速 } \boldsymbol{b}\right)$,

并将沿各条双特征射线的特征关系(4.7.26)展开为差分方程,从而得出在新时刻 $t_1+\Delta t$ 点 A 的解,这就是一个基本的子程序,利用该子程序对各点类似处理,我们就可以得到在各点处新时刻 $t_1+\Delta t$ 的解,从而把问题向前推进一步.从物理上讲,过点 A 的各个特征锥与平面 $t=t_1$ 的交线所涵盖的区域就是点 A 的依赖区域.当然,如何选择双特征射线,以及如何对 F 进行化简和差值求解等问题,则是计算方法的问题,这里不再详谈,读者可参看相关的文献.

4.7.4　慢表面和波阵面

为了更清楚地阐明法锥和特征锥的物理意义,我们再引入慢表面和波阵面的概念,并以二维波问题为例来画图加以说明.

如前所述,特征曲面 $t=\tau(\boldsymbol{x})$ 的右函数 $\tau(\boldsymbol{x})$ 由特征微分方程(4.7.8)的解所给出:

$$F(x_1,x_2,x_3,\tau,\tau_{,1},\tau_{,2},\tau_{,3})\equiv\|M_{ijkl}\tau_{,j}\tau_{,l}-\rho_0\delta_{ik}\|=0\tag{4.7.8}$$

在图 4.14(a)中我们画出了二维波情况下扩充空间某一点 $A(x_1,x_2,\tau)$ 处的法锥和特征锥.从几何上讲,在扩充空间中特征曲面的法矢量即法锥母线矢量为

$$\boldsymbol{n}'\equiv\overrightarrow{AN}=[\tau_{,1},\tau_{,2},-1]\tag{4.7.28}$$

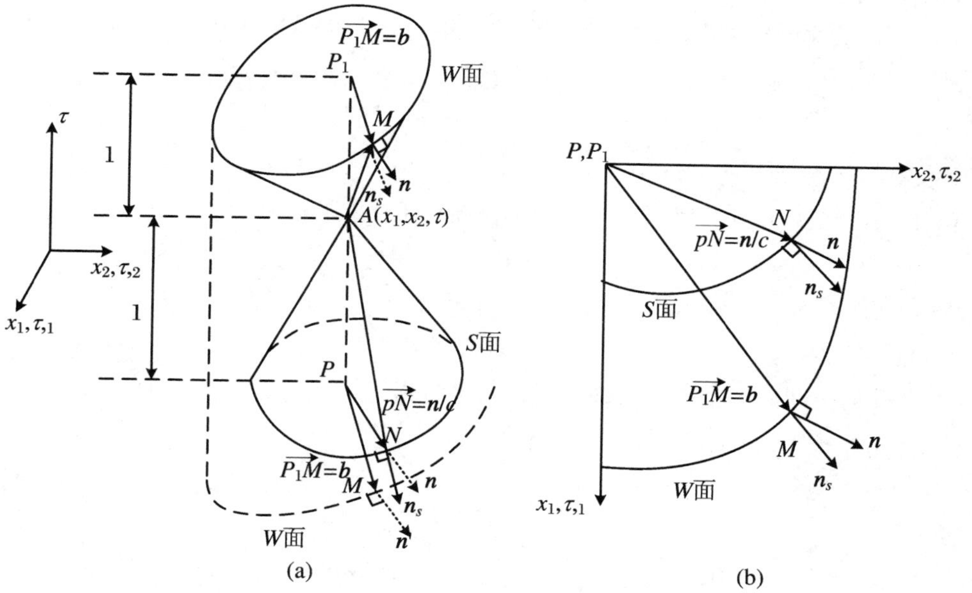

图 4.14　法锥、特征锥、慢表面、波表面

如果我们分别把 $\tau_{,1}$ 轴、$\tau_{,2}$ 轴和 x_1 轴、x_2 轴相重合,则法锥母线矢量 $\boldsymbol{n}'$ 的端点就是法锥某母线上的点 N,它可由平面 $t=-1$ 与该法锥母线之交点得出;平面 $t=-1$ 与法锥的截线即其与法锥各条母线的交点形成一条曲线 S,如图 4.14(a)所示.矢量 $\boldsymbol{n}'\equiv\overrightarrow{AN}$ 在几何平面 x_1-x_2 上的投影矢量即是几何波阵面的法矢量 $\overrightarrow{PN}$,利用式(4.7.2),可有

$$\overrightarrow{PN}\equiv[\tau_{,1},\tau_{,2}]=\frac{1}{c}[n_1,n_2]=\frac{\boldsymbol{n}}{c}\tag{4.7.29}$$

其中 c 为特征法向波速，而 $\boldsymbol{n}$ 为几何波阵面的单位法矢量．式(4.7.29)表明：截线 S 的端点矢量 $\overrightarrow{PN}$ 沿着几何波阵面的单位法矢量 $\boldsymbol{n}$，而其长度正好等于法向波速的倒数 $\dfrac{1}{c}$，因此我们将法锥上的截线曲线 S 称为慢表面(slowness surface)．由于慢表面的方程可由方程(4.7.8)令 $\tau=-1$ 而得到，即

$$F(x_1,x_2,-1,\tau_{,1},\tau_{,2})=0$$

故慢表面 S 的法矢量 $\boldsymbol{n}_s'$ 和单位法矢量 $\boldsymbol{n}_s$ 各为

$$\boldsymbol{n}_s'\equiv\left(\frac{\partial F}{\partial\tau_{,1}},\frac{\partial F}{\partial\tau_{,2}}\right),\quad \boldsymbol{n}_s=\frac{\left(\dfrac{\partial F}{\partial\tau_{,1}},\dfrac{\partial F}{\partial\tau_{,2}}\right)}{\sqrt{\dfrac{\partial F}{\partial\tau_{,m}}\dfrac{\partial F}{\partial\tau_{,m}}}}\tag{4.7.30}$$

利用射线波速 $\boldsymbol{b}$ 的式(4.7.16)，可得

$$\boldsymbol{n}_s'=\tau_{,m}\frac{\partial F}{\partial\tau_{,m}}\boldsymbol{b}\tag{4.7.30$'$}$$

式(4.7.30)$'$表明，慢表面的法矢量 $\boldsymbol{n}_s'$ 及 $\boldsymbol{n}_s$ 是与射线波速 $\boldsymbol{b}$ 平行的．

法锥并不是扩充空间中的特征曲面或波阵面，慢表面也并不是几何波阵面；扩充空间中的特征曲面或波阵面是以法锥母线为法线的平面族的包络面，它的每一个母线方向即扩充空间中的特征方向 $\overrightarrow{AM}$，是由两个无限接近的法锥母线方向 $\overrightarrow{AN}$ 为法线的平面的交线方向．如以 $\left[\dfrac{\mathrm{d}x_1}{\mathrm{d}s},\dfrac{\mathrm{d}x_2}{\mathrm{d}s},\dfrac{\mathrm{d}\tau}{\mathrm{d}s}\right]$ 来表示扩充空间中特征方向的矢量，则利用特征微分方程(4.7.15)可有

$$\left[\frac{\mathrm{d}x_1}{\mathrm{d}s},\frac{\mathrm{d}x_2}{\mathrm{d}s},\frac{\mathrm{d}\tau}{\mathrm{d}s}\right]=\left[\frac{\partial F}{\partial\tau_{,1}},\frac{\partial F}{\partial\tau_{,2}},\tau_{,m}\frac{\partial F}{\partial\tau_{,m}}\right]$$

若以 $\overrightarrow{AM}$ 来表示该矢量与平面 $\tau=1$ 交点的端矢量，则有

$$\overrightarrow{AM}=\left[\frac{\dfrac{\partial F}{\partial\tau_{,1}}}{\tau_{,m}\dfrac{\partial F}{\partial\tau_{,m}}},\frac{\dfrac{\partial F}{\partial\tau_{,2}}}{\tau_{,m}\dfrac{\partial F}{\partial\tau_{,m}}},1\right]$$

矢量 $\overrightarrow{AM}$ 在几何空间中的投影矢量即基射线矢量将为

$$\overrightarrow{P_1M}=\left[\frac{\dfrac{\partial F}{\partial\tau_{,1}}}{\tau_{,m}\dfrac{\partial F}{\partial\tau_{,m}}},\frac{\dfrac{\partial F}{\partial\tau_{,2}}}{\tau_{,m}\dfrac{\partial F}{\partial\tau_{,m}}}\right]=\boldsymbol{b}\tag{4.7.31}$$

这里利用了式(4.7.16)．在物理上，矢量 $\overrightarrow{P_1M}$ 的端点曲线就是时间 $\tau=1$ 秒之后的几何波阵面(wave surface)，因此我们将它记为 W．式(4.7.31)表明：1 秒钟之后的几何波阵面上的点参考于点源的径矢量 $\overrightarrow{P_1M}$ 恰恰就等于射线波速 $\boldsymbol{b}$，由式(4.7.30)$'$可知，射线波速 $\boldsymbol{b}$ 是平行于慢表面的法矢量 $\boldsymbol{n}_s$ 的．

利用式(4.7.29)和式(4.7.30)，我们可将式(4.7.31)写为如下形式：

$$\overrightarrow{P_1M}=\frac{\boldsymbol{n}_s'}{\overrightarrow{PN}\cdot\boldsymbol{n}_s'}=\boldsymbol{b}\tag{4.7.32}$$

将此式两端点乘以矢量 $\overrightarrow{PN}$，可得

$$\overrightarrow{PN}\cdot\overrightarrow{P_1M}=1=\overrightarrow{PN}\cdot\boldsymbol{b}$$

此式的第一式和第二式分别给出下面的两式：

$$\overrightarrow{PN} \cdot \overrightarrow{P_1 M} = 1 \tag{4.7.33}$$

$$\boldsymbol{n} \cdot \boldsymbol{b} = c \tag{4.7.34}$$

在由上面的第二式导出式(4.7.34)时，利用了式(4.7.29). 式(4.7.34)表示：射线波速 $\boldsymbol{b}$ 在波阵面单位法矢量 $\boldsymbol{n}$ 方向的正交投影恰恰等于法向波速 c，而这也就是我们在前面已经得到过的式(4.7.17). 而式(4.7.33)则表示：慢表面的矢径 $\overrightarrow{PN}$ 和波阵面矢径 $\overrightarrow{P_1 M}$ 的点积为 1，我们将这一关系称为慢表面和波阵面之间的极倒易关系(polar reciprocal relation). 利用这一倒易关系(4.7.33)，我们可以由慢表面 S 而得出其波阵面 W，或者反过来由其波阵面 W 而得出其慢表面 S，具体做法如下：

设我们已经得到了慢表面 S，则也就得到了其上各点 N 参考于波源 P 的径矢量 $\overrightarrow{PN}$，同时可以在其上各点 N 处求出 S 面的法矢量 $\boldsymbol{n}_s'$ 和单位法矢量 $\boldsymbol{n}_s$，过波源 P_1 作出平行于 $\boldsymbol{n}_s'$ 的矢量 $\overrightarrow{P_1 M}$，截取该矢量的长度使之满足极倒易关系(4.7.33)，则我们就得出了波阵面 W 上的一个点 M 和相应的射线波速 $\boldsymbol{b} = \overrightarrow{P_1 M}$，这样也就得到了波阵面 W；设我们已经得到了波阵面 W，则也就得到了其上各点 M 参考于波源 P_1 的径矢量 $\overrightarrow{P_1 M} = \boldsymbol{b}$，同时可以在其上各点 M 处求出 W 面的单位法矢量 $\boldsymbol{n}$，过波源 P 作出平行于 $\boldsymbol{n}$ 的矢量 $\overrightarrow{PN}$，截取该矢量的长度使之满足极倒易关系(4.7.33)，则我们就得出了慢表面 S 上的一个点 N，这样也就得到了慢表面 S，由式(4.7.29)可知，平行于 $\boldsymbol{n}$ 的矢量 $\overrightarrow{PN}$ 的长度必然为特征法向波速的倒数 $\dfrac{1}{c}$. 关于法锥、特征锥以及慢表面、波阵面的几何图示可分别如图 4.14(a)和图 4.14(b)所示.

习　题　4

4.1　一维黏塑性复合应力波的基本方程为

$$\begin{cases} \rho_0 v_{i,t} - S_{i,X} = b_i \\ G_{ij} S_{j,t} - v_{i,X} = d_i \end{cases}$$

其中 v_i 和 S_i 分别是质速和波阵面上的应力矢量. 设给出奇异面 $t = \tau(x)$ 上的 v_i^* 和 S_i^*，试由“速度空间法”(不用“矩阵降维法”)导出确定奇异面上 $v_{j,t}$ 的方程组，并由此导出特征波速的方程和相应的特征关系.

4.2　E 氏坐标中，三维固体动力学基本方程组为

$$\begin{cases} \rho(v_{i,t} + v_{i,k} v_k) - \sigma_{ij,j} = \rho b_i \\ \sigma_{ij,t} + \sigma_{ij,k} v_k - L_{ijkl} v_{k,l} = 0 \end{cases}$$

试导出特征曲面 $t = \tau(\boldsymbol{x})$ 的特征微分方程和确定特征相对法向波速的特征方程.

4.3　线弹性固体动力学的基本方程为

$$\begin{cases} \rho_0 v_{i,t} - \sigma_{ij,j} = 0 \\ \varepsilon_{kl,t} = \dfrac{1}{2}(v_{k,l} + v_{l,k}) \\ \sigma_{ij} = \lambda\delta_{ij}\varepsilon_{pp} + 2\mu\varepsilon_{ij} \end{cases}$$

试导出求解特征波速的特征方程，求出特征波速和相应的特征曲面内的相容关系.

4.4 求在 x-y 平面上以原点为圆心、R 为半径的圆形线源在 $t=\tau_0$ 时刻发出的二维声波的特征曲面 $t=\tau(x,y)$ 以及任一时刻 t_0 时的几何波阵面.

4.5 试求出沿 x 轴以超声速 $v>c$ 运动的点源所发出的二维声波的特征曲面 $t=\tau(x,y)$.

4.6 求在 x-y 平面上线源 $x=y$ 所发出的扰动特征曲面 $t=\tau(x,y)$.

4.7 试利用跨过冲击波阵面的物质连续条件 $[\boldsymbol{X}]=\boldsymbol{O}$、介质运动规律 $\boldsymbol{X}=\boldsymbol{X}(\boldsymbol{x},t)$ 和冲击波的 E 氏阵面表达式 $t=\hat{\tau}(\boldsymbol{x})$ 导出冲击波阵面上的位移连续条件.

4.8 试证明如下的冲击波突跃条件：

$$\left[\frac{\rho_0}{\rho}\boldsymbol{N}\cdot\boldsymbol{F}^{-1}\right]=0,\quad \left[\frac{\rho_0}{\rho}\mid \boldsymbol{N}\cdot\boldsymbol{F}^{-1}\mid\right]=0$$

4.9 试证明，当本构张量函数 $\boldsymbol{\sigma}=\boldsymbol{\sigma}(\boldsymbol{F})$ 满足构架无关原理的要求时，式(4.3.9-b)所定义的弹性模量张量 M_{ijkl} 一定可以表达为应力状态 $\boldsymbol{\sigma}$ 的函数.

4.10 对弹性流体中的非线性声波，列出其基本方程组，试导出特征曲面 $t=\tau(\boldsymbol{x})$ 的特征微分方程和确定特征相对法向波速的特征方程；求出其特征关系和其沿双特征的简化形式.

第5章　线性波的基本理论和某些结果

在3.3节对一维平面复合应力波的叙述中，我们曾指出过，在满足线弹性胡克定律的各向同性材料中，存在着三个特征波速 C_1, C_2, C_3：

$$C_1 = \sqrt{\frac{K + \frac{4}{3}\mu}{\rho_0}}, \quad C_2 = C_3 = \sqrt{\frac{\mu}{\rho_0}}$$

其中单根 C_1 代表垂直于波阵面 X_2-X_3 上的正应力扰动向 X_1 方向传播的纵波，而二重根 $C_2 = C_3$ 则分别代表波阵面 X_2-X_3 之内沿 X_2 方向和 X_3 方向的切应力扰动沿 X_1 方向传播的横波．下面我们将从三维波动的一般特征理论出发，来进一步说明在满足线弹性胡克定律的各向同性材料中，存在着弹性纵波和弹性横波这一物理结论，并说明各向同性材料中的波传播和各向异性材料中的波传播的某些重要区别．

5.1　各向异性材料本构关系及其波传播的基本特征

众所周知，即使对最简单的线弹性材料，一般的各向异性材料也将有21个独立的弹性常数．当有某种材料对称性时，独立弹性常数的个数会减少，对称性越多，独立弹性常数的个数越少．例如，有一个对称平面的材料则有13个独立弹性常数，有2个（也即3个）互相垂直的对称平面的正交各向异性材料有9个独立弹性常数，有1个旋转对称轴，因而每一个通过此轴的平面皆是其对称平面的所谓横观各向同性材料有5个独立材料常数，在材料中一切方向性质都相同的材料即各向同性材料则只有2个独立弹性常数．如果材料是非线性弹性的，则其弹性模量张量 $\boldsymbol{E} = \frac{\partial \boldsymbol{\sigma}}{\partial \boldsymbol{\varepsilon}}$（它是一个完全对称的4阶张量）将依赖于材料的变形或应力状态而不再是常张量，因而以上各种材料的弹性模量张量将各具21，13，9，5和2个独立分量，但非常数．如果计入材料的塑性行为以及与变形速率相关的所谓黏塑性行为，则由于各向异性、非线性、黏性诸因素的互相影响，各向异性材料的本构描述将是一个十分复杂的问题，而这也将使得各向异性材料中的波传播十分复杂，常会出现一些新的现象．各向异性材料的另一个复杂之处在于（以弹性材料为例），尽管对于有确定对称性的材料而言，弹性模量张量的独立常数（或分量）是确定的，但弹性模量张量的形式却与材料坐标系的选取有关，当坐标面不与对称平面重合时，其弹性模量张量将具有较复杂的形式.

为了说明各向异性材料中波传播的基本特征，我们将以弹性材料中小变形情况下的波传播为例来加以简单解释，但其思路和结论对一般情况也是适用的.小变形情况下弹性动力学的基本方程组由4.3节中的式(4.3.13)、式(4.3.15)、式(4.3.16)所给出，即

$$\rho_0 v_{i,t} - \sigma_{ij,j} = \rho_0 b_i \quad (i = 1,2,3) \quad (运动方程) \tag{5.1.1}$$

$$\varepsilon_{kl,t} = \frac{1}{2}(v_{k,l} + v_{l,k}) \quad (k,l = 1,2,3) \quad (连续方程) \tag{5.1.2}$$

$$\sigma_{ij} = \sigma_{ij}(\varepsilon_{kl}) \quad (i,j,k,l = 1,2,3) \quad (本构方程) \tag{5.1.3}$$

其中 v_i，σ_{ij}和ε_{kl}分别为介质的质点速度、应力和工程应变，而 ρ_0 和 b_i 分别为介质的质量密度和比体积力. $v_{i,t}$，$\sigma_{ij,j}$ 等分别表示有关量对时间 t 和坐标 X_j 的偏导数.连续方程(5.1.2)是通过工程应变 ε_{kl} 由位移所表达的几何关系对时间 t 求导并利用位移对坐标的二阶混合导数可交换次序而得到的.利用方程(5.1.2)、方程(5.1.3)和 ε_{kl} 的对称性易证

$$\sigma_{ij,t} = \frac{\partial \sigma_{ij}}{\partial \varepsilon_{kl}} \varepsilon_{kl,t} = E_{ijkl} v_{k,l} \tag{5.1.4}$$

其中

$$E_{ijkl} = \frac{\partial \sigma_{ij}}{\partial \varepsilon_{kl}} \tag{5.1.5}$$

为材料的弹性模量张量，它是一个完全对称的四阶张量：

$$E_{ijkl} = E_{jikl} = E_{ijlk} = E_{klij} \tag{5.1.6}$$

于是消去应变 ε_{kl} 可得代替方程(5.1.1)～方程(5.1.3)的新的基本方程组如下：

$$\rho_0 v_{i,t} - \sigma_{ij,j} = \rho_0 b_i, \quad \sigma_{ij,t} - E_{ijkl} v_{k,l} = 0 \tag{5.1.7}$$

考虑任意运动的奇异面

$$t = \tau(X_i) \tag{5.1.8}$$

则易证

$$\tau_{,i} = n_i / C \tag{5.1.9}$$

其中 n_i 和 C 分别是奇异面的单位法矢量以及法向波速.跟随奇异面前进时可得任何量 $f = f(t, X_i)$ 的随波场函数 $f^*(X_i)$ 及其面内偏导数 $f^*_{,i}$：

$$f^*(X_i) = f(\tau(X_i), X_i), \quad f^*_{,i} = f_{,i} + f_{,t}\tau_{,i} \tag{5.1.10}$$

特别对于 σ_{ij} 和 v_k 有

$$\sigma^*_{ij,j} = \sigma_{ij,j} + \sigma_{ij,t}\tau_{,j}, \quad v^*_{k,l} = v_{k,l} + v_{k,t}\tau_{,l} \tag{5.1.11}$$

由式(5.1.11)解出 $\sigma_{ij,j}$ 并代入式(5.1.7)，得

$$\sigma^*_{ij,j} - \sigma_{ij,t}\tau_{,j} = \rho_0 v_{i,t} - \rho_0 b_i, \quad \sigma_{ij,t} = E_{ijkl}(v^*_{k,l} - v_{k,t}\tau_{,l}) \tag{5.1.12}$$

将式(5.1.12)的第二个式子代入第一个式子，得

$$D_{ik} v_{k,t} = B_i \tag{5.1.13}$$

其中

$$D_{ik} = E_{ijkl}\tau_{,j}\tau_{,l} - \rho_0 \delta_{ik}, \quad B_i = E_{ijkl}\tau_{,j} v^*_{k,l} - \sigma^*_{ij,j} - \rho_0 b_i \tag{5.1.14}$$

而 δ_{ik} 为 Kronecker 记号.当给定奇异面上的 σ_{ij}，v_i 后，奇异面内的 D_{ik}，B_i 便完全确定了，故式(5.1.13)是关于 $v_{k,t}$ 的一个线性代数方程组.如果 $\| D_{ik} \| \neq 0$，则可以由式(5.1.13)唯一确定出 $v_{k,t}$，进而唯一地确定出质速和应力的其他偏导数，故跨过奇异面是质速及应力偏

导数是连续的,此类奇异面称为自由曲面.如果

$$\| D_{ik} \| = \| E_{ijkl}\tau_{,j}\tau_{,l} - \rho_0 \delta_{ik} \| = 0 \tag{5.1.15}$$

则式(5.1.13)或者无解,这说明奇异面上 σ_{ij},v_i 给得不合理;或者有无穷多解,这说明跨过奇异面 $t=\tau(X_i)$时,质速和应力偏导数可能发生间断,即奇异面是质速和应力的可能弱间断面(质速、应力本身连续而其偏导数发生间断),此类奇异面称为特征曲面或波阵面,而其传播的法向波速称为特征法向波速.式(5.1.15)即是特征曲面 $t=\tau(X_i)$的右函数 $\tau(X_i)$必须满足的偏微分方程,它是一个一阶的非线性偏微分方程.利用式(5.1.9)可将式(5.1.15)化为特征法向波速 C 的一个代数方程:

$$\| Q_{ik} - \rho_0 C^2 \delta_{ik} \| = 0 \tag{5.1.16}$$

其中二阶对称张量(与3×3对称矩阵相对应)

$$Q_{ik} = E_{ijkl} n_j n_l \tag{5.1.17}$$

称为声张量,而式(5.1.16)表明 $\rho_0 C^2$ 恰是声张量 Q_{ik} 的特征值.一般情况下 Q_{ik} 有三个特征值,故有三个特征法向波速,按其次序可分别称为快、中、慢波.对非线性的各向异性材料和非线性的各向同性弹性材料,由于其声张量不但依赖于弹性模量张量,因之依赖于应力状态,而且还依赖于波阵面单位法矢量 $\boldsymbol{n}$,故一般情况下特征法向波速 C 是应力状态和波传播方向 $\boldsymbol{n}$ 的函数:

$$C = C(\boldsymbol{\sigma}, \boldsymbol{n}) \tag{5.1.18}$$

在不同的方向有不同的特征法向速度,这是非线性各向异性材料和非线性各向同性材料的一个重要特征,这将增加波传播的复杂性.即使对线弹性的各向异性材料,虽然其弹性模量张量 $\boldsymbol{E}$ 是常张量,故 $C=C(\boldsymbol{n})$,即特征法向波速 C 虽然与应力状态无关,但却是仍然依赖于传播方向 $\boldsymbol{n}$ 的,因此各向异性材料的特征法向波速总是依赖于传播方向的.

当 $t=\tau(X_i)$为一个特征曲面时,$\| D_{ij} \| = 0$,故式(5.1.13)对 $v_{k,t}$ 未必有解,而其对 $v_{k,t}$ 有解的充要条件是式(5.1.13)右端 B_i 与 D_{ik} 的左零化矢量正交,即

$$l_i B_i = l_i (E_{ijkl}\tau_{,j} v^*_{k,l} - \sigma^*_{ij,j} - \rho_0 b_i) = 0 \tag{5.1.19}$$

其中 l_i 是 D_{ik} 的左零化矢量,即 l_i 是如下线性齐次代数方程组的解:

$$l_i D_{ik} = l_i (E_{ijkl}\tau_{,j}\tau_{,l} - \rho_0 \delta_{ik}) = 0 \tag{5.1.20}$$

式(5.1.20)即是特征曲面内的所谓特征关系,它是由特征线法来解波传播规律的基础.由式(5.1.19)求出 l_i 之后,即可写出特征关系(5.1.20).特征关系(5.1.20)的不便之处是,尽管它是一个在特征曲面内的内微分方程,但却仍然是一个偏微分方程.可以证明,可将之化为沿特征曲面内的特征方向(亦称为双特征或射线方向)上的常微分方程,以作为特征线法数值求解的基础,可参见第4章的有关叙述,这里不再重述.由特征关系可以看到,在各向异性材料中各种应力分量和质速分量的变化是相互耦合的,对于任何一个特征波速,都会同时引起各种应力分量和质速分量的变化,而不是如线弹性各向同性材料中那样,纵波只引起波阵面上的正应力及纵向质速的变化,横波只引起波阵面上的切应力及横向质速的变化.这更增加了各向异性材料中波传播规律的复杂性和丰富多彩性.

归纳起来,各向异性材料中波传播有以下三个特点:① 本构关系有更多的材料参数,它们都会影响波传播的规律,这一方面增加了波传播的复杂性,另一方面为我们提供了通过调整材料参数,改变、控制波形和波的传播规律,从而控制材料与结构变形和破坏规律的依据,

而这即是应力波材料设计的思想；② 波传播中存在更丰富的不同应力分量及质速分量之间的耦合作用，从而可引发一些非常规的新现象；③ 任何一种特征波速，其值不但依赖于应力状态（对非线性材料），而且还与其传播方向有关，因而波阵面的形状及波的传播规律将更为复杂，理论上完全解释清楚有关现象是很困难的．作为应用上最重要和最基础的内容，下面我们将专门研究线弹性各向同性材料．

对线弹性各向同性材料，弹性模量张量将是一个四阶各向同性常张量，而其声张量 $\boldsymbol{Q}$ 尽管仍然与波的传播方向 $\boldsymbol{n}$ 有关，但可以证明其特征值 $\rho_0 C^2$ 因而其特征法向波速 C 将是与波的传播方向 $\boldsymbol{n}$ 无关的，下面我们就来证明这一点．线弹性各向同性材料的本构关系由广义胡克定律所给出：

$$\sigma_{ij} = \lambda\delta_{ij}\varepsilon_{rr} + 2\mu\varepsilon_{ij} = \lambda\delta_{ij}\varepsilon_{rr} + \mu\varepsilon_{ij} + \mu\varepsilon_{ji} \quad (\lambda,\mu \text{ 为 Lame 系数}) \tag{5.1.21}$$

有

$$E_{ijkl} = \lambda\delta_{ij}\delta_{kl} + \mu\delta_{ik}\delta_{jl} + \mu\delta_{il}\delta_{kj}, \quad Q_{ik} = (\lambda+\mu)n_i n_k + \mu\delta_{ik} \tag{5.1.22}$$

故决定声张量特征值 $\rho_0 C^2$ 和特征法向波速 C 的特征方程将为

$$\| Q_{ik} - \rho_0 C^2 \delta_{ik} \| = (\mu - \rho_0 C^2)^2(\lambda + 2\mu - \rho_0 C^2) \tag{5.1.23}$$

于是，特征方程（5.1.16）成为

$$\| Q_{ik} - \rho_0 C^2 \delta_{ik} \| = (\mu - \rho_0 C^2)^2(\lambda + 2\mu - \rho_0 C^2) = 0 \tag{5.1.24}$$

由此可得三个特征值 $\rho_0 C_1^2, \rho_0 C_2^2, \rho_0 C_3^2$ 和相应的特征法向波速 $C_1, C_2 = C_3$ 如下：

$$\rho_0 C_2^2 = \rho_0 C_3^2 = \mu \ (\text{二重根}), \quad \rho_0 C_1^2 = \lambda + 2\mu \tag{5.1.25}$$

它们都是与其传播方向无关的，这就证明了我们的论断．这里的 $C_1, C_2 = C_3$ 和我们在第 3 章中对各向同性线弹性平面波中所得出的特征波速是完全相同的，在第 3 章平面波的问题中，我们曾分别将它们称为无限各向同性线弹性介质中的纵波和横波波速．在平面波的情形下，纵波和横波的概念十分容易理解，而在更一般的意义上，所谓的纵波和横波应该更确切地分别称为无旋波和无散波，或者涨缩畸变波和等容波，关于这一点可参见下一节．

5.2 线弹性各向同性材料中波的特性

1. 位移所表达的弹性动力学方程和无旋波、无散波的概念

如 5.1 节中所述，小变形情况下弹性介质的运动方程由式（5.1.1）所表达，即

$$\rho_0 v_{i,t} - \sigma_{ij,j} = \rho_0 b_i \quad (i = 1,2,3) \quad (\text{运动方程}) \tag{5.2.1}$$

线弹性各向同性材料广义胡克定律的 Lame 形式为

$$\sigma_{ij} = \lambda\theta\delta_{ij} + 2\mu\varepsilon_{ij} \tag{5.2.2}$$

其中 λ 和 μ 为 Lame 系数，θ 和 ε_{ij} 分别为工程体应变和工程应变，δ_{ij} 为 Kronecker 记号：

$$\theta = u_{k,k}, \quad \varepsilon_{ij} = \frac{1}{2}(u_{i,j} + u_{j,i}) \tag{5.2.3}$$

于是有

$$\sigma_{ij} = \lambda\theta\delta_{ij} + \mu(u_{i,j} + u_{j,i}) \tag{5.2.4}$$

$$\sigma_{ij,j} = \lambda\theta_{,j}\delta_{ij} + \mu(u_{i,jj} + u_{j,ij}) = \lambda\theta_{,i} + \mu(u_{i,jj} + u_{j,ji}) \tag{5.2.5-a}$$

$$\sigma_{ij,j} = \lambda u_{j,ji} + \mu(u_{i,jj} + u_{j,ji}) \tag{5.2.5-b}$$

于是运动方程(5.2.1)可以写为以位移 $\boldsymbol{u}$ 所表达的如下弹性动力学方程：

$$\rho_0 u_{i,tt} = (\lambda + \mu)u_{j,ji} + \mu u_{i,jj} + \rho_0 b_i \quad (i = 1,2,3) \tag{5.2.6-a}$$

写为张量的直接记法，即

$$\rho_0 \boldsymbol{u}_{,tt} = (\lambda + \mu)\nabla(\nabla\cdot \boldsymbol{u}) + \mu(\nabla\cdot\nabla)\boldsymbol{u} + \rho_0 \boldsymbol{b} \tag{5.2.6-b}$$

利用张量分析中如下带微分的二重叉积公式：

$$\nabla\times(\nabla\times\boldsymbol{u}) = \nabla(\nabla\cdot\boldsymbol{u}) - (\nabla\cdot\nabla)\boldsymbol{u},\quad (\nabla\cdot\nabla)\boldsymbol{u} = \nabla(\nabla\cdot\boldsymbol{u}) - \nabla\times(\nabla\times\boldsymbol{u}) \tag{5.2.7}$$

并将式(5.2.7)中的$(\nabla\cdot\nabla)\boldsymbol{u}$ 代入式(5.2.6-b)，即得

$$\rho_0 \boldsymbol{u}_{,tt} = (\lambda + 2\mu)\nabla(\nabla\cdot\boldsymbol{u}) - \mu\nabla\times(\nabla\times\boldsymbol{u}) + \rho_0\boldsymbol{b} \tag{5.2.8}$$

式(5.2.6)或式(5.2.8)都是由位移矢量 $\boldsymbol{u}$ 所表达的各向同性线弹性动力学方程. 在一定的初边值条件下要直接求解它们是并不容易的. 但是我们可以以数理方程中读者都学过的基本知识为基础，来分析在不考虑体积力影响时其波传播的特性.

从式(5.2.6)～式(5.2.8)出发，我们可以得出在不考虑体积力影响时弹性介质中波传播的如下特性：

(1) 如果满足方程(5.2.6)的位移矢量 $\boldsymbol{u}$ 是无散等容的，即

$$\nabla\cdot\boldsymbol{u} = 0 \tag{5.2.9}$$

则我们可得无体积力影响时的如下波动方程：

$$\boldsymbol{u}_{,tt} = \frac{\mu}{\rho_0}(\nabla\cdot\nabla)\boldsymbol{u} = C_2^2(\nabla\cdot\nabla)\boldsymbol{u} \tag{5.2.10}$$

这正是读者在数理方程中所学过的标准二阶线性波动方程，其中的 $C_2 = \sqrt{\dfrac{\mu}{\rho_0}}$ 恰是其波速. 可见满足弹性动力学方程的无散位移 $\boldsymbol{u}$ 必是以波速 C_2 传播的. 因此可将这种波称为无散波，平面横波只是其一个特例. 通常的文献一般将无散波称为等容波，因为$\nabla\cdot\boldsymbol{u} = \theta = 0$ 即意味着该种波并不引起介质的体积变形，即是等容的. 但是为了与下面的无旋波相对应，我们将采用无散波这一术语.

(2) 如果满足方程(5.2.8)的位移矢量 $\boldsymbol{u}$ 是无旋的，即

$$\nabla\times\boldsymbol{u} = \boldsymbol{O} \tag{5.2.11}$$

则我们可得无体积力影响时的如下波动方程：

$$\boldsymbol{u}_{,tt} = \frac{\lambda + 2\mu}{\rho_0}(\nabla\cdot\nabla)\boldsymbol{u} = C_1^2(\nabla\cdot\nabla)\boldsymbol{u} \tag{5.2.12}$$

这也是读者在数理方程中所学过的标准二阶线性波动方程，其中

$$C_1 = \sqrt{\frac{\lambda + 2\mu}{\rho_0}} = \sqrt{\frac{K + \frac{4}{3}\mu}{\rho_0}}$$

恰是其波速，K 为其体积模量. 可见满足弹性动力学方程的无旋位移 $\boldsymbol{u}$ 必是以波速 C_1 传播的. 因此可将这种波称为无旋波，平面纵波只是其一个特例. 需要指出的是，无旋波既引起介

质的体积变形(体现在 K 上),也引起介质的畸变(体现在 μ 上),所以很多文献将无旋波称为涨缩波(dilatation wave)是并不确切的.

在不考虑体积力的影响时,将式(5.2.6)的三个方程分别对 x_1,x_2,x_3 求导并相加,可以证明

$$\theta_{,tt} = \frac{\lambda+2\mu}{\rho_0}(\nabla\cdot\nabla)\theta = C_1^2(\nabla\cdot\nabla)\theta \tag{5.2.13}$$

这说明,线弹性各向同性介质中的波所引起的体应变 θ 必然是以无旋波的波速 C_1 而传播的.

将式(5.2.6)的第三个方程和第二个方程分别对 x_2 和 x_3 求导,并相减,可证明

$$\omega_{1,tt} = \frac{\mu}{\rho_0}(\nabla\cdot\nabla)\omega_1 = C_2^2(\nabla\cdot\nabla)\omega_1 \tag{5.2.14}$$

其中

$$\omega_1 \equiv \frac{1}{2}(u_{3,2} - u_{2,3}) \tag{5.2.15}$$

通过对式(5.2.14)和式(5.2.15)进行1,2,3的圆轮替换,我们可得到另外两对公式.将之合在一起可以写为

$$\boldsymbol{\omega}_{,tt} = \frac{\mu}{\rho_0}(\nabla\cdot\nabla)\boldsymbol{\omega} = C_2^2(\nabla\cdot\nabla)\boldsymbol{\omega} \tag{5.2.16}$$

其中

$$\boldsymbol{\omega} \equiv \frac{1}{2}\mathrm{rot}\boldsymbol{u} \tag{5.2.17}$$

是微元的平均刚体微转动矢量.这说明在线弹性各向同性介质中,材料的平均刚体微转动矢量 $\boldsymbol{\omega}$ 必然是以无散波的波速 C_2 传播的.

在上面的叙述中,作为两种特殊情况,我们证明了在无限的各向同性线弹性介质中无旋位移和无散位移必然分别是以无旋波速 C_1 和无散波速 C_2 传播的,或者说在该类介质中可以存在无旋波和无散波.自然我们会提出相反的问题,即在无限的各向同性线弹性介质中是否其任意的位移扰动都可以视为无旋波位移扰动和无散波位移扰动的叠加呢?这一问题可以由连续介质场论中的如下定理来解决.该定理指出,任意连续可微、导数有界的矢量场 $\boldsymbol{u}$ 都必然可以分解为一个无旋位移 $\boldsymbol{u}_1$ 和无散位移 $\boldsymbol{u}_2$ 之和,即

$$\boldsymbol{u} = \boldsymbol{u}_1 + \boldsymbol{u}_2,\quad \boldsymbol{u}_1 = \nabla\varphi,\quad \boldsymbol{u}_2 = \nabla\times\boldsymbol{a} \tag{5.2.18}$$

其中 φ 称为标量势,$\boldsymbol{a}$ 称为矢量势.显然,$\boldsymbol{u}_1$ 和 $\boldsymbol{u}_2$ 分别是无旋和无散的.由此我们就可以断定,在无限的各向同性线弹性介质中,是可以而且也只能够存在着分别以 C_1 和 C_2 传播的无旋和无散位移扰动.而且,在数学上我们也容易证明:只要 $\boldsymbol{u}_1$ 和 $\boldsymbol{u}_2$ 分别满足由 C_1 和 C_2 为波速的波动方程,即

$$\boldsymbol{u}_{1,tt} = C_1^2(\nabla\cdot\nabla)\boldsymbol{u}_1 \tag{5.2.19}$$

$$\boldsymbol{u}_{2,tt} = C_2^2(\nabla\cdot\nabla)\boldsymbol{u}_2 \tag{5.2.20}$$

则由式(5.2.18)所表达的和位移 $\boldsymbol{u} = \boldsymbol{u}_1 + \boldsymbol{u}_2$ 就必然是满足波动方程(5.2.6)的.读者可作为练习证明之.

2. 各向同性线弹性材料中的平面波

对于平面波的问题,一切物理量都只是沿波方向传播而与波阵面相垂直的坐标 $x \equiv x_1$

的函数，而且波阵面的法矢量 $\boldsymbol{n}=(1,0,0)$，我们可以将平面波问题作为三维波传播的特例而由式(5.1.7)对之进行讨论.但是，我们也可以只考虑波阵面上的应力矢量 $s_i\equiv\sigma_{i1}$ 和波阵面上的位移梯度即正应变分量 $p_1\equiv\dfrac{\partial u_1}{\partial x}$ 和角应变分量 $p_2\equiv\dfrac{\partial u_2}{\partial x}$，$p_3\equiv\dfrac{\partial u_3}{\partial x}$，并代替三维情况下的四阶弹性模量张量 E_{ijkl} 而引入波阵面上应力矢量 s_i 对"应变矢量"p_k 求导的降维二阶弹性模量张量 $E_{ik}\equiv\dfrac{\partial s_i}{\partial p_k}$.于是基本方程组(5.1.7)可简化为

$$\rho_0 v_{i,t}-s_{i,x}=\rho_0 b_i,\quad s_{i,t}-E_{ik}v_{k,x}=0 \tag{5.2.21}$$

其中

$$E_{ik}=\begin{bmatrix}\lambda+2\mu & 0 & 0\\ 0 & \mu & 0\\ 0 & 0 & \mu\end{bmatrix} \tag{5.2.22}$$

为降维二阶弹性模量张量，其特征值显然为单根 $\lambda_1=\lambda+2\mu$ 和双根 $\lambda_2=\lambda_3=\mu$.由一维波传播的广义特征理论容易证明，一阶拟线性偏微分方程组(5.2.21)的特征线斜率

$$\frac{\mathrm{d}x}{\mathrm{d}t}=\Lambda \tag{5.2.23}$$

是以下式与降维弹性模量张量 E_{ik} 的特征值 C 相联系的：

$$\rho_0 C^2=\Lambda \tag{5.2.24}$$

于是可得平面波问题的六条特征线为

$$\frac{\mathrm{d}x}{\mathrm{d}t}=\pm C_1,\quad \frac{\mathrm{d}x}{\mathrm{d}t}=\pm C_2,\quad \frac{\mathrm{d}x}{\mathrm{d}t}=\pm C_3=\pm C_2$$

由于 $\Lambda=\rho_0 C_2^2=\rho_0 C_3^2$ 为二重特征值，将对应两个线性无关的特征矢量.于是，在不计体积力影响时可以求得一阶拟线性偏微分方程组(5.2.21)的如下特征线和沿特征线的相应特征关系：

$$\begin{cases}\mathrm{d}x\mp C_1\mathrm{d}t=0\text{ 时},\quad \mathrm{d}s_1\mp\rho_0 C_1\mathrm{d}v_1=0\\ \mathrm{d}x\mp C_2\mathrm{d}t=0\text{ 时},\quad \mathrm{d}s_2\mp\rho_0 C_2\mathrm{d}v_2=0\\ \mathrm{d}x\mp C_2\mathrm{d}t=0\text{ 时},\quad \mathrm{d}s_3\mp\rho_0 C_2\mathrm{d}v_3=0\end{cases} \tag{5.2.25}$$

由此可知，当 $x-C_1t$ 为常数时，量 $s_1-\rho_0C_1v_1$ 也必然为常数，故量 $s_1-\rho_0C_1v_1=2f_1(x-C_1t)$ 必然只是 $x-C_1t$ 的函数；类似地，$s_1+\rho_0C_1v_1=2g_1(x+C_1t)$ 必然只是 $x+C_1t$ 的函数.解之，可有

$$v_1=\frac{f_1(x-C_1t)-g_1(x+C_1t)}{-\rho_0C_1},\quad s_1=f_1(x-C_1t)+g_1(x+C_1t)$$

通过类似的分析，我们可以得到各向同性线弹性介质中波传播的通解如下：

$$\begin{cases}v_1=\dfrac{f_1(x-C_1t)-g_1(x+C_1t)}{-\rho_0C_1},\quad s_1=f_1(x-C_1t)+g_1(x+C_1t)\\ v_2=\dfrac{f_2(x-C_2t)-g_2(x+C_2t)}{-\rho_0C_2},\quad s_2=f_2(x-C_2t)+g_2(x+C_2t)\\ v_3=\dfrac{f_3(x-C_2t)-g_3(x+C_2t)}{-\rho_0C_2},\quad s_3=f_3(x-C_2t)+g_3(x+C_2t)\end{cases}$$

(5.2.26)

其中的六个任意函数 f_i 和 g_i 在物理上分别代表右行波和左行波，这六个任意函数需要由问题的边界条件确定. 由式(5.2.26)我们可以看到，对各向同性线弹性材料的平面波而言，纵波未知量(v_1, s_1)、横波未知量(v_2, s_2)以及另一个横波未知量(v_3, s_3)其实是可以分开来求解的，因此它们之间是互不耦合的. 另外，对右行和左行简单波的问题，将分别有 $g_i = 0$ 和 $f_i = 0$.

由位移的波动方程(5.2.6)容易说明，平面纵波和平面横波实际上分别是无旋波和无散波的特例. 事实上，设介质中有以波速 C 沿着 x 轴方向传播的一维平面右行简单波，其位移为

$$\boldsymbol{u} = \boldsymbol{u}(\xi) = \boldsymbol{u}(x - Ct) \tag{5.2.27}$$

将式(5.2.27)代入式(5.2.6)，并以 u_i''表示 u_i 对 $\xi \equiv x - Ct$ 的二阶导数，则可得

$$\begin{cases} [\rho_0 C^2 - (\lambda + 2\mu)]u_1'' = 0 \\ (\rho_0 C^2 - \mu)u_2'' = 0 \\ (\rho_0 C^2 - \mu)u_3'' = 0 \end{cases} \tag{5.2.28}$$

方程组(5.2.28)有非平凡解 $\boldsymbol{u}''(\xi) \neq \boldsymbol{O}$ 的充要条件是其系数矩阵行列式等于零，由此可得对波速 C 的如下解：

$$C = \sqrt{\frac{\lambda + 2\mu}{\rho_0}} \equiv C_1 \quad (\text{单根}), \quad C = \sqrt{\frac{\mu}{\rho_0}} \equiv C_2 \quad (\text{二重根}) \tag{5.2.29}$$

式(5.2.29)的第一式对应着非零解：

$$u_1'' \neq 0, \quad u_2'' = u_3'' = 0 \tag{5.2.30}$$

式(5.2.29)的第二式对应着两个线性无关的非零解：

$$\begin{cases} u_2'' \neq 0, \quad u_1'' = u_3'' = 0 \\ u_3'' \neq 0, \quad u_1'' = u_2'' = 0 \end{cases} \tag{5.2.31}$$

式(5.2.30)在物理上表示沿 x 方向传播的纵波，其波速等于无旋波速 C_1；式(5.2.31)的第一式物理上表示沿 x 方向传播的在 x_1-x_2平面内沿 x_2方向产生横向位移扰动的横波，其波速等于无散波速 C_2；式(5.2.31)的第二式物理上表示沿 x 方向传播的在 x_1-x_3平面内沿 x_3方向产生横向位移扰动的横波，其波速也等于无散波速 C_2.

3. 平面谐波的表达式

设有向正 x 轴传播的平面波，则利用前面所讲的各向同性线弹性介质中波传播特性和解的叙述，我们可以写出其右行简单平面波的位移表达式 $\boldsymbol{u} = \boldsymbol{u}(x - Ct)$，其中 C 为波速. 由于 x 方向可以任取，故可将此平面波表达式推广为

$$\boldsymbol{u} = \boldsymbol{u}(x - Ct) = \boldsymbol{u}(s - Ct) \tag{5.2.32}$$

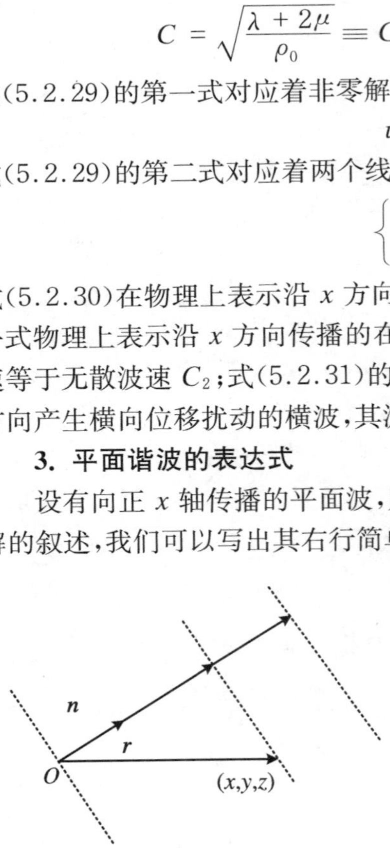

图 5.1　平面波阵面及其单位法矢量 $\boldsymbol{n}$

其中 s 表示垂直于波阵面沿波传播方向的距离，不失一般性，我们可以假设 $t = 0$ 时波阵面恰通过原点 $s = 0$. 以 $\boldsymbol{r}$ 表示波阵面上任一点(x, y, z)相对于原点的矢径，以 $\boldsymbol{n}$ 表示波传播方向上波阵面的单位法矢量，如图 5.1 所示，我们有

$$s = \boldsymbol{r} \cdot \boldsymbol{n} = lx + my + nz \tag{5.2.33}$$

其中 l, m, n 为波阵面单位法矢 $\boldsymbol{n}$ 的方向余弦. 平面波

位移表达式(5.2.32)可以改写成

$$\boldsymbol{u} = \boldsymbol{u}(s - Ct) = \boldsymbol{u}(\boldsymbol{r} \cdot \boldsymbol{n} - Ct) = \boldsymbol{u}(lx + my + nz - Ct) \tag{5.2.34}$$

在高等数学中已经证明，任意的周期函数都可以用离散谱的傅里叶级数来表达，而任意的非周期函数则可以用连续谱的傅里叶积分来表达.而对线弹性材料而言，其波传播的线性叠加原理是成立的，所以我们除了可以用特征线法求解问题以外，还可以通过谐波的方法来对波传播的问题进行求解.下面我们就来讲平面谐波的表达方式，并将在下一节中讲解平面谐波的透反射问题.

对平面简谐波，其位移表达式可以写为

$$\boldsymbol{u} = \boldsymbol{A}\cos k(s - Ct) = \boldsymbol{A}\cos(ks - \omega t) \tag{5.2.35}$$

其中

$$\omega = kC \tag{5.2.36}$$

是谐波的圆频率，即 2π 时间之内的振动次数，k 为波数，表示 2π 距离上谐波的重复次数.故如以 T 和 L 分别表示谐波的周期和波长，则有

$$\omega = \frac{2\pi}{T},\quad k = \frac{2\pi}{L},\quad C = \frac{\omega}{k} = \frac{L}{T} \tag{5.2.37}$$

若约定只取复数实部来表示其位移，则可将谐波表达式写为

$$\boldsymbol{u} = \boldsymbol{A}\mathrm{e}^{\mathrm{i}(ks-\omega t)} = \boldsymbol{A}\mathrm{e}^{\mathrm{i}(k\boldsymbol{n}\cdot\boldsymbol{r}-\omega t)} = \boldsymbol{A}\mathrm{e}^{\mathrm{i}(\boldsymbol{k}\cdot\boldsymbol{r}-\omega t)} \tag{5.2.38}$$

其中

$$\boldsymbol{k} = k\boldsymbol{n} \tag{5.2.39}$$

称为波数矢量，简称为波矢，其方向沿波传播的方向 $\boldsymbol{n}$，而长度等于波数 k.由于式(5.2.37)所给出的波速 $C = \frac{\omega}{k}$ 是任意一个等于常数的相位 $\varphi = ks - \omega t$ 的阵面传播速度，所以 $C = \frac{\omega}{k}$ 也常常被称为圆频率为 ω、波数为 k 的谐波的相速度.

5.3　平面波的斜反射问题

1. P 波、SH 波和 SV 波的概念

作为例子，我们来研究平面波在自由面上的反射问题，这一问题在地震学中有重要的应用价值.将地面即自由面取为 x-y 平面，将平面波的传播方向即波阵面单位法矢量 $\boldsymbol{n}$ 或波矢 $\boldsymbol{k} = k\boldsymbol{n}$ 的方向简称为平面波的射线方向，将自由面法线和射线所组成的平面 x-z 称为入射平面.自由面即地面的法线方向取为 z 轴指向地心，如图 5.2 所示.我们将入射平面波的位移 $\boldsymbol{u}$ 按如下方式进行分解：

(1) 沿入射波射线 $\boldsymbol{n}$ 方向的位移 $\boldsymbol{u}_1$，这是一种纵波，速度较快，作为地震波的一部分它将首先到达，故在地震学中称为 P 波(Primary wave).其位移记为 $\boldsymbol{u}_1$(P).

(2) 在波阵面之内而与自由面即水平面平行的位移(沿 y 轴方向)$\boldsymbol{u}_2$，这是一种横波，速度较慢，位移又沿地平面内的 y 轴，故称为 SH 波，位移记为 $\boldsymbol{u}_2$，该位移沿图 5.2 中的 y 轴方

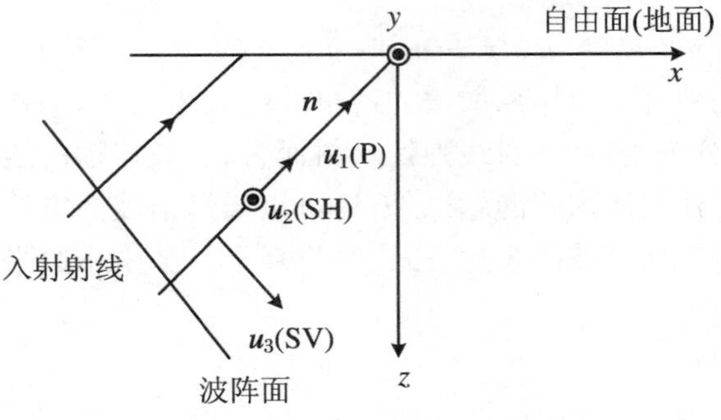

图 5.2　平面波从地下向地平面斜入射问题的示意图

向，这是一种横波.波速比 P 波波速要慢而在 P 波之后才会到达，而且由于其位移与水平的地平面相平行，故在地震学中称为 SH 波（Secondary Horizontal wave）.

(3) 在波阵面之内且与 $\boldsymbol{u}_2$ 相垂直的位移 $\boldsymbol{u}_3$，这也是一种横波，由于其位移位于入射平面即铅直面 x-z 内，故在地震学中称为 SV 波(Secondary Vertical wave).

这个对位移的分解方法和这些术语在地震学中是很常用的.需要注意的是，P 波位移 $\boldsymbol{u}_1$ 和 SV 波位移 $\boldsymbol{u}_3$ 都是位于入射平面 x-z 之内的，其在 y 方向的位移分量为 0；而 SH 波的位移 $\boldsymbol{u}_2$ 则只沿水平的 y 轴方向，与入射平面 x-z 垂直.所以我们可以肯定，波在地表斜反射时，P 波和 SV 波会有相互的耦合效应，但 SH 波不会和 P 波以及 SV 波产生相互的耦合作用.

2. 地表自由面上的边界条件

地震波从地下传播至地表面时将会产生波的反射问题，地表面可以看作一个没有应力作用的自由面.如图 5.2 所示，自由面上的边条件可以表达为

$$\sigma_{zx}\big|_{z=0} = 0,\quad \sigma_{zy}\big|_{z=0} = 0,\quad \sigma_{zz}\big|_{z=0} = 0$$

如果把问题视为沿射线方向上的一维应变问题，这也是一个与 y 无关的平面应变问题，$\dfrac{\partial}{\partial y}=0$；此时将应变和位移之间的几何关系代入广义胡克定律，我们就可以把上述的自由面边界条件写为用位移 $\boldsymbol{u}$ 所表达的如下形式，即

$$\begin{cases}\sigma_{zx}\big|_{z=0} = \mu\left[\dfrac{\partial u_x}{\partial z}+\dfrac{\partial u_z}{\partial x}\right]_{z=0} = 0\\[2ex] \sigma_{zy}\big|_{z=0} = \mu\left[\dfrac{\partial u_y}{\partial z}+\dfrac{\partial u_z}{\partial y}\right]_{z=0} = 0\\[2ex] \sigma_{zz}\big|_{z=0} = \left[\lambda\theta+2\mu\dfrac{\partial u_z}{\partial z}\right]_{z=0} = \left[(\lambda+2\mu)\dfrac{\partial u_z}{\partial z}+\lambda\dfrac{\partial u_x}{\partial x}\right]_{z=0} = 0\end{cases}\tag{5.3.1}$$

3. SH 波在自由面上的反射

由于 SH 波位移 $\boldsymbol{u}_2$ 沿 y 方向而与入射平面 x-z 垂直，故与位于入射平面 x-z 之内的 P 波位移 $\boldsymbol{u}_1$ 和 SV 波位移 $\boldsymbol{u}_3$ 不会产生耦合作用，因而当 SH 波入射至自由面时将只会产生一个反射的 SH 波，而不会产生反射的 P 波和 SV 波.若以 $\boldsymbol{u}_2'$来表示反射 SH 波所产生的位移，则介质中任一点的位移 $\boldsymbol{u}$ 将是入射波位移 $\boldsymbol{u}_2$ 和反射波位移 $\boldsymbol{u}_2'$之和，且都沿 y 轴方向，如图 5.3 所示.这可以表达为

$$u_y = u_{2y} + u_{2y}',\quad u_z = 0,\quad u_x = 0\tag{5.3.2}$$

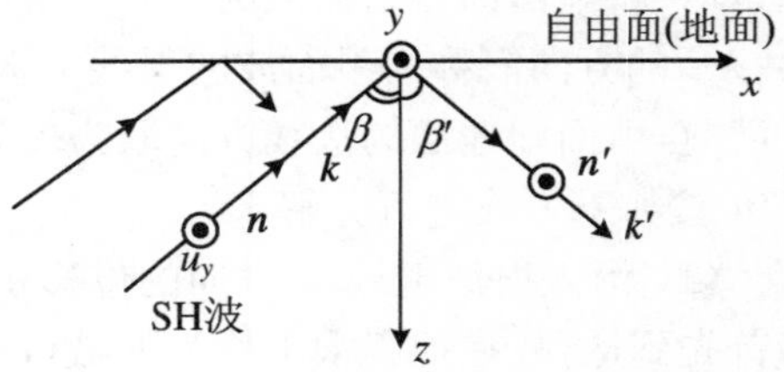

图 5.3　SH 波在自由面上的斜反射

以 β 和 β' 分别表示入射 SH 波的入射角和反射 SH 波的反射角，以 k 和 k' 分别表示入射波和反射波的波数，以 $\boldsymbol{n}$ 和 $\boldsymbol{n}'$ 分别表示入射波和反射波阵面的单位法矢量，其波矢将各为 $\boldsymbol{k}=k\boldsymbol{n},\boldsymbol{k}'=k'\boldsymbol{n}'$，如图 5.3 所示，则当以行矢量表示时可有

$$\begin{cases}\boldsymbol{n}=(\sin\beta,0,-\cos\beta), & \boldsymbol{n}'=(\sin\beta',0,\cos\beta')\\ \boldsymbol{k}=k\boldsymbol{n}=(k\sin\beta,0,-k\cos\beta), & \boldsymbol{k}'=k'\boldsymbol{n}'=(k'\sin\beta',0,k'\cos\beta')\end{cases}\tag{5.3.3}$$

于是，可将入射波位移和反射波位移分别写为

$$\begin{cases}u_{2y}=He^{\mathrm{i}(\boldsymbol{k}\cdot\boldsymbol{r}-\omega t)}=He^{\mathrm{i}(xk\sin\beta-zk\cos\beta-\omega t)}\\ u'_{2y}=H'e^{\mathrm{i}(\boldsymbol{k}'\cdot\boldsymbol{r}-\omega' t)}=H'e^{\mathrm{i}(xk'\sin\beta'+zk'\cos\beta'-\omega' t)}\\ u_y=u_{2y}+u'_{2y}, \quad u_x=0=u_z\end{cases}\tag{5.3.4}$$

其中 H 和 H' 分别为入射波和反射波的位移振幅．通过代入法容易验证：只要 k 和 ω、k' 和 ω' 之间满足以下关系：

$$k=\frac{\omega}{c_2},\quad k'=\frac{\omega'}{c_2}\tag{5.3.5}$$

则式(5.3.4)所表达的位移 u_{2y} 和 u'_{2y} 便都满足横波的波动方程(5.2.10)，因之它们的和 $u_y=u_{2y}+u'_{2y}$ 也必然满足横波的波动方程(5.2.10)．而为了使位移 $u_y=u_{2y}+u'_{2y}$ 满足边界条件式(5.3.1)，将 $u_y=u_{2y}+u'_{2y}$ 代入式(5.3.1)，我们来寻求所需要的条件．代入后可见：式(5.3.1)的第一式和第三式将为恒等式而自动满足；而式(5.3.1)的第二式将给出

$$(-\mathrm{i}k\cos\beta)He^{\mathrm{i}(xk\sin\beta-\omega t)}+(\mathrm{i}k'\cos\beta')H'e^{\mathrm{i}(xk'\sin\beta'-\omega' t)}=0\tag{5.3.6}$$

为了使得式(5.3.6)对一切 x 和 t 都成立，只有下式成立才行：

$$k\sin\beta=k'\sin\beta',\quad \omega'=\omega\tag{5.3.7}$$

于是利用式(5.3.5)和式(5.3.7)，我们将有

$$k'=k,\quad \omega'=\omega,\quad \beta'=\beta\tag{5.3.8}$$

再利用式(5.3.6)，即得

$$H'=H\tag{5.3.9}$$

至此，我们就已经把 SH 波在自由面反射的问题解完了．归纳起来可有结论如下：

当 SH 平面谐波入射至自由面上时，反射波必然是同频率 ω（同波数 k）的 SH 波；而且反射角 β' 也必然与入射角 β 相等；同时，反射波位移的振幅 H' 也必然与入射波位移的振幅 H 相同．

该问题中，入射波和反射波在自由面上所引起的应力状态如图 5.4 所示：图中入射波和反射波阵面上的切应力各为 τ 和 τ'，方向如图 5.4 所示．由静力平衡可知，入射波和反射波在自由面上的应力状态各为

$$\begin{cases}(\sigma_{zz})_\lambda=0\\ (\sigma_{zx})_\lambda=0\\ (\sigma_{zy})_\lambda=\tau\cos\beta\end{cases},\quad \begin{cases}(\sigma'_{zz})_k=0\\ (\sigma'_{zx})_k=0\\ (\sigma'_{zy})_k=\tau'\cos\beta\end{cases}$$

只要 $\tau'=-\tau$，即如图 5.4 所示，则可满足 $\sigma_{zy}=(\sigma_{zy})_\lambda+(\sigma_{zy})_k=0$ 的自由面边界条件．

4. 入射 P 波在自由面上的反射

现在我们考虑入射角为 α 的 P 波在自由面上反射的问题．根据前面对 SH 波反射问题的分析，我们自然也会想到其反射波解是否也只是一个等反射角等值的反射 P 波．但容易说

明,如果只是反射这样一个 P 波,此时自由面上的边界条件将是不会满足的,这可由图 5.5 加以说明.设入射波阵面上的应力为 $\sigma_1=\sigma$,反射波阵面上的应力为 σ_1'.在自由面附近对入射波效应考虑如图 5.5(a)所示的三角形单元,对反射波效应考虑如图 5.5(b)所示的三角形单元.对无限介质中

$$\varepsilon_2 = 0 = \frac{1}{E}[\sigma_2 - \nu(\sigma_1 + \sigma_3)] = \frac{1}{E}(\sigma_2 - \nu\sigma - \nu\sigma_2)$$

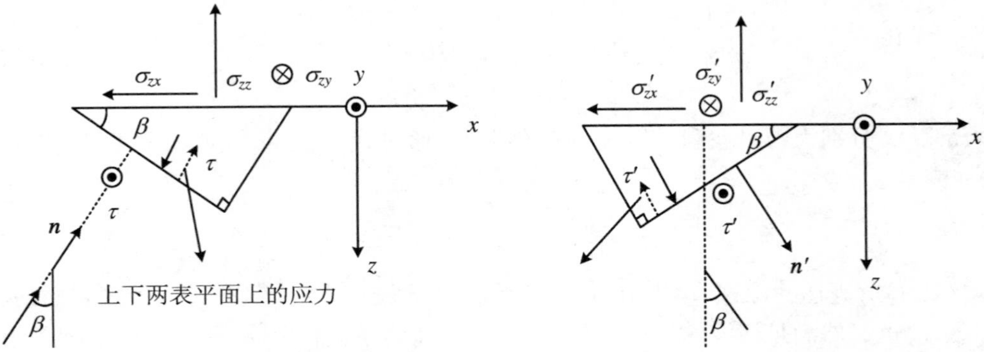

(a) 入射SH波引起的应力状态图　　(b) 反射SH波引起的应力状态图

图 5.4

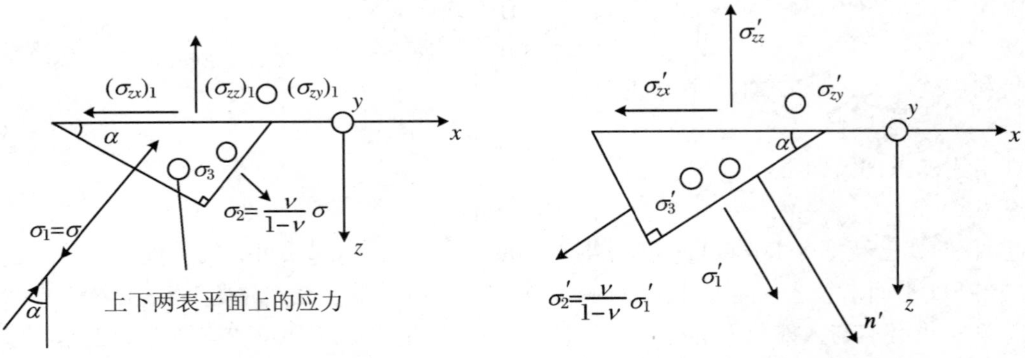

(a) 入射P波引起的应力状态图　　(b) 反射P波引起的应力状态图

图 5.5

的平面波相当于一维应变问题,故入射波单元中的 σ_2 满足

$$\sigma_2 = \sigma_3 = \frac{\nu}{1-\nu}$$

于是由静力平衡条件可以得出:入射波引起的自由面上之应力矢量$\begin{bmatrix}\sigma_{zx}\\ \sigma_{zz}\end{bmatrix}$将为

$$(\sigma_{zx})_1 \times 1 = \sigma_2 \sin\alpha\cos\alpha - \sigma_1\cos\alpha\sin\alpha \quad (\text{三面上之应力投影于 } x \text{ 方向})$$

$$(\sigma_{zz})_1 \times 1 = \sigma_2 \sin\alpha\sin\alpha + \sigma_1\cos\alpha\cos\alpha \quad (\text{三面上之应力投影于 } z \text{ 方向})$$

即

$$(\sigma_{zx})_1 = \cos\alpha\sin\alpha\left(\frac{2\nu-1}{1-\nu}\right)\sigma,\quad (\sigma_{zz})_1 = \left(\frac{\nu}{1-\nu}\sin^2\alpha + \cos^2\alpha\right)\sigma \tag{5.3.10}$$

类似地，反射角为 α、强度为 σ_1' 的 P 波引起的自由面上之应力矢量 $\begin{bmatrix}\sigma_{zx}'\\ \sigma_{zz}'\end{bmatrix}$ 将为

$$\sigma_{zx}'\times 1 = \sigma_1'\sin\alpha\cos\alpha - \sigma_2'\cos\alpha\sin\alpha \quad (\text{三面上的力投影于 } x \text{ 方向})$$
$$\sigma_{zz}'\times 1 = \sigma_1'\sin\alpha\sin\alpha + \sigma_2'\cos\alpha\cos\alpha \quad (\text{三面上的力投影于 } z \text{ 方向})$$

即

$$\sigma_{zx}' = \cos\alpha\sin\alpha\left(\frac{1-2\nu}{1-\nu}\right)\sigma_1',\quad \sigma_{zz}' = \left(\frac{\nu}{1-\nu}\sin^2\alpha + \cos^2\alpha\right)\sigma_1' \tag{5.3.11}$$

由式(5.3.10)和式(5.3.11)可见，当 $\sigma_1'=\sigma$（反射 P 波与入射 P 波应力同号）时，$\sigma_{zx}=(\sigma_{zx})_1+\sigma_{zx}'=0$，但 $\sigma_{zz}\neq 0$；当 $\sigma_1'=-\sigma$（反射 P 波与入射 P 波应力异号）时，$\sigma_{zz}=(\sigma_{zz})_1+\sigma_{zz}'=0$，但 $\sigma_{zx}\neq 0\left(\nu=\dfrac{1}{2}\text{不可压缩材料时例外}\right)$. 若取 σ_1' 为其他值，则两者都不为 0，都不能满足自由面边界条件. 这说明 P 波入射到自由面上时，不会只反射 P 波，还应同时反射 S 波，这样才能满足自由面边条件. 由于 SH 波位移不在入射平面 x-z 之内而与 P 波不相耦合，因此反射的 S 波将必然是 SV 波，现设 P 波以入射角 α 入射到自由面上时，同时反射 P 波和 SV 波，其反射角分别为 α' 和 β'. 以 $\omega_1,\omega_1',\omega_3'$ 分别表示入射 P 波、反射 P 波、反射 SV 波的圆频率，以 k_1,k_1',k_3' 分别表示其波数，以 $\boldsymbol{n}_1,\boldsymbol{n}_1',\boldsymbol{n}_3'$ 分别表示其三个波射线方向的单位矢量，$\boldsymbol{k}_1,\boldsymbol{k}_1',\boldsymbol{k}_3'$ 分别为其波矢，如图 5.6 所示，则由其行矢量表达式各为

$$\begin{cases}\boldsymbol{n}_1 = (\sin\alpha,0,-\cos\alpha),\quad \boldsymbol{n}_1' = (\sin\alpha',0,\cos\alpha'),\quad \boldsymbol{n}_3' = (\sin\beta',0,\cos\beta')\\ \boldsymbol{k}_1 = k_1(\sin\alpha,0,-\cos\alpha),\quad \boldsymbol{k}_1' = k_1'(\sin\alpha',0,\cos\alpha'),\quad \boldsymbol{k}_3' = k_3'(\sin\beta',0,\cos\beta')\end{cases} \tag{5.3.12}$$

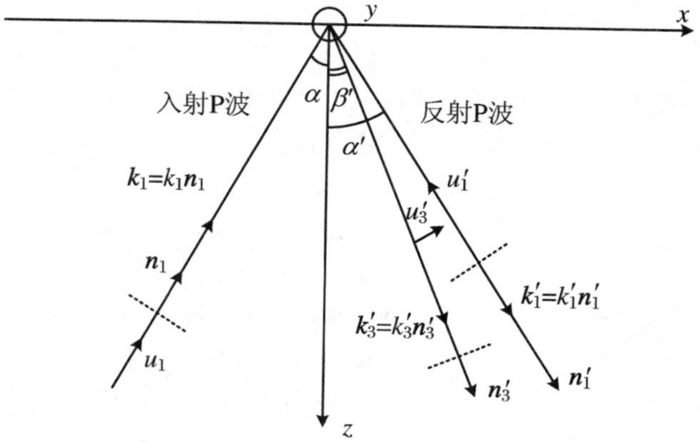

图 5.6　P 波入射到自由面上时的反射问题

三个波所引起的位移为 u_1,u_1',u_3'，其方向如图 5.6 所示，可分别写为

$$u_1 = A\mathrm{e}^{\mathrm{i}(\boldsymbol{k}_1\cdot\boldsymbol{r}-\omega_1 t)} = A\mathrm{e}^{\mathrm{i}(xk_1\sin\alpha - zk_1\cos\alpha-\omega_1 t)} \tag{5.3.13}$$
$$u_1' = A'\mathrm{e}^{\mathrm{i}(\boldsymbol{k}_1'\cdot\boldsymbol{r}-\omega_1' t)} = A'\mathrm{e}^{\mathrm{i}(xk_1'\sin\alpha' - zk_1'\cos\alpha'-\omega_1' t)} \tag{5.3.14}$$
$$u_3' = B'\mathrm{e}^{\mathrm{i}(\boldsymbol{k}_3'\cdot\boldsymbol{r}-\omega_3' t)} = B'\mathrm{e}^{\mathrm{i}(xk_3'\sin\beta' - zk_3'\cos\beta'-\omega_3' t)} \tag{5.3.15}$$

容易验证,只要 $k_1,\omega_1,k_1',\omega_1',k_3',\omega_3'$分别满足下面的所谓谐波一致性关系

$$k_1=\frac{\omega_1}{C_1},\quad k_1'=\frac{\omega_1'}{C_1},\quad k_3'=\frac{\omega_3}{C_2} \tag{5.3.16}$$

则式(5.3.13)和式(5.3.14)所表达的位移将满足无旋波的波动方程(5.2.12),而式(5.3.15)所表达的位移将满足无散波的波动方程(5.2.10),因此其和位移必然满足位移的 Lame 运动方程(5.2.6)而是其解,其在 x,y,z 方向上的分量分别为

$$\begin{cases}u_x=u_1\sin\alpha-u_1'\sin\alpha'+u_3'\cos\beta'\\ u_y=0\\ u_z=u_1(-\cos\alpha)-u_1'\cos\alpha'-u_3'\sin\beta'\end{cases} \tag{5.3.17}$$

为使式(5.3.17)所表示的位移满足自由面边界条件(5.3.1),将式(5.3.13)～式(5.3.15)代入式(5.3.17),然后再代入边界条件(5.3.1),可知其第二式自然满足,而其第一式和第三式则分别给出

$$\begin{cases}[\sin\alpha A(-\mathrm{i}k_1\cos\alpha)+(-\cos\alpha)A(\mathrm{i}k_1\sin\alpha)]\mathrm{e}^{\mathrm{i}(xk_1\sin\alpha-\omega_1t)}\\ \quad+[-\sin\alpha'A'(\mathrm{i}k_1'\cos\alpha')-\cos\alpha'A'(\mathrm{i}k_1'\sin\alpha')]\mathrm{e}^{\mathrm{i}(xk_1'\sin\alpha'-\omega_1't)}\\ \quad+[(\cos\beta')B'(\mathrm{i}k_3'\cos\beta')-\sin\beta'B'(\mathrm{i}k_3'\sin\beta')]\mathrm{e}^{\mathrm{i}(xk_3'\sin\beta'-\omega_3't)}=0\\ [\lambda\sin\alpha A(\mathrm{i}k_1\sin\alpha)+(\lambda+2\mu)(-\cos\alpha)A(-\mathrm{i}k_1\cos\alpha)]\mathrm{e}^{\mathrm{i}(xk_1\sin\alpha-\omega_1t)}\\ \quad+[-\lambda\sin\alpha'A'(\mathrm{i}k_1'\sin\alpha')-(\lambda+2\mu)\cos\alpha'A'(\mathrm{i}k_1'\cos\alpha')]\mathrm{e}^{\mathrm{i}(xk_1'\sin\alpha'-\omega_1't)}\\ \quad+[-\lambda(-\cos\beta')B'(\mathrm{i}k_3'\sin\beta')-(\lambda+2\mu)\sin\beta'B'(\mathrm{i}k_3'\cos\beta')]\mathrm{e}^{\mathrm{i}(xk_3'\sin\beta'-\omega_3't)}=0\end{cases} \tag{5.3.18}$$

为了使得式(5.3.18)对一切 x 和 t 都成立,必须有

$$\omega_1=\omega_1'=\omega_3',\quad k_1\sin\alpha=k_1'\sin\alpha'=k_3'\sin\beta'\ (\equiv k) \tag{5.3.19}$$

将式(5.3.16)代入式(5.3.19)并消去 $\omega_1=\omega_1'=\omega_3'$,可得出以下重要关系:

$$\frac{c_1}{\sin\alpha}=\frac{c_1}{\sin\alpha'}=\frac{c_2}{\sin\beta'}\equiv c \tag{5.3.20}$$

式(5.3.20)是联系入射角、入射波波速和反射角、反射波波速的关系,称为 Snell 定律,它和光学中相应的 Snell 定律是一致的,可以说明当有在第二介质中的透射波时也是成立的.式(5.3.20)中的

$$\frac{c_1}{\sin\alpha}=\frac{c_1}{\sin\alpha'}=\frac{c_2}{\sin\beta'}\equiv c$$

称为各个波沿自由面的视速度(apparent wave speed),而式(5.3.19)中的

$$k_1\sin\alpha=k_1'\sin\alpha'=k_3'\sin\beta'\equiv k$$

称为各个波的视波数.Snell 定律可以表达为:所有汇集于自由面界面上的波,沿交界面的视速度

$$\frac{c_1}{\sin\alpha}=\frac{c_1}{\sin\alpha'}=\frac{c_2}{\sin\beta'}\equiv c$$

彼此相等.

对入射波而言,视速度是入射波波面的靠岸点(或各平行射线的靠岸点)在岸上的转移速度;对反射波而言,视速度是相继的反射波波面的离岸点(或各平行射线的离岸点)在岸上的转移速度,即视速度是相继的波阵面和岸(交界面)的交点沿岸线 x 轴的转移速度,如图

5.7 所示.

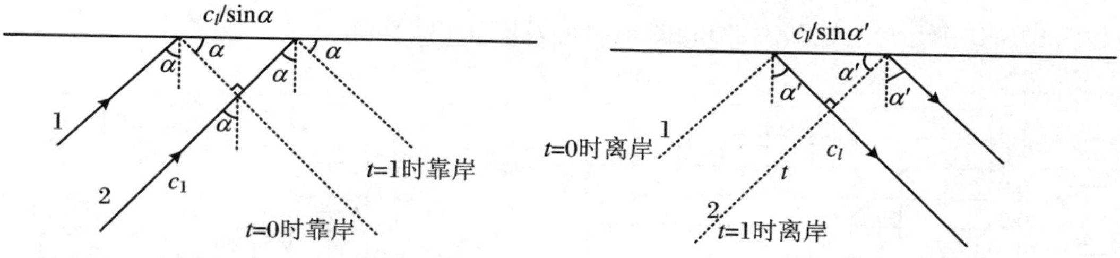

(a) 入射波沿自由面的视速度　　(b) 反射波沿自由面的视速度

图 5.7

利用式(5.3.19)和式(5.3.20)可将式(5.3.18)化为

$$\begin{cases} A[\sin\alpha\cos\alpha(-\mathrm{i}k_1)-\sin\alpha\cos\alpha\mathrm{i}k_1]-A'[\sin\alpha'\cos\alpha'\mathrm{i}k_1'+\sin\alpha'\cos\alpha'\mathrm{i}k_1'] \\ \quad -B'[-\cos\beta'\mathrm{i}k_3'+\sin^2\beta'\mathrm{i}k_3']=0 \\ A[\lambda\sin^2\alpha\mathrm{i}k_1+(\lambda+2\mu)\cos^2\alpha\mathrm{i}k_1]-A'[\lambda\sin^2\alpha'\mathrm{i}k_1'+(\lambda+2\mu)\cos^2\alpha'\mathrm{i}k_1'] \\ \quad -B'[-\sin\beta'\cos\beta'\lambda\mathrm{i}k_3'+(\lambda+2\mu)\sin\beta'\cos\beta'\mathrm{i}k_3']=0 \end{cases}$$

再利用式(5.3.16),并注意 $\omega_1=\omega_1'=\omega_3$,$\alpha'=\alpha$,参见式(5.3.20),则此二式成为

$$\begin{cases} -\dfrac{A}{c_1}\sin2\alpha-\dfrac{A'}{c_1}\sin2\alpha+\dfrac{B'}{c_2}\cos2\beta'=0 \\ \dfrac{A}{c_1}(\lambda+2\mu\cos^2\alpha)-\dfrac{A'}{c_1}(\lambda+2\mu\cos^2\alpha)-B'(\mu\sin2\beta')=0 \end{cases}$$

注意

$$\frac{\lambda+2\mu}{\mu}=\frac{c_1^2}{c_2^2},\quad \frac{\lambda}{\mu}=\frac{c_1^2}{c_2^2}-2,\quad c_2\sin\alpha=c_1\sin\beta'$$

则上二式可化为

$$\begin{cases} 2\dfrac{A'}{A}\sin\beta'\cos\alpha-\dfrac{B'}{A}\cos2\beta'=-2\sin\beta'\cos\alpha \\ -\dfrac{A'}{A}c_1^2\cos2\beta'-\dfrac{B'}{A}c_2^2 2\sin\alpha\cos\beta'=-c_1^2\cos2\beta' \end{cases} \tag{5.3.21}$$

由此可解得

$$\begin{cases} \dfrac{A'}{A}=\dfrac{-\sin2\alpha\sin2\beta'+\chi^2\cos^2 2\beta'}{\sin2\alpha\sin2\beta'+\chi^2\cos^2 2\beta'} \\ \dfrac{B'}{A}=\dfrac{2\chi\sin2\alpha\cos2\beta'}{\sin2\alpha\sin2\beta'+\chi^2\cos^2 2\beta'} \end{cases} \tag{5.3.22}$$

其中

$$\chi=\frac{C_1}{C_2}=\sqrt{\frac{\lambda+2\mu}{\mu}}=\sqrt{\frac{2(1-\nu)}{1-2\nu}} \tag{5.3.23}$$

式(5.3.22)给出了P波的反射系数$\dfrac{A'}{A}$和SV波的反射系数$\dfrac{B'}{A}$与入射角α的关系,其中还包含有材料的泊松比ν,故一般情况下它们都是α和ν的函数.对$\nu=\dfrac{1}{3}$的特殊情况,$\dfrac{A'}{A}$和

$\dfrac{B'}{A}$与入射角 α 的关系曲线如图 5.8(a)所示；不同泊松比 ν 值之下，$\dfrac{A'}{A}$与入射角 α 的关系曲线如图 5.8(b)所示. 由式(5.3.22)和图 5.8(a)及图 5.8(b)可见：

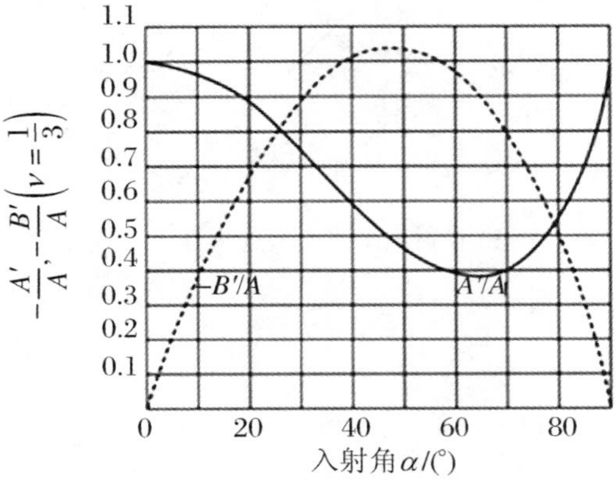

(a) $\dfrac{A'}{A}$与$\dfrac{B'}{A}$入射角α的关系

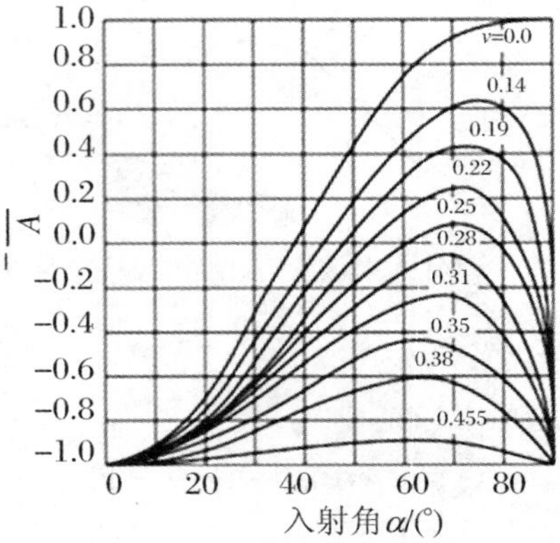

(b) 不同ν值之下$\dfrac{A'}{A}$与入射角α的关系

图 5.8

(1) 当 $\alpha=0$，即 P 波垂直入射时，有$\dfrac{B'}{A}=0$，只反射 P 波.

(2) 当 $\alpha\to\dfrac{\pi}{2}$，即 P 波擦射入射至自由面时，有$\dfrac{B'}{A}=0$，$\dfrac{A'}{A}=1$，说明此时不但没有反射 SV 波，而且反射 P 波和入射 P 波合成了零运动的平凡情况. 这说明，此时在自由面附近实际上是不存在均匀的平面谐波解的.

(3) 由图 5.8(a)可见，在 $\nu=\dfrac{1}{3}$这种特殊情况之下，$\dfrac{B'}{A}$在$\alpha=48^\circ$时达到极大值；而$\dfrac{A'}{A}$在 $\alpha=65^\circ$时达到极小值.

(4) 不同泊松比 ν 值之下，$\dfrac{A'}{A}$与入射角 α 的关系曲线如图 5.8(b)所示，由图可见，当 $\nu>0.26$时，总有$\dfrac{A'}{A}>0$，而当 $\nu<0.26$ 时，可有$\dfrac{A'}{A}>0$ 和$\dfrac{A'}{A}<0$ 的区段，在某两个入射角 α_1 和 α_2 之处，则有$\dfrac{A'}{A}=0$，说明此时虽然入射的是 P 波但其反射波却只有 SV 波，我们把此种角度称为波型转换角，它也依赖于泊松比 ν. 对 $\nu=0.25$ 的特殊情况有 $\alpha_1=60^\circ$，$\alpha_2=77.2^\circ$.

5. 入射 SV 波在自由面上的反射

与入射 P 波在自由面上的反射问题相类似，此时也将同时会反射 P 波和 SV 波. 如图 5.9所示，记 β 为入射 SV 波的入射角，β'和 α'分别为反射 SV 波的反射角和反射 P 波的反射角，以 u_3，u_3'，u_1'分别表示入射 SV 波、反射 SV 波、反射 P 波的位移矢量，方向如图 5.9 所示，以 $k_3\boldsymbol{n}_3$，$k_3'\boldsymbol{n}_3'$，$k_1'\boldsymbol{n}_1'$分别表示入射 SV 波、反射 SV 波、反射 P 波的波矢，以 ω_3，ω_3'，ω_1'分别表示入射 SV 波、反射 SV 波、反射 P 波的圆频率，以 B，B'，A'分别表示入射 SV 波、反射 SV 波、反射 P 波位移的振幅，则问题类似可解. 可以证明，必有 $\omega_3'=\omega_1'=\omega_3$；而且 Snell 定

律也仍然成立，即

$$\frac{c_2}{\sin\beta} = \frac{c_1}{\sin\alpha'} = \frac{c_2}{\sin\beta'} \quad (5.3.24)$$

同时，可以求得反射 SV 波和反射 P 波的反射系数分别为

$$\begin{cases} \dfrac{B'}{B} = \dfrac{\sin 2\beta \sin 2\alpha' - \chi^2 \cos 2\beta}{\sin 2\beta \sin 2\alpha' + \chi^2 \cos^2 2\beta} \\ \dfrac{A'}{B} = \dfrac{2\chi \sin 2\beta \cos 2\beta}{\sin 2\beta \sin 2\alpha' + \chi^2 \cos^2 2\beta} \end{cases} \quad (5.3.25)$$

读者可作为练习求解之.可以看到，反射系数 $\dfrac{B'}{B}$ 和 $\dfrac{A'}{B}$ 也都是入射角 β 和泊松比 ν 的函数.

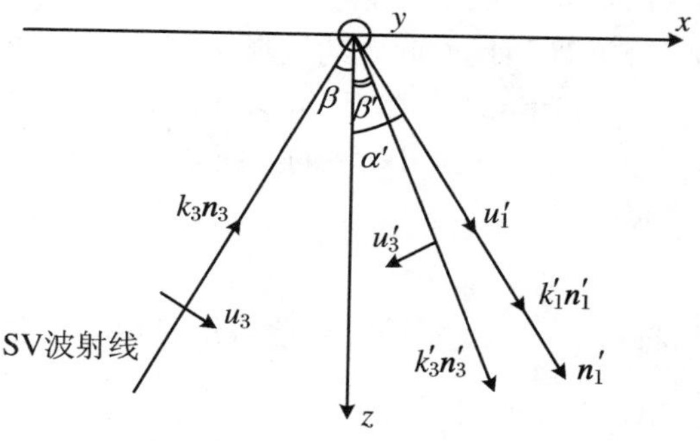

图 5.9　SV 波在自由面上反射

类似地，我们也可以求解 SH 波、P 波、SV 波在刚壁上的斜反射问题，以及它们在两种弹性介质交界面上的透反射问题，读者也可以作为练习求解之.

图 5.10(a)给出了不同泊松比 ν 下 SV 波的反射系数 $\dfrac{B'}{B}$ 与入射角 β 之间的关系曲线.分析前面的式(5.3.25)以及图 5.10(a)中的曲线，我们也可以得出如下一些结论：

(1) 当 $\beta=0^\circ$ 和 $\beta=45^\circ$ 时，我们都有 $\dfrac{A'}{B}=0$，说明此时只反射 SV 波.

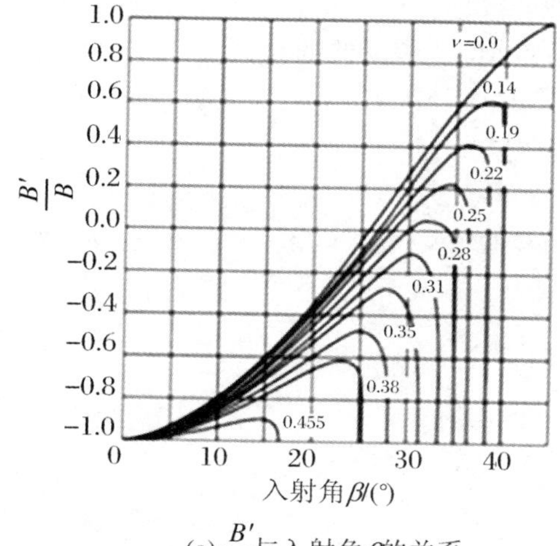

(a) $\dfrac{B'}{B}$ 与入射角 β 的关系

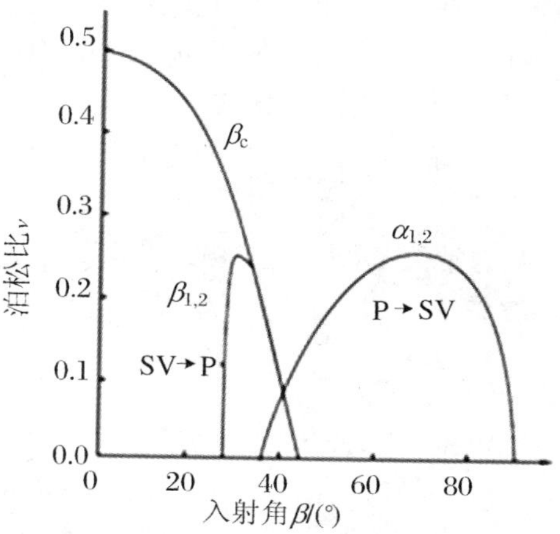

(b) $\alpha_1,\alpha_2,\beta_1,\beta_2,\beta_c$ 与 ν 值的关系

图 5.10

(2) 与 P 波斜反射问题的图 5.8(a)相类似，由图 5.10(a)可见，当 $\nu>0.26$ 时，我们总有 $\dfrac{B'}{B}<0$，但当 $\nu<0.26$ 时，可有 $\dfrac{B'}{B}<0$ 和 $\dfrac{B'}{B}>0$ 的区间，而对每一个 $\nu<0.26$ 值都有两个入射角 β_1 和 β_2，使得 $\dfrac{B'}{B}=0$，说明此时入射的是 SV 波，但却只反射 P 波，这两个入射角度就是入

射 SV 波时只反射 P 波的波形转换角.图 5.10(b)给出了 P 波斜反射问题的波形转换角 α_1，α_2 和 SV 波斜反射问题的波形转换角 β_1，β_2 与泊松比 $\nu(<0.26)$的关系曲线.

(3) 由 Snell 定律(5.3.24)可见，当 SV 波斜入射至自由面上时，总有 $\beta'=\beta$，即反射 SV 波的反射角与入射 SV 波的入射角相等.但由于 $c_1>c_2$，所以我们总有 $\alpha'>\beta$，而当

$$\beta = \beta_c \equiv \sin^{-1}\left(\frac{c_2}{c_1}\right) = \sin^{-1}\left(\frac{1}{\chi}\right) \tag{5.3.26}$$

时，将有 $\alpha'=\frac{\pi}{2}$，即反射 P 波将沿自由表面擦射，当 $\beta>\beta_c$ 时，将不存在满足 Snell 定律(式(5.3.24))的实角度 α'，即不再会有正常的均匀反射 P 波，这称为全反射现象.可以说明，此时在自由面附近出现的将是非均匀的表面波，关于表面波的问题可参见下面的 5.4 节.

5.4 Rayleigh 表面波

如 5.3 节所述，当 SV 波入射角 $\beta>\beta_c$(临界角)时，将不再存在满足 Snell 定律的反射 P 波的实角度，即不存在作为均匀波的反射 P 波，物理上，此时将出现非正常反射，反射 P 波将转化为非均匀的波，即表面波.有人曾从极限观点研究过这种解，但是为了比较简洁清晰地说明表面波的存在和特征，我们将不从自由面上波的反射角度来论述表面波的问题，而是从寻求可以满足自由面边条件的波动方程特解的角度来论述表面波的存在.

均匀平面波谐波的位移表达式为 $\boldsymbol{u}=\boldsymbol{A}e^{i(k\boldsymbol{n}\cdot\boldsymbol{r}-\omega t)}$，其中 $\boldsymbol{k}=k\boldsymbol{n}$ 为波矢，$\boldsymbol{A}$ 为常振幅矢量.一种最简单的非均匀平面谐波的位移可以表达为

$$\boldsymbol{u} = \boldsymbol{A}e^{-az}e^{i(kx-\omega t)} \tag{5.4.1}$$

其中 $\boldsymbol{A}$ 为常矢量，$a>0$ 时，式(5.4.1)表示其振幅矢量为 $\boldsymbol{A}(z)=\boldsymbol{A}e^{-az}$ 而在 Z 方向指数衰减，而波矢 $\boldsymbol{k}=k\boldsymbol{i}$ 沿 X 轴方向，其波速为

$$C = \frac{\omega}{k} \tag{5.4.2}$$

直接将式(5.4.1)代入波动方程

$$\frac{\partial^2 \boldsymbol{u}}{\partial t^2} = C^2 \nabla^2 \boldsymbol{u} \tag{5.4.3}$$

可得

$$(k^2 - a^2)C^2 = \omega^2 \tag{5.4.4}$$

这说明，只要 k,a,ω 之间满足式(5.4.4)，则非均匀谐波(5.4.1)便是波动方程(5.4.3)的一个特解.当式(5.4.4)中的 $C=C_1$ 时，式(5.4.1)代表非均匀的无旋波即纵波；而当式(5.4.4)中的 $C=C_2$ 时，式(5.4.1)代表非均匀的无散等容波即横波.但由于 $z\to-\infty$ 时，位移振幅趋于无穷大，物理上无意义，故式(5.4.1)不可能代表无限介质中的非均匀波，但它可代表一个以 $z=0$ 为表面的半空间 $z>0$ 中的非均匀波，其位移主要集中在表面 $z=0$ 附近，而当 $z\to+\infty$ 时，位移急剧衰减并趋于 0.但是可以证明(参见下面叙述)，无论是单独的非均

匀无旋波，还是单独的非均匀无散等容波，都将无法满足 $z=0$ 的自由面边界条件，除非解是平凡的零位移解. 因此，我们将研究一种非均匀无旋波和非均匀无散波相互叠加形式的表面波，看其是否可以满足自由面边界条件而在物理上合理存在. 为简单起见将假设 $u_y=0$（$u_y\neq 0$ 时论证是类似的，结果也成立）. 设 $\boldsymbol{u}_1$ 是非均匀的无旋波，$\boldsymbol{u}_2$ 为非均匀无散波，而 $\boldsymbol{u}=\boldsymbol{u}_1+\boldsymbol{u}_2$，即

$$\boldsymbol{u}=\boldsymbol{u}_1+\boldsymbol{u}_2,\quad \mathrm{rot}\boldsymbol{u}_1=0,\quad \mathrm{div}\boldsymbol{u}_2=0 \tag{5.4.5}$$

$$\begin{cases} u_{1x}=U_1\mathrm{e}^{-a_1z}\mathrm{e}^{\mathrm{i}(k_1x-\omega_1t)}\\ u_{1y}=0\\ u_{1z}=W_1\mathrm{e}^{-a_1z}\mathrm{e}^{\mathrm{i}(k_1x-\omega_1t)}\end{cases} \tag{5.4.6-a}$$

$$\begin{cases} u_{2x}=U_2\mathrm{e}^{-a_2z}\mathrm{e}^{\mathrm{i}(k_2x-\omega_2t)}\\ u_{2y}=0\\ u_{2z}=W_2\mathrm{e}^{-a_2z}\mathrm{e}^{\mathrm{i}(k_2x-\omega_2t)}\end{cases} \tag{5.4.6-b}$$

为使式(5.4.6-a)和式(5.4.6-b)分别满足无旋波波动方程和无散波波动方程，将之分别代入相应的波动方程知，必须有如下的振幅 a、圆频率 ω、波速 k 和波速 C 之间的关系：

$$a_1^2=k_1^2-\frac{\omega_1^2}{C_1^2} \tag{5.4.7-a}$$

$$a_2^2=k_2^2-\frac{\omega_2^2}{C_2^2} \tag{5.4.7-b}$$

而无旋条件即式(5.4.5)的第二式和无散条件即式(5.4.5)的第三式分别为

$$\begin{cases}\dfrac{\partial u_{1y}}{\partial z}-\dfrac{\partial u_{1z}}{\partial y}\equiv 0\\[2mm] \dfrac{\partial u_{1z}}{\partial x}-\dfrac{\partial u_{1x}}{\partial z}=0,\qquad \dfrac{\partial u_{2x}}{\partial x}+\dfrac{\partial u_{2y}}{\partial y}+\dfrac{\partial u_{2z}}{\partial z}=0\\[2mm] \dfrac{\partial u_{1x}}{\partial y}-\dfrac{\partial u_{1y}}{\partial x}\equiv 0\end{cases}$$

即

$$\mathrm{i}W_1k_1+a_1U_1=0\quad（\boldsymbol{u}_1\text{ 无旋}） \tag{5.4.8-a}$$

$$\mathrm{i}k_2U_2-a_2W_2=0\quad（\boldsymbol{u}_2\text{ 无散}） \tag{5.4.8-b}$$

为使 $\boldsymbol{u}=\boldsymbol{u}_1+\boldsymbol{u}_2$ 满足自由面边界条件，即

$$\begin{cases}\sigma_{zx}\big|_{z=0}=\mu\left(\dfrac{\partial u_x}{\partial z}+\dfrac{\partial u_z}{\partial x}\right)\bigg|_{z=0}=0\\[2mm] \sigma_{zy}\big|_{z=0}=\mu\left(\dfrac{\partial u_z}{\partial y}+\dfrac{\partial u_y}{\partial z}\right)\bigg|_{z=0}=0\\[2mm] \sigma_{zz}\big|_{z=0}=\lambda\left(\dfrac{\partial u_x}{\partial x}+\dfrac{\partial u_y}{\partial y}+\dfrac{\partial u_z}{\partial z}\right)\bigg|_{z=0}+2\mu\dfrac{\partial u_z}{\partial z}\bigg|_{z=0}=0\end{cases} \tag{5.4.9}$$

将分位移(5.4.6)代入和位移(5.4.5)，再将之代入边条件(5.4.9)中，可得

$$\begin{cases}(-a_1U_1+\mathrm{i}k_1W_1)\mathrm{e}^{\mathrm{i}(k_1x-\omega_1t)}+(-a_2U_2+\mathrm{i}k_2W_2)\mathrm{e}^{\mathrm{i}(k_2x-\omega_2t)}=0\\ [\mathrm{i}\lambda k_1U_1-(\lambda+2\mu)a_1W_1]\mathrm{e}^{\mathrm{i}(k_1x-\omega_1t)}+[\mathrm{i}\lambda k_2U_2-(\lambda+2\mu)a_2W_2]\mathrm{e}^{\mathrm{i}(k_2x-\omega_2t)}=0\end{cases} \tag{5.4.10}$$

为使式(5.4.10)对一切 x 和 t 皆成立,必须有

$$k_1 = k_2 \equiv k, \quad \omega_1 = \omega_2 \equiv \omega \tag{5.4.11}$$

即其表面波中的无旋位移和无散位移必须有共同的波数 k、圆频率 ω,因之必须有共同的波速 C_R:

$$C_R = \frac{\omega}{k} \tag{5.4.12}$$

于是,边界条件(5.4.10)化为

$$\begin{cases} -(a_1 U_1 + a_2 U_2) + \mathrm{i}k(W_1 + W_2) = 0 \\ \mathrm{i}\lambda k(U_1 + U_2) - (\lambda + 2\mu)(a_1 W_1 + a_2 W_2) = 0 \end{cases} \tag{5.4.13}$$

而无旋条件(5.4.8-a)和无散条件(5.4.8-b)分别化为

$$\mathrm{i}kW_1 + a_1 U_1 = 0\ (u_1\ \text{无旋}), \quad \mathrm{i}kU_2 - a_2 W_2 = 0\ (u_2\ \text{无散})$$

即

$$W_1 = \frac{\mathrm{i}a_1 U_1}{k}, \quad W_2 = \frac{\mathrm{i}kU_2}{a_2} \tag{5.4.14}$$

将式(5.4.14)代入式(5.4.13)并消去 W_1 和 W_2,可得 U_1 和 U_2 的线性齐次代数方程组如下:

$$\begin{cases} 2a_1 a_2 U_1 + (k^2 + a_2^2) U_2 = 0 \\ [(\lambda + 2\mu)(k^2 - a_1^2) - 2\mu k^2] U_1 - 2\mu k^2 U_2 = 0 \end{cases} \tag{5.4.15}$$

式(5.4.15)对 U_1,U_2有非零解的充要条件是

$$\Delta \equiv \begin{Vmatrix} 2a_1 a_2 & k^2 + a_2^2 \\ (\lambda + 2\mu)(k^2 - a_1^2) - 2\mu k^2 & -2\mu k^2 \end{Vmatrix} = 0 \tag{5.4.16}$$

利用式(5.4.7-a)和式(5.4.7-b),可有

$$\lambda + 2\mu = \rho C_1^2 = \frac{\rho\omega^2}{k^2 - a_1^2}, \quad \mu = \rho C_2^2 = \frac{\rho\omega^2}{k^2 - a_2^2} \tag{5.4.17}$$

于是,式(5.4.16)将给出

$$(k^2 - a_2^2)^2 - 4a_1 a_2 k^2 = 0 \tag{5.4.18}$$

引入表面波对纵波 C_1 和横波 C_2 的折算波数 k_l 和 k_t:

$$k_l \equiv \frac{\omega}{C_1}, \quad k_t \equiv \frac{\omega}{C_2} \tag{5.4.19}$$

则式(5.4.7-a)和式(5.4.7-b)可改写成

$$a_1^2 = k^2 - k_l^2 \tag{5.4.20-a}$$

$$a_2^2 = k^2 - k_t^2 \tag{5.4.20-b}$$

而式(5.4.18)可改写为

$$(2k^2 - k_t^2)^2 - 4k^2 \sqrt{k^2 - k_l^2}\sqrt{k^2 - k_t^2} = 0 \tag{5.4.21-a}$$

将

$$k^2 = \frac{\omega^2}{C_R^2}, \quad k_l^2 = \frac{\omega^2}{C_1^2}, \quad k_t^2 = \frac{\omega^2}{C_2^2}$$

代入式(5.4.21-a)并消去 ω,可得

$$\left(\frac{2}{C_R^2}-\frac{1}{C_2^2}\right)^2-\frac{4}{C_R^2}\sqrt{\frac{1}{C_R^2}-\frac{1}{C_1^2}}\sqrt{\frac{1}{C_R^2}-\frac{1}{C_2^2}}=0 \tag{5.4.21-b}$$

或

$$(2\gamma-1)^2-4\gamma\sqrt{\gamma-\frac{1}{\chi^2}}\sqrt{\gamma-1}=0 \tag{5.4.21-c}$$

其中

$$\gamma\equiv\frac{k^2}{k_t^2}=\frac{C_2^2}{C_R^2},\quad \chi=\frac{C_1}{C_2},\quad C_R=C_2\sqrt{\frac{1}{\gamma}} \tag{5.4.22}$$

式(5.4.21-a)、式(5.4.21-b)和式(5.4.21-c)统称为 Rayleigh 方程,它们都是关于求解 Rayleigh 表面波速 C_R 或 $\gamma=\dfrac{C_2^2}{C_R^2}$的方程,解之即可求得 C_R 或 $\gamma=\dfrac{C_2^2}{C_R^2}$,显然,它们的解是与如下的材料参数 χ 有关的:

$$\chi\equiv\frac{C_1}{C_2}=\sqrt{\frac{\lambda+2\mu}{\mu}}=\sqrt{\frac{2(1-\nu)}{1-2\nu}} \tag{5.4.23}$$

对于大多数的岩石,一般有 $\nu=0.25$,$\chi=\sqrt{3}$,式(5.4.21-c)化为

$$(2\gamma-1)^2-4\gamma\sqrt{\gamma-\frac{1}{3}}\sqrt{\gamma-1}=0$$

即

$$32\gamma^3-56\gamma^2+24\gamma-3=0$$

其根为

$$\gamma_1=\frac{1}{4},\quad \gamma_2=\frac{3-\sqrt{3}}{4},\quad \gamma_3=\frac{3+\sqrt{3}}{4}$$

由于

$$a_1^2=k^2-k_l^2=k_t^2\left(\gamma-\frac{1}{\chi^2}\right)=k_t^2\left(\gamma-\frac{1}{3}\right),\quad a_2^2=k^2-k_t^2=k_t^2(\gamma-1)$$

故

$$\gamma_1=\frac{1}{4},\quad \gamma_2=\frac{3-\sqrt{3}}{4}$$

将使得 a_1 和 a_2 为虚数,这不是我们要求的表面波解;而

$$\gamma_3=\frac{3+\sqrt{3}}{4}\approx1.836$$

即是我们要求的表面波解.此时,由式(5.4.22)可得表面波波速为

$$C_R=\sqrt{\frac{1}{\gamma}}C_2\approx0.919\,4C_2 \tag{5.4.24}$$

最后可利用式(5.4.14)和式(5.4.15)将 U_1,U_2,W_2用一个系数 W_1表示出,即为

$$\begin{cases}U_1=-\dfrac{\mathrm{i}k}{a_1}W_1,\quad U_2=\dfrac{2\mathrm{i}a_2kW_1}{k^2+a_2^2}\\ W_2=\dfrac{-2k^2W_1}{k^2+a_2^2}\end{cases} \tag{5.4.25}$$

于是,表面波的位移为

$$\begin{cases} u_x = -\dfrac{\mathrm{i}k}{a_1}W_1\left(\mathrm{e}^{-a_1 z} - \dfrac{2a_1 a_2}{k^2 + a_2^2}\mathrm{e}^{-a_2 z}\right)\mathrm{e}^{\mathrm{i}(kx-\omega t)} \\ u_y = 0 \\ u_z = W_1\left(\mathrm{e}^{-a_1 z} - \dfrac{2k^2}{k^2 + a_2^2}\mathrm{e}^{-a_2 z}\right)\mathrm{e}^{\mathrm{i}(kx-\omega t)} \end{cases} \tag{5.4.26}$$

由以上的分析和求解结果我们可以得出如下一些结论:

(1) 由式(5.4.26)或式(5.4.15)可见:如果 $U_1 = W_1 = 0$,则必有 $U_2 = W_2 = 0$;反之,如果 $U_2 = W_2 = 0$,则必有 $U_1 = W_1 = 0$.这说明,并不存在非平凡的即非零运动的单独的非均匀无旋表面波或无散表面波,即 Rayleigh 表面波一定是无旋波和无散波相互耦合的同频、同速、同波数的表面波.

(2) 对一般的岩石而言,通常有 $C_R < C_t$;具体对 $\nu = 0.25, \chi = \sqrt{3}$的岩石,有 $C_R \approx 0.919\,4C_2$.

(3) 由 Rayleigh 方程(5.4.21-a)出发,将 $k = \dfrac{\omega}{C_R}$ 代入,即得方程(5.4.21-b),可见 Rayleigh 表面波速 C_R 是与波的圆频率 ω 无关的,因此,Rayleigh 表面波是无弥散或称无频散的非均匀波.

(4) 由式(5.4.26)可见,x 方向的位移 u_x 和 z 方向的位移 u_z 的相位相差$\dfrac{\pi}{2}$,如取其实部可将之写为

$$\begin{cases} u_x = A(z)\sin(kx - \omega t) \\ u_z = B(z)\cos(kx - \omega t) \end{cases} \tag{5.4.27}$$

其中 $A(z)$和$B(z)$分别是式(5.4.26)实部位移中 $\sin(kx - \omega t)$和 $\cos(kx - \omega t)$的系数.这在物理上相当于相位相差$\dfrac{\pi}{2}$的两个垂直方向同频振动的叠加,故其质点的运动轨迹必为一个椭圆.事实上,设(x,y,z)为质点的 E 氏坐标,而(X,Y,Z)为其 L 氏坐标,则因

$$x = X + u_x, \quad z = Z + u_z$$

故由式(5.4.27)易得

$$\frac{(x - X)^2}{A^2(Z)} + \frac{(z - Z)^2}{B^2(Z)} = 1 \tag{5.4.28}$$

由式(5.4.28)可见,Rayleigh 表面波的扰动将使得介质质点产生其以原平衡位置(X,Y,Z)为中心而半轴为$A(Z)$和 $B(Z)$的椭圆运动,其两个半轴的大小与质点位置的深度 z 有关.

(5) 由于质点位移在深度方向呈指数衰减,故 Rayleigh 表面波引起的主要能量集中于自由表面附近,故当波沿自由表面的 x 方向传播时,其能量为二维发散,而无限介质中的均匀无旋波和无散波在空间传播时其能量为三维发散,故表面波在表面内某方向传播时的能量衰减会比无限介质中无旋波和无散波的能量衰减更慢些,因此,相比而言表面波在远处的破坏作用会更大些.

(6) 由式(5.4.20-a)和式(5.4.20-b)可见,Rayleigh 表面波所引起的物质质点在 x 和 z 方向的位移振幅的指数衰减因子 a_1和 a_2是与谐波的圆频率 ω 成正比的.因此,如果表面波

由一系列不同圆频率 ω 的谐波所组成，则其高频谐波将会衰减得更快而其低频谐波将会衰减得较慢，故在波传播的较远处自由表面附近将较少受到高频谐波的影响，这一效应称为趋肤效应.

5.5　波的弥散和耗散

在 5.1～5.3 节中我们重点讲解了各向同性线弹性材料中波的传播特性，并以均匀平面谐波为例给出了若干简单问题的解答. 在 5.4 节中以 Rayleigh 表面波为例，说明了非均匀耦合平面谐波的存在. 以上所讲的平面谐波有两个共同的特点：① 不管是均匀平面谐波还是非均匀平面谐波，其谐波的传播速度 C_1, C_2, C_R 都是由材料本身的性质或者说材料参数所完全确定的，其中

$$C_1 = \sqrt{\frac{\lambda + 2\mu}{\rho_0}}, \quad C_2 = \sqrt{\frac{\mu}{\rho_0}}, \quad C_R = \sqrt{\frac{1}{\gamma} C_2}$$

而 γ 是方程(5.4.21-c)的解. 这些波速都是与谐波的圆频率 ω 无关的. ② 这些谐波在传播过程中其传播方向上的强度是保持不变的. 这是各向同性线弹性材料中平面波传播的共同特点. 下面我们将讲解一类具有黏性耗散效应的材料，谐波在其中传播时，其波速 C 是与谐波的圆频率 ω 有关的，这一现象称为波的弥散(dispersion)或频散；同时谐波在传播过程中其强度在传播方向上是逐渐衰减的，这一现象称为波的耗散(dissipation). 由于存在波的弥散现象，由各种不同频率谐波所组成的波在传播过程中将会不断改变其波形，由于存在波的耗散现象，波在传播过程中其强度将不断减弱，表明材料中存在着对能量的吸收，故波的耗散又叫作波的吸收(absorption). 下面我们将以线性黏弹性的 Maxwell 材料杆中波的传播为例来说明波的弥散和耗散现象.

1. 线性黏弹性的 Maxwell 材料中的波传播

线性黏弹性的 Maxwell 材料是由一个弹性模量为 E 的弹簧元件和一个黏性系数为 η 的黏壶元件串联而组成的，如图 5.11 所示，整个元件的应变 ε 为弹簧所承受的应变 $\varepsilon^e = \dfrac{\sigma}{E}$ 和黏壶所承受的应变 ε^η 之和，其黏性应变率 $\dot{\varepsilon}^\eta = \dfrac{\sigma}{\eta}$($\eta$ 称为 Maxwell 材料的黏性系数)，而两个元件的应力和整个元件的应力 σ 是相同的. 因此，在不考虑体积力影响的情况下，其杆中一维平面波的基本方程组为

$$\begin{cases} \dfrac{\partial v}{\partial t} - \dfrac{1}{\rho_0}\dfrac{\partial \sigma}{\partial x} = 0 \\ \dfrac{\partial \varepsilon}{\partial t} - \dfrac{\partial v}{\partial x} = 0 \\ \dfrac{\partial \varepsilon}{\partial t} - \dfrac{1}{E}\dfrac{\partial \sigma}{\partial t} - \dfrac{\sigma}{\eta} = 0 \end{cases} \tag{5.5.1}$$

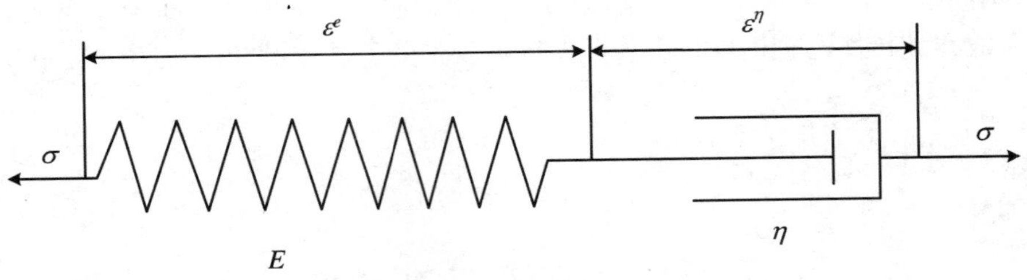

图 5.11　Maxwell 模型

将方程组(5.5.1)的第二个方程代入其第三个方程中消去工程应变 ε,并引入弹性模量为 E、质量密度为 ρ_0 的杆中弹性波速 C_0:

$$C_0 = \sqrt{\frac{E}{\rho_0}} \tag{5.5.2}$$

我们可将方程组(5.5.1)化为质点速度 v 和应力 σ 的如下一阶拟线性偏微分方程组:

$$\begin{cases} \dfrac{\partial v}{\partial t} - \dfrac{1}{\rho_0}\dfrac{\partial \sigma}{\partial x} = 0 \\ \dfrac{\partial \sigma}{\partial t} - \rho_0 C_0^2 \dfrac{\partial v}{\partial x} = -\dfrac{\sigma}{\tau} \end{cases} \tag{5.5.3}$$

其中

$$\tau = \frac{\eta}{E} \tag{5.5.4}$$

称为 Maxwell 材料的松弛时间(relaxation time),其物理意义可参见文献[14]的 8.3 节.读者可以作为练习通过特征线法求出一阶拟线性偏微分方程组(5.1.3)的特征波速、特征线和特征关系;而在这里我们将省去这一工作而来寻求其谐波解.我们试图寻求方程组(5.5.3)的如下形式的平面谐波解:

$$\begin{cases} v = V\mathrm{e}^{\mathrm{i}(k_1 x - \omega t)} \\ \sigma = S\mathrm{e}^{\mathrm{i}(k_1 x - \omega t)} \end{cases} \tag{5.5.5}$$

将尝试解(5.5.5)代入方程组(5.5.3),可得

$$\begin{cases} V\mathrm{e}^{\mathrm{i}(k_1 x - \omega t)}(-\mathrm{i}\omega) - \dfrac{S}{\rho_0}\mathrm{e}^{\mathrm{i}(k_1 x - \omega t)}(\mathrm{i}k_1) = 0 \\ -\rho_0 C_0^2 V\mathrm{e}^{\mathrm{i}(k_1 x - \omega t)}(\mathrm{i}k_1) + S\mathrm{e}^{\mathrm{i}(k_1 x - \omega t)}(-\mathrm{i}\omega) + \dfrac{1}{\tau}S\mathrm{e}^{\mathrm{i}(k_1 x - \omega t)} = 0 \end{cases} \tag{5.5.6}$$

要使得方程组(5.5.6)对一切 x 和 t 都成立,必须有

$$\begin{cases} V\omega + \dfrac{S}{\rho_0}k_1 = 0 \\ \rho_0 C_0^2 V k_1 + S\left(\omega + \dfrac{\mathrm{i}}{\tau}\right) = 0 \end{cases} \tag{5.5.7}$$

方程组(5.5.7)是 V 和 S 的线性齐次代数方程组,要使其有非零解,必须使其系数矩阵的行列式等于零,即

$$\begin{Vmatrix} \omega & \dfrac{k_1}{\rho_0} \\ \rho_0 C_0^2 k_1 & \omega + \dfrac{\mathrm{i}}{\tau} \end{Vmatrix} = \omega^2 + \frac{\mathrm{i}}{\tau}\omega - C_0^2 k_1^2 = 0$$

或

$$C_0^2 k_1^2 = \omega^2 + \frac{\mathrm{i}}{\tau}\omega \tag{5.5.8}$$

式(5.5.8)是尝试解(5.5.5)满足基本方程组(5.5.3)的充要条件.我们本来期望对每一个实的圆频率 ω 都有一个相应的实波数 k_1,而由式(5.5.8)可见,对每一个实的圆频率 ω 只有复数的波数 k_1 才能使之满足.设其为

$$k_1 = k + \mathrm{i}a \tag{5.5.9}$$

其中 k 和 a 为实数.将式(5.5.9)代入式(5.5.8),并令其两边的实部与虚部分别相等,可得

$$\begin{cases} C_0^2(k^2 - a^2) = \omega^2 \\ 4a^2 k^2 C_0^4 = \dfrac{\omega^2}{\tau^2} \end{cases} \tag{5.5.10}$$

对每一个给定的实圆频率 ω,方程组(5.5.10)是关于 k 和 a 的代数方程组,容易求出其解为

$$\begin{cases} k^2 = \dfrac{\omega^2}{2C_0^2}\left(\sqrt{\dfrac{1}{\omega^2\tau^2} + 1} + 1\right) \\ a^2 = \dfrac{\omega^2}{2C_0^2}\left(\sqrt{\dfrac{1}{\omega^2\tau^2} + 1} - 1\right) \end{cases} \tag{5.5.11}$$

由此可得,与圆频率 ω 相对应的相波速 $C(\omega)$ 满足

$$C^2(\omega) = \frac{\omega^2}{k^2} = \frac{2C_0^2}{1 + \sqrt{1 + \dfrac{1}{\omega^2\tau^2}}} \tag{5.5.12}$$

将式(5.5.9)代入式(5.5.7),可得我们寻求的谐波解为

$$\begin{cases} v = V\mathrm{e}^{-ax}\mathrm{e}^{\mathrm{i}(kx-\omega t)} \\ \sigma = S\mathrm{e}^{-ax}\mathrm{e}^{\mathrm{i}(kx-\omega t)} \end{cases} \tag{5.5.13}$$

可见,对于 $a>0$,式(5.5.13)表示在传播过程中以指数形式衰减的谐波,$a(>0)$可称为波的指数衰减因子,a 越大波衰减越快.而将式(5.5.9)代入式(5.5.7)的任何一式,并取其实部,可得

$$S = -\rho_0 CV \tag{5.5.14}$$

该式其实就是右行波波阵面上的动量守恒条件.

分析以上的求解过程和所得的解,我们可以得出如下一些结论:

(1) 式(5.5.11)所给出的值 $a>0$,表明波的振幅在传播过程中是以指数因子 e^{-ax} 而衰减的,这就揭示了 Maxwell 材料中存在波的耗散效应或吸收效应.指数衰减因子 a 除了与谐波的圆频率有关外,主要是由材料的性能参数(C_0,τ)或(E,ρ_0,η)所决定的.

(2) 由式(5.5.11)、式(5.5.12)可见,谐波的波数 k、衰减因子 a、波速 C 都是其圆频率 ω 的函数,因此当材料中的波由一系列不同圆频率的谐波叠加而成时,其波形将会在传播过程中不断地发生改变,这一现象称为波的弥散或频散.这里的弥散现象与杆中因横向惯性效

应所引起的几何弥散的背景不同,它是由材料的本构特性特别是由材料中的黏性效应所引起的,因之可称为物理弥散或本构弥散.

(3) 由前面的数学求解过程可见,数学上的复波数 k_1 意味着材料中存在着波的弥散和波的衰减,二者分别由 k_1 的实部即实波数 k 和其虚部 a 所表征.因此,我们也可以直接从具有衰减因子的谐波解(5.5.13)出发而寻求原方程组(5.5.3)的解,并得到相应的式(5.5.11)和式(5.5.12),读者可作为练习尝试之.我们也可以将原方程组(5.5.1)或方程组(5.5.3)化为位移 u 的高阶偏微分方程,寻求其谐波解并得到相应的式(5.5.11)和式(5.5.12),读者也可以作为练习尝试之.

(4) 由式(5.5.12)可见,随着圆频率 ω 的增大,谐波的相速度 $C(\omega)$ 也将增大,这说明在 Maxwell 材料中高频谐波将传播得更快.而对特高频波 $\omega \gg \frac{1}{\tau}$,有 $\frac{1}{\omega^2\tau^2} \ll 1$,通过将式(5.5.11)和式(5.5.12)展开为 $\frac{1}{\omega^2\tau^2}$ 的 Taylor 级数并略去其高阶项,易得

$$a \approx \frac{1}{2C_0\tau} = \frac{\rho_0 C_0}{2\eta}, \quad C \approx C_0$$

2. 线性黏弹性的 Voigt 材料中的波传播

线性黏弹性的 Voigt 材料是由一个弹性模量为 E 的弹簧元件和一个黏性系数为 η 的黏壶元件并联而组成的,如图 5.12 所示.整个元件的应力 σ 为弹簧所承受的应力 $\sigma^e = \varepsilon E$ 和黏壶所承受的应力 $\sigma^\eta = \eta\dot{\varepsilon}$ 之和(η 称为 Voigt 材料的黏性系数),而两个元件的应变和整个元件的应变 ε 是相同的.因此,其在一维应力条件下的本构方程为

$$\sigma = E\varepsilon + \eta\frac{\partial \varepsilon}{\partial t} \tag{5.5.15}$$

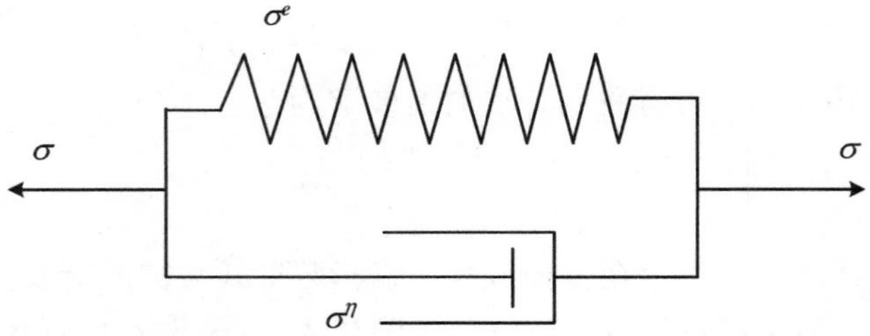

图 5.12 Voigt 体

而运动方程和连续方程与方程组(5.5.1)中的相应方程相同.通过与上述对 Maxwell 材料中平面谐波问题类似的分析,可以证明与式(5.5.11)和式(5.5.12)中相类似的如下结果(读者可作为练习求解之):

$$\begin{cases} k^2 = \dfrac{\omega^2}{2C_0^2(1+\omega^2\tau^2)}\left(1+\sqrt{1+\omega^2\tau^2}\right) \\ a^2 = \dfrac{\omega^2}{2C_0^2(1+\omega^2\tau^2)}\left(\sqrt{1+\omega^2\tau^2}-1\right) \end{cases} \tag{5.5.16}$$

$$C^2(\omega) = \frac{\omega^2}{k^2} = \frac{2C_0^2(1+\omega^2\tau^2)}{1+\sqrt{1+\omega^2\tau^2}} \tag{5.5.17}$$

在 Voigt 材料中，通常将参数

$$\tau = \frac{\eta}{E}$$

称为推迟时间，其物理意义可参见参考文献[14]的 8.3 节.

与 Maxwell 材料中的谐波传播特性一样，由式(5.5.16)和式(5.5.17)可以看到：对于正的 a 值，Voigt 材料中的平面谐波也存在波的衰减现象；同时，波数 $k(\omega)$、振幅衰减系数 $a(\omega)$以及波的相速度 $C(\omega)$都是谐波圆频率 ω 的函数，因此波在传播过程中也会发生波的弥散或频散现象. 特别说来，当 $\omega \leqslant \frac{1}{\tau}$，即 $\omega\tau \leqslant 1$ 时，对于极低频的谐波，通过将式(5.5.16)和式(5.5.17)展开为 $\omega\tau$ 的 Taylor 级数并忽略其高阶项，可有

$$C \approx C_0, \quad a \approx \frac{1}{2C_0}\omega^2\tau$$

即 Voigt 材料中的极低频谐波波速近似等于黏性元件不存在时的杆中弹性波速 C_0，而其谐波的衰减因子正比于 ω^2.

需要说明的是，由式(5.5.17)可见，当 $\omega \to \infty$ 时，有 $C \to \infty$，即谐波的波速也将趋于无穷. 因此，对高频谐波传播特性的描述，Voigt 模型是不太符合实际的，相应地，我们也将无法用特征线法求解 Voigt 材料中波的传播问题.

3. 标准线性黏弹性材料中的波传播

由一个弹性模量为 E_1、黏性系数为 η_1 串联而成的 Maxwell 元件和一个弹性模量为 E_0 的弹簧元件并联而成的元件称为标准线性黏弹性材料，如图 5.13(a)所示；类似地，由一个弹性模量为 E_1'、黏性系数为 η_1'并联而成的 Voigt 元件和一个弹性模量为 E_0'的弹簧元件串联而成的元件也称为标准线性黏弹性材料，如图 5.13(b)所示. 可以证明，只要以上两种模型的材料参数间有如下关系：

$$\begin{cases} E_0' = E_0 + E_1 \equiv b_1 \\ \dfrac{E_0'E_1'}{\eta_1'} = \dfrac{E_0E_1}{\eta_1} \equiv b_0 \\ \dfrac{E_0' + E_1'}{\eta_1'} = \dfrac{E_1}{\eta_1} \equiv a_0 \end{cases} \tag{5.5.18}$$

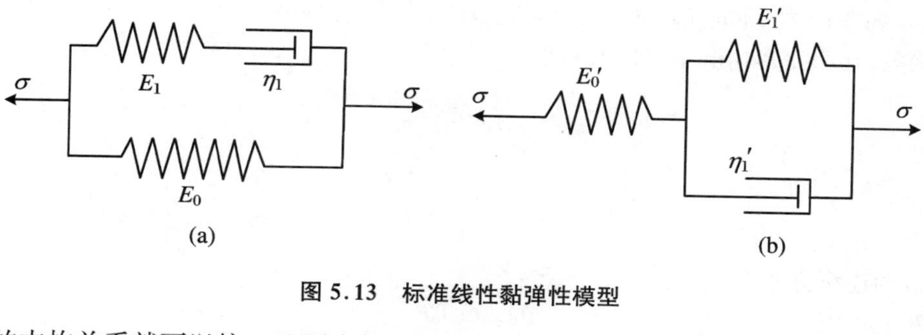

图 5.13　标准线性黏弹性模型

则它们的本构关系就可以统一地写为如下形式：

$$\dot{\sigma} + a_0\sigma = b_1\dot{\varepsilon} + b_0\varepsilon \tag{5.5.19}$$

其中 a_0，b_0 和 b_1 为新的材料参数.我们将由本构关系(5.5.19)所表达的材料统称为标准线性黏弹性材料(参见参考文献[14]的 8.3 节).

可以证明，对由式(5.5.19)所表达的标准线性黏弹性材料，其平面谐波的波数 k、指数衰减因子 a 和波的相速度 C 将由如下公式表达：

$$\begin{cases} k^2 = \dfrac{\rho_0\omega^2 a_0}{2b_0}\left(\sqrt{\dfrac{1+\left(\dfrac{b_0}{a_0 b_1}\right)^2\omega^2\dfrac{b_1}{b_0}}{1+\omega^2\dfrac{b_1}{b_0}}}+\dfrac{1+\dfrac{b_0}{a_0 b_1}\omega^2\dfrac{b_1}{b_0}}{1+\omega^2\dfrac{b_1}{b_0}}\right) \\ a^2 = \dfrac{\rho_0\omega^2 a_0}{2b_0}\left(\sqrt{\dfrac{1+\left(\dfrac{b_0}{a_0 b_1}\right)^2\omega^2\dfrac{b_1}{b_0}}{1+\omega^2\dfrac{b_1}{b_0}}}-\dfrac{1+\dfrac{b_0}{a_0 b_1}\omega^2\dfrac{b_1}{b_0}}{1+\omega^2\dfrac{b_1}{b_0}}\right) \end{cases} \tag{5.5.20}$$

对式(5.5.18)和式(5.5.20)中相关材料参数的物理意义，可以作出如下说明：以图 5.13(b)为例，

$$\frac{b_0}{a_0} = \frac{E_0' E_1'}{E_0' + E_1'} \equiv \bar{E} \equiv \rho_0\,\bar{C}^2$$

是弹簧 E_0' 和 E_1' 串联元件的弹性模量，而 $\bar{C}$ 是其中的弹性波速；$b_1 = E_0' \equiv \rho_0 C_0^2$ 是弹簧元件 E_0' 的弹性模量，而 C_0 是其中的弹性波速；$\dfrac{b_1}{b_0} = \dfrac{\eta_1'}{E_1'} \equiv \tau^2$ 是图 5.13(b)中 Voigt 元件的推迟时间.对应于图 5.13(a)也可对有关参数的意义作出相应解释.

5.6 球面波和球腔壁对称冲击的球腔膨胀问题

1. 基本方程组和特征线法求解

本节将重点研究弹性无限介质中的球面波传播问题.由于问题是球对称的，我们将采用球坐标(r,θ,φ).以 u，v，σ_r，$\sigma_\theta=\sigma_\varphi$，$\varepsilon_r$，$\varepsilon_\theta=\varepsilon_\varphi$，$\theta$ 分别表示球坐标中的径向位移、径向质点速度、径向正应力、环向正应力、径向应变、环向应变、体应变，则它们都是径向坐标 r 和时间 t 的函数.在小变形情况下，径向运动方程为

$$\rho_0\frac{\partial v}{\partial t} = \frac{\partial \sigma_r}{\partial r} + \frac{2(\sigma_r - \sigma_\theta)}{r} \tag{5.6.1}$$

由于

$$\varepsilon_r = \frac{\partial u}{\partial r},\quad \varepsilon_\theta = \frac{u}{r},\quad v = \frac{\partial u}{\partial t},\quad \theta = \varepsilon_r + 2\varepsilon_\theta = \frac{\partial u}{\partial r} + 2\frac{u}{r} \tag{5.6.2}$$

所以问题的连续方程为

$$\begin{cases} \dfrac{\partial \varepsilon_r}{\partial t} - \dfrac{\partial v}{\partial r} = 0 \\ \dfrac{\partial \varepsilon_\theta}{\partial t} - \dfrac{v}{r} = 0 \end{cases} \tag{5.6.3}$$

材料的线弹性各向同性本构关系为

$$\begin{cases}\sigma_r = 2\mu\varepsilon_r + \lambda\theta = (\lambda + 2\mu)\varepsilon_r + 2\lambda\varepsilon_\theta = 2\mu\dfrac{\partial u}{\partial r} + \lambda\left(\dfrac{\partial u}{\partial r} + \dfrac{2u}{r}\right) \\ \sigma_\theta = 2\mu\varepsilon_\theta + \lambda\theta = \lambda\varepsilon_r + 2(\lambda + \mu)\varepsilon_\theta = 2\mu\dfrac{u}{r} + \lambda\left(\dfrac{\partial u}{\partial r} + \dfrac{2u}{r}\right)\end{cases} \tag{5.6.4-a}$$

其中 λ,μ 为 Lame 系数. 由式(5.6.4-a)对时间 t 求导数,可得

$$\begin{cases}\dfrac{\partial\sigma_r}{\partial t} - 2\mu\dfrac{\partial v}{\partial r} - \lambda\left(\dfrac{\partial v}{\partial r} + \dfrac{2v}{r}\right) = 0 \\ \dfrac{\partial\sigma_\theta}{\partial t} - 2\mu\dfrac{v}{r} - \lambda\left(\dfrac{\partial v}{\partial r} + \dfrac{2v}{r}\right) = 0\end{cases} \tag{5.6.4-b}$$

式(5.6.1)、式(5.6.4-b)和式(5.6.3)就组成了球面弹性波问题的基本方程组:

$$\begin{cases}\dfrac{\partial v}{\partial t} - \dfrac{1}{\rho_0}\dfrac{\partial\sigma_r}{\partial r} - \dfrac{1}{\rho_0}\dfrac{2(\sigma_r - \sigma_\theta)}{r} = 0 \\ \dfrac{\partial\sigma_r}{\partial t} - 2\mu\dfrac{\partial v}{\partial r} - \lambda\left(\dfrac{\partial v}{\partial r} + \dfrac{2v}{r}\right) = 0 \\ \dfrac{\partial\sigma_\theta}{\partial t} - 2\mu\dfrac{v}{r} - \lambda\left(\dfrac{\partial v}{\partial r} + \dfrac{2v}{r}\right) = 0 \\ \dfrac{\partial\varepsilon_r}{\partial t} - \dfrac{\partial v}{\partial r} = 0 \\ \dfrac{\partial\varepsilon_\theta}{\partial t} - \dfrac{v}{r} = 0\end{cases} \tag{5.6.5}$$

式(5.6.5)是关于未知量$(v,\sigma_r,\sigma_\theta,\varepsilon_r,\varepsilon_\theta)$的一阶拟线性偏微分方程组,我们可以利用一维波传播的广义特征理论对其进行求解,并求出其特征波速特征线和沿特征线的特征关系,读者可作为练习求解之. 如果我们注意到式(5.6.5)的前三个方程已经是$(v,\sigma_r,\sigma_\theta)$的封闭一阶拟线性偏微分方程组,也是可以用一维波传播的广义特征理论对其进行求解的. 现简述如下.

将式(5.6.5)写为一阶拟线性偏微分方程组规范形式,即

$$\boldsymbol{W}_t + \boldsymbol{B}\cdot\boldsymbol{W}_r = \boldsymbol{b} \tag{5.6.6}$$

其中

$$\boldsymbol{W} = \begin{bmatrix} v \\ \sigma_r \\ \sigma_\theta \end{bmatrix},\quad \boldsymbol{B} = \begin{bmatrix} 0 & -\dfrac{1}{\rho_0} & 0 \\ -\lambda - 2\mu & 0 & 0 \\ -\lambda & 0 & 0 \end{bmatrix},\quad \boldsymbol{b} = \begin{bmatrix} \dfrac{2(\sigma_r - \sigma_\theta)}{\rho_0 r} \\ \dfrac{2\lambda v}{r} \\ 2(\lambda + \mu)\dfrac{v}{r} \end{bmatrix} \tag{5.6.7}$$

其特征波速

$$\Lambda = \frac{\mathrm{d}r}{\mathrm{d}t} \tag{5.6.8}$$

由张量 $\boldsymbol{B}$ 的特征值所给出,即

$$\| \boldsymbol{B} - \Lambda\boldsymbol{I} \| = 0 \tag{5.6.9}$$

而特征关系为

$$\boldsymbol{l}\cdot\frac{\mathrm{d}\boldsymbol{W}}{\mathrm{d}t}=\boldsymbol{l}\cdot\boldsymbol{b} \tag{5.6.10}$$

其中 $\boldsymbol{l}$ 为 $\boldsymbol{B}$ 的左特征矢量，即

$$\boldsymbol{l}\cdot\boldsymbol{B}=\Lambda\boldsymbol{l} \tag{5.6.11}$$

由式(5.6.9)和式(5.6.11)可以求出其特征值和相应的左特征矢量分别为

$$\Lambda_1=C_1,\quad \Lambda_2=-C_1,\quad \Lambda_3=0,\quad \boldsymbol{l}_1=\begin{bmatrix}-\rho_0C_1\\1\\0\end{bmatrix},\quad \boldsymbol{l}_2=\begin{bmatrix}\rho_0C_1\\1\\0\end{bmatrix},\quad \boldsymbol{l}_3=\begin{bmatrix}0\\ \dfrac{-\lambda}{\lambda+2\mu}\\1\end{bmatrix} \tag{5.6.12}$$

将式(5.6.12)代入式(5.6.11)，可以得到弹性球面波问题的如下三组特征线和相应的特征关系：

$$\begin{cases}\mathrm{d}\sigma_r=\pm\rho_0C_1\mathrm{d}v-2\left[(\sigma_r-\sigma_\theta)\mp\lambda\dfrac{v}{C_1}\right]\dfrac{\mathrm{d}r}{r}, & \text{当 } \mathrm{d}r=\pm C_1\mathrm{d}t\\ -\dfrac{\lambda}{\lambda+2\mu}\mathrm{d}\sigma_r+\mathrm{d}\sigma_\theta=\dfrac{2v}{r}\dfrac{\mu(3\lambda+2\mu)}{\lambda+2\mu}\mathrm{d}t, & \text{当 } \mathrm{d}r=0\end{cases} \tag{5.6.13}$$

以 D 表示球面冲击波的波速，则易证波阵面上的径向位移连续条件、动量守恒条件和冲击波速度 D 分别为

$$[v]=-D[\varepsilon_r],\quad [\sigma_r]=-\rho_0D[v],\quad D=\sqrt{\frac{[\sigma_r]}{\rho_0[\varepsilon_r]}} \tag{5.6.14-a}$$

当冲击波前方为自然静止状态时，上式给出冲击波紧后方的质点速度 v、径向应力 σ_r、径向应变 ε_r 和冲击波速度的如下结果：

$$v=-D\varepsilon_r,\quad \sigma_r=-\rho_0Dv,\quad D=\sqrt{\frac{\sigma_r}{\rho_0\varepsilon_r}} \tag{5.6.14-b}$$

位移连续要求冲击波阵面紧后方的径向位移 $u=0$，故其环向应变 $\varepsilon_\theta=\dfrac{u}{r}=0$，于是在冲击波阵面紧后方本构关系(5.6.4-a)可化为

$$\begin{cases}\sigma_r=(\lambda+2\mu)\varepsilon_r=\rho_0C_1^2\varepsilon_r\\ \sigma_\theta=\lambda\varepsilon_r=\dfrac{\lambda\sigma_r}{\rho_0C_1^2}\end{cases} \tag{5.6.4-c}$$

将式(5.6.4-c)代入式(5.6.14-b)，即得

$$D=C_1 \tag{5.6.15}$$

即弹性冲击波也是以弹性纵波的波速 C_1 传播的.

对于在球腔壁 $r=a$ 处突加恒值压力 p_0 的问题，其波动图案如图 5.14 所示，其中 a,b 为头部冲击波的迹线，而图中后方波速为 $\pm C_1$ 的直线为左右行波的特征线，垂直线则是质点本身的迹线，它也是一条特征线. 由于冲击波 ab 的紧后方也是一条右行特征线，所以沿着 ab 特征关系(5.6.13)的第一式也是成立的：

$$\mathrm{d}\sigma_r=\rho_0C_1\mathrm{d}v-2\left[(\sigma_r-\sigma_\theta)-\lambda\frac{v}{C_1}\right]\frac{\mathrm{d}r}{r}$$

将冲击波阵面上的动量守恒条件即式(5.6.14-b)的第二式和冲击波阵面紧后方本构关系

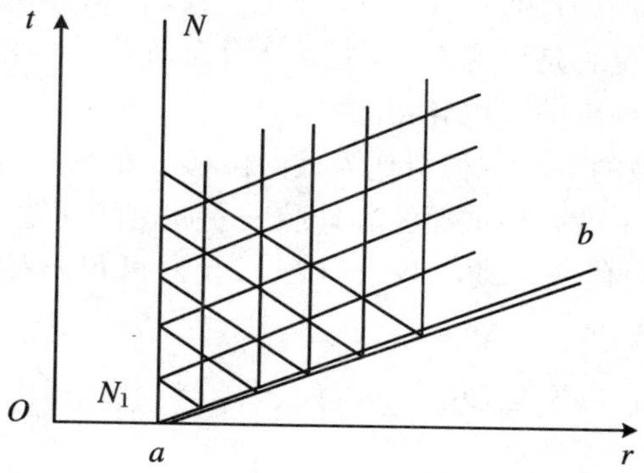

图 5.14　球腔内壁撞击问题的球面波问题特征线网格

(5.6.4-c)的第二式代入上式，从而消去 v 和σ_θ，我们可以得到冲击波阵面上径向应力 σ_r 的如下微分方程：

$$\frac{d\sigma_r}{\sigma_r} = -\frac{dr}{r} \tag{5.6.16}$$

利用边界条件$\sigma_r|_{r=a} = -p_0$，可解得球面冲击波阵面上径向应力 σ_r 随传播距离 r 变化的如下规律：

$$\sigma_r = -\frac{p_0 a}{r} \tag{5.6.17}$$

再利用右行特征关系和冲击波阵面上的守恒条件，即可解出冲击波阵面上径向质点速度 v 和环向应力σ_θ 随传播距离 r 的变化规律：

$$v = -\frac{\sigma_r}{\rho_0 C_1} = \frac{p_0 a}{\rho_0 C_1 r} \tag{5.6.18}$$

$$\sigma_\theta = \frac{\lambda}{\lambda + 2\mu}\sigma_r = \frac{\nu}{1-\nu}\sigma_r = \frac{-\nu}{1-\nu}\frac{p_0 a}{r} \tag{5.6.19}$$

解出冲击波阵面 ab 上的有关物理量之后，在图 5.14 的三角形 Nab 中，就是解一个混合边值问题，只要我们不断地调用第 2 章中所讲的边界点子程序和内点子程序，就可把整个区域解完. 读者可作为练习尝试之. 在这里我们只是指出球腔壁受冲击的动态膨胀问题结果与静态球腔膨胀问题结果的如下重要区别. 弹性力学中在内壁 $r = a$ 处受有静态压力 p_0时球腔静态膨胀问题的结果为

$$\begin{cases} \sigma_r = -\dfrac{p_0 a^3}{r^3} \\ \sigma_\theta = \dfrac{p_0 a^3}{2r^3} \end{cases} \tag{5.6.20}$$

对比动态球腔膨胀问题的结果(5.6.17)～(5.6.19)和静态球腔膨胀问题的结果(5.6.20)，我们可以发现如下重要的区别：① 动态问题中冲击波阵面上的应力 σ_r 和σ_θ 都是与传播距离的一次方成反比而衰减的，这是波传播的几何扩散效应所致；而在静态问题中应力 σ_r 和 σ_θ 都是与距离的三次方成反比而衰减的，这是静态问题的几何扩散效应所致，故在静态问题中几何扩散效应更为明显. ② 在球腔静态膨胀的问题中，尽管径向应力 σ_r 总是压应力，但

是其环向应力 σ_θ 却总是拉应力;而在球腔动态膨胀问题中,冲击波阵面上不但 σ_r 始终是压应力,而且其环向应力 σ_θ 也总是压应力,这主要是因为动态变形很快,材料在环向来不及变形而起到了一个环向几何约束的作用导致的.

下面,我们将把弹性波的基本方程组化为径向位移 u 的偏微分方程,并通过对其位移势 φ 的求解来分析和讨论以上的弹性球面波和球腔壁受冲击的问题.

将本构方程(5.6.4-a)代入运动方程(5.6.1),我们可得出径向位移 u 的偏微分方程如下:

$$\rho_0 \frac{\partial^2 u}{\partial t^2} = (\lambda + 2\mu)\left(\frac{\partial^2 u}{\partial r^2} + \frac{2}{r}\frac{\partial u}{\partial r} - \frac{2u}{r^2}\right)$$

或者

$$\frac{1}{C_1^2}\frac{\partial^2 u}{\partial t^2} = \frac{\partial^2 u}{\partial r^2} + \frac{2}{r}\frac{\partial u}{\partial r} - \frac{2u}{r^2} \tag{5.6.21}$$

其中

$$C_1^2 = \frac{\lambda + 2\mu}{\rho_0} = \frac{(1-\nu)E}{(1+\nu)(1-2\nu)\rho_0} = \frac{K + \frac{4}{3}\mu}{\rho_0} \tag{5.6.22}$$

恰恰是弹性无旋波即弹性纵波的波速,而 E,ν,K 分别为材料的杨氏模量、泊松比和体积模量.

以下式引入一个位移势 ϕ:

$$u = \frac{\partial \phi}{\partial r} \tag{5.6.23}$$

将之代入位移的运动方程(5.6.21),可得位移势 ϕ 的偏微分方程如下:

$$\frac{\partial}{\partial r}\left(\frac{\partial^2 \phi}{C_1^2 \partial t^2}\right) = \frac{\partial}{\partial r}\left[\frac{1}{r}\frac{\partial^2 (r\phi)}{\partial r^2}\right] \tag{5.6.24}$$

由式(5.6.24)可见,如果 ϕ 满足如下方程:

$$\frac{1}{C_1^2}\frac{\partial^2 \phi}{\partial t^2} = \frac{1}{r}\frac{\partial^2 (r\phi)}{\partial r^2} \tag{5.6.25-a}$$

即

$$\frac{1}{C_1^2}\frac{\partial^2 (r\phi)}{\partial t^2} = \frac{\partial^2 (r\phi)}{\partial r^2} \tag{5.6.25-b}$$

则其也就必然满足方程(5.6.24).方程(5.6.25-b)正是关于未知量 $r\phi$ 标准的一维线性波动方程.由此可得问题的通解为

$$r\phi = f\left(t - \frac{r}{C_1}\right) + g\left(t + \frac{r}{C_1}\right)$$

其中函数 f 和 g 分别表示向外传播的球面辐射波和向内传播的球面汇聚波,可以通过问题的边界条件确定.对球腔壁受冲击的球腔膨胀问题,我们只需考虑辐射波,如果我们规定球腔壁刚受冲击的时刻为初始时刻 $t=0$,则有

$$\phi = \frac{1}{r}f\left(t - \frac{r-a}{C_1}\right) \tag{5.6.26}$$

其中 a 是球腔的初始半径.据式(5.6.23),质点的径向位移 u 和径向质点速度 v 将为

$$u=\frac{\partial\phi}{\partial r}=\frac{-f}{r^2}-\frac{f'}{rC_1},\quad v=\frac{\partial^2\phi}{\partial t\partial r}=-\frac{f'}{r^2}-\frac{f''}{rC_1}\tag{5.6.27}$$

而径向应力和环向应力可由本构关系(5.6.4-a)给出，将为

$$\begin{cases}\sigma_r=(\lambda+2\mu)\dfrac{\partial u}{\partial r}+\dfrac{2\lambda u}{r}=\dfrac{\lambda+2\mu}{rC_1^2}f''+\dfrac{4\mu}{r^2C_1}f'+\dfrac{4\mu}{r^3}f\\ \sigma_\theta=(2\lambda+2\mu)\dfrac{u}{r}+\lambda\dfrac{\partial u}{\partial r}=\dfrac{\lambda}{rC_1^2}f''-\dfrac{2\mu}{r^2C_1}f'-\dfrac{2\mu}{r^3}f\end{cases}\tag{5.6.28}$$

以上各式中 $f',f'',\cdots$ 表示函数 f 对自变量 $t-\dfrac{r-a}{C_1}$ 的微商. 对径向应变和环向应变 ε_r 和 ε_θ 也可得到相应的公式，这里略去. 以上的式(5.6.27)和式(5.6.28)只是问题的通解，其中函数 f 的具体形式需要由边界条件确定. 设问题为在球腔内壁上施加动态压力 $p(t)$，则其边界条件可写为

$$\sigma_r\big|_{r=a}=-p(t)\tag{5.6.29}$$

将式(5.6.29)代入式(5.6.28)的第一式，可得

$$\frac{\rho_0}{a}f''(t)+\frac{4\mu}{a^2C_1}f'(t)+\frac{4\mu}{a^3}f(t)=-p(t)\tag{5.6.30}$$

或

$$f''(t)+2\zeta\omega_0f'(t)+\omega_0^2f(t)=-\frac{a}{\rho_0}p(t)\tag{5.6.31}$$

其中

$$\omega_0=\frac{2}{a}\sqrt{\frac{\mu}{\rho_0}}\equiv\frac{2}{a}C_2,\quad \zeta=\sqrt{\frac{\mu}{\lambda+2\mu}}\equiv\frac{C_2}{C_1}\tag{5.6.32}$$

方程(5.6.31)可以看作一个系于弹簧之上的单位质量的质点受有强迫力 $-\dfrac{a}{\rho_0}p(t)$ 作用时强迫振动的方程，其阻尼系数和弹簧恢复系数分别为 $2\zeta\omega_0$ 和 ω_0^2. 为了得到常微分方程(5.6.31)的初始条件，注意位移连续条件要求在冲击波波头 $r=a+C_1t$ 上径向位移 u 和位移势 φ 都等于零. 将 $r=a+C_1t$ 代入式(5.6.26)和式(5.6.27)，可得

$$\begin{cases}\phi=\dfrac{f(0)}{r}=0\\ u=-\dfrac{f(0)}{r^2}-\dfrac{f'(0)}{rC_1}=0\end{cases}\tag{5.6.33-a}$$

即

$$f(0)=f'(0)=0\tag{5.6.33-b}$$

式(5.6.33-b)就是求解常微分方程(5.6.31)的初始条件. 利用常微分方程中的常数变异法求解该初值问题可得其解为

$$f(t)=-\frac{a}{\rho_0\omega}\int_0^t p(\tau)e^{-\zeta\omega_0(t-\tau)}\sin\omega(t-\tau)d\tau\tag{5.6.34}$$

其中

$$\omega=\omega_0\sqrt{1-\zeta^2}=\frac{2}{a}\sqrt{\frac{\mu(\lambda+\mu)}{\rho_0(\lambda+2\mu)}}\tag{5.6.35}$$

ω 即是等效阻尼系统的固有频率. 式(5.6.34)也可以由脉冲法而直接得出：将区间[0, t]分

为无穷多的微时间间隔$[\tau,\tau+\mathrm{d}\tau]$，该时间间隔上的强迫力冲量$-\frac{a}{\rho_0}p(\tau)\mathrm{d}\tau$将转化为质点的动量即质点速度(因其质量为1)，所以该强迫力的解相当于以τ为起始时刻、0为初始位移、$-\frac{a}{\rho_0}p(\tau)\mathrm{d}\tau$为初始速度的自由振动的解，即

$$-\frac{a}{\rho_0\omega}p(\tau)\mathrm{e}^{-\zeta\omega_0(t-\tau)}\sin\omega(t-\tau)\mathrm{d}\tau$$

于是，区间$[0,t]$上的全部外力引起的解即是式(5.6.34)，这就是著名的Duhamel积分.

将式(5.6.34)代入式(5.6.26)～式(5.6.28)，并引入推迟时间

$$T\equiv t-\frac{r-a}{C_1} \tag{5.6.36}$$

即可得到位移势φ、径向位移u、径向质点速度v、径向应力σ_r和环向应力σ_θ的解如下：

$$\varphi(T)=\varphi\left(t-\frac{r-a}{C_1}\right)=-\frac{a}{\rho_0\omega r}\int_0^T p(\tau)\mathrm{e}^{-\zeta\omega_0(T-\tau)}\sin\omega(T-\tau)\mathrm{d}\tau \tag{5.6.37}$$

$$u(T)=\frac{\partial\phi}{\partial r}=\frac{-f(T)}{r^2}-\frac{f'(T)}{rC_1},\quad v(T)=\frac{\partial^2\phi}{\partial t\partial r}=-\frac{f'(T)}{r^2}-\frac{f''(T)}{rC_1} \tag{5.6.38}$$

$$\begin{cases}\sigma_r(T)=\dfrac{\lambda+2\mu}{rC_1^2}f''(T)+\dfrac{4\mu}{r^2C_1}f'(T)+\dfrac{4\mu}{r^3}f(T)\\[2ex]\sigma_\theta(T)=\dfrac{\lambda}{rC_1^2}f''(T)-\dfrac{2\mu}{r^2C_1}f'(T)-\dfrac{2\mu}{r^3}f(T)\end{cases} \tag{5.6.39}$$

式(5.6.37)通常称为推迟位势，其他各式也可称为推迟解，因为它们都是推迟时间$T=t-\frac{r-a}{C_1}$的函数.以上的解适用于任意的壁面载荷$p(t)$，特别说来，对于突加恒值载荷p_0，将有

$$f(T)=-\frac{p_0a^3}{4G}\left[1-\mathrm{e}^{-\sqrt{\frac{\mu}{\lambda+\mu}}\omega T}\left(\cos\omega T+\sqrt{\frac{\mu}{\lambda+\mu}}\sin\omega T\right)\right] \tag{5.6.40}$$

由此可依次求出其他各量$\varphi,u,v,\sigma_r,\sigma_\theta$的结果.由这些结果可见：当$t\to\infty$时，将有

$$\phi=\frac{f(\infty)}{r}=-\frac{p_0a^3}{4Gr} \tag{5.6.41}$$

$$u=\frac{\partial\phi}{\partial r}=\frac{p_0a^3}{4Gr^2} \tag{5.6.42}$$

这恰恰就是准静态球腔膨胀问题的结果.

下面我们由前面的解重点分析一下球面波波头上有关物理量的一些特性.将式(5.6.34)中的t改为推迟时间T，即得函数f的解为

$$f(T)=-\frac{a}{\rho_0\omega}\int_0^T p(\tau)\mathrm{e}^{-\zeta\omega_0(T-\tau)}\sin\omega(T-\tau)\mathrm{d}\tau \tag{5.6.43}$$

令$s=T-\tau$，对式(5.6.43)中的积分进行变量替换，可将之改写为

$$f(T)=-\frac{a}{\rho\omega}\int_0^T p(T-s)\mathrm{e}^{-\sqrt{\frac{\mu}{\lambda+\mu}}\omega s}\sin\omega s\mathrm{d}s \tag{5.6.44}$$

将被积函数中的$p(T-s)$展开为s的Taylor级数：

$$p(T-s)=p(T)-sp'(T)+\frac{s^2}{2!}p''(T)+\cdots \tag{5.6.45}$$

将式(5.6.45)代入式(5.6.44)进行逐项积分,并引入如下函数:

$$\xi(s)=\mathrm{e}^{-\sqrt{\frac{\mu}{\lambda+\mu}}\omega s}\sin\omega s,\quad \xi_1(s)=\int\xi(s)\mathrm{d}s,\quad \xi_2(s)=\int\xi_1(s)\mathrm{d}s \tag{5.6.46}$$

即可得到

$$\begin{aligned}f(T)=&-\frac{a}{\rho_0\omega}\Big\{p(T)[\xi_1(T)-\xi_1(0)]-p'(T)[T\xi_1(T)-\xi_2(T)+\xi_2(0)]\\&+\frac{p''(T)}{2!}[T^2\xi_1(T)-2T\xi_2(T)+2\xi_3(T)-2\xi_3(0)]-\cdots\Big\}\end{aligned} \tag{5.6.47}$$

通过对其求导可得

$$f'(T)=-\frac{a}{\rho_0\omega}\{p(T)\xi(T)-p'(T)[T\xi(T)-\xi_1(T)+\xi_1(0)]\cdots\} \tag{5.6.48}$$

$$f''(T)=-\frac{a}{\rho_0\omega}\{p(T)\xi'(T)+p'(T)[\xi(T)-T\xi'(T)]+\cdots\} \tag{5.6.49}$$

注意到

$$\begin{aligned}&\xi(0)=0\\&\xi'(0)=-\sqrt{\frac{\mu}{\lambda+\mu}}\omega\mathrm{e}^{-\sqrt{\frac{\mu}{\lambda+\mu}}\omega s}\sin\omega s+\omega\mathrm{e}^{-\sqrt{\frac{\mu}{\lambda+\mu}}\omega s}\cos\omega s\Big|_{s=0}=\omega\end{aligned} \tag{5.6.50}$$

可得

$$f(0)=0,\quad f'(0)=0,\quad f''(0)=-\frac{a}{\rho_0}p(0) \tag{5.6.51}$$

于是就可得出在波头上,即 $r=a+C_1t$,或 $T=0$ 时,有关量的结果如下:

$$\begin{cases}\phi(0)=\dfrac{f(0)}{r}=0\\ u(0)=-\dfrac{f(0)}{r^2}-\dfrac{f'(0)}{rC_1}=0\\ \sigma_r(0)=\dfrac{\rho_0}{r}f''(0)+\dfrac{4\mu}{r^2C_1}f'(0)+\dfrac{4\mu}{r^3}f(0)=-\dfrac{a}{r}p(0)\\ \sigma_\theta(0)=\dfrac{\lambda}{rC_1^2}f''(0)-\dfrac{2\mu}{r^2C_1}f'(0)-\dfrac{2\mu}{r^3}f(0)=-\dfrac{\nu}{1-\nu}\dfrac{a}{r}p(0)\\ v(0)=\dfrac{\partial u}{\partial t}\Big|_{T=0}=-\dfrac{f'(0)}{r^2}-\dfrac{f''(0)}{rC_1}=\dfrac{a}{r}\dfrac{p(0)}{\rho_0C_1}=-\dfrac{\sigma_r(0)}{\rho_0C_1}\end{cases} \tag{5.6.52}$$

由式(5.6.52)可见,在波头上位移 u 和位移势 φ 都等于零;而波头应力和质点速度都是与半径的一次方成反比而衰减的,这和我们前面由特征线方法所得到的冲击波阵面上应力和质点速度与半径一次方成反比衰减的规律是完全一样的;而最后一式所给出的波头上径向质点速度和径向应力的关系正是波头上的动量守恒条件.

5.7 线弹性各向异性薄壁管中波的传播

为了说明各向异性材料中的波和各向同性材料中的波在传播特性上的重要区别，我们以双向纤维垂直编织的线性正交各向异性弹性材料所构成的复合材料薄壁管，在拉扭联合作用下的一维复合应力波的传播问题为例来进行讨论.该类材料在航天、航空技术以及防护工程、运输机械和矿山机械方面得到越来越广泛的应用.

5.7.1 本构关系

设复合材料板的纤维沿图 5.15 中坐标系 $OX_1'X_2'$的轴线方向，X_1'轴与 X_1轴夹角为 α.在系 $OX_1X_2X_3$和 $OX_1'X_2'X_3'$中的应变 ε_{ij}，ε_{ij}'和应力σ_{ij}，σ_{ij}'由下式联系：

$$\varepsilon_{ij} = Q_{ik}Q_{jl}\varepsilon'_{kl}, \quad \sigma'_{ij} = Q_{ki}Q_{lj}\sigma_{kl}$$

$$\boldsymbol{Q} = \begin{bmatrix} \cos\alpha & -\sin\alpha & 0 \\ \sin\alpha & \cos\alpha & 0 \\ 0 & 0 & 1 \end{bmatrix}$$

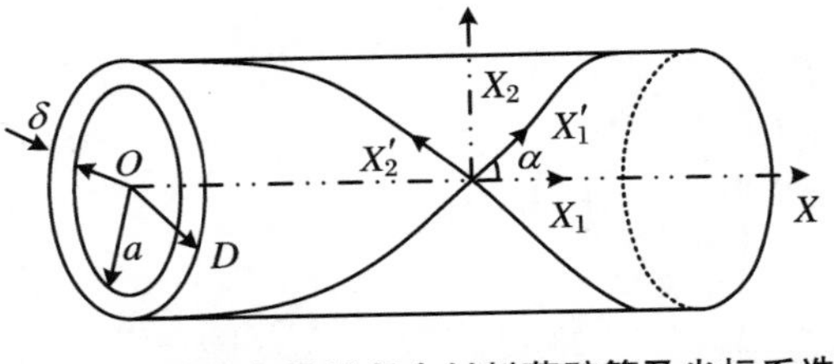

图 5.15 正交各向异性复合材料薄壁管及坐标系选取

采用张量的 Voigt 记法，记 $\varepsilon_1 \equiv \varepsilon_{11}$，$\varepsilon_2 \equiv \varepsilon_{22}$，$\varepsilon_6 \equiv 2\varepsilon_{12}$，$\sigma_1 \equiv \sigma_{11}$，$\sigma_2 \equiv \sigma_{22}$，$\sigma_6 \equiv \sigma_{12}$，等等，则对平面内的应变和应力可分别有

$$\boldsymbol{\varepsilon} = \boldsymbol{Q}_1 \cdot \boldsymbol{\varepsilon}' \tag{5.7.1}$$

$$\boldsymbol{\sigma}' = \boldsymbol{Q}_2 \cdot \boldsymbol{\sigma} \tag{5.7.2}$$

其中

$$\boldsymbol{\varepsilon} = \begin{bmatrix} \varepsilon_1 \\ \varepsilon_2 \\ \varepsilon_6 \end{bmatrix}, \quad \boldsymbol{\varepsilon}' = \begin{bmatrix} \varepsilon_1' \\ \varepsilon_2' \\ \varepsilon_6' \end{bmatrix}, \quad \boldsymbol{Q}_1 = \begin{bmatrix} \cos^2\alpha & \sin^2\alpha & -\sin\alpha\cos\alpha \\ \sin^2\alpha & \cos^2\alpha & \sin\alpha\cos\alpha \\ \sin2\alpha & -\sin2\alpha & \cos2\alpha \end{bmatrix}$$

$$\boldsymbol{\sigma} = \begin{bmatrix} \sigma_1 \\ \sigma_2 \\ \sigma_6 \end{bmatrix}, \quad \boldsymbol{\sigma}' = \begin{bmatrix} \sigma_1' \\ \sigma_2' \\ \sigma_6' \end{bmatrix}, \quad \boldsymbol{Q}_2 = \begin{bmatrix} \cos^2\alpha & \sin^2\alpha & \sin2\alpha \\ \sin^2\alpha & \cos^2\alpha & -\sin2\alpha \\ -\sin\alpha\cos\alpha & \sin\alpha\cos\alpha & \cos2\alpha \end{bmatrix}$$

注意，矩阵 $\boldsymbol{Q}_1$ 和 $\boldsymbol{Q}_2$ 互为转置，$\boldsymbol{Q}_1^{\mathrm{T}} = \boldsymbol{Q}_2$.平面应力条件下，在系 $OX_1'X_2'$中正交各向异性复合

材料的本构关系可写为

$$\boldsymbol{\varepsilon}' = \boldsymbol{C}' \cdot \boldsymbol{\sigma}', \quad \boldsymbol{C}' = \begin{bmatrix} \dfrac{1}{E_1} & \dfrac{-\nu_{21}}{E_2} & 0 \\ \dfrac{-\nu_{12}}{E_1} & \dfrac{1}{E_2} & 0 \\ 0 & 0 & \dfrac{1}{G_{12}} \end{bmatrix}, \quad \frac{\nu_{21}}{E_2} = \frac{\nu_{12}}{E_1} \tag{5.7.3}$$

其中对称张量 $\boldsymbol{C}' = \boldsymbol{C}'^{\mathrm{T}}$ 是材料的柔度张量在系 $OX_1'X_2'$中的表象. 由式(5.7.1)～式(5.7.3)易得

$$\boldsymbol{\varepsilon} = \boldsymbol{Q}_1 \cdot \boldsymbol{C}' \cdot \boldsymbol{Q}_2 \cdot \boldsymbol{\sigma} = \boldsymbol{C} \cdot \boldsymbol{\sigma} \tag{5.7.4}$$

可称 $\boldsymbol{C} \equiv \boldsymbol{Q}_1 \cdot \boldsymbol{C}' \cdot \boldsymbol{Q}_2$ 为材料的柔度张量在系 OX_1X_2 中的表象. 显然它也是对称的, $\boldsymbol{C} = \boldsymbol{C}^{\mathrm{T}}$, 如将 $\boldsymbol{C}$ 的各个分量写出, 即有

$$\begin{cases} C_{11} = \dfrac{\cos^2\alpha}{E_1}(\cos^2\alpha - \nu_{12}\sin^2\alpha) + \dfrac{\sin^2\alpha}{E_2}(-\nu_{21}\cos^2\alpha + \sin^2\alpha) + \dfrac{1}{G_{12}}\sin^2\alpha\cos^2\alpha \\ C_{22} = \dfrac{\sin^2\alpha}{E_1}(\sin^2\alpha - \nu_{12}\cos^2\alpha) + \dfrac{\cos^2\alpha}{E_2}(-\nu_{21}\sin^2\alpha + \cos^2\alpha) + \dfrac{1}{G_{12}}\sin^2\alpha\cos^2\alpha \\ C_{66} = \dfrac{\sin^2 2\alpha}{E_1}(1 + \nu_{12}) + \dfrac{\sin^2 2\alpha}{E_2}(1 + \nu_{21}) + \dfrac{1}{G_{12}}\cos^2 2\alpha \\ C_{21} = C_{12} = \dfrac{\sin^2\alpha}{E_1}(\cos^2\alpha - \nu_{12}\sin^2\alpha) + \dfrac{\cos^2\alpha}{E_2}(\sin^2\alpha - \nu_{21}\cos^2\alpha) - \dfrac{1}{G_{12}}\sin^2\alpha\cos^2\alpha \\ C_{61} = C_{16} = \dfrac{\sin 2\alpha}{E_1}(\cos^2\alpha - \nu_{12}\sin^2\alpha) - \dfrac{\sin 2\alpha}{E_2}(\sin^2\alpha - \nu_{21}\cos^2\alpha) - \dfrac{1}{G_{12}}\sin\alpha\cos\alpha\cos 2\alpha \\ C_{62} = C_{26} = \dfrac{\sin 2\alpha}{E_1}(\sin^2\alpha - \nu_{12}\cos^2\alpha) - \dfrac{\sin 2\alpha}{E_2}(\cos^2\alpha - \nu_{21}\sin^2\alpha) - \dfrac{1}{G_{12}}\sin\alpha\cos\alpha\cos 2\alpha \end{cases} \tag{5.7.5}$$

式(5.7.4)和式(5.7.5)即给出弹性模量为 E_1的纤维对 X_1轴倾角为 α 的正交各向异性复合材料板在平面应力条件下的本构关系. 这种本构关系也适用于受拉扭联合作用的弹性模量为 E_1的纤维对管轴倾角为 α 的薄壁管, 如图 5.15 所示.

5.7.2　基本方程组

设有平均半径为 a、壁厚为 $\delta \ll a$ 的薄壁圆管, 受有拉扭联合作用的动载荷. 由于 $\delta \ll a$, 可认为管材处于平面应力状态. 建立坐标系 $(X_1, X_2, X_3) = (x, \theta, r)$, 如图 5.15 所示, 其中 X 沿管轴线方向. 在平面波问题中一切量都是 X 和时间 t 的函数. 以 $\sigma = \sigma_{11} = \sigma_1$, $\varepsilon = \varepsilon_{11} = \varepsilon_1$, $\tau = \sigma_{12} = \sigma_6$, $\gamma = 2\varepsilon_{12} = \varepsilon_6$ 分别表示轴向正应力、正应变、扭转切应力和切应变, 以 u 和 v 分别表示轴向和周向质点速度, 并新记

$$\boldsymbol{\sigma} = \begin{bmatrix} \sigma \\ \tau \end{bmatrix}, \quad \boldsymbol{\varepsilon} = \begin{bmatrix} \varepsilon \\ \gamma \end{bmatrix}, \quad \boldsymbol{v} = \begin{bmatrix} u \\ v \end{bmatrix}$$

在忽略径向惯性效应的情况下, 管中的周向正应力为零, $\sigma_{22} = \sigma_2 = 0$, 由式(5.7.4), 问题的本构关系可写为

$$\boldsymbol{\varepsilon} = \boldsymbol{C} \cdot \boldsymbol{\sigma}, \quad \boldsymbol{C} = \begin{bmatrix} C_{11} & C_{16} \\ C_{61} & C_{66} \end{bmatrix} \tag{5.7.4$'$}$$

其中 C_{ij} 由式(5.7.5)给出.管微元的轴向和周向运动方程以及轴向和周向位移连续方程分别为

$$\rho_0 \frac{\partial \boldsymbol{v}}{\partial t} - \boldsymbol{I} \cdot \frac{\partial \boldsymbol{\sigma}}{\partial x} = \boldsymbol{O} \quad \text{(运动方程)} \tag{5.7.6}$$

$$\frac{\partial \boldsymbol{\varepsilon}}{\partial t} - \boldsymbol{I} \cdot \frac{\partial \boldsymbol{v}}{\partial x} = \boldsymbol{O} \quad \text{(连续方程)} \tag{5.7.7}$$

由式(5.7.4)′,可将式(5.7.7)改写为

$$\boldsymbol{C} \cdot \frac{\partial \boldsymbol{\sigma}}{\partial t} - \boldsymbol{I} \cdot \frac{\partial \boldsymbol{v}}{\partial x} = \boldsymbol{O} \tag{5.7.7$'$}$$

以上各式中以及以后 $\boldsymbol{I}$ 为二阶单位矩阵,ρ_0 为介质密度.于是得基本方程组如下:

$$\boldsymbol{A} \cdot \boldsymbol{W}_t + \boldsymbol{B} \cdot \boldsymbol{W}_x = \boldsymbol{O} \tag{5.7.8}$$

其中

$$\boldsymbol{A} = \begin{bmatrix} \rho_0 \boldsymbol{I} & \boldsymbol{O} \\ \boldsymbol{O} & \boldsymbol{C} \end{bmatrix}, \quad \boldsymbol{B} = \begin{bmatrix} \boldsymbol{O} & -\boldsymbol{I} \\ -\boldsymbol{I} & \boldsymbol{O} \end{bmatrix}, \quad \boldsymbol{W} = \begin{bmatrix} \boldsymbol{v} \\ \boldsymbol{\sigma} \end{bmatrix} \tag{5.7.9}$$

$\boldsymbol{W}_t$ 和 $\boldsymbol{W}_x$ 分别表示 $\boldsymbol{W}$ 对 t 和 x 的偏导数.众所周知,对一阶偏微分方程组(5.7.8)所控制的波传播问题的求解,归结为 $\boldsymbol{B}$ 相对于 $\boldsymbol{A}$ 广义特征值问题.由于现在 $\boldsymbol{B}$ 和 $\boldsymbol{A}$ 都是对称的,因之 $\boldsymbol{B}$ 相对于 $\boldsymbol{A}$ 的左右特征矢量是相同的,但在以下仍将以不同记号表示它们.

5.7.3 特征波速特征关系与通解

根据一维复合应力波的特征理论,方程组(5.7.8)的波速 C 由特征方程

$$\| \boldsymbol{B} - C\boldsymbol{A} \| = \boldsymbol{O} \tag{5.7.10}$$

的根给出,即 C 是 $\boldsymbol{B}$ 相对于 $\boldsymbol{A}$ 的特征值,而沿特征线 $\frac{\mathrm{d}x}{\mathrm{d}t} = C$ 的特征关系由

$$\boldsymbol{L}^{\mathrm{T}} \cdot \boldsymbol{A} \cdot \frac{\mathrm{d}\boldsymbol{W}}{\mathrm{d}t} = 0 \quad \left(\text{沿任意的} \frac{\mathrm{d}x}{\mathrm{d}t} = C\right)$$

或

$$\boldsymbol{L}^{\mathrm{T}} \cdot \boldsymbol{B} \cdot \frac{\mathrm{d}\boldsymbol{W}}{\mathrm{d}t} = 0 \quad \left(\text{沿} \frac{\mathrm{d}x}{\mathrm{d}t} = C \neq 0\right) \tag{5.7.11}$$

给出,其中 $\boldsymbol{L}$ 是与特征值 C 相对应的 $\boldsymbol{B}$ 相对于 $\boldsymbol{A}$ 的左特征矢量,即 $\boldsymbol{L}$ 满足线性齐次方程组

$$\boldsymbol{L}^{\mathrm{T}} \cdot (\boldsymbol{B} - C\boldsymbol{A}) = \boldsymbol{O} \tag{5.7.11$'$}$$

可以证明

$$\| \boldsymbol{B} - C\boldsymbol{A} \| = \| \rho_0 C^2 \boldsymbol{C} - \boldsymbol{I} \|$$

因此 $\lambda = \frac{1}{\rho_0 C^2}$ 恰是柔度张量 $\boldsymbol{C}$ 的特征值,即

$$\| \boldsymbol{C} - \lambda \boldsymbol{I} \| = 0, \quad \lambda = \frac{1}{\rho_0 C^2} \tag{5.7.12}$$

当对称张量 $\boldsymbol{C}$ 正定时,它存在两个正的特征值 $\lambda_1 > 0$,$\lambda_2 > 0$,相应地便有 $\boldsymbol{B}$ 相对于 $\boldsymbol{A}$ 的四个特征值,即四个实的波速 $\pm C_1$,$\pm C_2$,这里规定特征波速 $C_1 \geqslant C_2 \geqslant 0$.我们有

$$\lambda_1 = \frac{C_{11}+C_{66}+\sqrt{(C_{11}+C_{66})+4C_{16}^2}}{2},\quad \lambda_2 = \frac{C_{11}+C_{66}-\sqrt{(C_{11}+C_{66})+4C_{16}^2}}{2} \tag{5.7.13}$$

不难证明,当

$$\boldsymbol{l} = \begin{bmatrix} l_1 \\ l_2 \end{bmatrix}$$

是 $\boldsymbol{C}$ 的左特征矢量时,

$$\boldsymbol{L} = \begin{bmatrix} -\dfrac{\boldsymbol{l}}{\rho_0 C} \\ \boldsymbol{l} \end{bmatrix}$$

必是 $\boldsymbol{B}$ 相对于 $\boldsymbol{A}$ 的左特征矢量,于是特征关系(5.7.11)简化为

$$\boldsymbol{l}^{\mathrm{T}}\cdot\left(\mathrm{d}\boldsymbol{v} - \frac{\mathrm{d}\boldsymbol{\sigma}}{\rho_0 C}\right) = 0 \quad \left(沿\frac{\mathrm{d}x}{\mathrm{d}t} = C\right) \tag{5.7.14}$$

其中 $\boldsymbol{l}$ 是 $\boldsymbol{C}$ 的左特征矢量,即 $\boldsymbol{l}$ 满足

$$\boldsymbol{l}^{\mathrm{T}}\cdot(\boldsymbol{C}-\lambda\boldsymbol{I}) = \boldsymbol{O}$$

可以求出

$$\boldsymbol{l}^{\mathrm{T}} = (C_{66}-\lambda, C_{16})$$

所以式(5.7.14)化为

$$(C_{66}-\lambda)\left(\mathrm{d}u - \frac{\mathrm{d}\sigma}{\rho_0 C}\right) - C_{16}\left(\mathrm{d}v - \frac{\mathrm{d}\tau}{\rho_0 C}\right) = 0 \quad \left(沿\frac{\mathrm{d}x}{\mathrm{d}t} = C\right) \tag{5.7.14$'$}$$

式(5.7.14)′含有四个关系($C = \pm C_1, \pm C_2$),并分别称之为沿右、左行快波和慢波的特征关系.对现在的线性材料,$\boldsymbol{C}$ 是常张量,因此 λ 和 C 是常数.所以式(5.7.14)′意味着当 $\mathrm{d}(x-Ct)=0$ 时,

$$\mathrm{d}\left[(C_{66}-\lambda)\left(u - \frac{\sigma}{\rho_0 C}\right) - C_{16}\left(v - \frac{\tau}{\rho_0 C}\right)\right] = 0$$

即

$$(C_{66}-\lambda)\left(u - \frac{\sigma}{\rho_0 C}\right) - C_{16}\left(v - \frac{\tau}{\rho_0 C}\right)$$

只是 $x - Ct$ 的函数.因此,由式(5.7.14)′的四个特征关系,显然有

$$\begin{cases}
(C_{66}-\lambda_1)\left(u - \dfrac{\sigma}{\rho_0 C_1}\right) - C_{16}\left(v - \dfrac{\tau}{\rho_0 C_1}\right) = 2f_1(x - C_1 t) \\
(C_{66}-\lambda_1)\left(u + \dfrac{\sigma}{\rho_0 C_1}\right) - C_{16}\left(v + \dfrac{\tau}{\rho_0 C_1}\right) = 2f_2(x + C_1 t) \\
(C_{66}-\lambda_2)\left(u - \dfrac{\sigma}{\rho_0 C_2}\right) - C_{16}\left(v - \dfrac{\tau}{\rho_0 C_2}\right) = 2g_1(x - C_2 t) \\
(C_{66}-\lambda_2)\left(u + \dfrac{\sigma}{\rho_0 C_2}\right) - C_{16}\left(v + \dfrac{\tau}{\rho_0 C_2}\right) = 2g_1(x + C_2 t)
\end{cases} \tag{5.7.15}$$

其中 f_1, f_2, g_1, g_2 分别是相应变量的任意函数.由此可得薄壁管波传播问题的如下形式的通解:

$$\begin{cases} u = F_1(x - C_1 t) + F_2(x + C_1 t) + G_1(x - C_2 t) + G_2(x + C_2 t) \\ v = \dfrac{1}{C_{16}}\{(C_{66} - \lambda_2)[F_1(x - C_1 t) + F_2(x + C_1 t)] \\ \qquad + (C_{66} - \lambda_1)[G_1(x - C_2 t) + G_2(x + C_2 t)]\} \\ \sigma = -\rho_0 C_2[G_1(x - C_2 t) - G_2(x + C_2 t)] - \rho_0 C_1[F_1(x - C_1 t) - F_2(x + C_1 t)] \\ \tau = \dfrac{1}{C_{16}}\{-\rho_0 C_2(C_{66} - \lambda_1)[G_1(x - C_2 t) - G_2(x + C_2 t)] \\ \qquad - \rho_0 C_1(C_{66} - \lambda_2)[F_1(x - C_1 t) - F_2(x + C_1 t)]\} \end{cases} \tag{5.7.16}$$

其中

$$F_i = \frac{1}{\lambda_2 - \lambda_1} f_i, \quad G_i = \frac{-1}{\lambda_1 - \lambda_2} g_i$$

也是相应变量的任意函数.对任一具体的问题,这些函数的形式可由初边值条件来确定.

现在可以认为已对正交各向异性复合材料管的波传播问题给出了完美的解答.我们可以由给定问题的初边值条件确定通解(5.7.16)中的任意函数来求得问题的解答,也可以沿特征线对特征关系(5.7.14)′进行数值积分来求得问题的解答,这和由式(5.7.16)求解本质上是一样的.为了说明由初边值条件确定式(5.7.16)中任意函数的方法,我们将在5.7.5小节中给出一个算例,但是为了从物理上更清楚地认识各向异性材料波传播的某些物理特点,我们将首先来讨论简单波解.

5.7.4 简单波解

所谓简单波解就是方程组(5.7.8)的形如 $\boldsymbol{W} = \boldsymbol{W}(\xi)$ 的特解,其中的单参数 ξ 是 x 和 t 的函数,$\xi = \xi(x, t)$.特征理论证明了对特征波速为 C 的右行简单波必有 $\xi = x - Ct$,且简单波解由

$$\frac{\mathrm{d}\boldsymbol{W}}{\mathrm{d}\xi} = \boldsymbol{R} \tag{5.7.17}$$

给出,其中 $\boldsymbol{R}$ 是 $\boldsymbol{B}$ 相对于 $\boldsymbol{A}$ 与特征波速 C 相对应的右特征矢量,即

$$(\boldsymbol{B} - C\boldsymbol{A}) \cdot \boldsymbol{R} = \boldsymbol{O} \tag{5.7.17$'$}$$

可以证明

$$\boldsymbol{R} = \begin{bmatrix} -\boldsymbol{r}/(\rho_0 C) \\ \boldsymbol{r} \end{bmatrix}$$

而 $\boldsymbol{r}$ 是 $\boldsymbol{C}$ 的右特征矢量:

$$\boldsymbol{R} = \begin{bmatrix} -\boldsymbol{r}/(\rho_0 C) \\ \boldsymbol{r} \end{bmatrix}, \quad (\boldsymbol{C} - \lambda \boldsymbol{I}) \cdot \boldsymbol{r} = \boldsymbol{O} \tag{5.7.18}$$

于是简单波解(5.7.17)可以写为

$$\frac{\mathrm{d}\sigma}{r_1} = \frac{\mathrm{d}\tau}{r_2}, \quad \boldsymbol{r}^{\mathrm{T}} = (C_{66} - \lambda, -C_6) \tag{5.7.19}$$

$$\mathrm{d}\boldsymbol{v} = -\frac{\mathrm{d}\boldsymbol{\sigma}}{\rho_0 C} \tag{5.7.20}$$

式(5.7.19)给出简单波区中应力状态变化的应力路径，式(5.7.20)则确定相应的质点速度变化规律．由于 $C_1 \neq C_2$，故相应的右特征矢量 r_1 和 r_2 正交，故式(5.7.19)所确定的 σ-τ 平面上的快、慢波应力路径是正交的．又由于对线性问题 $\boldsymbol{C}, C, \boldsymbol{r}$ 都是常量，所以快、慢波的应力路径是两组相互正交的直线．作为例子，我们考虑玻璃/环氧树脂复合材料，此时 $E_1 = 5.5\times10^9$ 千克/米^2，$E_2 = 1.8\times10^9$ 千克/米^2，$G_{12} = 9\times10^8$ 千克/米^2，$\nu_{12} = 0.25$．当斜绕角 $\alpha = 45^\circ$ 时，有

$$(C_{11}, C_{16}, C_{66}, \lambda_1, \lambda_2)$$
$$= (1.1852\times10^{-9}, -1.8234\times10^{-10}, 0.8205\times10^{-9}, 7.4502\times10^{-10}, 1.2608\times10^{-9})$$

(单位：米^2/千克)．快波和慢波应力路径分别由下面两式给出(如图5.16中的实线和虚线所示)：

$$\frac{d\sigma}{d\tau} = 0.4142 \tag{5.7.21-a}$$

$$\frac{d\sigma}{d\tau} = -2.4142 \tag{5.7.21-b}$$

简单波的应力路径说明，尽管材料是线性的，但是由于材料各向异性的特点，在斜绕薄壁管中并不存在单纯的纵波和横波，任一种简单波区中正应力和切应力总是相互耦合的；而且在现在的例子中，快波区中切应力的变化比正应力的变化更剧．

由图5.16更容易得到受有任意预应力(初条件)的薄壁管在任意突加恒值边界应力脉冲(边条件)下管中波的传播图案．例如，当预应力为 B(如图5.16所示)，边界脉冲应力为 A 时，将有如下波动方程：

$$B(\sigma_b, \tau_b) \xrightarrow{C_1} M(\sigma_m, \tau_m) \xrightarrow{C_2} A(\sigma_a, \tau_a)$$

这可用图5.17中的(x,t)图说明之，其中的双线表示强间断．特别地，当管由态0受到端部纯拉伸脉冲 C 或扭转脉冲 D 时(如图5.16所示)，也将是类似的复合应力波图案：快波之后慢波之前的材料处于拉扭联合作用下，应力状态由图5.16的点 M 表示，慢波之后材料才达到边界的纯拉或纯扭状态．这是各向同性弹性材料中不会出现的现象，对各向同性线弹性材料，快、慢波分别表现为正、切应力互相解耦的纯纵波和横波．

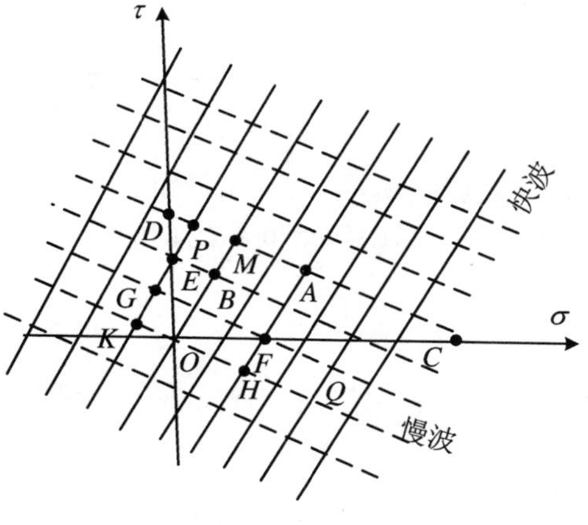

图5.16　快、慢波应力路径

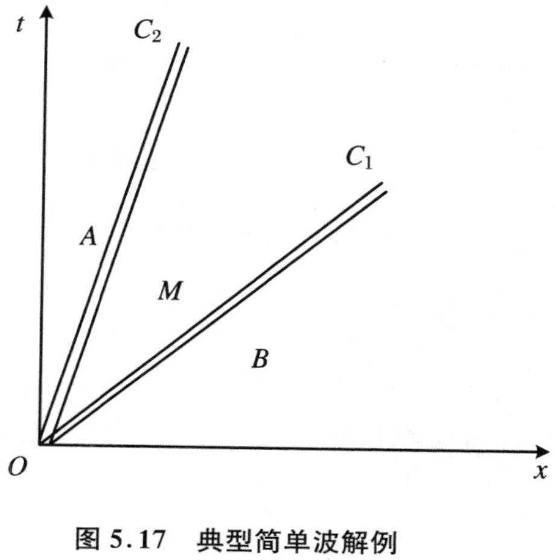

图5.17　典型简单波解例

当预应力为纯拉状态 F，而边界脉冲 P 处于过 F 的慢波路径 FB 右上方时，波动图案将是

$$F(\sigma_f,\tau_f)\xrightarrow{C_1}A(\sigma_a,\tau_a)\xrightarrow{C_2}P(\sigma_p,\tau_p)$$

但当边界条件 K 处于 FB 之左下方时，波动图案将是

$$F(\sigma_f,\tau_f)\xrightarrow{C_1}H(\sigma_h,\tau_h)\xrightarrow{C_2}K(\sigma_k,\tau_k)$$

这里，尽管边界脉冲 K 是压缩和正扭，但快波之后慢波之前的材料却处于拉伸和反扭状态 H，这更是不同于各向同性材料的异常现象.

当材料受有预扭状态 E，而边界脉冲 A 位于过点 E 的慢波路径右上方时，波动过程是

$$E(\sigma_e,\tau_e)\xrightarrow{C_1}P(\sigma_p,\tau_p)\xrightarrow{C_2}A(\sigma_a,\tau_a)$$

但当边界脉冲 Q 位于过点 E 的慢波路径左下方时将产生波动过程

$$E(\sigma_e,\tau_e)\xrightarrow{C_1}G(\sigma_g,\tau_g)\xrightarrow{C_2}Q(\sigma_q,\tau_q)$$

与前面类似，尽管边界脉冲 Q 是拉伸和反扭，但 C_1 和 C_2 阵面之间的材料却处于压缩和正扭状态 G.

我们顺便指出，对于一般的非线性材料，要得到速度边条件下的解，需在速度应力空间中分析. 当对线性问题，我们却可以利用速度路径来得到速度边界脉冲下的简单波解. 事实上，由式(5.7.19)和式(5.7.20)得

$$\frac{\mathrm{d}u}{\mathrm{d}v}=\frac{r_1}{r_2} \tag{5.7.22}$$

由于对线性材料，$\boldsymbol{C}$ 的右特征矢量 $\boldsymbol{r}$ 不依赖于介质的应力状态而为常量，所以式(5.7.22)便给出了速度空间中简单波的速度路径. 与前面类似，可以得到速度边界脉冲下的简单波解.

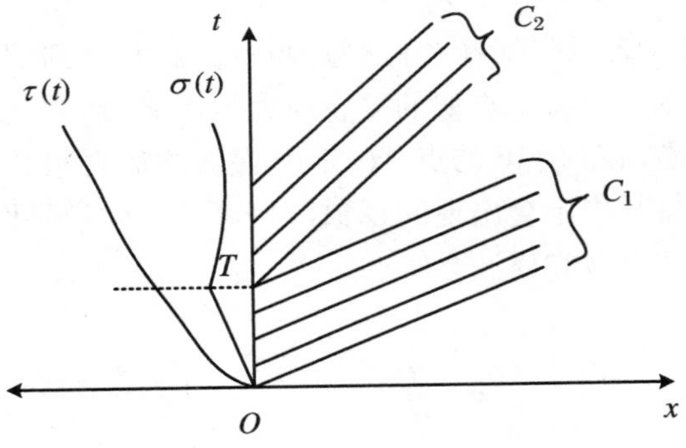

图 5.18　典型简单波解例

以上我们只是以例证的形式说明了正交各向异性复合材料中波传播的某些特点，而并不是说只能有以上形式的简单波解. 例如，当处于自然状态的关于某一时刻 T 之前受到拉扭联合作用 $\sigma(t)$ 和 $\tau(t)$，$\sigma(t)=0.4142\tau(t)$，T 之后保持 $\dfrac{\mathrm{d}\sigma}{\mathrm{d}\tau}=-2.4142$. 在管中传播连续的快、慢简单波，如图 5.18 所示. 需指出，并非一切问题都可用简单波解来解决，对于那些复杂的不能由简单波解说明的初边值问题，则需利用通解式(5.7.16)或由特征关系(5.7.14)′来求解. 下面我们给出一个由式(5.7.16)求解问题的算例.

5.7.5　算例

我们考虑这样一个问题：一根初始处于自由静止状态的半无限长薄壁管(前面引用的玻璃/环氧树脂复合材料)，在端部受到如下的载荷：

$$\sigma(0,t)=\sigma_0\mathrm{e}^{-kt}H(t)=\begin{cases}0, & t<0\\ \sigma_0\mathrm{e}^{-kt}, & t\geqslant 0\end{cases},\quad \tau(0,t)=0 \tag{5.7.23}$$

因为薄壁管是半无限长的，这时管中只有右行波，即式(5.7.16)中的函数 $F_2 = G_2 = 0$. 故通解(5.7.16)取如下的形式：

$$\begin{cases} \sigma = -\rho_0 C_2 G_1(x - C_2 t) - \rho_0 C_1 F_1(x - C_1 t) \\ \tau = -\dfrac{C_{66} - \lambda_1}{C_{16}}\rho_0 C_2 G_1(x - C_2 t) - \dfrac{C_{66} - \lambda_2}{C_{16}}\rho_0 C_1 F_1(x - C_1 t) \end{cases} \tag{5.7.24}$$

代入边界条件(5.7.23)可求出

$$G_1(-C_2 t) = \frac{-1}{\rho_0 C_2}\frac{C_{66} - \lambda_2}{\lambda_1 - \lambda_2}\sigma_0 e^{-kt} H(t)$$

$$F_1(-C_1 t) = \frac{-1}{\rho_0 C_1}\frac{C_{66} - \lambda_1}{\lambda_2 - \lambda_1}\sigma_0 e^{-kt} H(t)$$

或者写成

$$\begin{aligned} G_1(x - C_2 t) &= \frac{-1}{\rho_0 C_2}\frac{C_{66} - \lambda_2}{\lambda_1 - \lambda_2}\sigma_0 e^{-k\left(t - \frac{x}{C_1}\right)} H\left(t - \frac{x}{C_1}\right) \\ F_1(x - C_1 t) &= \frac{-1}{\rho_0 C_1}\frac{C_{66} - \lambda_1}{\lambda_2 - \lambda_1}\sigma_0 e^{-k\left(t - \frac{x}{C_1}\right)} H\left(t - \frac{x}{C_1}\right) \end{aligned} \tag{5.7.25}$$

代入式(5.7.24)并利用前面给出的数据，得到

$$\begin{cases} \dfrac{\sigma}{\sigma_0} = 0.146\,4 e^{-k\left(t - \frac{x}{C_1}\right)} H\left(t - \dfrac{x}{C_1}\right) + 0.853\,5 e^{-k\left(t - \frac{x}{C_2}\right)} H\left(t - \dfrac{x}{C_2}\right) \\ \dfrac{\tau}{\sigma_0} = 0.353\,5\left[e^{-k\left(t - \frac{x}{C_1}\right)} H\left(t - \dfrac{x}{C_1}\right) - e^{-k\left(t - \frac{x}{C_2}\right)} H\left(t - \dfrac{x}{C_2}\right)\right] \end{cases} \tag{5.7.26}$$

我们将解(5.7.26)画于图 5.19. 图中画出两个时刻 $t = t_1$ 和 $t = t_2$ 的正应力 σ 和切应力 τ 的空间波形. 图 5.19(a)和图 5.19(b)分别表示 σ 和 τ 的波形.

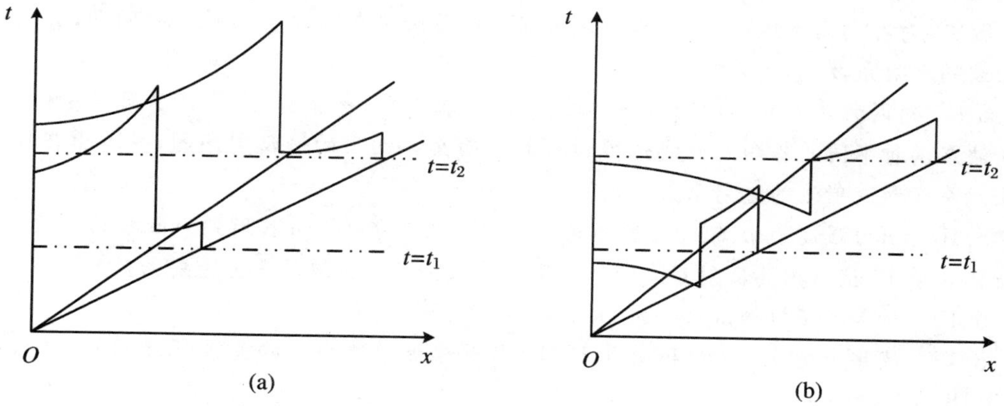

图 5.19　不同时刻 σ 和 τ 的波形

从这个解我们可以看出：① 一个脉冲荷载形成两个波，它们分别以速度 C_1 和 C_2 传播. 在我们的例子中，$C_1/C_2 = \sqrt{\lambda_2/\lambda_1} = 1.301$. ② 每一个波中同时含有正应力 σ 和剪应力 τ 的变化. 即使边界上加的只是压力载荷，在 $x \neq 0$ 处也有 $\tau \neq 0$. 值得指出的是，这两点是波在各向异性材料中传播的普遍性质，而不是例外的情形. 只是当载荷是非常特殊的情况下，也即载荷满足式(5.7.21-a)或式(5.7.21-b)时，才能产生单一的快波和慢波；即使在这种情况

下,正应力与剪应力也是耦合在一起的.

最后我们指出,由于所用方法的广泛适用性,我们可以类似地分析有更复杂各向异性性质、时率相关性质以及非线性性质的复合材料管中波的传播问题.

习 题 5

5.1 对满足广义胡克定律的线弹性各向同性材料,试证明弹性模量张量和声张量的表达式(5.1.22),并导出声张量的特征方程(5.1.24)和特征波速(5.1.25).

5.2 试证明式(5.2.7).

5.3 试导出式(5.2.13)和式(5.2.14).

5.4 设 $\boldsymbol{u}_1$ 和 $\boldsymbol{u}_2$ 分别满足式(5.2.19)和式(5.2.20),试证明由式(5.2.18)所表达的位移 $\boldsymbol{u}$ 必然满足方程(5.2.6).

5.5 试由一维波传播的广义特征理论,求解一阶拟线性偏微分方程组(5.2.21),并利用矩阵降维方法求出其特征线和沿特征线的特征关系.

5.6 对各向同性线弹性材料,试求其 SH 平面谐波在刚壁上的斜反射问题,并求出其反射波的反射系数.

5.7 对各向同性线弹性材料,试求其 P 波平面谐波在刚壁上的斜反射问题,并求出其反射波的反射系数.

5.8 对各向同性线弹性材料,试求其 SV 平面谐波在刚壁上的斜反射问题,并求出其反射波的反射系数.

5.9 对两种不同的各向同性线弹性材料,试求其 SH 平面谐波、P 波平面谐波和 SV 平面谐波在两种不同的各向同性线弹性材料的平面交界面上的透反射问题,并求出其反射波的反射系数和透射波的透射系数.

5.10 压力强度为 p_1 的弹性流体声波从声阻抗为 $\rho_1 C_1$ 斜入射到声阻抗为 $\rho_2 C_2$ 的弹性流体介质中,试求出其反射声波的压力反射系数和透射声波的压力透射系数.

5.11 对 Voigt 材料试推导式(5.5.16)和式(5.5.17).

5.12 试导出图 5.13(a)和图 5.13(b)中黏弹性模型的本构关系(5.5.19),并证明式(5.5.18).

5.13 对标准线性黏弹性材料试推导式(5.5.20),并导出其波速 C 的公式.

5.14 对 Maxwell 材料和标准黏弹性材料杆,试用特征线法求出其特征波速和沿特征线的特征关系.

5.15 试用波传播的广义特征理论求解弹性球面波的基本方程组(5.6.5),并求出其特征波速、特征线和沿特征线的特征关系.

5.16 试导出弹性柱面波的基本方程组;试用波传播的广义特征理论求解弹性柱面波的基本方程组,并求出其特征波速、特征线和沿特征线的特征关系.

5.17　设材料的应力偏量和应变偏量之间、静水压力和体积应变之间都满足 Maxwell 关系，其弹性畸变模量和体积模量分别为 $2G$ 和 K，畸变黏性系数和体积黏性系数分别为 η_1 和 η_2. 试对轴向撞击的一维应变问题求出其谐波解.

第 6 章　爆轰波的基本理论和某些工程问题

关于符号的特别说明：尽管在其他各章中我们是用 c 来表达欧拉绝对波速的，但为了与大多数文献相一致，在本章中我们将以 c 来表达介质中的局部声速，即波相对于介质的速度.

6.1　爆轰过程和平稳自持爆轰模型

6.1.1　爆轰过程

高能炸药主要是由碳(C)、氢(H)、氮(N)、氧(O)四种元素组成的有机化合物，在形成有机化合物的过程中吸收外部的能量，以一定的化学键结合在一起，因而具有一定的键能，并使之保持稳定；当其受到足够大的扰动时，其化学键即可打开，使之爆炸，并释放出化学键能，这就是化学爆炸. 碳、氢是燃料，氧是助燃剂，燃料和助燃剂的原子通常被氮所隔开，处于不稳定的平衡态中，一旦受到外界扰动(冲击、加热、辐射、化学侵蚀等)，可打破不稳定的平衡，使之分子解缚，形成燃料和助燃剂等的离子或原子碎片间的剧烈碰撞运动，并重新组合而形成 CO，CO_2，H_2O，H_2，O_2，N_2，NO 等气体，同时释放出化学能. 这是一个把储存的化学能释放出来转化为爆炸产物分子热能的第一步过程. 产物分子的高速无规则热运动使其具有很高的温度，产物分子对单位面积上的统计平均撞击动量即为宏观的爆炸压力，同时这种高压的爆炸产物会形成一股宏观的定向强气流，其前锋即是冲击波. 这样，即出现了爆炸气体热能转化为爆炸产物宏观动能和内能的第二步过程. 冲击波又作为新的扰动，压缩和升温未能反应的炸药，导致其出现与前类似的化学反应两步过程……如此，冲击波在炸药中一层层前进，导致整个药柱炸完；或者因某种原因而熄爆.

化学反应实际上是有一个过程的，故在厚度很薄的冲击波后方还有一个具有一定厚度的化学反应区，习惯上可将冲击波层和化学反应区一起称为爆轰波.

假设爆轰波以速度 D 向前推进，其冲击波一面向前压缩前方的未爆炸药，其后方已经反应完毕而成为爆炸产物的爆炸气体则会向后方膨胀从而产生稀疏波，这一出现在爆炸产物中的稀疏波会对前方的带有反应区的冲击波产生追赶卸载，并发生冲击波和稀疏波的相互作用.设爆炸产物中的局部声速为 c(注:在其他各章中我们是用 c 来表达欧拉绝对波速的,为了与大多数文献相一致,在本章中我们将以 c 表达局部声速),爆炸产物的质点速度为 v,则爆炸产物中稀疏波追赶冲击波的绝对波速为 $v+c$,冲击波波速 D 和稀疏波追赶波速之间的相对关系将会决定爆轰波的发展趋势:是增强、衰减,还是平稳自持.如果 $v+c>D$,则说明爆炸产物具有较高的局部声速,因而具有较高的压力,可称之为超压爆轰,此时稀疏波过快侵入反应区,将会降低化学反应速率、反应区的压力和其局部声速 c,从而使得 $v+c$ 趋于 D(此种情况下虽然冲击波也会因稀疏波的追赶卸载而趋于减弱,但其声速 c 比冲击波速度 D 下降得更快);如果 $v+c<D$,则说明爆炸产物具有较低的局部声速,因而具有较低的压力,可称之为欠压爆轰,此时稀疏波过慢侵入反应区,将会提高化学反应速率、反应区的压力和其局部声速 c,从而也将使得 $v+c$ 趋于 D.总之,$v+c>D$ 和 $v+c<D$ 的情况都是不稳定的;而当 $v+c=D$,又无其他耗散效应(如侧向稀疏波、外部降温等)时,稀疏波恰好可以支持反应区和冲击波的平稳前进,爆轰波即可平稳自持,我们把这种情况称为平稳自持传播的爆轰波(stationarily self-supported detonation wave)或 CJ 爆轰,CJ 爆轰的绝对波速将以 D_{CJ} 来表示(注:为了书写简单起见,在下面我们将仍然以 D 来表达 CJ 爆轰波速),而 CJ 爆轰冲击波阵面上的爆压将以 P_{CJ} 表示.平稳自持爆轰的概念及其上述解释是由 Champman 和 Jouguet 作为一个物理上的假设而提出的;但是,平稳自持爆轰速度的存在也是由实验证明了的,而且在下面我们将根据 CJ 爆轰的条件导出 CJ 爆轰参数 D 和 P_{CJ} 的公式,而由这些公式所得到的数值与实验测量数值的一致性则证明了 CJ 爆轰假定的正确性.CJ 爆轰的条件在数学上可以写为

$$v_{CJ}+c_{CJ}=D \tag{6.1.1}$$

式(6.1.1)称为 CJ 条件.冲击波之后的炸药化学反应区和之后的爆炸产物分界面称为 CJ 阵面,化学反应区前的冲击波峰压称为 ZND(Zeldovich-Von Neumann-Doering)尖峰,如图 6.1(a)和图 6.1(b)所示.实验证明,对一定类型的炸药,当爆轰波在炸药中传播一段之后,其爆轰波的传播速度基本会趋于一个有炸药类型所决定的常数,故爆轰波速 D 是炸药的一个物理特性参数.实验还证明,冲击波厚度量级一般在 10^{-4} mm,化学反应区厚度通常约 1 mm.由于这两个厚度都很小,所以在进行理论分析时我们常常忽略其厚度,而将爆轰波视为一个无限薄的伴有化学反应并释放能量的冲击波.这就是理想化的 CJ 爆轰的数学模型,如图 6.1(c)所示,其中爆轰冲击波上的峰压即是 CJ 爆压 P_{CJ}.

6.1.2　平稳自持爆轰波和其波阵面上的守恒条件

1. CJ 爆轰波冲击波阵面上的守恒条件

下面我们将以 ρ, v, E, p 分别表示介质的质量密度、质点速度、比内能和压力,来从开口体系的观点研究一维 CJ 平面爆轰波阵面上的质量守恒、动量守恒和能量守恒条件.从闭口体系的观点来进行研究,当然也可以得出数学上等价的结果,读者可以作为练习尝试之.

任意开口体系的质量守恒条件可表达为:任意时刻开口体系之内的质量增加率等于其质量的纯流入率.考虑截面积为 1 处于欧拉坐标网 $x_1(t)$ 和 $x_2(t)$ 之间的一个开口体系 $[x_1(t), x_2(t)]$ 的一维平面运动,如图 6.2 所示.

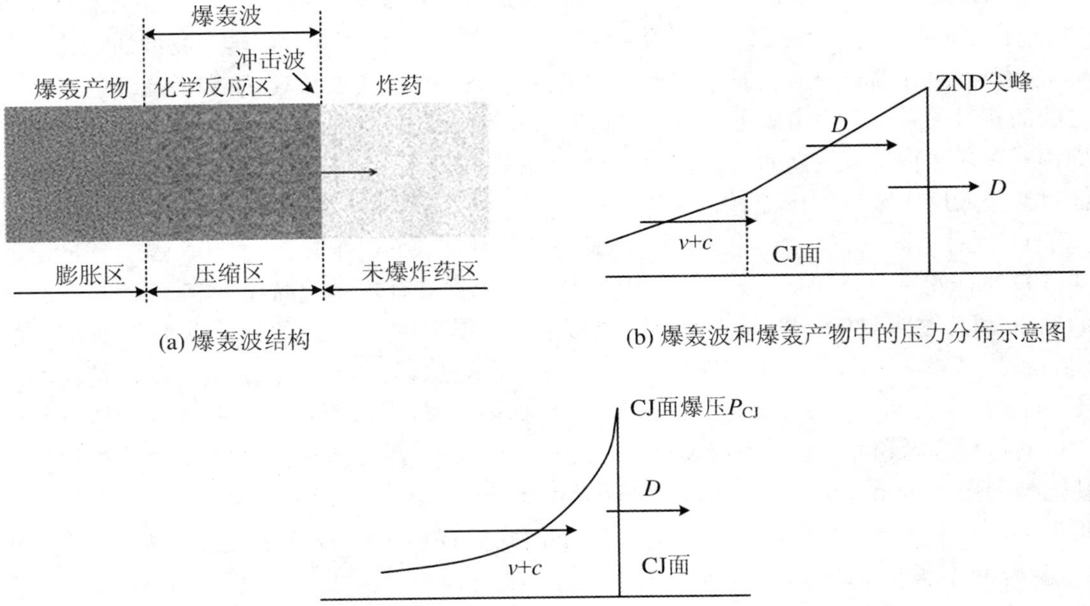

(a) 爆轰波结构

(b) 爆轰波和爆轰产物中的压力分布示意图

(c) CJ爆轰模型中的压力分布示意图

图 6.1

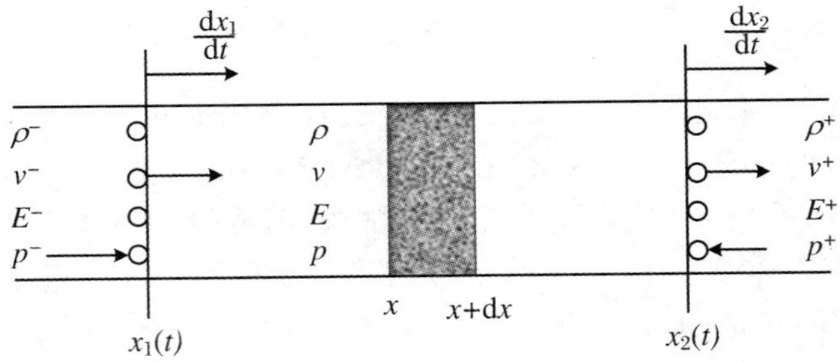

图 6.2　E 氏坐标中的动开口体系和受力情况

由于开口体系中的瞬时质量为 $\int_{x_1(t)}^{x_2(t)} \rho \mathrm{d}x$，而跨过任一个欧拉坐标网 $x(t)$ 进入网后方的物质质量正比于网对介质的相对速度 $\frac{\mathrm{d}x}{\mathrm{d}t} - v$ 以及进入网的物质质量密度 ρ，故开口体系 $[x_1(t), x_2(t)]$ 的质量守恒条件在数学上可以表达为

$$\frac{\mathrm{d}}{\mathrm{d}t}\int_{x_1(t)}^{x_2(t)} \rho \mathrm{d}x = \left(\frac{\mathrm{d}x_2}{\mathrm{d}t} - v^+\right)\rho^+ - \left(\frac{\mathrm{d}x_1}{\mathrm{d}t} - v^-\right)\rho^- \tag{6.1.2}$$

其中 $\frac{\mathrm{d}}{\mathrm{d}t}$ 表示对时间的全导数，而式中的上标"+"和"−"分别表示网 $x_2(t)$ 前方和网 $x_1(t)$ 后方介质的状态量. 令 $x_1(t) = x_2(t)$ 恰恰分别为 CJ 爆轰阵面紧后方和紧前方的两个紧贴在爆轰阵面上的网的 E 氏坐标，它们也都等于 CJ 爆轰阵面的 E 氏坐标 $x(t)$，$x_1(t) = x_2(t) = x(t)$，此时我们所取的开口体系 $[x_1(t), x_2(t)]$ 即成为一个附着在 CJ 爆轰阵面之上并与

之一起前进的一个无限薄的薄层，式(6.1.2)的左端等于零，而

$$\frac{dx_1}{dt}=\frac{dx_2}{dt}=\frac{dx}{dt}=D$$

恰恰为CJ爆轰波速，于是式(6.1.2)将给出

$$[(D-v)\rho]=(D-v^-)\rho^- -(D-v^+)\rho^+=0 \tag{6.1.3-a}$$

其中

$$[\varphi]\equiv\varphi^- -\varphi^+ \tag{6.1.4}$$

表示从CJ爆轰阵面的紧前方跨至其紧后方时物理量 φ 的跳跃量.式(6.1.3-a)可以简单地表述为:跨过CJ爆轰阵面时的质量流保持连续.如果我们考虑在静止的炸药中传播的爆轰波,则有 $v^+=0,\rho^+=\rho_0$(炸药的初始质量密度);略去上标记号"－"而简记 $\varphi^-=\varphi$,于是式(6.1.3-a)将给出

$$(D-v)\rho=D\rho_0 \tag{6.1.3-b}$$

或

$$v=\frac{D}{\rho}(\rho-\rho_0) \tag{6.1.3-c}$$

式(6.1.3-b)或式(6.1.3-c)就是在静止炸药中传播的CJ爆轰波阵面上的质量守恒条件,式(6.1.3-b)的意义就是:从前方进入CJ阵面的炸药质量等于其从CJ阵面向后方流出的爆炸产物质量,这其实也就是单位时间内爆轰波阵面所跨过的一段物质作为一个闭口体系时的质量守恒条件.

任意开口体系的动量守恒条件可表达为:任意时刻开口体系之内的动量增加率等于其该时刻体系所受的外力加上体系的动量纯流入率.将之应用于图6.2的开口体系 $[x_1(t),x_2(t)]$,在数学上可以表述为

$$\frac{d}{dt}\int_{x_1(t)}^{x_2(t)}\rho v dx=p^- -p^+ +\left(\frac{dx_2}{dt}-v^+\right)\rho^+ v^+ -\left(\frac{dx_1}{dt}-v^-\right)\rho^- v^- \tag{6.1.4}$$

令 $x_2(t)=x_1(t)=x(t)$ 恰为CJ阵面的E氏坐标,则式(6.1.4)将给出

$$[(D-v)\rho v-p]=(D-v^-)\rho^- v^- -p^- -(D-v^+)\rho^+ v^+ +p^+=0 \tag{6.1.5-a}$$

式(6.1.5-a)的意义是:跨过CJ爆轰阵面时的"广义动量流"保持连续(广义动量流是指动量流与外力压力之差).对在静止的炸药中传播的CJ爆轰波,有 $p^+=p_0$(炸药的初始压力), $v^+=0,\rho^+=\rho_0$(炸药的初始质量密度),并略去上标记号"－"而简记 $\varphi^-=\varphi$,则式(6.1.5-a)可写为

$$p-p_0=(D-v)\rho v \tag{6.1.5-b}$$

利用质量守恒公式(6.1.3-b),则可将式(6.1.5-b)写为

$$p-p_0=\rho_0 Dv \tag{6.1.5-c}$$

式(6.1.5-b)或式(6.1.5-c)就是在静止炸药中传播的CJ爆轰波阵面上的动量守恒条件.其物理意义可以解释为:单位时间内跨过爆轰波阵面单位面积介质的动量增加等于作用在阵面上的压力差,而这其实也就是单位时间内爆轰波阵面所跨过的一段物质作为一个闭口体系时的动量守恒条件.

任意开口体系的能量守恒条件可表达为:任意时刻开口体系之内的总能量增加率等于其该时刻体系所受的外力功率、外供热率加上体系的能量纯流入率.在绝热的条件下,将之

应用于图6.2的开口体系$[x_1(t),x_2(t)]$,在数学上这可以表达为

$$\frac{\mathrm{d}}{\mathrm{d}t}\int_{x_1(t)}^{x_2(t)}\rho\left(E+\frac{v^2}{2}\right)\mathrm{d}x = p^- v^- - p^+ v^+ + \left(\frac{\mathrm{d}x_2}{\mathrm{d}t}-v^+\right)\rho^+\left(E^+ + \frac{v_+^2}{2}\right) - \left(\frac{\mathrm{d}x_1}{\mathrm{d}t}-v^-\right)\rho^-\left(E^- + \frac{v_-^2}{2}\right) \tag{6.1.6}$$

令 $x_2(t)=x_1(t)=x(t)$恰为CJ阵面的E氏坐标,则式(6.1.6)将给出

$$\left[(D-v)\rho\left(E+\frac{v^2}{2}\right)-pv\right]=0 \tag{6.1.7-a}$$

式(6.1.7-a)的意义是:跨过CJ爆轰阵面时的"广义能量流"保持连续(广义能量流是指能量流与外力功率之差).对在静止的炸药中传播的CJ爆轰波,有 $p^+=p_0$(炸药的初始压力),$v^+=0,\rho^+=\rho_0$(炸药的初始质量密度),并略去上标记号"−"而简记 $\varphi^-=\varphi$,则式(6.1.7-a)可写为

$$pv=(D-v)\rho\left(E+\frac{v^2}{2}\right)-D\rho_0E_0 \tag{6.1.7-b}$$

利用质量守恒公式(6.1.3-b)后,也可将式(6.1.7-b)写为

$$pv=\rho_0D\left[(E-E_0)+\frac{v^2}{2}\right] \tag{6.1.7-c}$$

式(6.1.7-b)或式(6.1.7-c)就是在静止炸药中传播的CJ爆轰波阵面上的能量守恒条件.其物理意义可以解释为:单位时间内跨过爆轰波阵面单位面积介质的能量增加等于作用在阵面上的压力功率,这其实也就是单位时间内爆轰波阵面所跨过的一段物质作为一个闭口体系时的能量守恒条件.

归纳起来,CJ爆轰阵面上的质量守恒、动量守恒和能量守恒条件可分别由以下三式所表达:

$$v=\frac{D}{\rho}(\rho-\rho_0) \tag{6.1.3-c}$$

$$p-p_0=\rho_0Dv \tag{6.1.5-c}$$

$$pv=\rho_0D\left[(E-E_0)+\frac{v^2}{2}\right] \tag{6.1.7-c}$$

由式(6.1.3-c)和式(6.1.5-c)相乘消去 v,并以 $V=\dfrac{1}{\rho}$和 $V_0=\dfrac{1}{\rho_0}$分别表示爆轰产物和炸药的比容,可有

$$D=V_0\sqrt{\frac{p-p_0}{V_0-V}} \tag{6.1.8}$$

由式(6.1.3-c)和式(6.1.5-c)相除消去 D,可得

$$v=\sqrt{(p-p_0)(V_0-V)} \tag{6.1.9}$$

而式(6.1.7-c)也可写为

$$E-E_0=\frac{pv}{\rho_0D}-\frac{1}{2}v^2 \tag{6.1.10$'$}$$

将式(6.1.8)的 ρ_0D 和式(6.1.9)的 v 代入式(6.1.10)$'$并化简(请读者作为练习推导之),可得

$$E - E_0 = \frac{1}{2}(p + p_0)(V_0 + V) \tag{6.1.10}$$

即CJ爆轰波阵面上的三个守恒条件(6.1.3-c),(6.1.5-c),(6.1.7-c)可等价地改写为式(6.1.8)～式(6.1.10).

E是爆炸产物的比内能,即其单位质量爆轰产物的分子内能e;E_0是炸药总的比内能,由其分子比内能e_0和其所储存的比化学能Q(通常称之为炸药的爆热)两部分所组成,而炸药的分子比内能包括其分子热运动的内能和其晶格势能,即

$$E_0 = e_0 + Q \tag{6.1.11}$$

将式(6.1.11)代入式(6.1.10),可将能量守恒条件写为

$$e - e_0 = \frac{1}{2}(p + p_0)(V_0 - V) + Q \tag{6.1.12$'$}$$

一般而言,爆压p很大,可达几万至几十万大气压,但p_0仅为一个大气压,因而可以忽略;同样,炸药分子比内能e_0与爆炸产物的比内能e和爆热Q相比也可忽略,故式(6.1.12)$'$可写为

$$e = \frac{1}{2}p(V_0 - V) + Q \tag{6.1.12}$$

设爆炸产物满足多方指数为γ的多方型状态方程

$$p = p_0\left(\frac{V_0}{V}\right)^\gamma = AV^{-\gamma} \tag{6.1.13}$$

对绝热可逆过程中的能量守恒方程

$$\mathrm{d}e = -p\mathrm{d}V + 0 \tag{6.1.14}$$

进行积分,并设$V = \infty$时的比内能$e = 0$,则有

$$e = -\int_\infty^V AV^{-\gamma}\mathrm{d}V = A\frac{V^{1-\gamma}}{\gamma - 1} = \frac{pV}{\gamma - 1}$$

即

$$e = \frac{pV}{\gamma - 1} \tag{6.1.15}$$

式(6.1.15)即是多方型爆炸产物比内能的表达式.当略去e_0,p_0而近似设$e_0 \approx 0$,$p_0 \approx 0$时,将爆炸产物比内能e的表达式(6.1.15)代入能量守恒方程(6.1.12),可得

$$\frac{pV}{\gamma - 1} = \frac{p}{2}(V_0 - V) + Q \tag{6.1.16$'$}$$

或

$$p\left(V - \frac{\gamma - 1}{\gamma + 1}V_0\right) = \frac{2(\gamma - 1)}{\gamma + 1}Q \tag{6.1.16}$$

我们把式(6.1.16)称为参考于起爆初始状态点$A(V_0, p_0 = 0)$的爆轰波的Rinkin-Hugoniot曲线,简称为Hugoniot曲线,其物理意义是:为了满足波阵面上的守恒条件,从状态$A(V_0, p_0 = 0)$发生爆炸的爆轰产物的可能状态点必须处在该曲线上.式(6.1.16)在p-V平面上为一条双曲线:$V \to \infty$时,$p \to 0$,故p轴为其一条渐近线;当$p \to \infty$时,$V \to \frac{\gamma - 1}{\gamma + 1}V_0$,故垂直线$V = \frac{\gamma - 1}{\gamma + 1}V_0$也是一条渐近线,这一比容数值代表了爆轰波对产物的压缩极限.我们

看到，由于爆热 Q 的存在，式(6.1.16)与一般的没有化学反应而释放能量的冲击波的冲击绝热线是不同的，它并不通过代表炸药起爆起始状态的初始点 $A(V_0, p_0=0)$. 当 $Q=0$ 时，即退化为一般冲击波的冲击绝热线. 对某种典型的炸药，式(6.1.16)如图 6.3 所示.

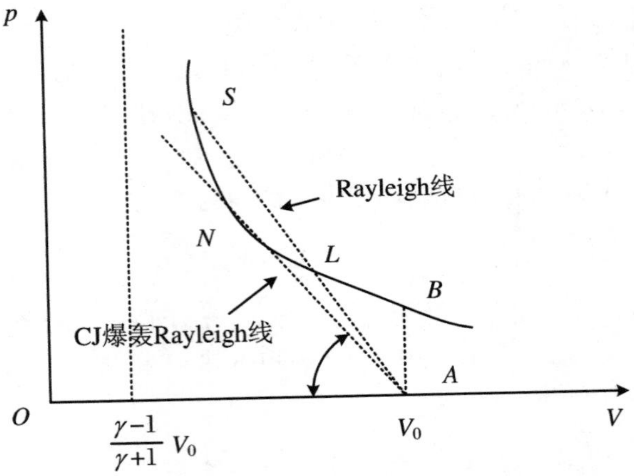

图 6.3　多方型爆轰气体的 CJ 爆轰冲击绝热线

2. 等容绝热爆轰状态参数

当 $V=V_0$ 时，物理上代表的是等容绝热爆轰；而合理的爆轰状态又必须位于爆轰 Hugoniot 曲线(6.1.16)之上，将 $V=V_0$ 代入式(6.1.16)，得

$$p\,|_{V=V_0} = \frac{\gamma-1}{V_0}Q \tag{6.1.17}$$

我们将该压力称为等容绝热爆压. 等容绝热爆轰状态对应图 6.3 中的点

$$B\left(V=0, p=\frac{\gamma-1}{V_0}Q\right)$$

3. CJ 爆轰状态参数

如前所述，只从满足爆轰波阵面上的守恒条件出发，冲击绝热线(6.1.16)上的任何一点都可以是爆轰过程的可能终态，只不过这些不同的可能终态会代表不同强度的爆轰冲击波和相应的不同爆轰波传播速度而已. 当我们给定某一个爆速 D 时，爆轰终止状态点则还应该满足守恒条件(6.1.8)，即满足

$$p-p_0=-\rho_0^2D^2(V-V_0) \tag{6.1.18}$$

对于一个给定的爆速 D 而言，式(6.1.18)在 V-p 平面上是一个通过爆轰起始状态点 $A(V_0, p_0=0)$、斜率为 $-\rho_0^2D^2\leqslant 0$ 的直线，通常人们将之称为爆轰冲击波的 Rayleigh 线，而 $\rho_0 D$ 则恰恰是爆轰波的冲击阻抗. 故点 B 以右的各点不可能是爆轰产物终态，这是因为点 B 以右各点与初态点 A 的连线其斜率都大于 0，这是与斜率 $-\rho_0^2D^2\leqslant 0$ 相矛盾的. 等容爆轰状态

$$B\left(V=0, p=\frac{\gamma-1}{V_0}Q\right)$$

是理想的极限情况，此点左极限所对应的 Rayleigh 线 AB 的斜率为 $-\rho_0^2D^2=-\infty<0$ 是满足要求的；而此时所对应的爆轰波速将为 $D=+\infty$，这在物理上表示炸药一瞬间即完成了化

学反应并释放能量的爆轰过程，故等容绝热爆轰也称为瞬时爆轰. 在点 B 以左，Rayleigh 线(6.1.18)与爆轰 Hugoniot 曲线(6.1.16)可有两个交点 S 和 L，如图 6.3 所示，我们将它们所对应的状态分别称为超压爆轰状态和欠压爆轰状态，但它们具有同样的爆轰波速 D. 由波动理论知，较高和较低的爆轰气体压力将分别对应较高和较低的局部声速 c，同时也将分别产生较高和较低的介质质点速度 v，所以在点 S 和点 L 处不可能同时满足 CJ 爆轰条件 $v+c=D$；其实由图 6.3 可以看到，在点 S 和点 L 处爆轰冲击绝热线(6.1.16)的斜率本身都已经是分别大于和小于 Rayleigh 线的斜率的，所以在点 S 和点 L 处必将分别有 $v+c>D$ 和 $v+c<D$. 于是如前所述，这两个爆轰状态在物理上都将是不稳定的：超压爆轰 S 处将由于 $v+c>D$，稀疏波过快侵入反应区，将会降低化学反应速率、反应区的压力和其局部声速 c，从而点 S 将沿着冲击绝热线向下移动而使得 $v+c$ 趋于 D；欠压爆轰 L 处将由于 $v+c<D$，稀疏波过慢侵入反应区，将会提高化学反应速率、反应区的压力和其局部声速 c，从而点 L 将沿着冲击绝热线向上移动而使得 $v+c$ 趋于 D，即只有中间的某一个满足 $v+c=D$ 的点 N 才是对应物理上稳定自持传播的爆轰波，而这也正是所谓的 CJ 假定. 由此我们可以断言，满足 CJ 条件的点 N 必然是 Rayleigh 线(6.1.18)和冲击绝热线(6.1.16)相切时的切线交点. 下面我们就根据这一点来求出切点 N 所对应的 CJ 爆轰状态的有关物理参数.

冲击绝热线(6.1.16)上任一点(V,p)处的切线斜率为

$$\frac{\mathrm{d}p}{\mathrm{d}V}=-\frac{p}{V-\dfrac{\gamma-1}{\gamma+1}V_0} \tag{6.1.19}$$

而 Rayleigh 线(6.1.18)上任一点(V,p)的斜率是

$$-\rho_0^2D^2=\frac{p}{V-V_0} \tag{6.1.20}$$

令由式(6.1.19)和式(6.1.20)所表达的斜率相等，可得

$$-\frac{p}{V-\dfrac{\gamma-1}{\gamma+1}V_0}=\frac{p}{V-V_0} \tag{6.1.21}$$

由此可求出该点(V,p)所对应的比容 V，此比容即是 CJ 比容 V_{CJ}：

$$V_{\mathrm{CJ}}=\frac{\gamma}{\gamma+1}V_0 \tag{6.1.22}$$

将式(6.1.22)代入爆轰绝热线(6.1.16)中即可求出其 CJ 爆压 p_{CJ}.

式(6.1.22)也可以由 CJ 条件(6.1.1)而直接导出. 事实上，利用声速 c 的公式和爆轰产物的多方型状态方程，可有

$$c=\sqrt{\frac{\mathrm{d}p}{\mathrm{d}\rho}}=\sqrt{-\frac{\mathrm{d}p}{\mathrm{d}V}V}=\sqrt{\gamma pV}$$

于是

$$c_{\mathrm{CJ}}=\sqrt{\gamma p_{\mathrm{CJ}}V_{\mathrm{CJ}}} \tag{6.1.23}$$

而式(6.1.9)和式(6.1.10)可分别给出

$$v_{\mathrm{CJ}}=\sqrt{p_{\mathrm{CJ}}(V_0-V_{\mathrm{CJ}})} \tag{6.1.24}$$

$$D_{\mathrm{CJ}}=V_0\sqrt{\frac{p_{\mathrm{CJ}}}{V_0-V_{\mathrm{CJ}}}} \tag{6.1.25}$$

将式(6.1.23)～式(6.1.25)代入 CJ 条件(6.1.1)中,即可求出

$$V_{CJ} = \frac{\gamma}{\gamma+1}V_0 \tag{6.1.26}$$

而这和我们前面所导出的式(6.1.22)是完全一样的.

将式(6.1.26)代入式(6.1.16),可求出

$$p_{CJ} = 2(\gamma-1)\rho_0 Q \tag{6.1.27}$$

将式(6.1.26)和式(6.1.27)代入式(6.1.24),可求出

$$v_{CJ} = \sqrt{\frac{2(\gamma-1)}{\gamma+1}Q} \tag{6.1.28}$$

将式(6.1.26)和式(6.1.27)代入式(6.1.25),可求出

$$D = \sqrt{2(\gamma^2-1)Q} \tag{6.1.29}$$

将式(6.1.28)和式(6.1.29)代入 CJ 条件(6.1.1)中可求出

$$c_{CJ} = \sqrt{\frac{2\gamma^2(\gamma-1)}{\gamma+1}Q} \tag{6.1.30}$$

式(6.1.26)～式(6.1.30)分别给出了 CJ 爆轰参数 $V_{CJ}, p_{CJ}, v_{CJ}, D, c_{CJ}$ 以炸药的爆热 Q 以及 ρ_0, γ 所表达的公式.

我们也可以给出以 CJ 爆速 D 以及 ρ_0, γ 所表达的 $Q, V_{CJ}, p_{CJ}, v_{CJ}, c_{CJ}$ 各量的公式:

$$Q = \frac{D^2}{2(\gamma^2-1)} \tag{6.1.31}$$

$$V_{CJ} = \frac{\gamma}{\gamma+1}V_0 \tag{6.1.32}$$

$$p_{CJ} = \frac{\rho_0 D^2}{\gamma+1} \tag{6.1.33}$$

$$v_{CJ} = \frac{D}{\gamma+1} \tag{6.1.34}$$

$$c_{CJ} = \frac{\gamma D}{\gamma+1} \tag{6.1.35}$$

在实践上,爆速 D 和爆压 p_{CJ} 是比较容易通过实验而测定的;在测出它们之后,我们就可以由所测出的 D 和 p_{CJ} 而求出爆轰气体的多方指数:

$$\gamma = \frac{\rho_0 D^2}{p_{CJ}} - 1 \tag{6.1.36}$$

然后,再以(γ, D)为基础通过式(6.1.31)、式(6.1.32)、式(6.1.34)、式(6.1.35)而求出 Q, V_{CJ}, v_{CJ}, c_{CJ} 各量.

根据等容爆轰的概念以及前面的相关公式,容易得到瞬时等容爆轰状态所对应的各量由下面各式所表达(请读者思考之):

$$\begin{cases} V = V_0 \\ D = \infty \\ v = 0 \\ p = (\gamma-1)\rho_0 Q \\ c = \sqrt{\gamma p V} = \sqrt{\gamma(\gamma-1)Q} = \sqrt{\dfrac{\gamma+1}{\gamma-1}}c_{CJ} \end{cases} \tag{6.1.37}$$

式(6.1.37)中的第四个公式也可以通过等容爆轰时炸药的爆能 Q 全部转化为爆轰产物内能 e 的条件而得出

$$Q = e = \frac{pV}{\gamma - 1} = \frac{pV_0}{\gamma - 1} \tag{6.1.38}$$

故有等容爆压的公式

$$p = (\gamma - 1)\rho_0 Q \tag{6.1.39}$$

6.2　爆轰产物的一维自模拟解和爆轰流场

1. 开端一维平面爆轰的自模拟解和爆轰流场

为了简单起见，在本节我们将重点讲解一维平面爆轰的自模拟解，然后再顺便简述一维柱面和一维球面爆轰的自模拟解.

考虑如图 6.4 所示的半无限长细炸药柱，设其侧壁被刚性密封. 当从其左端以雷管将其引爆时，由于其药柱很细而其侧壁被刚性密封，可以假设药柱的爆轰是一维平面爆轰. 建立如图 6.4 所示的其轴线沿药柱中心的一维欧拉坐标系 x，以 $x=0$ 表示起爆点，我们先考虑起爆点左侧为真空情况的所谓开端爆轰情况. 在起爆之后爆轰冲击波将向其右端传播，爆轰冲击波阵面上的爆轰产物将受其压缩而向右运动，而邻接左端自由面的爆轰产物将向其左面进行飞散，从而产生向右传播并跟踪其爆轰冲击波的稀疏波. 现在我们就来求解其一维平面爆轰的爆轰流场. 由于假定爆轰过程是平稳自持的，所以可以假定在一维爆轰波阵面的紧后方爆轰产物将保持其 CJ 爆轰状态，因而爆轰冲击波在传播过程中其强度也将是确定不变

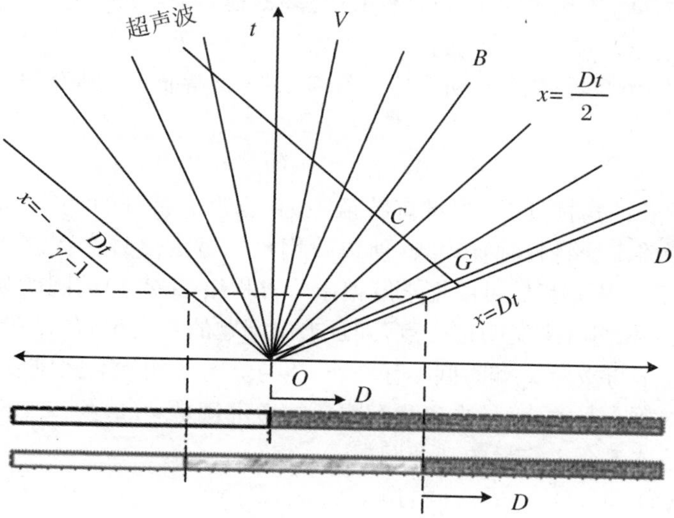

图 6.4　半无限长药柱及其左端开管爆轰波传播图案

的.即使我们考虑爆轰冲击波所引起的爆炸产物熵增,其每个微团的熵增也将是相同的,因而爆轰冲击波后方的爆轰产物飞散膨胀区域将是一个均熵区,这样我们就可以不考虑其中熵的变化并且不把熵作为一个求解变量.于是,我们就可以对爆轰产物采用等熵型的状态方程,比如说多方型的正压流体状态方程.下面我们就这样做.此时,爆轰产物一维平面运动的均熵场波动力学基本方程组如下(可参见2.5节):

$$\begin{cases}\dfrac{\partial\rho}{\partial t}+v\dfrac{\partial\rho}{\partial x}+\rho\dfrac{\partial v}{\partial x}=0 & (\text{连续方程})\\ \dfrac{\partial v}{\partial t}+v\dfrac{\partial v}{\partial x}+\dfrac{1}{\rho}\dfrac{\partial p}{\partial x}=0 & (\text{运动方程})\\ p=p(\rho) & (\text{正压流体状态方程})\end{cases}\tag{6.2.1}$$

引入局部声速 c:

$$c\equiv\sqrt{\frac{\mathrm{d}p}{\mathrm{d}\rho}}\tag{6.2.2}$$

可将基本方程组(6.2.1)化为

$$\begin{cases}\dfrac{\partial\rho}{\partial t}+v\dfrac{\partial\rho}{\partial x}+\rho\dfrac{\partial v}{\partial x}=0\\ \dfrac{\partial v}{\partial t}+v\dfrac{\partial v}{\partial x}+\dfrac{c^2}{\rho}\dfrac{\partial\rho}{\partial x}=0\end{cases}\tag{6.2.3}$$

由于按式(6.2.2)可将局部声速 c 视为密度 ρ 的函数,故式(6.2.3)就是求解 ρ 和 v 的一阶拟线性偏微分方程组.

因为我们已假定药柱为 $x\geqslant0$ 的侧壁刚硬的半无限长柱体,药柱的左方($x<0$)假定为真空,设当 $t=0$ 时,药柱在 $x=0$ 处平面起爆,于是爆轰波以恒定爆速 D 向右传播,后方的爆炸产物将有一部分会受到爆轰冲击波的压缩而向右运动,而另一部分爆轰产物将向左方的真空中膨胀,并向真空中飞散.所以基本方程组(6.2.1)或(6.2.3)的解题边界条件之一将是:在爆轰阵面 $x=Dt$ 之上,爆轰产物具有CJ爆轰状态,即当 $x=Dt$ 时

$$p=p_{\mathrm{CJ}},\quad \rho=\rho_{\mathrm{CJ}},\quad v=v_{\mathrm{CJ}}\tag{6.2.4}$$

而对开端爆轰的情况,在爆炸产物和真空的未知待求交界面上,则有另一个边界条件:当 $x=x(t)$ 时

$$p=0,\quad \rho=0,\quad c=0\tag{6.2.5}$$

由于是半无限长的药柱,问题中没有特征距离,也没有特征时间,于是坐标 x 和时间 t 所对应的无量纲量将不会各自独立出现,所以我们可以肯定爆轰产物流场求解的问题必然是一个自模拟的问题,从而我们可以把求解偏微分方程组(6.2.1)的问题化为一个常微分方程的求解问题.现在我们就来说明这一点,并且求出问题的自模拟解.显然,爆轰产物流场中每一点的状态量除了与坐标 x 和时间 t 有关外,还与炸药的初始装药密度 ρ_0、CJ爆速 D 和爆轰产物的多方指数 γ 有关,于是决定我们问题的主定量是 x,t,ρ_0,D,γ,流场中的每一个待求因变量都将是这5个主定量的某个函数:

$$p=p(x,t,\rho_0,D,\gamma),\quad \rho=\rho(x,t,\rho_0,D,\gamma),\quad v=v(x,t,\rho_0,D,\gamma)\tag{6.2.6}$$

由于我们没有考虑问题的热效应,所以根据量纲分析的 π 定理,我们必然只能有 $5-3=2$ 个独立的无量纲主定量.事实上,如果我们取5个主定量中的 ρ_0,D 和 t 为3个独立的

有量纲基本量，则 x 所对应的无量纲量将是$\frac{x}{Dt}$，而 γ 本身已经是一个无量纲量，故我们的独立无量纲主定量将是$\frac{x}{Dt}$和γ 这 2 个量，由于 γ 是常数，为了简单起见在下面我们将略去其中的 γ. p,v,ρ,c 所对应的无量纲量分别是$\frac{p}{\rho_0 D^2},\frac{v}{D},\frac{\rho}{\rho_0},\frac{c}{D}$，它们将都是无量纲自变量$\frac{x}{Dt}$的某种函数，由于 D 是常数，所以它们都将是量 $\xi=\frac{x}{t}$ 的某种函数，其中

$$\xi \equiv \frac{x}{t} \tag{6.2.7}$$

例如我们可有

$$\frac{p}{\rho_0 D^2} = p(\xi),\quad \frac{v}{D} = v(\xi),\quad \frac{\rho}{\rho_0} = \rho(\xi),\quad \frac{c}{D} = c(\xi) \tag{6.2.8}$$

由于

$$\frac{\partial \xi}{\partial x} = \frac{1}{t},\quad \frac{\partial \xi}{\partial t} = -\frac{\xi}{t} \tag{6.2.9}$$

而对 ξ 的任意函数 f 有

$$\frac{\partial f}{\partial x} = \frac{\mathrm{d}f}{\mathrm{d}\xi}\frac{\partial \xi}{\partial x} = \frac{f'}{t},\quad \frac{\partial f}{\partial t} = \frac{\mathrm{d}f}{\mathrm{d}\xi}\frac{\partial \xi}{\partial t} = -\frac{\xi f'}{t} \tag{6.2.10}$$

将式(6.2.10)中的函数 f 分别取为 ρ,v 并将之代入式(6.2.3)，可得出如下的常微分方程组：

$$\begin{cases}(v-\xi)\rho' + \rho v' = 0\\ \dfrac{c^2}{\rho}\rho' + (v-\xi)v' = 0\end{cases} \tag{6.2.11}$$

$\rho'=0,v'=0$ 是平凡解，代表炸药不爆炸的初始状态，这不是我们所关心的.式(6.2.11)存在非平凡解 $\rho'\neq 0,v'\neq 0$ 要求其系数矩阵的行列式等于 0，即

$$\Delta = \begin{Vmatrix} v-\xi & \rho \\ \dfrac{c^2}{\rho} & v-\xi \end{Vmatrix} = (v-\xi)^2 - c^2 = 0 \tag{6.2.12}$$

由此可得

$$v - \xi = \pm c \tag{6.2.13}$$

将边界条件(6.2.4)代入式(6.2.13)，可得

$$v_{\mathrm{CJ}} - D = \pm c_{\mathrm{CJ}} \tag{6.2.14}$$

可见，只有式(6.2.14)中的负号才能满足稳定自持爆轰的 CJ 条件，故我们有

$$v + c(\rho) = \xi \tag{6.2.15}$$

当其系数矩阵的行列式为 0 时，式(6.2.11)中的两个方程是等价而不独立的，于是将式(6.2.15)代入式(6.2.11)中的任一式，都将得出

$$v' = \frac{c(\rho)\rho'}{\rho}\quad 或\quad \mathrm{d}v = \frac{c(\rho)}{\rho}\mathrm{d}\rho \tag{6.2.16}$$

对给定的产物状态方程函数 $c(\rho)$ 将是某个确定的函数，故积分此式并利用 CJ 阵面上的条件作为初值，我们是容易积分得出 v 和 ρ 的一个依赖关系的；将该依赖关系和它们之间的另

一个依赖关系(6.2.15)联立求解,我们就可得出问题的解 $\rho=\rho(\xi)$, $v=v(\xi)$,并进而再由爆轰产物的状态方程而得出 $p=p(\xi)$ 和 $c=c(\xi)$. 下面我们就对多方型的产物状态方程来求出其具体结果.

如果爆炸产物状态方程是多方气体型的, $p=A\rho^{\gamma}$,故有

$$c=\sqrt{\frac{\gamma p}{\rho}}=\sqrt{\gamma A}\rho^{\frac{\gamma-1}{2}} \tag{6.2.17}$$

对式(6.2.17)求其对数微分,得

$$\frac{\mathrm{d}c}{c}=\frac{\gamma-1}{2}\frac{\mathrm{d}\rho}{\rho} \tag{6.2.18}$$

代入式(6.2.16),可得

$$\mathrm{d}v=\frac{2}{\gamma-1}\mathrm{d}c \tag{6.2.19}$$

积分式(6.2.19),并利用 CJ 爆轰阵面上的条件(6.2.4),有

$$v-\frac{2}{\gamma-1}c=v_{\mathrm{CJ}}-\frac{2}{\gamma-1}c_{\mathrm{CJ}} \tag*{(6.2.20)$'$}$$

将式(6.1.34)和式(6.1.35)中的 v_{CJ} 和 c_{CJ} 代入此式,即得

$$v-\frac{2}{\gamma-1}c=-\frac{D}{\gamma-1} \tag{6.2.20}$$

式(6.2.20)和式(6.2.15)就是关于 v 和 c 的联立代数方程组:

$$\begin{cases}v+c=\dfrac{x}{t}\\[2mm] v-\dfrac{2}{\gamma-1}c=-\dfrac{D}{\gamma-1}\end{cases} \tag{6.2.21}$$

由此容易解出 v 和 c;利用式(6.2.17)即可求出 ρ,再利用爆轰产物的状态方程即可求出 p,将它们写在一起,即

$$\begin{cases}\dfrac{v}{v_{\mathrm{CJ}}}=\dfrac{2x}{Dt}-1\\[2mm] \dfrac{c}{c_{\mathrm{CJ}}}=\dfrac{1}{\gamma}\left(\dfrac{\gamma-1}{D}\dfrac{x}{t}+1\right)\\[2mm] \dfrac{\rho}{\rho_{\mathrm{CJ}}}=\left(\dfrac{c}{c_{\mathrm{CJ}}}\right)^{\frac{2}{\gamma-1}}=\left(\dfrac{\gamma-1}{\gamma D}\dfrac{x}{t}+\dfrac{1}{\gamma}\right)^{\frac{2}{\gamma-1}}\\[2mm] \dfrac{p}{p_{\mathrm{CJ}}}=\left(\dfrac{c}{c_{\mathrm{CJ}}}\right)^{\frac{2\gamma}{\gamma-1}}=\left(\dfrac{\gamma-1}{\gamma D}\dfrac{x}{t}+\dfrac{1}{\gamma}\right)^{\frac{2\gamma}{\gamma-1}}\end{cases} \tag{6.2.22}$$

飞散的爆炸产物和左端真空交界面的位置可以由边界条件(6.2.5)确定:把边界条件 $c=0$ 或 $p=0$ 代入式(6.2.22)的第二式或第四式,可以得出爆轰产物向真空飞散的边界方程为

$$x=-\frac{Dt}{\gamma-1} \tag{6.2.23}$$

这表明,邻接真空的爆轰产物是以均匀速度 $\dfrac{D}{\gamma-1}$ 向左飞散的.

归纳前面的结果,我们可以得到从左端起爆的半无限长药柱爆轰问题的解答为:任何给

定的时刻 t，在 $x \leqslant -\frac{Dt}{\gamma-1}$ 处$\left(\xi \leqslant \frac{-D}{\gamma-1}\right)$，为真空，$v=0,c=0,\rho=0,p=0$；

在 $-\frac{Dt}{\gamma-1} \leqslant x \leqslant Dt$ 处$\left(\frac{-D}{\gamma-1} \leqslant \xi \leqslant D\right)$，为爆轰产物，其状态由式(6.2.22)确定；

在 $x \geqslant Dt$ 处($D \leqslant \xi$)，为未爆炸药，其状态为 $v=0,\rho=\rho_0,p=0,c$ 由炸药状态方程确定.

由于在爆轰产物中，任何一个物理量都只是 $\xi \equiv \frac{x}{t}$ 的函数，故在不同时刻 t 物理量在E氏坐标中的分布规律是相似的$\left(\text{只需改变 } x \text{ 而使得 } \xi \equiv \frac{x}{t} \text{ 保持等值}\right)$，同样在不同空间位置 x 处物理量的时程变化规律也将是相似的$\left(\text{只需改变 } t \text{ 而使得 } \xi \equiv \frac{x}{t} \text{ 保持等值}\right)$，因此我们将形如 $f=f(\xi)=f\left(\frac{x}{t}\right)$ 的解(6.2.22)称为自模拟解. 由波传播的特征理论容易说明 $v+c=\xi=\text{const}$ 在物理上代表爆轰产物右行波的特征线(见下节的论述)，所以解(6.2.22)实际上是爆轰产物的右行简单波解，如图6.4所示. 固定一个 t 值，在图6.4中作一条水平线，我们可以在表示爆轰产物，即

$$-\frac{Dt}{\gamma-1} \leqslant x \leqslant Dt$$

的范围内，根据式(6.2.22)得出 t 时刻的状态参量的空间分布(即空间波形)；同样，固定一个 x 值，在图6.4中作一条垂直线，我们可以在表示爆轰产物，即

$$-\frac{Dt}{\gamma-1} \leqslant x \leqslant Dt$$

的范围内，根据式(6.2.22)得出 x 处的状态参量的时程曲线.

对 $\gamma=3$ 的特殊情况，图6.5(a)中给出了爆轰产物质点速度 v、局部声速 c、质量密度 ρ 和压力 p 等用无量纲形式表出的空间分布波形. 可以看到，在爆轰波后方的压力分布的波形接近于指数衰减的幂次曲线，而声速、密度和质点速度的分布则是直线衰减的三角形锯齿波形.

在式(6.2.22)中令 $v=0$，可得 $x=\frac{Dt}{2}$；在该波阵面迹线 $x=\frac{Dt}{2}$ 右侧即 $x \geqslant \frac{Dt}{2}$ 处有 $v \geqslant 0$；而在该波阵面迹线 $x=\frac{Dt}{2}$ 左侧即 $x \leqslant \frac{Dt}{2}$ 处有 $v \leqslant 0$. 这说明，在任意时刻 t，都有一部分爆轰产物向右运动，这主要是因为其受到了爆轰冲击波的冲击压缩作用，而另一部分爆轰产物则向左运动，这主要是因为其受到了从左端自由面上侵入的右行稀疏波的作用. 在任意时刻 t，面积为 A_0 的爆轰药柱向右运动的介质质量为

$$M=\int_{\frac{Dt}{2}}^{Dt} A_0 \rho(x)\,\mathrm{d}x = M_0 \frac{1}{\gamma^2}\left[\gamma^{\frac{\gamma+1}{\gamma-1}}-\left(\frac{\gamma+1}{2}\right)^{\frac{\gamma+1}{\gamma-1}}\right] \tag{6.2.24}$$

这里利用了式(6.2.22)中爆轰产物密度的表达式，其中 $M_0=A_0\rho_0 Dt$ 为 t 时刻已爆轰完毕的炸药质量. 对 $\gamma=3$ 的特殊情况，可有

$$M=\frac{5}{9}M_0=\frac{5}{9}A_0\rho_0 Dt \tag{6.2.25}$$

即在任意时刻 t 都有 $\frac{5}{9}$ 的爆轰产物向右运动，而有 $\frac{4}{9}$ 的爆轰产物向左运动.

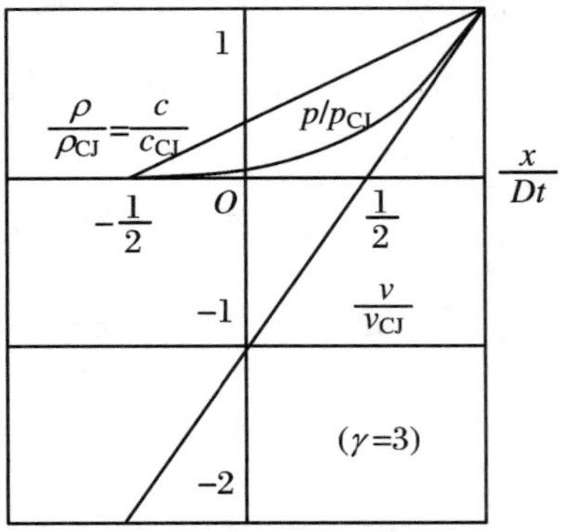

(a) 开管爆炸

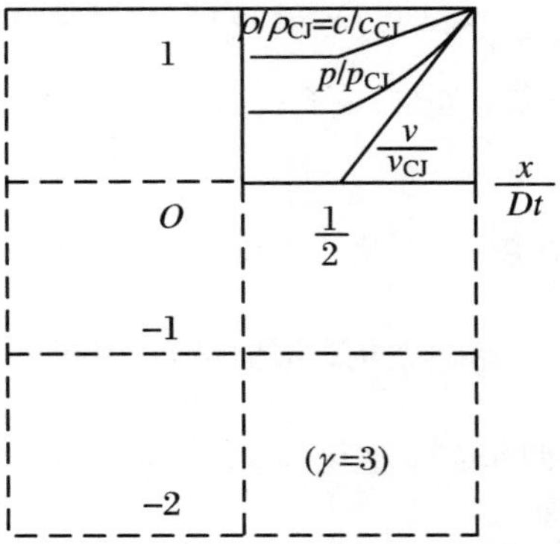

(b) 闭管爆炸

图 6.5　爆轰波后方状态参量分布

需要强调指出的是，尽管图 6.4 中波阵面迹线的斜率有正有负，即爆轰冲击波和每一条稀疏波在绝对空间中有向右传播和向左传播之分，但从波传播特征理论的角度看，它们实际上都是右行波，即波阵面相对介质都是向右传播的，因为波相对介质的局部声速

$$c = \frac{x}{t} - v = \frac{c_{CJ}}{\gamma}\left(\frac{\gamma-1}{D}\frac{x}{t}+1\right)$$

在产物区

$$-\frac{D}{\gamma-1} \leqslant \frac{x}{t} \leqslant D$$

之内永远都是大于或等于 0 的. 由于一部分介质质点是以很高的速度在绝对空间中向左运动的，而在真空面附近产物的相对声速却很小，所以向左飞散的一部分爆轰产物可能是处于超声速运动状态的. 事实上，在爆轰产物内 $v\leqslant 0$ 的地方，令 $|v| = -v \geqslant c$（即向左以超声速运动），则将式(6.2.22)中 v 和 c 的表达式代入之即可得出 $\frac{x}{t}\leqslant 0$，这说明：在区间 $-\frac{D}{\gamma-1}\leqslant\frac{x}{t}\leqslant 0$ 的爆轰产物，$v<0$，$|v| = -v \geqslant c$，爆轰产物是以超声速向左运动的；在区间 $0\leqslant\frac{x}{t}\leqslant\frac{D}{2}$ 的爆轰产物，虽然 $v<0$，但是 $|v| = -v \leqslant c$，此区间内爆轰产物是以亚声速向左运动的；而在区间 $\frac{D}{2}\leqslant\frac{x}{t}\leqslant D$ 内，$v>0$，爆轰产物和稀疏波一起向右运动.

2. 闭端一维平面爆轰的自模拟解和爆轰流场

如果起爆端是刚壁，初看起来似乎有刚壁的阻挡将使爆炸气体无法膨胀并产生爆轰冲击波在刚壁上反射的现象，但实际情况其实并非如此. 这是因为爆轰冲击波对炸药进行了很强的压缩而使得其达到 CJ 爆轰密度 $\rho_{CJ} = \frac{\gamma+1}{\gamma}\rho_0$，这一密度是大于炸药的初始密度 ρ_0 的. 所以根据质量守恒定律，在刚壁和爆轰阵面之间的同样体积内转变成的爆轰产物，其在刚壁附近的产物密度必然低于炸药的 CJ 爆轰密度，因而仍然会在爆轰冲击波的后方产生稀疏波的跟踪.这种闭端爆炸的问题以及其分析求解方法和前面的开端爆炸问题是一样的，仍然是一个自模拟问题，只是左边的边界条件由未知边界的真空自由面条件变成了刚壁条件.由于刚壁不能移动，故边界条件为 $v=0$.将 $v=0$ 的条件代入式(6.2.22)中的第一式，得到

$$x = \frac{1}{2}Dt \tag{6.2.26}$$

所以粒子速度为零的区域从刚壁 $x=0$ 一直延伸至爆轰波传播距离一半 $x=\frac{1}{2}Dt$ 的地方.在刚壁和这道波之间的爆炸产物其他各量的状态可以通过将 $x=\frac{1}{2}Dt$ 代入式(6.2.22)的其他各式而得到.于是在这段静止区内，即 $0\leqslant\frac{x}{t}\leqslant\frac{1}{2}D$ 处各物理量的值如下：

$$\begin{cases} v = 0 \\ \dfrac{c}{c_{CJ}} = \dfrac{\gamma+1}{2\gamma} \\ \dfrac{\rho}{\rho_{CJ}} = \left(\dfrac{\gamma+1}{2\gamma}\right)^{\frac{2}{\gamma-1}} \\ \dfrac{p}{p_{CJ}} = \left(\dfrac{\gamma+1}{2\gamma}\right)^{\frac{2\gamma}{\gamma-1}} \end{cases} \tag{6.2.27}$$

而在静止区以外，即 $\frac{1}{2}D\leqslant\frac{x}{t}\leqslant D$ 处，各参量的分布情况和开端问题的解一样由式(6.2.22)所给出.对 $\gamma=3$ 的特殊情况，图 6.5(b)中给出了爆轰产物质点速度 v、局部声速 c、质量密度 ρ 和压力 p 等用无量纲形式表出的空间分布波形.

3. 一维球面爆轰的自模拟解和爆轰流场

对炸药球面爆轰和柱面爆轰的问题可以与药柱一维平面爆轰的问题进行类似的分析.对于采用 E 氏坐标进行分析的问题，请读者作为练习思考之.在本节中，我们将采用 L 氏坐标对一维球面爆轰的自模拟解和爆轰流场进行讨论，一维柱面爆轰的问题也请读者作为练习思考之.

以 R 和 r 分别表示球坐标中爆轰产物的 L 氏径向坐标和 E 氏径向坐标，其他各量的符号同前.以 L 氏径向坐标 R 和时间 t 为自变量，一维球对称问题的基本方程组可以导出如下(请读者作为练习推导之)：

$$\begin{cases} \dfrac{\partial \rho}{\partial t} + \dfrac{r^2}{R^2}\dfrac{\rho^2}{\rho_0}\dfrac{\partial v}{\partial R} + \dfrac{2\rho v}{r} = 0 & \text{(连续方程)} \\ \dfrac{\partial v}{\partial t} + \dfrac{r^2}{R^2\rho_0}\dfrac{\partial p}{\partial R} = 0 & \text{(运动方程)} \\ p = p(\rho) & \text{(状态方程)} \end{cases} \tag{6.2.28}$$

这里我们是把 E 氏径向坐标 r 也看作一个待求未知量而写出的.引入局部声速 $c=\sqrt{\frac{\mathrm{d}p}{\mathrm{d}\rho}}$，可将方程组(6.2.28)化为如下等价的方程组：

$$
\begin{cases}
\dfrac{\partial \rho}{\partial t} + \dfrac{r^2}{R^2}\dfrac{\rho^2}{\rho_0}\dfrac{\partial v}{\partial R} + \dfrac{2\rho v}{r} = 0 \\
\dfrac{\partial v}{\partial t} + \dfrac{r^2 c^2}{R^2 \rho_0}\dfrac{\partial \rho}{\partial R} = 0
\end{cases}
\tag{6.2.29}
$$

当采用爆轰产物的多方型状态方程时，与前面对一维平面问题由量纲分析所得出的结论类似，可知：各待求未知量 ρ, v, p, c, r 都将是$\dfrac{R}{Dt}$的函数，因之都将是量

$$
\xi \equiv \frac{R}{t}
\tag{6.2.30}
$$

的函数. 记 $\phi = r/R$，则式(6.2.29)可写为

$$
\begin{cases}
\dfrac{\rho^2 \phi^2}{\rho_0}\dfrac{dv}{d\xi} - \xi \dfrac{d\rho}{d\xi} = -\dfrac{2\rho v}{\phi \xi} \\
-\xi \dfrac{dv}{d\xi} + \dfrac{\phi^2 c^2}{\rho_0}\dfrac{d\rho}{d\xi} = 0
\end{cases}
\tag{6.2.31}
$$

解得

$$
\begin{cases}
\dfrac{dv}{d\xi} = -\dfrac{2\rho v \phi c^2}{\rho_0 \xi}\Big/\Delta \\
\dfrac{d\rho}{d\xi} = -\dfrac{2\rho v}{\phi}\Big/\Delta
\end{cases}
\tag{6.2.32}
$$

其中

$$
\Delta = \frac{\rho^2 c^2 \phi^4}{\rho_0^2} - \xi^2
\tag{6.2.33}
$$

由于以 ξ 为自变量进行积分时，计算初始时会使 $\Delta = 0$，因而计算无法进行，故我们将 v 作为自变量，于是有

$$
\frac{d\xi}{dv} = -\frac{\rho_0 \xi \Delta}{2\rho v \phi c^2} \quad \text{和} \quad \frac{d\rho}{dv} = \frac{d\rho}{d\xi}\Big/\frac{dv}{d\xi} = \frac{\rho_0 \xi}{\phi^2 c^2}
$$

再加上

$$
\frac{dc}{dv} = \frac{(\gamma - 1)c}{2\rho}\frac{d\rho}{dv}, \quad \frac{dp}{dv} = \frac{dp}{d\rho}\frac{d\rho}{dv} = c^2 \frac{d\rho}{dv}, \quad \frac{d\phi}{dv} = \frac{\rho \Delta}{2\rho \xi \phi c^2}
$$

便可以构成能求解 ρ, v, p, c, ϕ 的常微分方程组：

$$
\begin{cases}
\dfrac{dv}{dv} = 1 \\
\dfrac{d\xi}{dv} = -\dfrac{\rho_0 \xi \Delta}{2\rho v \phi c^2} \\
\dfrac{d\rho}{dv} = \dfrac{d\rho}{d\xi}\Big/\dfrac{dv}{d\xi} = \dfrac{\rho_0 \xi}{\phi^2 c^2} \\
\dfrac{dp}{dv} = \dfrac{dp}{d\rho}\dfrac{d\rho}{dv} = c^2 \dfrac{d\rho}{dv} \\
\dfrac{dc}{dv} = \dfrac{(\gamma - 1)c}{2\rho}\dfrac{d\rho}{dv} \\
\dfrac{d\phi}{dv} = \dfrac{\rho \Delta}{2\rho \xi \phi c^2}
\end{cases}
\tag{6.2.34}
$$

起始条件为 CJ 阵面上的条件：

当 $v = v_{CJ}$时

$$\xi = D, \quad \rho = \rho_{CJ}, \quad p = p_{CJ}, \quad c = c_{CJ}, \quad \phi = 1 \tag{6.2.35}$$

积分计算的中止条件为起爆中心的条件：$v = 0$，并通过积分可以求出 $v = 0$ 时其他各量的值.

我们可以根据计算精度的要求将区间 $v[0, v_{CJ}]$分为若干份，通过 Runge-Kutta 方法对常微分方程组的初值问题(6.2.34)和(6.2.35)进行数值求解. 读者也可以尝试求解其解析解. 作为数值问题的算例，我们对炸药参数 $\rho_0 = 1\,680.0\ \mathrm{kg/m^2}$，$D_{CJ} = 7\,830.0\ \mathrm{m/s}$，$\gamma = 2.814$ 的情况进行了数值求解. 在图 6.6(a)、图 6.6(b)、图 6.6(c)、图 6.6(d)中，我们分别给出了在半径为 16 mm 的药球刚刚爆轰完毕时刻

$$T = \frac{0.016\ \mathrm{m}}{7\,830.0\ \mathrm{m/s}} = 2.043\,42\ \mu\mathrm{s}$$

爆轰产物中的 $r \sim R$ 关系、$v \sim R$ 关系、$p \sim R$ 关系、$V \sim R$ 关系. 由图可以看出在爆心附近的一段区域内爆轰产物的质点速度 v、压力 p、比容 V 都是常数，这与平面一维爆轰闭端爆炸问题的情况是完全类似的，这是由于球面中心质点速度 $v = 0$ 的条件其实就是一个刚壁条件，刚壁条件作为一种边界扰动向爆轰产物中的传播就导致有关的物理量保持相应的常数值.

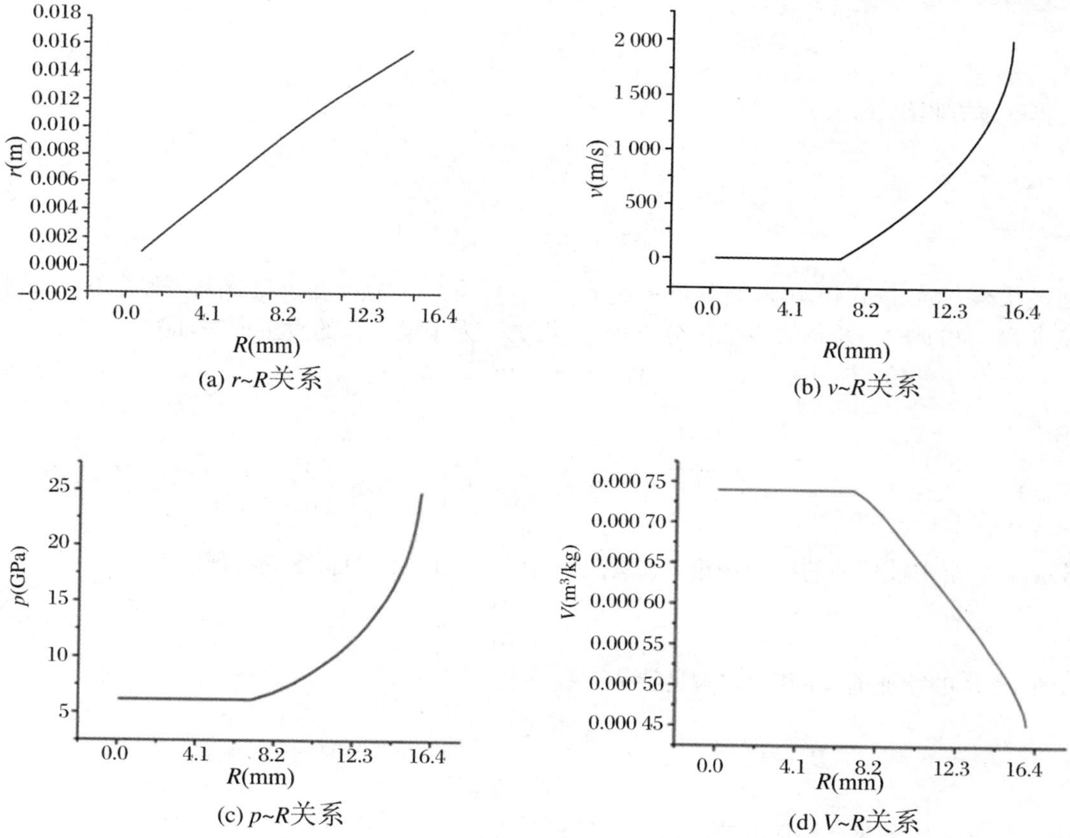

图 6.6　炸药球面中心起爆问题典型时刻的爆轰产物流场

6.3 炸药在刚壁上的平面一维接触爆炸

在6.2节中,我们讨论了半无限长药柱一维平面爆轰的自模拟解,并指出了爆轰产物的流场其实是一个爆轰冲击波之后的右行简单波流场.现在我们将用特征线法给出平面一维爆轰问题的解答,并以此为基础再来讨论有限长药柱在刚壁上反射的问题.关于有限长药柱爆轰完毕之后在终端自由面反射的问题,读者可作为练习求解.如6.2节所述,一维平面爆轰问题的基本方程组由式(6.2.1)给出,即

$$\begin{cases}\dfrac{\partial \rho}{\partial t}+v\dfrac{\partial \rho}{\partial x}+\rho\dfrac{\partial v}{\partial x}=0 & \text{(连续方程)}\\ \dfrac{\partial v}{\partial t}+v\dfrac{\partial v}{\partial x}+\dfrac{1}{\rho}\dfrac{\partial p}{\partial x}=0 & \text{(运动方程)}\\ p=p(\rho) & \text{(正压流体状态方程)}\end{cases}\tag{6.3.1}$$

引入局部声速

$$c\equiv\sqrt{\frac{\mathrm{d}p}{\mathrm{d}\rho}}\tag{6.3.2}$$

可将基本方程组(6.3.1)化为

$$\begin{cases}\dfrac{\partial v}{\partial t}+v\dfrac{\partial v}{\partial x}+\dfrac{c^2}{\rho}\dfrac{\partial \rho}{\partial x}=0\\ \dfrac{\partial \rho}{\partial t}+v\dfrac{\partial \rho}{\partial x}+\rho\dfrac{\partial v}{\partial x}=0\end{cases}\tag{6.3.3}$$

通过状态方程,按式(6.3.2)将局部声速 c 求出,可将其作为密度 ρ 的函数,故式(6.3.3)就是求解 ρ 和 v 的一阶拟线性偏微分方程组.将之写为张量方程的直接记法,即

$$\boldsymbol{W}_t+\boldsymbol{B}\cdot\boldsymbol{W}_x=\boldsymbol{b}\tag{6.3.4}$$

其中

$$\boldsymbol{W}=\begin{bmatrix}v\\ \rho\end{bmatrix},\quad \boldsymbol{B}=\begin{bmatrix}v & \dfrac{c^2}{\rho}\\ \rho & v\end{bmatrix},\quad \boldsymbol{b}=\begin{bmatrix}0\\0\end{bmatrix}\tag{6.3.5}$$

根据第2章中波传播的特征理论,物理平面 x-t 上特征方向的斜率或特征波速

$$\lambda=\frac{\mathrm{d}x}{\mathrm{d}t}\tag{6.3.6}$$

由张量 $\boldsymbol{B}$ 的特征值所确定,它满足特征方程

$$\|\boldsymbol{B}-\lambda\boldsymbol{I}\|=\begin{Vmatrix}v-\lambda & \dfrac{c^2}{\rho}\\ \rho & v-\lambda\end{Vmatrix}=(v-\lambda)^2-c^2=0\tag{6.3.7}$$

由此可求出如下两个特征波速的值:

$$\lambda_1=v+c,\quad \lambda_2=v-c\tag{6.3.8}$$

它们分别表示相对于(以质点速度 v 而运动的)介质的右行波和左行波.设与特征值 λ 相对应的张量$\boldsymbol{B}$ 的左特征矢量为$\boldsymbol{L}$,则有

$$\boldsymbol{L}\cdot(\boldsymbol{B}-\lambda\boldsymbol{I})=(\boldsymbol{B}-\lambda\boldsymbol{I})^{\mathrm{T}}\cdot\boldsymbol{L}=\boldsymbol{O}$$

写为矩阵形式,即

$$\begin{bmatrix} v-\lambda & \rho \\ \dfrac{c^2}{\rho} & v-\lambda \end{bmatrix}\begin{bmatrix} L_1 \\ L_2 \end{bmatrix}=\begin{bmatrix} 0 \\ 0 \end{bmatrix}$$

由此可得,与特征值 λ 相对应的左特征矢量

$$\boldsymbol{L}=\begin{bmatrix} L_1 \\ L_2 \end{bmatrix}=\begin{bmatrix} \dfrac{\rho}{\lambda-v} \\ 1 \end{bmatrix} \tag{6.3.9}$$

将特征值 $\lambda=\lambda_1$ 和 $\lambda=\lambda_2$ 代入,可得相应的左特征矢量分别为

$$\boldsymbol{L}_1=\begin{bmatrix} \dfrac{\rho}{c} \\ 1 \end{bmatrix},\quad \boldsymbol{L}_2=\begin{bmatrix} -\dfrac{\rho}{c} \\ 1 \end{bmatrix} \tag{6.3.9$'$}$$

将特征值 λ_1、特征矢量 $\boldsymbol{L}_1$ 以及特征值 λ_2、特征矢量 $\boldsymbol{L}_2$ 分别代入与特征波速 $\lambda=\dfrac{\mathrm{d}x}{\mathrm{d}t}$相对应的特征关系

$$\boldsymbol{L}\cdot\frac{\mathrm{d}\boldsymbol{W}}{\mathrm{d}t}=\boldsymbol{L}\cdot\boldsymbol{b}=0 \tag{6.3.10}$$

即

$$\mathrm{d}v+\frac{\rho}{\lambda-v}\mathrm{d}\rho=0 \tag{6.3.10$'$}$$

之中,可分别得出如下的两组特征关系:

$$\mathrm{d}v\pm\frac{c\,\mathrm{d}\rho}{\rho}=0\quad\left(\text{沿}\frac{\mathrm{d}x}{\mathrm{d}t}=v\pm c\right) \tag{6.3.11}$$

这便是 v-ρ 平面上的特征关系.将之化为 v-c 平面上的特征关系,即

$$\mathrm{d}v\pm\frac{\rho'(c)\mathrm{d}c}{\rho}=0\quad\left(\text{沿}\frac{\mathrm{d}x}{\mathrm{d}t}=v\pm c\right) \tag{6.3.12}$$

特别地,对于多方指数为 γ 的多方型流体,由于有

$$p=A\rho^{\gamma},\quad c^2=\frac{\mathrm{d}p}{\mathrm{d}\rho}=A\gamma\rho^{\gamma-1}$$

$$2c\mathrm{d}c=A\gamma(\gamma-1)\rho^{\gamma-2}\mathrm{d}\rho=(\gamma-1)\frac{c^2}{\rho}\mathrm{d}\rho$$

即

$$\frac{c\,\mathrm{d}\rho}{\rho}=\frac{2\mathrm{d}c}{\gamma-1} \tag{6.3.13}$$

故可将特征关系(6.3.12)化为

$$\mathrm{d}v\pm\frac{2\mathrm{d}c}{\gamma-1}=0\quad\left(\text{沿}\frac{\mathrm{d}x}{\mathrm{d}t}=v\pm c\right) \tag{6.3.14}$$

式(6.3.14)即是多方型爆炸产物在 v-c 平面上的特征关系.

定义黎曼不变量 R_1，R_2 为

$$R_1 \equiv v + \frac{2c}{\gamma - 1}, \quad R_2 \equiv v - \frac{2c}{\gamma - 1} \tag{6.3.15}$$

则可将特征关系(6.3.14)化为 R_1-R_2 平面上的特征关系：

$$\mathrm{d}R_{1,2} = 0 \quad \left(沿\frac{\mathrm{d}x}{\mathrm{d}t} = v \pm c\right) \tag{6.3.16}$$

其解可以写为

$$R_1 = \alpha = \text{const} \quad \left(沿\frac{\mathrm{d}x}{\mathrm{d}t} = v + c\right) \tag{6.3.17}$$

$$R_2 = \beta = \text{const} \quad \left(沿\frac{\mathrm{d}x}{\mathrm{d}t} = v - c\right) \tag{6.3.18}$$

从爆轰产物区中的任何一点 $C(x,t)$ 引一条左行特征线（不管其形状如何）至爆轰冲击波阵面之上，设与之交于点 G，如图 6.4 所示. 沿此左行特征线 CG 必有

$$R_2 = v - \frac{2c}{\gamma - 1} = v_{\mathrm{CJ}} - \frac{2c_{\mathrm{CJ}}}{\gamma - 1} = -\frac{D}{\gamma - 1} = \text{const} \tag{6.3.19}$$

此常数 $R_2 = -\dfrac{D}{\gamma - 1}$ 是由爆轰冲击波阵面上的状态所确定的，与爆轰产物点的位置无关，因此爆轰产物区中的任何一点，其黎曼不变量 $R_2 = -\dfrac{D}{\gamma - 1}$ 都保持这一绝对常数. 这说明，爆轰产物的波动是一个所谓的右行简单波流场，这是因为产物前方所邻接的是一个处于均匀 CJ 爆轰状态的无限窄的均值区，而式(6.3.19)就是爆轰产物右行波场的动态响应曲线.

沿着任何一条右行特征线，我们都有

$$R_1 \equiv v + \frac{2c}{\gamma - 1} \tag{6.3.20}$$

为常数. 但是由于右行特征线并不能引至爆轰冲击波阵面之上的恒值状态，所以我们并不能得出在整个爆轰产物区中 R_1 也是一个绝对常数的结论，即沿着不同的右行特征线常数值 R_1 可以是不同的，R_1 是右行特征线编号的函数. 联立解方程组(6.3.19)和(6.3.20)，我们可以得出结论：在爆轰产物区中的质点速度 v 和局部声速 c 也必然都是其右行特征线编号的函数，即沿着同一条右行特征线 v 和 c 是保持不变的，因而沿着同一条右行特征线其斜率 $\dfrac{\mathrm{d}x}{\mathrm{d}t} = v + c$ 也是不变的，因此在爆轰产物区中的右行特征线必然是直线. 但是，其左行特征线则未必是直线. 由于在爆轰产物的右行简单波场中，除了黎曼不变量 R_2 是由 CJ 爆轰状态所决定的绝对常数以外，其他物理量 R_1, v, c, ρ, p 等都与右行特征线有一一对应的关系，因而可以将它们视为右行特征线编号的函数；同样，右行特征线的截距也是右行特征线编号的函数. 因此我们可以把右行简单波区中右行特征线的截距视为 R_1, v, c, ρ, p 等其中任何一个量的函数，可以根据右行简单波左侧边界条件的不同而做不同的选择. 在这里我们取其为 R_1 的函数. 故在右行简单波区中，右行特征线的方程可以简单地写为

$$x = (v + c)t + F(R_1) \tag{6.3.21}$$

函数

$$F(R_1) = F\left(v + \frac{2c}{\gamma - 1}\right)$$

可由右行简单波左侧边界条件确定.整个爆轰产物的简单波解可以由式(6.3.21)和式(6.3.19)来表达,即

$$\begin{cases} x = (v + c)t + F(R_1) \\ v - \dfrac{2c}{\gamma - 1} = -\dfrac{D}{\gamma - 1} \end{cases} \tag{6.3.22}$$

如上所述,式(6.3.22)中的任意函数

$$F(R_1) = F\left(v + \frac{2c}{\gamma - 1}\right)$$

可以由右行简单波左侧的边界条件确定,现在的情况就是由初始时刻于原点起爆的条件确定:每一条右行特征线都是于 $t=0$ 时在 $x=0$ 处出发的.将这一条件代入式(6.3.22)中的第一式,可得

$$F(R_1) = F\left(v + \frac{2c}{\gamma - 1}\right) = 0$$

于是可有

$$v + c = \frac{x}{t}$$

此式与式(6.3.22)中的第二式一起给出

$$\begin{cases} v + c = \dfrac{x}{t} \\ v - \dfrac{2c}{\gamma - 1} = -\dfrac{D}{\gamma - 1} \end{cases} \tag{6.3.23}$$

这与我们在 6.2 节中所得的式(6.2.21)是完全相同的.求解式(6.3.23)即可得出 v 和 c,进而可以利用爆轰产物多方型的状态方程而求出 ρ 和 p.这些解如式(6.2.22)所示,在这里我们重新列出如下:

$$\begin{cases} \dfrac{v}{v_{\mathrm{CJ}}} = \dfrac{2x}{Dt} - 1 \\ \dfrac{c}{c_{\mathrm{CJ}}} = \dfrac{1}{\gamma}\left(\dfrac{\gamma - 1}{D}\dfrac{x}{t} + 1\right) \\ \dfrac{\rho}{\rho_{\mathrm{CJ}}} = \left(\dfrac{c}{c_{\mathrm{CJ}}}\right)^{\frac{2}{\gamma-1}} = \left(\dfrac{\gamma - 1}{\gamma D}\dfrac{x}{t} + \dfrac{1}{\gamma}\right)^{\frac{2}{\gamma-1}} \\ \dfrac{p}{p_{\mathrm{CJ}}} = \left(\dfrac{c}{c_{\mathrm{CJ}}}\right)^{\frac{2\gamma}{\gamma-1}} = \left(\dfrac{\gamma - 1}{\gamma D}\dfrac{x}{t} + \dfrac{1}{\gamma}\right)^{\frac{2\gamma}{\gamma-1}} \end{cases} \tag{6.3.24}$$

式(6.3.24)说明,半无限药柱一维平面爆轰的爆轰产物流场是自模拟的.

当爆轰冲击波到达刚壁之后,将会发生冲击波的反射而产生一个左行的反射冲击波,如图 6.6 中的 1-2-3…或 A_1- A_2-A_3…所示,而每一条右行特征线 O-1,O-2,…在跨过反射冲击波而到达刚壁之后也将发生反射而产生反射波.因此,虽然在冲击波的迹线 1-2-3…左侧的扇形区域Ⅰ是简单波,其解由式(6.3.24)所给出,但是在反射冲击波的迹线 A_1- A_2-A_3…和刚壁之间的区域Ⅱ将是一个复波区.反射冲击波 1-2-3…或 A_1- A_2-A_3…的迹线以及其后方的状态可以利用刚壁条件以及跨过左行冲击波时的突跃条件而求出.

类似于右行爆轰冲击波阵面上的质量守恒条件(6.1.3-a)和动量守恒条件(6.1.5-a),

容易证明,左行冲击波阵面上的质量守恒条件和动量守恒条件分别为

$$[(D+v)\rho]=(D+v^-)\rho^- - (D+v^+)\rho^+ = 0 \tag{6.3.25}$$

$$[(D+v)\rho v+p]=(D+v^-)\rho^- v^- + p^- - (D+v^+)\rho^+ v^+ - p^+ = 0 \tag{6.3.26}$$

将此二式应用于爆轰冲击波反射处的 $1/A_1$,分别有 $\rho^+=\rho_{CJ}$, $v^+=v_{CJ}$, $p^+=p_{CJ}$, $v^-=0$(刚壁条件).利用式(6.3.25)、式(6.3.26)和爆轰产物多方型的状态方程我们就可以求出点 A_1 处刚壁上的反射压力 p^-, ρ^- 和刚壁上 $1/A_1$ 处反射冲击波的波速 D,读者可作为练习求出相应量的公式.反射冲击波后继点 A_2, A_3,…可以类似求解.于是,在图 6.6 中的Ⅱ区将需要解一个混合边值问题,可以利用特征关系(6.3.14)求解之.读者可作为练习思考之.

上面我们给出了利用特征线法数值求解爆轰波在刚壁反射问题的解题思路和方法.一般说来,爆轰冲击波在刚壁上反射冲击波的迹线并不是直线,也并不是与Ⅰ区和Ⅱ区中的左行特征线相重合的,同时在复波区Ⅱ中的左右行特征线也都未必是直线.下面我们将说明:在 $\gamma=3$ 的特殊情况下,复波Ⅱ区中的左右行特征线必然都是直线;同时,其右行特征线可以近似地看成是Ⅰ区中右行特征线的延伸,从而我们可以给出Ⅱ区中的近似解析解.

当 $\gamma=3$ 时,$R_2=v-c$ 恰恰是左行特征线的斜率,$R_1=v+c$ 恰恰是右行特征线的斜率,而特征关系(6.3.16)说明沿左右行特征线 R_2 和 R_1 分别为常数,故在 $\gamma=3$ 特殊情况下,在任何连续流场中,其左右行特征线也必然都是直线.于是,其复波区的一般解可以表达为

$$\begin{cases} x=(v+c)t+F(v+c) \\ x=(v-c)t+G(v-c) \end{cases} \tag{6.3.27}$$

其任意函数 $F(v+c)$ 和 $G(v-c)$ 可以通过问题的边界条件确定.

另外,通过数值实例可以说明,尽管爆轰冲击波从刚壁上反射冲击波的强度从压力改变的角度来看并不是很弱的,但当我们跨过该反射冲击波从其紧前方Ⅰ区中的123…而跨至其紧后方的 $A_1A_2A_3$…时,其黎曼不变量 $R_1=v+c$ 的改变却是很小的(请读者作为练习验证之),我们可把该种冲击波称为弱激波.于是,对 $\gamma=3$ 的特殊情况,我们可以认为Ⅱ区和Ⅰ区中的右行特征线具有相同的斜率,即可以近似认为Ⅱ区中的右行特征线就是Ⅰ区中的右行特征线的延伸,因而也是通过原点的.利用其右行特征线近似通过原点的条件,即 $x=0$, $t=0$,可由式(6.3.27)的第一式得出 $F(v+c)=0$,于是式(6.3.27)可写为

$$\begin{cases} x=(v+c)t \\ x=(v-c)t+G(v-c) \end{cases} \tag{6.3.28}$$

其中的任意函数 $G(v-c)$ 可以由刚壁上的条件 $v=0$ 确定.事实上,设刚壁距起爆中心为 l,将刚壁位置 $x=l$ 处的刚壁条件 $v=0$ 代入式(6.3.28),可得

$$\begin{cases} l=(0+c)t \\ l=(0-c)t+G(0-c) \end{cases}$$

由此可得,$G(-c)=2l$ 为常数,即 $G(v-c)=2l$.将之代回式(6.3.28)可把复波区Ⅱ中的解(6.3.28)写为下式:

$$\begin{cases} x=(v+c)t \\ x=(v-c)t+2l \end{cases} \tag{6.3.29}$$

由此可解得

$$v = \frac{x - l}{t}, \quad c = \frac{l}{t}, \quad p = p_{\mathrm{CJ}}\left(\frac{c}{c_{\mathrm{CJ}}}\right)^3, \quad \rho = \rho_{\mathrm{CJ}}\left(\frac{c}{c_{\mathrm{CJ}}}\right) \tag{6.3.30}$$

式(6.3.30)即是复波区Ⅱ中的显式解.在复波区Ⅱ中任一点(x,t)处,左行特征线的斜率为

$$v - c = \frac{x - 2l}{t} \tag{6.3.31}$$

由此可以看到,Ⅱ区中的左行特征线恰恰是Ⅰ区中延伸过来的右行特征线将刚壁作为镜面时的镜面反射.特别说来,在爆轰冲击波到达刚壁时的点$\left(l,\dfrac{l}{D}\right)$处,其左行反射特征线的斜率为

$$v - c = -D \tag{6.3.32}$$

在 $\gamma = 3$ 时的弱激波近似之下,我们可以把该条左行特征线近似作为反射冲击波的迹线,如图 6.7 所示.

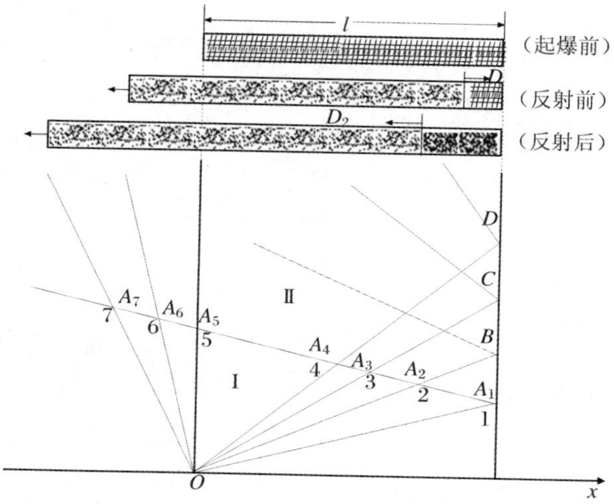

图 6.7　爆轰波在刚壁上的反射波系

由式(6.3.30)可以求出,爆轰波在刚壁上反射后刚壁上的压力时程曲线为

$$p(t) = p_{\mathrm{CJ}}\left(\frac{c}{c_{\mathrm{CJ}}}\right)^3 = p_{\mathrm{CJ}}\left(\frac{l}{c_{\mathrm{CJ}}t}\right)^3 = 16\rho_0 D^2\left(\frac{l}{Dt}\right)^3/27 \tag{6.3.33}$$

与历时 t 的立方成反比,其最大压力为

$$p_{\max} = \frac{16\rho_0 D^2}{27} \tag{6.3.34}$$

而在单位刚壁面积上的冲量

$$I = \int_{l/D}^{\infty} p(t)\mathrm{d}t = \frac{8\rho_0 lD}{27} = \frac{8MD}{27} \tag{6.3.35}$$

其中 $M = \rho_0 l$ 为单位面积上的炸药质量.

根据以上论述,我们可以得到以下两个结论:

(1) 由式(6.3.35)可见,单位刚壁面积上的冲量 I 正比于炸药柱的长度 l.故当在物理上需要通过从炸药层表面对其实现一维平面爆轰并达到在炸药层与刚壁接触端上的冲量分

布具有某种分布规律时，我们只要将炸药层的厚度按该种分布规律铺设，即可达到相应的冲量面分布要求.

(2) 由式(6.3.34)可见，壁面上的压力峰值为 $16\rho_0 D^2/27$，只与炸药的密度 ρ_0 和爆速 D 有关，即与炸药的种类有关，而与炸药层的厚度 l 无关.

6.4 炸药与钢板接触爆炸和钢板撞击的一维层裂分析

6.4.1 材料的动态损伤和破坏简述

如 1.3.4 小节中所述，传入固体的压缩应力波在自由表面反射所产生的卸载波与入射压缩应力波后面跟随的入射卸载波在材料中相互作用，将使材料中出现两次卸载从而在材料中产生拉应力，并可能在材料中产生层裂现象. 层裂(spallation)作为材料动态破坏的一种形式是一个有重要理论意义和实际应用价值的课题. 为了研究层裂问题，就需要研究材料的动态损伤和破坏准则. 在 20 世纪五六十年代，人们采用最多的是所谓的临界应力断裂准则：

$$\sigma \geqslant \sigma_s \tag{6.4.1}$$

其含义是，只要材料的拉应力大于或等于作为材料参数的临界断裂应力 σ_s，材料即产生拉伸破坏. 大量实验说明，材料的断裂应力并不是一个确定不变的材料常数，而是与材料的受载条件有关的. 于是从 20 世纪 60 年代末到 70 年代，人们又提出了所谓的应力率准则：

$$\sigma_s = \sigma_0 + B\dot{\sigma}^\lambda = \sigma_0 + B\left(\frac{\Delta\sigma}{\Delta t}\right)^\lambda \tag{6.4.2}$$

其中 $\dot{\sigma} = \dfrac{\Delta\sigma}{\Delta t}$为材料的应力率，而 σ_0, B, λ 为材料常数，σ_0 称为材料的拉伸损伤阈值应力，通常取为材料的静态拉伸强度 σ_b. 人们还提出了应力陡动准则：

$$\sigma_s = \sigma_0 + A\left(\frac{\Delta\sigma}{\Delta x}\right)^\lambda \tag{6.4.3}$$

其中 $\dot{\sigma} = \dfrac{\Delta\sigma}{\Delta x}$为自由面附近的平均应力陡度，而 σ_0, A, λ 为材料常数，如果以 U 表示自由面反射卸载波的波速，则利用

$$\frac{\Delta\sigma}{\Delta t} = \frac{\Delta\sigma}{U\Delta t} = \frac{\dot{\sigma}}{U}$$

即可建立式(6.4.2)和式(6.4.3)中材料参数 A 和 B 之间的关系，故二者其实是等价的. 在理论上应该说，式(6.4.2)更为基本，但式(6.4.3)中的$\dfrac{\Delta\sigma}{\Delta x}$更便于测量和计算，故更便于工程应用.

以上的准则都可称为“离散度量型”断裂准则，它们只给出了发生断裂的某种下限条件.

与此不同的则是所谓的"连续度量型"断裂准则，其典型代表即是所谓的"损伤积累准则"：

$$D(\tau) \equiv \int_0^\tau \left[\frac{\sigma(t) - \sigma_0}{\sigma_0}\right]^\lambda \mathrm{d}t = D_s \tag{6.4.4}$$

其中 σ_0, λ, D_s 为材料常数.该准则把拉应力的某种历史，即

$$f(\sigma) \equiv \left[\frac{\sigma(t) - \sigma_0}{\sigma_0}\right]^\lambda$$

对时间的积分 $D(\tau)$看作一种唯象的"损伤"，当其达到材料的极限损伤 D_s 时，材料即发生层裂.故其损伤演化方程可写为

$$\dot{D} = f(\sigma) = \left(\frac{\sigma - \sigma_0}{\sigma_0}\right)^\lambda \tag{6.4.5}$$

式(6.4.5)的特点是，损伤的演化率 $\dot{D}$ 只依赖于材料当时的拉应力 σ 而不依赖于此时材料中已有的损伤D，故可称之为简单型损伤演化方程.如果损伤率 $\dot{D}$ 同时依赖于材料中的拉应力 σ 以及当时的损伤D，即

$$\dot{D} = f(\sigma, D) \tag{6.4.6}$$

则可将之称为复杂型损伤演化方程.借鉴损伤力学思想，细观上人们把损伤定义为单位体积材料中全部微孔洞的体积，即孔洞的体积百分比，以唯象分析和物理统计相结合的方法人们已建立了不少种类的损伤演化方程，如以微损伤成核和长大思想为基础建立了如下的损伤演化方程：

$$\dot{D} = (1 - D)^2 \left(b + a\frac{D}{1 - D}\right)\left(\frac{\sigma - \sigma_0}{\sigma_0}\right)^\lambda \tag{6.4.7}$$

其中 σ_0, λ, b, a 为材料常数.式(6.4.7)辅以如下的材料极限损伤破坏条件：

$$D = D_s \tag{6.4.8}$$

即给出了材料的动态断裂条件，故确定材料的破坏需要五个材料参数.

在研究应力波引起的材料层裂破坏问题时，如果我们采用不含损伤的材料本构关系，则相当于只考虑波对材料损伤的影响而没有考虑材料的损伤对波传播的影响，故此时的破坏准则(6.4.8)实际上就是一种所谓的"动力被动型"破坏准则；如果我们采用含损伤的材料本构关系，则相当于我们既考虑了波对材料损伤的影响，又考虑了材料中的损伤对波传播的影响，此时的破坏准则(6.4.8)就称为所谓的"动力主动型"破坏准则.在本节中我们将以有限差分方法分别对炸药钢板接触爆炸所引起的钢板层裂问题以及钢板对撞所引起的层裂问题为例，来说明材料中的层裂现象和材料动态损伤与破坏的相关特性及其规律，对第一个问题我们将采用损伤演化方程(6.4.3)和(6.4.4)并且采用不含损伤的材料本构关系，而对第二个问题我们将采用损伤演化方程(6.4.7)并且采用含损伤的材料本构关系.

6.4.2　炸药与钢板接触爆炸时的一维层裂分析

1. 基本方程组和材料本构模型

为了简单起见，我们将不考虑炸药和钢板中侧向稀疏波的影响，这样炸药钢板接触爆炸的问题就近似地简化为一维平面应变问题.对于宽度无限、厚度为 h 的炸药在厚度为H 的钢板上进行一维平面接触爆炸时，在爆轰波到达钢板以后，爆炸产物和钢板中的一维平面运

动可以统一地用下面的封闭方程组来描述：

$$\frac{\partial v}{\partial t} = -\frac{\partial (p+q)}{\partial M} - \frac{4}{3}\frac{\partial \tau}{\partial M} \quad （运动方程） \tag{6.4.9}$$

$$\frac{\partial x}{\partial t} = v \quad （速度定义） \tag{6.4.10}$$

$$V = \frac{\partial x}{\partial M} \quad （连续方程） \tag{6.4.11}$$

$$p = f(V) \quad （状态方程） \tag{6.4.12}$$

$$\frac{\partial \tau}{\partial t} = -\frac{G}{V}\frac{\partial V}{\partial t} \quad （弹性剪切定律） \tag{6.4.13}$$

$$k = |\tau| - \frac{1}{2}Y \quad （屈服判据） \tag{6.4.14}$$

$$\tau = \begin{cases} \tau & (k<0) \quad （弹性区剪应力） \\ \dfrac{Y}{2}\text{sign}(\tau) & (k \geqslant 0) \quad （塑性区剪应力） \end{cases} \tag{6.4.15}$$

$$q = \begin{cases} \dfrac{a}{V}\left(\dfrac{\partial v}{\partial M}\right)^2 \Delta M^2 & \left(\dfrac{\partial v}{\partial M} < 0\right) \\ 0 & \left(\dfrac{\partial v}{\partial M} \geqslant 0\right) \end{cases} \quad （人工黏性） \tag{6.4.16}$$

在这些方程中以及在以后各处：t 是时间；x 和 X 分别是纵向 E 氏坐标和 L 氏坐标；v 是质点纵向速度；ρ 和 ρ_0 分别是瞬时和初始密度；V 和 V_0 分别是瞬时和初始比容；M 是质量坐标，由

$$\mathrm{d}M = \rho_0 \mathrm{d}X = \rho \mathrm{d}x$$

所定义；p_x 和 $p_y = p_z$ 分别是纵向和切向压应力，$p = \frac{1}{3}(p_x + 2p_y)$ 是静水压力，$\tau = \frac{1}{2}(p_x - p_y)$ 是最大切应力；q 是人工黏性，是为了把强间断的冲击波光滑化为一个很薄而有关量急剧变化的激波层而引入的，适当选择其中的人工黏性系数，既可省去对强间断冲击波的单独处理，又可保证计算结果的精确性；G 是剪切模量；Y 是材料在简单压缩条件下的屈服极限．式(6.4.13)～式(6.4.15)是我们的弹塑性本构计算公式，它说明我们采用的是不含损伤的理想塑性材料的 Mises 屈服准则，既没有考虑材料塑性行为的塑性硬化效应和应变率效应，也没有考虑材料中的损伤对屈服强度的影响，因此我们研究的是动力被动型的材料层裂问题，所以在这一部分文字中，D 不是损伤而是爆速．

炸药爆炸产物的等熵状态方程采用 BKW 状态方程进行计算，即

$$\ln p = \sum_{n=0}^{4} a_n \ln^n V \tag{6.4.17}$$

式中压力 p 的单位为 Mbar，比容 V 的单位为 $\mathrm{cm^3/g}$，a_n 为常数．钢板采用 Murnaghan 型状态方程：

$$p = \frac{k}{\gamma}\left[\left(\frac{V_0}{V}\right)^{\gamma} - 1\right] \tag{6.4.18}$$

计算中采用的炸药(Comp. B)和钢板(25CrMnSi)的物性参量分别列于表 6.1 和表 6.2．

表 6.1　炸药性能数据

装药密度 ρ_0(g/cm³)	爆速 D(km/s)	爆压 p_{CJ}(Mbar)	CJ 比容 V_{CJ}(cm³/g)	a_0	a_1	a_2	a_3	a_4
1.600	7.667	0.240 0	0.465 5	−3.469	−2.488	0.246 7	0.029 47	−0.012 01

表 6.2　钢板性能数据

初始密度 ρ_0(g/cm³)	杨氏模量 E(Mbar)	剪切模量 G(Mbar)	泊松比 ν	静态极限强度 σ_b(Mbar)	动态屈服强度 Y(Mbar)	动态体积压缩模量 K(Mbar)	Murnaghan 方程指数 γ
7.800	2.275	0.853	0.330	0.009 93	0.009 79	2.225	3.7

应力陡度层裂准则参量如表 6.3 所示.

表 6.3

A(CGS 制)	n
1.038×10^6	0.43

损伤积累层裂准则参量如表 6.4 所示.

表 6.4

λ	D_s(sec)
1.33	3.35×10^{-6}

2. 初始条件

取炸药爆完时刻即 $t_0=h/D$ 时爆炸产物的状态(包括比容 V、质点速度 v 和质点 E 氏坐标 x)为初始条件,它们可从爆炸产物的基本方程解出.用质量坐标表示的爆炸产物基本方程是

$$\begin{cases}\dfrac{\partial V}{\partial t}=\dfrac{\partial v}{\partial M} & \text{(连续方程)}\\[2mm] \dfrac{\partial v}{\partial t}=-\dfrac{\partial p}{\partial M} & \text{(运动方程)}\end{cases}\tag{6.4.19}$$

爆轰过程是自模拟的,产物中的一切参量 V,v,p 都是 $\eta=M/t=\rho_0X/t$ 的函数,于是方程(6.4.19)化为

$$\begin{cases}v'+\eta V'=0\\[2mm] \eta v'+\dfrac{c^2}{V^2}V'=0\end{cases}\tag{6.4.20}$$

式中“′”表示对 η 的微商,$c^2=-V^2\dfrac{\mathrm{d}p}{\mathrm{d}V}$是产物的声速平方.将式(6.4.20)的非平凡解 $c=\eta V$ 代入声速方程并对 η 求导整理后可得 $V'=-\dfrac{2\eta}{\dfrac{\mathrm{d}^2p}{\mathrm{d}V^2}}$,将式(6.4.20)移项得 $v'=-\eta V'$,最后由质量守恒引入 t_0 时刻 E 氏坐标的方程 $x'=\dfrac{Vh}{D}$.于是得出确定爆炸产物状态 V,v,x 的常微分方程组:

$$\begin{cases} V' = -\dfrac{2\eta}{\dfrac{\mathrm{d}^2 p}{\mathrm{d}V^2}} \\ v' = -\eta V' \\ x' = \dfrac{Vh}{D} \end{cases} \tag{6.4.21}$$

爆轰阵面上的条件为

$$\eta = \rho_0 D, \quad V = V_{\mathrm{CJ}}, \quad v = v_{\mathrm{CJ}} = D(1 - V_{\mathrm{CJ}}/V_0), \quad x = h \tag{6.4.22}$$

在此边界条件下用通常的龙格-库塔法解常微分方程组(6.4.21)即给出我们主程序计算所使用的爆炸产物中的初始条件.钢板中的初始条件为自然静止状态.

3. 边界及接触面上的条件

爆炸产物自由飞散面上

$$p = 0 \quad (X = 0) \tag{6.4.23}$$

钢板自由面上

$$p_x = 0 \quad (X = h + H) \tag{6.4.24}$$

产物及钢板接触面上

$$\begin{cases} p(\text{产物}) = p(\text{钢板}) \\ v(\text{产物}) = v(\text{钢板}) \end{cases} \tag{6.4.25}$$

4. 层裂判据

采用损伤积累准则和内聚应力失效准则的结合:

$$\int_0^\tau \left[\frac{\sigma(t) - \sigma_0}{\sigma_0}\right]^\lambda \mathrm{d}t = D_{\mathrm{s}} \tag{6.4.26}$$

或应力陡度准则和内聚应力失效准则的结合:

$$\sigma_{\mathrm{s}} = \sigma_0 + A\left(\frac{\Delta\sigma}{\Delta x}\right)^n, \quad \sigma_{\mathrm{s}} = \sigma_{\mathrm{c}} \tag{6.4.27}$$

5. 差分方程

从数值分析理论知道,中心差分具有二阶计算精度,故本书采用交叉中心差分格式,如图6.8所示,速度定义在空间的整格点、时间半格点,E氏坐标定义在时间的半格点和空间的整格点,密度、应力定义在时间的整格点和空间的半格点.

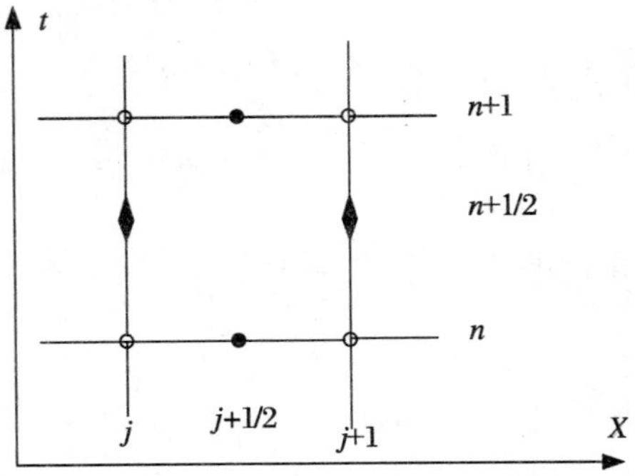

图6.8 差分示意图

基本方程组的差分方程组可以表示成

$$v_j^{n+1/2} = v_j^{n-1/2} - \left[p_{j+1/2}^n - p_{j-1/2}^n - q_{j+1/2}^{n-1/2} - q_{j-1/2}^{n-1/2} + \frac{4}{3}(\tau_{j+1/2}^n - \tau_{j-1/2}^n)\right]\frac{\Delta t^n}{\Delta_i M} \tag{6.4.28}$$

$$x_j^{n+1} = x_j^n + v_j^{n+1/2}\Delta t^{1/2} \tag{6.4.29}$$

$$V_{j-1/2}^{n+1} = (x_j^{n+1} - x_{j-1}^{n+1})/\Delta_i M \tag{6.4.30}$$

$$p_{j-1/2}^{n+1} = f_i(V_{j-1/2}^{n+1}) \tag{6.4.31}$$

$$\tau_{j-1/2}^{n+1} = \tau_{j-1/2}^n - G_i \frac{V_{j-1/2}^{n+1} - V_{j-1/2}^n}{\frac{1}{2}(V_{j-1/2}^{n+1} + V_{j-1/2}^n)} \tag{6.4.32}$$

$$k_{j-1/2}^{n+1} = |\tau_{j-1/2}^{n+1}| - \frac{1}{2}Y_i \tag{6.4.33}$$

$$\tau_{j-1/2}^{n+1} = \begin{cases} \tau_{j-1/2}^{n+1} & (k_{j-1/2}^{n+1} < 0) \\ \frac{1}{2}Y_i \operatorname{sign}(\tau_{j-1/2}^{n+1}) & (k_{j-1/2}^{n+1} \geqslant 0) \end{cases} \tag{6.4.34}$$

$$q_{j-1/2}^{n+1/2} = \begin{cases} \dfrac{a(v_j^{n+1/2} - v_{j-1}^{n+1/2})^2}{\frac{1}{2}(V_{j-1/2}^{n+1} + V_{j-1/2}^n)} & (v_j^{n+1/2} - v_{j-1}^{n+1/2} < 0) \\ 0 & (v_j^{n+1/2} - v_{j-1}^{n+1/2} \geqslant 0) \end{cases} \tag{6.4.35}$$

其中 a 表示人工黏性系数,通常取 $a=4$.

对爆炸产物来说 $Y=G=0$,因而式(6.4.32)~式(6.4.34)在计算中自动消失.

在爆炸产物自由面 $j=0$ 和钢板自由面 $j=z$ 上,式(6.4.28)成为

$$\begin{cases} v_0^{n+1/2} = v_0^{n-1/2} - 2\left(p_{1/2}^n + q_{1/2}^{n-1/2} + \frac{4}{3}\tau_{1/2}^n\right)\dfrac{\Delta t^n}{\Delta_1 M} \\ v_z^{n+1/2} = v_z^{n-1/2} + 2\left(p_{z-1/2}^n + q_{z-1/2}^n + \frac{4}{3}\tau_{z-1/2}^n\right)\dfrac{\Delta t^n}{\Delta_2 M} \end{cases} \tag{6.4.36}$$

在爆炸产物和钢板的接触面 $j=J$ 上,假定 $Q=p+q+4/3\tau$ 及其一阶导数连续,则为了保证界面计算的二阶精度,式(6.4.28)将修改成

$$\begin{aligned} v_J^{n+1/2} = v_J^{n-1/2} &\left[3(p_{J+1/2}^n - p_{J-1/2}^n) - \frac{1}{3}(p_{J+3/2}^n + p_{J-3/2}^n)\right]\frac{\Delta t^n}{\Delta_J M + \Delta_{J+1} M} \\ &- \left[3(q_{J+1/2}^{n-1/2} - q_{J-1/2}^{n-1/2}) - \frac{1}{3}(q_{J+3/2}^{n-1/2} - q_{J-3/2}^{n-1/2})\right]\frac{\Delta t^n}{\Delta_J M + \Delta_{J+1} M} \\ &- \left[4(\tau_{J+1/2}^n - \tau_{J-1/2}^n) - \frac{4}{9}(\tau_{J+3/2}^n + \tau_{J-3/2}^n)\right] \end{aligned} \tag{6.4.37}$$

时间步长由计算稳定性条件控制,在光滑区,由双曲型方程的 Courant 条件给出:

$$\Delta t = \beta \frac{V\Delta M_i}{c} \quad (0 < \beta \leqslant 1) \tag{6.4.38}$$

其中 c 是局部声速,在激波区内,由抛物型方程的 Von Neumann 条件给出:

$$\Delta t = \beta \frac{V\Delta M_i}{4a|\Delta v|} \tag{6.4.39}$$

计算中取 $\beta=0.9$,发现计算能稳定进行.

6. 结果分析

图 6.9 和图 6.10 分别是对钢板采用流体弹塑性模型和流体动力学模型所计算的接触

爆炸后不同时刻的全场压力剖面图,药柱和靶板的厚度是 $h = H = 100$ mm. 对比两图可以发现:两者的共同特点是,都存在着在钢板中向右传播的冲击波和在产物中向左传播的冲击波,但是,当采用流体弹塑性模型时,钢板中存在一个弹性前屈波平台,从而出现弹塑性双波结构,而当采用流体动力学模型时则只有单一的流体动力学波;同时,与采用流体动力学模型的结果相比,采用流体弹塑性模型计算的冲击波后方应力陡度较小,故可以预言所得到的裂片厚度将会较厚,计算结果也说明了这一点. 图 6.11 是采用两种不同本构模型时所得到的钢板中冲击波峰值压力的衰减曲线,可以发现采用流体弹塑性模型时冲击波压力在钢板中的衰减明显更快,这是由于塑性耗散效应所引起的.

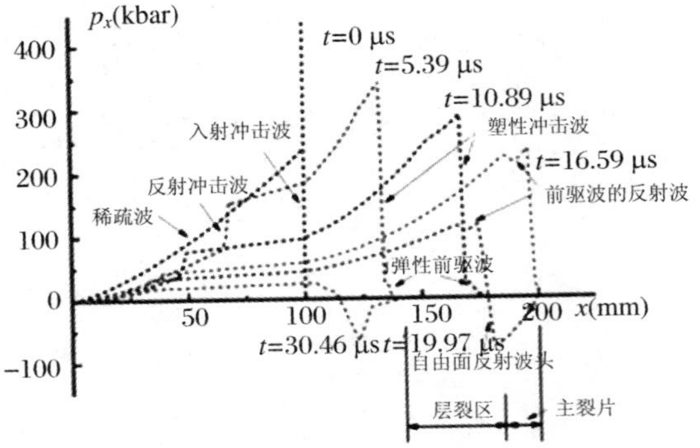

图 6.9　流体弹塑性模型计算的应力波形
($h = H = 100$ mm)

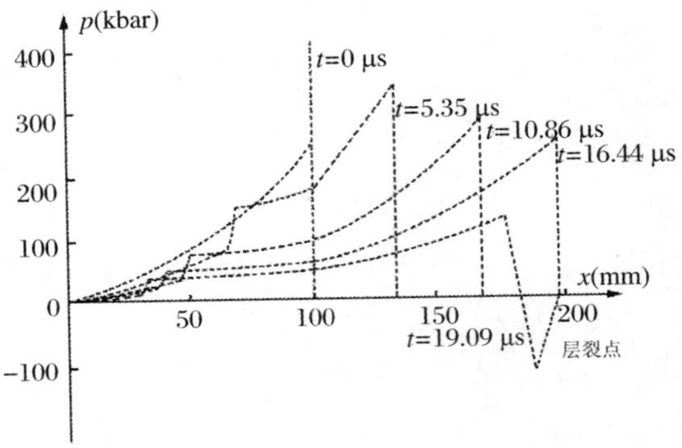

图 6.10　流体动力模型计算的应力波形
($h = H = 100$ mm)

图 6.12 是采用流体弹塑性模型时计算所得的质点速度剖面图. 可以发现在爆炸产物中存在着一个向左传播的冲击波,这个冲击波使得爆炸产物的质点速度出现突跃性下降. 一个值得注意的结果就是,在爆炸产物中冲击波后方的质点速度剖面在物质坐标中基本上是线性分布的,这意味着在接触爆炸之后产物中的左行冲击波传到飞散自由面的很短时间内整个爆炸产物中的质点速度基本上是线性分布的,这就是所谓的 Gurney 假定,它在工程上是很有意义的.

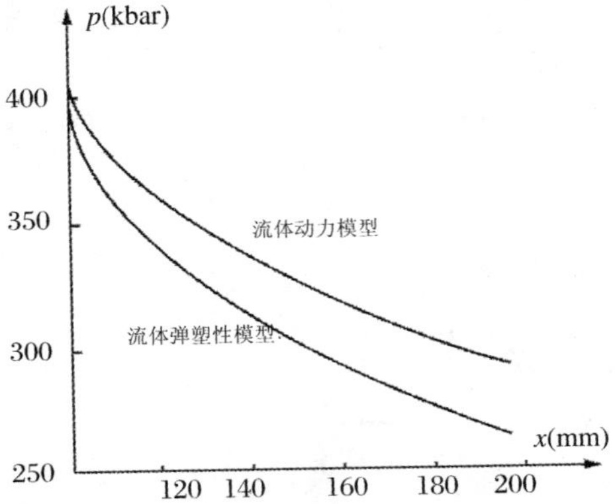

图 6.11　两种本构模型下钢板中冲击波压力的衰减曲线
($h = H = 100$ mm)

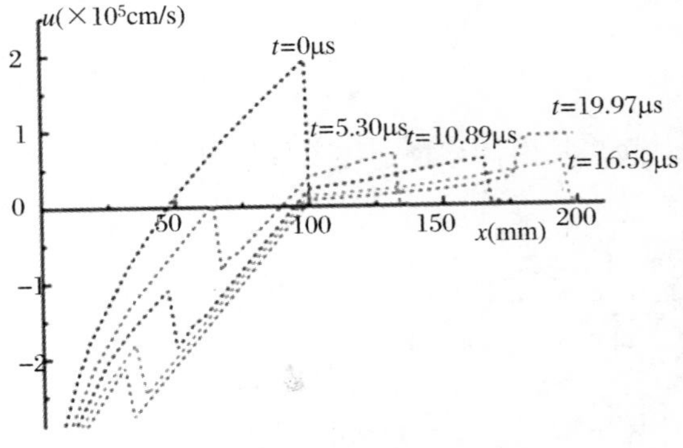

图 6.12　流体弹塑性模型计算的质点速度波形
($h = H = 100$ mm)

图 6.13(a)和图 6.13(b)分别给出了在自由面附近两个典型截面 $X=190$ mm 和 $X=195$ mm 处的应力时程曲线. 可以看到,在自由面反射卸载波的作用下,自由面附近的各截面都出现了一个近似的拉应力平台,这和三角形脉冲在自由面上按线弹性反射的镜面法则所得到的结果是类似的. 另一方面,图 6.14 所给出的速度剖面结果在自由面附近也出现了一个近似的速度平台,其值和用弹性镜面法则叠加所得到的自由面速度加倍结果相差不大,大约只有 4%,这说明尽管流体弹塑性模型是非线性的,但在自由面附近用线性波的方法来处理相关问题可以得到较好的近似结果. 这一结果可以使得我们建立损伤积累准则和应力陡度准则参数之间的关系,而且可以得到用它们计算层裂片厚度的近似公式. 下面对此点加以简要说明.

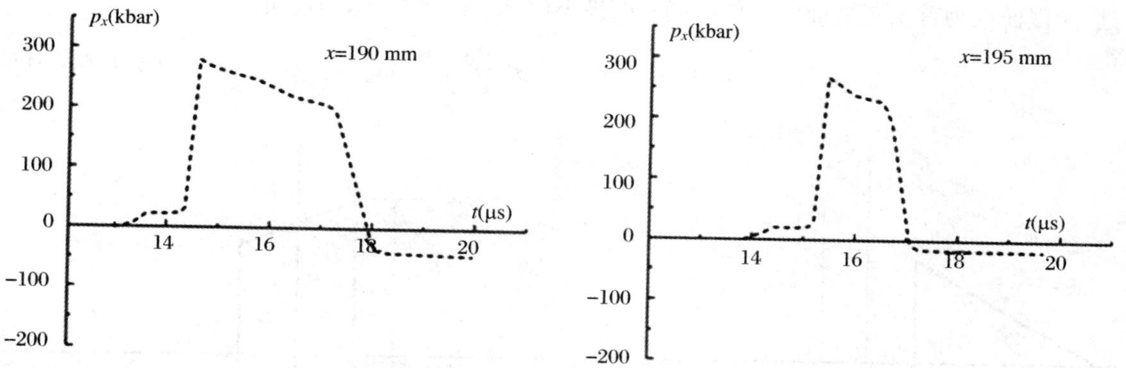

(a) 自由面附近截面X=190 mm处的应力时程曲线　(b) 自由面附近截面X=195 mm处的应力时程曲线

图 6.13

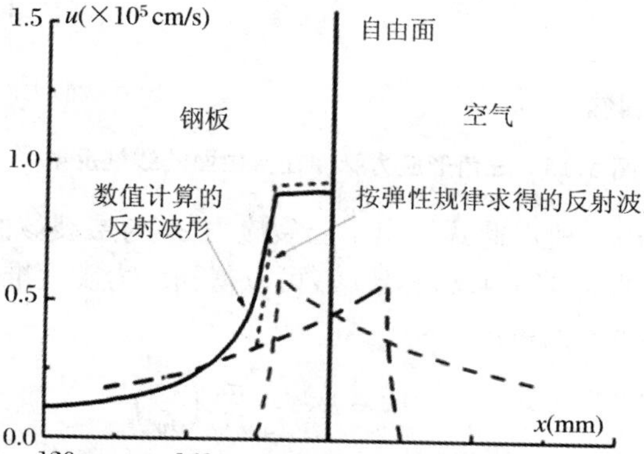

图 6.14　自由面附近速度平台的比较

7. 层裂片厚度的近似公式

把钢板中的入射应力波波形简化为三角形脉冲 ABC,如图 6.15(a)所示,而且假定自由面反射作用可按线性波叠加法处理. 于是可得反射后波形为 $ADEF$,距自由面 δ 处钢板中的拉应力将是

$$\sigma = p_{\mathrm{m}} \cdot \frac{2\delta}{l} = 2g\delta \tag{6.4.40}$$

其中 p_{m} 是入射波阵面峰压，l 是入射波波长，$g = p_{\mathrm{m}}/l$ 是入射波波背应力陡度. 若以波头到达自由面时刻作为时间起算点，则 δ 截面上的应力时程曲线将如图 6.15(b)所示. 可以看到拉应力值 σ 将在一定的时间内保持为恒值，形成一个拉应力平台. 由损伤积累准则，在 δ 截面上发生断裂的时刻为

$$\tau = \Delta t_1 + \Delta t_2 = \frac{\delta}{U} + \frac{D_{\mathrm{s}}}{\left(\dfrac{\sigma}{\sigma_0} - 1\right)^{\lambda}} \tag{6.4.41-a}$$

其中 Δt_1 是反射波波头到达 δ 截面所需时间，Δt_2 为损伤积累时间，U 则为反射卸载波波速. δ 截面成为首次断裂面的条件应是 τ 取极小值，即 $\mathrm{d}\tau/\mathrm{d}\delta = 0$，由此可得

$$\sigma = \sigma_0 + \left(\lambda U D_{\mathrm{s}} \sigma_0^{\lambda} \frac{\mathrm{d}\sigma}{\mathrm{d}\delta}\right)^{\frac{1}{1+\lambda}} \tag{6.4.41-b}$$

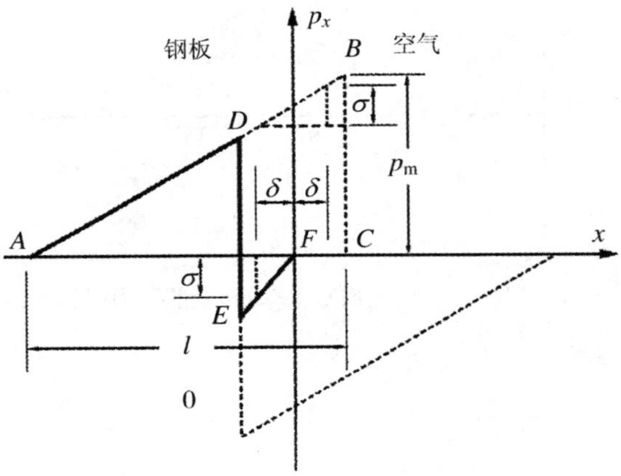

(a) 反射后的应力波形

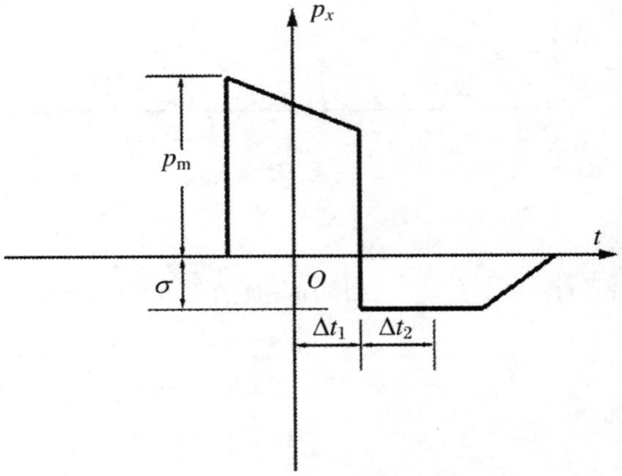

(b) δ 截面上的应力时程曲线

图 6.15　三角形应力脉冲在自由面的线性反射

这时的应力实即层裂应力 σ_{s}，所以此式给出了层裂应力 σ_{s} 与层裂截面 δ 上应力陡度 $\mathrm{d}\sigma/\mathrm{d}\delta$ 的关系. 将此式和应力陡度准则(6.4.3)相比较，可以得到应力陡度准则参量 A，n 和损伤积累准则参量 λ，D_{s} 之间的如下关系：

$$\lambda = \frac{1}{n} - 1, \quad D_{\mathrm{s}} = \frac{\sigma_0}{\lambda U}\left(\frac{A}{\sigma_0}\right)^{\frac{1}{n}} \tag{6.4.42}$$

在三角形入射脉冲的情况下，反射后波形 EF 的陡度为

$$\frac{\mathrm{d}\sigma}{\mathrm{d}\delta} = \frac{\sigma}{\delta} = 2g \tag{6.4.43}$$

这里已经用了式(6.4.40)的关系，把式(6.4.43)代入式(6.4.41-b)，经简化后得出首次裂片厚度的近似公式为

$$\delta = \frac{1}{2g}[\sigma_0 + A(2g)^n] \tag{6.4.44}$$

其实将式(6.4.43)直接代入应力陡度准则也可得到同样的结果. 这说明两种准则的参量如

用式(6.4.42)换算，则用两种准则计算的主裂片厚度是相同的.式(6.4.44)也表明：主裂片厚度 δ 是和选用的材料损伤阈值应力 σ_0 呈线性关系的，应力阈值越高，损伤积累就越费时，裂片也就越厚.

6.4.3 钢板撞击问题的一维层裂分析

1. 本构模型和材料参数

为了说明损伤对波传播的影响即所谓的动力主动型的动态破坏，在本段中我们将简要介绍45#钢板对撞所引起的层裂问题，计算中对钢板采用了如下的状态方程和含损伤的屈服准则：

$$P = K_s(1-D)(1-T^*)\ln\frac{\rho}{\rho_0} \tag{6.4.45}$$

$$\bar{\sigma} = (A + B\varepsilon^n)(1 + C\ln\dot{\varepsilon}^*)(1-T^*)(1-D) \tag{6.4.46}$$

其中 D 是损伤，K_s 是初始还没有损伤的体模量，即实体体模量，T_r 是室温，T_m 是材料的熔点，$T^* = (T - T_r)/(T_m - T_r)$，$\bar{\sigma} = \sqrt{\dfrac{3}{2}\boldsymbol{s}:\boldsymbol{s}}$ 是 Mises 等效应力，$\boldsymbol{s}$ 是偏应力，$\dot{\varepsilon}^* = \sqrt{\dfrac{2}{3}\dot{\boldsymbol{\varepsilon}}^p:\dot{\boldsymbol{\varepsilon}}^p}/\dot{\varepsilon}_0$ 是相对等效塑性应变率，$\dot{\varepsilon}_0$ 是参考应变率，$\varepsilon = \int\dot{\varepsilon}\mathrm{d}t$ 是累积的等效塑性应变，A，B，C，n 和 m 都是材料常数.式(6.4.45)和式(6.4.46)中所有材料参数都列在表6.5内.由于是 Mises 屈服准则，本构计算我们采用半径回归法计算其应力.

表6.5 45#钢材料参数

A(MPa)	B(MPa)	C	n	m	$\dot{\varepsilon}_0$	T_r(℃)	T_m(℃)	ρ_0(kg/m³)	c (J/(kg·K))	K_s(GPa)
496.0	434.0	0.07	0.307	0.804	1	25	1 491.9	7 800	447.0	164.2

2. 基本方程组和差分格式

由于多了一个未知量温度 T，所以基本方程组除了6.4.2小节中各方程以外，还需要补充一个计算温度的如下温升方程，它是由材料黏塑性变形功的大部分转化为材料温升所需热量而导出的：

$$\frac{\partial T}{\partial t} = 2\alpha\frac{\tau}{\rho c}\frac{\partial\varepsilon_x^p}{\partial t} \tag{6.4.47}$$

其中 α 为黏塑性功的热转化因子，计算中取 $\alpha = 0.9$.

差分格式与式(6.4.2)中的相同，而式(6.4.47)则是容易写成差分形式的.

3. 计算结果及分析

我们通过氢气炮飞板撞击实验以及激光干涉测量法得到了靶板自由面速度时程曲线，如图6.16所示.为了确定式(6.4.7)、式(6.4.8)中的五个材料参数，我们的方法是：对 D_s，σ_0，a，b，λ 取各种不同的组合来系统地模拟板撞击及层裂现象，基于自由面时程曲线计算结果与试验结果间的最佳一致性，从而得到损伤演化方程和层裂条件中的这五个材料参数.所得到的最终材料参数如表6.6所示.

表 6.6　45# 钢损伤演化方程的参数

$a(s^{-1})$	$b(s^{-1})$	σ_0(MPa)	λ	D_s
8×10^5	0	350	2.7	0.25

采用有限差分程序 WPDC 对该金属的平板撞击问题进行波传播和层裂的数值模拟，有关的实验及计算条件和结果如表 6.7 所示，并显示在图 6.16～图 6.20 中. 计算损伤时用轴向拉应力和三向平均拉应力其结果差别不大，我们计算利用的是轴向拉应力.

表 6.7　实验与计算结果的比较

飞片厚度 (mm)	靶板厚度 (mm)	飞片速度 (m/s)	计算层裂时刻 (μs)	计算裂片厚度 (mm)	实验自由面最大速度 (m/s)	计算自由面最大速度 (m/s)	实验和计算的误差
1.996	3.993	503.0	1.334 2	2.013 8	536.4	493	8.10%

图 6.16 给出了该金属靶板自由面速度时程曲线，实线为实验结果，虚线为计算结果，通过对比，自由面速度时程曲线周期性地上升又下降这一层裂引起的特有曲线变化趋势取得了非常满意的结果，需要说明的是，靶板自由面时程曲线的峰值略高于飞片速度，这显然是不符合实际的，这是因为自由面速度测量及数据处理存在一定的系统误差，若将实验曲线最高值降至飞片速度并整体降低曲线，则可见计算与实验结果的符合将是更好的，误差将是更低的.

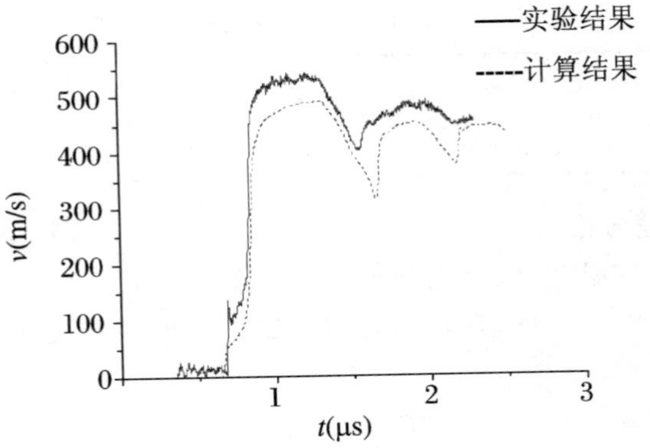

图 6.16　45# 钢自由面速度时程曲线

图 6.17 给出了层裂时刻靶中的损伤分布曲线，从图中可以看出，层裂时损伤分布比较集中在层裂面附近，裂片的厚度也和飞板的厚度相近，这是因为入射波和反射波的相互作用在层裂面处最早产生了较大且维持时间较长的拉应力，此拉应力使得损伤在层裂面处比其他地方积累更快，并最早达到损伤极限值 D_s.

图 6.18 给出了层裂时刻板中的温度分布曲线，从图中可以看出，在层裂面的附近出现了温度的峰值，这是因为温度和损伤的软化效应使得材料的塑性变形在层裂面处比其他地方更大所致. 最大的温度达到了 86 ℃.

图 6.19 是层裂面处轴向应力历史，可以看到该处应力由压转为拉并超过阈值应力 σ_0

的过程.

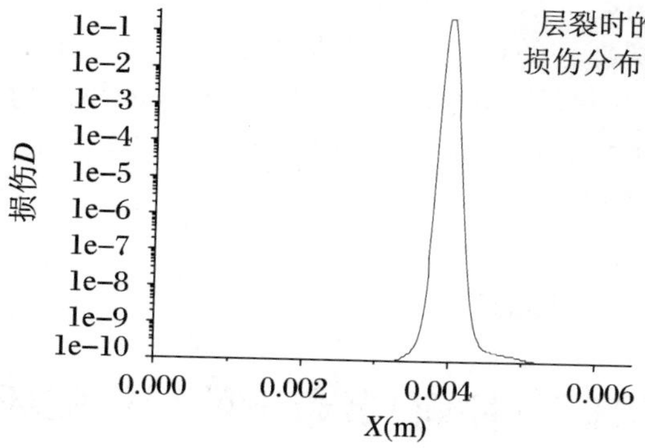

图 6.17 损伤分布

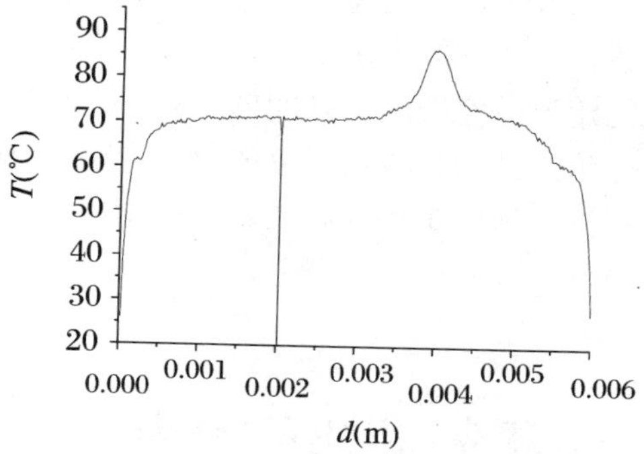

图 6.18 温度分布

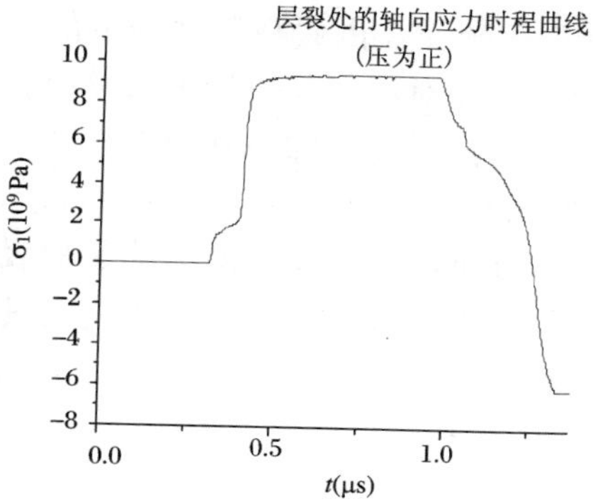

图 6.19 层裂面应力时程曲线

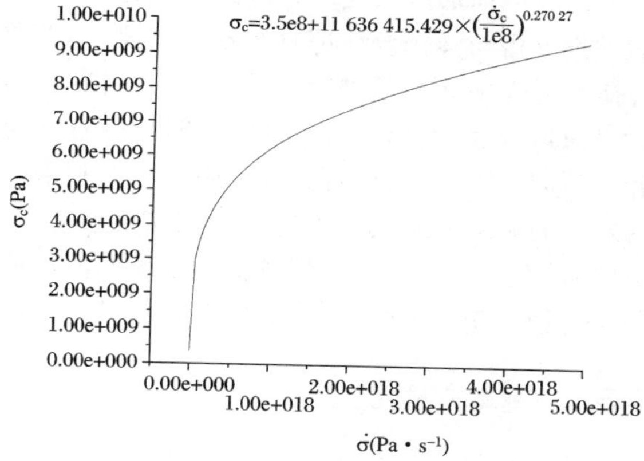

图 6.20 应力率层裂准则(矩形)

4. 应力率层裂准则和损伤演化方程参数间的转换

引入损伤并由式(6.4.7)、式(6.4.8)共同作为材料的层裂准则当然是比较严谨的、科学的,但是将它们作为对材料的动态断裂特性的评估方法,则显然在工程应用上是不太直观和方便的.本文中提出了一种将式(6.4.7)、式(6.4.8)转化为层裂的应力率准则的方法:对不同的矩形恒值拉应力 $\sigma_c > \sigma_0$,由式(6.4.7)求出损伤历史 $D(t)$,并求出达至 $D(t_c)=D_s$ 的 t_c,进而求出相应的平均应力率 $\dot{\sigma}=(\sigma-\sigma_0)/t_c$,从而得出函数关系 $\sigma_c \sim \dot{\sigma}$,如图 6.20 所示.对图 6.20 可以如下形式的应力率层裂准则进行拟合:

$$\sigma_c = \sigma_0 + \beta(\dot{\sigma}/\dot{\sigma}_0)^{\gamma} \tag{6.4.48-a}$$

以最小二乘法进行拟合可得图 6.20 对应的参数为 $\sigma_0 = 3.5\text{e}8$ Pa,$\dot{\sigma}_0 = 1\text{e}8$ Pa/s,$\beta = 1.163\,64\text{e}7$ Pa,$\gamma = 0.270\,27$.式(6.4.48-a)中 σ_0 即为损伤的阈值应力,$\dot{\sigma}_0$ 为参考应力率,$\sigma_0 + \beta$ 为参考应力率下材料的层裂强度,γ 为层裂超应力对相对应力率的依赖指数.同样也可以线性增长拉应力历史得出式(6.4.48-b)函数关系 $\sigma_c \sim \dot{\sigma}$,且有 $\beta' = \beta(1/\gamma)^{\gamma}$,其他参数相同.

$$\sigma_c = \sigma_0 + \beta'(\dot{\sigma}/\dot{\sigma}_0)^{\gamma} \tag{6.4.48-b}$$

这并不是说同一种材料有两种不同的层裂准则，需要说明的是，层裂现象多是由材料受到爆炸载荷或平板高速撞击的作用引起的，爆炸载荷引起的层裂处的拉应力历史通常可以近似为线性增长拉应力历史；而平板高速撞击引起的层裂处的拉应力历史基本上为保持一定时间的矩形恒值拉应力脉冲形式. 所以，我们拟合的应力率层裂准则都是基于层裂处的拉应力历史为线性增长或矩形恒值拉应力历史，应力率准则作为一种工程上应用方便的层裂准则，应根据具体的工程问题背景来决定取哪一组参数.

6.5 球壳(和柱壳)在内部炸药一维球面(柱面)爆轰下的损伤破坏

内爆载荷加载引起的壳体破裂问题的研究与军事工程联系非常紧密，对弹壳破碎过程的理论分析与弹壳设计都具有指导意义. 本节将重点对 45# 钢球壳在内爆载荷驱动下的波传播和弹壳破坏问题进行数值分析，并对有关结果进行讨论. 首先对球形药包的爆炸过程进行自模拟分析，给出炸药爆炸完毕时刻的各种物理量分布数据；然后通过球壳破裂问题和柱壳破裂问题的对比、钨合金球壳破裂问题和钢球壳破裂问题的对比、各种壳体参数和不同炸药对球壳破裂问题的影响等方面对球壳破裂问题进行阐述，分析球形壳体在内爆载荷加载下的破裂过程. 柱壳在内爆载荷驱动下的波传播和弹壳破坏问题是完全类似的，故也对之进行了数值分析，并通过与有关实验结果的对比确定了计算中所需的某些参数.

6.5.1 基本方程组

考虑内部填满炸药的球形壳体如图 6.21 所示，设炸药在中心点起爆，则问题将是一维球对称问题. 在 L 氏坐标 (R,θ,φ) 中，一维情况下只有 R 和 t 为自变量，E 氏径向坐标 r、质点径向速度 v、比容 V、压力 p、损伤 D、温度 T 等都为未知变量. 一维球对称问题的基本方程组如下所述.

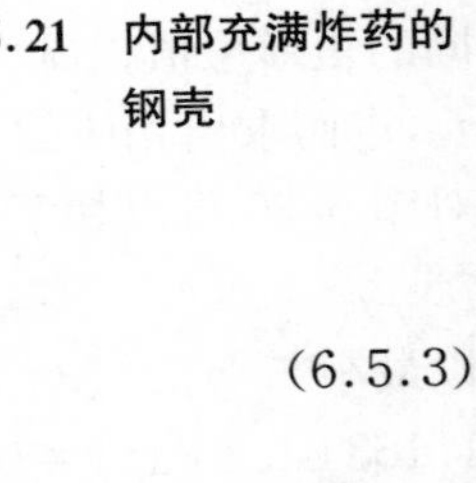

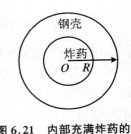

图 6.21　内部充满炸药的钢壳

1. 爆轰产物基本方程组

$$\frac{\partial v}{\partial t} = -V_0 \frac{r^2}{R^2} \frac{\partial (p+q)}{\partial R} \quad (\text{运动方程}) \tag{6.5.1}$$

$$\frac{\partial r}{\partial t} = v \quad (\text{速度定义}) \tag{6.5.2}$$

$$V = V_0 \frac{r^2}{R^2} \frac{\partial r}{\partial R} \quad (\text{连续方程}) \tag{6.5.3}$$

$$p = p_{\mathrm{CJ}} \left(\frac{V_{\mathrm{CJ}}}{V} \right)^{\gamma} \quad (\text{状态方程}, \gamma = \rho_0 D^2 / p_{\mathrm{CJ}} - 1) \tag{6.5.4}$$

$$q=\begin{cases}\dfrac{b^2}{V}(\Delta v)^2 & \left(\dfrac{\partial v}{\partial R}<0\right)\\ 0 & \left(\dfrac{\partial v}{\partial R}\geqslant 0\right)\end{cases}\quad \text{(人工黏性)} \tag{6.5.5}$$

2. 球壳控制方程组

$$\rho_0\frac{\partial v}{\partial t}=\frac{r^2}{R^2}\frac{\partial[-(p+q)+s_r]}{\partial R}+\frac{r(2s_r-s_\theta-s_\varphi)}{R^2}\frac{\partial r}{\partial R}\quad \text{(运动方程)} \tag{6.5.6}$$

$$\frac{\partial r}{\partial t}=v\quad \text{(速度定义)} \tag{6.5.7}$$

$$V=V_0\frac{r^2}{R^2}\frac{\partial r}{\partial R}\quad \text{(连续方程)} \tag{6.5.8}$$

$$\frac{\partial D}{\partial t}=\begin{cases}\dfrac{3}{4}\dfrac{\sigma_s^2-\sigma_0^2}{K_s\lambda}C_sD(1-D)^{3/2}-D\dot{\theta} & (\sigma_s>\sigma_0)\\ 0 & (\sigma_s<\sigma_0)\end{cases}\quad \text{(损伤演化方程)} \tag{6.5.9}$$

其中 $\sigma_s=-p_s=-p/(1-D)$ 是实体平均应力.

$$p=\frac{K}{\gamma_0}\left\{\left[\frac{V_0}{V(1-D)}\right]^{\gamma_0}-1\right\}\quad \text{(状态方程)} \tag{6.5.10}$$

$$q=\begin{cases}\dfrac{b^2}{V}(\Delta v)^2 & \left(\dfrac{\partial v}{\partial R}<0\right)\\ 0 & \left(\dfrac{\partial v}{\partial R}\geqslant 0\right)\end{cases}\quad \text{(人工黏性)} \tag{6.5.11}$$

$$\begin{cases}\mathrm{d}\varepsilon_r=\dot{\varepsilon}_r\mathrm{d}t=\dfrac{\partial v}{\partial r}\mathrm{d}t\\ \mathrm{d}\varepsilon_\theta=\dot{\varepsilon}_\theta\mathrm{d}t=\dfrac{v}{r}\mathrm{d}t\\ \mathrm{d}\varepsilon_\varphi=\dot{\varepsilon}_\varphi\mathrm{d}t=\dfrac{v}{r}\mathrm{d}t\end{cases}\quad \text{(应变增量)} \tag{6.5.12}$$

$$\mathrm{d}\varepsilon_v=\mathrm{d}\varepsilon_r+\mathrm{d}\varepsilon_\theta+\mathrm{d}\varepsilon_\varphi=\left(\frac{\partial v}{\partial r}+2\frac{v}{r}\right)\mathrm{d}t\quad \text{(体应变增量)} \tag{6.5.13}$$

$$\dot{\bar{\varepsilon}}^p=f=\dot{\bar{\varepsilon}}_0^p\exp\left(\frac{\bar{\sigma}}{\sqrt{Y^2+3cW^p}}\right)^n\quad \text{(黏塑性屈服准则)} \tag{6.5.14}$$

$$\dot{\lambda}=\frac{f(\bar{\sigma})}{f'(\bar{\sigma})}=\frac{\bar{\sigma}}{n}\quad \text{(黏塑性流动因子)} \tag{6.5.15}$$

$$\mathrm{d}\boldsymbol{\varepsilon}^p=\frac{\partial f}{\partial\boldsymbol{\sigma}}\mathrm{d}\lambda=\frac{3\boldsymbol{s}}{2\bar{\sigma}}f\mathrm{d}t\quad \text{(黏塑性模型塑性应变)} \tag{6.5.16}$$

$$\mathrm{d}\varepsilon_v^p=\mathrm{d}\varepsilon_r^p+\mathrm{d}\varepsilon_\theta^p+\mathrm{d}\varepsilon_\varphi^p=0\quad \text{(塑性体应变)} \tag{6.5.17}$$

$$\begin{cases}\mathrm{d}e_r=\mathrm{d}\varepsilon_r-\dfrac{1}{3}\mathrm{d}\varepsilon_v\\ \mathrm{d}e_\theta=\mathrm{d}\varepsilon_\theta-\dfrac{1}{3}\mathrm{d}\varepsilon_v\\ \mathrm{d}e_\varphi=\mathrm{d}\varepsilon_\varphi-\dfrac{1}{3}\mathrm{d}\varepsilon_v\end{cases}\quad \text{(偏应变增量)} \tag{6.5.18}$$

$$\begin{cases} \mathrm{d}e_r^p = \mathrm{d}\varepsilon_r^p - \dfrac{1}{3}\mathrm{d}\varepsilon_v^p = \mathrm{d}\varepsilon_r^p \\ \mathrm{d}e_\theta^p = \mathrm{d}\varepsilon_\theta^p - \dfrac{1}{3}\mathrm{d}\varepsilon_v^p = \mathrm{d}\varepsilon_\theta^p \quad \text{(塑性偏应变增量)} \\ \mathrm{d}e_\varphi^p = \mathrm{d}\varepsilon_\varphi^p - \dfrac{1}{3}\mathrm{d}\varepsilon_v^p = \mathrm{d}\varepsilon_\varphi^p \end{cases} \tag{6.5.19}$$

$$\begin{cases} \mathrm{d}s_r = 2G(\mathrm{d}e_r - \mathrm{d}e_r^p) \\ \mathrm{d}s_\theta = 2G(\mathrm{d}e_\theta - \mathrm{d}e_\theta^p) \quad \text{(偏应力增量)} \\ \mathrm{d}s_\varphi = 2G(\mathrm{d}e_\varphi - \mathrm{d}e_\varphi^p) \end{cases} \tag{6.5.20}$$

$$W^p = \int \sigma_{ij}\mathrm{d}\varepsilon_{ij}^p = \int s_{ij}\mathrm{d}e_{ij}^p \quad \text{(塑性功)} \tag{6.5.21}$$

$$\kappa = \kappa_0 \frac{(1 - \xi T)}{(1 + \xi T)} \quad \text{(导温系数)} \tag{6.5.22}$$

$$c_v = c_0(1 + \xi T) \quad \text{(定容比热)} \tag{6.5.23}$$

$$\mathrm{d}T = \kappa\left(\frac{\partial^2 T}{\partial R^2} + \frac{2}{R}\frac{\partial T}{\partial R}\right)\mathrm{d}t + \alpha\frac{V}{c_v}s_{ij}\mathrm{d}e_{ij}^p \quad \text{(温度升高)} \tag{6.5.24}$$

以上有关钢壳热黏塑性本构关系的公式以及损伤演化方程可参见参考文献[30].

6.5.2 计算流程

采用交叉格式中心差分方法，速度定义在空间整格点和时间半格点上，E 氏坐标定义在空间整格点和时间整格点上，其他量定义在空间半格点和时间整格点上. 网格划分和各个变量在网格点上的定义如图 6.22 所示.

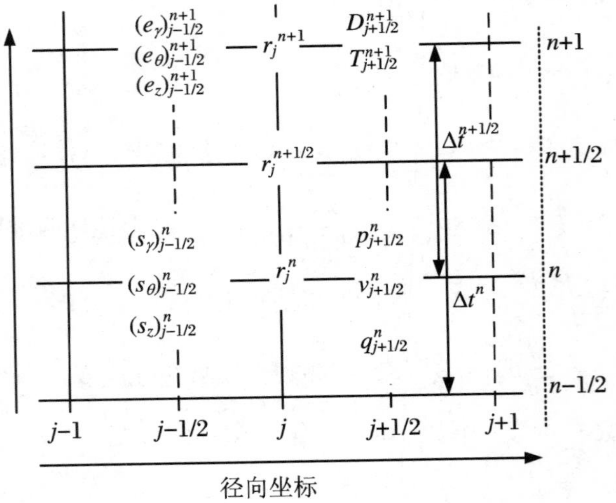

图 6.22 差分网格和各量定义点

时间步长 Δt 由稳定性条件控制：

$$\Delta t_1^{n+1} = \frac{\Delta R}{C_L} \quad \text{(光滑区)}$$

$$\Delta t_2^{n+1} = \min_j \left\{ \frac{\Delta R}{32(v_{j-1}^{n-1/2} - v_j^{n-1/2})} \right\} \quad (激波区)$$

其中 C_L 为弹性纵波波速.所用时间步长应取各节点处上述二者当中较小的一个,再乘一个小于 1 的系数,一般取 0.9.

$$\Delta t^{n+1} = 0.9\min\{\Delta t_1^{n+1}, \Delta t_2^{n+1}\} \Delta t^{n+1/2} = \frac{1}{2}(\Delta t^n + \Delta t^{n+1})$$

具体计算流程为:

(1) 求解炸药爆炸过程,计算爆炸后应力和速度的分布.

(2) 求出时间步长 Δt^{n+1} 后,计算 $v^{n+1/2}, r^{n+1}, V^{n+1}, D^{n+1}, p^{n+1}, q^{n+1}$.

(3) 计算从 n 时刻到 $n+1$ 时刻的应变增量 $d\varepsilon_{ij}$ 和偏应变增量 de_{ij}.

(4) 计算出 $d\lambda$,并计算塑性偏应变增量(及塑性偏应变累积值),用它们计算 $(ds_{ij})^{n+1}$,之后计算塑性功累积值,求温度升高值 T^{n+1} 和新的材料参数 $K^{n+1}, G^{n+1}, Y^{n+1}$ 等.

(5) 检查所有网格点的损伤值,判断柱壳是否破裂,如果是,结束计算,否则转步骤(2)进入下一循环.

6.5.3 计算结果及分析

1. 柱壳计算结果与实验结果对比

炸药性能参数(TNT/RDX,40/60)为:炸药密度 $\rho_0 = 1\,680\ \text{kg/m}^3$,CJ 爆速 $D = 7\,830\ \text{m/s}$,CJ 爆压 $p_{CJ} = 27.0\ \text{GPa}$.钢壳材料性能参数列于表 6.8 中.

表 6.8　钢壳材料性能参数

参数名	符号	单位	45# 钢	钨合金
密度	ρ_0	kg/m^3	7 800.0	17 600.0
弹性模量	E_s	Pa	2.1×10^{11}	4.03×10^{11}
剪切模量	G_s	Pa	8.0×10^{10}	1.57×10^{11}
泊松比	ν	–	0.31	0.284
体积模量	K_s	Pa	1.867×10^{11}	3.018×10^{11}
状态方程指数	γ	–	3.7	3.7
比热	c_v	J/(kg·℃)	468.0	134.5
导热系数	κ_0	m^2/s	1.365×10^{-5}	9.515×10^{-5}
熔点	T_m	℃	1 600.0	1 723.0
室温	T_0	℃	23.0	23.0
屈服强度	Y_s	Pa	3.53×10^8	4.92×10^8

续表

参数名	符号	单位	$45^{\#}$ 钢	钨合金
损伤应力阈值	σ_0	Pa	1.98×10^{9}	3.0×10^{9}
表面能	λ	J/m^2	10.0	2.5
初始损伤值	D_0	–	1.0×10^{-4}	0.3×10^{-3}
破坏损伤值	D_c	–	0.4	0.29
本构方程指数	n	–	1 000	1 000
本构方程参数	$\dot{\bar{\varepsilon}}_0^p$	–	1.0	1.0

由于球壳破裂问题缺乏相应的实验数据而柱壳破裂问题是有实验结果的，所以为了检验本构模型、计算方法和所取材料参数的有效性和合理性，先用以上所列 $45^{\#}$ 钢的参数对柱壳问题进行了数值模拟并与实验结果进行了对比，见表 6.9. 计算结果表明，用上述参数模拟出来的结果跟实验结果基本保持一致，其中 $\varepsilon_f=(R-R_0)/R_0$ 是断裂时平均环向应变，R_0 是初始外半径，ρ 是柱壳破裂时的外半径.

表 6.9　$45^{\#}$ 钢柱壳计算和实验结果对比

	破裂时间 $t_f(\mu s)$	破裂时环向应变 ε_f
实验结果	18.4	52.3
计算结果	18.40	52.03

柱壳破裂问题的有关计算结果示于图 6.23～图 6.30 中(图中的应力以压为正)：

图 6.23～图 6.24 是两个不同时刻钢壳和爆炸产物中的应力分布图. 从图中可以看出，爆炸产物中的应力要比钢壳中大得多，这是因为爆炸产物受到了钢壳的约束，而钢壳的外侧则是自由面会产生反射的拉伸波从而降低壳中的应力. 此外，可以看到壳内环向拉应力 $-\sigma_\theta$ 的分布特性是内壁比外壁大，且随着时间的推迟环向拉应力在减小松弛. 随着时间的推移和壳体膨胀，径向应力 σ_r 则在壳内壁附近由强压缩逐渐变低.

图 6.25 表示的是径向速度分布. 可以明显地看出，在图示的两个时刻，速度随着半径的增大而增加. 但结合图 6.29 可以看出钢壳在初始阶段是变薄的，但当钢壳中的速度稳定之后，就慢慢变厚了，但还不足以抵消初始阶段的影响，所以总体上破裂时刻的钢壳厚度比初始时刻还要薄一些，内外壁速度的快慢转变从图 6.30 中可以更为明显地看出. 但是总体来说各个点的速度差异不是很大，基本在 200 m/s 之内，这从图 6.30 可以看出.

图 6.26 表示的是钢壳中的温度分布. 从图中可以看出，壳中黏塑性变形生成的热使壳体温度随时间进展而升高，壳破裂时壳中自内壁至外壁温度可升至 400°～800 ℃，说明破裂前钢壳中特别是内壁附近有可能出现热黏塑失稳造成的剪切带. 实验中也观察到了这种现象.

从图 6.27 和图 6.28 中可以看出，损伤先在离外壁较近的某一区域出现(这是由于压缩波在外壁自由面反射卸载首先在此造成拉应力所致)，以后逐渐向两侧发展，并趋于均匀化，直至各处达到极限损伤而出现贯穿性断裂．从图 6.28 中还可以看出，损伤在外壁附近是随时间近似地线性增长的．

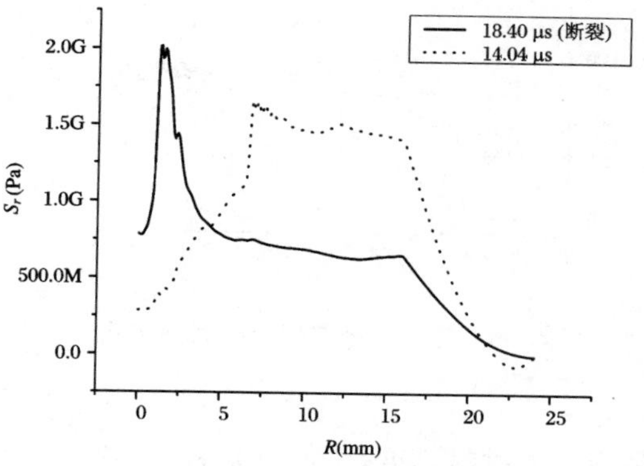

图 6.23　径向应力分布

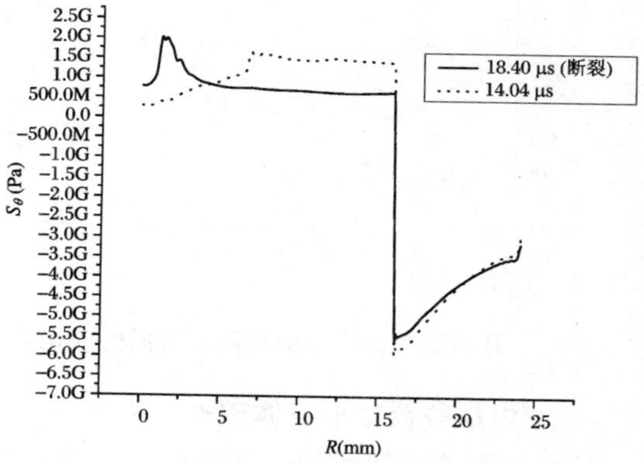

图 6.24　环向应力分布

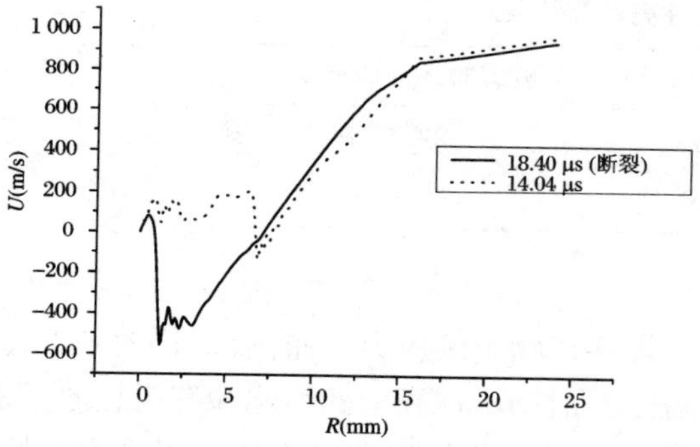

图 6.25　径向速度分布

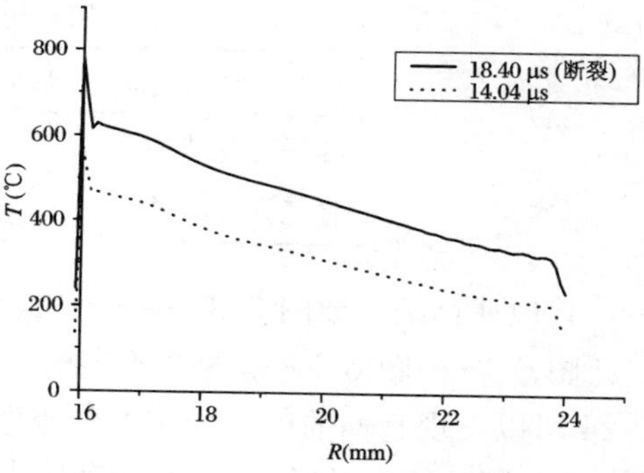

图 6.26　钢温度分布

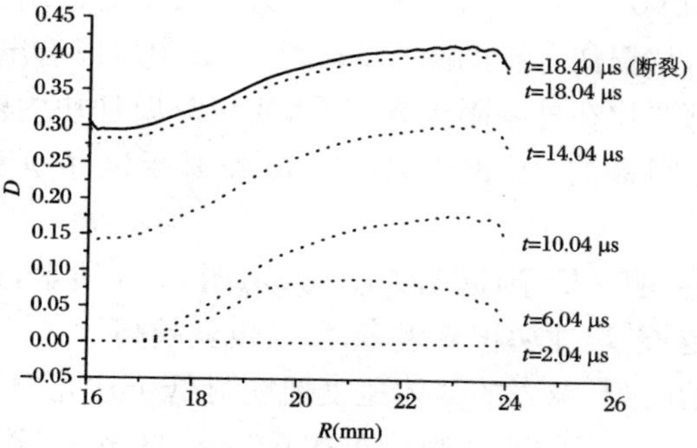

图 6.27　柱壳中损伤分布

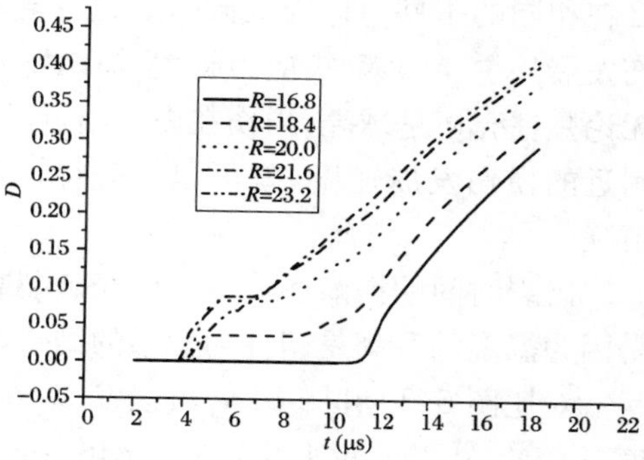

图 6.28　柱壳中损伤的演化

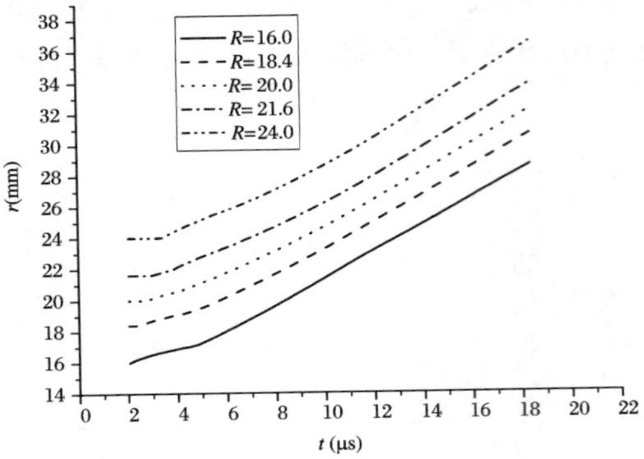

图 6.29　柱壳径向位移随时间的变化

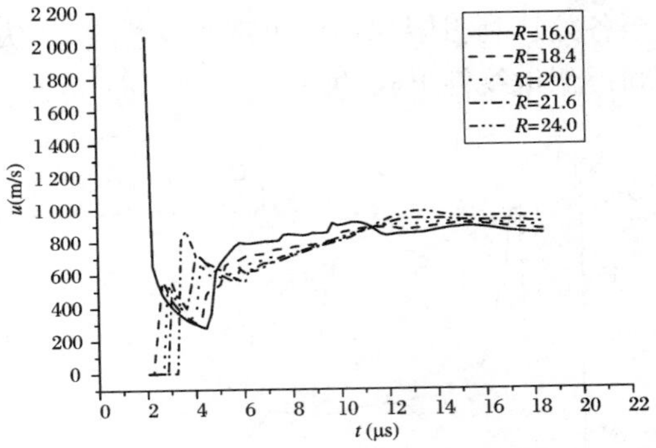

图 6.30　柱壳中径向速度随时间变化

2. 内加载荷球形壳体破裂结果

对球壳破裂问题的计算结果列于表 6.10，保持壳体材料不变，修改几何模型，把柱壳变成球壳，发现球壳破裂时间明显比柱壳的要短，破裂应变也比柱壳要小.

表 6.10　45# 钢球柱壳计算结果对比

	破裂时间 t_f (μs)	破裂时环向应变 ε_f
球壳计算结果	12.04	22.49
柱壳计算结果	18.40	52.03

其他计算结果如图 6.31～图 6.32 所示.

图 6.31～图 6.32 是两个不同时刻钢壳和爆炸产物中的应力分布图.对比图 6.23、图 6.24 可以发现它们的应力分布十分相似.但是压力在柱壳、球壳中的演化却有明显的区别，图 6.39、图 6.40 分别给出了球柱壳体内外壁附近的压力演化曲线，从图中可以看出球柱壳外壁附近的压力区别不是很大，但在内壁附近球壳的压力明显小于柱壳，这也可以解释为什么在相同的条件下球壳的破裂要比柱壳早，从式(6.5.9)可以看出，拉应力的大小是控制损伤发展的主要因素，拉应力越大，损伤发展越快，从损伤分布的图 6.27、图 6.35 中可以看出，无论是柱壳还是球壳，损伤在内壁附近的发展都要比在外壁附近来得慢，所以只要加快内壁附近的损伤发展速度，就可以将壳体的破裂时间提前.图 6.39、图 6.40 正是反映了这种情况.

破裂时间的提前还造成了球壳破裂时的温度明显低于柱壳，如图 6.26、图 6.34 所示，这是因为温度的升高是塑性功积累的结果，时间越长，塑性功积累越多，温度也就越高.

对比图 6.30 和图 6.38 可以发现，在相同的时刻，球壳的整体速度要明显低于柱壳的速度.稳定后柱壳中的速度分布在 846～980 m/s，而球壳的速度则分布在 523～803 m/s.这是因为无论是柱壳还是球壳，在破裂过程的大部分阶段(后期)环向应力都处于拉应力状态，如图 6.41 和图 6.42 所示，而环向拉应力会减少径向速度，考虑到柱壳只有一个方向的环向应力作用，而球壳则有两个方向的环向应力共同作用，所以在相同的条件下，球壳的径向速度比柱壳小是合理的.但无论是球壳还是柱壳，在过程的后期，壳体外表面的速度都要高于内表面的速度，说明随着时间的增长，除去初始阶段，壳体会变得越来越厚.

从图 6.27、图 6.28 和图 6.35、图 6.36 可以看出，损伤在球壳和柱壳中的发展是类似的，差别主要在于内壁附近的损伤发展.

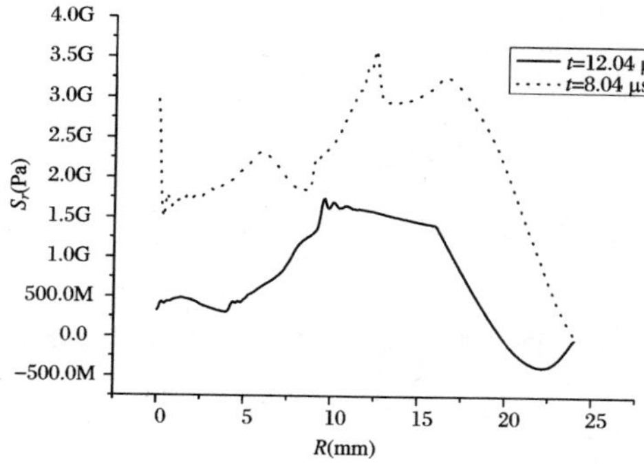

图 6.31　径向应力分布

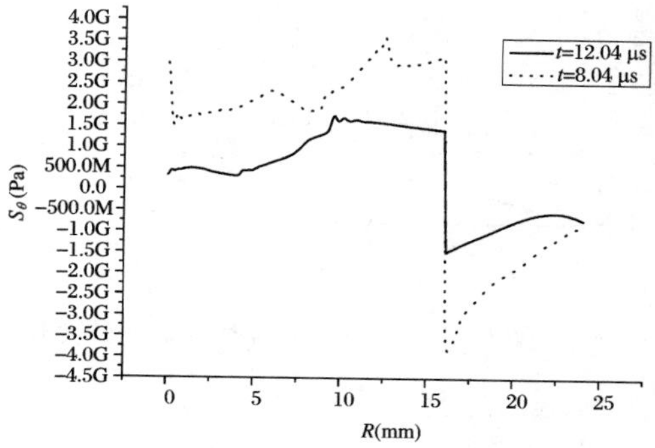

图 6.32　环向应力分布

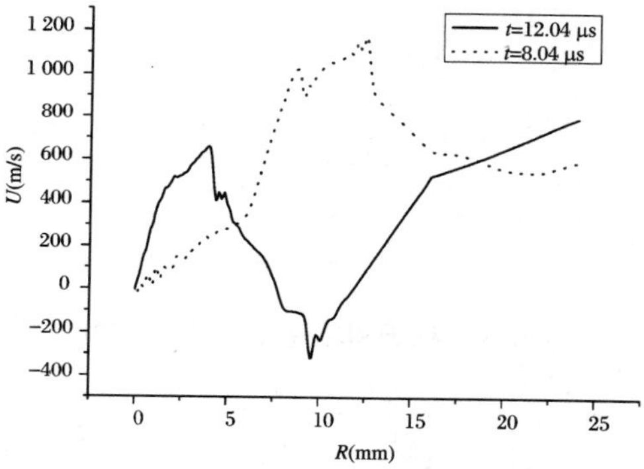

图 6.33　径向速度分布

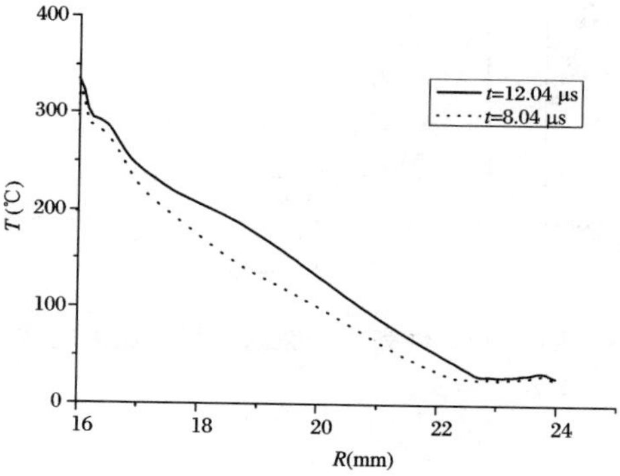

图 6.34　钢温度分布

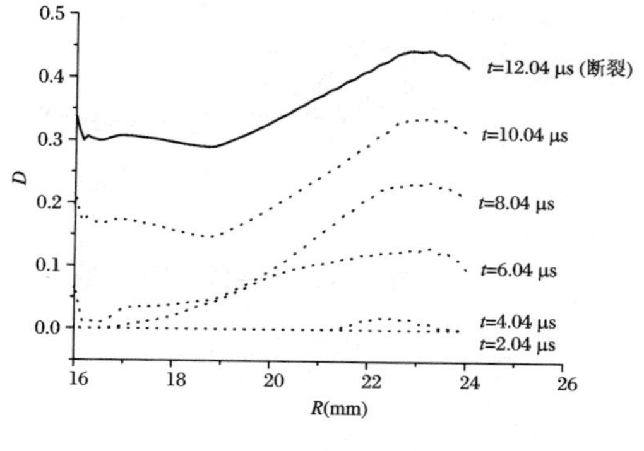

图 6.35　球壳中损伤分布

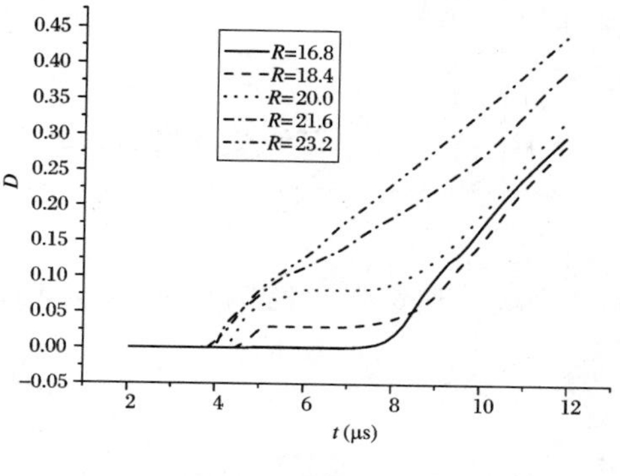

图 6.36　球壳中损伤的演化

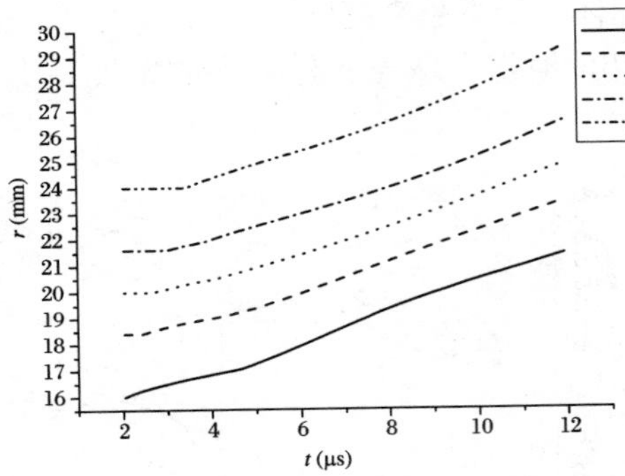

图 6.37　球壳径向位移随时间的变化

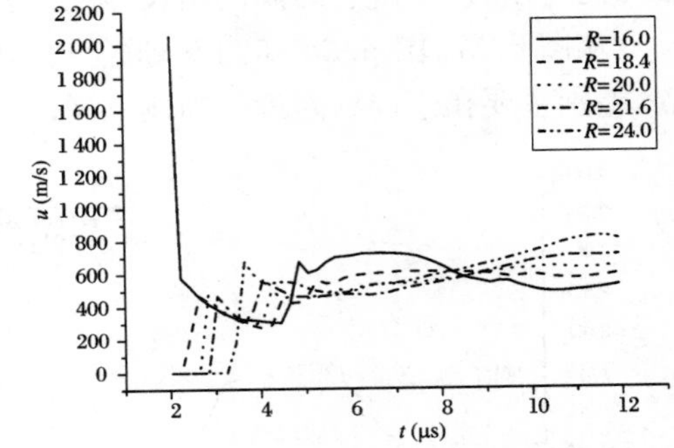

图 6.38　球壳中径向速度随时间变化

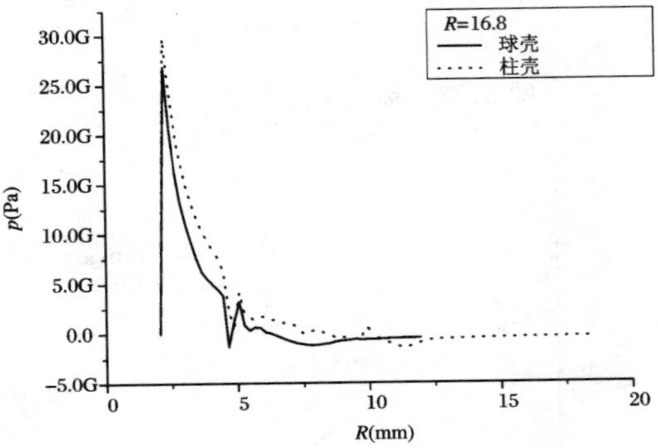

图 6.39　柱壳和球壳内壁附近压力的演化

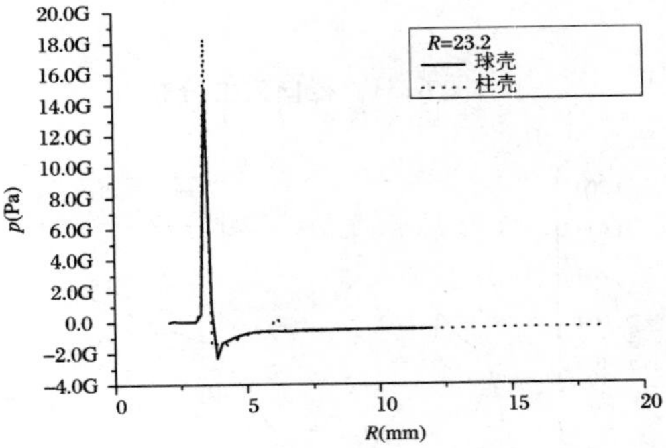

图 6.40　柱壳和球壳外壁附近压力的演化

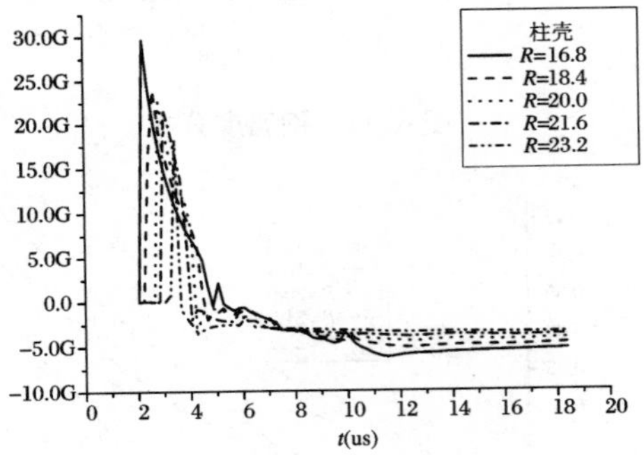

图 6.41　柱壳环向应力的演化

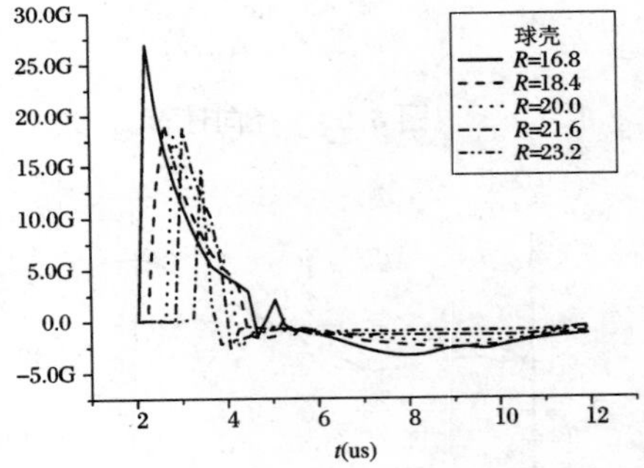

图 6.42　球壳环向应力的演化

习 题 6

6.1 试以闭口体系的观点导出一维爆轰冲击波阵面上的质量守恒条件(位移连续条件)、动量守恒条件和能量守恒条件.

6.2 试证明6.1节中爆轰冲击波阵面上能量守恒条件的式(6.1.10).

6.3 试由一维平面爆轰产物流场的运动规律

$$\frac{v}{v_{CJ}} = \frac{2x}{Dt} - 1$$

出发,求出L氏坐标中的右行波扰动线.

6.4 设药柱长度为l,从其左端平面起爆并在药柱全部爆轰完成后在右端产生爆轰波在自由面上的反射.试求出爆轰产物中的波动解.

6.5 设药柱长度为l,从其中间截面起爆并在药柱全部爆轰完成后在左右两端产生爆轰波在自由面上的反射.试求出爆轰产物中的波动解.

6.6 试在L氏坐标中写出一维平面、一维柱面和一维球面(书内已讲)爆轰产物运动规律的基本方程组,并以量纲分析为基础导出其一维自模拟问题的相应常微分方程组.尝试求其解析解.

6.7 试在E氏坐标中写出一维平面(书内已讲)、一维柱面和一维球面爆轰产物运动规律的基本方程组,并以量纲分析为基础导出其一维自模拟问题的相应常微分方程组.尝试求其解析解.

6.8 对6.3节中炸药在刚壁上的平面一维接触爆炸问题,试画出用特征线法求解问题的物理平面x-t上的特征网格和状态平面v-c上的特征网格,列出其主要计算公式,并简述其计算流程.设爆炸产物满足多方型状态方程.

6.9 对$\gamma=3$的多方型爆轰产物状态方程,试导出平面一维爆轰冲击波在刚壁上的反射冲击波压力公式以及反射冲击波波速的公式.请:① 用书中6.3节中E氏坐标中的相关公式和左行冲击波阵面上的守恒条件求之;② 以CJ爆轰状态建立L氏坐标并用L氏坐标中冲击波阵面上的守恒条件求之.试说明刚壁上的反射压力对CJ爆轰压力的相对增加并不很小.

6.10 对$\gamma=3$的多方型爆轰产物状态方程,试求出平面一维爆轰冲击波在刚壁上反射冲击波紧后方对紧前方黎曼不变量$R_1=v+c$的改变,并说明其相对改变很小,因而可将之视为弱激波.

6.11 考虑炸药在金属表面的接触爆炸问题,设炸药的CJ爆速和CJ爆压分别为D_1和p_{CJ},以ρ_1,ρ_2,ρ_3分别表示炸药的质量密度、金属的质量密度和爆轰产物的CJ爆轰密度,以D_2和D_3分别表示金属靶中透射冲击波的L氏波速和产物中的反射冲击波相对于爆轰产物的波速.试证明爆轰冲击波在金属表面的接触爆炸压力为

$$p = \frac{p_{CJ}\rho_2 D_2(\rho_1 D_1 + \rho_3 D_3)}{\rho_1 D_1(\rho_2 D_2 + \rho_3 D_3)}$$

6.12 设爆轰产物采用多方型状态方程,钢板采用流体动力学的 Murnagham 状态方程,试求接触爆炸的最大峰值应力.

6.13 设爆轰产物采用多方型状态方程,钢板采用流体弹塑性模型,其屈服准则取 Mises 屈服准则,其状态方程采用 Murnagham 状态方程,试求接触爆炸的最大峰值压力.求出在钢板中只出现单一激波的最大峰值应力,并从理论上对不同强度的爆轰波分别讨论在钢板中出现双波结构和只出现单一流体动力激波时的最大接触峰值应力.

6.14 试推导 6.4 节和 6.5 节中的差分公式以及自由面和交界面差分计算公式.

参 考 文 献

［1］ 丁启财. 固体中的非线性波[M]. 北京：中国友谊出版公司，1985.

［2］ Whitham G B. Linear and nonlinear waves[M]. New York：John Wiley & Sons，2011.

［3］ Cristescu N D. Dynamic plasticity[M]. Singapore：World Scientific，1967.

［4］ Nowacki W K，Zbigniew Olesiak. Stress waves in nonelastic solids[M]. Pergamon Press，1978.

［5］ Рахматулин Х А. О косом ударе по гибкой нити с большими скоростями при наличии трения[J]. Прикл. Матем. Ц. Мех.，1945，9(6).

［6］ Leibovich S，Seebass A R. Nonlinear waves[M]. New York：Cornell University Press，1974.

［7］ Bland D R. Nonlinear dynamic elasticity[M]. Waltham：Blaisdell，1969.

［8］ 杨桂通，张善元. 弹性动力学[M]. 北京：中国铁道出版社，1995.

［9］ Graff K F. Wave motion in elastic solids[M]. New York：Courier Dover Publications，1975.

［10］ 阿肯巴赫. 弹性固体中波的传播[M]. 徐植信，洪锦如，译. 上海：同济大学出版社，1992.

［11］ 鲍亦兴，毛昭宙. 弹性波的衍射与动应力集中[M]. 刘殿魁，苏先樾，译. 北京：科学出版社，1993.

［12］ 周培基，霍普肯斯. 材料对强冲击载荷的动态响应[M]. 张宝平，赵衡阳，李永池，译. 北京：科学出版社，1985.

［13］ 王礼立. 应力波基础[M]. 北京：国防工业出版社，2005.

［14］ 李永池. 张量初步和近代连续介质力学概论[M]. 合肥：中国科学技术大学出版社，2012.

［15］ Courant R，Hilbert D. Methods of mathematical physics[M]. Cambridge：Cambridge University Press，1966.

［16］ Jeffrey A. Quasilinear hyperbolic systems and waves[M]//Research Notes in Mathematics：No. 5. London：Pitman Publishing Ltd，1976.

［17］ Musgrave M J. Crystal acoustics[M]. San Francisco：Holden-Day，1970.

［18］ Yongchi L，Ting T C T. Plane waves in simple elastic solids and discontinuous dependence of solution on boundary conditions[J]. International Journal of Solids and Structures，1983，19(11)：989-1008.

[19] Ting T C T. A unified theory on elastic-plastic wave propagation of combined stress [C]//International symposium on foundations of plasticity. Warsaw, Poland，1973：301-316.

[20] Ting T C T. On the initial speed of elastic-plastic boundaries in longitudinal wave propagation in a rod[J]. Journal of Applied Mechanics，1971，38(2)：441-447.

[21] Ting T C T. On wave propagation problems in which $c_f = c_s = c_2$ occurs[J]. Q. Appl. Math.，1973，31：275-286.

[22] Clifton R J. An analysis of combined longitudinal and torsional plastic waves in a thin-walled tube[R]. Brown Univ. Providence Ri. Div. of Engineering，1966.

[23] Ting T C T. The initiation of combined stress waves in a thin-walled tube due to impact loadings[J]. International Journal of Solids and Structures，1972，8(2)：269-293.

[24] Ting T C T. Propagation of discontinuities of all orders in nonlinear media[J]. Recent Advances in Engineering Science，1975，6：101-110.

[25] Ting T C T. Plastic wave speeds in isotropically work-hardening materials[J]. Journal of Applied Mechanics，1977，44(1)：68-72.

[26] Ting T C T. Characteristic forms of differential equations for wave propagation in nonlinear media[J]. Journal of Applied Mechanics，1981，48(4)：743-748.

[27] A.N.儒可夫. 应用特征线法数值解气体动力学一维问题[M].陈敦栋，管楚淦，译. 上海：上海科学技术出版社，1963.

[28] Goldstine H，Von Numann. Communications on pure and applied mathematics [J].Wiley Periodicals，1955,8(2):327-354.

[29] Courant R，Friedrichs K O. Supersonic flow and shock waves[M].Interscience Publishers，1948:156-160.

[30] Li Yong-chi，Yao Lei，Guo Yang，Zhu Lin-fa. Numerical simulation of spherical shells fracture caused by the inside-explosive loading[J]. Theory and Practice of Energetic Materials,2003，5(B):808-813.

[31] Lin Xiao. 固体应力波的数值解法[M].杨云川,沈培辉,乔相信,等译.北京:国防工业出版社，2008.

[32] 郭伟国，李玉龙，索涛. 应力波基础简明教程[M].西安:西北工业大学出版社，2007.